Industrielle

Elektronik-Schaltungen

Hrsg. Günther Klasche und Rudolf Hofer

Industrielle Elektronik-Schaltungen

Eine praxisnahe Schaltungssammlung aus der professionellen Elektronik für Analog- und Digital-Techniker

Mit 436 Abbildungen und zahlreichen Tabellen

CIP-Kurztitelaufnahme der Deutschen Bibliothek

Industrielle Elektronik-Schaltungen: e. praxisnahe Schaltungssammlung aus d. professionellen Elektronik für Analog- u. Digital-Techniker / Hrsg. Günther Klasche u. Rudolf Hofer. – 1. Aufl. – München: Franzis-Verlag, 1978. ISBN 3-7723-6441-1
NE: Klasche, Günther [Hrsg.]

1978

Franzis-Verlag GmbH, München

Druck: Franzis-Druck GmbH, Karlstraße 35, 8000 München 2
Printed in Germany · Imprimé en Allemagne

ISBN 3-7723-6441-1

Vorwort

Wird ein Elektroniker vor die Aufgabe gestellt, ein neues Gerät oder eine neue Schaltung zu entwickeln, so beginnt er im Normalfall nicht bei Null, sondern informiert sich zunächst darüber, wie ähnliche Probleme vor ihm gelöst worden sind. Die Suche nach geeignetem Material ist aber nicht immer ganz einfach: Auf der einen Seite gibt es zwar viele gute Firmenschriften, sie behandeln aber immer nur einen Ausschnitt aus dem Gesamtangebot an Bauelementen und verschweigen unter Umständen eine günstigere Lösung mit einem Konkurrenzprodukt. Auf der anderen Seite gibt es zahlreiche gute Bücher mit Baubeschreibungen und Schaltungen, doch sie sind meist einem engbegrenzten Sachgebiet zugeordnet. Die vorhandene Lücke zwischen diesen beiden Möglichkeiten will diese Schaltungssammlung schließen. Sie umfaßt die gesamte Palette der Industrie-Elektronik mit Schwergewicht Digitaltechnik einschließlich einiger Hobbyschaltungen. Als Quelle diente vorwiegend die allgemein geschätzte und beliebte Rubrik "Schaltungspraxis" der im Franzis-Verlag erscheinenden Fachzeitschrift „ELEKTRONIK". Die Autoren sind durchweg erfahrene Praktiker. Ganz bewußt wurde auf eine übertrieben detaillierte Darstellung im Sinne von Bauanleitungen verzichtet. Im Vordergrund steht die Schaltungsidee — der Kniff, der oft ganz einfach ist, aber erst einmal entdeckt werden will. Das technische Umfeld wird jeweils in kurzen Worten abehandelt — vom Leser wird dabei zwar erwartet, daß er Fachman ist, nicht aber Spezialist.

Die Herausgeber

Wichtiger Hinweis

Die in diesem Buch wiedergegebenen Schaltungen und Verfahren werden ohne Rücksicht auf die Patentlage mitgeteilt. Sie sind ausschließlich für Amateur- und Lehrzwecke bestimmt und dürfen nicht gewerblich genutzt werden.*).

Alle Schaltungen und technischen Angaben in diesem Buch wurden vom Autor mit größter Sorgfalt erarbeitet bzw. zusammengestellt und unter Einschaltung wirksamer Kontrollmaßnahmen reproduziert. Trotzdem sind Fehler nicht ganz auszuschließen. Der Verlag sieht sich deshalb gezwungen darauf hinzuweisen, daß er weder eine Garantie noch die juristische Verantwortung oder irgendeine Haftung für Folgen, die auf fehlerhafte Angaben zurückgehen, übernehmen kann. Für die Mitteilung eventueller Fehler sind Autor und Verlag jederzeit dankbar.

---

*) Bei gewerblicher Nutzung ist vorher die Genehmigung des möglichen Lizenzinhabers einzuholen

Inhalt

1 Allgemeine Digitalschaltungen

1.1 Digitaler Differenzzähler

Von einer Impulsfolge (V), die beispielsweise einen Meßwert repräsentiert, soll laufend ein bestimmter Betrag abgezogen werden, z.B. um eine vorherige Anhebung auszugleichen *(Abb. 1.1.1)*. Die Schaltung nach *Abb. 1.1.2* erfüllt die folgenden Bedingungen:

- Sind keine R-Impulse vorhanden, ist V = D = angezeigter Wert
- Sind R- und V-Impulse vorhanden, ist V — R = D = angezeigter Wert
- Sind keine V-Impulse vorhanden, werden die R-Impulse gespeichert und nicht angezeigt.

Der positive Zählbereich der Schaltung hängt von der Stellenzahl des Zählers ab. Der negative Bereich geht bis —4, d.h. es können 4 R-Impulse gespeichert werden; eine Erweiterung ist aber möglich.

Der Eingang kann direkt durch TTL-Impulse, über Optokoppler oder durch prellfreie Relais angesteuert werden. Durch ein RC-Glied (bis etwa 50 kHz) oder eine digitale Laufzeitkette (bis etwa 20 MHz) werden die Impulse geformt und über Verriegelungsgatter an ein 4-bit-Rechts-Links-Schieberegister gegeben. Mit dem Ausgang kann man einen Zähler direkt ansteuern. Bei niedriger Zählfrequenz kann auch der Relaisausgang benutzt werden, dem ein Monoflop vorgeschaltet ist. *Abb. 1.1.3* zeigt anhand eines Impulsdiagramms die Vorgänge an verschiedenen Punkten der Schaltung.

Hartmann Thomas

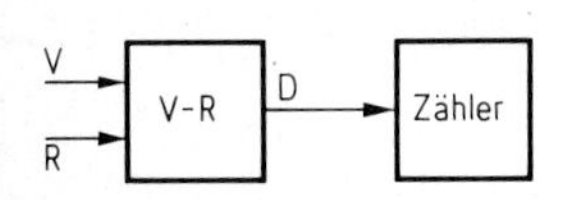

Abb. 1.1.1 Prinzip der Schaltungsfunktion

Abb. 1.1.3 A: Da kein R-Impuls, V = D; B, C: R-Impuls wird gespeichert und beim nächsten V-Impuls abgerufen (V — R = D); D: Wenn V- und R-Impuls phasengleich ankommen, wird V — R = D schon durch die Verriegelungsgatter; E: Kommt kurz nach V schon R, wird V = D und der R-Impuls wird gespeichert, bis zum nächsten V-Impuls; dann V — R = D; F: Die drei R-Impulse werden gespeichert. Bei jedem nächsten V-Impuls wird ein gespeicherter R-Impuls gelöscht, d.h. der vierte V-Impuls gelangt dann wieder zum Zähler.

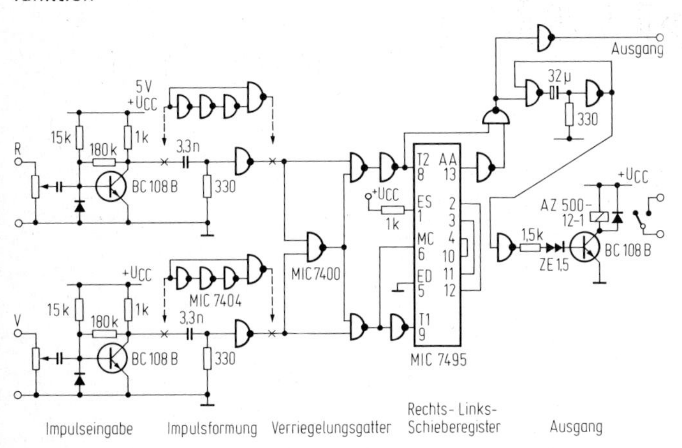

Abb. 1.1.2 Schaltung des Differenzzählers

1.2 Schnelle Antikoinzidenzschaltung

Aufgabe und Funktionsweise

Vor-/Rückwärts-Zähler (VRZ) haben zwei Impulseingänge; ihnen zugeführte Zählimpulse werden mit verschiedenem Vorzeichen bewertet und aufsummiert. Allerdings müssen beide Impulsfolgen bei jeder Zählfrequenz und sogar bei Einzelimpulsen zeitlich streng koordiniert werden: Gleichzeitig auftretende Impulse (bzw. Impulse, deren zeitlicher Abstand einen bestimmten Mindestwert unterschreitet) würden zu undefinierten Zuständen am VRZ führen. Verwendet man die Antikoinzidenzschaltung (AKS) entsprechend *Abb. 1.2.1*, entfällt die Notwendigkeit jeder zeitlichen Koordination; dennoch kann an beiden Impulsausgängen der AKS — je nach Dimensionierung der Schaltung — jeder beliebige zeitliche Mindestabstand τ garantiert werden. Der minimale Abstand zweier Impulse desselben Ausgangs wird durch die jeweilige höchste Eingangszählfrequenz bestimmt. Dadurch sind die praktischen Einsatzmöglichkeiten des VRZ erheblich erweitert.

Bezüglich beider Ein- und Ausgänge ist die Schaltung symmetrisch aufgebaut. Nach *Abb. 1.2.2* wird jeder Eingang über eine Verzögerungsstrecke entweder auf seinen internen Speicher oder seinen Ausgang durchgeschaltet. Wegen der möglichen Zählimpulsspeicherung in der AKS können die Summen S1 und S2 (Abb. 1.2.1) je nach Zählprogramm um maximal $\pm$n differieren (n, Anzahl der Plätze eines Speichers). Abhilfe in der endgültigen Version der AKS: Durch eine sehr einfache Ausleseschaltung, die durch Abfragen der Verzögerungsstrecken während kürzester Impulspausen selbsttätig arbeitet.

Belegte Plätze (in verschiedenen Speichern) werden sofort paarweise gelöscht (dabei bleibt die Summe unverändert). Dadurch wird erreicht, daß beide Speicher niemals gleichzeitig vollständig belegt sein können und daß die Zustände "erster Speicher belegt" und "zweiter Speicher belegt" frühestens nach $2 \cdot n$ Eingangsimpulsen entstehen können. Daraus folgt, daß zu jeder Zeit nur höchstens einer der Eingänge auf seinen Ausgang (d.h. auf den VRZ) geschaltet werden muß und daß vor jedem solchen Wechsel zwischen den Eingängen beide Eingänge für eine bestimmte von n abhängige Zeitdauer zugleich auf ihre Speicher arbeiten dürfen. Auf diese Weise wird der zeitliche Mindestabstand τ zwischen Impulsen verschiedener Ausgänge der AKS garantiert.

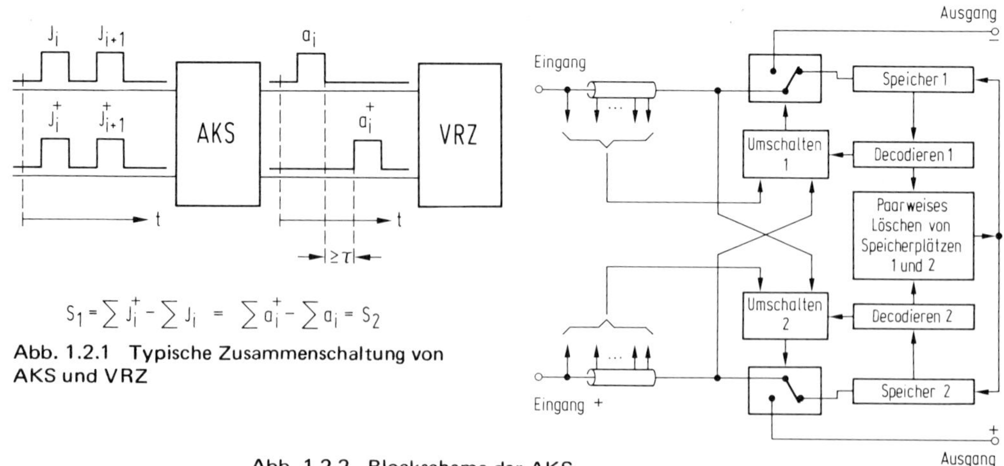

Abb. 1.2.1 Typische Zusammenschaltung von AKS und VRZ

Abb. 1.2.2 Blockschema der AKS

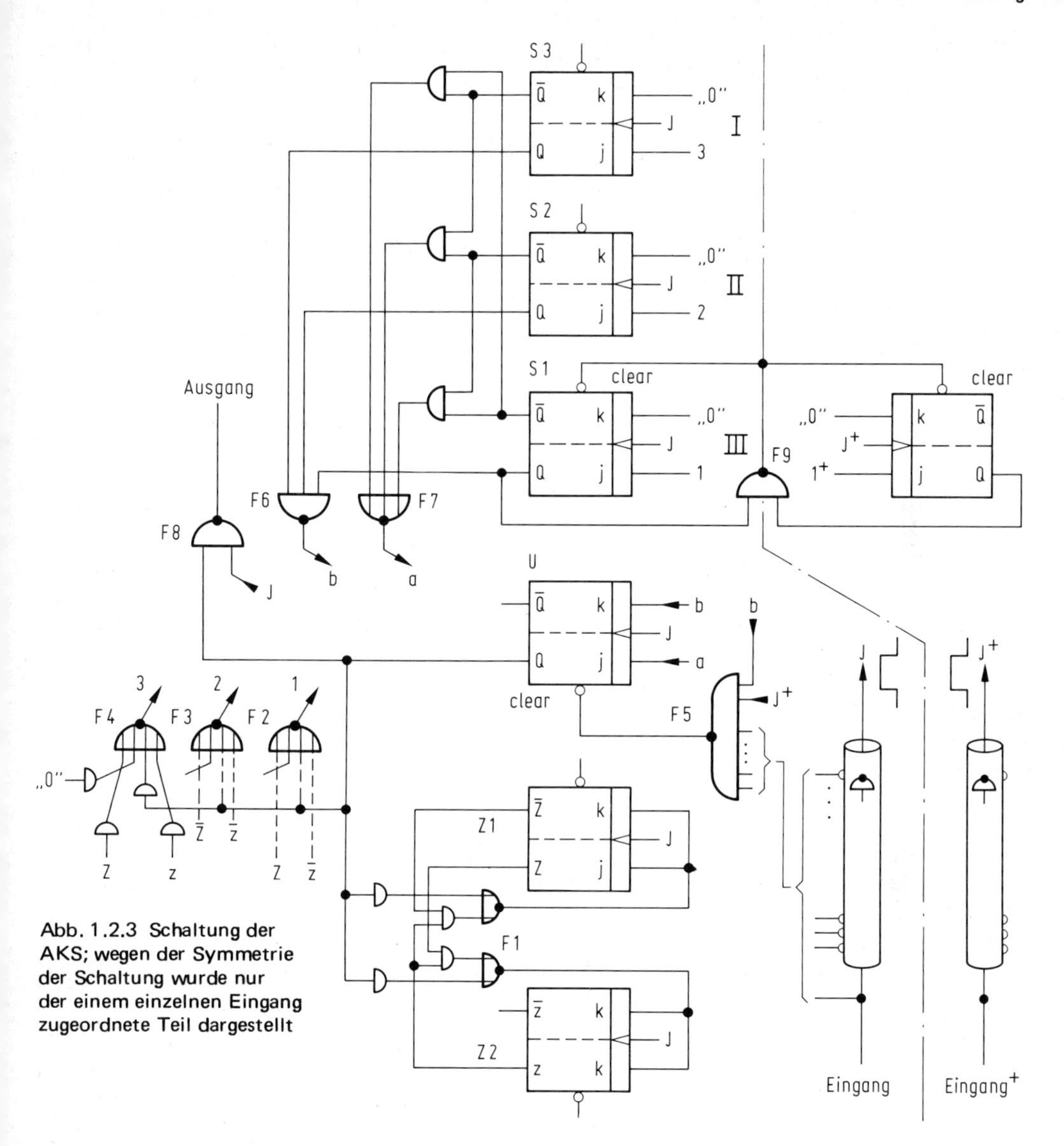

Abb. 1.2.3 Schaltung der AKS; wegen der Symmetrie der Schaltung wurde nur der einem einzelnen Eingang zugeordnete Teil dargestellt

Leitungsumschaltung

Das Umschalt-Flipflop U *(Abb. 1.2.3)* bestimmt die jeweilige Schalterstellung: Q = „O" sperrt mit F8 den Ausgang für die Zählimpulse J und bewirkt zugleich über F2, F3 und F4, daß die Speicher-Flipflops S1, S2 und S3 belegbar werden: Die Eingangsleitung ist auf ihren Speicher geschaltet. Für Q = „1" wird der Eingang auf seinen Ausgang geschaltet, der Speicher gesperrt. Das Umsteuern des Flipflops U erfolgt entsprechend der *Wahrheitstabelle* mit den Rückflanken (dadurch kein „Zerschalten" von Impulsen) der Zählimpulse J als Takt, wenn die logischen Pegel a und b (Abb. 1.2.3) mit dem Takt ausreichend lange koinzidieren. Zu kurze Koinzidenz kann nur über den Löschvorgang durch Impulse J^+ des jeweils anderen

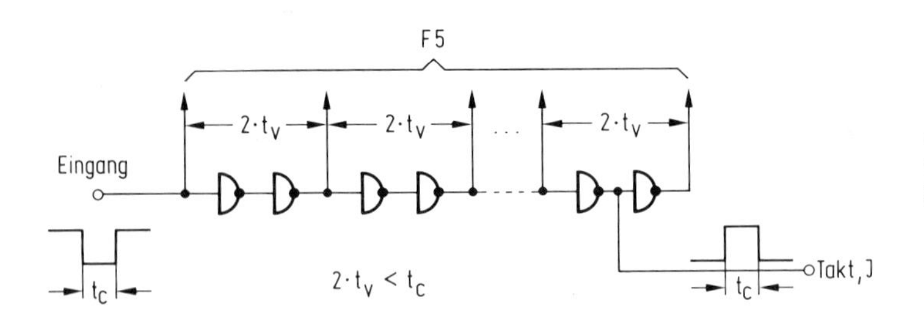

Abb. 1.2.4 Verzögerungsstrecke: t_V = größte Verzögerungszeit eines Inverters.

Wahrheitstabelle zur Leitungsumschaltung

Anzahl der belegten Plätze	Anzahl der freien Plätze	Logischer Pegel bei a	Logischer Pegel bei b	Flipflop U schaltet (auf den)
0	3	0	1	Speicher
1	2	0	1	Speicher
2	1	1	1	um
3	0	1	0	Ausgang

Eingangs verursacht werden, was zugleich bedeutet, daß im eigenen Speicher ein Platz rechtzeitig frei wurde, so daß ein Umschalten auf den Ausgang unterbleiben darf (einziger, nur scheinbar kritischer Fall).

Über F5 kann das Flipflop U auch mit Impulsen des jeweils anderen Eingangs rückgesetzt werden, wenn der eigene Speicher nicht voll belegt ist (b = 1) und während dieses Schaltens eigene Impulse nicht eintreffen können (Abfragen der Verzögerungsstrecke, *Abb. 1.2.4)*. Ist z.B. eine Leitung auf ihren Ausgang geschaltet und treffen die nächsten 2·n Impulse ausschließlich auf der anderen Leitung ein, so entstehen ohne F5 unzulässige Schalterstellungen: Beide Leitungen „arbeiten" zugleich „auf den VRZ".

Speicher

Das Belegen der Speicherplätze erfolgt, bei S1 beginnend, zyklisch (S1, S2, S3, S1, ...) und wird über den internen Zähler (Flipflops Z1, Z2) mit Zählimpulsen J gesteuert (Teiler 3:1, immer wenn der Eingang auf seinen Speicher arbeitet). Durch diese Organisation des Speichers gestaltet sich die Löschschaltung sehr einfach: frühestmögliches Löschen von Speicherplätzen erfolgt selbst dann, wenn nur gleichnumerierte Plätze — z.B. über die Funktion F9 — gelöscht werden.

Höchste Zählfrequenz

Die Schaltung nach Abb. 1.2.3 wurde mit Bausteinen der TTL-Serie 74 (in der Verzögerungsstrecke: Serie 74H) realisiert. Aufgrund der Herstellerangaben zu diesen Bauelementen läßt sich der minimale Wert der höchsten Zählfrequenz für die AKS berechnen: 12,195 MHz im „*worst-case*"-Fall (der selbstverständlich an beiden Eingängen zugleich vorliegen darf). Allgemein gilt: Die AKS ist annähernd so schnell wie die verwendeten Flipflops einzeln, hier 15 MHz *(worst case)*.

Ebenso schnell wird sie durch Verwendung von Flipflops mit 3fachem J,K-Fächer im internen Zähler und Speicher (F1, F2, F3, F4 können dann entfallen) und – weil F6 und F7 nicht in gleicher Weise ersetzt werden können – durch mindestens einen zusätzlichen Speicherplatz je Speicher ($n \geq 4$) und einer gegenüber der Wahrheitstabelle abgeänderten Leitungsumsteuerung, nämlich Umschalten des Flipflops U bei zwei freien Speicherplätzen.

Dipl.-Ing. Volker Warnkross

1.3 Schieberegister in Rauschgeneratoren

1.3.1 Einleitung

Die durch das Wärmerauschen hervorgerufenen Spannungen und Ströme lassen sich als Impulsgrößen darstellen, wobei die Impulshöhe, der Impulsabstand und die Impulslänge statistisch schwanken. Dies läßt sich gewissermaßen vergleichen mit einer Folge von logischen Signalen, deren Impulsdauer und Impulsabstand sich ebenfalls statistisch ändern, zumal diese Rechteckimpulse in ein Spektrum mit der Grundfrequenz und ihren höherfrequenten Anteilen transformiert werden können, so daß von einem analogen Rauschsignal gesprochen werden kann.

1.3.2 Prinzip

Abb. 1.3.1 zeigt das Blockschema des Pseudo-Rauschgenerators. Der Taktgenerator bestimmt den minimalen Impulsabstand bzw. die höchste Rauschfrequenz des Ausgangssignals. An Punkt „b" läßt sich das digitale Zufallssignal abgreifen, welches aus einer Folge von Impulsen besteht, die in scheinbar willkürlichem Abstand aufeinanderfolgen. Dieses Signal kann als Störsignal zur Untersuchung der dynamischen Stabilität von Regelkreisen oder für andere Regelkreisuntersuchungen benutzt werden. Im Block „Signalaufbereitung" wird es zu einem analogen Pseudo-Rauschsignal aufbereitet.

1.3.3 Taktgenerator

Der die Schieberegister steuernde Taktgenerator läßt sich sehr einfach mit dem Schmitt-Trigger Typ SN 7413 N (FLH 351) oder SN 74132 N (FLH 601) aufbauen. Die dabei auftretenden, relativ großen Frequenzschwankungen sind hier sogar von Vorteil, weil zusätzlich statistische Schwankungen des Impulsabstandes im Ausgangssignal des nachgeschalteten Schieberegisterzählers auftreten.

Mit diesen Bausteinen läßt sich bei entsprechender Beschaltung ein Frequenzbereich von 0,1 Hz ... 10 MHz überstreichen. *Abb. 1.3.2* zeigt die Schaltung eines Oszillators, der, abhängig von den Kondensatoren C1, C2, C3, C4 dekadisch abgestufte Frequenzen f_T = 300 Hz, 3 kHz, 30 kHz, 300 kHz liefert. Der zweite Schmitt-Trigger im Baustein SN 74132

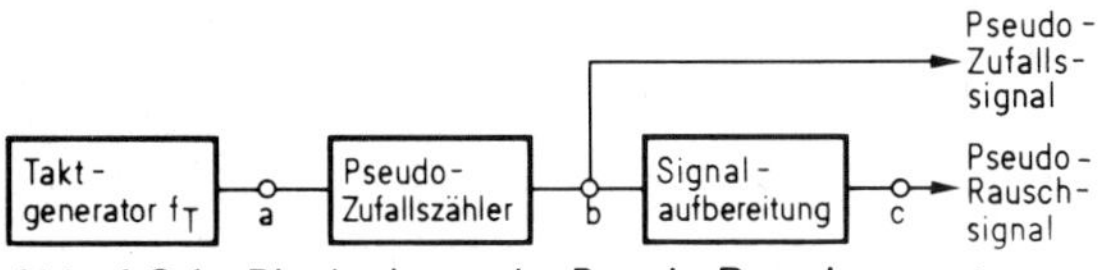

Abb. 1.3.1 Blockschema des Pseudo-Rauschgenerators

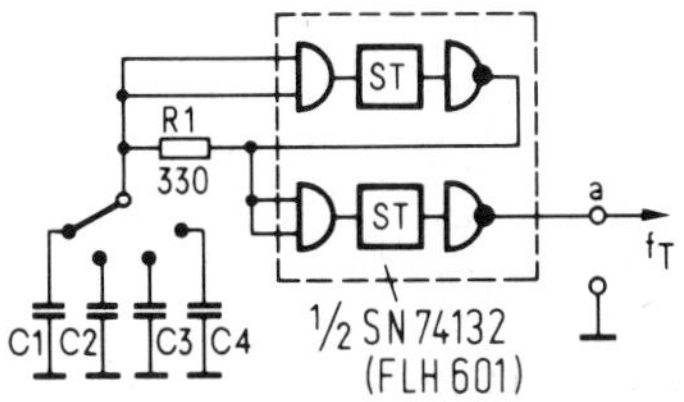

Abb. 1.3.2 Taktgenerator

dient als Impulsformer des durch die Belastung des RC-Gliedes stark verformten Signals der Stufe 1.

1.3.4 Pseudo-Zufallszähler

Der Taktgenerator liefert an „a" ein periodisches Signal, das nun in ein Zufallssignal transformiert werden muß. Hierfür bieten sich Schieberegister an, die, entsprechend beschaltet, ihre logische Ausgangsinformation scheinbar willkürlich ändern.

Bei sog. Schieberegisterzählern wird dies erreicht durch die Rückführung der Modulo-2- oder Modulo-4-Summe auf den Informationseingang des ersten Schieberegisters. Dies soll nun an einem 5-bit-Schieberegister *(Abb. 1.3.3)* untersucht werden. Bei diesem wird die maximale Zykluslänge dadurch erreicht,daß die Modulo-2-Summe des C- und E-Ausganges auf den Serieneingang (SE) zurückgeführt wird. Für den Ablauf dieses Zählzyklus ist folgende einfache Rückkopplungsbedingung notwendig:

$$\text{Serieneingang} = SE = Q_E \oplus Q_C$$

Sie wird durch ein Exklusiv-ODER-Glied realisiert.

Aus der Codetabelle *(Tabelle 1)* läßt sich leicht erkennen, daß nach 2^n-1 Takten die fünf Ausgangsvariablen wieder den Anfangswert aufweisen und die Ausgangsinformation sich scheinbar willkürlich ändert.

Ebenso lassen sich mit diesem Schieberegisterzähler auch mehrstufige Zufallszähler aufbauen. Die *Tabelle 2* enthält die Rückkopplungsbedingungen und die dazugehörigen Zykluslängen für Registerlängen von 2...20 bit. Aus den Rückkopplungsbedingungen

$$SE = Q_n \oplus Q_{n-k} \oplus \ldots\ldots \oplus Q_{n-m}$$

Tabelle 1. Codetabelle des 5-bit-Schieberegisters

Takt	Q_E	Q_D	Q_C	Q_B	Q_A	Takt	Q_E	Q_D	Q_C	Q_B	Q_A
1	H	H	H	H	H	17	L	H	L	L	L
2	H	H	H	H	L	18	H	L	L	L	L
3	H	H	H	L	L	19	L	L	L	L	H
4	H	H	L	L	L	20	L	L	L	H	L
5	H	L	L	L	H	21	L	L	H	L	L
6	L	L	L	H	H	22	L	H	L	L	H
7	L	L	H	H	L	23	H	L	L	H	L
8	L	H	H	L	H	24	L	L	H	L	H
9	H	H	L	H	H	25	L	H	L	H	H
10	H	L	H	H	H	26	H	L	H	H	L
11	L	H	H	H	L	27	L	H	H	L	L
12	H	H	H	L	H	28	H	H	L	L	H
13	H	H	L	H	L	29	H	L	L	H	H
14	H	L	H	L	H	30	L	L	H	H	H
15	L	H	L	H	L	31	L	H	H	H	H
16	H	L	H	L	L	32	H	H	H	H	H

folgt, daß zyklisch nur Änderungen erfolgen können, wenn diese Ausgänge verschiedene logische Zustände einnehmen. Dies ist nicht der Fall, wenn die Ausgänge alle den Zustand L einnehmen. Dann wir lediglich die L-Information weitergeschoben, und der Schieberegisterzähler ändert seinen Zustand nicht. Das heißt, daß entweder nach dem Einschalten ein Register gesetzt werden muß oder die L-Bedingung in die Rückkopplungsbedingung aufgenommen werden muß.

Die Rückkopplungsbedingung lautet dann

$$SE = Q_n \oplus Q_{n-k} \oplus \ldots \oplus Q_{n-m} + \overline{Q}_1 \cdot \overline{Q}_2 \ldots\ldots \overline{Q}_n$$

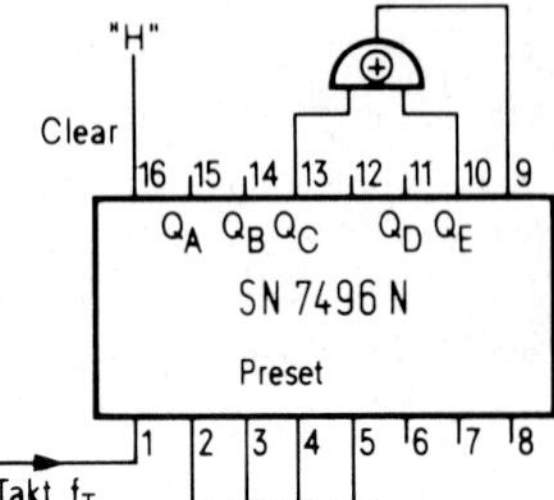

Abb. 1.3.3 5-bit-Schieberegisterzähler mit dem Baustein SN 7476N

20-bit-Schieberegisterzähler

SR-Zähler ohne L-Bedingung

Abb. 1.3.4 zeigt einen 20-bit-Schieberegisterzähler mit der Zykluslänge 1 048575. Bei einer Taktfrequenz f_T = 25 kHz würde sich erst nach etwa 40 s die Ausgangsinformation wiederholen. Diese Zyklusdauer reicht für die meisten Untersuchungen aus. Da hier die L-Bedingung nicht in die Rückkopplungsbedingung einbezogen wurde, muß mit Hilfe des Schalters S1 ein Register gesetzt werden, wenn alle Ausgänge den Wert L aufweisen (was beim Einschalten möglich ist).

Tabelle 2. Rückkopplungsbedingungen und Zykluslängen für 2...20-bit-Schieberegisterzähler

Registerlänge	Rückkopplung vom Ausgang	Zykluslänge
2	1⊕ 2	3
3	2⊕ 3	7
4	3⊕ 4	15
5	3⊕ 5	31
6	5⊕ 6	63
7	6⊕ 7	127
8	2⊕ 3⊕ 4⊕ 8	255
9	5⊕ 9	511
10	7⊕ 10	1023
11	9⊕ 11	2047
12	2⊕ 10⊕ 11⊕ 12	4095
13	1⊕ 11⊕ 12⊕ 13	8191
14	2⊕ 12⊕ 13⊕ 14	16383
15	14⊕ 15	32767
16	11⊕ 13⊕ 14⊕ 16	65535
17	14⊕ 17	131071
18	11⊕ 18	262143
19	14⊕ 17⊕ 18⊕ 19	524287
20	17⊕ 20	1048575

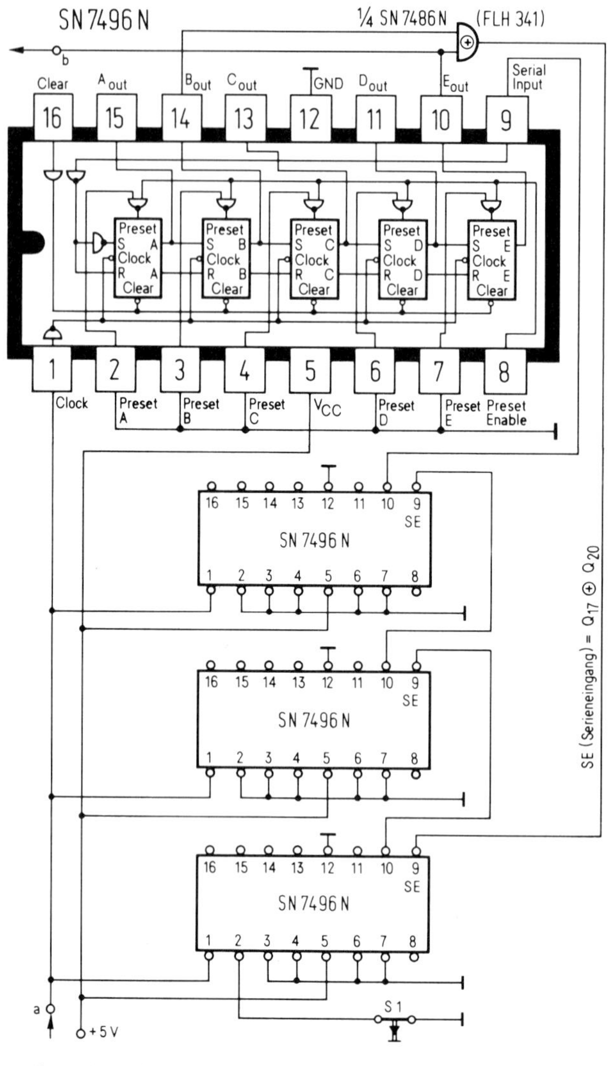

Abb. 1.3.4 20-bit-Schieberegisterzähler ohne L-Bedingung mit den 5-bit-Registern SN 7496N (FLJ 261)

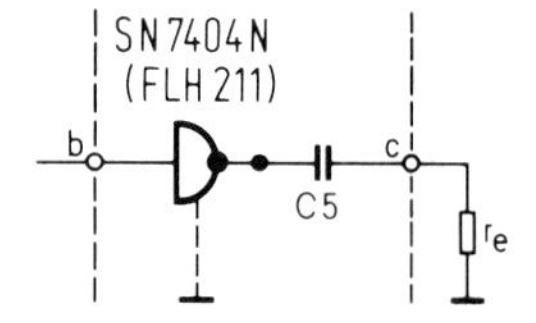

Abb. 1.3.6 Kondensator-Auskopplung des Rauschsignals

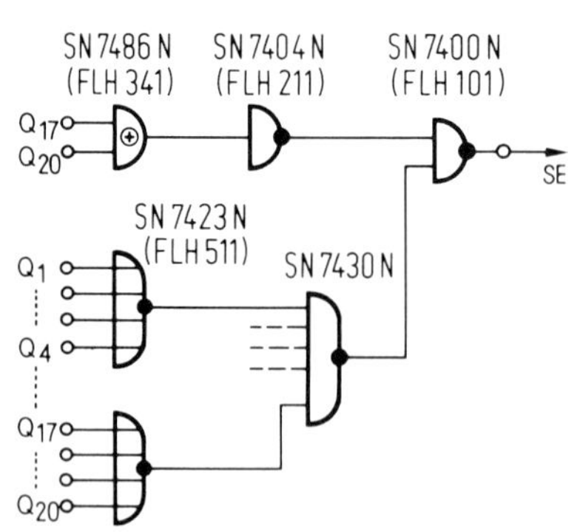

Abb. 1.3.5 Bausteine des Rückkopplungspfades bei Einbezug der L-Bedingung

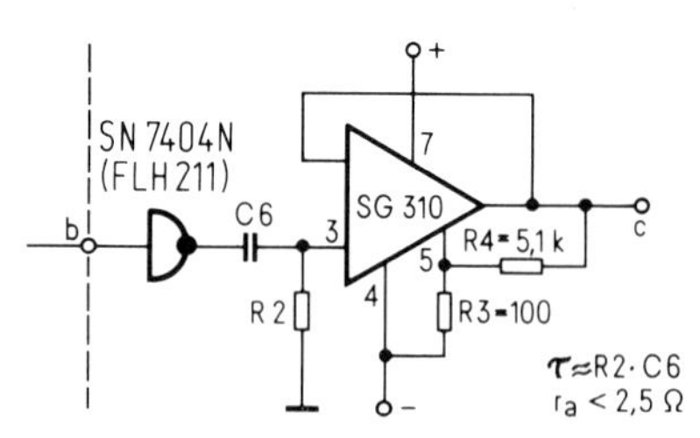

Abb. 1.3.7 Auskopplung des Rauschsignals mit einem Emitterfolger

SR-Zähler mit L-Bedingung

Wie sich leicht nachweisen läßt, ergibt sich aus der Rückkopplungsbedingung:

$$SE = Q_{17} \oplus Q_{20} + \overline{Q}_1 \cdot \overline{Q}_2 \cdot \overline{Q}_3 \cdot \overline{Q}_4 \,\ldots\ldots\ldots\, \cdot \overline{Q}_{20}$$

$$SE = \underline{\underline{Q_{17} \oplus Q_{20} + \overline{Q_1 + Q_2 + Q_3 + Q_4} \cdot \overline{Q_5 + Q_6 + Q_7 + Q_8} \ldots\ldots \quad \cdot \overline{Q_{17,20}}}}$$

$$SE = \underline{\underline{Q_{17} \oplus Q_{20} + \overline{Q_1 + Q_2 + Q_3 + Q_4} \cdot \overline{Q_5 + Q_6 + Q_7 + Q_8} \ldots \quad \cdot \overline{Q_{17,20}}}}$$

$$SE = \underline{\underline{Q_{17} \oplus Q_{20} + \overline{Q_1 + Q_2 + Q_3 + Q_4} \cdot \overline{Q_5 + Q_6 + Q_7 + Q_8} \ldots \quad \cdot \overline{Q_{17,20}}}}$$

Es lassen sich somit die in *Abb. 1.3.5* gezeigten Bausteine verwenden.

1.3.5 Signalaufbereitung

Das an „b" anstehende Signal stellt, wie schon angedeutet, eine L-H-Folge dar, die in dieser Form noch nicht als Rauschsignal verwendet werden soll. Der naheliegende Gedanke, das Ausgangssignal des Schieberegisterzählers zu differenzieren, läßt sich unter bestimmten Bedingungen durchführen. Um das Ausgangssignal des letzten Registers nicht zu belasten, wird zunächst ein Invertierer nachgeschaltet. Der Ausgangswiderstand R_a der Invertierer der Serie SN 74.. N läßt sich errechnen je nach Belastung (bedingt durch Sättigung des Ausgangstransistors) zu 70...150 Ω.

Ist der Eingangswiderstand des zu prüfenden Netzwerkes groß gegen R_a und konstant, dann lassen sich über C auch feste Zeitkonstanten einstellen *(Abb. 1.3.6)*. Ist dies nicht zu realisieren, werden feste Zeitkonstanten gefordert, und ändert sich auch R_a bei wechselndem logischen Zustand, so ist ein Emitterfolger *(Abb. 1.3.7)* als Auskoppelstufe angebracht. Jedoch genügt in den meisten Fällen die Auskopplung des Signals mit einem Kondensator.

Ing. (grad.) Ing. (grad.) Klaus-Jürgen Schmidt

1.4 Schaltung zur Impulsvervielfachung

Bei dieser Schaltung *(Abb. 1.4)* handelt es sich um einen Impulsvervielfacher, der die Zahl der ankommenden Impulse je nach Schalterstellung mit dem Faktor 2, 4 oder 8 multipliziert. Er kann z.B. vor einen Impulsteiler gesetzt werden, um ungerade Teilerverhältnisse zu verwirklichen.

Legt man an den Eingang B des integrierten Monoflops 74 121 einen beliebig langen Impuls an, so erhält man am Ausgang Q einen Nadelimpuls. Dieser gelangt als Rückstell-

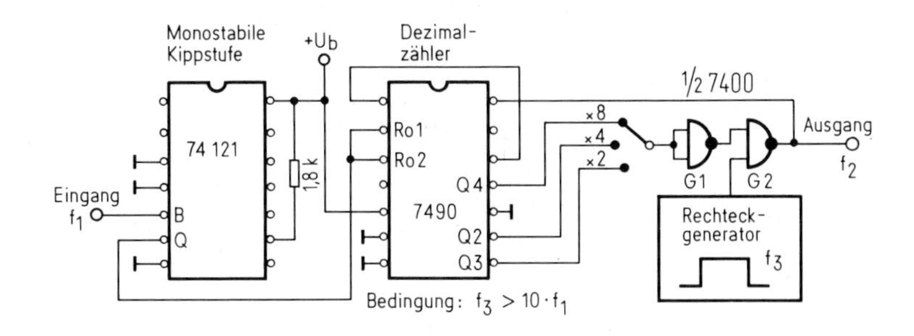

Abb. 1.4 Impulsvervielfacher

impuls an den Dezimalzähler 7490. Dessen Q-Ausgänge führen nun L-Pegel, der von G 1 invertiert wird, so daß am Eingang von G 2 H-Pegel anliegt. Dadurch werden die am zweiten Eingang von G 2 ankommenden Impulse des Generators durchgeschaltet. Der Ausgang ist gleichzeitig mit dem Eingang des 7490 verbunden, wodurch dieser so lange zählt, bis der mit G 1 verbundene Ausgang über G 2 die Generatorimpulse sperrt.

Bei einem weiteren Impuls am Eingang B des 74 121 erhält der Dezimalzähler einen erneuten Rückstellimpuls, so daß dieser wieder zu zählen beginnt. Zur zuverlässigen Funktion des Vervielfachers sei erwähnt, daß die Generatorfrequenz mindestens 10mal größer sein muß als die der ankommenden Impulse an Eingang B. *Uwe Buhrke*

1.5 Speicherzustände auf Fernsehbildschirm dargestellt

Im Zusammenhang mit Rechenanlagen ist der Lichtgriffel schon lange im Einsatz. Die dort verwendeten Bildschirme mit der zugehörigen Elektronik sind sehr aufwendig und dadurch teuer. Der Vorteil der hier beschriebenen Schaltung für Bildschirmdarstellungen liegt in der Verwendung handelsüblicher Fernsehgeräte, ohne Eingriff in das Gerät, zusammen mit einer einfachen Schaltungskonzeption. In Verbindung mit der zu erwartenden Verbilligung von Mikroprozessoren eröffnen sich dadurch neue Anwendungsbereiche, bzw. bekannte Anwendungsbereiche finden weitere Verbreitung.

Das elektronische Gerät *(Abb. 1.5.1)* steuert über einen Sender ein normales Fernsehgerät. Auf dem Bildschirm wird durch ein regelmäßiges Feldmuster der Inhalt eines Speichers abgebildet *(Abb. 1.5.2)*. In jedem Feld, das bei gesetzter Speicherzelle hell gesteuert wird, sonst aber dunkel bleibt, wird links oben in der Ecke ein Lotse-Punkt im Rhythmus der

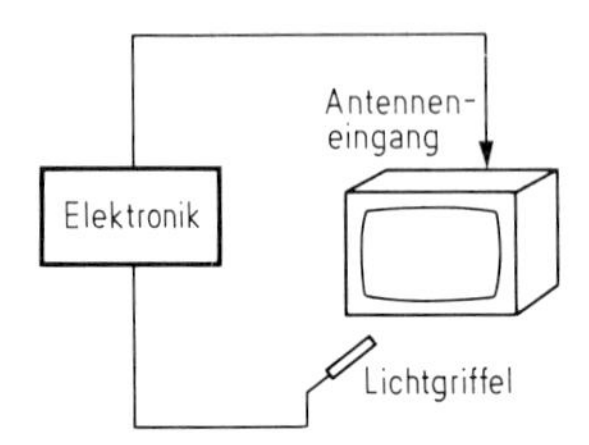

Abb. 1.5.1 Die mit „Elektronik" gekennzeichnete Baugruppe – ein optoelektronischer Vielfachschalter – wird direkt mit dem Antenneneingang verbunden, so daß keine Eingriffe in das Fernsehgerät notwendig sind

Abb. 1.5.2 Beispiel einer Speicherzustandsanzeige auf dem Bildschirm eines handelsüblichen Fernsehgerätes

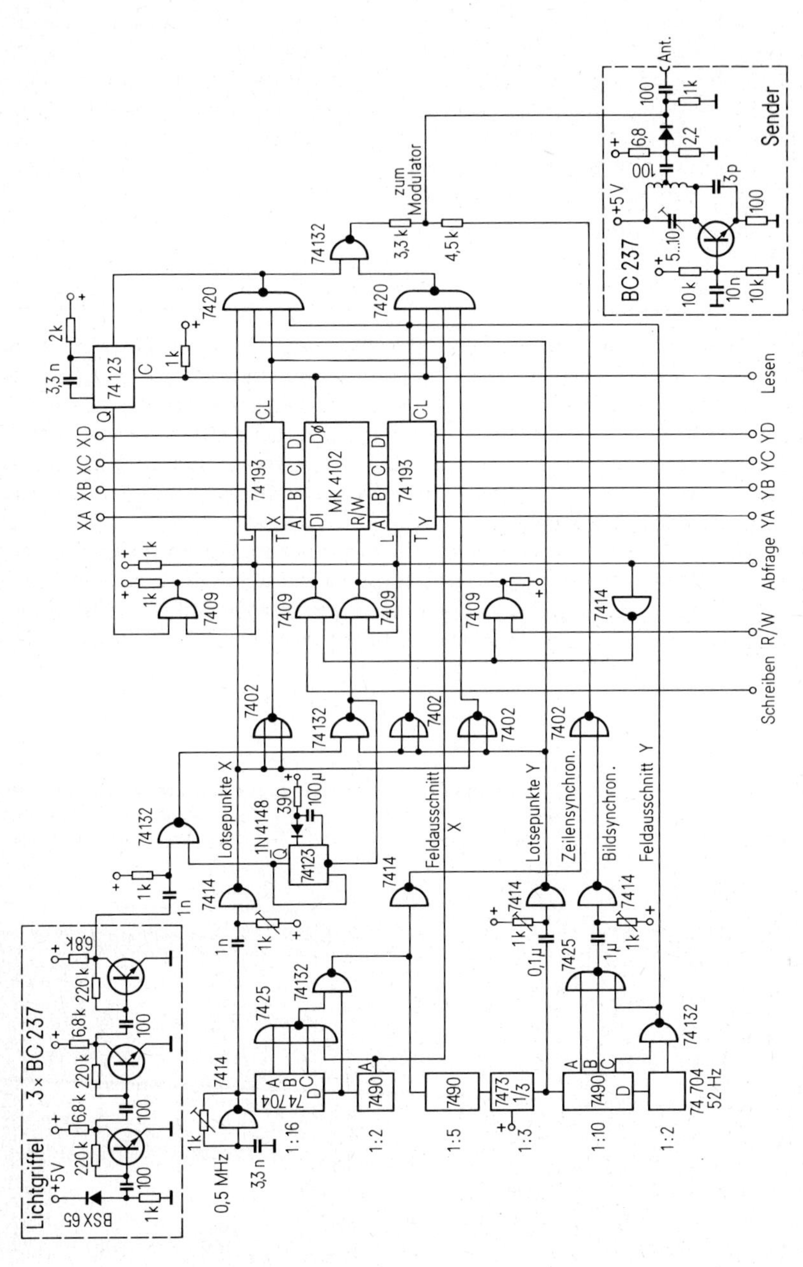

Abb. 1.5.3 Gesamtschaltung des opto-elektronischen Vielfachschalters mit Lichtgriffel und Sender

Abtastfrequenz hell gesteuert. Im Moment des Aufleuchtens ist die zugehörige Speicherzelle adressiert; durch optischen Kontakt des „Lotse-Punktes" mit dem Lichtgriffel kann ihr Inhalt geändert werden. Gleichzeitig wird der Speicherinhalt angezeigt, er ist für beliebige Zwecke abfragbar.

Funktionsbeschreibung

Der Taktgenerator *(Abb. 1.5.3)* schwingt mit 0,5 MHz. Dem von ihm angesteuerten Frequenzteiler werden Impulse für folgende Funktionen entnommen:

- Bild- und Zeilensynchronisierung (15625 und 52 Hz).
- Lotse-Punkt-Erzeugung (0,5 MHz horizontal und 1041,7 Hz vertikal).
- Ansteuerung der Adresseingänge des Speichers (die Lotse-Punkt-Impulse steuern diese über zwei Zähler).
- Bildausschnittsteuerung des Gesamtfeldes.

Die nachgeschalteten Schmitt-Trigger erzeugen die erforderlichen Impulslängen. Über NOR-Glieder zusammengemischt, gelangen die Synchronisierimpulse zum Sender.

Normalerweise ist der Speicher auf Lesen eingestellt. Ein Impuls vom Lichtgriffel bewirkt die Umschaltung auf Schreiben. Das Monoflop in der Lichtgriffelzuleitung sperrt den Lichtgriffel nach dem ersten Impuls für eine bestimmte Zeit, um Mehrfachimpulse zu unterdrücken. Ein zweites Monoflop, von den horizontalen Lotse-Punkt-Komponenten gestartet und vom Datenausgang des Speichers gegebenenfalls zurückgesetzt, invertiert das Speicherausgangssignal für den Dateneingang des Speichers. Auf diese Weise bewirkt der Impuls vom Lichtgriffel zuverlässig die Invertierung der gerade angesteuerten Speicherzelle. Bei optischem Dauerkontakt des Lichtgriffels mit einem Lotse-Punkt wechselt der Inhalt der Speicherzelle alle zwei Sekunden.

Der Bildinhalt setzt sich aus den Lotse-Punkten und dem Datenausgangssignal des Speichers zusammen. Dieses Signal, gemischt mit den Synchronimpulsen, steuert den Modulator des Senders, der über den Antenneneingang direkt mit dem Fernsehgerät verbunden ist. Über einen Datenbus kann von weiteren Geräten (eventuell Mikroprozessoren) auf den Speicherinhalt zugegriffen werden. Der Bus besteht aus den acht Adreßleitungen und den Leitungen für das Schreib/Leseschaltsignal, die Dateneingangs- und Datenausgangssignale und das Schaltsignal für den externen Zugriff.

Der Lichtgriffel steuert über die schnelle Silizium-Fotodiode BPX 65 den nachfolgenden dreistufigen Verstärker, um ein ausreichendes Signal sicherzustellen. Der Einsatz dieser Schaltung zur Programmierung eines Mikroprozessors und zur Darstellung von Ergebnissen ist möglich.

Otmar Feger

1.6 Elektronisch erzeugtes Bildschirmraster

Bei billigen Oszillografen und bei großen Monitorschirmen befindet sich meistens keine Rasterscheibe vor der Elektronenstrahlröhre, die eine Graduierung des Schirmbildes ermöglicht. Will man ein Oszillografenbild fotografieren, so erweist sich manchmal auch der räumliche Abstand zwischen dem Raster und dem Schirmbild als störend. Ein elektronisch erzeugtes Raster dagegen bietet den Vorteil, das Raster in beiden Koordinaten dem Schirmbild anzupassen. Mit der nachfolgend beschriebenen Schaltung *(Abb. 1.6.1)* kann man ein Raster von je sieben Linien horizontal und vertikal direkt auf dem Bildschirm erzeugen, wo-

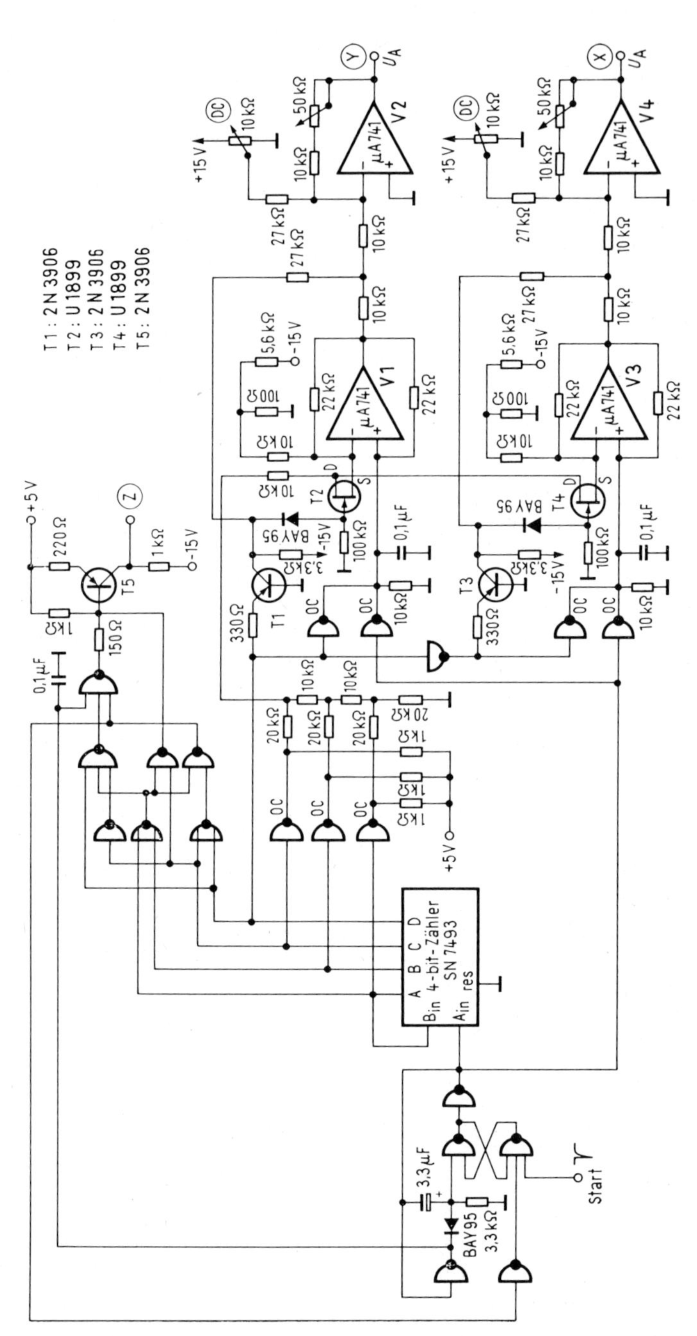

Abb. 1.6.1 Schaltung zur Erzeugung eines Bildschirm-Rasters

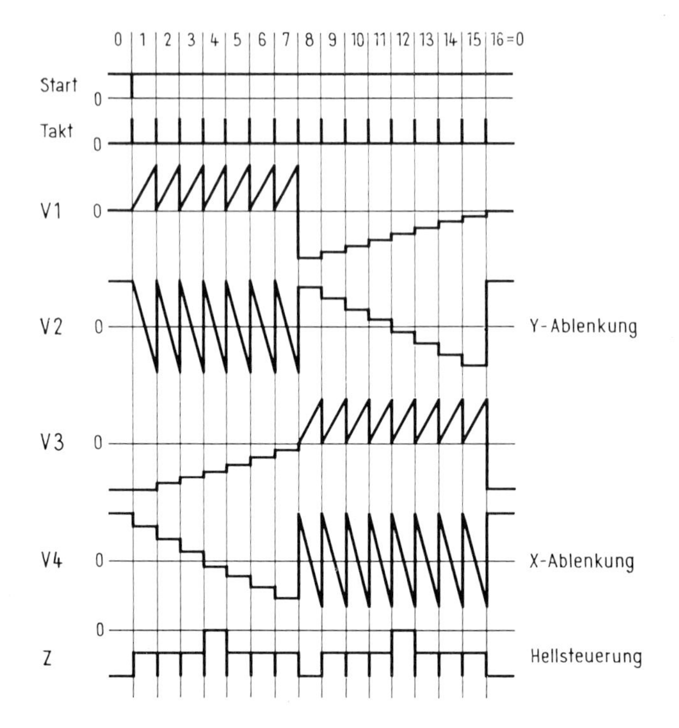

Abb. 1.6.2 Impulsdiagramm für die Schaltung nach Abb. 1.6.1

bei der gleichmäßige Abstand der waagrechten und senkrechten Linien variabel ist, und die jeweils vierte Linie heller als die anderen geschrieben wird.

Der Taktgenerator, er besteht aus einem Start/Stopp-Flipflop, schwingt mit etwa 100 Hz und liefert schmale positive Impulse an den 4-bit-Zähler Typ SN 7493. Bei einem negativen Impuls von mindestens 100 ns Dauer am Starteingang schwingt das astabile Flipflop an und liefert 16 Impulse an den Zähler. Danach stoppt die decodierte "O" den Taktgenerator. An den Ausgängen des Zählers ist eine Decodierlogik angeschlossen, die die Signale 0 (Ausblendung und Rückstellung), 8 (Ausblendung) und 4 und 12 (Helltastung) auswählt und zusammen mit den negierten Taktimpulsen dem nachfolgenden Transistor zur Verstärkung, Pegelverschiebung und Invertierung zuführt. Am Kollektor wird das zwischen 0 V (hell) und −15V (dunkel) liegende Hellsteuersignal abgegriffen.

Die an den Punkten A, B und C des Zählers angeschlossenen Invertierer mit offenem Kollektor arbeiten zusammen mit dem Kettenleiter-Widerstandsnetzwerk als Digital-Analog-Umsetzer und liefern einen dem Zählerstand proportionalen Strom an die Feldeffekttransistoren.

Der erste Operationsverstärker (V 1) für die "Y"-Ablenkung hat zwei Aufgaben:

a) Ist das vom Zähler kommende Signal "D" logisch O, dann ist der Feldeffekttransistor T 2 gesperrt, und die Schaltung arbeitet als Sägezahngenerator. Der Kondensator wird aufgeladen und bei jedem Taktimpuls durch den Invertierer mit offenem Kollektor wieder entladen. Dabei entsteht am Ausgang des Operationsverstärkers eine positive Sägezahnspannung. Die Linearität wird durch das Verhältnis der Widerstände 10 kΩ/22 kΩ am "+"-Eingang

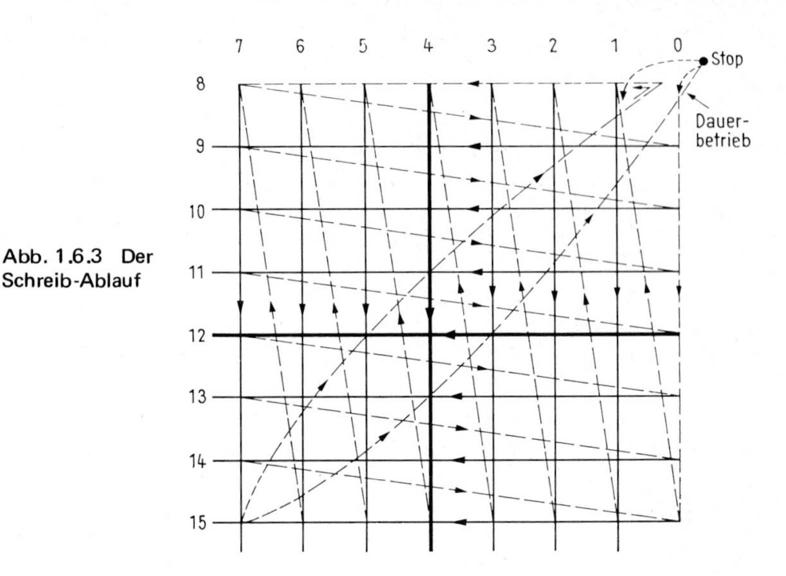

Abb. 1.6.3 Der Schreib-Ablauf

von V1 bestimmt. Die Amplitude richtet sich nach dem Widerstandsnetzwerk am invertierenden Eingang.

b) Wird das Signal "D" logisch „1" (nach dem achten Taktimpuls), dann bleibt der Kondensator durch den zweiten Invertierer mit offenem Kollektor immer entladen. Der als Pegelumsetzer verwendete Transistor T 1 wird leitend, ebenso T 2, und der Operationsverstärker arbeitet nun als Strom-Spannungs-Umsetzer. An seinem Ausgang entsteht eine Treppenspannung.

Wie aus dem Impulsdiagramm *(Abb. 1.6.2)* ersichtlich ist, liegt die Sägezahnspannung zwischen Null und einem positiven Wert, die Treppenspannung hingegen zwischen Null und einem negativen Spannungswert. Da sich hierbei die Linien auf dem Bildschirm nicht kreuzen würden, zieht man während der Zeit, da V 1 als Sägezahngenerator arbeitet, die Rampenspannung in dem Widerstandsnetzwerk zwischen den beiden Operationsverstärkern über den Pegelumsetzer, der während dieser Zeit gesperrt ist, unter Null.

Der nachfolgende Operationsverstärker V 2 arbeitet im invertierenden Betrieb; mit den beiden Potentiometern können die Amplitude und der Gleichspannungsmittelwert der Ausgangsspannung festgelegt werden. Die Ausgangsspannung kann zwischen $U_{A\,ss}$ = 3...20 V, der Gleichspannungsmittelwert in jeder Richtung um etwa 50 % geändert werden.

Die Operationsverstärker der "X"-Richtung arbeiten äquivalent, jedoch wird zuerst zwischen 0 und 8 die Treppenspannung und anschließend zwischen 9 und 15 die Sägezahnspannung erzeugt.

Bei getriggertem Betrieb entstehen bei der "Y"-Richtung nur sieben Rampen, bei der Stellung 0 wird kein Sägezahn erzeugt. Wie aus der Zeichnung ersichtlich *(Abb. 1.6.3)*, werden zuerst die senkrechten Linien von rechts (oben) nach links (unten) und anschließend die waagrechten Linien von rechts (oben) nach links (unten) geschrieben. Ändert man die Taktfrequenz, muß man auch die Kondensatoren für die Sägezahnspannung ändern, da sich sonst deren Amplitude und damit auch der Gleichspannungsmittelwert verschiebt.

Ing. (grad.) Friedrich Bayer

1.7 Trickschaltungen mit dem Baustein 7490

1.7.1 Dezimalzähler mit Rücksetzmöglichkeit auf 1

Die bekannte Zähldekade SN 7490 kann über die herausgeführten Anschlüsse nur auf 0000 (dezimal 0), bzw. 1001 (dezimal 9) gesetzt werden. Für manche Anwendungen wird jedoch eine Zähldekade benötigt, die sich auf 0001 (dezimal 1) zurücksetzen läßt (z.B. Tages- und Monatszähler bei einem Kalender). Meist wird dann ein Zähler mit „Preset-Eingängen" verwendet, der aber teurer ist (oder gerade nicht greifbar, im Gegensatz zur weitverbreiteten 7490). Es gibt allerdings eine wenig bekannte Möglichkeit, den Baustein SN 7490 als Zähldekade zu schalten, die man statisch auf 0001 zurückstellen kann, wobei man zusätzlich nur einen Inverter benötigt. In *Abb. 1.7.1* sind die Schaltung und die zugehörigen Wertetabellen dargestellt. Man benutzt vom ersten Flipflop (Q 1) der Zähldekade anstelle des

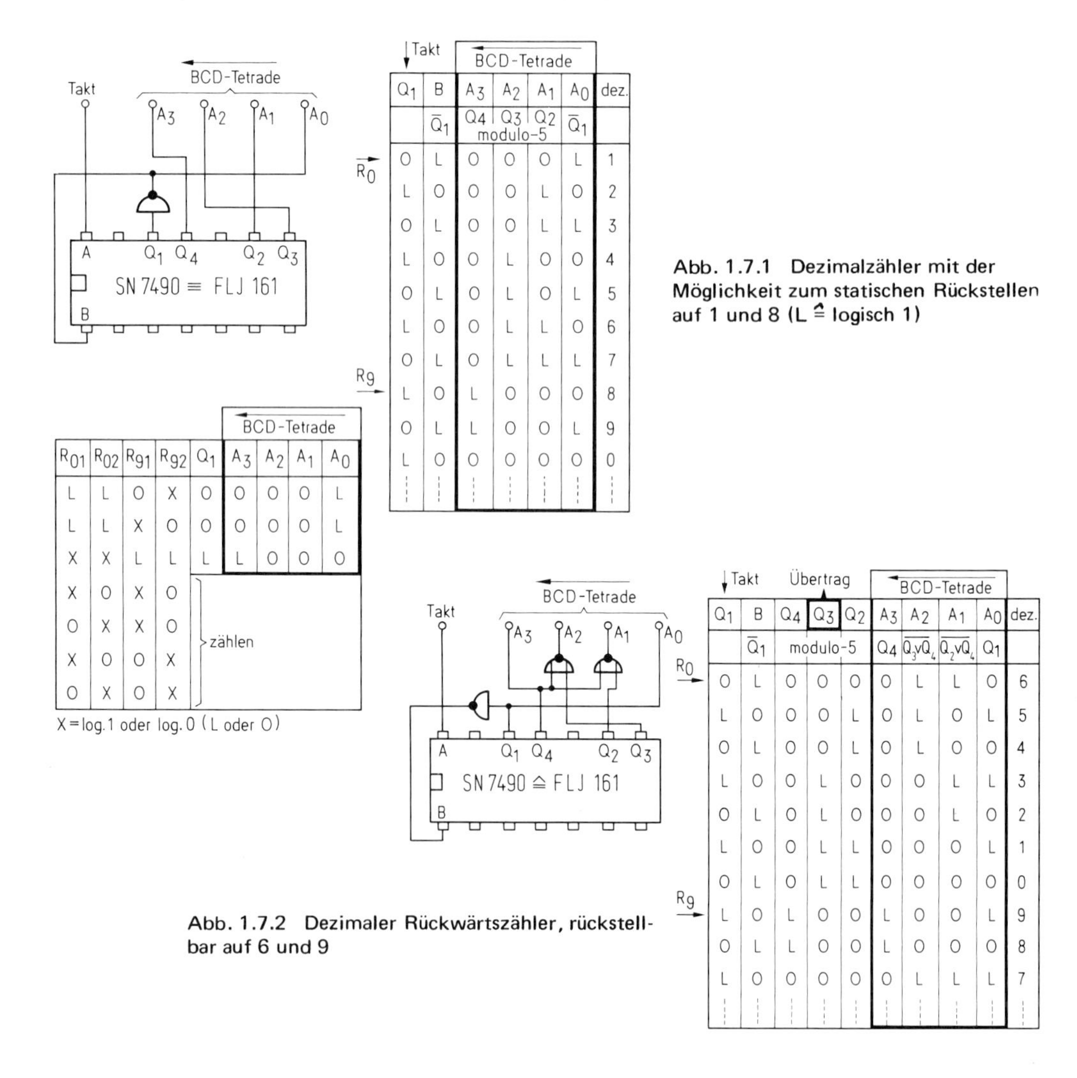

Q1	B	A3	A2	A1	A0	dez.
	$\bar{Q}_1$	Q4	Q3	Q2	$\bar{Q}_1$	
		modulo-5				
O	L	O	O	O	L	1
L	O	O	O	L	O	2
O	L	O	O	L	L	3
L	O	O	L	O	O	4
O	L	O	L	O	L	5
L	O	O	L	L	O	6
O	L	O	L	L	L	7
L	O	L	O	O	O	8
O	L	L	O	O	L	9
L	O	O	O	O	O	0

R01	R02	R91	R92	Q1	A3	A2	A1	A0
L	L	O	X	O	O	O	O	L
L	L	X	O	O	O	O	O	L
X	X	L	L	L	L	O	O	O
X	O	X	O	zählen				
O	X	X	O	zählen				
X	O	O	X	zählen				
O	X	O	X	zählen				

X = log. 1 oder log. 0 (L oder O)

Abb. 1.7.1 Dezimalzähler mit der Möglichkeit zum statischen Rückstellen auf 1 und 8 (L ≙ logisch 1)

Q1	B	Q4	Q3	Q2	A3	A2	A1	A0	dez.
	$\bar{Q}_1$	modulo-5			Q4	$\bar{Q}_3 \vee \bar{Q}_4$	$\bar{Q}_2 \vee \bar{Q}_4$	Q1	
O	L	O	O	O	O	L	L	O	6
L	O	O	O	L	O	L	O	L	5
O	L	O	O	L	O	L	O	O	4
L	O	O	L	O	O	O	L	L	3
O	L	O	L	O	O	O	L	O	2
L	O	O	L	L	O	O	O	L	1
O	L	O	L	L	O	O	O	O	0
L	O	L	O	O	L	O	O	L	9
O	L	L	O	O	L	O	O	O	8
L	O	O	O	O	O	L	L	L	7

Abb. 1.7.2 Dezimaler Rückwärtszähler, rückstellbar auf 6 und 9

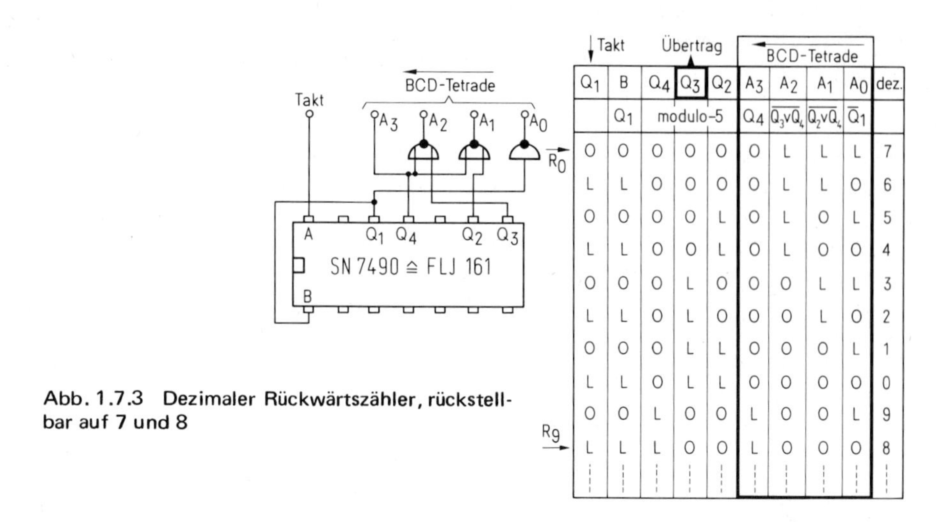

Q_1	B	Q_4	Q_3	Q_2	A_3	A_2	A_1	A_0	dez.
	Q_1	modulo-5			Q_4	$\overline{Q_3 \vee Q_4}$	$\overline{Q_2 \vee Q_4}$	$\overline{Q_1}$	
O	O	O	O	O	O	L	L	L	7
L	L	O	O	O	O	L	L	O	6
O	O	O	O	L	O	L	O	L	5
L	L	O	O	L	O	L	O	O	4
O	O	O	L	O	O	O	L	L	3
L	L	O	L	O	O	O	L	O	2
O	O	O	L	L	O	O	O	L	1
L	L	O	L	L	O	O	O	O	0
O	O	L	O	O	L	O	O	L	9
L	L	L	O	O	L	O	O	O	8
⋮	⋮	⋮	⋮	⋮	⋮	⋮	⋮	⋮	⋮

Abb. 1.7.3 Dezimaler Rückwärtszähler, rückstellbar auf 7 und 8

Q-Ausganges den negierten Ausgang. Dieser ist zwar nicht herausgeführt, man kann ihn aber einfach durch Negationen des Q-Ausganges erhalten. Dadurch wird der Rücksetz-Eingang des Q 1-Flipflops quasi zum Setz-Eingang. Die ganze Schaltung kann überhaupt nur deshalb funktionieren, weil der auf das Q 1-Flipflop folgende modulo-5-Zähler einen gesondert herausgeführten Takteingang hat, der natürlich nicht mit dem Q 1-Ausgang verbunden werden darf (wie das im Normalfall geschieht), sondern an dessen Negation gelegt werden muß.

1.7.2 Dezimaler Rückwärtszähler

Mit etwas mehr Aufwand kann der Zähler SN 7490 auch als dekadischer Rückwärtszähler geschaltet werden. Hierfür gibt es sogar zwei Möglichkeiten. Der Unterschied besteht lediglich darin, daß die eine ein statisches Rücksetzen auf 6 und 9 *(Abb. 1.7.2)*, die andere auf 7 und 8 *(Abb. 1.7.3)* gestattet. In beiden Fällen kann der Q 3-Ausgang als Übertrag mit 1-0-Sprung verwendet werden. (A 3-Ausgang ist Übertrag mit 0-1-Sprung). Die Funktion kann man sich leicht anhand der Logiktafeln klar machen. Auch diese Schaltungen können gegebenenfalls einen teuren Baustein ersetzen. *Martin Weitzel*

1.8 Umwandlung von 7-Segment- in 1-aus-10- und BCD-Code

Hochintegrierte Rechnerbausteine werden heutzutage zu erstaunlich niedrichen Preisen angeboten. Ihr Einsatz zur Lösung von Steuerungs- und Rechenaufgaben wird interessant, wenn sich die Ein- und Ausgabelogik ebenfalls preiswert realisieren läßt. So sind z.B. alle Rechnerchips der Firma National Semiconductor direkt CMOS-kompatibel. Zur kontaktlosen Eingabe wird das Tastenfeld durch CMOS-Analogschalter ersetzt (z.B. CD 4016). Soll ein kompletter Taschenrechner mit Tastenfeld und Anzeige erhalten bleiben, werden die Analogschalter den Tasten parallel geschaltet [1].

Die berechneten Daten werden im 7-Segment-Code ausgegeben *(Abb. 1.8.1)*. Zur Weiterverarbeitung können die in den *Abb. 1.8.2* und *1.8.3* erläuterten Codeumsetzer benutzt wer-

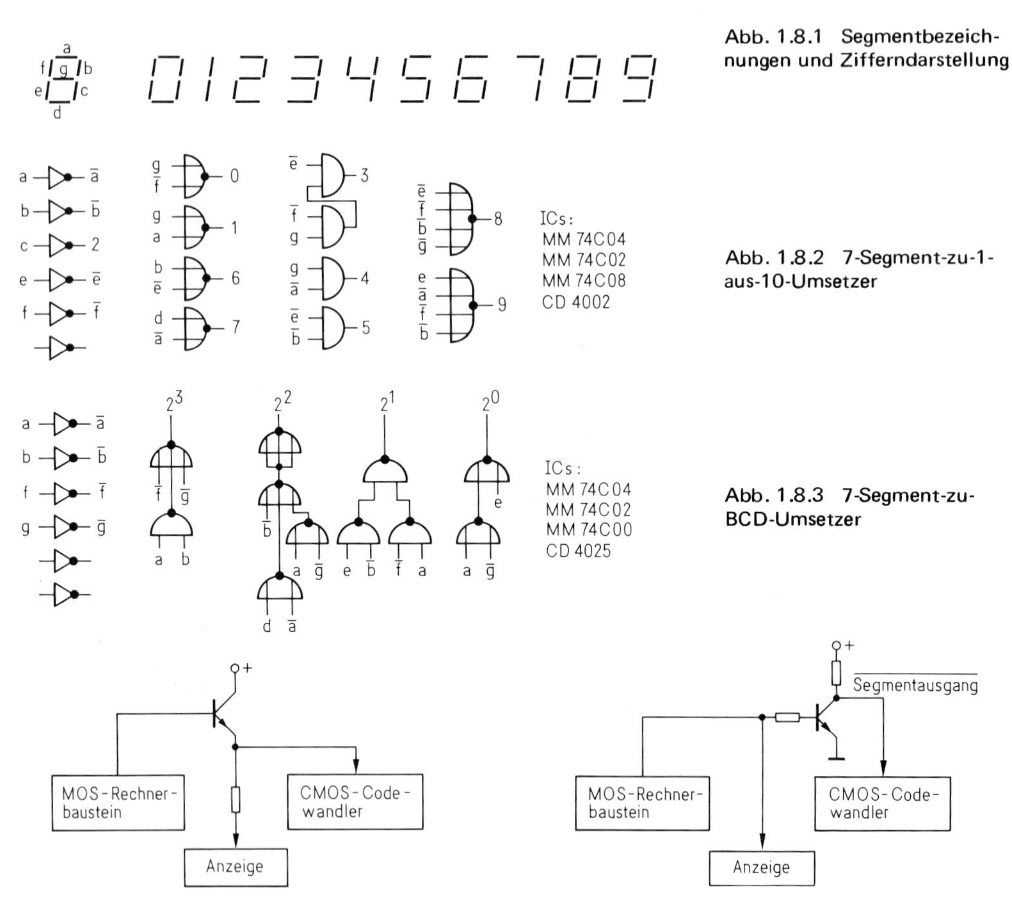

Abb. 1.8.1 Segmentbezeichnungen und Zifferndarstellung

Abb. 1.8.2 7-Segment-zu-1-aus-10-Umsetzer

Abb. 1.8.3 7-Segment-zu-BCD-Umsetzer

Abb. 1.8.4 Zwischenschaltung von Emitterfolgern zum Betrieb von Anzeigeelement und Codewandler

Abb. 1.8.5 Direkte Ankopplung z.B. in fertigen Rechnern

den. Jeder ist aus drei Gatter-ICs und einem Inverter-IC aufgebaut. Im Versuchsaufbau wurden die angegebenen ICs aus den CMOS-Reihen MM 74C00 und CD 4000 verwendet.

Abb. 1.8.4 zeigt den prinzipiellen Anschluß von Codewandler und 7-Segment-Anzeigebaustein. Durch den Emitterfolger wird die Belastung des Rechnerbausteins gering gehalten, ohne ihn würde sich die Ausgangsspannung über die integrierten, strombegrenzenden Segmenttreiber auf die Durchlaßspannung der Leuchtdiodenanzeige einstellen [2]. Eine andere Möglichkeit, die sich für fertig gekaufte Taschenrechner anbietet und ein direktes Ankoppeln an die 7-Segment-Ausgänge vorsieht, ist in *Abb. 1.8.5* angedeutet. Dadurch erhält man zwar invertierte Ausgangssignale, da jedoch genügend Inverter zur Verfügung stehen, ist auch diese Version durchführbar.

Ing. (grad.) Achim Bischof

Literatur

[1] Applikationsschriften AN 112 und AN 119, National Semiconductor.
[2] Applikationsschrift AN 99, National Semiconductor.

1.9 Digitaler Mischer

Mit dem in *Abb. 1.9.1* dargestellten Mischer läßt sich auf einfache Weise die Differenzfrequenz zweier Frequenzen bilden (Abwärtsmischung). Verwendet werden ein D-Flipflop (1/2 SN 7474) und zwei Schmitt-Trigger (SN 7413). Das D-Flipflop übernimmt zu jeder positiven Taktflanke die an seinem Dateneingang anstehende Information, tastet also die Information am D-Eingang kontinuierlich ab. Aus dem Impulsdiagramm *(Abb. 1.9.2)* ist die Wirkungsweise der Schaltung zu erkennen.

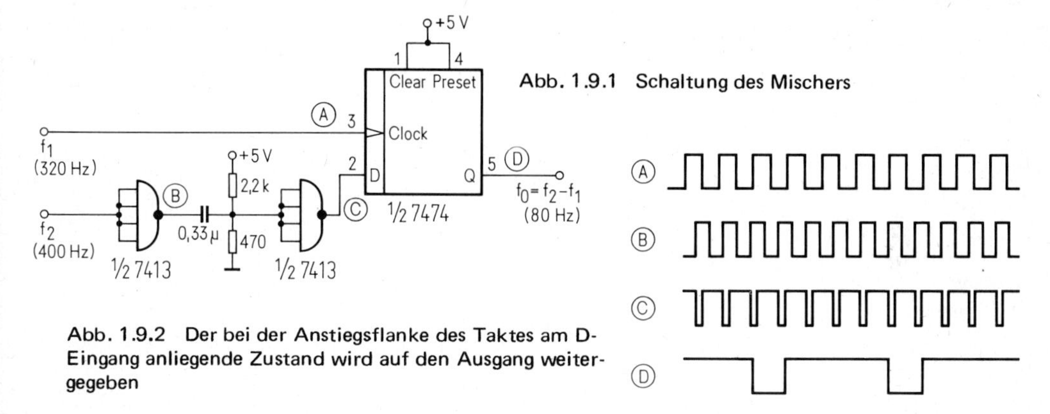

Abb. 1.9.1 Schaltung des Mischers

Abb. 1.9.2 Der bei der Anstiegsflanke des Taktes am D-Eingang anliegende Zustand wird auf den Ausgang weitergegeben

Die Phasenverschiebung und das Tastverhältnis beider Eingangsfunktionen sind ohne Bedeutung für die Funktion der Schaltung. Der Kondensator im Differenziernetzwerk muß selbstverständlich (in weiten Grenzen) der Frequenz des Eingangssignals angepaßt werden.

Gerhard Tamm

1.10 Ein- und Ausschalten eines zwischengefügten Zählers ohne Hilfsgatter

Der 50-MHz-Zähler 74 196 wird häufig als Vorteiler in schnellen Zählschaltungen verwendet. Dabei taucht öfters die Frage auf, wie man ohne viel Aufwand z.B. vom Teilungsverhältnis 10:1 auf 1:1 umschalten kann. Normalerweise werden dazu zwei bis drei schnelle Gatter zu Hilfe genommen, um das ungeteilte Signal um den Zähler herumzuleiten. Die in *Abb. 1.10* gezeigte Methode kommt gänzlich ohne Gatter oder sonstige Hilfsmittel aus.

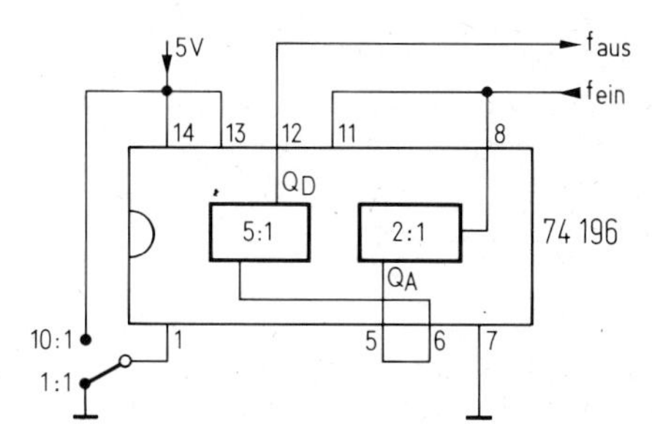

Abb. 1.10 Mit dem Schalter kann $f_{aus} = f_{ein}$ oder $f_{aus} = f_{ein}/10$ eingestellt werden

Der Baustein 74 196 ist ein voreinstellbarer Zähler, d.h. seine Ausgänge folgen den logischen Pegeln an den entsprechenden Dateneingängen, wenn am Anschluß 1 Pegel „0" anliegt. Liegt „1" an, wird ganz normal gezählt, und die Dateneingänge haben keine Funktion. Legt man nun die Eingangsfrequenz f_1 sowohl an den Zähleingang als auch an einen der Dateneingänge (hier Dateneingang D = Anschluß 11), so kann durch einfaches Umschalten des logischen Pegels am Anschluß 1 gewählt werden, ob die Ausgangsfrequenz $f_{aus} = f_{ein}$ oder $f_{aus} = f_{ein}/n$ sein soll. n kann auf 2, 5 oder 10 programmiert sein, je nachdem, ob nur einer der beiden Teiler benutzt wird oder ob beide benutzt werden. Mit der gezeigten Schaltung hat man die Möglichkeit, zwischen 10:1 und 1:1 umzuschalten. Grundsätzlich kann dieses Prinzip bei allen voreinstellbaren Zählern angewandt werden.

Ing. (grad.) Günter Knallinger

1.11 Unterdrückung von Störimpulsen

Bei digitalen TTL-Schaltungen tritt oft das Problem auf, daß man kurze Störimpulse unterdrücken muß. Da letzten Endes jedes Störsignal in Form und Pegel dem Nutzsignal gleich sein kann, ist eine Unterscheidung nur nach der Länge möglich. Im einfachsten Fall kann ein Störsignal durch ein Integrationsglied in der Signalleitung unterdrückt werden. Schaltungen nach diesem Prinzip sind aber nicht für alle Betriebsfälle geeignet: R und C können nur begrenzt frei gewählt werden, da Logikpegel einzuhalten und Anstiegs- und Abfallzeiten zu beachten sind. Die Schaltung nach *Abb. 1.11.1* vermeidet diese Nachteile, sie unterdrückt Impulse bis zu einer einstellbaren Länge.

Funktion der Schaltung

Im Ruhezustand liegt am Eingang „0", am Ausgang „1". Bei einem positiven Impuls am Eingang wird das RS-Flipflop über Anschluß 9 freigegeben und das Monoflop über den B-Eingang getriggert. Der $\overline{Q}$-Ausgang des Monoflops geht auf „0" und kippt das RS-Flipflop. Das 3fach-NAND-Gatter wird jetzt nur noch vom Monoflop gesperrt. Nach Ablauf der Verzögerungszeit liegt an den Anschlüssen 3 und 4 des Gatters „1", und das Eingangssignal gelangt, über Anschluß 5, invertiert auf den Ausgang.

Der Ausgangszustand ändert sich also nur dann, wenn das Eingangssignal länger ist als die Laufzeit des Monoflops. Wird der Eingang „0", dann geht der Ausgang sofort auf „1".

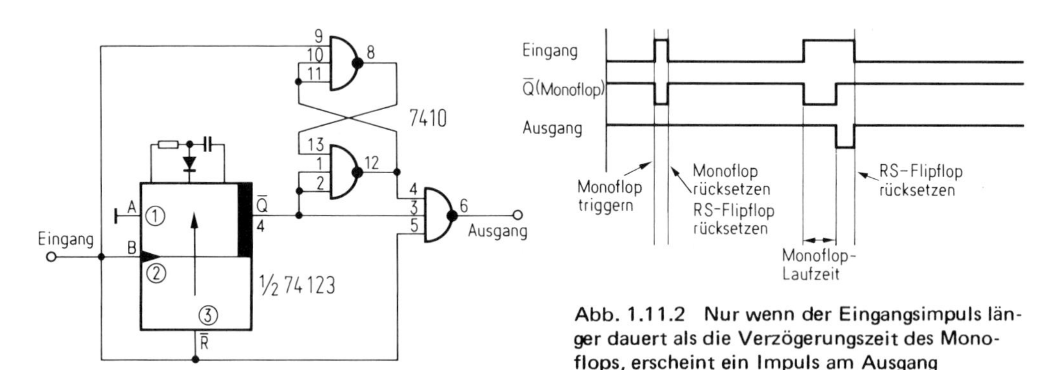

Abb. 1.11.1 Schaltung zur Störimpulsunterdrückung

Abb. 1.11.2 Nur wenn der Eingangsimpuls länger dauert als die Verzögerungszeit des Monoflops, erscheint ein Impuls am Ausgang

Gleichzeitig kehren RS-Flipflop und Monoflop in die Ruhelage zurück. Geschieht das während der Verzögerungszeit des Monoflops, ändert sich das Ausgangssignal erst gar nicht und bleibt auf „1".

Wie aus dem Impulsdiagramm *(Abb. 1.11.2)* ersichtlich, werden die durchgelassenen Impulse um die Verzögerungszeit des Monoflops verkürzt, was aber in den meisten Fällen keine Rolle spielt. *Bodo Krone*

1.12 Präzise einstellbare Multivibratoren für lange Zeiten

Unter Multivibratoren versteht man Kippschaltungen, die entweder selbsttätig schwingen (astabile Multivibratoren) oder, durch einen Triggerimpuls angestoßen, einen Impuls bestimmter Länge abgeben (monostabile Multivibratoren). Die zeitbestimmenden Glieder bestehen normalerweise aus einem Widerstand R und einem Kondensator C. Die Impulsdauer entspricht ungefähr dem 0,7fachen Wert der Zeitkonstante R·C. Dabei tritt bei langen Zeiten das Problem auf, daß man trotz hoher Widerstandswerte auch große Kondensatoren C benötigt, die nur als Elektrolytkondensatoren verfügbar sind. Soll der Multivibrator außerdem noch präzise sein, so sind unbedingt Folienkondensatoren mit geringem Leckstrom und kleinem Temperaturkoeffizienten notwendig, die nur bis maximal etwa 10 µF erhältlich sind. Wird weiterhin auch noch eine stufenlose Einstellbarkeit gefordert, so muß man als Widerstand ein 10-Gang-Potentiometer verwenden, das es nur bis zu einem Höchstwert von einigen hundert Kiloohm gibt. Daraus resultiert eine maximal einstellbare Zeit von einigen Sekunden. Für eine längere Impulsdauer muß man auf andere Schaltungen zurückgreifen.

Kernstück der nachfolgenden Schaltungen ist ein Integrator mit einem 10-µF-Kondensator C und einer einstellbaren, relativ kleinen Eingangsspannung U_E, so daß sich lange Integrationszeiten ergeben. Die Impulsdauer T errechnet sich aus

$$T = \frac{\Delta U \cdot C}{I}$$

wobei ΔU die Differenz der Spannungswerte an C vom Beginn bis zum Ende der Zeit T ist; I ist der Ladestrom bzw. der Eingangsstrom des Integrators.

Astabiler Multivibrator

Die Schaltung *(Abb. 1.12.1)* besteht aus einem Integrator, zwei Komparatoren, einer Referenzspannungsquelle, einem RS-Flipflop in CMOS-Technik und eventuell einem Spannungskonstanthalter für die Versorgungsspannung des Flipflops des Referenzspannungsteilers und des Komparatorspannungsteilers. Die Versorgungsspannung muß nicht unbedingt konstant sein, da sowohl die Spannung am Integratoreingang als auch die Schaltschwellen der Komparatoren proportional zu dieser Spannung sind, wodurch sich in erster Näherung kein Einfluß auf die Zeiten ergibt.

Der Eingang des Integrators liegt am Abgriff eines Potentiometers. Dieses ist mit einem Ende über einen Vorwiderstand R_V an den Q-Ausgang des Flipflops und mit dem anderen an eine Referenzspannung geschaltet, die zwischen der Versorgungsspannung U_{b+} und 0 liegt. Sie muß aber auch innerhalb des zulässigen Eingangsspannungsbereiches des für den

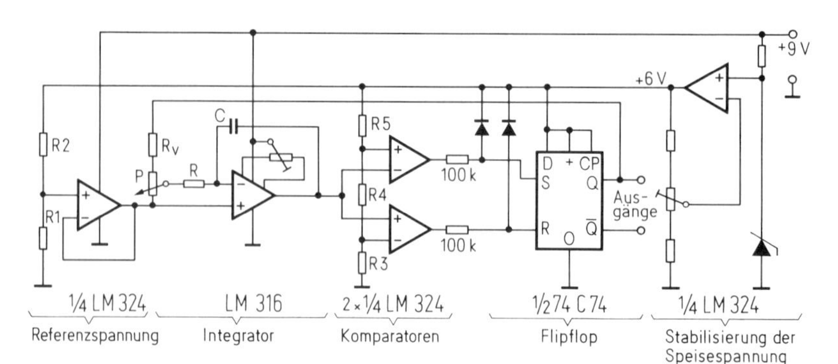

Abb. 1.12.1 Astabiler Multivibrator für lange Zeiten

Integrator verwendeten hochohmigen Verstärkers liegen, da dessen nichtinvertierender Eingang mit dieser Referenzspannung verbunden ist.

Erreicht die Spannung am Ausgang des Integrators den vorgesehenen Grenzwert beim Aufwärtsintegrieren, so spricht der obere Komparator an, und das nachgeschaltete Flipflop kippt, wodurch sich die Polarität der Spannung am Integratoreingang ändert. Ist die Höhe der neuen Spannung in umgekehrter Polarität bezogen auf die Referenzspannung betragsmäßig gleich der vorherigen Spannung, was bei $U_{ref} = U_{b+}/2$ der Fall ist, so integriert er mit der gleichen Geschwindigkeit abwärts, und zwar bis zum unteren Grenzwert. Nun spricht der untere Komparator an und die Spannung am Integratoreingang hat wieder die ursprüngliche Polarität und Größe. Diese Polarität ist also abhängig vom Schaltzustand des Flipflops.

Die Spannung am Ausgang des Integrators ist in diesem Falle eine symmetrische Dreieckspannung; am Flipflop-Ausgang tritt eine Rechteckspannung mit 50 % Tastverhältnis auf. Wählt man am nichtinvertierenden Eingang des Verstärkers eine von $U_{b+}/2$ abweichende Referenzspannung, so ändert sich das Tastverhältnis entsprechend folgender Beziehung:

$$\frac{U_{b+} - U_{ref}}{U_{ref}} = \frac{U_{b+}}{U_{ref}} - 1$$

Das entspricht auch dem Verhältnis der Aufwärts- zur Abwärtsintegrationszeit, da zwischen Eingangsspannung, Eingangsstrom und reziproker Periodendauer beim Integrator ein streng linearer Zusammenhang besteht. Dazu ist unbedingt ein Flipflop-IC in CMOS-Technologie erforderlich, da ein exaktes Schalten des Q-Ausganges zwischen U_{b+} und 0 notwendig ist.

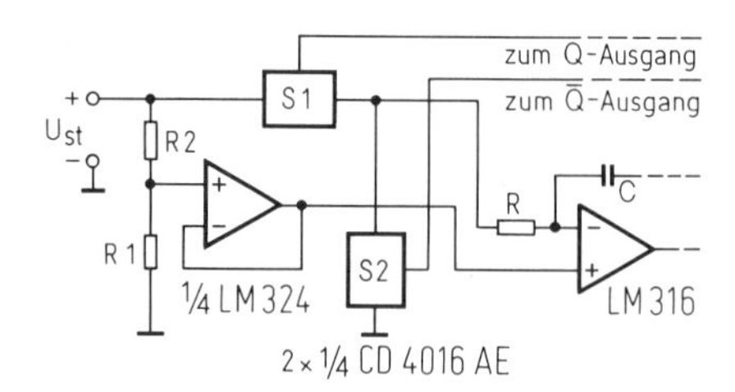

Abb. 1.12.2 Astabiler Multivibrator, Variante: Frequenzeinstellung durch externe Analogspannung

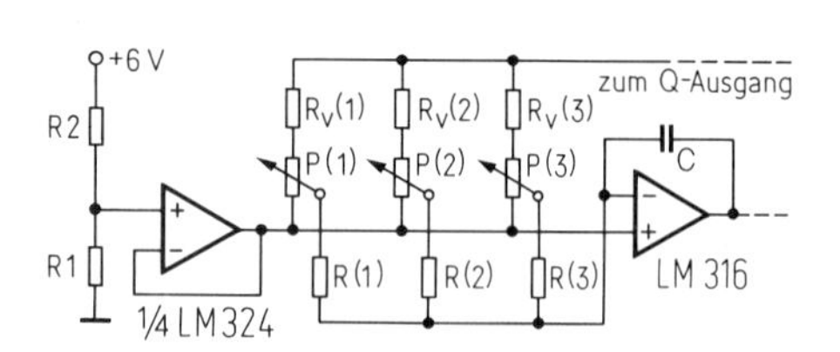

Abb. 1.12.3 Astabiler Multivibrator, Variante: Addition von Frequenzeinstellungen (siehe auch Abb. 1.12.6)

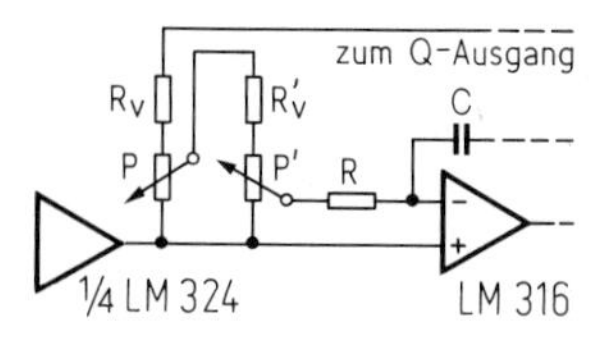

Abb. 1.12.4 Multiplikation von Frequenzeinstellungen; $R_V' \gg R_P$, $R \gg R_P'$

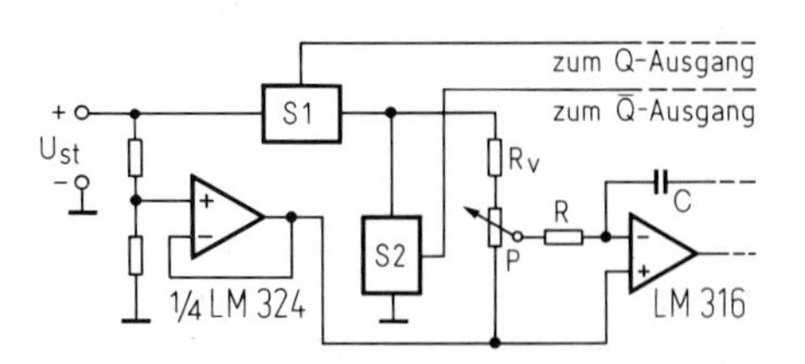

Abb. 1.12.5 Multiplikation von externer Frequenzeinstellung mit einer Potentiometereinstellung

Die Einstellung der Frequenz erfolgt linear mit dem Potentiometer durch Ändern der am Integrator anliegenden Spannung. Diese Spannung muß nur hinreichend groß gegenüber der Offsetspannungsdrift des verwendeten Verstärkers sein, damit diese keinen Einfluß auf die Genauigkeit der Anordnung hat. Der Strom durch den Widerstand R des Integrators

$$I_E = U_E/R$$

muß aus dem gleichen Grund groß sein gegenüber der Drift des Offsetstromes des Verstärkers. Soll außerdem die Linearität der Einstellung gewährleistet sein, so muß die Eingangsspannung U_E groß sein gegenüber der Offsetspannung des Verstärkers, was bei den meisten Verstärkern mittels Justierung mit einem externen Offsetpotentiometer möglich ist. Der Eingangsstrom I_E muß dann groß sein gegenüber dem Biasstrom des Verstärkers.

Darüber hinaus ist es möglich, die Frequenz durch eine externe Analogspannung frequenzlinear einzustellen oder mit einer sich periodisch ändernden Eingangsspannung eine Wobbelung der Ausgangsfrequenz zu erzielen *(Abb. 1.12.2)*. Die Umschaltung der Eingangsspannung muß hier durch FET-Schalter erfolgen, die vom Flipflop gesteuert werden. Bei externen Einstellmöglichkeiten ist aber eine Stabilisation der Versorgungsspannung U_{b+} unbedingt erforderlich.

Auch eine Addition mehrerer Frequenzeinstellungen oder eine Multiplikation ist leicht möglich, ebenso die Multiplikation von einer externen Einstellung durch eine Analogspannung mit einer Potentiometereinstellung (siehe *Abb. 1.12.3* bis *1.12.5)*. Will man anstatt der Frequenz (1/T) die Periodendauer (T) linear verändern können, so muß man den Widerstand R als Potentiometer ausführen und mit einer entsprechend kleinen festen Spannung vom Integratoreingang her durch einen Spannungsteiler beaufschlagen. Hier ist allerdings die erreichbare Zeit durch den Potentiometerwiderstand begrenzt. Sie liegt aber durch die kleine Eingangsspannung um Größenordnungen höher als bei den konventionellen Schaltungen. Bei diesen wird nämlich der Kondensator über einen Widerstand R von einer Spannung geladen, die fast so groß ist wie die Versorgungsspannung (siehe *Abb. 1.12.6)*.

Ersetzt man den Spannungsteiler für den nichtinvertierenden Eingang des Verstärkers durch ein Potentiometer, dann kann man das Tastverhältnis der Ausgangsspannung unabhängig von der Periodendauer einstellen. Dies ist aber nur innerhalb des zulässigen Eingangsspannungsbereiches des Verstärkers möglich.

Die Ausgänge der beiden als Komparatoren verwendeten Teile des Vierfach-Verstärkers LM 324 N sind über Widerstände und Dioden zur Spannungsbegrenzung mit den Flipflop-Eingängen verbunden, da der Ausgangsspannungshub der Komparatoren in dieser Schaltung höher ist als die zulässigen Spannungen an den Flipflop-Eingängen.

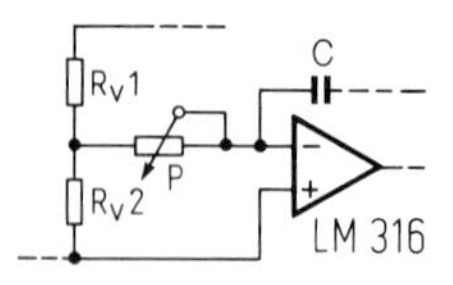

Abb. 1.12.6 Variante: Zeitlineare Einstellung; auch hier ist die Addition von Einstellwerten möglich durch in Serie geschaltete Potentiometer

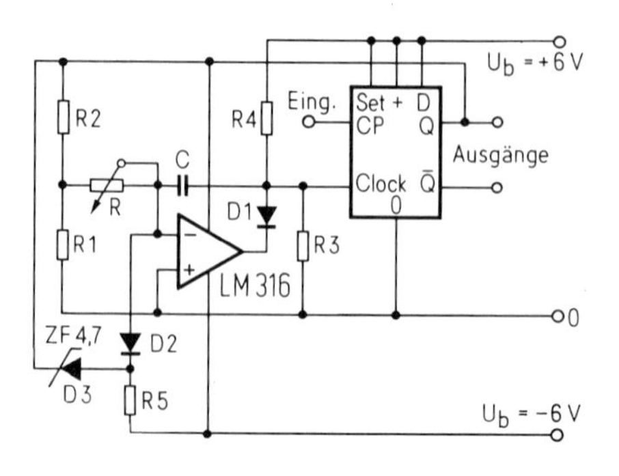

Abb. 1.12.7 Monostabiler Multivibrator; zeitlineare Einstellung

Monostabiler Multivibrator

Für den monostabilen Betrieb ist das Hauptproblem das Erzielen konstanter Anfangsbedingungen für den Integrator. In *Abb. 1.12.7* wird eine Ladeschaltung verwendet, die aus den Dioden D2 und D3 und dem Widerstand R 5 besteht. Eine Begrenzung der Kondensatorspannung wird durch die Diode D 1 und die Widerstände R 3 und R 4 erreicht. Über den Widerstand R 5 und die Diode D 2 kann im Ruhezustand der Anordnung — Q-Ausgang des Flipflops führt L-Pegel — ein Strom aus dem Integrator herausfließen, wodurch sich der Kondensator C bis auf die Spannung

$$U_{b+} \cdot \frac{R\,3}{R\,3 + R\,4}$$

aufladen kann. Ist C geladen, übersteuert der Verstärker, und die Diode D 1 sperrt, so daß die Spannung am Kondensator nicht mehr weiter steigen kann.

Gelangt nun ein Eingangsimpuls an den CP-Eingang des Flipflops, so kippt dieses, der Q-Ausgang geht auf „H", seine Spannung ist bei kleinen Ausgangsströmen exakt U_{b+}. Dadurch sperrt einerseits die Diode D 2, da über die Z-Diode D 3 eine positive Spannung an der Katode von D 2 liegt, und der Ladestrom des Kondensators kann nicht mehr fließen; andererseits liegt jetzt am Integratoreingang eine positive Spannung, so daß der Integrator nun abwärts integriert, wobei die Diode D 1 leitet. Erreicht die Ausgangsspannung des Integrators etwa $U_{b+}/2$, so kippt das mit dem Clear-Eingang an dieser Spannung liegende Flipflop zurück, und der Kondensator wird wieder wie beschrieben auf den Anfangswert aufgeladen.

Die Diode D 2 muß einen sehr geringen Sperrstrom aufweisen. Der Widerstand R 3 ist notwendig, um den Kondensator auf einen innerhalb des Ausgangsspannungshubes des Verstärkers liegenden Spannungswert aufzuladen. Würde man ihn weglassen, so müßte man Schwankungen des Anfangswertes in Kauf nehmen, da die maximal auftretende Ausgangsspannung integrierter Verstärker nicht genau definiert ist. Auch bei dieser Schaltung ist eine Stabilisierung der Versorgungsspannung nicht notwendig, da die Schaltschwelle von CMOS-Bausteinen proportional U_{b+} ist.

Die beim astabilen Multivibrator beschriebenen Möglichkeiten zur externen Einstellung der Impulsdauer, Addition eingestellter Werte etc. bestehen sinngemäß auch beim monostabilen Multivibrator.

Berechnungsbeispiel für die Schaltung nach Abb. 1.12.7

Verstärker: LM 316 von National Semiconductor (monolithisch integrierter Verstärker mit Superbeta-Transistor-Darlingtoneingang, $I_{Bias} < 150$ pA).
Die Offsetspannung sei mittels Potentiometer auf < 1 mV eingestellt. Gewählt:

$I_{Emax} = 10$ nA, $U_{Emax} = 100$ mV,
$\Delta U = 3{,}6$ V, C = 10 μF.

$$R = \frac{U_E}{I_E} = \frac{100\,\text{mV}}{10\,\text{nA}} = 10\,\text{M}\Omega\text{, Potentiometereinstellung 100 \%,}$$

$$T_{min} = \frac{\Delta U \cdot C}{I} = \frac{3{,}6\,\text{V} \cdot 10^{-5}\,\text{As}}{10^{-8}\,\text{A V}} = 3600\,\text{s} = 1\,\text{Stunde.}$$

Gerhard Silberbauer, cand. ing.

1.13 Stromgesteuerte Monoflop-Schaltungen

Integrierte Schaltungen zur Erzeugung vielfältiger Signalformen werden in großer Auswahl preiswert und technisch hochwertig angeboten, wobei der Schwerpunkt auf dem Gebiet der Zeitgeber liegt. Im folgenden werden Monoflop-Schaltungen beschrieben, die aus integrierten Zeitgebern sowie Operationsverstärkern bestehen und Eigenschaften aufweisen, welche bisher mit diskreten Schaltungen wirtschaftlich nicht realisierbar waren.

1.13.1 Der integrierte Zeitgeber NE 555 als monostabile Kippstufe

Eine monostabile Kippstufe mit dem Zeitgeber NE 555 [1] ist in *Abb. 1.13.1* dargestellt. Ein Entladetransistor im Zeitgeber hält den Kondensator C kurzgeschlossen. Die negative Flanke des Triggersignals setzt den Ausgang von L nach H und sperrt den Entladetransistor, wodurch die Kondensatorspannung u_C mit der Zeitkonstante $\tau = RC$ ansteigt. Beim Durchlaufen der intern im Zeitgeber erzeugten Schwelle $U_{Schw} = 2/3 \cdot U_{bl}$ wird der Ausgang von H nach L zurückgesetzt und der Entladetransistor leitend geschaltet. Nach Entladung des Kondensators kann die Schaltung neu getriggert werden.

1.13.2 Die stromgesteuerte monostabile Kippstufe

Der Widerstand R in der Schaltung nach Abb.1.13.1 kann durch eine Stromquelle aus Operationsverstärker und Feldeffekttransistor [2] ersetzt werden. Die Kondensatorspannung u_c

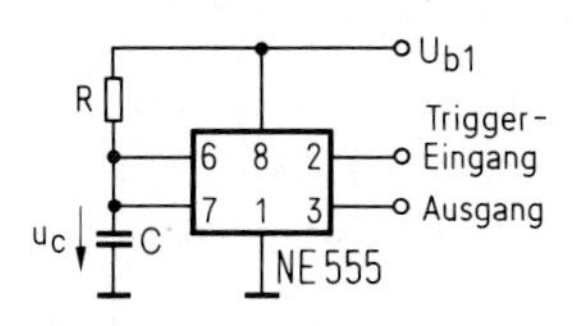

Abb. 1.13.1 Monostabile Kippstufe mit dem Zeitgeber NE 555

Abb. 1.13.2 Stromgesteuerter Monoflop für Pulslängen von 0,14... 4,2 ms

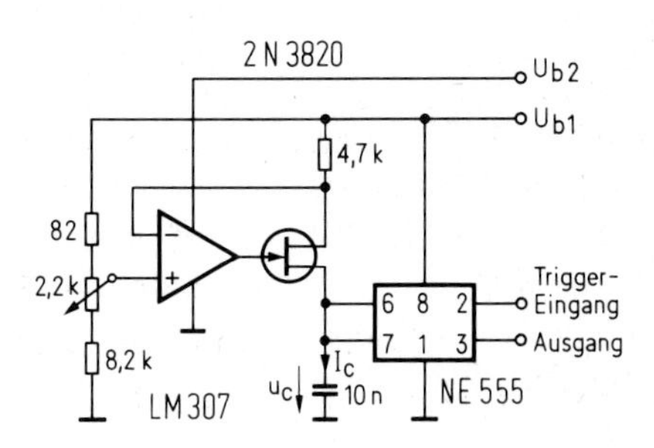

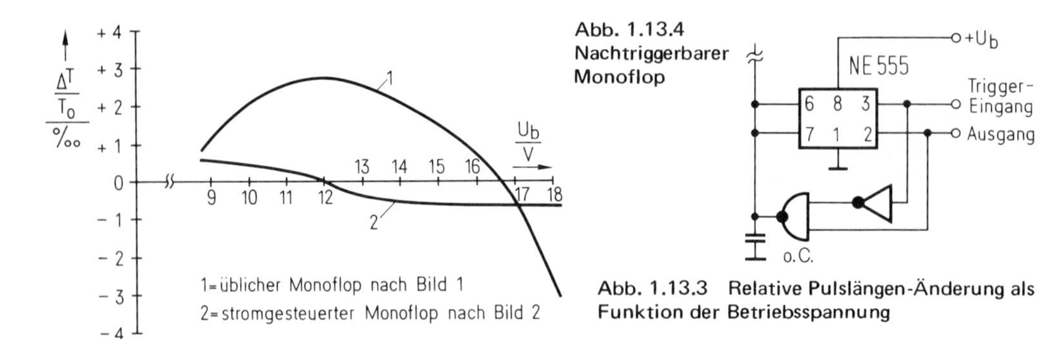

Abb. 1.13.4 Nachtriggerbarer Monoflop

Abb. 1.13.3 Relative Pulslängen-Änderung als Funktion der Betriebsspannung

nimmt dann nach Triggern der Stufe linear mit der Zeit zu. *Abb. 1.13.2* zeigt ein Schaltungsbeispiel für diese Variante. Die Pulslänge läßt sich am 2,2-kΩ-Potentiometer durch Verändern des Kondensator-Ladestroms I_c im Verhältnis 1:30 variieren. Da der Ladestrom und die im Zeitgeber erzeugte Schwellspannung proportional der Spannung U_{b1} sind, ist die Pulslänge theoretisch unabhängig von dieser Spannung. *Abb. 1.13.3* zeigt die relative Pulslängen-Änderung als Funktion der Versorgungsspannung U_{b1} für die Monoflop-Schaltungen nach Abb. 1.13.1 und 1.13.2. Die verbesserte Genauigkeit des stromgesteuerten Monoflops entsteht durch die mehr als doppelt so große Steigung der Kondensatorspannung im Umschaltpunkt gegenüber der ursprünglichen monostabilen Kippstufe nach Abb. 1.13.1.

1.13.3 Simultane Pulsdauer-Verstellung an mehreren Monoflops

Digitalschaltungen mit sequentieller Logik enthalten oft eine Vielzahl von Monoflops mit definierten Pulslängenverhältnissen. Solche Schaltungen lassen sich einfach an andere Zeitverhältnisse anpassen, wenn sich mit Hilfe eines einzigen Potentiometers alle Pulslängen gleichzeitig und im festen Verhältnis zueinander verändern lassen. Stromgesteuerte Monoflops bieten diese Möglichkeit. Die nichtinvertierenden Eingänge aller Stromquellen-Operationsverstärker werden zu diesem Zweck an den Abgriff eines gemeinsamen Potentiometers gelegt (siehe *Abb. 1.13.5*). An diesem Potentiometer werden nun die Pulslängen aller Monoflops simultan und mit festen Pulslängen-Verhältnissen zueinander verändert.

Zur Beurteilung der Gleichlauf-Eigenschaften kann ein Gleichlauf-Fehler definiert werden, der sich aus der Abweichung der Pulslänge einer Stufe vom Mittelwert der Pulslängen aller Stufen ergibt. Bei einer Meßschaltung, aufgebaut aus vier gleichartigen Monoflops nach Abb. 1.13.2, lag dieser Gleichlauf-Fehler im gesamten Bereich des Potentiometers unter 0,5 %. Derartige Gleichlauf-Eigenschaften sind mit Tandem-Potentiometern nicht zu erreichen, die außerdem große Einbautiefe und erhebliche Kosten verursachen. Schaltungen, bei denen die Vorwiderstände R an eine gemeinsame variable Ladespannung gelegt werden, haben zwei Nachteile. Große Variation der Pulslänge kann erzielt werden, wenn die variable Ladespannung geringfügig über der Schwellspannung liegt. Durch die kleine Steigung der Kondensatorspannung im Umschaltpunkt wird dann aber die Pulslänge ungenau. Für exaktes und variables Timing muß die Ladespannung wesentlich größer als die Schwellspannung sein und zudem in einem großen Bereich variiert werden können. In der Praxis schließt man zwischen beiden Extremen einen Kompromiß, der nur eine geringe Pulslängenvariation im Verhältnis von ca. 1:5 erlaubt. Von allen Möglichkeiten der simultanen Pulslängen-Variation ist die Verwendung des stromgesteuerten Monoflops die günstigste, da hiermit bei einfachem Schaltungsaufbau gute Gleichlauf-Eigenschaften, exaktes Timing und große Variation der Pulslänge erreicht werden.

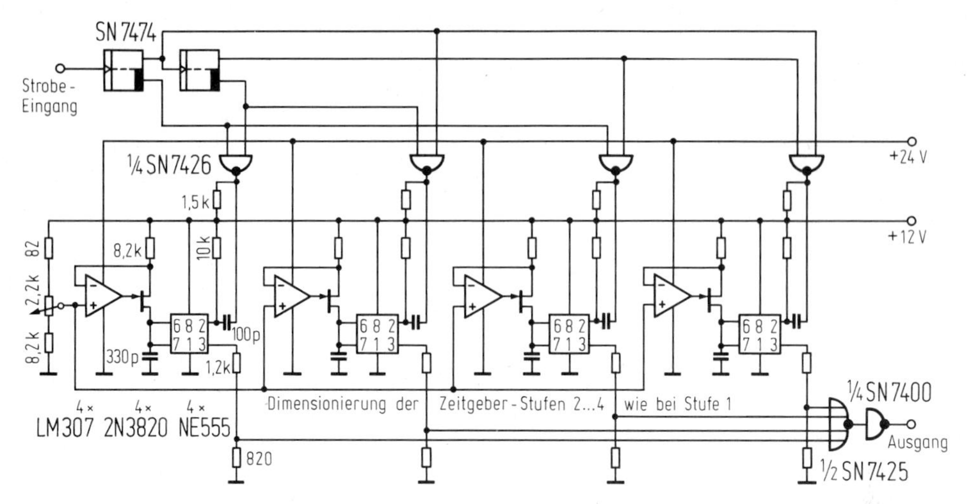

Abb. 1.13.5 Zeitablauf-Teil einer Pile-up-Unterdrückungs-Schaltung

1.13.4 Nachtriggerbare monostabile Kippstufe

Durch ein NAND-Gatter mit offenem Kollektorausgang und einem Invertierer, die nach *Abb. 1.13.4* geschaltet werden, können die Grundversion des Monoflops und die Stromquellen-Variante nachtriggerbar ausgebaut werden. Bei H-Ausgangspotential bewirkt jeder Triggerpuls eine Entladung des Kondensators, so daß die Dauer des Ausgangspulses vom letzten Triggerpuls bestimmt wird.

1.13.5 „Erholzeitfreie" monostabile Kippstufe

Jedes Monoflop benötigt nach Abgabe eines Pulses eine bestimmte Erholzeit zur Um- oder Entladung des Kondensators, bevor es erneut ohne Pulslängen-Verfälschung getriggert werden kann. Die Erholzeit kann durch Schaltungsfeinheiten minimiert, aber nie zu Null gemacht werden. Oft erfordert aber die Verarbeitung zeitlich statistischer Pulse nachtriggerbare und erholzeitfreie Monoflops. Derartige Probleme fallen bei der Signalverarbeitung der Kernspektroskopie an. Zur Unterdrückung sog. Pile-up-Fehler (Amplitudenverfälschung durch Überlagerung mehrerer, zeitlich kurz aufeinanderfolgender Detektorsignale) darf ein Strobe-Puls nur bei einem bestimmten Mindestzeitabstand zum vorhergehenden Strobe-Puls verarbeitet werden.

Abb. 1.13.5. zeigt den Zeitablauf-Teil einer solchen Pile-up-Unterdrückungs-Schaltung. Mehrere stromgesteuerte Monoflops werden der Reihe nach getriggert. Nachdem ein Monoflop getriggert wurde, müssen erst die anderen monostabilen Kippstufen getriggert worden sein, bevor dieses Monoflop erneut aktiv werden kann. Aufgrund statistischer Überlegungen konnte die Zahl der Stufen auf vier beschränkt werden. Die Triggerung erfolgt über JK-Flipflops und eine Decodierlogik aus NAND-Gattern mit offenen Kollektorausgängen. Am 2,2-kΩ-Potentiometer kann für alle Stufen die Pulslänge im Verhältnis 1:30 variiert werden. Die Ausgänge der Monoflop-Stufen sind über ein ODER-Gatter verknüpft.

Einmal getriggert, kann die Schaltung maximal dreimal nachgetriggert werden. Die Dauer des Ausgangspulses wird vom letzten Nachtriggerpuls bestimmt. Die Schaltung kann aber auch bis zu vier Ausgangspulse mit beliebig kurzen Pausen zwischen den Pulsen abgeben, ohne daß Pulslängenverfälschungen durch Triggern innerhalb der Erholzeit auftreten, die bei Verwendung eines einzigen Monoflops unvermeidbar wären. Da es beim gegebenen Anwendungsfall genügend unwahrscheinlich ist, daß ein Strobe-Puls alle vier Monoflop-Stufen im getriggerten Zustand vorfindet, kann die Schaltung als erholzeitfreies und nachtriggerbares Monoflop bezeichnet werden.

Ing. A. Hillers

Literatur

[1] Datenblatt des Zeitgebers NE 555 der Firma Signetics.

[2] Labus, H., und Hillers, A.: Spannungsgesteuerte Stromquellen kleiner Leistung. ELEKTRONIK 1972, H. 4, S. 119...122: H. 5. S. 165...168.

1.14 Triggerschaltung für Monoflops

Häufig will man ein Monoflop am selben Eingang mit der HL- und der LH-Flanke triggern. In *Abb. 1.14.1* ist eine Schaltung dargestellt, die dies ermöglicht. Die *Tabelle* zeigt das Verhalten des verwendeten Bausteins SN 74 123. Zur Ansteuerung werden die vier NAND-Gatter des Bausteins 7400 benutzt. Um das Monoflop zu starten, ist ein Signalwechsel an einem Eingang notwendig, während sich der andere mindestens für die Zeit t_{hold} (40 ns) nicht ändern darf. Verwendet man 1-nF-Kondensatoren, wird diese Zeit t_{min} nicht unterschritten. Die geringe Flankensteilheit des LH-Übergangs ist unkritisch. *Abb. 1.14.2* zeigt das Impulsdiagramm.

Ing. (grad.) Kurt Fischer

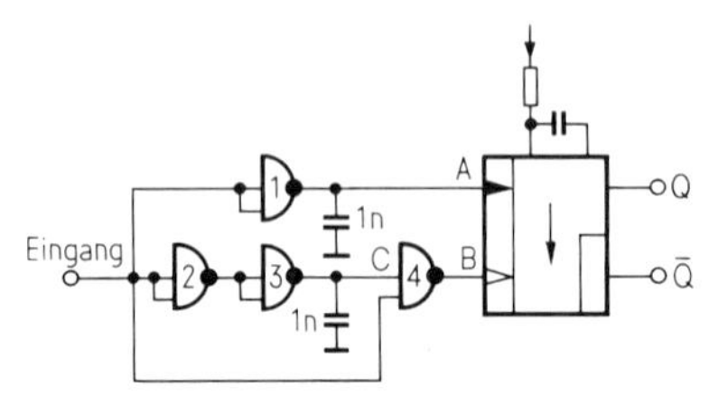

Abb. 1.14.1 Ansteuerschaltung

Wahrheitstabelle des Bausteins 74 123

Eingänge		Ausgänge	
A	B	Q	Q̄
H	X	L	H
X	L	L	H
↓	H	⎍	⊔
L	↑	⎍	⊔

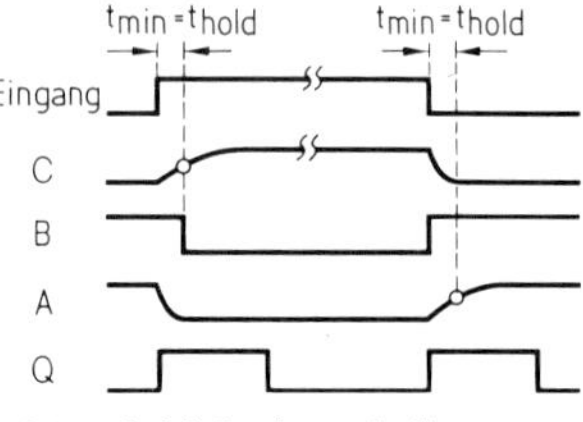

Abb. 1.14.2 Impulsdiagramm

1.15 Ein monostabiler Multivibrator mit verringertem Jitter

Soll eine variable Anzahl Impulse innerhalb eines festgesetzten Zeitintervalles ausgezählt werden, so bedient man sich im einfachsten Fall eines monostabilen Multivibrators als Eingangsgatter-Steuerung *(count enable)* und eines Zählers. Liegen die Zeiten, in denen Ereignisse ausgezählt werden sollen, in der Größenordnung von Sekunden, und begnügt man sich mit einem Gate-Zeitfehler von etwa 5 %, so wird man auf die Verwendung eines teuren Quarzoszillators sowie auf Untersetzerstufen und Synchronisiereinrichtung verzichten. *Abb. 1.15.1* zeigt in einem Impulsdiagramm die geforderten Bedingungen.

Mit der ansteigenden Flanke des Ereignissignals wird das Eingangsgatter geöffnet. Bei Ablauf der Öffnungszeit t_g steht der Zählerinhalt zur weiteren Verwertung zur Verfügung. Nach t_g und einer anschließenden Verzögerungszeit von Δt ist der Zählerinhalt wieder null;

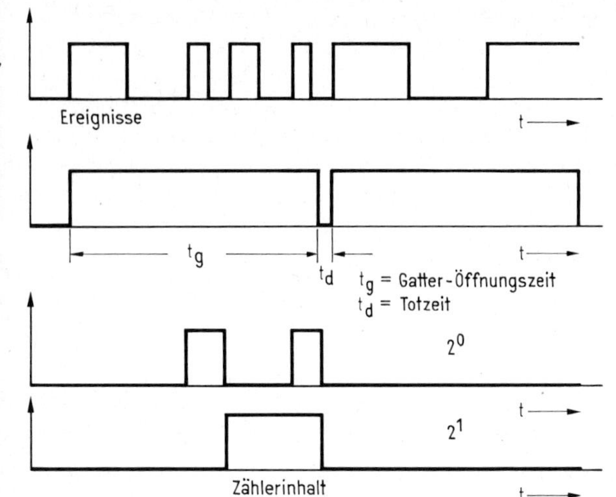

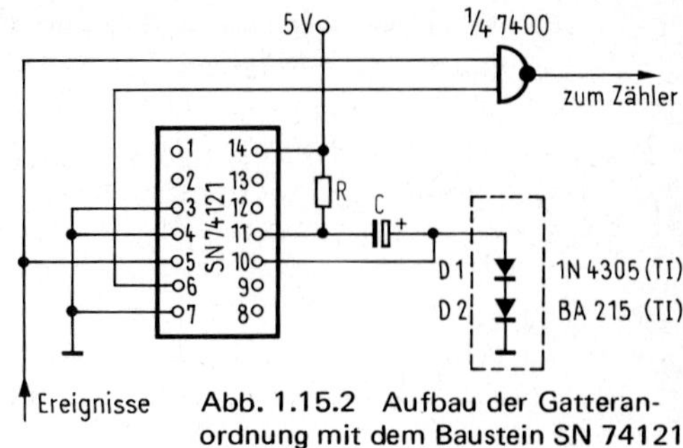

Abb. 1.15.2 Aufbau der Gatteranordnung mit dem Baustein SN 74121

Abb. 1.15.1 Variable Anzahl von Ereignissen (a), die in einem vorgegebenen Zeitintervall t_g (Tor-Öffnungszeit) ausgezählt werden (b) und am Ende von t_g am Zählerausgang zur Verfügung stehen (c). t_d ist die Totzeit zwischen den Öffnungszeiten

dabei soll Δt nicht zu klein gewählt werden, um eine sichere Informationsweitergabe zu gewährleisten. Den Aufbau der Gatteranordnung mit dem Baustein SN 74121 von der Firma Texas Instruments zeigt *Abb. 1.15.2.*

Für die Berechnung von t_g gilt [1]: $t_g = R \cdot C \cdot \ln 2$. Bei R = 27 kΩ und C = 160 μF ergibt sich t_g = 3 s. Solange die Totzeit *(dead time)* $t_d > 500$ ms, gilt 2,85 s $< t_g <$ 3 s.

Sinkt t_d jedoch auf 100 ms, so beträgt der Fehler von t_g schon fast 30 %. Die Folge ist, daß die Ereignisanzahl falsch erkannt wird. Prinzipiell kann dies nicht verhindert werden; jedoch läßt sich t_d durch Einfügen der Dioden D 1 und D 2 bis auf 100 ms senken, ohne daß t_g um mehr als 5 % kleiner wird. Allerdings ist dadurch die Formel für t_g nicht mehr gültig. Für die durch die Dioden D 1 und D 2 erweiterte Schaltung gilt als Faustformel: $t'_g = 0{,}4\ t_g$, wobei t'_g = Gate-Zeit mit den Dioden D 1 und D 2 ist.

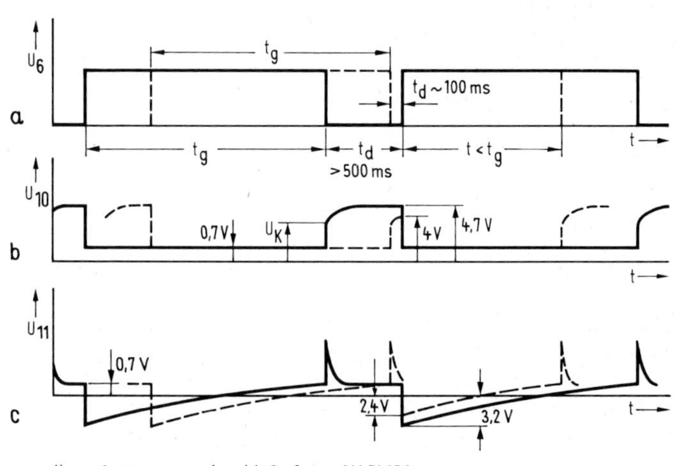

Abb. 1.15.3 Wird die Totzeit t_d zu klein, tritt ein Jitter auf (a), da die Nachladung von C nicht mehr verwendet werden kann (b). Ein verminderter Spannungssprung U_{11} ist die Ursache für ein kürzeres t_g (c)

Die Wirkungsweise der Schaltung ohne die Klammer-Dioden D 1 und D 2 zeigt *Abb. 1.15.3.*

Aus *Abb. 1.15.3b* ist ersichtlich, daß U_{10} bei zu kleiner Totzeit t_d merklich unter dem maximal erreichbaren Wert bleibt. Die Folge ist, daß bei erneutem Triggern des MMV der dadurch bedingte negative Spannungssprung am Kondensator *(Abb. 1.15.3c)* kleiner ist als bei größerem t_d. Natürlich lädt sich der Kondensator dann schneller auf die Kippschwelle von 0,7 V um. Daraus resultiert eine kleinere Gate-Zeit t_g. Durch Einfügen der Dioden D 1 und D 2 steigt U_{12} nicht mehr über U_K = 1,4 V an. Ein konstanter Spannungssprung ist die Folge. Es ist leicht einzusehen, daß $t_g' < t_g$ sein muß. Jedenfalls ist das Verwenden eines Elektrolytkondensators — im ersten Moment würde man ihn dafür verantwortlich machen — nicht die prinzipielle Ursache beim Auftreten eines zu großen Jitters.

Dr. Erich Berloffa

Literatur

[1] The Integrated Circuits Catalogue for Design Engineers. Druckschrift der Firma Texas Instruments.

1.16 Datenspeicherung trotz Netzausfall

Bei digitalen Steuerschaltungen dürfen Störimpulse auf der Versorgungsspannung oder auf den Steuerleitungen keinen Einfluß haben. Häufig wird zusätzlich gefordert, daß bei kurzem Netzausfall bestimmte Betriebszustände gespeichert bleiben. Zum anderen müssen die Schaltungen preiswert und servicefreundlich ausgeführt sein. Es dürfen also nach Möglichkeit nur Bauelemente verwendet werden, die leicht zu beschaffen sind. Aus diesem Grund wird bei den nachfolgenden Schaltbeispielen die SN-74-Serie zugrunde gelegt.

Alle Forderungen wurden auf sehr einfache Weise gelöst: Am Ausgang eines Flipflops, das aus zwei NAND-Gattern gebildet ist, wird ein Tantal-Kondensator mit 0,47...10 µF gegen 0 V geschaltet *(Abb. 1.16.1).*

Dieser Kondensator bewirkt folgendes:

- Bei Störungen der Versorgungsspannung verharrt der Speicher stabil in seinem Schaltzustand. Auch bei Spannungseinbrüchen bis 0 V drückt der Kondensator infolge seiner Ladung den Speicher immer wieder in die zuletzt gewählte Schaltstellung.
- Störspitzen auf den Steuerleitungen können den Speicher nicht umschalten, weil kurze Impulse den Kondensator nicht umladen können.
- Sogar bei einem Betriebsspannungsausfall von 100 s bleibt der zuletzt gewählte Schaltzustand erhalten.

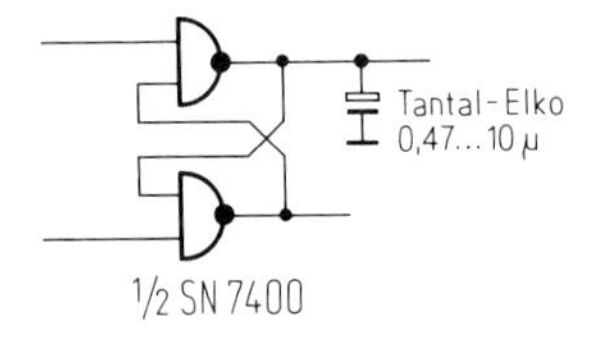

Abb. 1.16.1 Am Ausgang des Flipflops wird ein Tantal-Elektrolytkondensator gegen Masse geschaltet

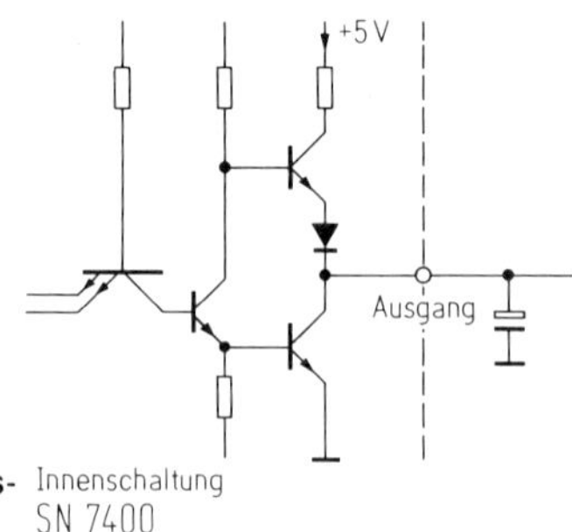

Abb. 1.16.2 Bei fehlender Versorgungsspannung sind beide Ausgangstransistoren gesperrt

Bei einem Betriebsspannungsausfall sind die beiden Endstufentransistoren des NAND-Gatters gesperrt *(Abb. 1.16.2)*. Der Kondensator behält deshalb seinen Ladungszustand bei und drückt beim Wiederkehren der Versorgungsspannung den Speicher in seinen ursprünglichen Zustand.

Bei Inbetriebnahme des Gerätes ist der Kondensator entladen, dadurch nimmt der Speicher beim Einschalten immer die gleiche Vorzugslage ein.

Die Größe der erforderlichen Kapazität läßt sich am besten unter Betriebsbedingungen ermitteln. Mitbestimmend für die Wahl der Kapazität ist unter anderem auch die Spannungsanstiegs-Geschwindigkeit $\Delta U/\Delta t$ der wiederkehrenden Betriebsspannung bei Netzausfall. Je langsamer die Versorgungsspannung ansteigt, desto länger befindet sich der Baustein in einem halbleitenden Zustand und um so größer muß die nachgeschaltete Kapazität sein. Bei Versuchen wurde eine Kapazität von 6,8 μF als ausreichend und auch als unbedenklich für die Belastung des vorgeschalteten NAND-Gatters ermittelt.

Dieter Rud

1.17 Steuerschaltung für Frequenzzähler

Die in *Abb. 1.17* gezeigte Schaltung wurde entwickelt, um bei einem Frequenzmeßgerät mit einer 50-Hz-Zeitbasis die Rückstellung der Zähler und Steuerung der Zwischenspeicher möglichst einfach, d.h. mit wenig zusätzlichen Bauelementen ausführen zu können. Sie hat den Vorteil, daß außer TTL-ICs keine weiteren Bauelemente erforderlich sind.

Wirkungsweise

Die 50 Hz werden durch den 1:5-Teiler im IC 7490 auf 10 Hz heruntergeteilt, die an Q 4 abzunehmen sind. Q 4 ist an den Takteingang des Flipflops FF angeschlossen

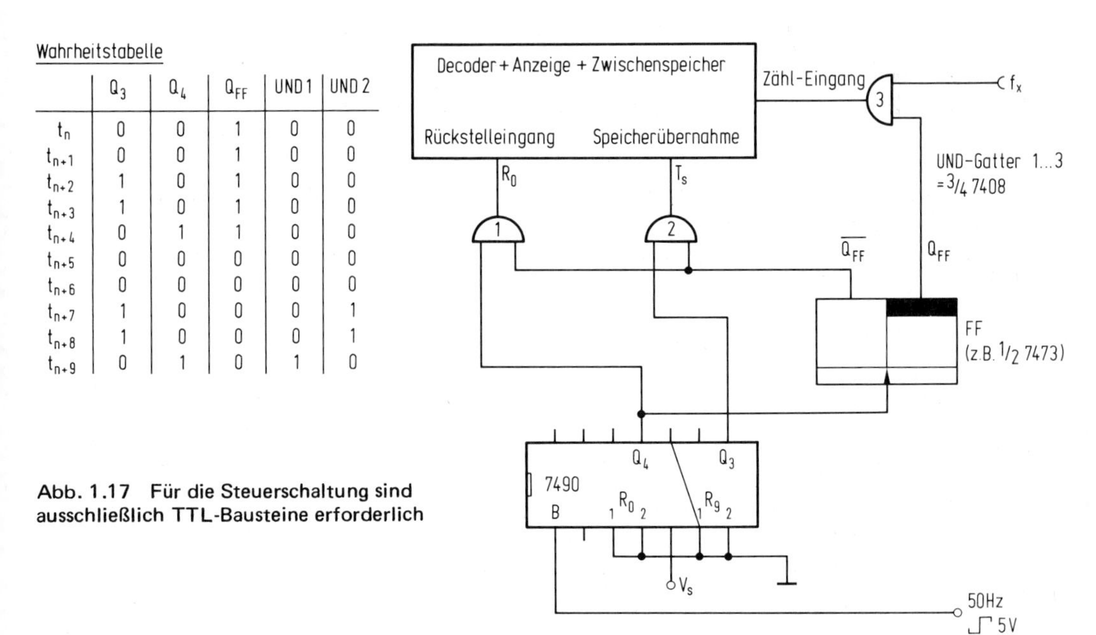

Wahrheitstabelle

	Q_3	Q_4	Q_{FF}	UND 1	UND 2
t_n	0	0	1	0	0
t_{n+1}	0	0	1	0	0
t_{n+2}	1	0	1	0	0
t_{n+3}	1	0	1	0	0
t_{n+4}	0	1	1	0	0
t_{n+5}	0	0	0	0	0
t_{n+6}	0	0	0	0	0
t_{n+7}	1	0	0	0	1
t_{n+8}	1	0	0	0	1
t_{n+9}	0	1	0	1	0

Abb. 1.17 Für die Steuerschaltung sind ausschließlich TTL-Bausteine erforderlich

an dessen Ausgang Q eine Frequenz von 5 Hz mit einer Impulslänge von 0,1 s erscheint. Das heißt, jeweils für 0,1 s können die Impulse der zu bestimmenden Frequenz f_x über das UND-Gatter 3 an den Zählereingang gelangen. Dann folgt eine Pause von 0,1 s, während der die gezählte Impulszahl gespeichert und der Zähler für die nächste Zählperiode zurückgestellt werden muß. Die Impulszahl wird, wie aus der *Wahrheitstabelle* ersichtlich ist, zum Zeitpunkt t_{n+7} in den Zwischenspeicher übernommen. Zum Zeitpunkt t_{n+9} wird der Zähler zurückgestellt. Der Inhalt des Zwischenspeichers wird weiterhin angezeigt, da der Ausgang des UND-Gatters 2 schon wieder auf „0" liegt. Bei $t_{n+10} = t_n$ wird UND-Gatter 3 wieder geöffnet. Während dieser Zählperiode wird weiterhin der Zwischenspeicherinhalt angezeigt. Zum Zeitpunkt t_{n+7} wird dann das neue Zählergebnis gespeichert und angezeigt; darauf folgt die Rückstellung usw.. Bei der vorliegenden Schaltung beträgt die Auflösung 10 Hz. Um größere Genauigkeiten zu erhalten, ist die 50-Hz-Frequenz weiter herunterzuteilen. Ansonsten braucht die Schaltung nicht verändert zu werden.

Für FF kann das unbenutzte Flipflop im Baustein 7490 verwendet werden. Da dies aber keinen Komplementärausgang hat, ist noch ein Invertierer erforderlich.

Das angegebene Schaltungsprinzip kann auch bei Frequenzmeßgeräten benutzt werden, die mit einer anderen Zeitbasis-Frequenz arbeiten.

Gerhard Reinelt

1.18 TTL-Ausgang vor Kurzschluß geschützt

Der Informationsfluß zwischen Meß- oder Betriebsgeräten und ihren Fernbedienungen besteht häufig aus einer Folge digitaler Impulse, die in TTL-Technik ausgeführte Schaltungen erzeugen. Da die TTL-Bausteine nicht kurzschlußfest sind, sollten jene integrierten Schaltungen, die an Geräteausgängen angeschlossen sind, gegen Kurzschlüsse geschützt sein. Kurzschlüsse können z.B. durch eine falsche externe Verkabelung oder eine defekte Empfangsschaltung verursacht werden. Die hier beschriebene Dioden-Widerstandsgruppe sichert die TTL-Schaltung (z.B. NAND-Gatter, *Abb. 1.18.1)* gegen Kurzschlüsse nach Masse, + 5 V sowie gegen positive oder negative Betriebsspannungen.

Die Dimensionierung der Schutzschaltung richtet sich nach den bekannten Eingangs- und Ausgangsdaten der TTL-Schaltungen und nach der internen, negativen Betriebsspannung. Um den Zustand logisch „0" *(Abb. 1.18.2)* am Ausgang des NAND-Gatters G 1 auf den Eingang des Invertierers G 2 zu übertragen, muß R 1 zumindest den Eingangsstrom von G 2 aufnehmen. Daraus leitet sich die Dimensionierung für R 1 ab (Abb. 1.18.2):

$$R1_{min} = \frac{U_{R1}}{I_{in\,(0)}} = \frac{11{,}6\ V}{1{,}6\ mA} = 7{,}25\ k\Omega\text{, wobei } U_{G11} \approx U_{G12} \approx 0{,}6\ V$$

R1 = 6,8 kΩ gewählt, daraus:

$$I_{G\,1} = I_{R\,1} - I_{in\,(0)} = \frac{11{,}6\ V}{6{,}8\ k\Omega} - 1{,}6\ mA$$

$$I_{G\,1} = 0{,}11\ mA \text{ (worst case)}$$

$$I_{G\,1} = 0{,}71\ mA \text{ (typisch)}$$

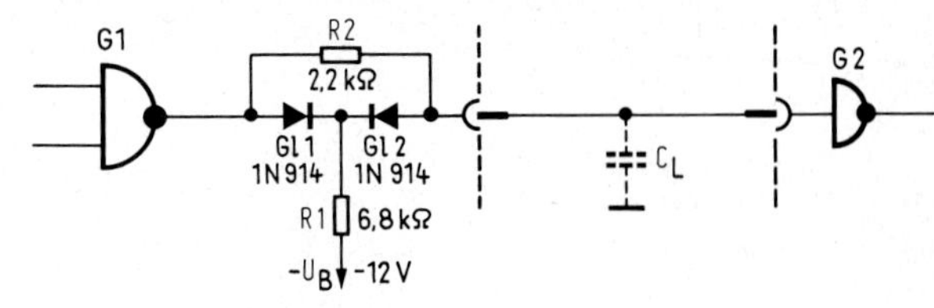

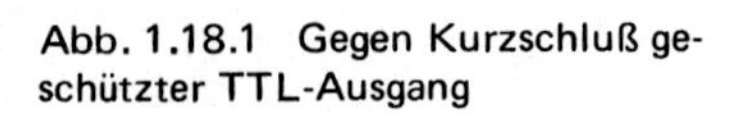
Abb. 1.18.1 Gegen Kurzschluß geschützter TTL-Ausgang

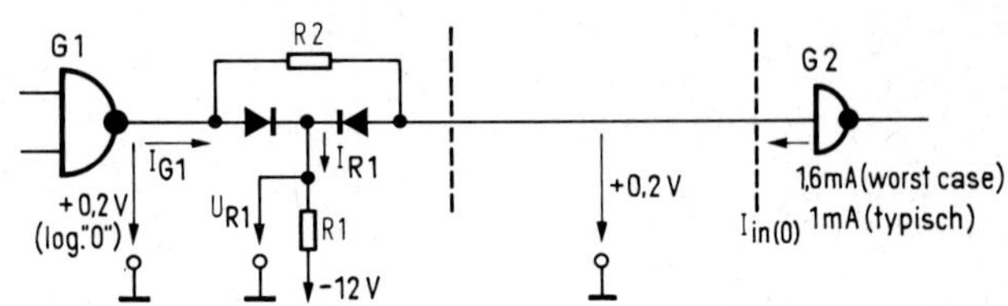

Abb. 1.18.2 Übertragung von logisch „O"

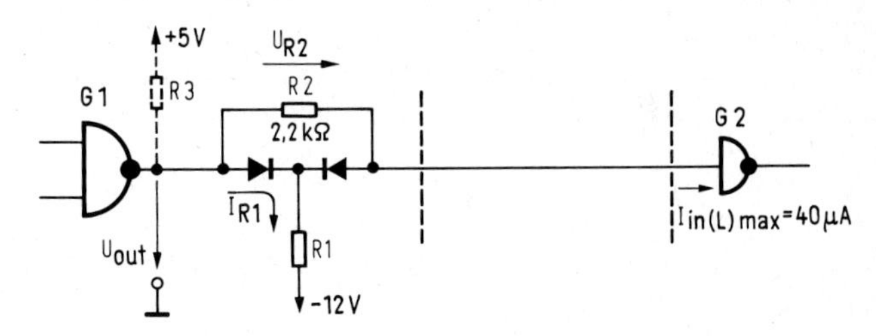

Abb. 1.18.3 Übertragung von logisch „L"

Die Ausgangsspannung von G 1 wird durch Gl 1 um eine Diodenspannung nach Minus und durch Gl 2 um eine Diodenspannung nach Plus versetzt.

Das Signal logisch „L" *(Abb. 1.18.3)* am Ausgang von G 1 wird mit R 2 nahezu ohne Spannungsverlust übertragen, da hierbei der Eingangsstrom von G 2 sehr gering ist. Es gilt:

$$U_{R\,2} = R\,2 \cdot I_{in\,(1)} = 2{,}2\ k\Omega \cdot 40\ \mu A$$

$$U_{R\,2} = 88\ mV$$

Der Innenwiderstand der Zweirichtungs-Endstufe von G 1 beträgt bei logisch „L" etwa 150 Ω, G 1 wird mit dem Widerstand R 1 nach $-U_B$ belastet. Damit ergibt sich eine Verminderung des L-Pegels von G 1 um ΔU:

$U_{out\,(L)}$ = 3,5 V typisch, ohne Lastwiderstand R 1

$$I_{R\,1} = \frac{U_B + U_{out\,(L)} - U_{Gl\,1}}{R\,1} = \frac{12\ V + 3{,}5\ V - 0{,}6\ V}{6{,}8\ k\Omega}$$

$$I_{R\,1} = 2{,}2\ mA$$

$$\Delta U = R_{i\,(G1)} \cdot I_{R\,1} = 150\ \Omega \cdot 2{,}2\ mA$$

$$\Delta U = 0{,}33\ V$$

$$U_{out} = U_{out\,(L)} - \Delta U = 3{,}5\ V - 0{,}33\ V$$

U_{out} = 3,17 V mit Lastwiderstand R 1

Der verminderte Pegel liegt noch oberhalb der minimalen Logisch-„L"-Spannung für den Invertierer G 2 ($U_{in(L)\,min}$ = 2V). Mit R 3 könnte der Spannungsverlust verringert oder auch aufgehoben werden.

Bei einer Impulsübertragung kommt eine Verzögerung der Schaltflanken durch die Kapazität der Leitung nach Masse zustande. Ein Spannungssprung nach logisch „O" am Ausgang von G 1 hat die Entladung der Leitungskapazität C_L über R 2 und über Gl 2, R 1 nach — -U_B zur Folge. Gl 1 ist während der Umladung gesperrt. Nimmt G 1 am Ausgang „L"-Pegel an, so wird C_L über R 2 und den Eingangsstrom des Invertierers G 2, solange noch logisch „O" vorliegt, aufgeladen. Die Siliziumdiode Gl 2 ist dabei gesperrt. Mit dem Widerstand R 2 = 2,2 kΩ ergibt sich für den positiven und negativen Spannungssprung die gleiche Verzögerungszeit. Bei einer Leitungskapazität von C_L = 50 pF erscheinen Impulse am Ausgang des Invertiere G 2 um 40 bis 50 ns verzögert.

Führt die Übertragungsleitung als Folge eines Defekts eine Spannung im Bereich ± 30 V, so ist die TTL-Schaltung G 1 entweder durch die gesperrte Diode Gl 1 (positive Spannungen) oder durch die gesperrte Diode Gl 2 (negative Spannungen) geschützt. Dabei ist es gleichgültig, welchen logischen Pegel G 1 hat.

Der gesicherte TTL-Ausgang hat eine Ausgangsfächerung *(fan-out)* von 1. Um an dem Prinzip der kurzschlußfesten Signalausgänge festzuhalten, ist es deshalb erforderlich, den logischen Steuerleitungs- oder Impulseingängen eine Eingangsfächerung *(fan-in)* von ebenfalls 1 zu geben.

Paul Dambacher

1.19 Kurzschlußsicherung für TTL-Bausteine

Bei Experimentierschaltungen für Demonstrationszwecke, die mit TTL-Bausteinen aufgebaut sind, können Kurzschlüsse oder Fehlschaltungen leicht zur Zerstörung führen, da diese Bausteine nicht dauerkurzschlußfest sind. Die hier beschriebenen Schaltungen sichern den Ausgang von TTL-Bausteinen (z.B. NAND-Gatter, Flipflops usw.) gegen Kurzschlüsse nach Masse und nach Betriebsspannung und besitzen im Gegensatz zu der in 1.18 beschriebenen Schaltung einen Ausgangs-Lastfaktor von 10 *(fan-out* = 10). Außerdem zeichnet sich diese Kurzschlußsicherung dadurch aus, daß sie keine zusätzliche Versorgungsspannung benötigt und mit sehr geringem Materialaufwand zu realisieren ist. Die Dimensionierung der Schutzschaltung richtet sich nach den bekannten Eingangs- und Ausgangsdaten der TTL-Schaltungen: Damit ein L am Ausgang von bis zu zehn nachfolgenden Eingängen sicher erkannt wird, muß die Ausgangsspannung —0,4 V sein. Im ungünstigsten Betriebsfall muß dabei ein Strom von max. 16 mA aufgenommen werden. Bei H-Pegel muß die Ausgangsspannung 2 V sein und bei Ansteuerung nur eines TTL-Eingangs muß der Ausgangsstrom 0,04 mA sein.

Abb. 1.19.1 zeigt eine einfache Methode, den Ausgang von TTL-ICs gegen Kurzschluß zu sichern. Dabei wird durch die Transistorstufe das Signal negiert. Bei der Dimensionierung der Schaltung kann man folgendermaßen vorgehen. Kennt man den Stromverstärkungsfaktor des Transistors, dann wird R_B so gewählt, daß für U_E = 2 V der Transistor in die Sättigung gesteuert wird, so daß U_A = 0,1 V wird. Überprüft man die Spannung U_A am Kollektor des Transistors T in Abhängigkeit von der Anzahl der nachgeschalteten Lasteinheiten, so erhält man die Kurve nach *Abb. 1.19.2*, wie sie auch aus den Datenblättern der Transistorhersteller zu entnehmen ist. Für einen Kollektorstrom I_c = 16 mA erhält man beim Tran-

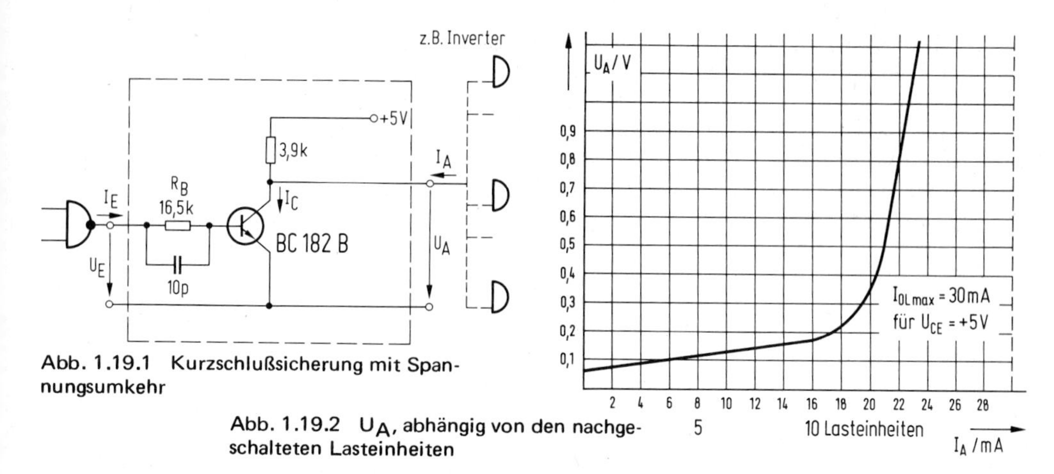

Abb. 1.19.1 Kurzschlußsicherung mit Spannungsumkehr

Abb. 1.19.2 U_A, abhängig von den nachgeschalteten Lasteinheiten

sistor BC182B und einem Basiswiderstand R_B = 16,5 kΩ eine Spannung U_{CE} = 0,4 V, was ausreicht, zehn TTL-Eingänge anzusteuern. Wird der Kollektor versehentlich in diesem Schaltzustand an +5 V gelegt, so fließt ein maximaler Kollektorstrom I_C = 30 mA, wobei aber der Basisstrom I_B durch den Widerstand R_B begrenzt wird. R_B ist so zu wählen, daß mit $U_{CE} \cdot I_C$ die zulässige Verlustleistung des Transistors T nicht überschritten wird (300 mW). Wird der Ausgang versehentlich an 0 V gelegt, so hat dies in diesem Schaltzustand keinen Einfluß auf den Transistor.

Ist U_E = 0 V, so ist der Transistor gesperrt und U_A = 5 V, was von den nachfolgenden ICs ohne Schwierigkeit als H erkannt wird. Wird jetzt der Ausgang der Schaltung versehentlich an +5 V bzw. 0 V gelegt, so hat dies keinen Einfluß auf den Transistor, da er gesperrt ist.

Eine etwas abgewandelte Form der Kurzschlußsicherung zeigt *Abb. 1.19.3.* Bei dieser Schaltung tritt keine Spannungsumkehr auf. Ist U_E = 0 V (= 0,4 V), so wird der Transistor durchgesteuert. Am Widerstand R_E fallen im ungünstigsten Fall bei Belastung mit zehn TTL-Eingängen etwa 0,16 V ab, so daß das Potential am Emitter = 0,6 V ist. Im durchgeschalteten Zustand ist am Transistor die Spannung U_{CE} = 0,1 V, so daß man am Ausgang der Schaltung beim Anschluß von zehn TTL-Eingängen eine Spannung von 0,8 V erhält.

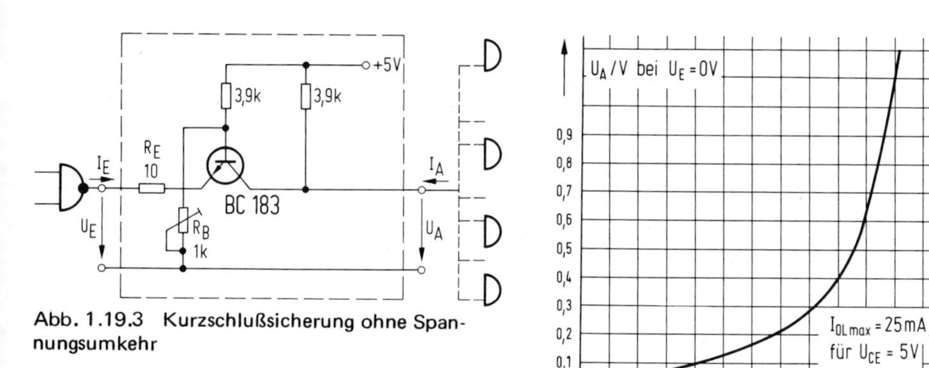

Abb. 1.19.3 Kurzschlußsicherung ohne Spannungsumkehr

Abb. 1.19.4 Meßdaten für Kurzschlußsicherung

Der Widerstand R_B dient dazu, den Grenzstrom I_A (bei L) einzustellen. Wird der Ausgang versehentlich an +5 V angelegt, so wird der Transistor T mit einer Verlustleistung von $U_{CE} \cdot I_{max}$ belastet, die unter der höchstzulässigen Verlustleistung liegen muß. In *Abb. 1.19.4* sind die Meßdaten für diese Kurzschlußsicherung angegeben.

Die im ersten Abschnitt angegebene Kurzschlußsicherung wurde in jeden Baustein eines Logikschülerübungsgerätes eingebaut. Dieses Schülerübungsgerät ist seit längerem ohne Störung im Unterricht eingesetzt. *Dipl.-Ing. J. Preininger*

1.20 Tastaturcodierer mit Kontaktentprellung

Mit einer möglichst einfachen Tastatur sollen codierte Signale erzeugt werden. *Abb. 1.20.1* zeigt eine Schaltung, die eine Zehnertastatur mit BCD-Ausgang darstellt.

Zur Umcodierung wird zunächst der umgekehrte Weg beschritten. Die Ausgänge des Dezimalzählers IC 1 (BCD-Code) werden vom Decodierer IC 2 in einem „1-aus-10"-Code umgewandelt. Mit einer der Tasten S 0...S 9 wird jetzt die gewünschte Ziffer ausgewählt und in den Speicher IC 3 übernommen. Anhand des Impulsdiagramms in *Abb. 1.20.2* sollen die Erzeugung des Speicherübernahmeimpulses und die Kontaktentprellung erklärt werden. Eine wichtige Rolle spielt der Zweiphasentaktgeber, der Φ 1 und Φ 2 erzeugt. Die fallende Flanke von Φ 2 triggert den Dezimalzähler, dadurch liegt dessen Statuswechsel fest. Wird nun, etwa zum Zeitpunkt t_1, ein Schalter geschlossen (beispielsweise S 0), so entstehen auf der Strobe-Leitung die im Diagramm dargestellten Impulse. Diese wiederholen sich periodisch nach jeweils zehn Takten, solange der Schalter geschlossen ist. Die zeitliche Verschiebung gegenüber dem Takt kommt durch die Signallaufzeit im Decodierer zustande, die Nadelimpulse sind eine Folge der endlichen Anstiegszeiten im Dezimalzähler. Diese beiden Tatsachen, zusammen mit der periodischen Wiederholung des Strobe-Impulses, verbieten dessen unmittelbare Verwendung als Speicherübernahme-Befehl. Zwei nachgeschaltete Monoflops *(Tabelle)*, die „wiedertriggerbar" sind, ermöglichen die Auswahl des richtigen Übernahmeimpulses. Da am Eingang B des ersten Φ 1 anliegt, kann es nur im Zeitraum t_2 bis t_3 gesetzt werden. Die Zeitkonstante τ_1 soll so lang sein, daß sie mit Sicherheit

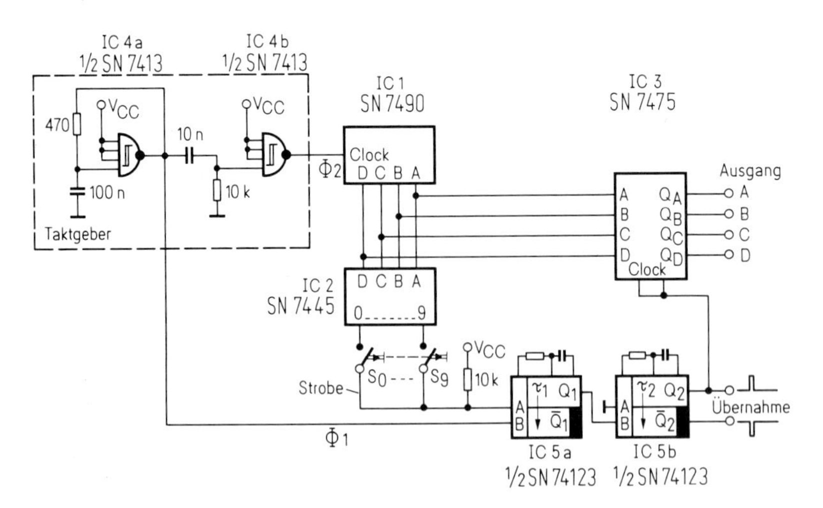

Abb. 1.20.1 Schaltung des Tastaturcodierers

A	B	Q	$\overline{Q}$
H	X	L	H
X	L	L	H
L	↑	⊓	⊔
↓	H	⊓	⊔

Abb. 1.20.2 Erzeugung des Speicherübernahmebefehls

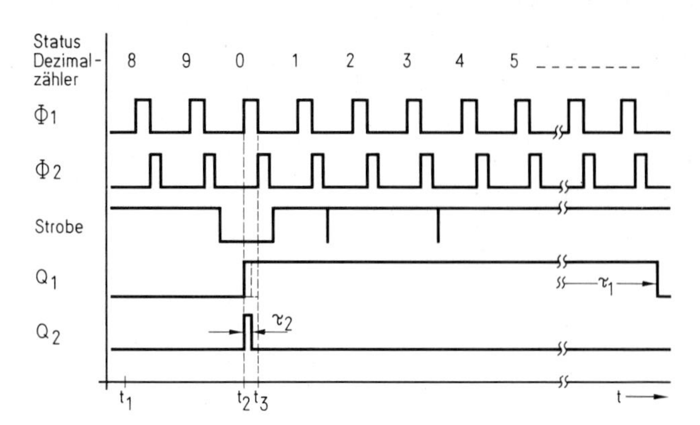

das Kontaktprellen überdeckt. Durch die Anstiegsflanke des Ausgangssignals an Q_1 wird das zweite Monoflop gesetzt und gibt das Übernahmesignal für den Speicher ab. Dessen Länge τ_2 muß aber kleiner sein als die Impulsbreite von Φ 2, da sonst die Möglichkeit besteht, daß eine der nachfolgenden Ziffern codiert wird. IC 5b kann entfallen, falls als Speicher ein flankengetriggerter Typ verwendet wird, der dann direkt von IC 5a angesteuert wird. Wie aus der Tabelle ersichtlich, können die Nadelimpulse (auf der Strobe-Leitung) keine Fehltriggerung bewirken, da sich bei ihrem Auftreten Φ 1 auf logisch „0" befindet. Werden innerhalb von τ_1 mehrere Tasten gedrückt, so wird nur die erste berücksichtigt.

Die Schaltung wurde in der angegebenen Dimensionierung aufgebaut (Taktfrequenz etwa 15 kHz). Die Tastatur muß keinerlei besondere Anforderungen erfüllen. In einem Testablauf wurde für S 0 ein stark prellendes Relais verwendet, das mit etwa 33 Impulsen/s angesteuert wurde. Der Test wurde nach über 10^6 fehlerfreien Decodierungen abgebrochen. Das Schaltungsprinzip eignet sich bei Verwendung geeigneter Zähler-Decodierer-Kombinationen auch zum Erzeugen anderer Codes.

Bernhard Thurz

Literatur

Pocket Guide. Druckschrift der Texas Instruments GmbH, Deutschland

1.21 Tastatur mit gegenseitiger Verriegelung

Abb. 1.21 zeigt die Schaltung einer Tastatur mit gegenseitiger Verrieglung. Die Tasten können in beliebiger Reihenfolge gedrückt werden. Bevor eine neue Funktion zugeschaltet wird, schaltet die vorhergehende aus. Werden zwei oder drei Tasten gleichzeitig betätigt, so kann nur eine durchschalten. Die Anzahl der Tasten ist beliebig. Beim Drücken wird die bisherige Funktion abgeschaltet, beim Loslassen schaltet die neue Funktion ein. Alle Bauelemente sind handelsüblich. Die Schaltung ist für die Verwendung von Reed-Relais ausgelegt.

Funktion

Angenommen, Relais B und B′ haben nach Betätigung von Taste T2 angezogen. Wird nun T1 gedrückt, so wird Punkt Y über D auf C2 für einen Moment kurzgeschlossen. Dieser negative Spannungssprung überträgt sich über C1′ auf Relais B′ und bringt es zum Abfallen.

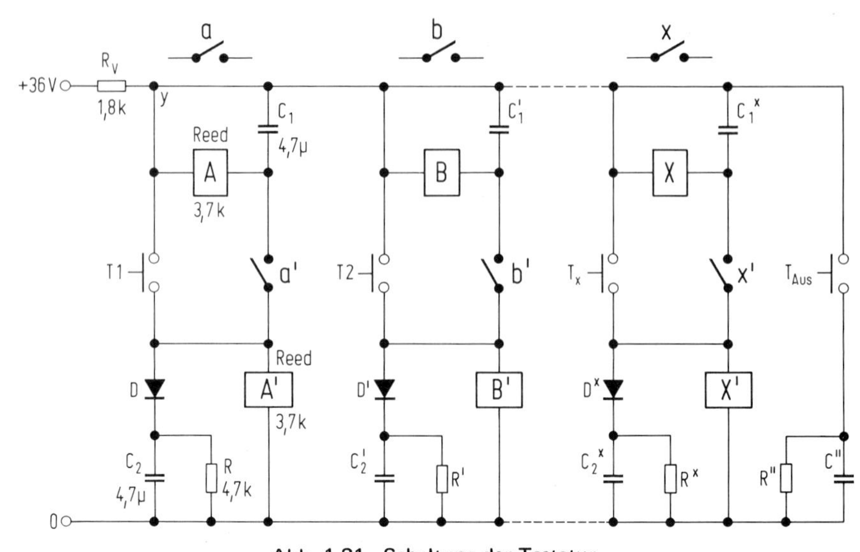

Abb. 1.21 Schaltung der Tastatur

Über dessen Kontakt b' fällt nun auch Relais B ab, und die vorhergehende Funktion ist gelöscht. Gleichzeitig aber zieht Relais A' über die gedrückte Taste T1 etwas verzögert an. Wird nun T1 losgelassen, so hält sich Relais A' über die Spule von Relais A, das nun ebenfalls anzieht und die neue Funktion einschaltet. Wird nun die gleiche Taste erneut gedrückt, so fällt Relais A während der Betätigungsdauer von T1 ab und zieht beim Loslassen sofort wieder an. Eine Funktion kann also auf diese Weise kurzfristig neutralisiert werden. Soll keine Funktion stehen bleiben, so wird Taste T_{Aus} betätigt. Danach ist die ganze Tastatur stromlos.

Der Widerstand R_v muß so dimensioniert werden, daß er den Haltestrom für nur eine Relaiskombination liefert. Dadurch wird verhindert, daß beim Betätigen mehrerer Tasten auch mehrere Funktionen einschalten können. Bei der Verwendung gleicher Reed-Relais werden auch die Kondensatoren C1 und C2 gleich groß. Es können ohne weiteres kleine Elkos verwendet werden. Sie müssen so ausgelegt werden, daß beim Betätigen einer Taste die vorher eingeschaltete Relaiskombination sicher aufgetrennt wird. Da Reed-Relais einen relativ großen Haltebereich haben, ist die Schaltungsdimensionierung unkritisch. Diese Schaltung wird schon seit drei Jahren an verschiedenen Prüfvorrichtungen in der Produktion verwendet. Trotz täglichen Gebrauchs war noch kein einziger Ausfall zu verzeichnen.

G. Ullmann

2 Interfaceschaltungen

2.1 Interface-Schaltungen für COS/MOS-Bausteine

COS/MOS-Bausteine arbeiten in einem weiten Betriebsspannungsbereich, benötigen sehr kleine Eingangsströme und verbrauchen eine geringe Betriebsleistung. Sie lassen sich deshalb mit vielen elektronischen Bauelementen in einfacher Weise zusammenschalten. Hinzu kommt, daß sie sich ohne Schwierigkeiten in bereits vorhandene Systeme einbauen und ohne Änderungen aus der schon vorhandenen Spannungsversorgung speisen lassen. Grund genug, sich einmal die zahlreichen Interface-Möglichkeiten von COS/MOS-Bausteinen an praktischen Beispielen anzusehen und auch die Einschränkung für die Schaltungsauslegung näher zu betrachten.

2.1.1 Interface-Schaltungen mit anderen Logik-Familien

a) TTL

Bei der Ansteuerung einer COS/MOS-Schaltung aus einer TTL-Schaltung ist, wenn beide aus einer gemeinsamen Spannungsversorgung von 4,5...5,5 V gespeist werden, das garantierte H-Mindestpotential für eine TTL-Schaltung mit internem Pull-up-Widerstand mit 2,4 V niedriger als die Mindest-COS/MOS-Eingangsspannung von 3,5 V *(Abb. 2.1.1).* Dieses Problem läßt sich lösen, indem man einen externen Pull-up-Widerstand R_x *(Abb. 2.1.2)* verwendet, wie er auch bei TTL-Schaltungen mit offenem Kollektor an U_{DD} = 5 V üblich ist. Sein Mindestwert ist durch den maximalen Strom bestimmt, den der TTL-Ausgang aufnehmen kann (z.B. 1,6 mA bei der TTL-Serie 74), sein Höchstwert dagegen durch den Sperrstrom I_{OH} des als Stromsenke dienenden Ausgangstransistors der TTL-Schaltung. Wie die Tabelle in *Abb. 2.1.2* zeigt, eignen sich für sämtliche TTL-Familien, auch unter Berücksichtigung der ungünstigsten Arbeitsbedingungen, R_x-Werte zwischen 1,5 und 4,7 kΩ. Die Eingangsimpedanz von COS/MOS-Schaltungen ist praktisch rein kapazitiv, so daß ein einziger TTL-Ausgang viele COS/MOS-Eingänge ansteuern kann. Wieviel das in der Praxis sind, hängt von der Betriebsfrequenz ab.

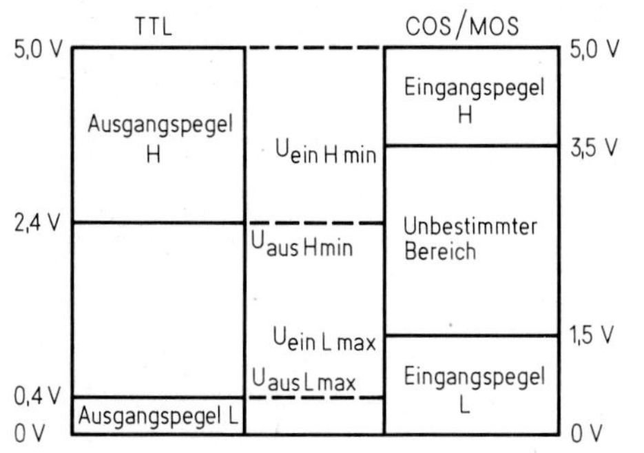

Links: Abb. 2.1.1 Signal bei TTL- und bei COS/MOS-Bausteinen

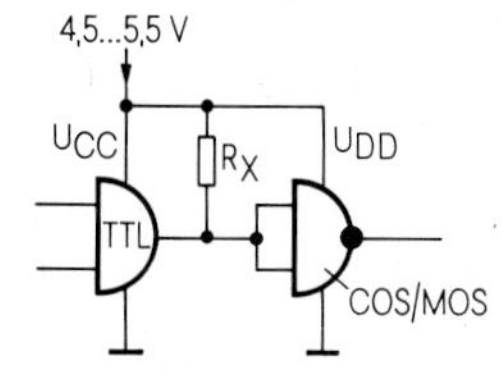

Rechts: Abb. 2.1.2 TTL steuert COS/MOS

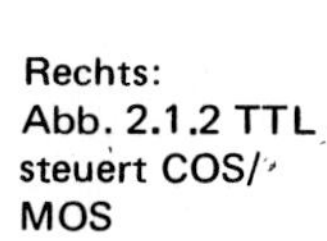

TTL-Familie	74	74 H	74 L	74 LS	74 S
$R_{X\,min}/\Omega$	390	270	1,5 k	820	270
$R_{X\,max}/\Omega$	4,7 k	4,7 k	27 k	12 k	4,7 k

Tabelle 1. Zusammenstellung der Mindestströme, die von den Ausgängen verschiedener COS/MOS-Schaltungen aufgenommen werden können

COS/MOS-Typ	Funktion	Ausgangstromaufnahme bei 25°C U_{aus} = 0,4 V, U_{DD} = 5 V Keramik	Plastik
CD 4000 A	Zweifach-NOR-Gatter mit je 3 Eingängen und Inverter	0,4 mA	0,3 mA
CD 4001 A	Vierfach-NOR-Gatter mit je 2 Eingängen	0,4 mA	0,3 mA
CD 4002 A	Zweifach-NOR-Gatter mit je 4 Eingängen	0,4 mA	0,3 mA
CD 4007 A	Zweifach-Komplementär-Paar und Inverter	0,6 mA	0,3 mA
CD 4009 A/49A	Sechsfach-Inverter-Puffer	3,0 mA	3,0 mA
CD 4010 A/50 A	Sechsfach-Puffer (nicht invertierend)	3,0 mA	3,0 mA
CD 4011 A	Vierfach-NAND-Gatter mit je 2 Eingängen	0,2 mA	0,1 mA
CD 4012 A	Zweifach-NAND-Gatter mit je 4 Eingängen	0,1 mA	0,05 mA
CD 4041 A	Vierfach-Puffer mit je einem invertierenden und einem nichtinvertierenden Ausgang	0,4 mA	0,2 mA
CD 4031 A	64stufiges statisches Schieberegister	1,3 mA	1,3 mA
CD 4048 A	Erweiterbares Gatter mit 8 Eingängen	1,6 mA	1,6 mA
CD 4XXX B	jeder Ausgang einer B-Ausführung	0,4 mA	0,4 mA

Tabelle 2. Fan-out für die Puffer CD 4049 A und CD 4050 A zur Steuerung von TTL-Eingängen

TTL-Familie	74	74 H	74 L	74 LS	74 S
Puffer- min.	1	1	14	7	1
Fan-out typ.	3	2	28	14	2

Soll eine TTL-Schaltung aus einem COS/MOS-Ausgang angesteuert werden, dann kommt es darauf an, ob der COS/MOS-Ausgang im L-Zustand von 0,4 V einen ausreichend großen Strom aufnehmen kann *(Abb. 2.1.3)*. In *Tabelle 1* ist die Ausgangsstromaufnahme für eine Reihe von Bausteinen der Serie CD 4000 zusammengestellt. Dabei ist zu beachten, daß alle B-Ausführungen die gleiche Ausgangsschaltung aufweisen und, auch im ungünstigsten Fall, zwei „Low-Power"-TTL-Eingänge ansteuern können (Bezeichnung A ≙ 3... 15 V, B ≙ 3... 18 V zulässige Versorgungsspannung). Zur Ansteuerung von TTL-Bausteinen mit höherem Eingangsleistungsbedarf kann man die Pufferschaltungen CD 4049 A oder CD 4050 A verwenden. *Tabelle 2* zeigt die typischen und die Mindest-Fan-out-Werte für die verschiedenen TTL-Familien. Die Pufferschaltung entnimmt ihre Betriebsleistung aus dem 5-V-Stromversorgungsteil der TTL-Schaltung. Sie hat zusätzlich die Eigenschaft, daß sie Eingangsspannungspegel von 5...15 V verarbeiten kann, wie sie das vorgeschaltete COS/MOS-System

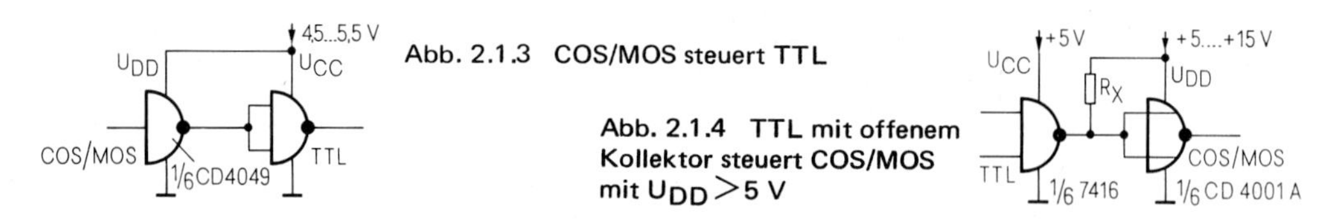

Abb. 2.1.3 COS/MOS steuert TTL

Abb. 2.1.4 TTL mit offenem Kollektor steuert COS/MOS mit $U_{DD} > 5$ V

liefert. Verwendet man, um Verarbeitungsschwierigkeit und Störsicherheit zu verbessern, für die COS/MOS-Schaltung höhere Betriebsspannungen als +5 V, dann kann man entsprechend *Abb. 2.1.4* TTL-Bausteine mit offenem Kollektor einsetzen, die größere Spannungen vertragen, etwa die Typen 7416, 7417 oder 7426. Die Größe des Pull-up-Widerstandes R_x hängt dann vom U_{DD}-Wert ab; bei 10 V dürften 39 kΩ angemessen sein.

b) HNIL

Der weite Betriebsspannungsbereich und der geringe Leistungsbedarf von COS/MOS-Bausteinen gestatten ihre Speisung aus dem Stromversorgungsteil der HNIL-Schaltungen. Von den meisten Bausteinen der Serie CD 4000 A läßt sich ein HNIL-Eingang direkt ansteuern: Bei der Schaltung von *Abb. 2.1.5* nimmt der Ausgang des Typs CD 4018 B bei einer typischen Ausgangsspannung von weniger als 0,5 V den erforderlichen Strom von 1,4 mA auf. Die Ausgangspegel von HNIL-Schaltungen (0,8 V bzw. 10 V) ermöglichen die direkte Ansteuerung von COS/MOS-Eingängen bei guter Störsicherheit.

c) DTL

Um den für DTL-Schaltungen erforderlichen Eingangsstrom von 1,5 mA bei 0,4 V aufnehmen zu können, ist entsprechend *Abb. 2.1.6* bei Ansteuerung aus einer COS/MOS-Schaltung ein Puffer (beispielsweise CD 4049 A) dazwischenzuschalten. Wieviele DTL-Eingänge aus einem COS/MOS-Pufferausgang angesteuert werden können, hängt von dessen Stromaufnahmevermögen ab. Für die Bausteine CD 4049 A und CD 4050 A gilt in diesem Fall ein Fan-out von 3 (typisch). Zur Ansteuerung von COS/MOS-Schaltungen aus DTL-Ausgängen sind keinerlei spezielle Maßnahmen erforderlich, weil mit den internen Pull-up-Widerständen der DTL-Schaltungen in Verbindung mit dem extrem geringen Eingangsstrombedarf der COS/MOS-Bausteine ein hoher Logikpegel sichergestellt ist (praktisch in Höhe der Betriebsspannung).

d) ECL 10000

Die Zusammenschaltung von ECL-10000- und COS/MOS-Bausteinen ist nicht allzu häufig. Sie läßt sich aber ohne weiteres durchführen, wenn man die als Interface zwischen ECL und TTL vorgesehenen Bausteine 10124 und 10125 verwendet. Dazu ist es erforderlich, die

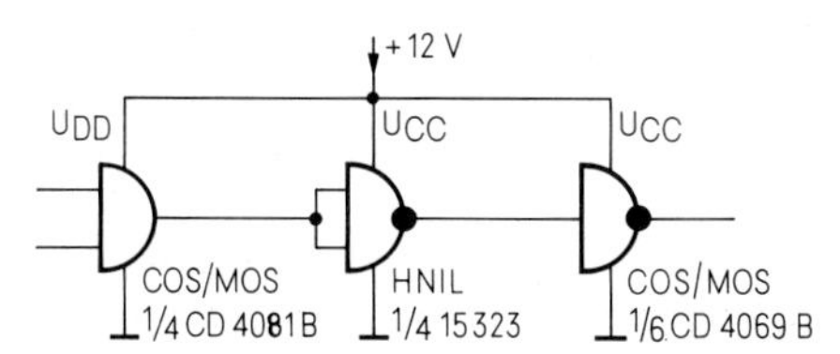

Abb. 2.1.5 COS/MOS steuert HNIL und HNIL steuert COS/MOS

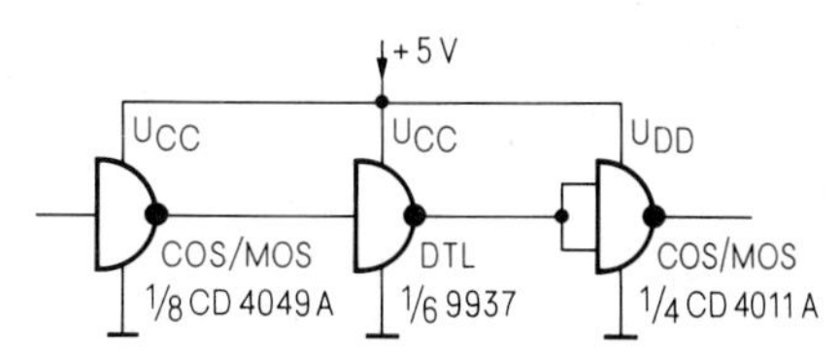

Abb. 2.1.6 COS/MOS steuert DTL und DTL steuert COS/MOS

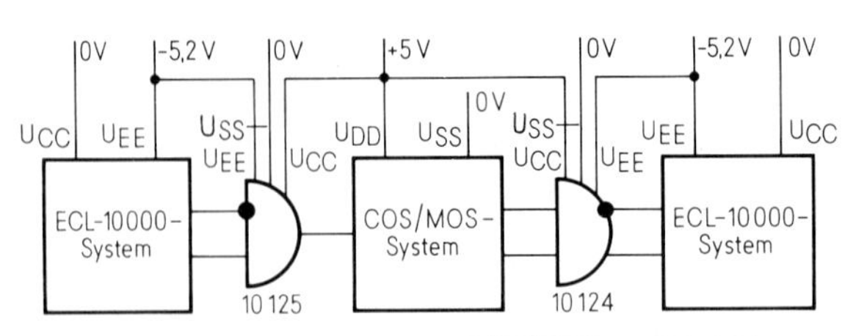

Abb. 2.1.7 ECL 10000 steuert COS/MOS, und COS/MOS steuert ECL 10000

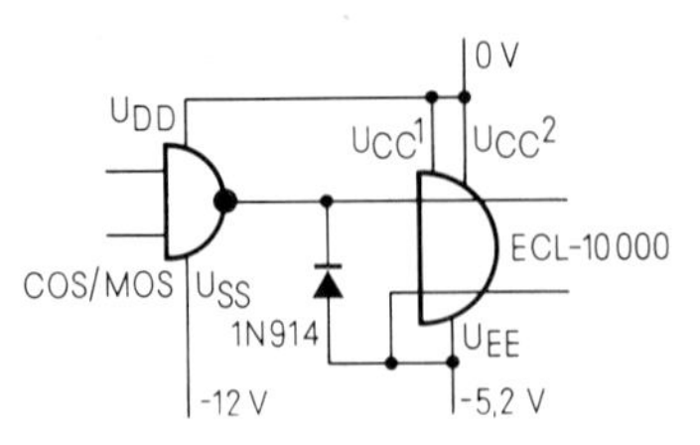

Abb. 2.1.8 COS/MOS mit 12 V Betriebsspannung steuert ECL 10 000

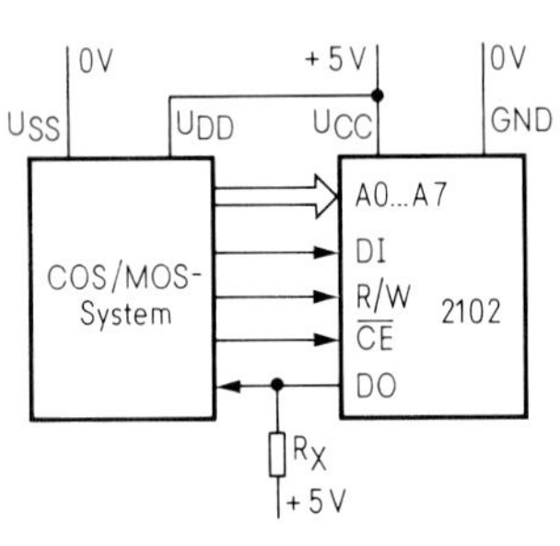

Abb. 2.1.9 COS/MOS steuert N-Kanal-Schreib-/Lesespeicher

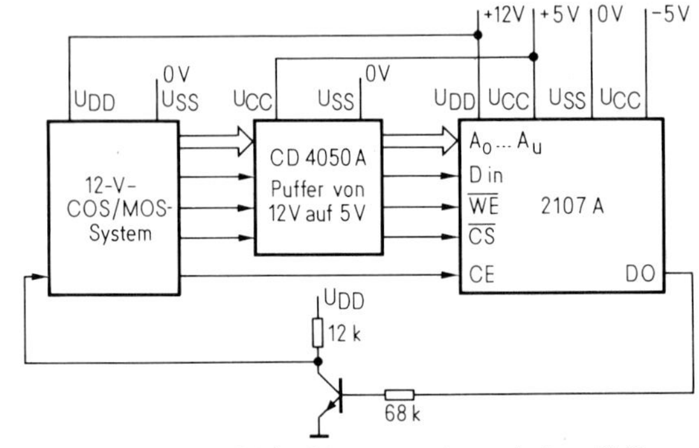

Abb. 2.1.10 COS/MOS steuert dynamischen N-Kanal-Schreib-/Lesespeicher

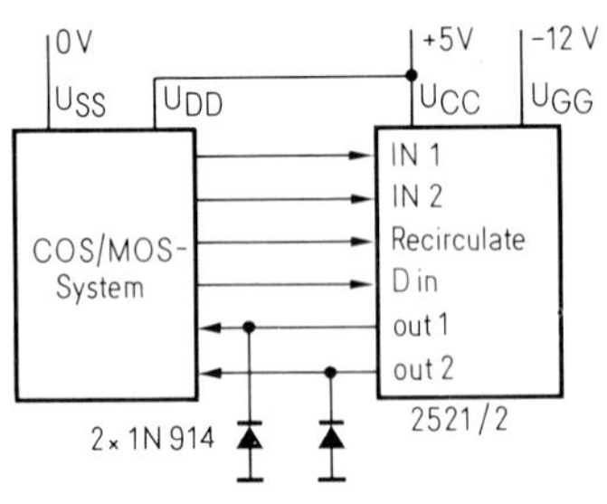

Abb. 2.1.11 COS/MOS steuert statisches PMOS-Schieberegister

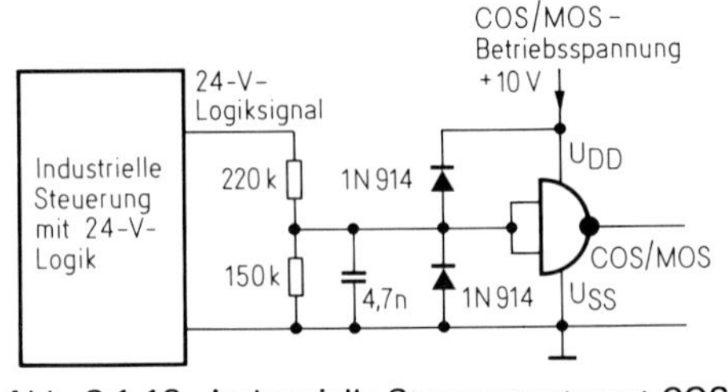

Abb. 2.1.12 Industrielle Steuerung steuert COS/MOS

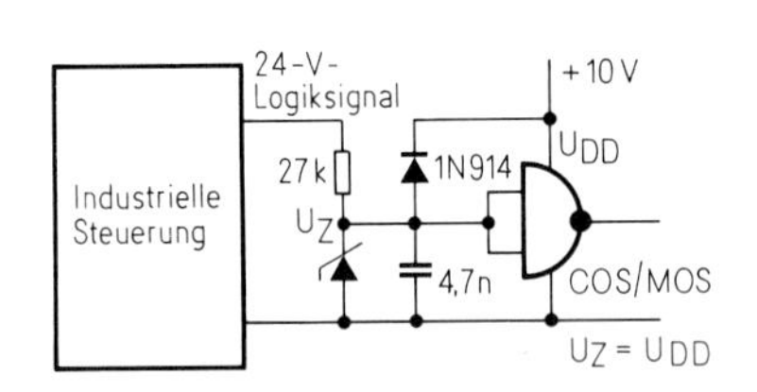

Abb. 2.1.13 Industrielle Steuerung steuert COS/MOS

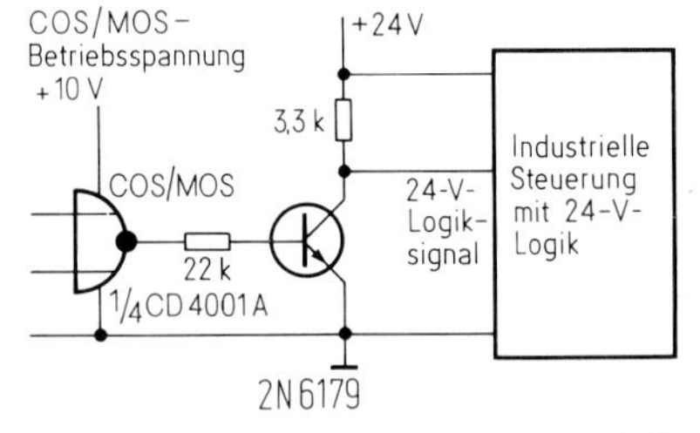

Abb. 2.1.14 COS/MOS steuert industrielle Steuerung

COS/MOS-Schaltungen an U_{DD} = 5 V zu betreiben *(Abb. 2.1.7)*. Bei höheren Anforderungen an die Geschwindigkeit des COS/MOS-Systems läßt es sich auch mit U_{DD} an ECL-Masse und U_{SS} an − 12 V speisen. In diesem Fall klemmt man entsprechend *Abb. 2.1.8* den COS/MOS-Ausgang mit Hilfe einer Diode (1 N 914) an U_{EE}-Potential. Für höhere

Betriebsspannungen als 6 V sollte allerdings in dieser Schaltung kein COS/MOS-Puffer verwendet werden, weil er sonst thermisch überlastet werden könnte.

e) NMOS

Der steigende Einsatz von N-Kanal-MOS-Speichern hat zur Folge, daß immer häufiger COS/MOS- und NMOS-Bausteine zusammengeschaltet werden. In einem mit 1-K-Speichern (etwa dem Typ 2102) und peripheren COS/MOS-Schaltungen für Adressierung, Auslesen/Schreiben, Chip-Anwahl, Daten-Ein- und-Ausgabe bestückten System können die COS/MOS-Schaltungen aus dem 5-V-Stromversorgungsteil für den Speicher gespeist werden. Die Eingänge des Speichers sind dann COS/MOS-kompatibel und lassen sich direkt ansteuern, und auch für die Daten-Ausgänge ist, wie *Abb. 2.1.9* zeigt, lediglich ein externer Pull-up-Widerstand erforderlich: Er gewährleistet ein brauchbares Ausgangs-H-Potential. Dynamische 4-K-N-Kanal-Schreib-/Lesespeicher wie z.B. der Typ 2107 A werden mit drei Versorgungsspannungen (+ 12 V. −5 V und +5 V) betrieben *(Abb. 2.1.10)*. Für die Stromversorgung der „COS/MOS-Peripherie" eignet sich in einem solchen System die 12-V-Spannung am besten. Dabei ergeben sich eine hohe Geschwindigkeit und eine gute Störsicherheit. Die 5-V-Eingangssignale für den Speicher werden von Puffern (CD 4050 A) geliefert, die aus der 5-V-Spannungsversorgung (U_{CC}) gespeist werden. Für das Chip-Enable-Signal ist ein Pegel von 12 V erforderlich; er kann von den COS/MOS-Schaltungen direkt geliefert werden. Der Daten-Ausgang ist mit einem Einzeltransistor bestückt, der die geforderten 12-V-Logiksignale erzeugt, und weitere Speicher zur Erweiterung der Wort-Kapazität lassen sich dann in „Wired-OR"-Konfiguration an den Daten-Ausgang des Speichers schalten.

f) PMOS

Statische Schieberegister in Silizium-Gate-PMOS-Technik, die mit Betriebsspannungen von +5 V und −12 V arbeiten, sind mit einem COS/MOS-System, das an der +5-V-Spannungsversorgung mit U_{SS} an Masse arbeitet, direkt kompatibel. Als einziges zusätzliches Bauelement ist eine Klemmdiode zwischen Daten-Ausgang und U_{SS} erforderlich *(Abb. 2.1.11)*, weil die unbelastete PMOS-Ausgangsspannung sonst im L-Zustand negativ wird.

2.1.2 Industrielle und Leistungs-Steuerschaltungen

Industrielle Steuersysteme arbeiten im Vergleich zu üblichen integrierten Logikschaltungen mit höheren Pegeln, um die Störsicherheit zu verbessern, um leicht erhältliche Stromversorgungsteile verwenden zu können und um eine unkomplizierte Zusammenschaltung mit elektromechanischen Bauteilen zu ermöglichen. *Abb. 2.1.12* zeigt eine einfache Widerstands-Spannungsteilerschaltung, die es gestattet, ein COS/MOS-System mit einem Pegel von 24 V anzusteuern. Diese Anordnung läßt sich leicht für höhere Spannungen abändern. Die Filterkapazität verbessert die ohnehin schon ausgezeichnete Störsicherheit der COS/MOS-Logik, und die beiden Klemmdioden stellen sicher, daß das Eingangssignal immer zwischen U_{DD} und U_{SS} liegt. Eine andere Anordnung mit einer Z-Diode ist in *Abb. 2.1.13* dargestellt. Mit einem einzigen Transistor läßt sich die zur Ansteuerung einer industriellen Steuerschaltung aus einer COS/MOS-Schaltung erforderliche Potentialumsetzung erreichen *(Abb. 2.1.14)*. Der Transistor wird dabei direkt vom COS/MOS-Ausgang angesteuert. Zur Schaltungsberechnung können die im 3. Abschnitt gegebenen Hinweise dienen. Industrielle Steuerschaltungen arbeiten meist mit relativ langsam ansteigenden Impulsflanken; sie lassen sich im

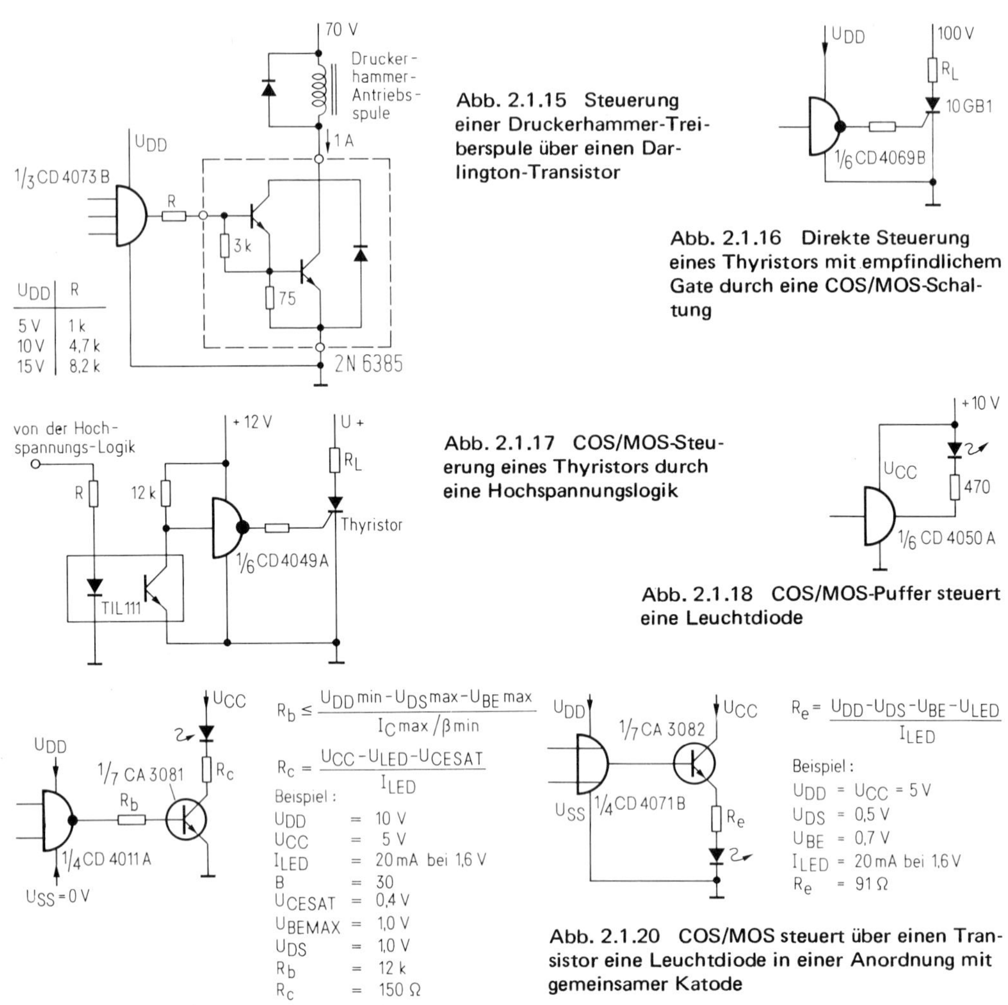

Abb. 2.1.15 Steuerung einer Druckerhammer-Treiberspule über einen Darlington-Transistor

Abb. 2.1.16 Direkte Steuerung eines Thyristors mit empfindlichem Gate durch eine COS/MOS-Schaltung

Abb. 2.1.17 COS/MOS-Steuerung eines Thyristors durch eine Hochspannungslogik

Abb. 2.1.18 COS/MOS-Puffer steuert eine Leuchtdiode

Abb. 2.1.19 COS/MOS steuert einen Transistor mit Leuchtdiode als Last

Abb. 2.1.20 COS/MOS steuert über einen Transistor eine Leuchtdiode in einer Anordnung mit gemeinsamer Katode

Rahmen eines COS/MOS-Systems mit Hilfe eines Schmitt-Triggers (z.B. CD 4093) versteilern.

Eine größere Leistung beansprucht eine Elektromagnetspule, wie etwa die Antriebsspule eines Druckerhammers, die etwa 1 A bei 70 V erfordert. Sie läßt sich von einer COS/MOS-Schaltung über einen zwischengeschalteten Darlington-Transistor ansteuern *(Abb. 2.1.15)*. Für den Typ 2N 6385 ergibt sich bei 1 A Kollektorstrom ein typischer U_{BE}-Wert von 1,5 V, die Mindest-Stromverstärkung ist 1000. Der Ausgangstransistor des Bausteins CD 4073 hat dann einen Strom von 1,5 mA zu liefern. Für den Widerstand R wird der Wert so gewählt, daß sich ein ausreichend hoher U_{DS}-Wert ergibt, um diesen Ausgangsstrom zu gewährleisten. Passende R-Werte für die Verwendung in Verbindung mit Typen der B-Reihe bei Spannungen U_{DD} = 5 V, 10 V oder 15 V sind in Abb. 2.1.15 zusammengestellt.

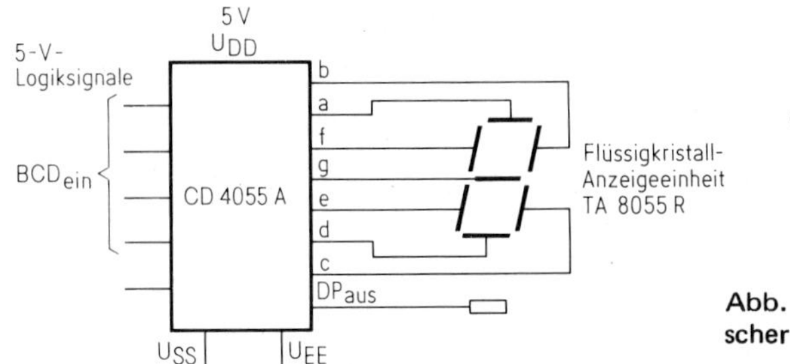

Abb. 2.1.21 Verwendung des Bausteins CD 4055 A zur Ansteuerung einer Flüssigkristall-Anzeigeeinheit

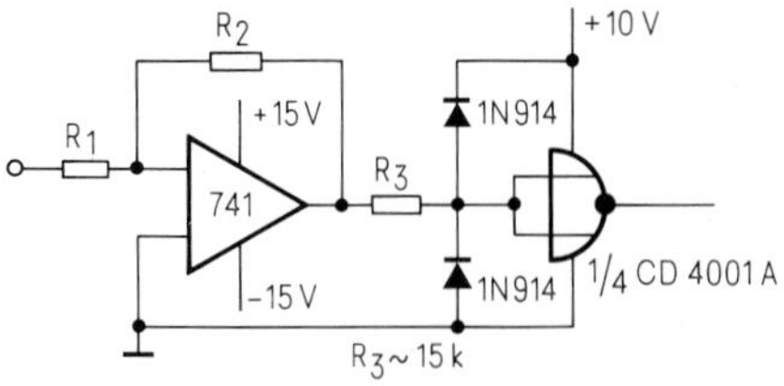

Abb. 2.1.22 Operationsverstärker mit symmetrischer Stromversorgung steuert COS/MOS

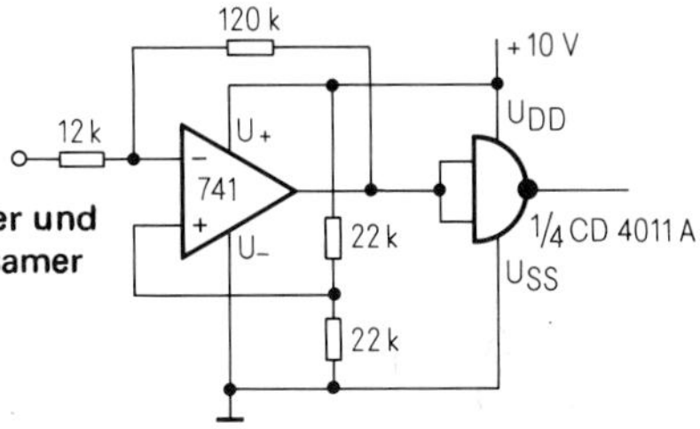

Abb. 2.1.23 Operationsverstärker und COS/MOS-Schaltung mit gemeinsamer Stromversorgung

Thyristoren oder Triacs zur Steuerung größerer Leistungen lassen sich ebenfalls direkt aus COS/MOS-Ausgängen ansteuern. So kann beispielsweise ein Thyristor 106 B 1 mit empfindlichem Gate unmittelbar von einem COS/MOS-Gatter (z.B. CD 4069 B) angesteuert werden; auf diese Weise lassen sich dann Ströme bis zu 2,5 A bei Sperrspannungen bis zu 600 V schalten *(Abb. 2.1.16)*. Thyristoren und Triacs, die Gateströme von einigen mA erfordern, können über einen Puffer (z.B. CD 4049 A) angesteuert werden. Dieser wiederum läßt sich von einer COS/MOS-Schaltung oder, wie in *Abb. 2.1.17*, von einem Optokoppler ansteuern, wobei man im letzteren Fall galvanische Trennung mit sehr hohen Isolationswerten hat. In Fällen, in denen der von einem einzelnen COS/MOS-Ausgang gelieferte oder aufgenommene Strom nicht ausreicht, lassen sich auch verschiedene Ein- und Ausgänge eines Chips parallel schalten. Dies gilt allerdings nicht für Gatter oder Puffer auf verschiedenen Chips: In diesem Fall kann es zu thermischer Überlastung kommen.

2.1.3 Ansteuerung von Anzeigeeinheiten

a) Leuchtdioden

Leuchtdioden können direkt aus einem COS/MOS-Puffer wie dem Typ CD 4050 mit 15 mA angesteuert werden, wenn eine Stromversorgung von etwa 10 V zur Verfügung steht *(Abb. 2.1.18)*. Zur Ansteuerung von Siebensegment-Anzeigeeinheiten — sowohl mit gemeinsamer Anode als auch mit gemeinsamer Katode — kann man bei niedrigen Betriebsspannungen von beispielsweise +5 V die 7-Transistor-Arrays CA 3081 oder CA 3082 benutzen. *Abb. 2.1.19* zeigt einen der sieben Transistoren des Bausteins CA 3081 mit einer Leuchtdiode als Last. Der verfügbare Basis-Steuerstrom hängt zum einen davon ab, welcher Typ der Serie CD 4000 A verwendet wird, zum anderen von den Werten U_{DD} und U_{DS}; er steigt mit wachsenden U_{DD}- und U_{DS}-Werten. *Abb. 2.1.20* zeigt einen der sieben Transistoren des Typs CA 3082 zum Betrieb einer Leuchtdiode in einer Anordnung mit gemeinsamer Katode.

b) Flüssigkristall-Anzeigeeinheiten

Flüssigkristall-Anzeigeeinheiten lassen sich direkt aus den COS/MOS-Schaltungen CD 4054 A, CD 4055 A oder CD 4056 A ansteuern *(Abb. 2.1.21)*. Diese Bausteine sind mit internen Schaltungen zur Potentialumsetzung ausgerüstet, die das Eingangssignal (typisch 5 V) in ein Wechselsignal mit 30 V Amplitude umwandeln, wie es für Anzeigeeinheiten gebraucht wird, die den dynamischen Streueffekt ausnutzen.

c) Gasentladungs-Anzeigeeinheiten

Bei diesen Anzeigeeinheiten ist für jedes Segment ein anderer Katoden-Steuerstrom erforderlich. Manche Hersteller liefern COS/MOS-kompatible Steuerschaltungen, so daß man für die Ansteuerung keine zusätzlichen Elemente benötigt.

2.1.4 Operationsverstärker

COS/MOS-Schaltungen lassen sich direkt mit Operationsverstärkern zusammenschalten, die mit Betriebsspannungen von +15 V und −15 V betrieben werden *(Abb. 2.1.22)*, vorausgesetzt, man verwendet Klemmdioden, die sicherstellen, daß die Eingangsspannungen der COS/MOS-Schaltung immer innerhalb der durch U_{DD} und U_{SS} gegebenen Grenzen bleibt. Der Widerstand R3 begrenzt den Ausgangsstrom des Verstärkers für den Fall, daß die Ausgangsspannung in die Nähe der negativen Betriebsspannung kommt. *Abb. 2.1.23* zeigt einen Operationsverstärker vom Typ 741, der zwischen U_{DD} und U_{SS} betrieben wird, mit einem Widerstands-Spannungsteiler für den nichtinvertierenden Eingang des Verstärkers.

David Blanford, Adrian Bishop

2.2 Optokoppler für kleine Signale mit vollkommener galvanischer Trennung der Signalkreise

Es gibt Anwendungsfälle für optoelektronische Koppelelemente, bei denen normale Koppler nicht eingesetzt werden können, da der Signalpegel nicht ausreicht, um die Leuchtdiode (LED) des Optokopplers direkt anzusteuern. Ein Stromversorgungsgerät kommt nicht in Frage, weil hiermit die galvanisch zu trennende Seite wieder unzulässig mit der Netzspannung verkoppelt wäre.

Mögliche Anwendungsbeispiele sind:

- Elektromedizin (Schutz des Patienten)
- Nachrichtenübertragungstechnik
- Tastköpfe für Oszillografen und andere Meßgeräte (vollständige Erdfreiheit des Vorverstärkers)
- Schaltungen auf Hochspannungs- bzw. Netzspannungs-Potential (Elektrizitätszähler, Regelschaltungen).

Abb. 2.2.1 zeigt eine Schaltung, die dieses Problem löst. Durch die Infrarot-Leuchtdioden D2 und D3, die in den Optokopplern K2 und K3 angeordnet sind, fließt ein Gleichstrom I_F = 50 mA. Die von den LEDs erzeugte Strahlung trifft auf die Transistoren T2, T3 in den Optokopplern. Die Kollektor-Basis-Strecke der Transistoren arbeitet als Fotoelement. Jedes dieser Fotoelemente liefert eine Spannung von 0,5...0,6 V. Sie sind beide in Reihe geschaltet, so daß eine Spannung zur Verfügung steht, die ausreicht, um D1 zu betreiben. Der Strom

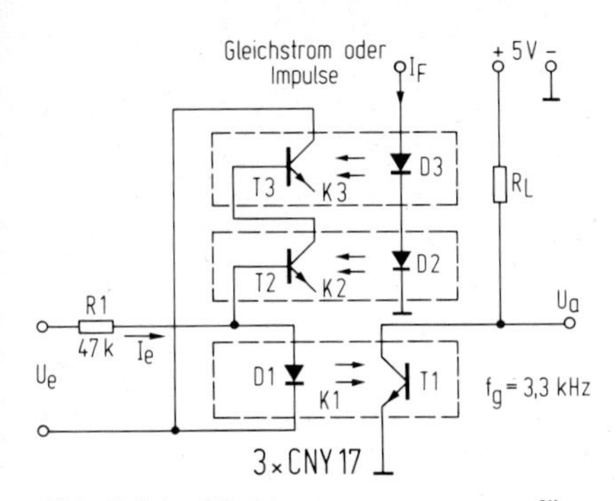

Abb. 2.2.1 Die Versorgungspannung für den eigentlichen Optokoppler K 1 wird von den Transistoren T 2 und T 3 geliefert, deren Kollektor-Basis-Strecken als Fotoelemente wirken

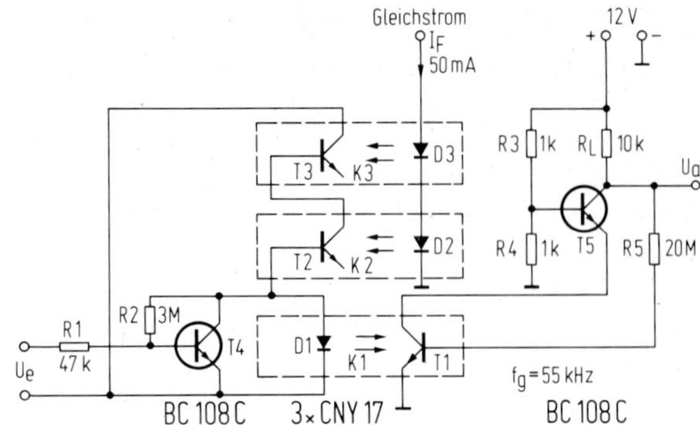

Abb. 2.2.2 Schaltung mit Vorverstärker und höherer Grenzfrequenz

durch D1 beträgt ungefähr 100 μA. Diesem Gleichstrom überlagert fließt der Signalstrom I_e, der von der Signalspannungsquelle über den Widerstand R1 geliefert wird, K1 wirkt wie ein normaler optoelektronischer Koppler; das Ausgangssignal steht am Punkt U_a zur Verfügung. Der verfügbare Strom ist verhältnismäßig gering, deshalb sind hierfür nur Koppler mit großem Koppelfaktor geeignet. Bei dem zur Verfügung stehenden Strom liegt der Koppelfaktor des Optokopplers K1 bei etwa 10 %. Zu beachten ist, daß die handelsüblichen Optokoppler bei einem wesentlich höheren Arbeitspunkt gemessen werden. Für diesen Anwendungsfall sollte also mit dem Hersteller die Selektion für den richtigen Arbeitspunkt vereinbart werden.

Noch besser arbeitet die Schaltung, wenn man durch D2 und D3 einen impulsförmigen Strom mit einem Spitzenwert von beispielsweise 1A schickt. Das Tastverhältnis beträgt 0,1, damit die Verlustleistung innerhalb der zugelassenen Grenzen bleibt. Es steht dann für D1 ein impulsförmiger Strom von $\geqq$ 1mA zur Verfügung, und der Koppelfaktor für K1 liegt bei 100 %. Bei dieser Betriebsart liegt die Grenzfrequenz des zu übertragenden Signals höher, und es ist keine Sonderselektion der Optokoppler notwendig. Am Ausgang U_a stehen hier amplitudenmodulierte Impulse zur Verfügung. Die Pulsfrequenz muß größer als die doppelte Grenzfrequenz des Systems sein.

In der Schaltung nach Abb. 2.2.1 ist die Grenzfrequenz wegen des geringen Kollektorstromes des Transistors T1 verhältnismäßig gering (f_g = 3,3 kHz). Durch eine Gleichstromeinprägung in die Basis von Transistor T1 läßt sie sich auf f_g = 4,6 kHz vergrößern. Noch günstiger ist eine Schaltung wie sie *Abb. 2.2.2* zeigt [1], bestehend aus dem Transistor T5 und den Widerständen R4 und R_L, bei der zugleich der Widerstand R5 für die Basisstromeinprägung eine Gegenkopplung bewirkt. Die Grenzfrequenz beträgt hier f_g = 55 kHz.

Wenn das zu übertragende Signal U_e zu schwach ist, kann eine Verstärkung vor der Einspeisung in D1 vorgenommen werden. Die Stromversorgung für diesen Verstärker kann parallel zu D1 abgenommen werden. Ein sehr einfaches Beispiel dafür ist die in Abb. 2.2.2 gezeigte Verstärkerstufe mit dem Transistor T4 und dem Widerstand R2. Selbstverständlich können auch mehrstufige Verstärker mit Gegenkopplung sowie logische Schaltungen verwendet werden. Ein anderer Weg, Verstärker galvanisch getrennt mit Energie zu versorgen, wurde in [2] beschrieben.

Koppler, bei denen das Fotoelement etwa den 2—3fachen Strom liefert, sind demnächst verfügbar.

Gerhard Krause, Fritz Keiner

Literatur

[1] Krause, G.: Verringerung der Zeitkonstante von Phototransistoren. Siemens-Bauteile-Information 10 (1972). H. 4, S. 84...85.

[2] Krause, G.: Energieversorgung analoger Schaltungen durch optische Strahlung oder Ladungsträgerinjektion. Internationale Elektronische Rundschau 1975, H. 9, S. 203...205.

2.3 Übertragung digitaler Signale zwischen TTL-Bausteinen

Der Entwickler digitaler Schaltungen steht oft vor dem Problem, digitale Signale mit Leitungen über gewisse Entfernungen übertragen zu müssen, z.B. bei der Verbindung zweier digitaler Geräte durch Kabel. Die direkte Übertragung von digitalen Signalen ist in bezug auf Entfernung, Übertragungsfrequenz und Störfeldstärke begrenzt. Es steht eine Reihe von Leitungstreibern und Leitungsempfängern zur Verfügung, deren Auswahl und Anwendung dem Entwicklungsingenieur jedoch oft Schwierigkeiten bereitet, da er nicht die Zeit hat, sich eingehend mit der Materie zu beschäftigen. Unter Verzicht auf Ausführlichkeit wird im folgenden eine *praktische Anleitung* für die Übertragung von TTL-Signalen — in dieser Form werden digitale Signale überwiegend verarbeitet — gegeben. Die Schaltungen sind Beispiele, selbstverständlich können auch andere integrierte Schaltungen unter Berücksichtigung ihrer entsprechenden Datenblattwerte verwendet werden.

Direkte Übertragung von TTL-Signalen

Die Leitungslänge bei der Übertragung digitaler Signale zwischen TTL-Schaltungen ist begrenzt durch

- Entkoppeln von Störsignalen von benachbarten Leitungen
- Auftreten von Reflexionen
- Unterschiedliche Erdpotentiale

In der Praxis ergibt sich im allgemeinen folgendes: Die Erdpotentiale werden durch Stromschienen, Flächenerde, Erdleiter mit großem Querschnitt, Kondensatoren zur Aufnahme von dynamischen Stromspitzen und ähnliche Maßnahmen möglichst gleich gehalten. Zulässige Leitungs- und Koppellängen zeigt *Abb. 2.3.1.* Reflexionen können bei Frequenzen unter 10 MHz und bei Leitungslängen unter 1 m vernachlässigt werden.

Unsymmetrische Signalübertragung
(single ended, unbalanced)

Für die Übertragung von TTL-Signalen mit niedrigen Frequenzen (bis 20 kHz) und über kurze Entfernungen (max. 15 m) empfiehlt es sich, Leitungstreiber und -empfänger zu verwenden, die den EIA-Spezifikationen RS 232C entsprechen. *Tabelle 1* gibt einen Überblick über diese Spezifikationen, die — bis auf geringfügige Abweichungen — identisch sind mit den Schnittstellenspezifikationen V 24 bzw. DIN 66020.

Abb. 2.3.2 zeigt an einem Beispiel, wie TTL-Signale über Leitungstreiber und Leitungsempfänger nach EIA-Spezifikationen übertragen werden können. Als Betriebserde können verwendet werden:

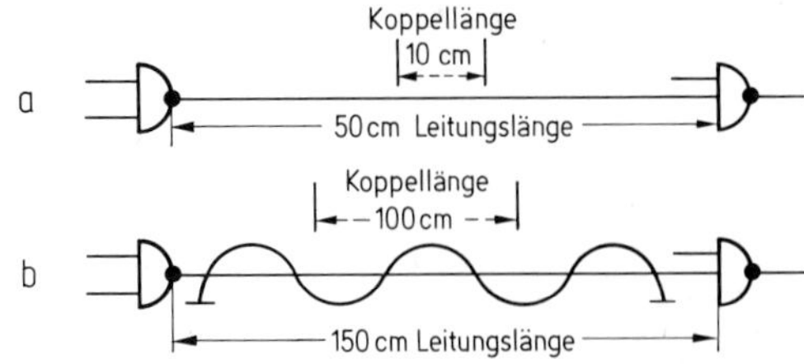

Abb. 2.3.1 Zulässige Leitungslängen bei direkter Übertragung von TTL-Signalen: a) bei ungeschützter Leitung, b) bei mitgeführter verdrillter Erdleitung

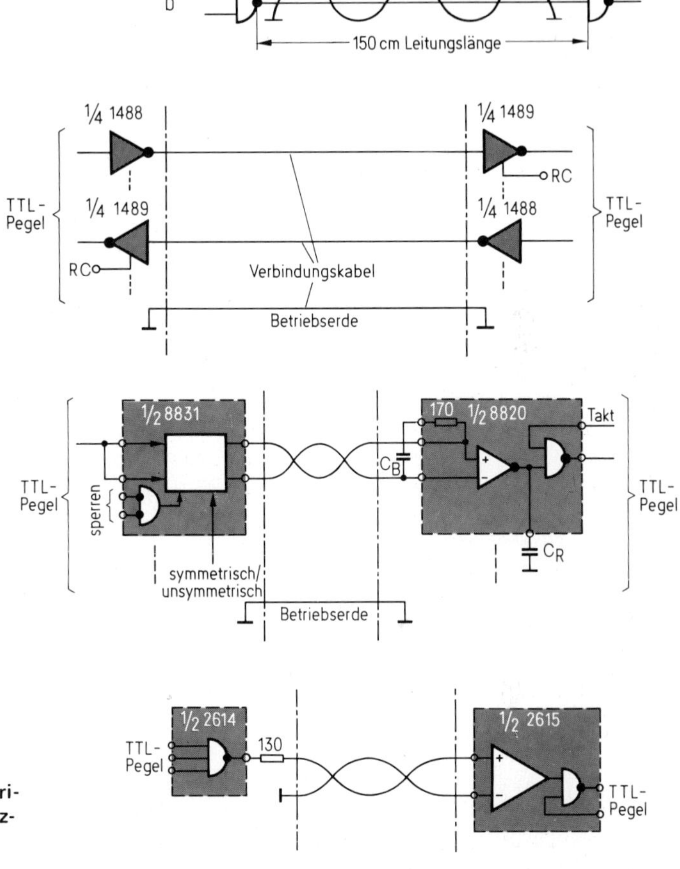

Abb. 2.3.2 Beispiel einer unsymmetrischen Signalübertragung in beiden Richtungen

Abb. 2.3.3 Beispiel einer symmetrischen Signalübertragung. C_B verhindert einen Gleichstrom durch den Anpassungswiderstand und reduziert die Verlustleitung bei niedrigen Übertragungsfrequenzen f_d

$$C_B \gg \frac{1}{f_d \cdot R}$$

C_R beeinflußt die Ansprechzeit des Empfängers (Unterdrückung von Hf-Störungen)

$$C_R \approx 4 \cdot 10^3 \cdot \frac{1}{f_n}$$

C_R in pF, f_n niedrigste zu erwartende Störfrequenz in MHz

Abb. 2.3.4 Beispiel einer unsymmetrischen Signalübertragung mit Differenz-Empfänger

Je eine Ader pro Signalleitung, verdrillt mit der entsprechenden Signalader (beste Störunterdrückung) oder aber eine bzw. mehrere Adern des Kabels.
Bei Verwendung von geschirmten Kabeln sollte der Schirm auf Betriebserde liegen.

Symmetrische Signalübertragung
(differential oder differenced, balanced)

Bei Übertragung von TTL-Signalen mit einer Frequenz >20 kHz oder über Entfernungen > 15 m empfiehlt es sich, Differenz-Treiber und Differenz-Empfänger einzusetzen, die über symmetrische verdrillte Leitungen miteinander verbunden sind *(Abb. 2.3.3)*.

Differenz-Treiber und Differenz-Empfänger können auch für die unsymmetrische Übertragung eingesetzt werden; durch äußere Beschaltung müssen dann allerdings die Kriterien

Tabelle 1. ElA-Spezifikation RS-232C bzw. V-24-Schnittstelle (DIN 66020)

Treiber	
-Ausgangsspannung bei $3\ k\Omega < R_L < 7\ k\Omega$	
logisch 1 *(mark)*	$-5\ V > U_0 > -15\ V$
logisch 0 *(space)*	$+15\ V > U_0 > +5\ V$
-Leerlaufspannung	$\lvert U_0 \rvert < 25\ V$
-Kurzschlußstrom	$\lvert I_0 \rvert < 500\ mA$
-Ausgangsimpedanz bei abgeschalteter Stromversorgung	$Z_0 > 300\ \Omega$
-Flankensteilheit der Ausgangssignale bei einer Lastkapazität $C_L = 2500\ pF$	$dU_0/dt < 30\ V/\mu s$
Empfänger	
-Eingangsspannung	$\lvert U_i \rvert < 25\ V$
-Empfängerausgang bei	
+ 3 V am Eingang	logisch 0
− 3 V am Eingang	logisch 1
-Empfängerausgang bei offenem Eingang oder Eingang über 300 Ω nach 0 V *(Failsafe)*	logisch 1
-Hysterese	monotoner Signalübergang nicht gewährleistet
Bitrate	0...25 kHz

der unsymmetrischen Übertragung (Empfängereingangsschwelle, Hysterese, Frequenzverhalten) erzeugt werden.

Unsymmetrische Signalübertragung mit Differenz-Empfänger

Wenn die Anforderungen bezüglich Leitungslänge und Übertragungsfrequenz an der Grenze der Werte liegen, die für symmetrische Signalübertragung genannt wurden (15 m bzw. 20 kHz), wird oft die unsymmetrische Signalübertragung mit Differenz-Empfänger angewendet. *Abb. 2.3.4* zeigt diese Art der Signalübertragung. Gegenüber der symmetrischen Signalübertragung ergeben sich erhebliche Einsparungen auf der Treiberseite. Wie bei der unsymmetrischen Signalübertragung können als Betriebserde verwendet werden: je eine Leitung pro Signalleitung, verdrillt mit der entsprechenden Signalleitung (beste Störunterdrückung), oder aber eine bzw. mehrere Leitungen des Kabels.

Der negative Eingang des Differenz-Empfängers liegt auf Nullpotential (0 V). Der Treiberausgang sollte in einer der beiden Pegellagen theoretisch ebenfalls 0 V liefern, in Wirklichkeit aber erhält er den üblichen TTL-„L"-Pegel von rund +0,4 V und zusätzlich dazu eine gewisse Störamplitude. Daher muß der nachgeschaltete Differenz-Empfänger eine interne Schwellenspannung haben, die etwas höher liegt. Erst wenn diese überschritten wird, schaltet der Empfängerausgang um. Wenn Empfänger verwendet werden, die keine interne Schwelle besitzen, so muß diese durch äußere Beschaltung erzeugt werden, beispielsweise indem man den negativen Empfängereingang an eine Vorspannung legt.

Betriebsarten

Alle Übertragungsverfahren, die bisher dargestellt wurden, können in verschiedenen Betriebsarten angewendet werden.

- Einseitig gerichteter Betrieb: Ein Treiber überträgt Signale zu einem oder mehreren Empfängern.
- Zweiseitig gerichteter Betrieb: Die Leitung wird zur Signalübertragung in beiden Richtungen benutzt, indem sich je ein Treiber am Leitungsanfang und am Leitungsende befindet.
- Sammelschienenbetrieb (Bus): Mehrere Treiber und Empfänger sind über die Länge der Leitung verteilt.

Für den zweiseitig gerichteten und den Sammelschienenbetrieb gilt, daß die Treiber nicht gleichzeitig arbeiten dürfen. Hieraus folgt die Forderung für diese Treiber, daß ihre Ausgänge *hochohmig* geschaltet werden können (strobing).

Leitungsanpassung

Zur Vermeidung von Reflexionen muß die Leitung abgeschlossen werden, insbesondere bei Übertragungsverhältnissen, die symmetrische Signalübertragung erforderlich machen. Eine verdrillte Leitung hat einen Wellenwiderstand von etwa 150 Ω. Der Abschluß kann am Leitungsende durch einen Parallelwiderstand erfolgen *(Abb. 2.3.3).* Der Nachteil des relativ hohen Gleichstroms und der damit hohen Verlustleistung kann durch einen Blockkondensator vermindert werden, der jedoch die maximale Übertragungsrate begrenzt. Die Leitungsanpassung kann auch am Treiberausgang erfolgen *(back matching)* durch einen *(single ended)* bzw. zwei *(balanced)* Serienwiderstände *(Abb. 2.3.4).* In diesem Fall tritt – da die Empfängereingänge hochohmig sind – keine Gleichstromverlustleistung auf. Bei zweiseitig gerichtetem und Sammelschienenbetrieb muß die Leitung an beiden Enden abgeschlossen werden.

Dipl.-Ing. Günter Schmidt

Literatur

[1] Ghest, R.C.: Line drivers and receivers. AMD-Application Note.
[2] Brubaker, D.: Logic level data transmission. Electronic Engineering, März 1974, S. 50...55.
[3] Tatom, C.: Low-speed modems are easy to design. Electronic Design, Bd. 18 (1971), Heft vom 2. Sept., S. 50...52.
[4] DIN 66020, Anforderungen an die Schnittstelle bei Übertragung bipolarer Datensignale.
[5] Müller, R.: Integrierte Leitungstreiber und Leitungsempfänger – Ihre Eigenschaften und Anwendungsmöglichkeiten. Techn. Memorandum der SEL, 1972.

2.4 Zwei korrespondierende TTL-Signale auf einem Signaldraht

Häufig steht der Entwicklungsingenieur vor dem Problem, daß ihm in der Magazin- oder Kabelverbindung eine Signalleitung fehlt. Die in *Abb. 2.4.1* gezeigte Schaltung kann in diesem Fall Abhilfe schaffen. Dabei muß ein Anforderungssignal mit einem Quittungssignal beantwortet werden. Beide Signale können, ähnlich wie über eine Taucherführungsleine, über einen Draht korrespondieren.

Die anfordernde Seite (z.B. Computer) schickt das Anforderungssignal „A" und erwartet darauf nach Auftragsausführung das Quittungssignal „Q" (Handshaking).

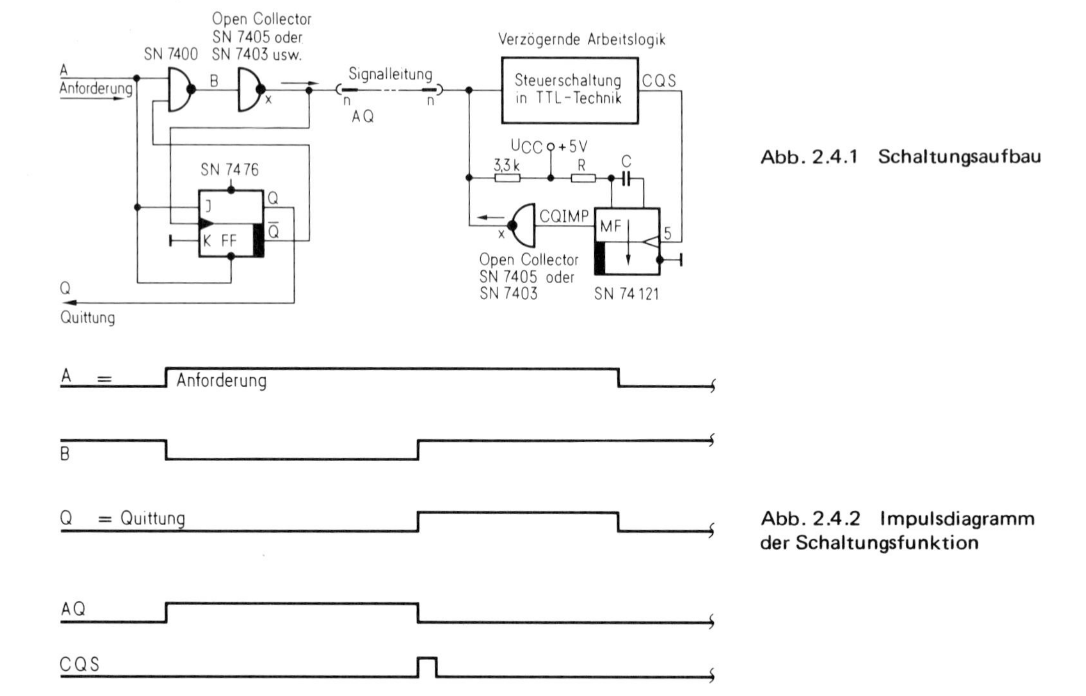

Abb. 2.4.1 **Schaltungsaufbau**

Abb. 2.4.2 **Impulsdiagramm der Schaltungsfunktion**

Funktion

Die Anforderung „A" des Computers setzt das Schnittstellensignal „AQ" auf „1" *(Abb. 2.4.2)*. Nachdem die Steuerschaltung die Anforderung verarbeitet hat, gibt sie ihre Quittung „CQS" auf ein Monoflop (MF), das einen Quittungsimpuls „CQIMP" erzeugt. „CQUIMP" zieht die Leitung „AQ" nach „0".

Solange die Anforderung steht, wird die negative Flanke von „AQ" vom Flipflop FF als Quittung verstanden, das daraufhin ein statisches Qittungssignal „Q" erzeugt, welches bis zur Wegnahme der Anforderung „A" stehen bleibt. Mit „Q" wird die Leitung „AQ" vor „A" verriegelt, damit von der Steuerschaltung, während „A" noch steht, keine weitere als Anforderung verstandene Funktion bearbeitet wird. Ebenso muß die Impulszeit von „CQIMP" die Kabellaufzeit und die Schaltzeit von „Q" überlappen.

Diese Schaltung kann je nach Anwendungsfall modifiziert werden. *Walter Moebius*

2.5 Pegel-Umsetzer mit Interface-Bausteinen

An den Schnittstellen in digitalen Anlagen müssen TTL-Schaltungen häufig von Signalen angesteuert werden, die nicht TTL-kompatibel sind. Solange die Anstiegszeiten dieser Signale genügend kurz sind, reichen einfache Pegel-Umsetzer aus, die keine Schmitt-Trigger-Charakteristik haben. Solche Pegel-Umsetzer lassen sich z.B. sehr einfach mit den integrierten Interface-Bausteinen der Serie SN 55/75 von Texas Instruments aufbauen.

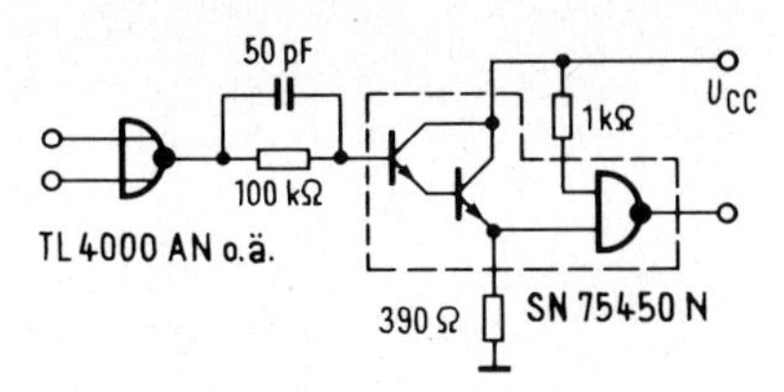

Abb. 2.5.1 Pegel-Umsetzer von CMOS auf TTL

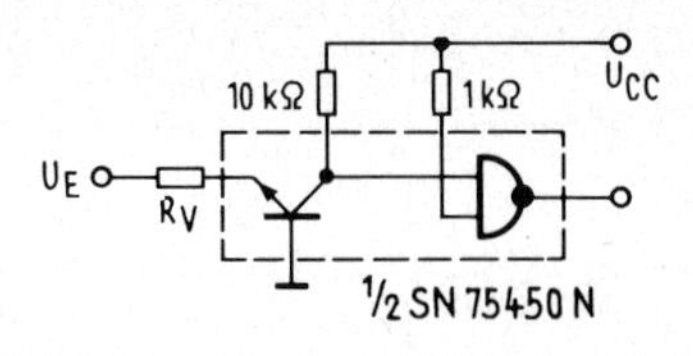

Abb. 2.5.2 Pegel-Umsetzer für negative Signalspannungen auf TTL

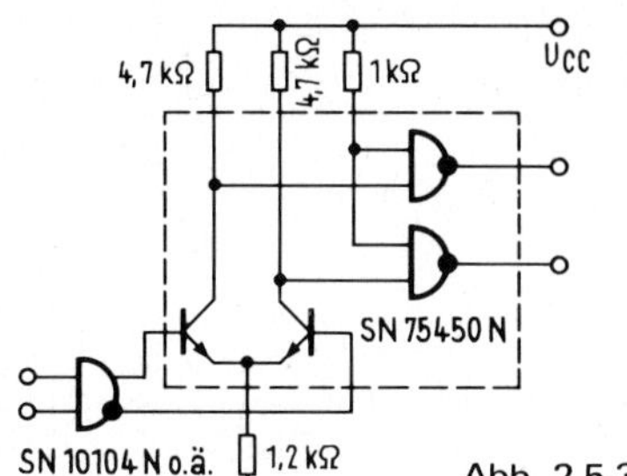

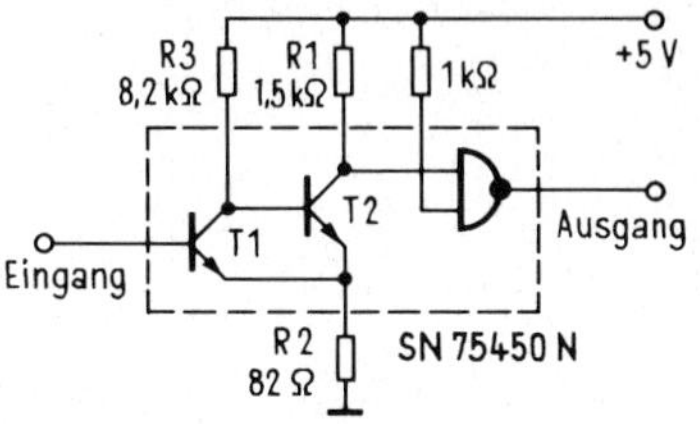

Abb. 2.5.4 Schmitt-Trigger

Abb. 2.5.3 Pegel-Umsetzer von ECL auf TTL

Als erstes Beispiel zeigt *Abb. 2.5.1* einen Pegel-Umsetzer von CMOS-Logik (Betriebsspannung 12 V) auf TTL. Ein Emitterfolger in Darlington-Schaltung sorgt für eine hohe Eingangsimpedanz. Das RC-Glied in der Eingangsleitung begrenzt den Strom, wenn der CMOS-Ausgang „High" ist. Werden die CMOS-Schaltungen ebenfalls mit 5 V Versorgungsspannung betrieben, entfällt das RC-Glied. In diesem Fall ist der Eingangsstrom $I_{IH} \leq 40\ \mu A$ bei $U_{IH} = 5$ V.

Darüber hinaus lassen sich Logikpegel mit negativen Spannungen an TTL-Schaltungen anpassen, wenn man dem Gatter einen Transistor in Basisschaltung vorschaltet *(Abb. 2.5.2)*. Durch Ändern des Vorwiderstandes R_v läßt sich diese Schaltung auch verwenden, wenn an TTL-Systeme ältere Geräte angeschlossen werden sollen, die noch mit PNP-Transistoren aufgebaut sind und daher Betriebsspannungen zwischen —6...—24 V haben.

Eine weitere Variante für Pegel-Umsetzer von ECL auf TTL besteht darin, einen Differenzverstärker aufzubauen, der dann das TTL-Gatter treibt *(Abb. 2.5.3)*.

Sollen TTL-Schaltungen von Signalen angesteuert werden, deren Anstiegszeit unzureichend ist ($t_{an,ab} > 1\ \mu s/V$), so muß ein Schmitt-Trigger vorgesehen werden, der für eine ausreichende Anstiegszeit sorgt. Auch diese Schaltung läßt sich mit dem Baustein SN 75 450 N realisieren *(Abb. 2.5.4)*. Die Schwellspannungen liegen bei etwa 0,7 V und 1,1 V, was einer Hysterese von 0,4 V entspricht.

Eilhard Haseloff

2.6 Potentialtrennung bei bidirektionaler Signalübertragung

Als Potentialtrennglieder für die Datenübertragung werden Optokoppler in immer größerem Maße eingesetzt. Mitunter will man jedoch Signale auf derselben Leitung in beiden Richtungen übertragen. Die in *Abb. 2.6* dargestellte Schaltung ermöglicht dies auf einfache Weise.

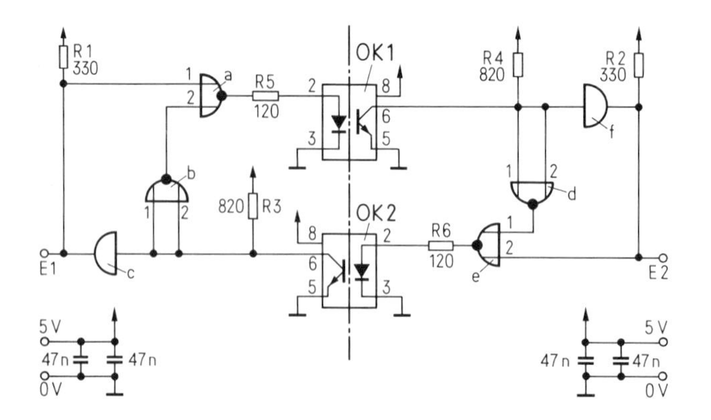

Abb. 2.6 Aufbau der bidirektionalen Trennstufe, Tor a,b,e,d = SN 7402, Tor c, f = 1/3 7417, OK 1,2 = 2 x 4360 (Hewlett-Packard)

Funktionsbeschreibung

Im Ruhezustand werden die Ein- bzw. Ausgänge E 1 und E 2 über die Widerstände R 1 und R 2 auf logisch „1" gesetzt. Dadurch wird der Ausgang von Tor a logisch „0", und der Transistor im Optokoppler (OK 1) sperrt. Die Eingänge des Invertierers d und des Tores f (offener Kollektor) liegen auf „1", E 2 bleibt unbeeinflußt.

Setzt man E 2 auf „0", so entsteht am Ausgang von Tor e eine „1" (Eingang 1 von Tor e liegt im Ruhezustand auf „1"). Der Transistor des Optokopplers (OK 2) schaltet jetzt durch und setzt über den Invertierer b den Eingang 2 des Tores a auf „1". Durch den Treiber c (offener Kollektor) werden E 1 und zugleich Eingang 1 des Tores auf „0" gesetzt. Tor a blockiert den Optokoppler. Wird E 2 wieder „1", so bleibt der Optokoppler unbeeinflußt, da an Tor a beide Eingänge den Zustand wechseln. Durch Differenzen in den Schaltzeiten des Invertierers b (d) und des Treibers c (f) (abhängig von der Last an E 1 bzw. E 2) können beim Umschalten kurze Impulse entstehen. Optokoppler haben jedoch im Vergleich zu TTL-Bausteinen längere Verzögerungszeiten, so daß diese Signale nicht übertragen werden.

Die Schaltung wurde mit den schnellsten zur Zeit erhältlichen Optokopplern vom Typ 4360 Hewlett-Packard aufgebaut und getestet. Die typischen Verzögerungszeiten liegen bei 45 ns.

Bei einer Entkopplung beider Speisungen mit je zwei 47-nF-Kondensatoren trat keine Schwingneigung auf. Selbst bei Ansteuerung einer 15 m langen Übertragungsleitung funktionierte die Schaltung einwandfrei.

Beat Sager

2.7 Einfacher Spannungs-Frequenz-Umsetzer

Die Schaltung besteht im wesentlichen aus einem Integrator (L 141), einem Monoflop (74 121) und einem Transistor als Schalter *(Abb. 2.7)*. Liegt eine (negative) Eingangsspannung U_e an, so steigt die Spannung am Integratorausgang in positiver Richtung mit einer Steilheit, die der Eingangsspannung proportional ist. Bei Erreichen der Schaltschwelle am Triggereingang des Monoflops kippt dieses, und sein Ausgang 6 kann über den Widerstand R4 auf U1 = 5 V gezogen werden. Diese 5 V liegen jetzt über den Transistor ebenfalls am Integratoreingang und bewirken eine Rückstellung des Integrators mit einer Steilheit, die der Differenz $U_1 - U_e$ proportional ist. Da die Rückstellzeit des Integrators von der metastabilen Phase (t_m = 0,695 R_{P1}C2) des Monoflops bestimmt wird, ist also der Spannungs-

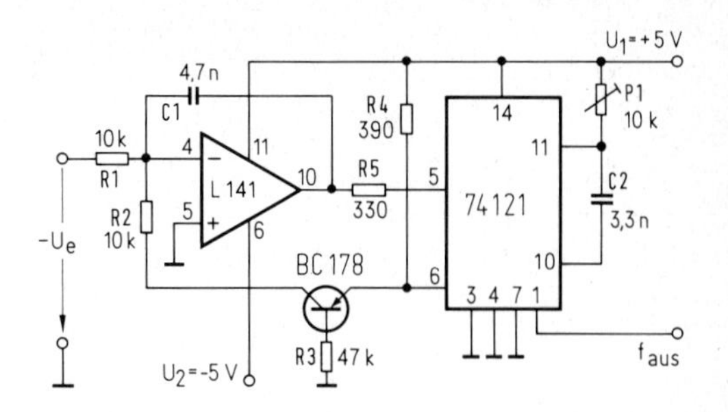

Abb. 2.7 Vollständige Schaltung des Spannungs-Frequenz-Umsetzers; er arbeitet mit einem Linearitätsfehler von nur 0,03 % im Bereich 1 mV bis 1 V ≙ 10 Hz bis 10 kHz

wert am Ende der Rückstellung abhängig von der Eingangsspannung. Daraus ist bereits ersichtlich, daß an den Eingangstrigger des 74 121 überhaupt keine Forderungen bezüglich Triggerpegel, Hysterese oder deren Temperaturdrift gestellt werden.

Wichtig für das Verständnis dieser Schaltung ist die Tatsache, daß jedes Triggern des Monoflops eine Entladung des Integrators mit einer genau definierten und konstanten Ladungsmenge bewirkt. Die zufließende Ladung ist proportional der Eingangsspannung. Da über längere Zeit gesehen die zufließende Ladung gleich der abfließenden sein muß, stellt also die Häufigkeit des oben beschriebenen Vorganges pro Sekunde (= Frequenz in Hz) ein Maß für die Eingangsspannung dar. Die Ausgangsfrequenz kann am Anschluß 1 des 74 121 TTL-kompatibel entnommen werden.

Die Umsetzer-Gleichung bei abgeglichenem Offset lautet

$$f_{aus} = (-U_e) \cdot \frac{R2 + \frac{R2 \cdot R4}{R3} + R4}{R1 \cdot t_m \left[U_1 - \frac{R4}{R3}(U_{CE} - U_{BE}) - U_{CE} \right]} \quad \text{mit } t_m = 0{,}695\, R_{P1} C2.$$

Werden die Bauelementewerte der angegebenen Schaltung in die Gleichung eingesetzt, so sieht man, daß eindeutig R2, R1, t_m und U_1 dominieren, während der Einfluß von U_{CE}, U_{BE}, R3 und R4 zu vernachlässigen ist. Im Interesse einer möglichst kleinen Temperaturdrift ist es notwendig, R 1 und R 2 als Metallschichtwiderstände auszuführen. U_1 wird am besten einem integrierten Spannungsregler (z.B. TBA 625A) entnommen. Bei t_m gilt es, gleich drei Faktoren bei niedrigem TK zu halten, nämlich den Beiwert 0,695, P1 und C2. Der Beiwert 0,695 ist beim 74 121 sehr stabil (TK $< 10^{-4}$/K), während für P1 ein Cermet- oder Drahtpotentiometer und für C 2 ein Kondensator mit kleinem TK, z.B. Wima FKC, zu verwenden sind. C 1 kommt in der Gleichung überhaupt nicht vor, und sein TK ist daher völlig unkritisch. Er muß in der Kapazität nur so gewählt werden, daß der Spannungshub am Integratorausgang stets größer als die Hysterese des Triggereingangs vom 74 121 ist, andererseits aber den linearen Arbeitsbereich des Integrators nicht überschreitet.

Die Offsetspannung des Integrators kann entweder in vorgeschalteten Verstärkerstufen oder an den eigens dafür vorhandenen Anschlüssen des L 141 kompensiert werden. Der L 141 (SGS-ATES) ist intern frequenzkompensiert.

Es wurden folgende Meßfehler ermittelt:

Linearitätsfehler
0,03 % von 1 mV...1 V (d.h. 10 Hz...10 kHz)
0,05 % von 0,1 mV...1 V (d.h. 1 Hz...10 kHz)
TK = 3 x 10^{-4}/K zwischen −10...+50 °C.

Ing. (grad.) Günter Knallinger

2.8 Einfacher, hochgenauer Spannungs-Frequenz-Umsetzer

Die Umwandlung der Spannung $U_s(t)$ in die Frequenz $f_s(t)$ erfolgt nach einem neuen Doppelintegrationsverfahren. Im Gegensatz zu allen dem Verfasser bekannten Doppelintegrationsverfahren wird hier die Frequenz f_s während der Meßzeit T_M ermittelt und nicht wie bei den üblichen Doppelintegrationsverfahren erst in der Auswertezeit

$$T_A = T_M - T^*_M \quad (\text{mit } T^*_M = \text{eigentliche Meßzeit von } \int U_s(t)\,dt), \tag{1}$$

wodurch eine lückenlose ($T_A = 0$) Signalverarbeitung ermöglicht wird.

Das Prinzip des Verfahrens zeigt *Abb. 2.8.1.* Wenn die Ausgangsspannung des Integrators

$$U_1 = -\frac{1}{RC} \int U_s(t)\,dt \tag{2}$$

die Schwellenspannung U_{Sch} des Komparators überschreitet, schaltet dieser von „0" auf „1" um. Die nachfolgende Impulsformerstufe generiert einen Impuls, der den Zähler um 1 erhöht und der zusammen mit dem quarzstabilisierten Rechteckimpuls den Schalter S 1 an die Konstantstromquelle legt und dadurch dem Kondensator die Ladung

$$\Delta Q = \frac{1}{2}\, T_R \cdot I_0 = C \cdot \Delta U \tag{3}$$

entzieht. Nach der Grundmeßzeit T_M, die vom Taktgenerator aus dem quarzstabilisierten Rechteckimpuls abgeleitet vorgegeben wird, wird der Zählerstand in ein Register übernommen und anschließend der Zähler auf 0 zurückgesetzt.

Die Frequenz f_s ergibt sich aus der Beziehung

$$\frac{1}{RC} \int_o^{T_M} U_s(t)dt = \frac{n}{C} \int_o^{T_R/2} I_o\,dt \tag{4}$$

Nach geringen Umformungen erhält man die Anzahl der Impulse

$$n = \frac{2 \int_o^{T_M} U_s(t)dt}{I_o \cdot T_R \cdot R} \tag{5}$$

und die Frequenz f_s

$$f_s = \frac{n}{T_M} \tag{6}$$

Abb. 2.8.1 **Prinzip des nach einem neuartigen Doppelintegrationsverfahren arbeitenden Spannungs-Frequenz-Umsetzers**

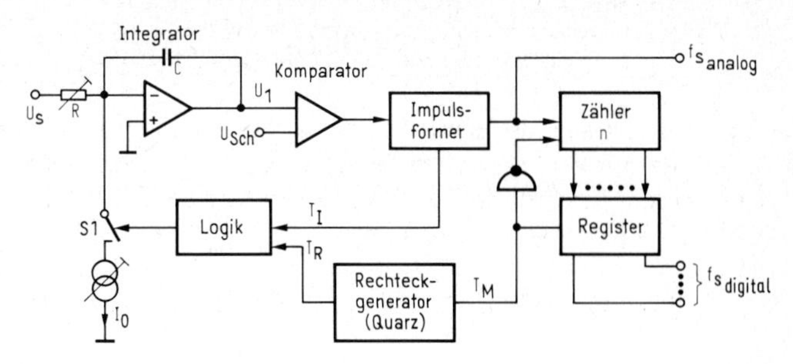

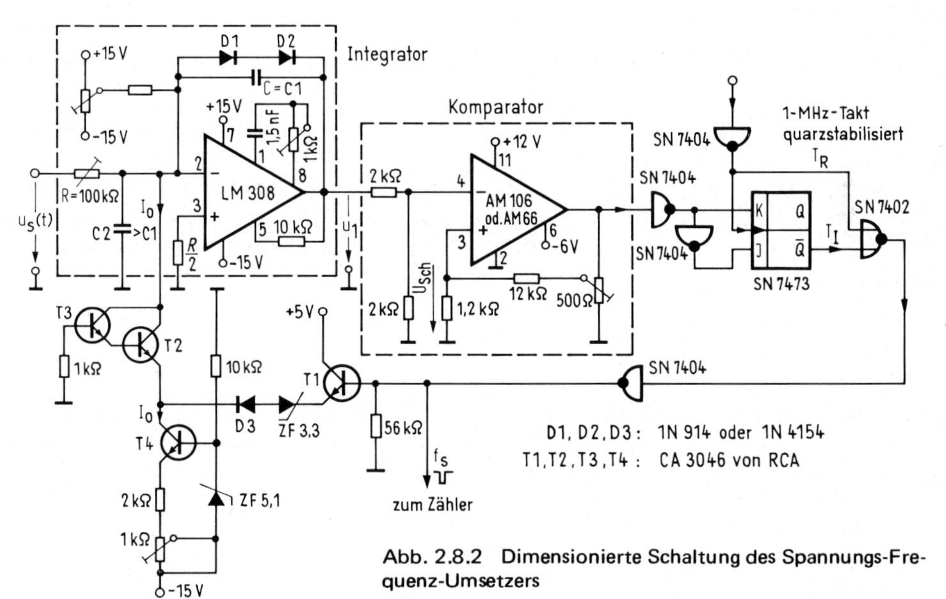

Abb. 2.8.2 **Dimensionierte Schaltung des Spannungs-Frequenz-Umsetzers**

Durch Verändern von C wird der Bereich grob eingestellt und durch Verändern von I_0 und R der Feinabgleich vorgenommen. Die Genauigkeit der gesamten Anordnung ist in erster Linie durch den verwendeten Integrator (Operationsverstärker Typ LM 308) und die Konstantstromquelle bestimmt. Der Signaleingang ist sicher gegen zu hohe Eingangsspannungen U_S.

Abb. 2.8.2 zeigt die vollständige Schaltung des in einer Diplomarbeit des Fachgebietes Übertragungstechnik der TH Darmstadt gebauten *U/f*-Umsetzers, der in einem akustischen Pegelmeßgerät eingesetzt wurde. Sein Umsetzfehler beträgt mit den in Abb. 2.8.2 angegebenen Bauteilen nur 0,01 %.

Dipl.-Ing. J. Kühlwetter

2.9 Spannungs-Frequenz-Umsetzer hoher Linearität

Spannungs-Frequenz-Umsetzer und Strom-Frequenz-Umsetzer sind Übergangsglieder von analogen auf digitale Systeme. Im folgenden wird eine Schaltung beschrieben, die Spannung und Strom in eine proportionale Frequenz f_{aus} umsetzt:

$$f_{aus} = I_{ein} \cdot 10^9 \text{ Hz/A},$$
$$f_{aus} = U_{ein} \cdot 10^4 \text{ Hz/V},$$
$$f_{max} = 120 \text{ kHz}, R_{ein} = 100 \text{ k}\Omega.$$

Die Blockschaltung *(Abb. 2.9.1)* zeigt die Funktion. Durch die negative Eingangsspannung wird der Kondensator C1 umgeladen, und der Ausgang des Operationsverstärkers IC1 wird positiv. Der spannungsgesteuerte Oszillator (VCO) IC2 gibt einen negativen Impuls an den monostabilen Multivibrator (MMV) IC3 ab, der daraufhin einen 4-μs-Impuls (Pulsweite t_w = 4 μs) abgibt. Während dieser Zeit wird der VCO über den Reseteingang gesperrt und die Konstantstromquelle mit dem Schalter S1 auf den Kondensator geschaltet. Die Ladung, die der Kondensator aufnimmt, beträgt

$$\Delta Q = I \cdot t_w = 0{,}25 \cdot 10^{-3}\ 4 \cdot 10^{-6} \text{ A s} = 10^{-9} \text{ A s}.$$

Dabei ändert sich die Spannung des Kondensators um maximal

$$\Delta U = \frac{C1}{\Delta Q} = \frac{10^{-6} \text{ F}}{10^{-9} \text{ A s}} = 1 \text{ mV}.$$

Der Operationsverstärker steuert den VCO so, daß die Ladung des Kondensators C1 immer ausgeglichen wird.

Der Operationsverstärker ist als Regelspannungsverstärker geschaltet. Er gibt eine Gleichspannung ab, die der Ladungsabweichung von C1 entspricht. Bei einem Spannungshub von 10 V am Ausgang beträgt bei Vollaussteuerung die Regelabweichung am Eingang (Spannungsverstärkung beim Typ 741C min. 100 000) weniger als 0,1 mV. Durch diese Schaltungsart ist die Schaltgeschwindigkeit des Verstärkers von untergeordneter Bedeutung.

Die Schaltung des VCO zeigt *Abb. 2.9.2.* Der Kondensator C2 wird über R2 bis zur oberen Schaltschwelle des Schmitt-Triggers (1/2 SN 7413) aufgeladen. Der Ausgang des Schmitt-Triggers geht auf Massepotential, entlädt den Kondensator C2 über die Diode D1 und kehrt in den Ausgangszustand zurück. Die Wiederholfrequenz des beschriebenen Vorgangs wird von der Steuerspannung bestimmt.

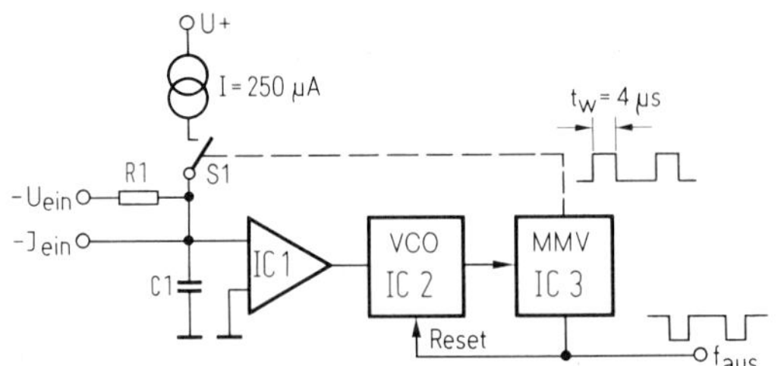

Abb. 2.9.1 Blockschaltung des U/f-Umsetzers

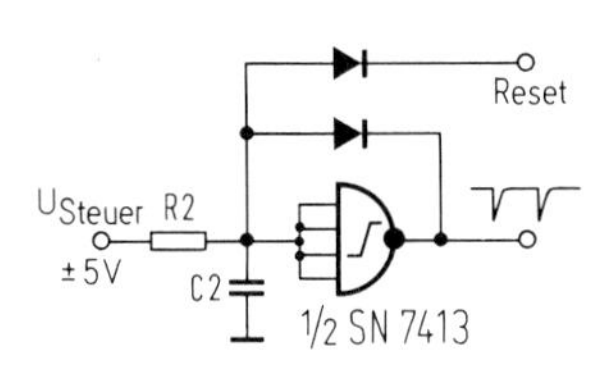

Abb. 2.9.2 Schaltung des VCO

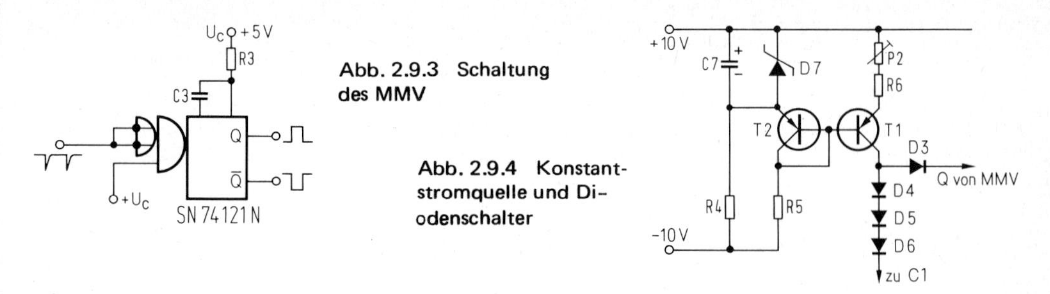

Abb. 2.9.3 Schaltung des MMV

Abb. 2.9.4 Konstantstromquelle und Diodenschalter

Als MMV findet der Baustein SN 74121 Verwendung, der gegen Temperatur- und Speisespannungsschwankungen stabilisiert ist. Der Q-Ausgang *(Abb. 2.9.3)* führt zum Rücksetzeingang des VCO und sperrt diesen für die Dauer des Arbeitstaktes t_w. Der Q-Ausgang betätigt den Schalter S 1, der durch Dioden gebildet wird. R3 und C3 bestimmen die Pulsweite t_w, deshalb sind Bauteile mit niedrigem Temperaturkoeffizienten zu verwenden.

Konstantstromqeulle und Diodenschalter sind in *Abb. 2.9.4* dargestellt. Die temperaturstabilisierte Z-Diode wird über R4 mit ihrem Nennstrom versorgt. Der Transistor T 2 dient zur Kompensation des Temperaturganges von U_{BE} des Transistors T 1. Für R6 und P2 sind Widerstände mit niedrigem Temperaturkoeffizienten zu verwenden. Ist der MMV im Ruhezustand, nimmt der Q-Ausgang über D 3 den Konstantstrom auf. Die Dioden D 4...D 6 sind gesperrt. Beim Arbeitstakt wird der Q-Ausgang positiv, D 3 sperrt, und der Konstantstrom fließt über D 4... D6 in den Kondensator C1. Die Gesamtschaltung zeigt *Abb. 2.9.5.* IC 2 und IC 3 benötigen +5 V Betriebsspannung, diese wird vom Spannungsregler TBA 625A aus der positiven Versorgungsspannung erzeugt. Die Versorgungsspannung des gesamten Umsetzers sollte stabilisiert sein und ± 10...± 15 V betragen. Die Linearität der Schaltung ist besser als 0,05 %.

Abgleich: Mit P1 wird bei kurzgeschlossenem Eingang auf 0...1 Hz am Ausgang eingestellt. Mit P2 wird bei anliegender Eichspannung auf die Sollfrequenz abgeglichen.

Albert Harjung

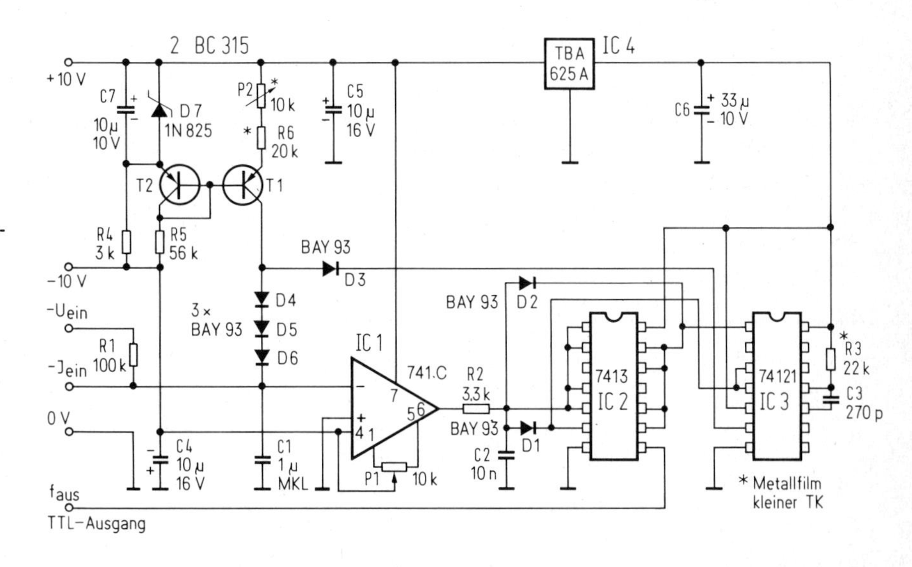

Abb. 2.9.5 Gesamtschaltung des U/f-Umsetzers

2.10 Spannungs-Strom-Umsetzer für Treppenstromgenerator

In Meß- und Testgeräten (z.B. Kennlinienschreibern) werden häufig Ströme mit komplizierter Kurvenform benötigt. Oft läßt sich der entsprechende Spannungsverlauf leichter erzeugen. Mit zwei Operationsverstärkern kann man aber eine Schaltung aufbauen, die eine Treppenspannung in einen proportionalen Strom umwandelt.

Im vorliegenden Fall wird die Treppenspannung U_T von einem TTL-Dezimalzähler erzeugt *(Abb. 2.10.1)*. Bei gleicher Stufenhöhe müssen sich die Werte der Widerstände R 1... R 4 umgekehrt wie die Wertigkeit der entsprechenden Zählerausgänge verhalten. Mit den Trimmpotentiometern kann eine genaue Einstellung der Stufenhöhe vorgenommen werden.

Der Spannungs-Strom-Umsetzer ist in *Abb. 2.10.2* dargestellt. Der Operationsverstärker OP 1 arbeitet im nichtinvertierenden Betrieb. Seine Ausgangsspannung U3 wird von der Differenz U1 − U2 bestimmt und stellt sich so ein, daß diese Differenz möglichst klein wird. Im Rückkopplungszweig liegt der Operationsverstärker OP 2. Er ist als Subtrahierer geschaltet. Seine Ausgangsspannung U 2 errechnet sich zu:

$$U\,2 = (U\,3 - U\,4) \cdot V_u = I_L \cdot R\,3\,\frac{R\,2}{R\,1}, \text{ wobei } V_u = \text{Verstärkung von OP 2.}$$

$$\text{Mit } U\,1 = U\,2 \text{ ergibt sich } U\,1 = I_L \cdot R\,3\,\frac{R\,2}{R\,1}$$

$$\text{und nach } I_L \text{ aufgelöst: } I_L = U\,1 \cdot \frac{1}{R\,3} \cdot \frac{R\,1}{R\,2} \text{ wenn } I_L\,(R_L + R\,3) < U_{3max}.$$

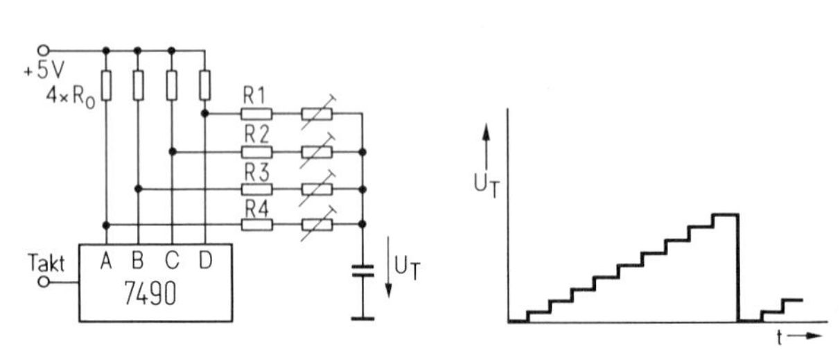

Abb. 2.10.1 Treppenspannungserzeugung mit einem TTL-Dezimalzähler

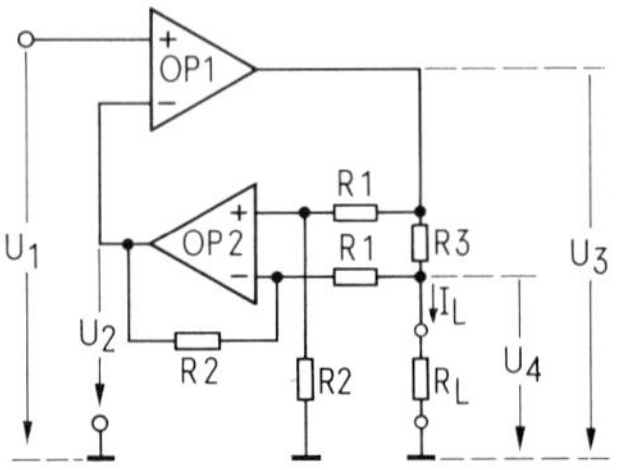

Abb. 2.10.2 Prinzipschaltung des Spannungs-Strom-Umsetzers

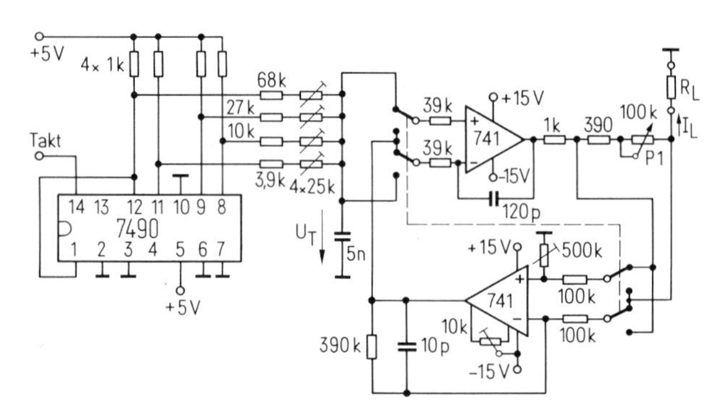

Abb. 2.10.3 In der dargestellten Schalterstellung wird die Spannung U_T in einen proportionalen Strom I_L umgewandelt; mit dem Potentiometer P 1 kann $I_{L\,max}$ von 10 μA ...2,5 mA eingestellt werden

Der Strom I_L ist also der Eingangsspannung U 1 proportional. Durch jeweiliges Vertauschen der nichtinvertierenden mit den invertierenden Eingängen wird der Ausgangsstrom der negativen Eingangsspannung proportional. Eine erprobte Schaltung mit regelbarer Stufenhöhe zeigt *Abb. 2.10.3.*

Jürgen Wagner

2.11 Preisgünstiger DA-Umsetzer

Mit drei billigen CMOS-ICs (CD 4007 A), die als Invertierer geschaltet sind, und 28 Widerständen mit einer Toleranz von 1 % läßt sich ein hochwertiger DA-Umsetzer aufbauen *(Abb. 2.11)*. Durch Anwendung des R-2R-Prinzips werden nur Widerstände des gleichen Wertes gebraucht. Stammen alle aus derselben Produktionsserie, dann sind Abweichungen voneinander von nur 0,1 % zu erwarten. Der Fehler des DA-Umsetzers beträgt dann bei einer Versorgungsspannung von 10 V nur ±5 mV, das entspricht einem Viertel des niederwertigen Bits. Die Einstellzeit beträgt etwa 5 µs. Die Betriebsspannung sollte sehr gut stabilisiert sein.

Gerard Daleiden

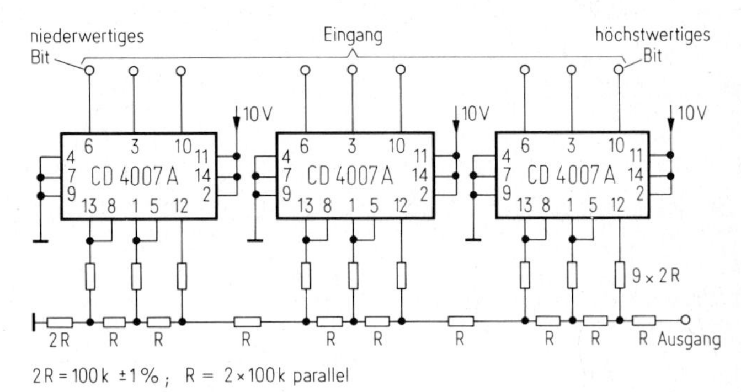

Abb. 2.11 Schaltung des DA-Umsetzers

Literatur

[1] RCA-Applikationsbericht ICAN-6080.

[2] Digital-Analog-Umwandlung mit dem COS/MOS-Digitalbaustein CD 4007 A von RCA.

3 Oszillatoren und Generatoren

3.1 VCO mit Gattern aufgebaut

Abb. 3.1.1 zeigt einen VCO, der mit zwei NOR-Gattern mit je zwei Eingängen aufgebaut ist. Je ein Eingang ist zu einer kreuzweisen Flipflop-Rückkopplung benutzt, während der jeweils andere Eingang über eine Diode und ein Verzögerungsglied mit dem eigenen Gatterausgang verbunden ist. U_s ist die Steuerspannung, mit der die Frequenz variiert wird. Die Funktion erklärt sich folgendermaßen:

Beim Einschalten der Betriebsspannungen (U_B und U_S) sind zunächst beide Kondensatoren ungeladen, das Flipflop fällt nach Zufall in eine seiner stabilen Lagen. Angenommen, Q = H und $\overline{Q}$ = L; dann fließt der Strom von R2 über D2 und $\overline{Q}$ nach $-U_B$ ab, C2 wird nicht aufgeladen. Hingegen sperrt D1, und C1 wird ausschließlich über R1 langsam aufgeladen. Sobald die Spannung an C1 den Umschlagpunkt des Gatters G1 überschreitet, wird Q = L; das Flipflop kippt um, und es wird $\overline{Q}$ = H; C1 wird über D1 und Q rasch entladen, D2 sperrt, so daß nun C2 über R2 langsam aufgeladen wird bis zum Umschlagpunkt des Gatters G2

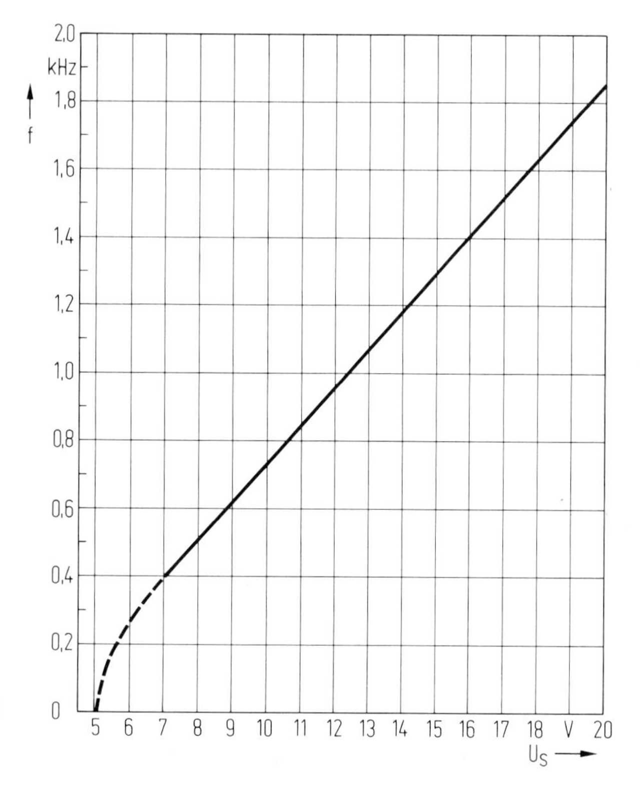

Abb. 3.1.2 Frequenz in Abhängigkeit von der Steuerspannung, aufgenommen bei U_B = 10 V

Abb. 3.1.1 VCO mit NOR-Gattern

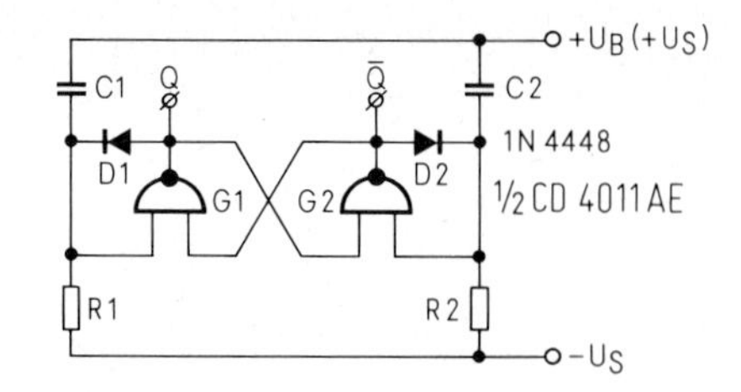

Abb. 3.1.3 VCO mit NAND-Gattern

usw. Man erkennt, daß die Schaltung einen astabilen Multivibrator darstellt, dessen Frequenz von der Aufladegeschwindigkeit der Kondensatoren abhängt, d.h. von den Produkten Rn·Cn sowie von der Steuerspannung U_S, außerdem vom Umschlagpunkt der verwendeten Gatter. Die erzeugte Rechteckspannung kann an den Gatterausgängen Q und $\overline{Q}$ abgenommen werden.

Besonders geeignet sind CMOS-Gatter, weil wegen ihres symmetrischen Aufbaus die Umschlagspannung bei $0{,}5 U_B$ sehr konstant und temperaturunabhängig ist. Eine geringe Temperaturabhängigkeit der erzeugten Frequenz wird von der temperaturabhängigen Kniespannung der Dioden D1 und D2 verursacht, weil der Betrag dieser Kniespannung stets als Restspannung auf den Kondensatoren verbleibt. $U_S > 0{,}5\ U_B$ ist selbstverständliche Bedingung für den Schwingungseinsatz. Der Regelbereich der Schaltung ist sehr groß, weil U_S wesentlich größer als U_B sein darf, denn die Kondensatoren werden nie höher als auf etwa $0{,}5\ U_B$ aufgeladen.

Abb. 3.1.2 zeigt eine praktisch aufgenommene Kurve der Frequenz in Abhängigkeit von der Steuerspannung U_S. Bei $U_B = +\ 10$ V ist die Kurve zwischen $U_S = 7$ V und $U_S = 20$ V vollkommen linear; bei der Messung waren R1 = R2 = 100 kΩ und C1 = C2 = 10 nF.

Die Schaltung kann auch mit NAND-Gattern aufgebaut werden *(Abb. 3.1.3)*. U_S ist dann auf $+U_B$ bezogen negativ ($U_S < 0{,}5\ U_B$), die Dioden sind anders gepolt, und die Kondensatoren werden zweckmäßig mit $+U_B$ verbunden, weil dann ihr Entladungsstrom nicht über die Speisespannungsquelle zu fließen braucht. *Dr. Winfried Wisotzky*

3.2 Programmierbarer Funktionsgenerator mit Schieberegistern

3.2.1 Schaltung und Funktion

Den prinzipiellen Aufbau zeigt *Abb. 3.2.1*. Es werden zwei Schieberegister vom Typ TMS 3120 NC (Texas Instruments) verwendet, von denen jedes vier Register mit je 80 bit enthält [10]. Der Ausgang jedes Schieberegisters ist über die auf den Bausteinen enthaltene Lese-Umlauf-Logik mit seinem Eingang verbunden. In der gezeigten Anordnung kann man 80 Worte zu je 8 bit speichern. Die Frequenz des Ausgangssignals wird vom Takt bestimmt und kann auf maximal 2,5 MHz gesteigert werden, nach unten gibt es keine Grenze, hier kann man sogar auf Einzeltastung übergehen. Die entsprechenden Amplitudenwerte liefert ein DA-Umsetzer. Am Funktionsgenerator sind die Betriebsarten „Einlesen" und „Umlauf" (≙ Funktionsausgabe) einstellbar, der Takt kann zwischen „manuell" und „automatisch" sowie zwischen „eigen" und „fremd" umgeschaltet werden. Die gewählten Betriebszustände werden durch die Gatter IC 4 a, b und IC 3 a, b so mit der gewünschten Taktart verknüpft, daß nur noch „Einlesen mit Takt manuell" und „Umlauf mit allen Taktarten" möglich sind *(Abb. 3.2.2)*.

Wählt man „Umlauf", „Takt autom." und „eigen", startet der interne Taktgenerator (IC 6 a,b), der aus zwei Monoflops besteht. Das erste (IC 6a) bestimmt die Taktfrequenz. Anstelle einer normalen zeitbestimmenden RC-Kombination, bei der nur eine geringe Frequenzvariation zu verwirklichen ist, wird hier durch einen Transistor die Frequenzvariation um ein vielfaches vergrößert. Der Widerstand der RC-Kombination kann so um den Stromverstärkungsfaktor des Transistors vergrößert werden [2, 4]. Der Wert des Kondensators wurde experimentell ermittelt. Die Multivibratorfunktion aus dem verwendeten Monoflop entsteht wie folgt *(Abb. 3.2.3)*: Am Eingang 1 liegt im Ruhezustand H. Damit liegt auch an Q und Eingang 2 H-Pegel. Geht jetzt, durch die Startfreigabe von IC 3 b, 1 auf L, gehen $\overline{Q}$ und 2 auf L, und zwar für die Dauer der eingestellten Zeit. Ist diese abgelaufen, geht $\overline{Q}$ auf H und setzt 2 auf H. Dadurch wird $\overline{Q}$ aber sofort wieder L. Durch diesen sehr kurzen Impuls wird das Monoflop neu getriggert. Der ganze Vorgang läuft nun von neuem so lange ab, wie an Eingang 1 L-Pegel liegt. Das Monoflop ist also durch die Beschaltung zum Multivibrator geworden. Da der Ausgangsimpuls des Multivibrators nur einige Nanosekunden lang ist und deshalb zu kurz für die weitere Verarbeitung, wird dieser durch das nachgeschaltete Monoflop (IC 6b) auf etwa 400 ns verlängert. IC 6 b wird ebenfalls mit dem Signal von IC 3 b freigegeben. Die Taktfrequenz überstreicht einen Bereich von 3 ... 500 kHz. Ist über die Länge des Schieberegisters eine Periode einer Funktion gespeichert, beträgt demnach die Ausgangsfrequenz 37 Hz ... 6,25 kHz.

Die verwendeten Schieberegister IC 12 und IC 13 verlangen für den Einlese-Zustand am Einlese-/Umlauf-Eingang L-Pegel, für Umlauf H. Die an den Schieberegistern anliegende Information wird in die Register übernommen, während der Takt auf H liegt. Der H-Pegel

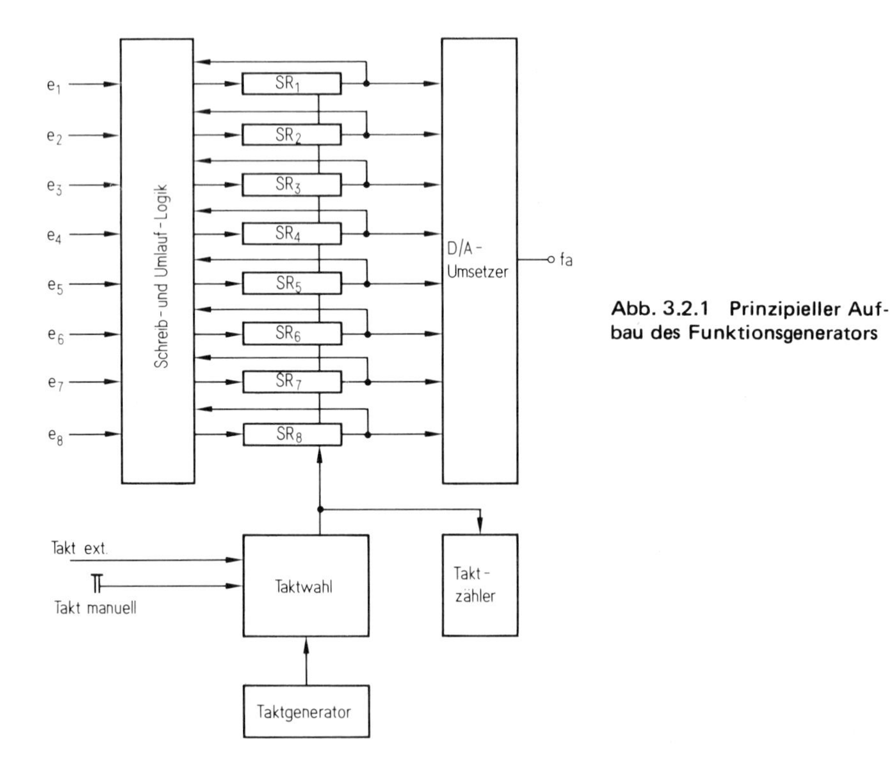

Abb. 3.2.1 Prinzipieller Aufbau des Funktionsgenerators

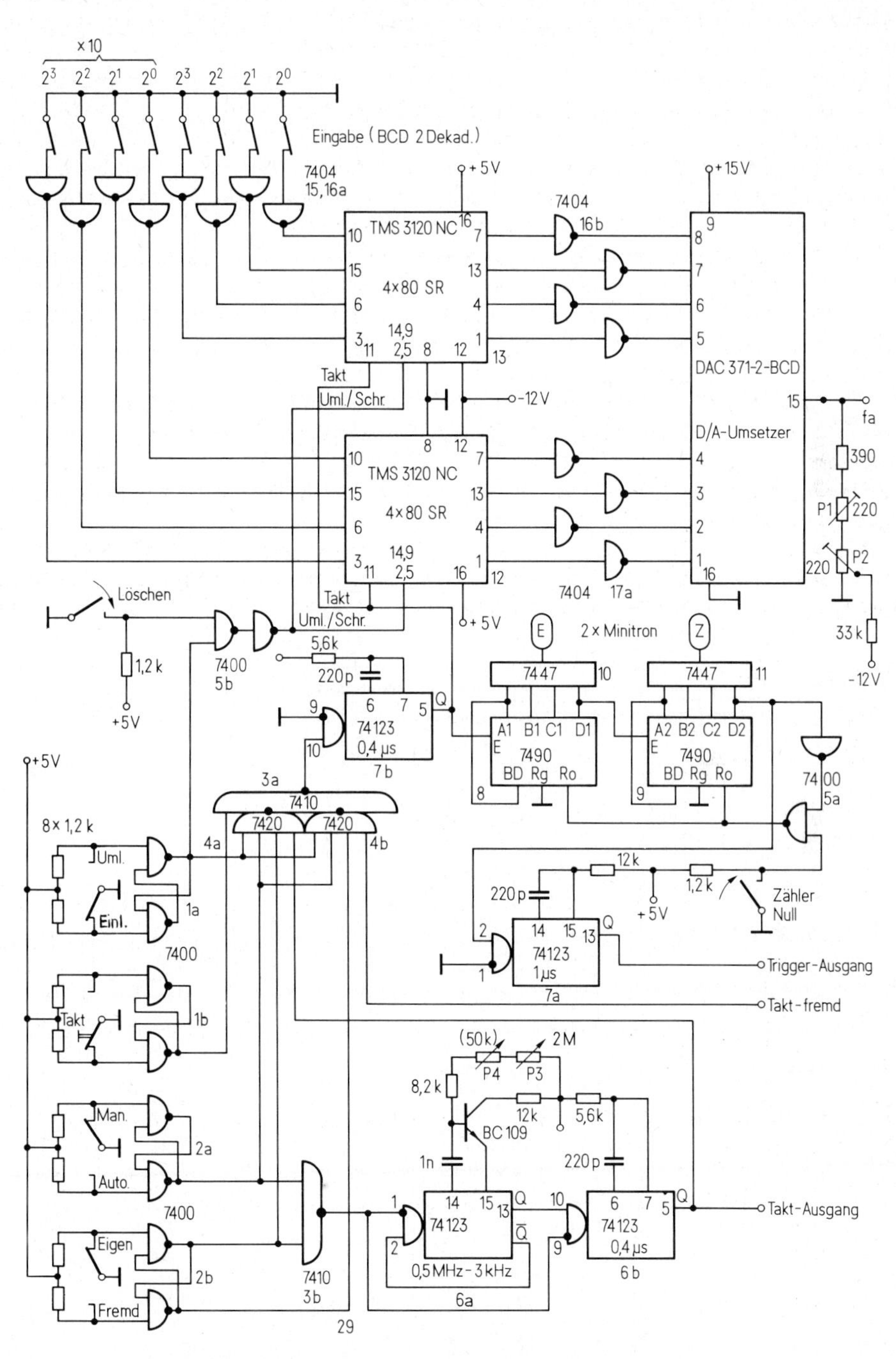

Abb. 3.2.2 Schaltung des Funktionsgenerators

Eingangssignale		Ausgangssignale	
1	2	Q	$\bar{Q}$
H	X	L	H
X	L	L	H
L	↑	⊓	⊔
↓	H	⊓	⊔

Abb. 3.2.3 Wahrheitstabelle des Monoflops

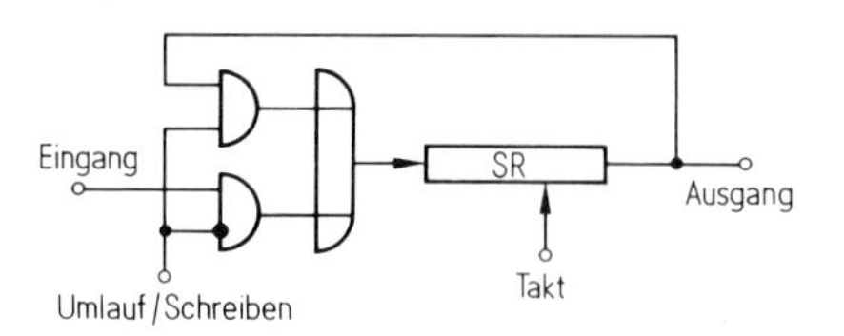

Abb. 3.2.4 Innenschaltung eines Schieberegisters

für den Takt ist laut Hersteller aber nur für die Dauer von max. 0,2 ms gestattet [10]. Da die Taktdauer (H-Pegel) diesen Wert nicht überschreiten darf wird der H-Pegel durch das Monoflop IC 7 b auf 400 ns begrenzt. Die Werte für die zeitbestimmenden Bauelemente sind einem Diagramm aus dem Datenbuch [1] entnommen. Dies gilt auch für IC 7 a und IC 6 b.

Die Taktimpulse gelangen auf einen zweistelligen Dezimalzähler (IC 8 bis 11), der vor der Eingabe der Funktion über die Taste „Zähler Null" zurückgesetzt wird. Jeder 80. Impuls setzt den Zähler wieder auf Null zurück, dabei gibt der Ausgang D2 einen H-Impuls von einigen Nanosekunden ab. Dieser Impuls wird durch das Monoflop IC 7 a auf 1 μs verlängert und dient als Triggerimpuls für einen Oszillografen, er markiert auch den Beginn der eingegebenen Funktion.

Die quantisierten Amplitudenwerte der Funktion werden im zweidekadigen BCD-Code über acht Schalter eingegeben. Um die MOS-Schieberegister nicht durch statische Aufladungen zu gefährden, liegen die Eingänge niederohmig an den Invertierern IC 15 und IC 16 a. Die Invertierung wird an den Ausgängen der Schieberegister wieder rückgängig gemacht. Die Innenschaltung der acht Schieberegister zeigt *Abb. 3.2.4.* Vor Eingabe des ersten Wertes wird der Betriebsartenschalter auf „Einlegen" und der Taktzähler auf Null gestellt. Der erste Wert wird an den Eingabeschaltern eingestellt, und die Takttaste wird gedrückt. Damit ist das erste Datenwort auf den Speicherplatz Null übernommen. Der Taktzähler zeigt also immer an, auf welchen Speicherplatz das eingestellte Datenwort beim Betätigen der Takttaste übernommen wird. Auf diese Weise gibt man Wort für Wort ein. Nach Eingabe des 80. Wertes auf den Speicherplatz 79 springt der Zähler auf Null — die Eingabe ist beendet.

Schaltet man nun auf „Umlauf" und „manuell", gelangt beim Betätigen der Takttaste Codewort für Codewort an den D/A-Umsetzer. Wert für Wert kann so überprüft werden. Schaltet man auf „Umlauf", „autom." und „eigen", zirkuliert der Schieberegisterinhalt mit der eingestellten Taktfrequenz. In der Schalterstellung „fremd" gelangt ein externes Taktsignal auf das Schieberegister. Die Taktfrequenz soll auch hier höchstens 500 kHz betragen.

Manchmal möchte man das Schieberegister schnell löschen. Dies ist prinzipiell möglich, indem an den Eingabeschaltern Null eingestellt und „Umlauf, eigen" gewählt wird. Dabei geschieht es aber leicht, daß der Speicherinhalt durch falsche Betriebsartwahl gelöscht wird. Um das zu vermeiden, wird zum Löschen eine separate Löschtaste benutzt. Zirkuliert der Registerinhalt und drückt man diese Taste, während die Eingabeschalter auf Null stehen, wird der Speicher gelöscht. Die Geschwindigkeit hängt von der Taktfrequenz ab. Im D/A Umsetzer lassen sich Zahlen mit mehr als zwei Stellen decodieren, indem man nämlich die BCD-Form auf folgende Weise umgeht:

	Zehner				Einer			
99 =	1	0	0	1	1	0	0	1
100 =	1	0	1	0	0	0	0	0
100 =	1	0	0	1	1	0	1	0

Die Codierung für die Zahl 100 wird vom D/A-Umsetzer einwandfrei verarbeitet. Es ist aber zu beachten, daß der Bereichsendwert, auf den sich die Datenblätter beziehen, trotzdem 99 beträgt. Dies gilt auch für die Einstellung der Ausgangsspannung. Bei 99 bzw. 1001 1001 am Eingang liefert der D/A-Umsetzer einen Strom von 1,25 mA am Ausgang. Soll ein „Quant" 10 mV Amplitude haben (Endwert = 0,99 V), ergibt sich für den Abschlußwiderstand der Wert

$$R_{ab} = \frac{0{,}99\ \text{V}}{1{,}25\ \text{mA}} = 792\ \Omega$$

(33-kΩ-Widerstand vernachlässigt).

Der genaue Widerstandswert wird bei Eingabe des Bereichsendwertes am Potentiometer P 1 eingestellt. Der D/A-Umsetzer liefert eine Fehlerspannung, die das Ausgangssignal um etwa 50 mV in positive Richtung verschiebt. Um sie zu kompensieren, wird an P 2 eine entgegengesetzte, gleich große Spannung eingestellt. An P 2 wird, durch die Spannungsteilung mit dem 33-kΩ-Widerstand, eine negative Spannung von etwa 80 mV geliefert. Damit kann die Fehlerspannung ausreichend kompensiert werden.

3.2.2 Bedienung

Als erstes sind die Betriebsspannungen anzulegen. Folgende Spannungen und Ströme werden benötigt:

+ 5 V/ 500 mA, + 15 V/ 10 mA, −12 V / 40 mA.

Die Spannungen sollen möglichst genau und konstant sein. Wird eine volle Periode über 80 Schritte eingegeben, ist es nicht notwendig, das Schieberegister vorher zu löschen. Soll aber gelöscht werden, geschieht das wie folgt: Eingabeschalter auf Null, Betriebsschalter auf „Umlauf", „autom." und „eigen", hohe Taktfrequenz wählen und die Löschtaste drücken.

An den Betriebsartenschaltern ist nun „Einlesen" zu wählen, dabei ist die Stellung der anderen Schalter beliebig. Man drückt die „Zähler-Null"-Taste und stellt an den Eingabeschaltern den ersten Wert ein. Dann drückt man die Takttaste. Nach Einstellen des 80. Wertes (Zähleranzeige 79) springt der Taktzähler beim Betätigen der Takttaste auf Null — die Eingabe ist beendet.

Soll die Funktion Wert für Wert überprüft werden, ist nur auf „Umlauf" zu schalten. Mit der Takttaste tastet man das Schieberegister jeweils um eine Stelle weiter, der Zähler zeigt dabei die Wortnummer bzw. den Speicherplatz an. Soll die eingegebene Funktion periodisch ausgegeben werden, ist auf „Umlauf", „autom." und „eigen" oder, bei externem Takt, auf „fremd" zu schalten. Bei internem Takt ist die Taktfrequenz und damit die Ausgangsfrequenz an „Frequenz grob" und „Frequenz fein" einzustellen. Am Triggerausgang steht zu Beginn der Periode ein Impuls zur Verfügung, mit dem ein Oszillograf am Anfang der Funktion getriggert werden kann. Die Funktion steht am Ausgang f_a zur Verfügung. Er sollte möglichst nur hochohmig belastet werden, da sonst die Amplitude des Ausgangssignals kleiner wird. An der Buchse „Takt-Ausgang" kann das interne Taktsignal abgenommen werden.

Beim Eichen des Ausgangspegels wird zuerst die Fehlerspannung kompensiert: Das Schieberegister wird gelöscht, die dann noch verbleibende Spannung an f_a wird mit P2 auf Null eingestellt. Beim Einstellen des Bereichsendwertes wird an den Eingabeschaltern 99 eingestellt, „Umlauf", „autom." und „eigen" gewählt. Bei hoher Taktfrequenz und gedrückter Löschtaste wird der ganze Speicher mit dem Wert 99 vollgeschrieben. P1 wird jetzt so eingestellt, daß am Ausgang des Funktionsgenerators die Spannung 0,99 V anliegt. Diese Eichung kann auch mit angeschlossener Last durchgeführt werden.

Ing. (grad.) Ulrich Maaßen

Literatur

[1] The Integrated Circuits Catalog. Texas Instruments, Verlag Technik Marketing, München. 3. Auflage 1974.
[2] Das TTL-Kochbuch. Texas Instruments Deutschland GmbH. 1. Auflage 1972.
[3] Bruck, B. Donald,: Data Conversion Handbook, Hybrid Systems Corporation, Library of Congress. Catalog Card Number 73-87651, 1. Auflage, 1974.
[4] Applikationsbuch Band 1. Texas Instruments Deutschland GmbH, Freising, 1974.
[5] Beuter, R.: D/A-Umsetzung mit Kettenleitern. ELEKTRONIK, 1969, H. 11, S. 325.
[6] Gangelt: Eimerkette in MOS-Technik. Elektor 1973, H. 1, S. 112.
[7] Dokter, F.: Steinhauer J.: Digitale Elektronik Band 1 und 2. Deutsche Philips GmbH, Hamburg 2. Auflage, 1972.
[8] Borucki, Prof. L.: Vorlesungsprotokoll Digitale Nachrichtenverarbeitung. FH-Krefeld.
[9] Schüßler, H.W.: Digitale Systeme zur Signalverarbeitung. Springer Verlag Berlin, 1973.
[10] Datenblatt TMS 3120 NC. Texas Instruments, Dallas Texas, Sept. 1973.
[11] Datenblatt DAC 371-2-BCD, Hybrid Systems Corporation, Neumüller GmbH München.
[12] Varchmin, J.U.: Funktionsgenerator mit programmierbaren Festwertspeichern. ELEKTRONIK 1975, H. 2, S. 70...72.
[13] Kahn, K.-D., und Varchmin, J.U.: Programmierbarer Funktionsgenerator für beliebige Kurvenformen mit Halbleiterspeicher. ELEKTRONIK 1975, H. 9, S. 107...109.

3.3 PLL-Schaltung von 0,01 Hz...1 MHz

Die Forderungen, die heutzutage an Rechteckgeneratoren gestellt werden, liegen oft weit über dem, was sich mit den klassischen Schaltungen der astabilen Multivibratoren erreichen läßt. Es wird dabei auf hohe Frequenzgenauigkeit und steile Anstiegs- und Abfallflanken großer Wert gelegt. Das im folgenden beschriebene Gerät erfüllt die genannten Bedingungen zufriedenstellend und bleibt dennoch im Preis recht niedrig *(Abb. 3.3.1)*.

3.3.1 Funktionsprinzip

Die von einem spannungsgesteuerten Oszillator (VCO) abgegebene Frequenz (200 kHz... 2 MHz) wird durch einen programmierbaren Teiler auf ungefähr 25 Hz herabgeteilt. Die Periode dieser Frequenz ($\approx$ 40 ms) wird mit derjenigen einer Quarzfrequenz (25 Hz$\pm10^{-5}$) verglichen. Sind diese Periodenlängen unterschiedlich, so wird eine zur Differenz der Periodenlängen in etwa proportionale Spannung erzeugt, die die VCO-Frequenz so lange nach-

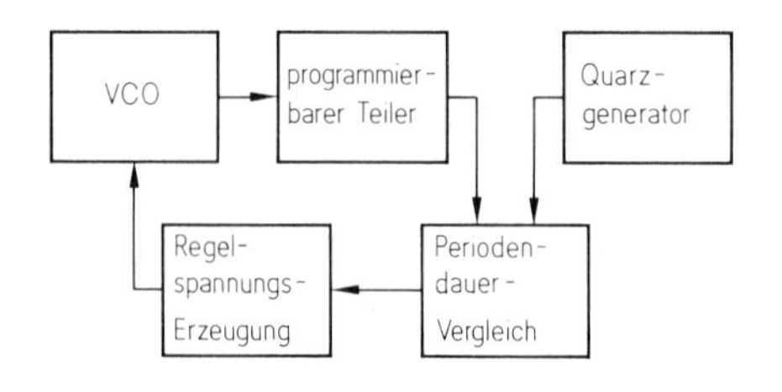

Abb. 3.3.1 Funktionsweise der PLL-Schaltung (PLL = phaselocked loop)

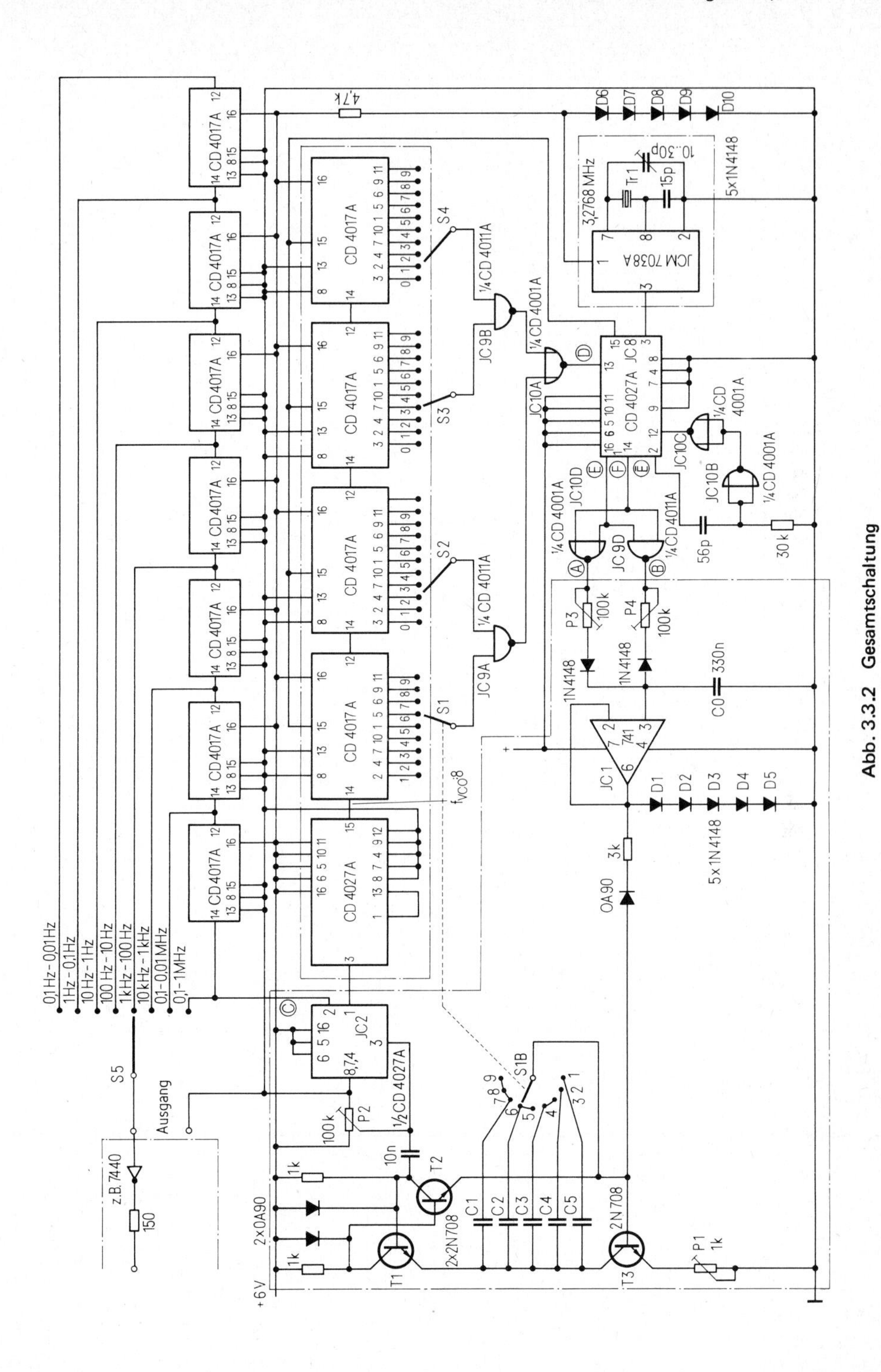

Abb. 3.3.2 Gesamtschaltung

regelt, bis beide Perioden die gleiche Länge haben. Durch Verändern des Teilverhältnisses wird die Frequenz des VCO eingestellt:

$$f_{VCO} = n \cdot 1/10\ \text{MHz} \quad (n = \text{Teilverhältnis von } 1{:}1000 \ldots 1{:}9999 \text{ einstellbar}).$$

3.3.2 Schaltung

a) VCO

In der Schaltung *(Abb. 3.3.2)* fällt sofort der durch die kreuzweise Kopplung von T 1 und T 2 charakterisierte, astabile Multivibrator (AMV) auf, bei dem zur Veränderung der Frequenz T 3 in Verbindung mit IC 1 vorgesehen ist. IC 1 sorgt dafür, daß die Spannung an C 0 hochohmig abgegriffen wird. Damit die Ausgangsspannung nie über 4,5 V ansteigt, sind zur Begrenzung die Dioden D 1...D 5 vorgesehen. Die Oszillatorfrequenz nimmt mit steigender Spannung an C 0 ab. Diese Spannung läßt sich leicht durch Anlegen der Betriebsspannung (+6 V) an den Punkt A erhöhen. Genau das Gegenteil wird durch das Verbinden von Punkt B mit Masse erreicht. Zur Auskopplung der Oszillatorfrequenz dient IC 2, dessen Triggerpunkt mit P 2 so eingestellt wird, daß am Punkt C eine symmetrische Rechteckspannung zur Verfüfung steht. Die Frequenz des VCO wird mit S 1B grob eingestellt. Dabei ist zu beachten, daß die Wahl der Kondensatoren C 1...C 5 so zu treffen ist, daß die in der *Tabelle* angegebenen Bereiche sicher überstrichen werden. Mit P 1 läßt sich dabei die Frequenzlage in gewissen Grenzen verschieben (im Mustergerät: P 1 $\approx$ 800 Ω).

b) Teiler

Der programmierbare Teiler besteht aus 4 ICs (CD 4017). Jeder enthält einen Dezimalzähler und einen Decodierer, der dafür sorgt, daß bei jeder positiven Flanke am Takteingang einer der Dezimalausgänge auf H gesteuert wird, und zwar in der Reihenfolge 0...9. Erreicht der 4stellige Zähler nun die Zahl, auf die S 1...S 4 eingestellt sind (z.B. 8025; S 1 = 8; S 2 = 0; S 3 = 2; S 4 = 5), so werden die Eingänge von IC 9A und IC 9B auf H gesteuert. Somit liegt nur dann, wenn die vorgewählte Zahl erreicht ist, der Ausgang von IC 10A auf H. Über die Reseteingänge (15) der Zähler kann durch Anlegen von H die ganze Anordnung auf 0000 gesetzt werden.

c) Quarzgenerator

Der integrierte Baustein ICM 7038 besteht aus einer Oszillatorschaltung mit anschließendem Teiler, die die Quarzfrequenz auf 50 Hz herabteilt. D 6...D 10 verhindern ein Ansteigen der Versorgungsspannung auf Werte über 4,5 V. 1/2 IC 8 sorgt schließlich dafür, daß eine symmetrische Rechteckspannung von 25 Hz zur Verfügung steht.

d) Periodendauer-Vergleich und Regelspannungs-Erzeugung

Die positive Flanke an $\overline{E}$ (= $\overline{Q}$ des einen Flipflops in IC 8) wird differenziert und auf den Rücksetzeingang des zweiten Flipflops in IC 8 gegeben, dessen Q-Ausgang (15) den Zähler freigibt. D.h. bei jeder negativen Flanke an Punkt E wird der Zähler gestartet. Hat er die vorgewählte Zahl erreicht, wird das zweite Flipflop wieder gekippt, und der Zähler wird auf Null gestellt. An den Punkten E und F kommt dadurch ein Spannungsverlauf nach *Abb. 3.3.3* zustande.

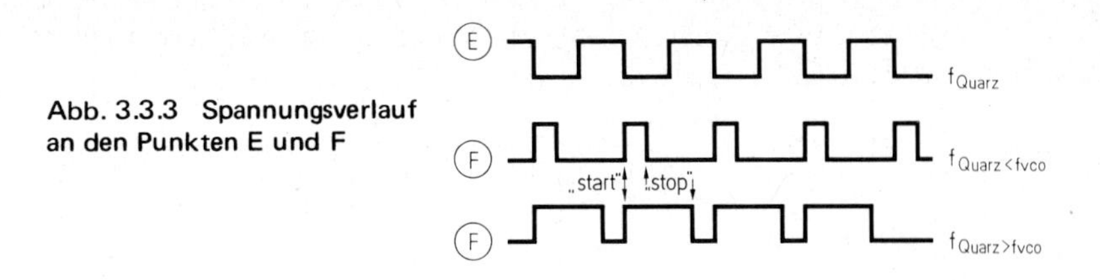

Abb. 3.3.3 Spannungsverlauf an den Punkten E und F

Am Ausgang von IC 9D erscheint immer dann L, wenn beide Eingänge H sind. In dieser Zeit wird die Spannung an C 0 gesenkt, was zur erwünschten Erhöhung der AMV-Frequenz führt. Umgekehrt erscheint am Ausgang von IC 10D immer dann H, wenn beide Eingänge L sind. In diesem Fall wird die AMV-Frequenz durch die Spannungserhöhung an C 0 niedriger. Mit P3 und P4 stellt man den Spannungshub ein, der die Nachregelgeschwindigkeit bestimmt.

Tabelle der Kondensatoren und der Frequenz an Punkt C

	Kapazität/pF	Frequenz/kHz
C 1	330	600...1250
C 2	560	370...780
C 3	1000	200...455
C 4	1500	150...300
C 5	3020	90...220

Mit sieben Dezimalzählern (CD 4017 A) wird die Ausgangsfrequenz des VCO (0,1...1 MHz) auf bis zu 10^{-7} fache Frequenzen herabgeteilt. Mit S 5 wird der jeweilige Bereich eingestellt. Mit einer zweiten und dritten Schalterebene kann man zusätzlich Dezimalpunkte und die Zeichen Hz, kHz und MHz ansteuern.

e) Eichung

Die Eichung erfolgt entweder mit einem Frequenzzähler oder durch Schwebungsnull-Abgleich. Dazu wird die Sollfrequenz (z.B. 151 kHz beim Deutschlandfunk) mit S 1...S 5 eingestellt und mit Tr 1 auf den richtigen Weg gebracht.

Damit auch Signale mit variablem Tastverhältnis zur Verfügung stehen, wurde ein monostabiler Multivibrator hinzugefügt, der mit einem Zehngangpotentiometer abgestimmt wird. Das Gatter 7440 liefert einen erhöhten Ausgangsstrom.

Andreas Eppinger

3.4 Digitaler Hüllkurvengenerator

Die in *Abb. 3.4* gezeigte Schaltung läßt beliebige Analogsignale nach einer Exponentialfunktion abklingen. Ein interessanter Effekt entsteht dadurch, daß das Abklingen in Stufen geschieht. Als Anwendungsgebiet ist neben der Unterhaltungselektronik (Musikverstärker, Orgeln) auch die Biologie denkbar (Simulation biomechanischer Vorgänge).

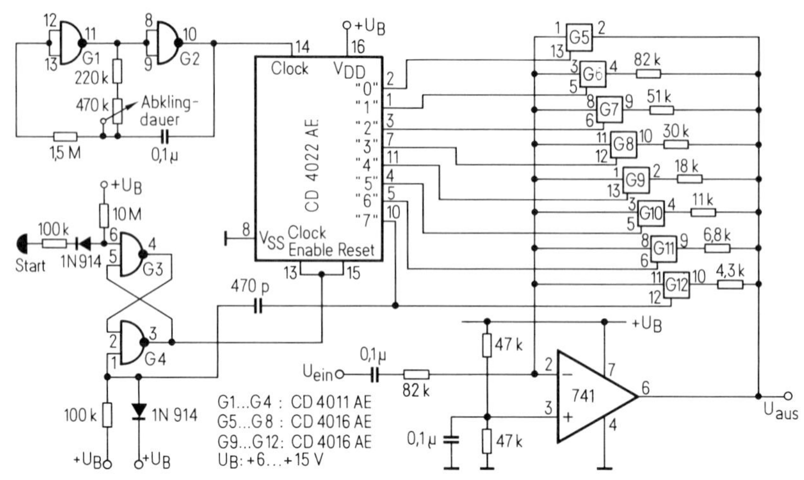

Abb. 3.4 Schaltung des Hüllkurvengenerators

Schaltungsbeschreibung

Das Funktionsprinzip der Schaltung ist leicht einzusehen. Die Verstärkung des Operationsverstärkers 741 wird mit Hilfe der Analogschalter G 5...G 12 so verändert, daß sie von einem Höchstwert exponentiell auf null sinkt. In der Ruhestellung ist das mit den Gattern G 3 und G 4 aufgebaute Flipflop gesetzt, und der Zähler CD 4022 ist gesperrt. Der Ausgang „0" führt „1"-Potential, und der Schalter G 5 ist geschlossen. Die Verstärkung des Operationsverstärkers ist null, und am Ausgang erscheint kein Signal. Durch Berühren der Sensortaste „Start" wird das Flipflop gekippt, und der Zähler beginnt zu arbeiten. Seine Taktimpulse erhält er vom astabilen Multivibrator, der mit G 1 und G 2 aufgebaut ist. Der Reihe nach werden jetzt die Schalter G 6...G 12 geschlossen. Die Verstärkung ändert sich dabei stufenweise von 1...0,05.

Sobald der Zähler wieder auf null steht, wird das Flipflop gekippt, und die Schaltung bleibt blockiert. Über die Sensortaste kann ein neuer Abklingvorgang eingeleitet werden.

Für die Bestimmung der Widerstände im Gegenkopplungszweig des Operationsverstärkers wurde ein spezielles HP-65-Programm aufgestellt. Nach Meinung des Autors stellen die gefundenen Werte die optimale Lösung unter Verwendung der Normreihe E-24 dar. Durch Änderung der Widerstandswerte lassen sich auch andere Hüllkurven erzeugen.

Die Schaltung eignet sich gut für Batteriebetrieb. Bei einer Betriebsspannung von 9 V beträgt die Stromaufnahme etwa 1 mA.

Dipl.-Ing. Willy Kunz

3.5 Digital einstellbarer Funktionsgenerator mit Quarzgenauigkeit

Im folgenden wird ein digital einstellbarer Funktionsgenerator (Synthesizer) für den Frequenzbereich 0,1 Hz...100 kHz beschrieben, der durch den ausschließlichen Aufbau mit COS/MOS-Bausteinen einen geringen Stromverbrauch aufweist, so daß er für Batteriebetrieb geeignet ist. Außerdem ist das Gerät in weiten Grenzen unabhängig von Speisespannungs- und Temperaturschwankungen.

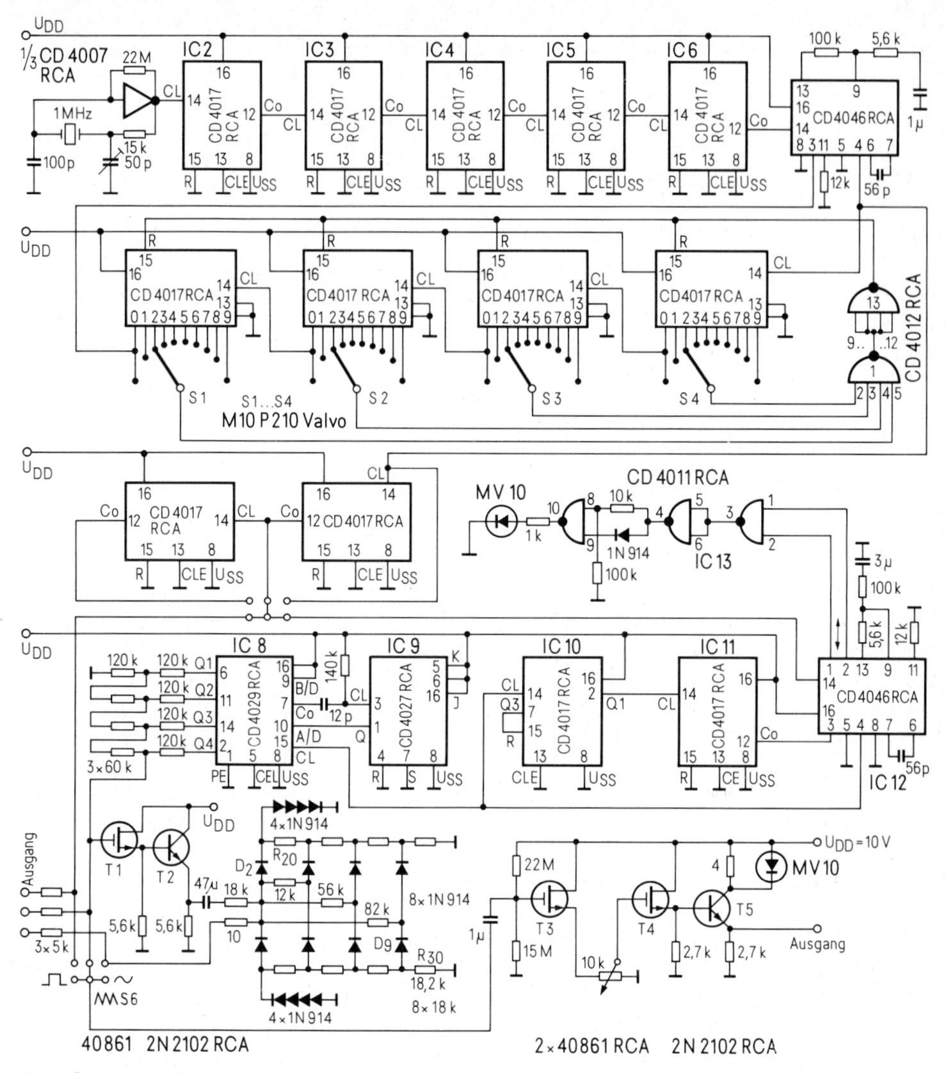

Abb. 3.5 Vollständige Schaltung des digital einstellbaren Funktionsgenerators, der sich mit wenigen COS-MOS-Bausteinen aufbauen läßt

3.5.1 Frequenzerzeugung

Die Frequenzteiler IC 2 bis IC 6 teilen die im Quarzoszillator erzeugten 1 MHz auf die Referenzfrequenz von 10 Hz *(Abb. 3.5)*. Diese wird dem Phase-Locked-Loop-Baustein zugeführt, der als selektiver Frequenzvervielfacher arbeitet. Zwischen seinem VCO-Ausgang und dem Komparator-Eingang befindet sich ein von 0001 bis 9999 einstellbarer n-Teiler. Er besteht aus vier dekadischen Vorwahlschaltern, vier Zählern, einem NAND-Gatter mit vier Eingängen und einem Invertierer, der die Zähler — sobald sie die vorgewählte Frequenz erreicht haben — auf 0 zurücksetzt.

Im eingerasteten Zustand des PLL-Systems beträgt die Ausgangsfrequenz:

$$f_{aus} = f_{ref} \cdot N$$

wobei N die direkte Teiler-Stellung ist. Die so gewonnene quarzsynchrone Rechteckspannung hat ein Tastverhältnis von 50 % und die Amplitude U_{DD}. Die nachfolgenden Teiler teilen die Ausgangsfrequenz um 10 und 100.

3.5.2 Impulsformung Dreieck

Die Dreieckspannung wird im Widerstandsnetzwerk des Vor-/Rückwärtszählers IC 8 erzeugt. Bei ansteigender Flanke läuft der Zähler vorwärts. Ist die binäre 16 erreicht, erhält das JK-Flipflop IC 9 von C_0 einen Impuls und schaltet den Zähler IC 8 auf „Rückwärts", womit der Rücklauf des Dreiecks beginnt. Der Dreieckformer dividiert die vorgewählte Frequenz durch 15. Diese Frequenzteilung wird in einem zweiten selektiven Frequenzvervielfacher, bestehend aus den Bausteinen IC 10, 11, 12, so ausgeglichen, daß die voreingestellte Frequenz wieder vorhanden ist. Das NAND-Gatter IC 13 dient mit den Bauelementen zur Einrastüberwachung des Vervielfachers.

3.5.3 Impulsformung Sinus

Die Sinusspannung wird im Widerstands-Dioden-Netzwerk R 20...R 30 und D 2...D 9 erzeugt. Eingespeist wird die Dreieckspannung über die Source/Emitterfolger-Kombination T 1 und T 2. Die Sinusamplitude ergibt sich aus der Formel

$$U_{sin} = 2\ U_d / \pi$$

Über den Schalter S 6 kann wahlweise die Rechteck-, Dreieck- oder Sinusspannung dem Leistungs-Source/Emitterfolger (T 3, T 4, T 5) mit Überlastanzeige und einstellbarer Amplitude zugeführt und entnommen werden.

In der *Tabelle* sind die technischen Daten des Gerätes zusammengefaßt.

Harry Lipski

Tabelle mit den wichtigsten technischen Daten des Funktionsgenerators

Betriebsarten	Rechteck	Dreieck	Sinus
Frequenzbereich	0,1 bis 100 000 Hz	0,1 bis 100 000 Hz	0,1 bis 100 000 Hz
Digitale Einstellung	0001-9999	0001-9999	0001-9999
Multiplizierer	X0,1;X1;X10	X0,1;X1;X10	X0,1;X1;X10
Frequenzstabilität	Nach Einrasten der Synchronisierung, angezeicht durch Leuchtdiode		
	10^6	10^6	10^6
Ausgangsspannung (Spitze-Spitze-Wert)	10 V	10 V	3,18 V x 2
	Einzeln herausgeführt an 10 kΩX1; X10		
Leistungsausgang	10 V	10 V	3,18 V x 2
	Kontinuierlich einstellbar an 4 Ω; X10		
Stromaufnahme	Ohne Last 5 mA, sonst je nach Last 5...250 mA		
Betriebsspannung	4... 15 V (Gleichspg.)		
Überlast	Wird durch Leuchtdiode angezeigt		

3.6 Dreieck- und Rechteckgenerator mit linearer Frequenzeinstellung

Der in *Abb. 3.6* dargestellte Dreieck- und Rechteckgenerator setzt sich zusammen aus dem als NIC (Negative Impedance Converter) geschalteten Operationsverstärker OP 1 mit R 1 bis R 4, der den Kondensator C mit konstantem Strom auf- und entlädt, sowie dem Schmitt-Trigger OP 2, der die Spitzenspannung des Dreiecksignals festlegt. Der Verstärker OP 3 dient als Impedanzwandler.

Damit der Kondensator mit konstantem Strom auf- und entladen wird, müssen für den NIC zwei Bedingungen erfüllt sein. Erstens:

$$R\,3 = R\,2;\, R\,1 + R_{P1} = R\,4,\, I_C = \frac{U_{a3}}{R\,4}$$

Die zweite Bedingung verlangt einen Impedanzwandler (OP 3), da ohne diesen der wirksame Widerstand von R 4 variiert, so daß sich die Linearität der Dreieckspannung verschlechtern würde. Außerdem werden mit P 4 an OP 3 Offsetspannungen und unterschiedliche positive und negative Sättigungsspannungen von OP 2 ausgeglichen, die eine Unsymmetrie der Ausgangsspannungen erzeugen würden.

Das Verhältnis R 3/R 4 kann frei gewählt werden, jedoch ist bei einem Faktor von 1:10 die beste Stabilität gewährleistet. Bei der niedrigsten Frequenz wird mit P 1 der NIC abgeglichen und damit die Linearität der Dreieck-Ausgangsspannung eingestellt. Die Schwingfrequenz errechnet sich nach den Formeln

$$t = \frac{C \cdot U}{I}; \qquad f = \frac{1}{4 \cdot t}$$

mit t = Dauer des Spannungsanstieges von 0 V bis zum Spitzenwert, U = Spannung am Kondensator, I = konstanter Auf- bzw. Entladestrom und f = Schwingfrequenz.

Wird ein Kondensator mit Konstantstrom geladen, dann gilt:

$$t = \tau = R \cdot C$$

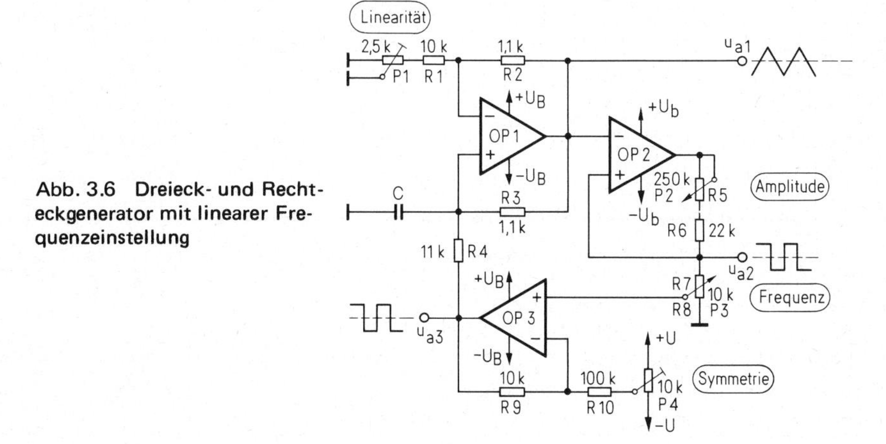

Abb. 3.6 Dreieck- und Rechteckgenerator mit linearer Frequenzeinstellung

$$t = \frac{R\,4 \cdot C \cdot \left(1 + \frac{R2}{R\,1 + R_{P1}}\right)}{\left(1 + \frac{R9}{R10}\right) \cdot \frac{R\,8}{R\,7 + R\,8}}, \quad f = \frac{1 + \frac{R\,9}{R\,10}}{1 + \frac{R\,2}{R\,1 + R_{P1}}} \cdot \frac{1}{4 \cdot R\,4 \cdot C} \cdot \frac{R\,8}{R\,7 + R\,8}$$

Tabelle der Kondensatorwerte bei verschiedenen Frequenzen

	C	f_{max}	k
a)	2,2 μF	10 Hz	−2
b)	220 nF	100 Hz	−1
c)	22 nF	1 kHz	0

Bei der angegebenen Dimensionierung läßt sich die Formel vereinfachen zu:

$$f = \frac{1}{4 \cdot R\,4 \cdot C} \cdot \frac{R\,8}{R\,7 + R\,8}$$

Die Rechteck-Ausgangsspannung U_{a2} darf nicht sehr stark belastet werden; sie sollte noch auf einen weiteren Impedanzwandler geführt werden.

Bei der Berechnung der Frequenz wurden die Ausgangswiderstände der Operationsverstärker, die Parallelschaltung von P 4 zu R 10 und die Umschaltzeit von OP 2 vernachlässigt. Aus der Gleichung für die Frequenz erkennt man, daß eine Änderung von P 2 nur die Amplitude, nicht aber die Frequenz ändert. Mit P 2 kann man die Dreieckspannung U_{a1} und die Rechteckspannung U_{a2} bei ± 5 V Versorgungsspannung zwischen U_{ss} = 0,3 und 3 V einstellen. Verwendet man für P 2 eine logarithmische Ausführung, erhält man eine lineare Einstellung der Amplitude über dem Drehwinkel.

Verwendet man für P 3 ein lineares 10-Gang-Wendelpotentiometer mit digitalem Einstellknopf (000...999) und die in der *Tabelle* angegebenen Kondensatorwerte, dann ist die Frequenz der Ausgangssignale proportional dem eingestellten Digitalwert, multipliziert mit dem Faktor 10^k. Dies hat den Vorteil, daß man keine Frequenzskala benötigt und die Frequenz sehr genau eingestellt und abgelesen werden kann.

Die Amplitude der Ausgangsspannung U_{a3} ist direkt proportional der Frequenz und kann nach aktiver Gleichrichtung als frequenzproportionale Steuerspannung für einen Schreiber oder XY-Oszillografen zur Darstellung der linearen Übertragungsfunktion verwendet werden.

Als Erweiterung zu einem kompletten Funktionsgenerator sei noch auf folgende Möglichkeit hingewiesen: Führt man die Dreieckspannung auf einen Multiplizierer oder OTA (*O*perational *T*ransconductance *A*mplifier), dessen Verstärkung durch die frequenzproportionale Gleichspannung gesteuert wird, und integriert man den Ausgangsstrom, erhält man eine amplitudenkonstante Parabolsinusspannung.

Die Wahl der geeigneten Operationsverstärker hängt von der gewünschten maximalen Frequenz ab. Verwendet man den Typ μA 741, dessen Anstiegsgeschwindigkeit (Slew-Rate) relativ gering ist, kann die Umschaltzeit des OP 2 ab ca. 3 kHz nicht mehr vernachlässigt werden (sie beträgt etwa 10...20 μs bei ± 5 V Versorgungsspannung), d.h. die Dreieckspannung wird größer und bekommt „abgerundete Spitzen". Für höhere Frequenzen hat sich der OP μA 748 mit einer zusätzlichen Kompensation von 0,5...1 pF als günstig erwiesen. Die Umschaltzeiten liegen dabei zwischen 0,5...1 μs. Ebenso kann auch der „älteste OP" μA 709 mit geeigneter Kompensation verwendet werden. Als weitere Anregung sei noch auf den Typ LM 324 hingewiesen, der vier getrennte Operationsverstärker in einem Gehäuse besitzt. Mit diesem Baustein könnte die gesamte Schaltung inklusive des Impedanzwandlers für U_{a2} sehr kompakt und preisgünstig aufgebaut werden.

Ing. (grad.) Friedrich Bayer und Gerd Peter Höchst

3.7 Durchstimmbare Rechteckgeneratoren mit LSL-Bausteinen

3.7.1 Schaltungsprinzip

Üblicherweise realisiert man durchstimmbare Rechteckgeneratoren mit Digitalbausteinen, und zwar durch zwei kreuzgekoppelte monostabile Kippstufen. Will man ein symmetrisches Ausgangssignal erhalten, muß man folgende Nachteile in Kauf nehmen:

a) Zur Frequenzvariation ist ein Tandempotentiometer mit hohem Gleichlauf erforderlich.
b) Bei LSL-Bausteinen ist das Anschwingen problematisch, da normalerweise beide Monoflops nach dem Einschalten den L-Zustand einnehmen.

Mit dem Schaltungsprinzip nach *Abb. 3.7.1* lassen sich diese beiden Nachteile umgehen. Diese Schaltung enthält nur ein Monoflop, dessen Ausgangssignal Q 1 über einen RC-Tiefpaß an dessen invertierenden Eingang rückgekoppelt wird (siehe Impulsdiagramm *Abb. 3.7.2*). Die H-L-Flanke des Signals Q 1 wird vom Tiefpaß um die Zeit τ_2 verzögert; durch die Inversion entsteht τ_2 s nach Ende des Monoflop-Impulses der Länge τ_1 eine L-H-Flanke, die das Monoflop triggert und die Erzeugung eines weiteren τ_1-Impulses verursacht usw. Dabei muß

$$\tau_2 \ll \tau_1 \qquad (1)$$

sein, damit der Tiefpaß den Monoflop-Impuls nicht „verschluckt". Damit wurde ein unsymmetrisches Signal mit der Frequenz

$$f_2 = \frac{1}{\tau_1 + \tau_2} \qquad (2)$$

erzeugt, bei dem die Dauer des L-Zustandes fest und die des H-Zustandes über die frequenzbestimmenden Glieder des Monoflops variabel ist.

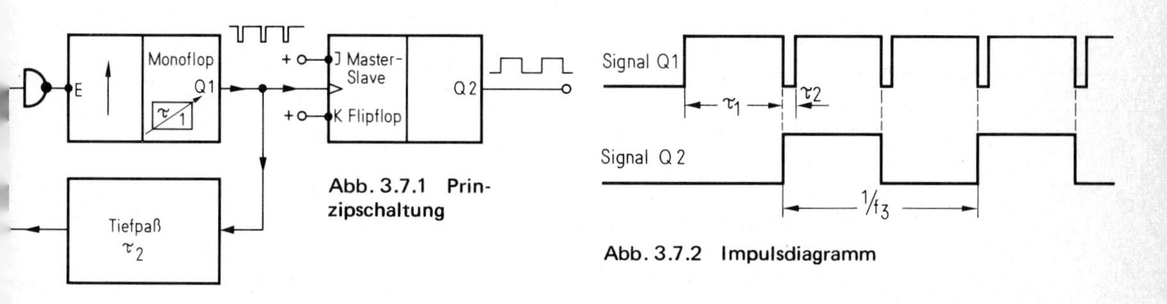

Abb. 3.7.1 Prinzipschaltung

Abb. 3.7.2 Impulsdiagramm

Zur Erzielung einer symmetrischen Ausgangsspannung schaltet man ein Master-Slave-Flipflop nach, dessen J- und K-Eingänge jeweils auf H liegen. In diesem Betriebszustand ändert das Flipflop seinen Ausgangszustand bei jeder H-L-Flanke, der eine L-H-Flanke vorausgeht. So entsteht, wie in Abb. 3.7.2 zu sehen ist, ein symmetrischer Spannungsverlauf mit der Frequenz

$$f_3 = f_2/2 \qquad (3)$$

3.7.2 Schaltung mit Frequenzvariation 1:100

Die praktische Ausführung der Schaltung mit dem Bauelement FZK 101 zeigt *Abb. 3.7.3.* Das Monoflop wird entsprechend den Angaben im Datenbuch [1] mit einem RC-Glied beschaltet; der Widerstand (R 1 + R'1) muß in den Grenzen 5...500 kΩ liegen. Bei Verwendung eines Potentiometers ergibt sich eine mögliche Frequenzvariation von 1:100, da die Ausgangsimpulsdauer des Monoflops

$$\tau_2 = 0{,}7\,(R\,1 + R'1) \cdot (C0 + C1) \qquad (4)$$

(mit C0 $\approx$ 10 pF) beträgt und gemäß Formel (1) die Zeit τ_2 gegenüber τ_1 klein sein soll.

Die Größe des Kondensators C 1 (es kann auch ein Elektrolytkondensator eingesetzt werden) ist beliebig, aber durch seinen Leckstrom begrenzt. Erfahrungsgemäß sind hier Elektrolytkondensatoren bis zu 500 µF verwendbar. Die Dimensionierung des RC-Tiefpasses, dessen Kondensator an die positive Versorgungsspannung gelegt wird, um ein leichtes Anschwingen zu erreichen, ist durch die Forderung R 2 $\leq$ 2,7 kΩ (um ein sicheres Durchschalten des Eingangsgatters zu garantieren) und die Formel $\tau_1 \gg \tau_2$ bzw. durch

$$C2 \ll \frac{\tau_1}{R2} \text{ bestimmt.} \qquad (5)$$

Die Anschlüsse 3, 4 und 5 werden zur Einstellung des Betriebszustandes „Monoflop" miteinander verbunden, die nicht benützten L-H-Eingänge auf L und der übrige H-L-Eingang zusammen mit dem Rückstelleingang auf H gelegt. Der Ausgang des Monoflops ist mit dem Takteingang eines Master-Slave-Flipflops verbunden, das für die Symmetrierung des Ausgangssignals sorgt. Hierfür lassen sich die Bausteine FZJ 101, FZJ 111 oder FZJ 121 verwenden. Im letzten Fall bleibt ein Flipflop des Bausteins unbenutzt und steht für andere Verwendungen zur Verfügung; in jedem Fall entsteht am Q-Ausgang das symmetrische Ausgangssignal mit doppelter Periodendauer gegenüber dem Signal Q 1. Setzt man statt eines Flipflops einen Binärzähler FZJ 151 ein, stehen zusätzlich noch die halbe, viertel und achtel Frequenz zur Verfügung.

In allen Fällen läßt sich der Rückstelleingang des Teilers als Inhibiteingang für das Ausgangssignal benutzen; wird hiervon kein Gebrauch gemacht, legt man ihn auf H-Pegel. Es soll noch darauf hingewiesen werden, daß die Störsicherheit der Gesamtschaltung durch Beschaltung der N-Anschlüsse bei den Bausteinen FZK 101, FZJ 101 und FZJ 111 mit Kondensatoren erreicht werden kann; durch sie werden die Impulsflanken abgeflacht. Ihre Dimensionierung erfolgt nach den entsprechenden Angaben im Datenbuch [2]. Zu beachten ist, daß dabei die Anstiegs- bzw. Abfalldauer wesentlich kleiner sein muß als τ_1. Außerdem kann man zur Verringerung der Störanfälligkeit der Schaltung die Speisespannung in der Nähe der integrierten Schaltungen durch einen Keramikkondensator $\leq$ 0,1 µF überbrücken.

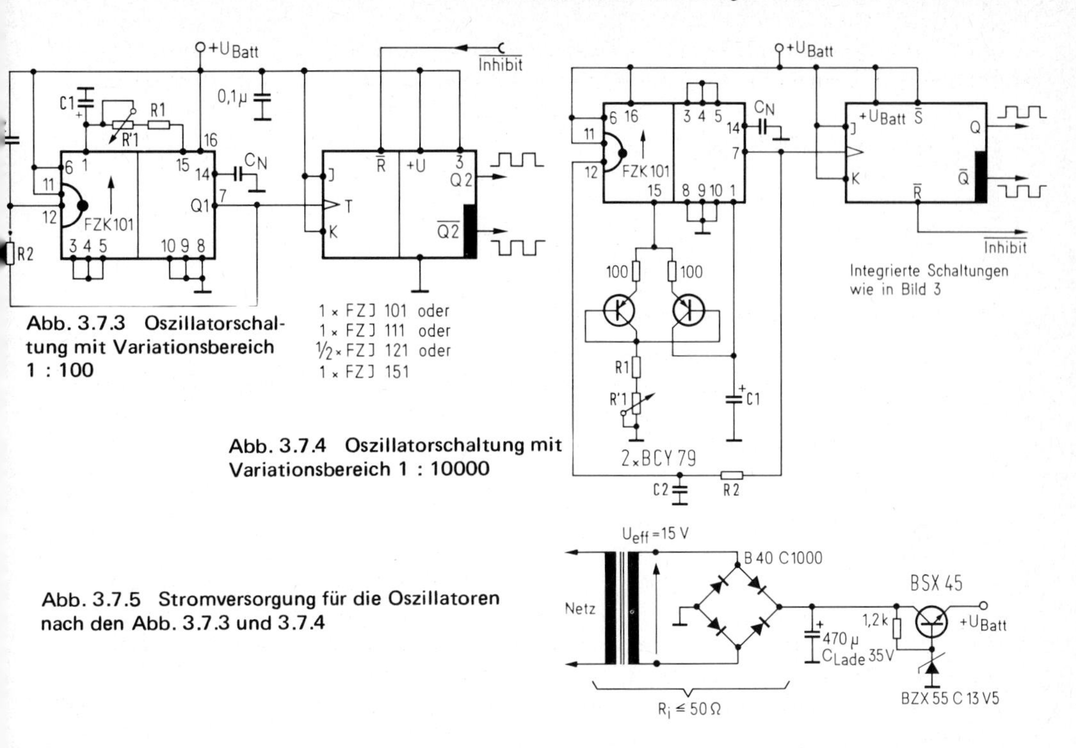

Abb. 3.7.3 Oszillatorschaltung mit Variationsbereich 1 : 100

Abb. 3.7.4 Oszillatorschaltung mit Variationsbereich 1 : 10000

Abb. 3.7.5 Stromversorgung für die Oszillatoren nach den Abb. 3.7.3 und 3.7.4

3.7.3 Schaltung mit Frequenzvariation 1: 10 000

Falls der Durchstimmbereich 1:100 nicht ausreicht, läßt er sich durch eine einfache Zusatzschaltung [3] auf 1:10 000 erweitern *(Abb. 3.7.4)*. Es handelt sich dabei um eine Konstantstromquelle, die durch den Widerstand (R 1 + R'1) einen Strom in der Größe des Ladestroms von C 1 fließen läßt; die untere zulässige Grenze liegt bei 1 kΩ, die obere Grenze bei 10 MΩ. Man sieht sofort, daß, abgesehen vom größeren Frequenzvariationsbereich gegenüber der in Abschnitt 2 beschriebenen Schaltung, ein um den Faktor 20 kleinerer Kondensator C 1 benötigt wird, um die gleiche Ausgangsfrequenz zu erreichen. Die Bestimmung der Monoflop-Impulsdauer erfolgt nach Formel (4). Bezüglich der Erhöhung der Störsicherheit gilt das in Abschnitt 2 gesagte.

3.7.4 Spannungsversorgung

Um ein sicheres Anschwingen zu garantieren, muß man bei LSL-Schaltungen der Spannungsversorgung besondere Aufmerksamkeit schenken; die Zeitkonstante, mit der die Spannung ansteigt, muß dazu unter 25 ms liegen. Sie ergibt sich in der Schaltung nach *Abb. 3.7.5* aus Innenwiderstand von Netztransformator, Gleichrichter und Ladekondensator:

$$\tau_4 = R_{i\,(Trafo/Glr)} \cdot C_{Lade} \qquad (6)$$

Um den Brumm genügend klein zu halten, genügt bei der vorliegenden Schaltung ein Elektrolytkondensator von 470 μF. Der Transformatorinnenwiderstand, der R_i weitgehend bestimmt, muß dann unter 50 Ω liegen.

Abschließend soll noch darauf hingewiesen werden, daß sich die Widerstände R 1 in den Schaltungen in Abschnitt 2 und 3 durch einen Transistor, Optokoppler, Fototransistor, Fotowiderstand, Heiß- oder Kaltleiter und durch Feldplatten ersetzen lassen.

Dipl.-Ing. Peter Blomeyer

Literatur

[1] Datenbuch Integrierte Halbleiterschaltungen 72/73, S. 313...315, Siemens AG.
[2] Datenbuch Integrierte Halbleiterschaltungen 72/73, S. 271...277, Siemens AG.
[3] Halbleiterschaltbeispiele 73/74, S. 154...157, Siemens AG.

3.8 Rechteckgenerator mit variablem Tastverhältnis bei konstanter Frequenz

Der bekannte Dreieckgenerator mit zwei Operationsverstärkern läßt sich leicht umändern in einen Rechteck-Generator mit variablem Tastverhältnis, indem der Ladewiderstand des Kondensators mit Hilfe von zwei Dioden in zwei parallele, abwechselnd stromdurchflossene Zweige aufgeteilt wird *(Abb. 3.8)*. Der Verstärker V 1 ist als Integrator geschaltet, V 2 als Schmitt-Trigger mit großer Hysterese; die eine Ladephase des Kondensators ist bestimmt durch die Zeitkonstante $T_1 = C\,(R1 + R0)$, die andere durch $T_2 = C \cdot (R1 + R - R0)$; man sieht leicht, daß die Summe

$$T = T_1 + T_2 = C \cdot (R1 + R0) + C \cdot (R1 + R - R0) = C \cdot (2R1 + R) \text{ ist.}$$

Tabelle zur Dimensionierung des Rechteckgenerators

Bauelement	Beispiel 1	Beispiel 2
V 1 = V 2	741 C	CA 3100 T
C	22 nF	1 nF
R	1 MΩ	10 kΩ
R 1	22 kΩ	1,5 kΩ
R 2	47 kΩ	4,7 kΩ
R 3	100 kΩ	10 kΩ
f	ca. 50 Hz	ca. 100 kHz

ist. R0 hebt sich weg, die Summe beider Zeitkonstanten ist unabhängig von der Schleiferstellung des Potentiometers. Sofern auch die Kippzeit des Schmitt-Triggers immer dieselbe

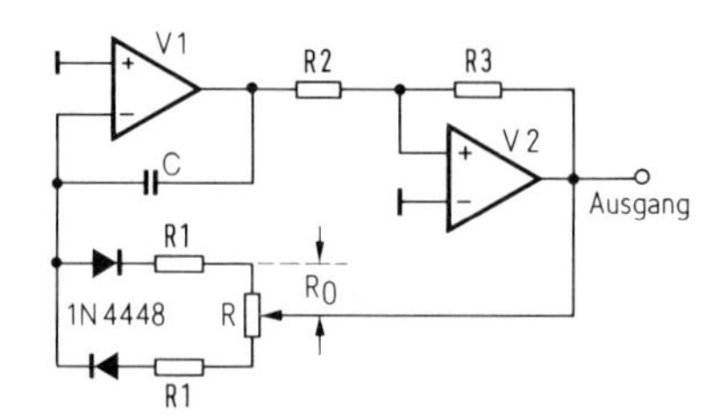

Abb. 3.8 Rechteckgenerator mit variablem Tastverhältnis

ist, ist die erzeugte Frequenz theoretisch unabhängig von der Potentiometerstellung. In der Praxis sollen die Widerstände R1 eine Begrenzung des Ladestroms in den Endstellungen des Potentiometers auf den von den Verstärkerausgängen lieferbaren Maximalwert bewirken, damit das Kippen des Schmitt-Triggers nicht verzögert wird.

Auch von der Betriebsspannung ist die Frequenz in weiten Grenzen fast unabhängig, weil mit verringerter Betriebsspannung auch der Ladestrom von C proportional mitverringert wird und umgekehrt, die Umladezeit also theoretisch konstant bleibt. Die *Tabelle* zeigt die Dimensionierung der Bauelemente für zwei experimentell erprobte Beispiele.

Dr. W. Wisotzky

3.9 Rechteckgenerator mit großem Tastverhältnis-Einstellbereich

Zur Erzeugung von Rechteckimpulsen soll eine einfache Möglichkeit aufgezeigt werden. Die für die Funktion notwendige minimale Beschaltung der integrierten Schaltung SN 74 123 (Zweifach-Monoflop) besteht aus zwei RC-Zeitgliedern *(Abb. 3.9.1)*. Durch den Wert der Widerstände R 1 und R 2, der sich zwischen 2,7 kΩ und etwa 40 kΩ bewegen kann, sowie der Kapazitäten der C1 und C2 wird die Frequenz bestimmt. Die Kondensatoren sollten den Wert 1000 μF nicht überschreiten. Der Frequenzbereich dieser Schaltung erstreckt sich von unter 1 Hz bis zu 1 MHz, wobei die Impulsform bei noch höheren Frequenzen langsam unter Anstiegsverzögerungen zu leiden beginnt. Ob die erzeugte Rechteckfrequenz symmetrisch oder nichtsymmetrisch sein soll, ist durch die Wahl der Zeitglieder R1, C1 und R2, C2 zu bestimmen. Gleiche Werte der Zeitglieder ergeben eine symmetrische Rechteckspannung, d.h. das Tastverhältnis $V = T/t_i = 2$. Mit unsymmetrischer Beschaltung erhält man je nach Grad der Unsymmetrie eine Rechteckfrequenz, deren Tastverhältnis einen extrem großen Speilraum hat. Es wurden so Impulse mit einer Impulsdauer von 1 μs erzeugt, die in einem Abstand von 2 s erschienen, so daß man Tastverhältnisse bis zu $T/t_i = 2\ s/1\ \mu s = 2 \cdot 10^{-6}$ erreichen kann.

Die Erzeugung der Rechteckspannung beruht im Grunde auf der Funktion der beiden monostabilen Kippstufen. Beim Anlegen der Versorgungsspannung wird wahlweise eine der Kippstufen getriggert, wie in *Abb. 3.9.2* dargestellt ist. Der Ausgang Q 1 bleibt nun für die

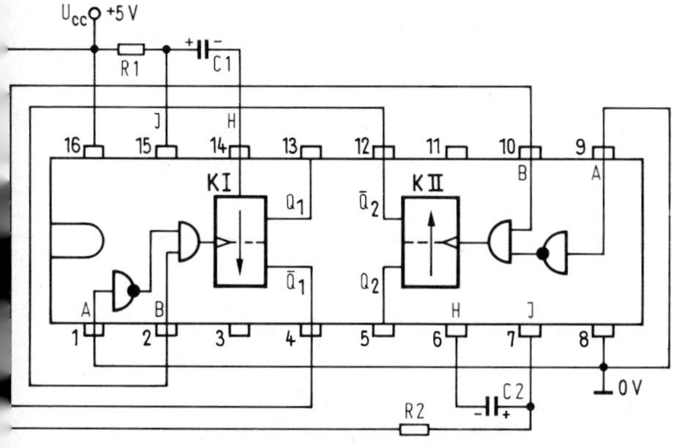

Abb. 3.9.1 Integrierter Zweifach-Monoflop SN 74123 als Rechteckgenerator geschaltet

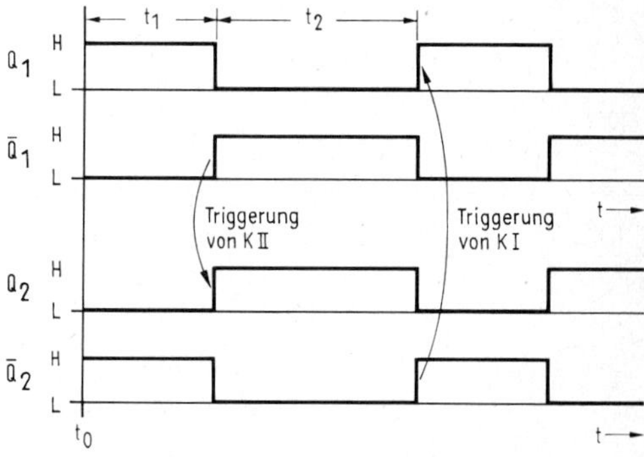

Abb. 3.9.2 Impulsdiagramm

Zeit $t_1 \approx R1 \cdot C1 \cdot 0{,}3$ (R in Ohm, C in Farad, t in s) auf H-Potential. Nach Ablauf dieser Zeit erfolgt an Q 1 ein positiver Spannungssprung, der, an den B-Eingang der zweiten Kippstufe übertragen, diese triggert. Es folgt wie bei der K I die Verweilzeit von $t_2 \approx R2 \cdot C2 \cdot 0{,}3$. Am Ende dieser wird nun durch den positiven Spannungssprung an $\overline{Q\ 2}$ die Kippstufe K I erneut getriggert. Dieser Vorgang wiederholt sich periodisch. Zu der Größe von R1 und R2 muß noch erwähnt werden, daß Widerstände mit einem Wert von kleiner als 2,7 kΩ Kopplungen auslösen können und ein theoretisch zu erwartendes Impulsbild verfälschen. Mit den A-Eingängen der Kippstufen ist es möglich, eine Torfunktion zu verwirklichen. Ein offener oder auf H-Potential liegender A-Eingang sperrt den Rechteckgenerator. Dies kann z.B. zur Zeitmessung verwendet werden.

Anmerkung:

Die angegebenen Faustformeln können unter Umständen nicht zutreffen. Bei einem Vergleich von Datenblattangaben verschiedener Firmen ergaben sich Abweichungen. Zur Zeitbestimmung von t_1 und t_2 sollte im Einzelfall das Datenblatt des Bauteileherstellers zu Grunde gelegt werden.

Gerhard Steger

3.10 Quarz-Oszillator mit COS/MOS-Gattern

Da Quarz-Oszillatoren häufig in Digitalschaltungen als Taktgeber benötigt werden, vereinfacht es die Beschaffung, Ersatzteilhaltung usw., wenn keine besonderen „linearen" Bauelemente für den Oszillator vorgesehen werden müssen. COS/MOS-Gatter lassen sich besonders einfach „linear" beschalten (siehe „RCA COS/MOS integrated circuits manual"). In *Abb. 3.10* ist eine erprobte Schaltung gezeigt unter Verwendung von NAND-Gattern, die für Zweipolquarze bis über 1 MHz geeignet ist. Der Quarz liegt zwischen relativ niedrigohmigen Punkten; der Eingang von G 1 ist durch den niedrigen Gegenkopplungswiderstand niederohmig; Ein- und Ausgangsspannung von G 1 sind nahezu sinusförmig. Durch den Spannungsteiler am Ausgang von G 2 ist die Belastung des Quarzes gering. Besonders R 2, aber auch R 1 und R 3 können je nach dem Resonanzwiderstand des Quarzes variiert werden. Die Schaltung arbeitet bei Betriebsspannungen zwischen 5 und 10 V stabil. Auch Quarze geringerer Qualität kommen einwandfrei zum Schwingen. Nicht benötigte Gattereingänge dürfen nicht mit den benutzten Eingängen parallelgeschaltet werden, weil dadurch Unsymmetrie der Gatterausgangsspannung entsteht; bei NAND-Gattern müssen (wie gezeichnet) nicht benutzte Eingänge an die positive, bei NOR-Gattern an die negative Betriebsspannung angeschlossen werden.

Dr. W. Wisotzky

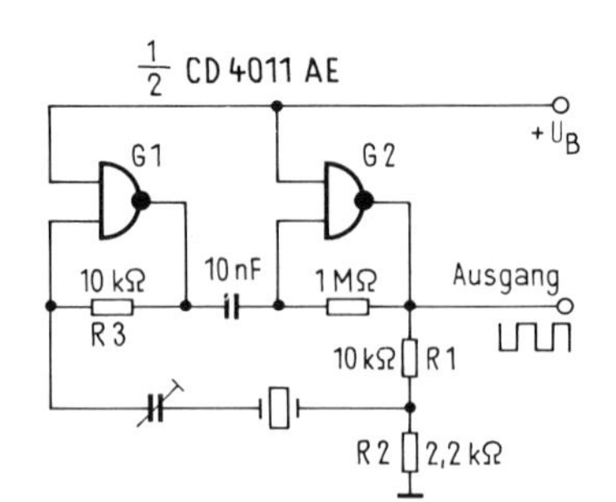

Abb. 3.10 Mit COS/MOS-Gattern aufgebauter Quarz-Oszillator

3.11 Treppenspannungs-Generator

Abb. 3.11.1 zeigt das Prinzip und *Abb. 3.11.2* die Schaltung des Treppenspannungs-Generators.

Ein astabiler Multivibrator (AMV) mit einstellbarem Tastverhältnis speist über die Diode D 1 einen invertierenden Integrator.

Jede negative Spannungszeitfläche von U_{R1} läßt die Ausgangsspannung des Integrators (Treppenspannung U_{TR}) um jeweils eine „Stufe" der Treppe ansteigen *(Abb. 3.11.3)*. Die Diode D 1 verhindert, daß die positiven Spannungszeitflächen von U_{R1} auf den Integrator gelangen.

Die Ausgangsspannung des Integrators wird von einem Schmitt-Trigger (ST) überwacht. Sobald die Treppenspannung U_{TR} den positiven Ansprechwert des ST erreicht, kippt dessen Ausgangsspannung U_{R2} von $-U_{MAX}$ auf $+U_{MAX}$, wobei unter U_{MAX} der jeweilige Maximalwert der ST-Ausgangsspannung zu verstehen ist.

Nun kann über die Diode D 2 ein Strom fließen, der eine steile negative Flanke der Treppenspannung am Integrator-Ausgang entstehen läßt. Erreicht U_{TR} die untere Schwelle des ST, so kippt U_{R2} wieder auf den Wert $-U_{MAX}$ zurück. Der Einfluß des ST auf den Integrator ist damit beendet, weil sich die Diode D 2 jetzt im Sperrzustand befindet. Mit der nächsten negativen Spannungszeitfläche von U_{R1} entsteht die erste Stufe der Treppe, deren Aufbau dann mit jedem weiteren negativen Impuls fortgeführt wird.

Mit dem Potentiometer P 1 läßt sich das Tastverhältnis des AMV einstellen, wobei Rückwirkungen auf die Frequenz zu beachten sind. P 2 ist für die Frequenzeinstellung vorgesehen, und man kann damit die Stufenzahl der Treppenkurve einstellen. Die dem ST zugeordneten Potentiometer P 3 und P 4 lassen eine Änderung der Hysteresebreite bzw. eine Verschiebung der Hystereseschleife zu. Dadurch ist es möglich, für das Minimum und das Maximum der Treppenkurve beliebige Werte innerhalb des Versorgungsspannungsbereichs vorzugeben. Es empfiehlt sich, für D 1 und D 2 gleiche Diodentypen zu verwenden, weil sich deren Sperrströme weitgehend kompensieren.

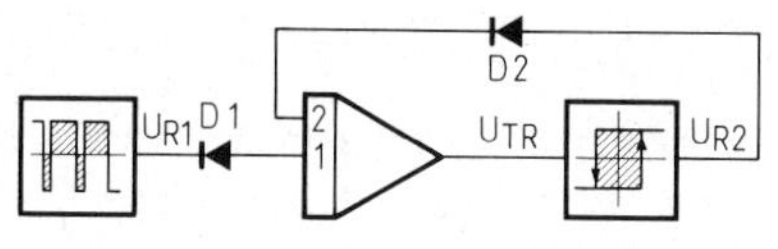

Abb. 3.11.1 Funktion der Schaltung

Abb. 3.11.3 Jede negative Spannungszeitfläche von U_{R1} läßt die Ausgangsspannung des Integrators um eine Stufe ansteigen

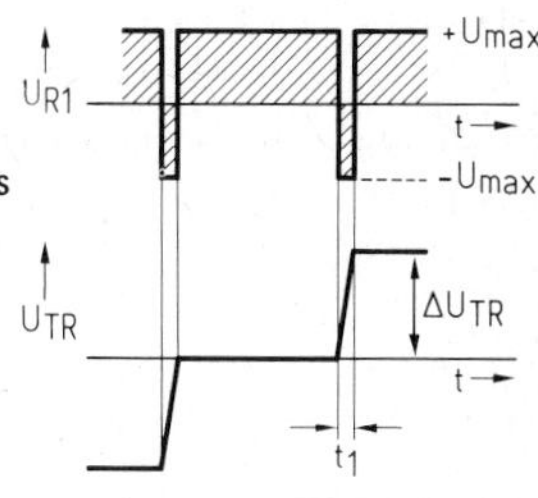

Abb. 3.11.2 Schaltung des Treppenspannungsgenerators. R1 = 100 kΩ; C1 = 10 nF; R2 = 10 kΩ; C2 = 10 nF; P1 = 10 kΩ; P2 = 100 kΩ; P3 = 100 kΩ; P4 = 100 kΩ
Während für den Integrierer der Operationsverstärker-Typ 741 eingesetzt wurde, ist für den AMV und den ST der schnellere, unbedämpfte Typ 748 vorzuziehen

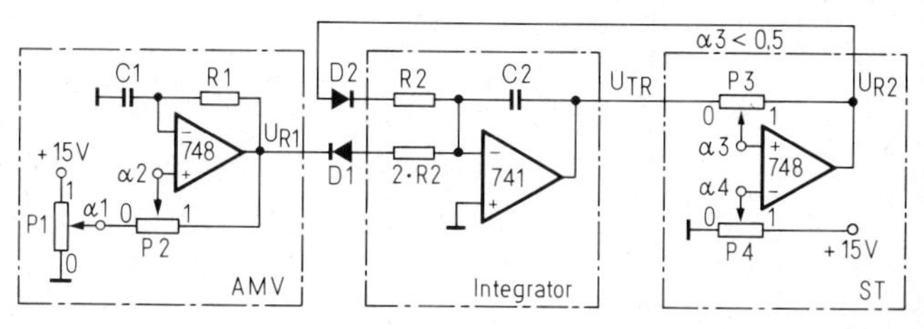

Für die Stufenhöhe ΔU_{TR} während der negativen Spannungszeitfläche von U_{R1} (vgl. *Abb. 3.11.3)* gilt

$$\Delta U_{TR} = -\frac{1}{T} \int_0^{t_1} (-U_{max})\, dt \text{ mit } T = 2 \cdot R2 \cdot C2.$$

Es folgt $\Delta U_{TR} = U_{max} \dfrac{t_1}{2 \cdot R2 \cdot C2}$

Martin Zirpel

3.11a Einfacher Treppenspannungsgenerator für Kennliniendarstellungen

Das Ziel dieser Entwicklung war es, einen Treppenspannungsgenerator mit möglichst geringem Aufwand zu bauen. Dabei sollte die Genauigkeit noch eine Verwendung als Parametergenerator für Kennliniendarstellungen zulassen.

Die Treppenspannung wird über einen Digital/Analog-Umsetzer aus dem Zählerstand eines Dualzählers abgeleitet. Der D/A-Umsetzer besteht aus dem Operationsverstärker (OP) und den Widerständen R 1...R 5. Die Spannungsverstärkung des Operationsverstärkers ist in dieser Schaltung *(Abb. 3.11)* durch $\frac{U_A}{U_E} = \frac{R5}{R_E}$ gegeben. Mit $U_E = -5$ V und R_E als Gesamtwiderstand der jeweils durch T 1...T 4 an −5,1 V geschalteten Widerstände R 1...R 4 erhält man die jeweilige Ausgangsspannung [Beispiel: R2 und R3 sind durchgeschaltet (6 Zählimpulse), R5 = 0,1 · R; R2 = R/2; R3 = R/4. Damit ist R_E die Parallelschaltung von R2 und R3 gleich R/6. Die Ausgangsspannung beträgt $U_A = -\frac{6 \cdot 0{,}1\,R}{R}(-5)\text{ V} = 3\text{ V}$]. Der Zähler-

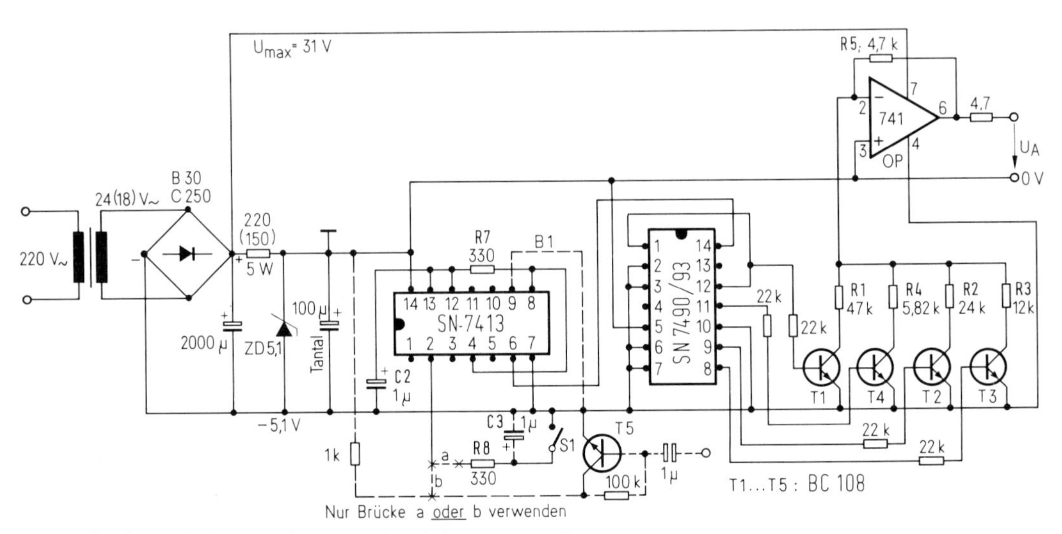

Abb. 3.11 Vollständige, dimensionierte Schaltung des Treppenspannungsgenerators

stand wird auf diese Weise in eine Spannung am Ausgang des Operationsverstärkers umgewandelt. Voraussetzung dabei ist, daß die Widerstände R 1...R 4 im Verhältnis 8:4:2:1 stehen, damit die Umsetzung des Zählerstandes gemäß der Wertigkeit des 8421-BCD-Codes erfolgt.

Die Transistoren T 1...T 4 waren nötig, weil der Ausgangsspannungshub der integrierten Zähler nicht konstant ist und zudem im H-Zustand noch Störimpulse vorhanden sein können, die dann in der Treppenspannung wieder erscheinen würden. Da T 1...T 4 in der Sättigung arbeiten, werden diese Störungen unterdrückt. Die Restspannung (U_{CEsat}) liegt etwa bei 0,1 V und ist relativ konstant. Restspannung und Versorgungsspannung (5,1 V) ergeben im Idealfall einen Spannungshub von 5,0 V an den Widerständen R 1...R 4. In der angegebenen Dimensionierung beträgt der Spannungssprung 0,5 V je Stufe. Je nach verwendetem Zähler (SN 7490/93) erhält man eine maximale Ausgangsspannung von 4,5 oder 7,5 V. In der angegebenen Beschaltung des Zählers sind die ICs ohne Schaltungsänderung austauschbar.

Der Zweifach-NAND-Schmitt-Trigger SN 7413 ist als Rechteckgenerator geschaltet. Er schwingt auf einer Frequenz von etwa 2 kHz, die mit Hilfe des Kondensators C 2 verändert werden kann. R 7 muß in jedem Fall konstant bleiben. Will man die Frequenz einstellbar machen, verwendet man anstelle des SN 7413 einen SN 49713 und ergänzt den 330-Ω-Widerstand mit einem Trimmer von maximal 30 kΩ.

Durch die Brücke B 1 kann der Oszillator abgeschaltet werden, um dann über S 1 Einzelimpulse auf den Zähler zu geben (z.B. zum Eichen). Die Kombination R 8/C 3 dient der Unterdrückung von Schalterprellungen. Will man den Treppenspannungsgenerator durch einen anderen Generator ansteuern (Kennliniendarstellung), so benutzt man die im Schaltbild angegebene Verstärkerstufe zur Potentialtrennung. Zur Triggerung sind Impulse von mindestens 100 ns Dauer erforderlich. Es kann aber auch ein sinusförmiges Signal verwendet werden, weil der Schmitt-Trigger beliebige Signalformen verarbeitet. Werden Originalbauteile und Widerstände der Reihe E 24 (5 %) verwendet, ist der maximale Fehler eines Stufensprunges $\leq$ 10 %.

Zur Steigerung der Genauigkeit kann man in Reihe zu den Widerständen R 1...R 5 jeweils ein Trimmpotentiometer mit ca. 20 % des jeweiligen Widerstandswertes schalten (z.B. 47 k + 10 k). Der Abgleich geschieht dann wie folgt (Oszillator über B 1 abgeschaltet, alle Trimmer in Mittelstellung):

1. Mit S 1 Zähler auf maximale Ausgangsspannung am Ausgang einstellen, dann mit R 5 auf 4,5 V bei SN 7490 (bzw. auf 7,5 V bei SN 7493) Ausgangsspannung abgleichen.
2. Zähler mit S 1 auf 1 (2, 4, 8) stellen, dann mit Trimmer in Serie zu R 1 (2, 3, 4) Ausgangsspannung auf 0,5 (1, 2, 4) V einstellen.

Nach diesem Abgleich verringert sich der Fehler auf 2 % (bei 10 % Netzspannungsänderung). Der Ausgang des Treppenspannungsgenerators ist kurzschlußfest. Um den Operationsverstärker nicht in den nichtlinearen Bereich zu steuern, darf der entnommene Strom nicht größer als 5 mA sein. Der Ausgangswiderstand ist negativ (!) und liegt bei etwa 5 Ω; er wird durch einen 4,7-Ω-Widerstand im Ausgang kompensiert. Die maximale Eingangsfrequenz, die der D/A-Umsetzer verarbeiten kann, liegt bei 20 kHz (entspricht einem Treppensignal mit 2 kHz Grundwelle); bei höheren Frequenzen werden die einzelnen Treppenstufen stärker verschliffen.

Herbert Nabereit

Literatur

[1] TTL-Kochbuch und TTL-Pocket Guide. Texas Instruments Deutschland GmbH.
[2] Dioden, Z-Dioden und Transistoren. Datenbücher der Firma Intermetall.

3.12 Einfacher Kurvenform-Synthesizer

Die Schaltung generiert eine periodische Schwingung, deren Kurvenform durch acht Stützstellen vorgegeben und deren Amplitude durch eine Modulationsspannung bestimmt werden kann. Das verwendete Multiplikationsprinzip gestattet ohne Präzisionselemente eine genaue Amplitudenmodulation mit beliebigem Vorzeichen. Zusätzlich bietet die Schaltung die Möglichkeit, jeweils nach Ablauf der acht Stützwerte deren Vorzeichen zu invertieren. Daraus resultiert eine symmetrische Kurvenform mit sechzehn Stützstellen. Zur Einstellung der Stützwerte werden acht Potentiometer verwendet.

Der Kurvenform-Synthesizer ist mit drei CMOS-ICs und dem Vierfach-Operationsverstärker LM 324 aufgebaut. Er läßt sich in der Meß- und Übertragungstechnik (z.B. für Korrelatoren), aber auch in elektronischen Musikinstrumenten verwenden.

Schaltungsbeschreibung

Abb. 3.12 zeigt die Schaltung des Synthesizers.
Mit dem Achtfach-Schalter X 2 (CD 4051) werden acht Potentiometer der Reihe nach abgefragt. Dieser Schalter wird von einem Binärzähler (CD 4024) gesteuert. Die Abfragegeschwindigkeit und dadurch auch die Grundfrequenz der synthetisierten Kurvenform wird durch den Takt am Eingang des Zählers bestimmt. Der Ausgang des Schalters wird über einen Spannungsfolger entkoppelt. An dessen Ausgang läßt sich der gewünschte Spannungsverlauf abgreifen. Die Modulationsspannung U_m, mit der das Signal amplitudenmoduliert werden kann, wird über einen Spannungsfolger (A 1) und einen invertierenden Verstärker (A 2) auf die Außenanschlüsse der Potentiometer geführt. Mit dem Umschalter X 1 (CD 4053) lassen sich die Vorzeichen der Stützstellen nach jedem Abfragezyklus invertieren. Dies geschieht,

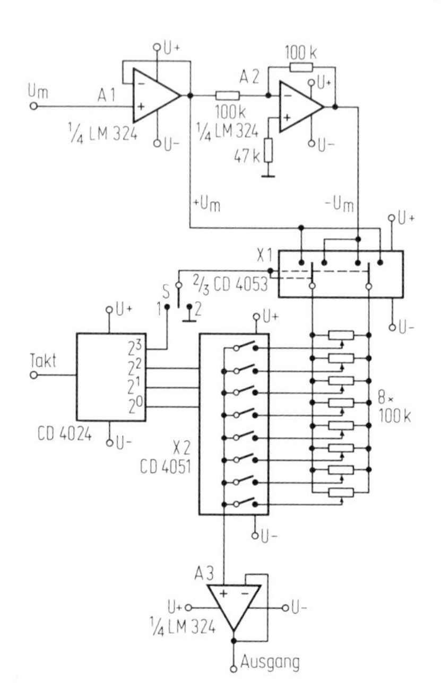

Abb. 3.12 Schaltung des Kurvenform-Synthesizers

indem der Umschalter vom Zähler aus betätigt wird (Schalterstellung 1). Auf diese Weise erhält man eine symmetrische Kurvenform mit sechzehn Stützstellen. Ist S in Stellung 2, so entfällt die Invertierung, und man erhält ein Signal mit acht Stützstellen.

Die CMOS-Schalter funktionieren nur einwandfrei, wenn die geschaltete Spannung im Bereich der Betriebsspannung liegt. Um Kurvenformen symmetrisch zur Nullinie erzeugen zu können, muß deshalb auch die Speisespannung (±2,5 V...±7,5 V) symmetrisch gewählt werden. Die digitale Ansteuerung der CMOS-Schalter kann wahlweise symmetrisch oder asymmetrisch erfolgen. Entsprechend muß der Zähler gespeist werden. Die Schaltung läßt sich bis etwa 1,5 V unter der Betriebsspannung aussteuern. Die maximale Frequenz des Synthesizers wird durch dei maximale Steilheit der Operationsverstärker (0,25 V/μs) bestimmt, sie genügt für die meisten Anwendungen im Tonfrequenzbereich.

Mögliche Schaltungserweiterungen

Die Anzahl der Stützstellen läßt sich durch den Einsatz von mehreren CD 4051 beliebig erweitern.

Höhere Frequenzen (Taktfrequenz bis 1 MHz) sind ohne weiteres realisierbar, wenn an Stelle von A 3 ein schnellerer Operationsverstärker (z.B. SG 741S) verwendet wird. Es empfiehlt sich aber dann, den asynchronen Zähler CD 4024 durch den synchronen CD 4520 zu ersetzen. Falls auch im Modulationssignal U_m höhere Steilheiten als 0,25 V/μs vorkommen, müssen auch die Verstärker A 1 und A 2 durch schnellere Versionen ersetzt werden.

Der restliche Operationsverstärker im Baustein LM 324 kann als Tiefpaßfilter 3. Ordnung nachgeschaltet werden.

Dipl.-Ing. Henry Kunz

3.13 VCO mit nur zwei ICs

Die in *Abb. 3.13* vorgestellte Schaltung hat trotz ihrer Einfachheit folgende Vorzüge:

- lineare Dreieck- und Rechteckspannung am Ausgang,
- linear spannungssteuerbare Frequenzeinstellung,
- sehr geringer Bauteileaufwand,
- großer Versorgungsspannungsbereich und geringer Leistungsverbrauch.

Die CMOS-Schaltung ist aufgeteilt in den Schmitt-Trigger und den elektronischen Schalter. Der Schmitt-Trigger besteht aus P 1/N 1 und P 2/N 2, die als rückgekoppelte Invertierer

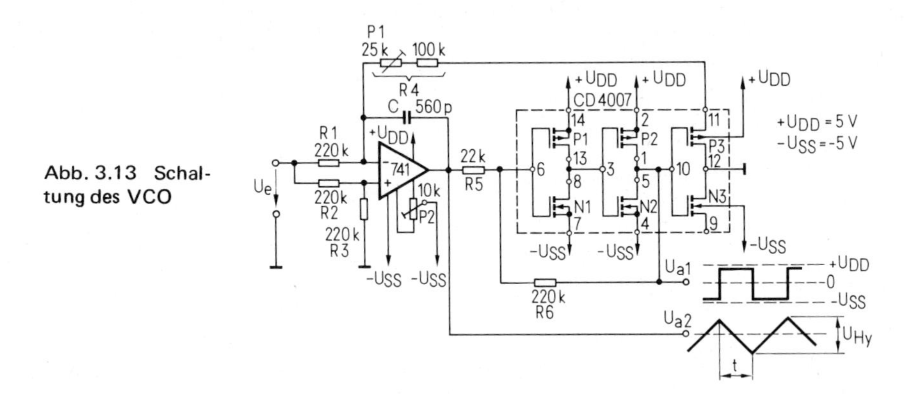

Abb. 3.13 Schaltung des VCO

geschaltet sind und das Dreieckausgangssignal jeweils um etwa 40 dB verstärken, bis der Rückkopplungsvorgang einsetzt und ein schlagartiges Umschalten bewirkt. Bei positiver Eingangsspannung wird P 3, bei negativer Eingangsspannung N 3 als Schalter verwendet. Eine Parallelschaltung von P 3 und N 3 für bipolare Eingangsspannung ist nicht möglich, da CMOS-FETs nicht invers betrieben werden können. Der elektronische Schalter hat im geschlossenen Zustand einen Durchlaßwiderstand R_{on} von ca. 400 Ω, der sowohl temperatur- als auch stromabhängig ist. Änderungen von R_{on} bewirken eine Symmetrieverschiebung. Um diesen Fehler möglichst klein zu halten, sollte man R 4 wesentlich größer als R_{on} wählen.

Der Operationsverstärker arbeitet als Integrierer, wobei bei offenem Schalter der Kondensator über R1 negativ aufgeladen wird, während bei geschlossenem Schalter durch R der doppelte Ladestrom nach Masse fließt und daher der Kondensator umgeladen wird. Bei der maximalen Frequenz wird mit P 1 die Symmetrie eingestellt. Mit P 2 wird bei der minimalen Frequenz die durch den Offsetstrom des Operationsverstärkers hervorgerufene Symmetrieverschiebung ausgeglichen.

Die Ausgangsfrequenz f ergibt sich zu

$$f = \frac{R2 \cdot R6 \cdot U_e}{4\,C \cdot U_{DD} \cdot R1 \cdot R5\,(R\,2 + R\,3)}$$

wobei U_e die Steuerspannung ist.

Falls $R1 = R2 = R3 = \frac{R4}{2}$, wird $f = U_e \cdot \frac{R6}{8 \cdot R1 \cdot R5 \cdot U_{DD} \cdot C}$

Bei der im Bild gezeigten Dimensionierung und einer Versorgungsspannung von ±5 V ergibt sich ein Umsetzungsfaktor von f_{out}/U_e = 1 kHz/V. Die Rechteckspannung, die unbelastet bis auf etwa 10 mV an die Versorgungsspannungen heranreicht, hat eine Flankensteilheit von etwa 300 ns und sollte nicht stark belastet werden, da sich sonst die Umschaltpegel, deren Temperaturstabilität bei 1 mV/°C liegt, und damit auch die Frequenz ändern können. Die maximale Frequenz hängt hauptsächlich vom Operationsverstärker, aber auch von der relativ geringen Schaltgeschwindigkeit der CMOS-Schaltung ab und liegt bei der angegebenen Dimensionierung bei 50 kHz bei einer Dreieckausgangsspannung von 1 V (Spitze-Spitze). Der Frequenzvariationsbereich beträgt etwa 1 : 2000, kann aber durch Abgleich des Offsetstromes im unteren Frequenzbereich auf etwa 1 : 5000 erweitert werden.

Die Versorgungsspannung kann von ±2 V...±7,5 V (begrenzt durch die maximale Versorgungsspannung der CMOS-Schaltung) betragen, wobei die Leistungsaufnahme bei ±5 V etwa 50 mW beträgt. Bei Betrieb an nur einer Versorgungsspannung kann durch einen einfachen Spannungsteiler der symmetrische Nullpunkt erzeugt werden; daher ist auch noch bei einer Versorgungsspannung von +5 V ein einwandfreier Betrieb möglich.

Ing. (grad.) Friedr. Bayer

3.14 Durchstimmbare, amplitudenkonstante Sägezahngeneratoren

Sägezahnimpulse erzeugt man bekanntlich durch eine zeitlineare Aufladung eines Kondensators mit einem konstanten Strom [1, 2]. Dabei bereitet es Schwierigkeiten, bei veränderbarer Frequenz des Sägezahngenerators eine konstante Ausgangsamplitude zu erhalten, denn in diesem Fall müßte proportional zur Trigger-Impulsfrequenz der Betrag des eingeprägten Stromes verändert werden. Einfacher läßt sich dieses Problem lösen, wenn man mit Hilfe eines Schwellwertschalters dafür sorgt, daß der Kondensator genau dann entladen wird, wenn die Spannung an ihm einen bestimmten, konstanten Betrag erreicht hat. Es wird jeweils eine Lösung für TTL- und LSL-Schaltungen angegeben.

3.14.1 Ausführung mit TTL-Bausteinen

Die Spannung an einem Kondensator hat den zeitlichen Verlauf

$$U_e(t) = \frac{1}{C} \int_0^1 i(t)\,dt \qquad (1)$$

Man sorgt nun dafür *(Abb. 3.14.1)*, daß der Strom, der in den Kondensator fließt, geprägt wird, also

$$i(t) = \text{konstant} = I_c \qquad (2)$$

$$U_c(t) = \frac{1}{C} I_c \cdot t + U_0 \qquad (3)$$

Die Spannung an C hat also einen zeitlinearen Verlauf, der sägezahnförmig ist, wenn man den Kondensator periodisch zu einem bestimmten Zeitpunkt entlädt. Die beim Durchstimmen des so aufgebauten Sägezahngenerators auftretenden Komplikationen kann man umgehen, indem man dafür sorgt, daß die Kapazität genau dann entladen wird, wenn die

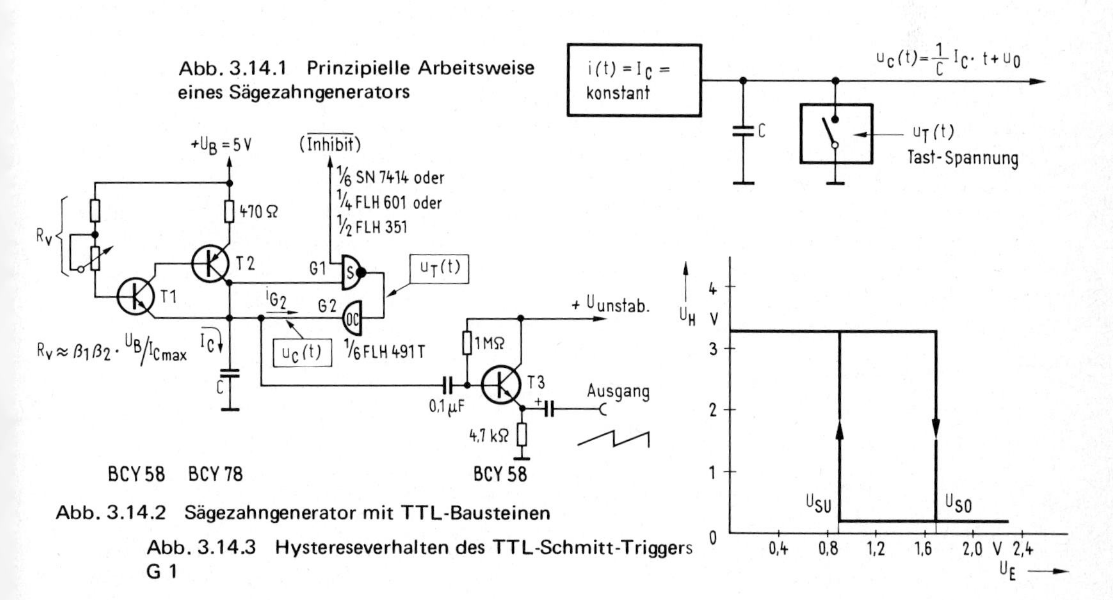

Abb. 3.14.1 Prinzipielle Arbeitsweise eines Sägezahngenerators

Abb. 3.14.2 Sägezahngenerator mit TTL-Bausteinen

Abb. 3.14.3 Hystereseverhalten des TTL-Schmitt-Triggers G 1

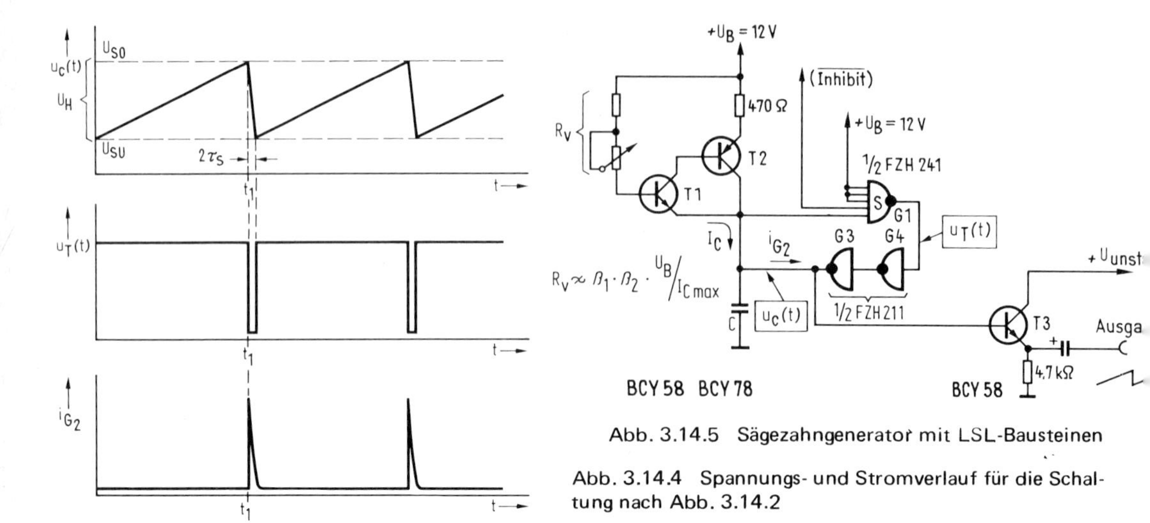

Abb. 3.14.5 Sägezahngenerator mit LSL-Bausteinen

Abb. 3.14.4 Spannungs- und Stromverlauf für die Schaltung nach Abb. 3.14.2

Spannung an ihr einen bestimmten, konstanten Betrag erreicht hat. Als Schwellwertschalter bieten sich für diesen Zweck integrierte Schmitt-Trigger an.

Abb. 3.14.2 zeigt eine derartige Schaltung mit einem TTL-Schmitt-Trigger (G 1), der nach [3] eine definierte Hysterese *(Abb. 3.14.3)* aufweist. Es ergeben sich damit Spannungs- und Stromverläufe, wie sie in *Abb. 3.14.4* dargestellt sind. Der Kondensator C wird solange mit konstantem Strom (T 1, T 2) aufgeladen, bis die obere Schwellenspannung U_{so} erreicht ist und der Ausgang des invertierenden Gatters G 1 auf L geht. Dem Schmitt-Trigger ist ein nichtinvertierendes TTL-Gatter G 2 mit offenem Kollektor nachgeschaltet, dessen Ausgangstransistor in diesem Moment leitend wird (Low-Zustand) und C entlädt ($t = t_1$). Der Maximalwert der Spannung ist daher grundsätzlich durch die obere Schwellenspannung U_{so} gegeben. Im Augenblick $t = t_1$ beginnt G 2 nun C zu entladen, bis $u_c(t)$ auf die untere Schwellenspannung U_{su} gesunken ist.

Der Schmitt-Trigger schaltet durch *(Abb. 3.14.4)*, der Ausgangstransistor von G 2 sperrt, und der Ladevorgang beginnt von neuem; die Amplitude des Sägezahnsignals ist also genau gleich der Hysterese von G 1, die typisch 0,8 V beträgt.

Man erkennt, daß die Linearität des Sägezahnsignals hauptsächlich abhängig ist von

- der Belastung des Kondensators durch den aus dem TTL-Gatter herausfließenden Eingangsstrom I_{IL} und
- der Konstanz des in C eingeprägten Stromes.

Während man in der vorliegenden Schaltung auf den ersten Effekt praktisch keinen Einfluß hat (er ist übrigens auch verhältnismäßig klein, solange $I_C > I_{IL}$ bleibt), kann man die Konstanz des Ladestromes durch Wahl der Stromprägeschaltung entsprechend den Anforderungen an die Linearität bestimmen [4,5].

Zu beachten ist bei der Dimensionierung, daß über den Ausgangstransistor von G 2 im Moment $t = t_1$ außer dem Entladestrom von C auch der Strom der Konstantstromquelle fließt. Im Datenblatt wird eine Dauerbelastbarkeit von 40 mA angegeben. Da die Impulsbelastbarkeit wesentlich höher liegt, konnte in ausgeführten Schaltungen der Ladestrom bei einer Ladekapazität von $C_{max} = 0{,}1\,\mu F$ zwischen 2 und 30 mA variiert werden.

Zur Stromeinprägung hat sich für Anwendungszwecke mit mittleren Genauigkeitsforderungen die in Abb. 3.14.2 angegebene Schaltung bewährt; in ihr heben sich die Temperaturgänge der beiden Transistoren T 1 und T 2 teilweise auf. Da außerdem die Hysterese des Schmitt-Triggers G 1 temperaturkompensiert ist [3], weist die Schaltung in Frequenz, Linearität und Amplitude einen geringen Temperaturfehler auf. Das Ausgangssignal wird man in den meisten Fällen über einen Emitterfolger auskoppeln, um eine Rückwirkung der Last auf die Oszillatorschaltung zu vermeiden. Die Versorgungsspannung muß in den für TTL-Bausteine vorgeschriebenen Grenzen [3] stabilisiert sein. Dadurch wird gleichzeitig die Versorgungspannungsabhängigkeit der Konstantstromquelle eliminiert.

Anwendungen für die beschriebene Schaltung bieten sich an in der Meß- und Fernsehtechnik, vor allem aber bei Geräten, die mehrere, in ihren Daten identische Sägezahngeneratoren verschiedener Frequenzen erfordern, da in einem Baustein FLH 351 zwei, in einem Baustein FLH 601 vier und im SN 7414 sechs Schmitt-Trigger enthalten sind, die natürlich völlig gleiche Temperatur- und Hystereseeigenschaften haben, da sie in einem einzigen monolithischen Chip integriert sind. Ein weiteres Anwendungsgebiet sind z.B. elektronische Orgeln.

Es wird noch darauf hingewiesen, daß der Oszillator über die freien Eingänge von G 1 abgeschaltet werden kann. Im ausgeschalteten Zustand ist dann allerdings der Wert der Ausgangsspannung etwa 4,5 V; die Einschwingamplituden sind dann entsprechend ausgeprägt. Soll von dieser Möglichkeit kein Gebrauch gemacht werden, legt man die freien Eingänge von G 1 auf H-Pegel.

3.14.2 Ausführung mit LSL-Bausteinen

Ist eine hohe Störsicherheit des Oszillators erforderlich, empfiehlt sich die Verwendung von LSL-Bausteinen *(Abb. 3.14.5)*. Die Funktion entspricht der TTL-Schaltung, jedoch ersetzt man das nichtinvertierende Gatter G 2 durch die zwei Gatter G 3 und G 4 mit offenen Kollektoren, da in LSL-Technik bisher kein nichtinvertierender Treiber verfügbar ist.

Die negative Flanke hat dadurch eine Dauer von etwa $5 \cdot \tau_s$; die Amplitude der Ausgangsspannung ist wieder gleich der Hysterese U_H, die beim FZH 241 typisch 0,9 V beträgt [6]. Der max. Strom der Konstantstromquelle ist durch die zulässige Verlustleistung der FZH 211 begrenzt und liegt bei 50 mA.

Die Auskopplung des Ausgangssignals kann bei der LSL-Version galvanisch erfolgen, da die minimale Ausgangsspannung mit $u_c(t)$ = untere Schwellenspannung U_{su} des Schmitt-Triggers bei 5,6 V und somit weit über der Basis-Emitter-Spannung des Emitterfolger-Transistors T 3 liegt.

Dipl.-Ing. Peter Blomeyer

Literatur

[1] Schreiber, H.: Generator für Sägezahn- und Rechteckschwingungen. Funk-Technik 1969, H. 17, S. 665...666.
[2] Wisotzky, W.: Vorteilhafte Komplementärschaltungen. ELEKTRONIK 1967, H. 2, S. 43...44.
[3] Integrierte Schaltungen 72/73, S. 84...87. Datenbuch der Firma Siemens.
[4] Halbleiter-Schaltbeispiele 1970, S. 140...145. Applikationsbuch der Firma Siemens.
[5] Halbleiter-Schaltbeispiele 1970, S. 87...89. Applikationsbuch der Firma Siemens.
[6] Integrierte Schaltungen 72/73, S. 298...304. Datenbuch der Firma Siemens.

3.15 Einfacher Wobbel-Generator für Frequenzgangmessungen im Nf-Bereich

Beim Messen des Frequenzgangs von Nf-Verstärkern oder der Übertragungskennlinie von Filtern bietet sich dem Hobby-Elektroniker meist nur die Möglichkeit der punktweisen Messung. Die nachfolgende preiswerte Schaltung, die ICs kosten etwa 100 DM, ist eine Alternative zu kommerziellen Geräten und ermöglicht es, die Ausgangsspannung der zu untersuchenden Schaltungen auf einem normalen XY-Oszillografen im linearen oder logarithmischen Maßstab darzustellen.

3.15.1 Technische Daten

Die technischen Daten dieses Wobbel-Generators sind mit denen von kommerziellen Geräten nicht vergleichbar, jedoch reicht die Wobbelfrequenz aus, um in einem abgedunkelten Raum das komplette Schirmbild auf einem mittel nachleuchtenden Oszillografen zu erkennen.

Sender
Wobbelfrequenz: $f_w \leqq 0{,}14$ Hz ($\geqq 3{,}7$ s/Durchlauf); bei f_{min} bis f_{max}. Wird der Wobbelbereich kleiner, kann f_w größer werden.

Horizontalablenkung $U_{lg} = f(U_X)$: ca. ± 2 V bei f_{min} bis f_{max}

Linearitätsabweichung der horizontalen Ablenkung: ca. 20 % von f_{soll}, d.h. soll der Mittelpunkt des Schirmbildes z.B. 300 Hz betragen, so kann diese Frequenz, vom Abgleich abhängig, zwischen 240...360 Hz betragen.

Frequenzbereich: 6 Hz...32 kHz

Klirrfaktor der Sinusspannung: ca. 5 %

Sinusausgangsspannung: max. 1,5 V (Effektivwert)

Lastwiderstand: $\geqq 120\ \Omega$

Einstellbare untere Grenzfrequenz: 6...100 Hz

Einstellbare obere Grenzfrequenz: 2,8 kHz...32 kHz

Empfänger
Eingangswiderstand: ca. 100 kΩ

Eingangsspannung: max. 1,5 V (Effektivwert)

Ausgangsspannung U_a (U_{Y1}): max. − 1,5 V

Ausgangsspannung lg U_a (U_{Y2}): max. + 1 V

Linearitätsabweichung der vertikalen Ablenkung: ca. 20 % von U_{soll}

3.15.2 Funktionsweise

Anhand der Blockschaltung *(Abb. 3.15.1)* wird die Funktion des Wobbel-Generators erklärt. Der Integrator OP 2 erzeugt eine lineare Rampe, deren Steilheit und Neigung durch die Amplitude und Polarität der Eingangsspannung gegeben sind. Im nachfolgenden Block (lg^{-1}) wird die Spannung delogarithmiert und einem linearen Spannungs-Frequenz-(U/f-) Umsetzer zugeführt. Dadurch wird die Ausgangsfrequenz logarithmisch zur linear verlaufenden Integratorspannung, und man erhält die übliche geometrische Darstellungsweise von Frequenzgangkurven.

Vom U/f-Umsetzer gelangt eine Sinusspannung an den Endverstärker (EV) und weiter an den Eingang des Prüflings. Zwei digitale Filter, die am U/f-Umsetzer angeschlossen sind,

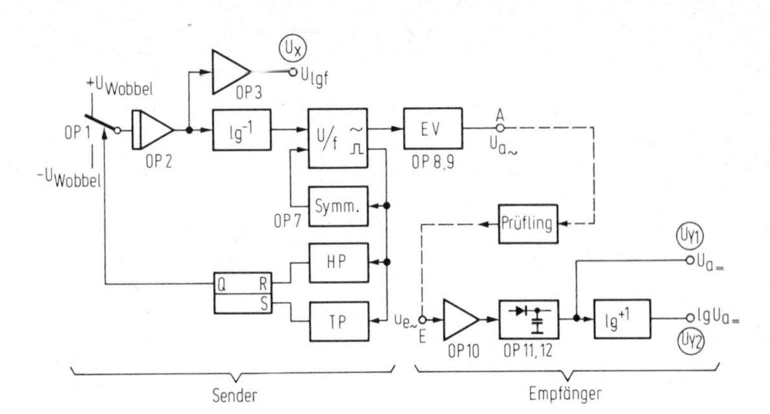

Abb. 3.15.1 Blockschaltung des Wobbel-Generators

kehren die Polarität der Integratorspannung bei Erreichen der oberen bzw. unteren Grenzfrequenz um.

Nach dem Prüfling folgen ein relativ hochohmiger Eingangsverstärker (OP 10) und ein Präzisions-Vollweggleichrichter (OP 11, 12) mit Siebung, dessen Ausgangsgleichspannung (U_{Y1}) das lineare Maß des Frequenzganges ist. Ein Verstärker mit logarithmischer Übertragungskennlinie sorgt für die Darstellung des Frequenzganges im logarithmischen Maßstab.

3.15.3 Beschreibung der Gesamtschaltung

Der Operationsverstärker OP 1 (siehe *Abb. 3.15.2)* ist ein elektronischer Umschalter. Ist der Transistor BCY 59 leitend, arbeitet OP 1 als invertierender Verstärker mit v = —1; sperrt der Transistor, wirkt OP 1 als nichtinvertierender Verstärker mit v = +2. Da jedoch der Fußpunkt der Gegenkopplung an der Eingangsspannung liegt, beträgt die wirksame Verstärkung nur +1.

Der Integrator OP 2 bildet eine lineare Rampe, deren Steilheit bestimmt wird durch 330 kΩ/220 μF und der mit dem Potentiometer P 1 (Wobbelfrequenz) eingestellten Spannung. Die Diode D 1 verhindert, daß die Ausgangsspannung von OP 2, die zwischen 0 V und maximal — 1,2 V betragen soll, größer als +0,7 V wird. OP 3 verstärkt die Spannung nichtinvertierend um den Faktor 3,2. Mit P 3 kann die Ausgangsspannung von OP 3 so eingestellt werden, daß ihr Gleichspannungsmittelwert null ist. Bei einem Wobbelbereich von 6 Hz bis 32 kHz wird U_x = 0 V, bei f = 400 Hz. Die Ausgangsspannung von OP 3 ist die horizontale Ablenkspannung für das Schirmbild.

Die Delogarithmierschaltung (nach Unterlagen von Texas Instruments) wird gebildet aus OP 4, OP 5 und 1/2 SN 76502 mit zwei logarithmischen Verstärkerstufen. Da ein logarithmischer Verstärker in der Gegenkopplung von OP 4 liegt, wird aus der negativen Eingangsspannung von OP 4 eine delogarithmierte positive Ausgangsspannung.

Es folgt der Spannungs-Frequenz-Umsetzer, der aus dem Funktionsgenerator ICL 8038, dem Steuerverstärker OP 6, dem Regelverstärker OP 7 und den beiden steuerbaren Konstantstromquellen (2 x BCY 79) besteht. Über OP 6 wird die linke Konstantstromquelle angesteuert und die Frequenz (Tastverhältnis) verändert, während über den Regelverstärker OP 7 und die rechte Konstantstromquelle das Tastverhältnis konstant (in diesem Fall symmetrisch) gehalten wird. Zur Erkennung des Tastverhältnisses wird die an Punkt 9 liegende Rechteckspannung verwendet: Ändert sich deren Impuls-Pausen-Verhältnis, z.B. zu größe-

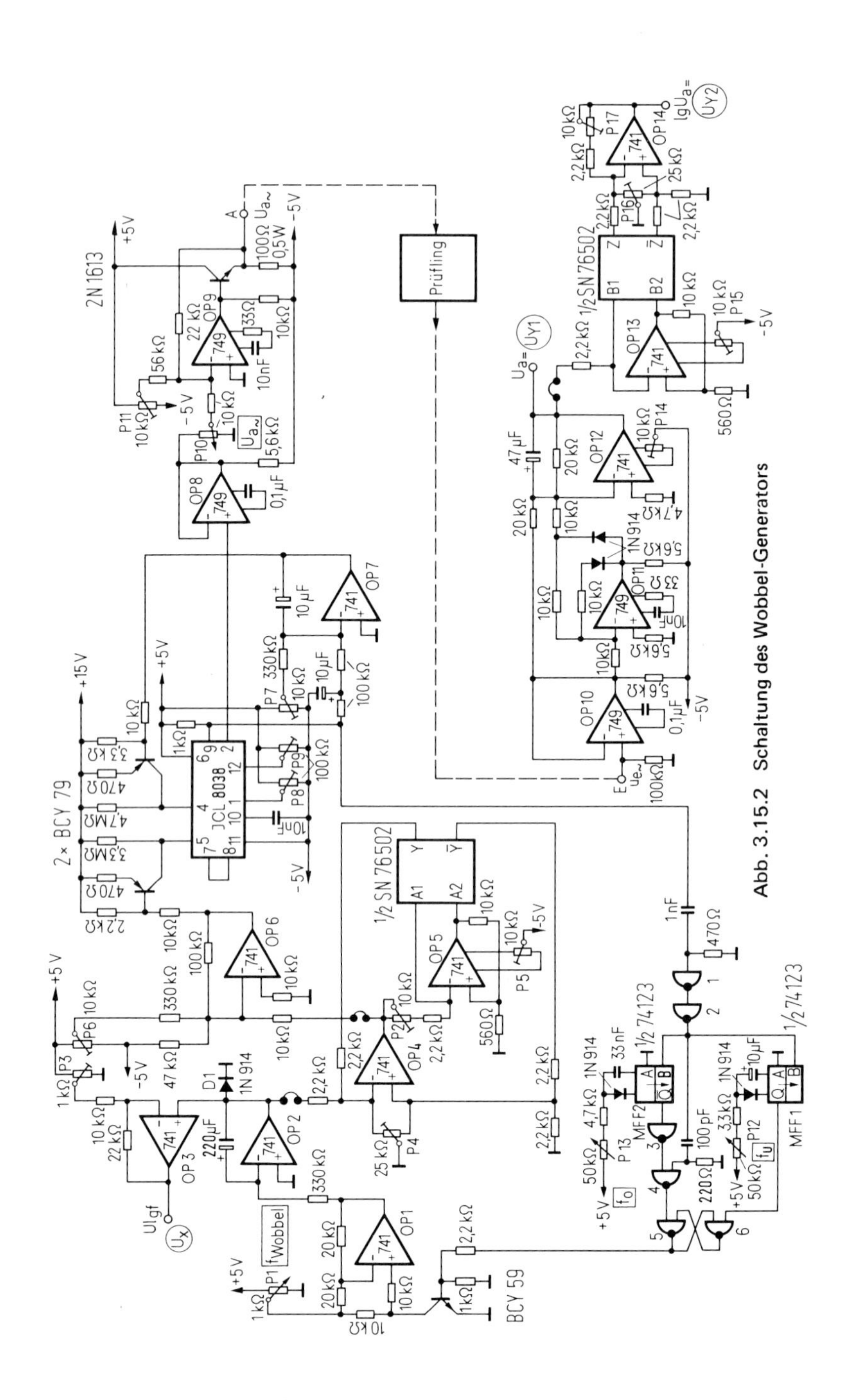

Abb. 3.15.2 Schaltung des Wobbel-Generators

ren Pausen, wird der Gleichspannungsmittelwert negativ und über den Tiefpaß 100 kΩ/10 μF der Integrator OP 7 nachgesteuert. Sein Ausgang wird positiver und verkleinert über die rechte Konstantstromquelle den für die Impulszeit maßgeblichen Strom, so daß das Impuls-Pausen-Verhältnis wieder symmetrisch wird. Die Regelgeschwindigkeit wird dadurch bestimmt, daß der Tiefpaß und der Integrator nur eine endliche Dämpfung (Siebwirkung) gegenüber der Eingangsrechteckspannung besitzen.

Die Sinusspannung von etwa U_{eff} = 0,7 V gelangt an den hochohmigen Eingang von OP8 und weiter an den Endverstärker OP 9, der sie um den Faktor 2,2 verstärkt. Die hier eingesetzten Operationsverstärker können auch durch andere, schnelle Typen ersetzt werden, jedoch reichen die Anstiegsgeschwindigkeit und Aussteuerfähigkeit des Universal-Operationsverstärkers 741 nicht mehr aus.

Als Kleinleistungsverstärker wird ein einfacher Emitterfolger verwendet. Der maximale Lastwiderstand kann bis zu 120 Ω betragen, bevor es zu Verzerrungen kommt. Werden OP 9 und der Emitterfolger an einer höheren Versorgungsspannung betrieben, muß der Transistor 2N 1613 gekühlt werden. Mit P 11 wird der Gleichspannungsmittelwert der Ausgangsspannung am Punkt A auf null eingestellt und mit P 10 die Sinusspannung an Punkt A zwischen 0 V und maximal U_{eff} = 1,5 V.

Die positive Flanke der Rechteckspannung des ICL 8038 wird differenziert und steuert über die Invertiere 1 und 2 die beiden monostabilen Flipflops 1 und 2 an. MFF 1 wirkt als digitaler Tiefpaß, während MFF 2, Gatter 3 und 4 als digitaler Hochpaß wirken. Durch Verstellen von P 12 bzw. P 13 läßt sich die untere bzw. obere Frequenzgrenze des Funktionsgenerators, bedingt durch die Eingangsspannung, einstellen.

Stückliste

1 Stück	SN	76 502
10 Stück	SN	72 741 oder 5 Stück SN 72 747
1 Stück	SN	74 123
2 Stück	SN	7 400
2 Stück	μA	749
1 Stück	ICL	8 038
5 Stück	IN	914
2 Stück	BCY	79
1 Stück	BCY	59
1 Stück	2 N 1613	

Die Ausgangsspannung des Prüflings wird von OP 10 hochohmig abgegriffen und an den aus OP 11 und OP 12 bestehenden Präzisionsvollweggleichrichter geführt. Für OP 11 und OP 10 gelten die gleichen Bedingungen wie für OP 8 und OP 9. Der zwischen Punkt E und Masse liegende Eingangswiderstand von 100 kΩ verhindert, daß OP 10 bei offenem Eingang durch Einstreuungen in die Begrenzung getrieben wird.

Mit P 14 wird die Ausgangsspannung von OP 12 (U_{Y1}) auf 0 V eingestellt, dabei liegt an Punkt E keine Spannung. Wird die Eingangsspannung positiv, wird OP 11 negativ, die linke Diode leitet und OP 11 liefert keinen Strom an OP 12. Das negative Ausgangssignal U_a entsteht über den 20-kΩ-Widerstand von OP 10. Wird die Spannung an Punkt E negativ, wird die rechte Diode von OP 11 leitend, und über den 10-kΩ-Widerstand fließt ein positiver Strom, während über den 20-kΩ-Widerstand nach OP 10 die Hälfte des Stromes entzogen wird. Dadurch liegt am Ausgang von OP 12 nur der absolute Betrag der Eingangsspannung. Der 47-μF-Kondensator in der Gegenkopplung von OP 12 wirkt als Siebkondensator und glättet die vollweggleichgerichtete Eingangsspannung.

OP 13 und OP 14 bilden zusammen mit dem Logarithmierbaustein (zweite Hälfte des im Sender verwendeten Bauteils) den logarithmischen Verstärker (nach Unterlagen von Texas Instruments).

Die Versorgungsspannungen betragen +5 V für die digitalen Schaltungen, +15 V/—5 V für OP 6 und OP 7 sowie ± 5 V für alle anderen ICs. Sie müssen stabilisiert und sehr konstant sein, da sich sonst der Abgleich verändert. Zu empfehlen ist ein Netzgerät, in dem nur ein Stabilisator ein Referenzelement besitzt und dessen Ausgangsspannung als Referenzspannung für die anderen geregelten Stabilisatoren verwendet wird.

3.15.4 Abgleich

Vom Integrator OP 2 den 2,2-kΩ-Widerstand abtrennen (eingezeichnete Brücke öffnen) und an ein Potentiometer mit U_e' = -1,2 V anschließen. OP 4 wird nach Masse kurzgeschlossen und mit P 5 die Ausgangsspannung von OP 5 auf 0 V eingestellt. Anschließend den Kurzschluß entfernen und bei U_e' = 0 V mit P 4 die Ausgangsspannung von OP 4 auf 0 V abgleichen. Dann wird bei U_e' = —1,12 V mit P 2 die Ausgangsspannung von OP 4 auf 1,5 V eingestellt. Da sich P 2 und P 4 eventuell gegenseitig beeinflussen, ist ein wechselseitiger Abgleich notwendig.

Das Tastverhältnis wird mit P 7 auf gleich lange Impulse und Pausen eingestellt. Mit P 6 wird OP 6 so eingestellt, daß bei kurzgeschlossenem Eingang (Brücke auftrennen und nach Masse legen) die Ausgangsfrequenz etwa 4...5 Hz beträgt. Mit P 8 und P 9 die Sinusausgangsspannung am Anschluß 2 auf kleinsten Klirrfaktor einstellen.

Den 2,2-kΩ-Widerstand von OP 12 abnehmen (eingezeichnete Brücke öffnen) und an ein Potentiometer mit U_e“ = 0...1,5 V anschließen. Bei U_e” = 0 V wird mit P 15 der OP 13 auf 0 V abgeglichen. Anschließend mit P 16 die Ausgangsspannung von OP 14 (U_{Y2}) auf 0 V einstellen. Bei einer Eingangsspannung von U_e” = — 1,5 V wird mit P 17 die Spannung U_{Y2} auf +1 V eingestellt. P 16 und P 17 beeinflussen sich eventuell gegenseitig, daher ist ein wechselseitiger Abgleich notwendig.

Da jeder halbe Logarithmierbaustein noch intern aus zwei logarithmischen Teilschaltungen besteht, ist es möglich, daß die Linearität der logarithmischen Ausgangsspannung zur linearen Eingangsspannung nicht genau stimmt. Um diesen Fehler auszugleichen, ist in dem Baustein SN 76502 die Möglichkeit vorgesehen, mit einem Potentiometer (im Schaltbild nicht eingezeichnet) die beiden logarithmischen Teilschaltungen zueinander zu symmetrieren. Dies gilt auch für die andere Hälfte der Delogarithmierschaltung.

Ing. (grad.) Friedrich Bayer

3.16 RC-Generator bis 1 MHz

Die Firma RCA hat unter der Bezeichnung CA 3100 einen Operationsverstärker herausgebracht, dessen Hauptkennzeichen die hohe Transitfrequenz von 38 MHz ist; bei gegengekoppelter Verstärkung von mindestens 20 dB ist keine Frequenzkompensation erforderlich. Mit diesem Operationsverstärker kann mit einfachsten Mitteln ein Sinus-RC-Generator aufgebaut werden mit einem Arbeitsbereich bis zu 1 MHz *(Abb. 3.16).* Mit C 2 = 150 pF

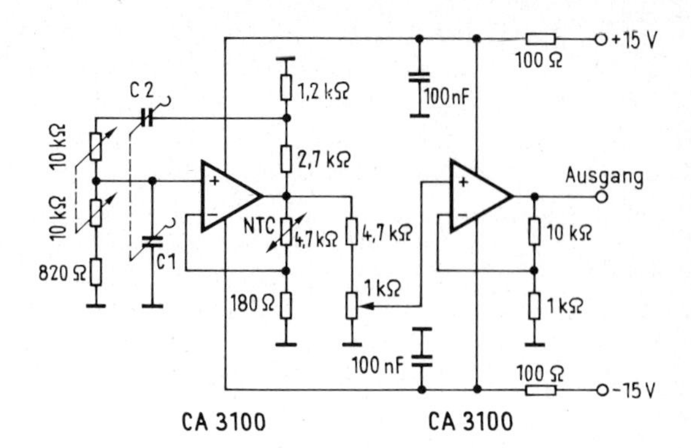

Abb. 3.16 Einfacher RC-Sinusoszillator für Frequenzen bis 1 MHz

und C 1 = 135 pF (verschieden wegen der Schaltkapazität des Potentiometers) ergibt sich ein Einstellbereich von etwa 100 kHz bis 1,2 MHz, mit C 1 = C 2 = 1,5 μF von etwa 1 Hz bis 12 Hz. Zur Amplitudenstabilisierung wird ein Miniatur-NTC-Widerstand von 4,7 kΩ (bei 25 °C) in evakuiertem Glasröhrchen verwendet, mit dem sich eine Ausgangsspannung von knapp U_{eff} = 2 V einstellt; dieser Vakuum-NTC hat für niedrige Frequenzen den Vorzug größerer Trägheit gegenüber solchen in Schutzgas; mit einem NTC in Schutzgas betrüge die Ausgangsspannung U_{ss} = 10,5 V; das führt bei 1,2 MHz bereits zu geringer Übersteuerung. Zur Auskopplung ist ein zweiter Verstärker angeschlossen, dessen Amplitude bis zu 10 V (Spitze-Spitze) einstellbar ist; der Ausgang darf bei voller Amplitude mit min. 500 Ω belastet werden. Die beiden 100-Ω-Widerstände in der Betriebsspannungszuleitung sind erforderlich gegen wilde Schwingungen, falls die Leitung zum Netzteil nicht ganz kurz sein kann.

Dr. W. Wisotzky

3.17 Synchronisierbarer Nf-Sinusgenerator

Zur Untersuchung zusammengesetzter Schwingungen werden Oszillatorschaltungen hoher Frequenzgenauigkeit und -stabilität benötigt, um die gewünschten Phasen- und Frequenzbeziehungen in Ruhe studieren zu können. In der üblichen LC- oder RC-Technik lassen sich solche Schaltungen nur mit großem Aufwand verwirklichen. Im folgenden wird eine Schaltung beschrieben, die bei geringem Aufwand geringen Klirrgrad mit stabilen, aber variablen Frequenz- und Phasenbeziehungen zwischen einem steuernden und einem oder mehreren synchronisierten Oszillatoren aufweist. Die Blockschaltung zeigt *Abb. 3.17.1.*

Grundbaustein ist der Funktionsgenerator ICL 8038 von Intersil. An seinen Ausgängen stehen drei synchrone Wechselspannungen zur Verfügung: 1. eine Dreieckspannung, die sich linear zwischen ± 1/3 U_{cc} ändert und mit dem Spannungsverlauf am frequenzbestimmenden Kondensator C 1 identisch ist; 2. die aus der Dreieckspannung abgeleitete Sinusspannung mit geringem Klirrgrad; 3. eine Rechteckspannung mit $+U_{CC}$ beim Anstieg der Spannung an C 1 und $-U_{CC}$ beim Abfall dieser Spannung.

Aus dem Anstieg dieser Rechteckspannung am Ausgang des Generators FG 1 werden Impulse abgeleitet, die den Timer Tm 1 (NE 555 oder 1/2 NE 556) triggern. Der Abfall seiner Ausgangsspannung triggert den zweiten Timer Tm 2. Dieser legt während seiner Einschaltdauer den frequenzbestimmenden Kondensator C 4 des Generators FG 2 auf das Potential $-1/3\ U_{cc}$, das als Hilfsspannung zur Verfügung stehen muß. Wenn Tm 2 abgefallen ist, steigt die Spannung an C 4 wieder normal an.

Abb. 3.17.2 zeigt den Spannungsverlauf an den verschiedenen Meßpunkten von *Abb. 3.17.1.* die Schaltzeit t_{ein} von Tm 1 bestimmt also die Phasenverschiebung zwischen FG 1 und FG 2. Sie wird mit C 2 eingestellt und mit P 1 geregelt und läßt sich über etwa 10 Schwingungsperioden von FG 1 sicher einstellen. So lassen sich auch komplizierte Frequenzverhältnisse (z.B. 10:11) exakt synchronisieren. Aus der Mindestschaltzeit von ungefähr 1 μs des NE 555 ergibt sich einerseits eine entsprechende Phasenverschiebung zwischen FG 1 und FG 2 in der Nullstellung von P 1, die aber im Bedarfsfall durch Einstellen einer Phasenverschiebung von 360° ausgeglichen werden kann, andererseits ein durch Tm 2 verursachtes flaches Stück in der Ausgangsspannung von FG 2, das aber nur bei Frequenzen über 10 kHz bei der Dreieckspannung im Oszillogramm sichtbar wird. Der Klirrgrad der Sinusspannung wird dadurch nicht beeinträchtigt. Bei größeren Werten von C 4 muß die Einschaltdauer von Tm 2 so groß gewählt werden, daß C 4 sicher entladen wird. Sie läßt sich andererseits auch so dimensionieren, daß sie mehrere Perioden von FG 2 überstreicht. So lassen sich am Ausgang von FG 2 Burstfolgen erzeugen.

Voraussetzung für das einwandfreie Funktionieren der Schaltung sind stabilisierte, brummfreie Versorgungsspannungen. Dies gilt besonders für die Timer, die zwischen Schaltungsnull und $-1/3\ U_{cc}$ angeschlossen werden können. Die Hilfsspannung $-1/3\ U_{cc}$ (also -5 V bei ±15 V Betriebsspannung) gewinnt man am besten mit einem fein einstellbaren Spannungsregler aus der negativen Betriebsspannung. Sie ist so einzustellen, daß bei der Synchronisation keine Spannungssprünge in der Dreieckspannung auftreten. *Dr. Klaus Kohl*

Literatur

[1] Datenblatt NE 555 (Intersil)
[2] Datenblatt ICL 8038 (Intersil)
[3] Application Bulletins A 012 und A 013 (Intersil)

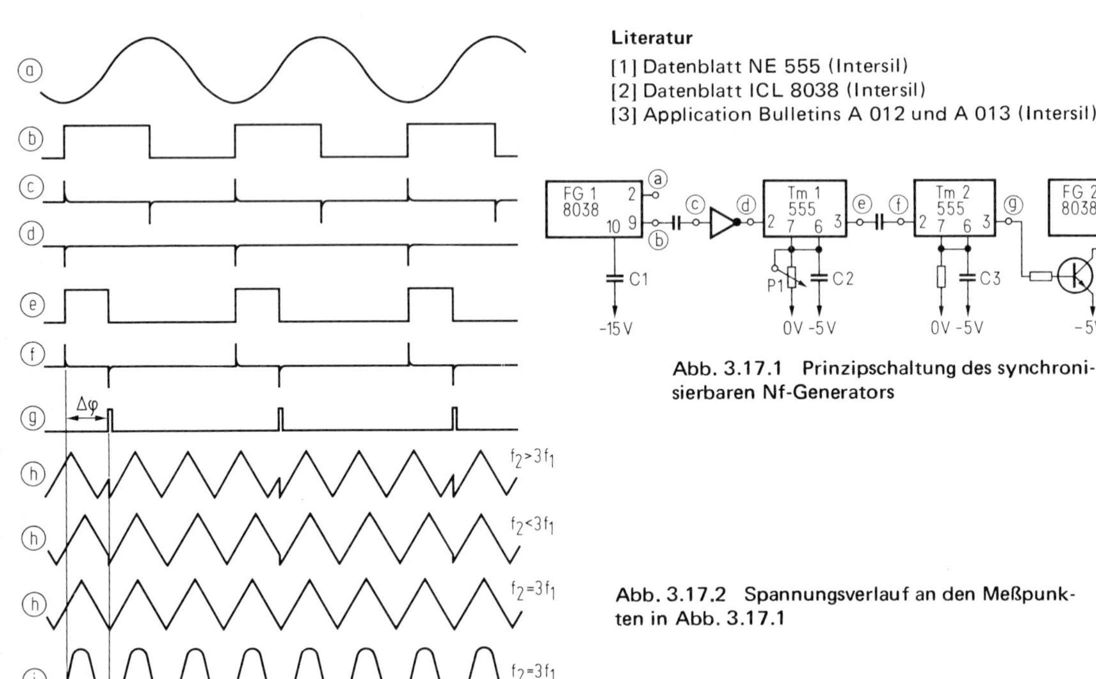

Abb. 3.17.1 Prinzipschaltung des synchronisierbaren Nf-Generators

Abb. 3.17.2 Spannungsverlauf an den Meßpunkten in Abb. 3.17.1

3.18 Klirrarmer Sinus-Oszillator mit großer Frequenzvariation

Werden Sinus-Oszillatoren mit einer Frequenzvariation von mindestens 1:10 benötigt, so können diese mit einer Wien-Brücke aufgebaut werden. Als Nachteil dieser Schaltung wird vielfach, so z.B. auch in [1], aufgeführt, daß dafür Zweifachpotentiometer mit sehr gutem Gleichlauf, die groß und teuer sind, verwendet werden müssen.

Eigene Untersuchungen haben gezeigt, daß an den Gleichlauf keine besonderen Anforde rungen gestellt werden müssen. Deshalb reichen billige Zweifachpotentiometer aus, wie sie z.B. in der Konsumelektronik in Stereo-Geräten verwendet werden. Diese Zweifachpotentiometer sind in sehr kleiner Ausführung von z.B. 16 mm Durchmesser auf dem Markt. Verwendet man Potentiometer mit negativ-logarithmischer Kennlinie, so erhält man annähernd einen mit dem Drehwinkel proportionalen Frequenzverlauf.

Soll ein sehr kleiner Klirrfaktor erreicht werden, so dürfen nur lineare Bauelemente benützt werden. Dioden, wie sie z.B. in [1] verwendet werden, sind aber nichtlineare Bauelemente. In den folgenden Schaltungen wurde deshalb zur Amplitudenstabilisierung ein NTC-Widerstand, also ein lineares Bauelement, verwendet. Die Amplitudenstabilisierung mit einem NTC-Widerstand ist rotz ihrer Vorteile noch wenig bekannt. Sie wurde in [2] veröffentlicht. Dabei werden Miniatur-NTC-Widerstände in evakuierter Glasumhüllung verwendet, wie es z.B. bei der Valvo-Baureihe 6343 der Fall ist. Der Vorteil gegenüber der Stabilisierung mit einem FET, wie sie ebenfalls in [1] angegeben wird, liegt im wesentlich geringeren Aufwand.

Der nach *Abb. 3.18.1* mit einem Zweifachpotentiometer aufgebaute Oszillator hat folgende Daten:

Frequenzbereich: 200 Hz...3,2 kHz
Amplitudenabweichung über den gesamten Frequenzbereich: < 0,05 dB
Klirrfaktor < 0,05 %

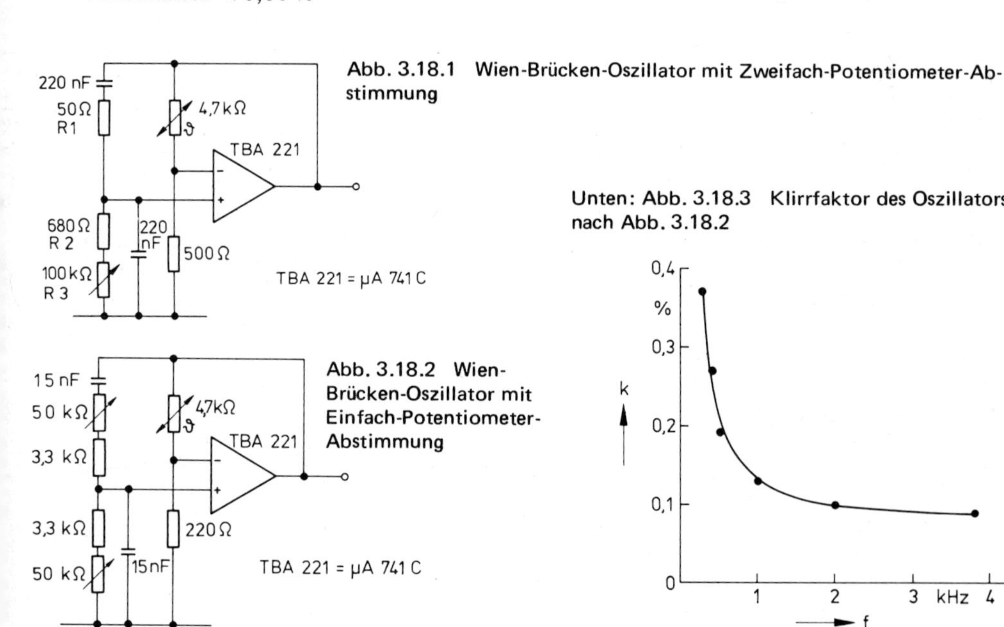

Abb. 3.18.1 Wien-Brücken-Oszillator mit Zweifach-Potentiometer-Abstimmung

Abb. 3.18.2 Wien-Brücken-Oszillator mit Einfach-Potentiometer-Abstimmung

Unten: Abb. 3.18.3 Klirrfaktor des Oszillators nach Abb. 3.18.2

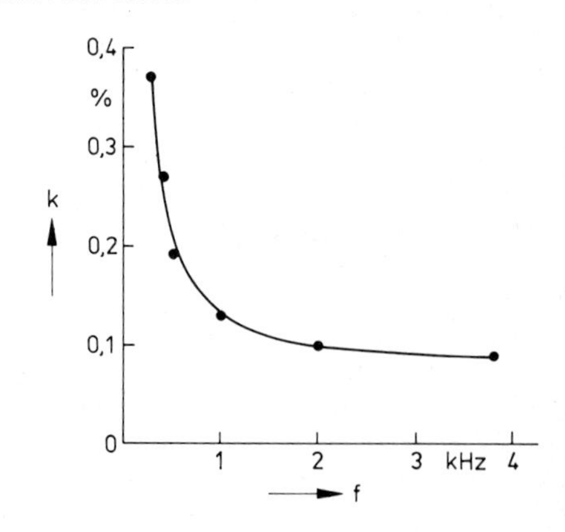

Nach dieser Grundschaltung sind schon Oszillatoren ab 10 Hz und mit Frequenzvariationen von 1:20 aufgebaut worden.

Es ist aber auch möglich, mit einem Einfachpotentiometer durchzustimmen, ohne die Amplitudenkonstanz merklich zu verschlechtern. Dafür muß, wie in *Abb. 3.18.2* verwirklicht, R 1 $\ll$ R 2 + R 3 sein. Allerdings steigt dabei der Klirrfaktor. Bei diesem Oszillator wurden folgende Werte gemessen:

Frequenzbereich: 315 Hz...3,8 kHz
Amplitudenabweichung über den Frequenzbereich: $<$ 0,1 dB
Klirrfaktor: 0,37...0,09 %

Der Verlauf des Klirrfaktors ist in *Abb. 3.18.3* gezeigt. Er ist trotz des größeren Frequenzbereiches nie größer als bei der komplizierteren Schaltung nach [1].

Ist ein kleinerer Klirrfaktor notwendig, so kann von der Bedingung R 1 $\ll$ R 2 + R 3 abgewichen werden. Dabei sinkt allerdings die Amplitudenkonstanz. Erreicht wurden 0,1 % Klirrfaktor bei 1 dB Amplitudenabweichung.

Ein weiterer Vorteil der Schaltung nach Abb. 3.18.2 ist, daß das Abstimmpotentiometer einseitig auf Masse liegt. Damit ist die Schaltung unempfindlicher gegen Einstreuungen.

Ing. (grad.) Karl-Heinz Herzner

Literatur

[1] Müller, W.: RC-Sinusgenerator mit einfacher Frequenzvariation. ELEKTRONIK 1972, H.4, S. 134.
[2] Valvo: Transistor-Schaltungen, Ausgabe 1963, S. 58.

3.19 Einfacher Impulsgenerator mit einstellbarem Tastverhältnis

Der nachfolgend beschriebene Impulsgenerator — er ist für sehr lange Taktzeiten ausgelegt — besteht im wesentlichen aus einer Doppelbasisdiode bzw. einem Unijunction-Transistor T 1 und einem Flipflop. Wie *Abb. 3.19.1* als mögliches Beispiel zeigt, kann die Aufladung des Kondensators C — je nach Lage des Flipflops — entweder über k • R oder (1- k) • R erfolgen. Jedesmal wenn die Ladespannung an C die Höckerspannung von T 1 erreicht, wird der Kondensator plötzlich entladen, so daß die entstehende negative Flanke das Flipflop in die jeweils andere Lage kippt. Die Aufladung erfolgt also abwechselnd über k · R und (1 — k) · R. Auf diese Weise entstehen an den Kollektoren des Flipflops abwechselnd kurze und lange Impulse. Das Tastverhältnis läßt sich mit dem Potentiometer P 1 einstellen. Die Dioden D dienen der Entkopplung, d.h. sie sorgen dafür, daß die Aufladung des Kondensators C nicht durch den Kollektorwiderstand des jeweils sperrenden Transistors beeinträchtigt wird.

Bei Verwendung großer Ladekondensatoren C empfiehlt es sich im übrigen, falls man — wie hier — auf steile negative Flanken angewiesen ist, einen kleinen Widerstand R vor den Emitter der Doppelbasisdiode zu schalten. Die Wirkung dieses Widerstandes veranschaulicht *Abb. 3.19.2:* Die Reihenschaltung von Schalter S und Widerstand R_{EB1} ersetzt die E-B-1-Strecke der Doppelbasisdiode. Der Schalter S schließt im Moment des Erreichens der Höckerspannung, so daß C entladen wird. Wegen $R_{EB1} > 0$ geschieht diese Entladung auch ohne R nicht beliebig schnell. Die Flankensteilheit wird demnach geringer, wenn man C vergrößert. Fügt man jetzt den Widerstand R ein, so überträgt er bei offenem Schalter die volle Ladespannung an den Ausgang, während er im Moment des Schließens von S mit R_{EB1} einen Spannungsteiler bildet, so daß die Ladespannung sprungartig auf einen durch

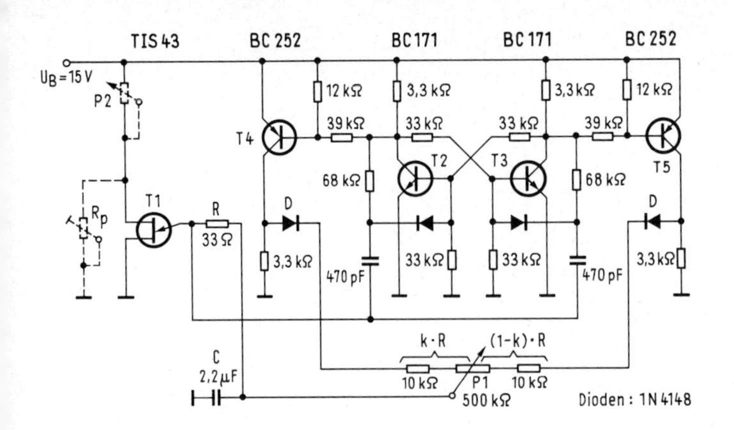

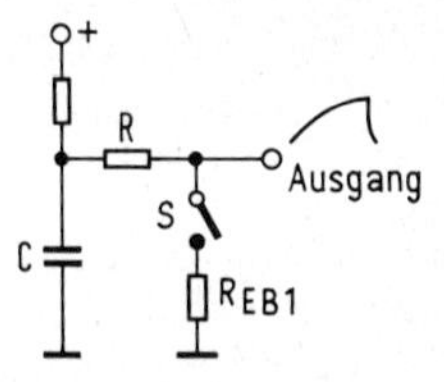

Abb. 3.19.2 Veranschaulichung der Wirkung von R. Bei Schließen von S entsteht – auch bei beliebig großem C – eine steile negative Flanke am Ausgang

Abb. 3.19.1 Dimensioniertes Beispiel eines Impulsgenerators für lange Taktzeiten. P 1 dient der Einstellung des Tastverhältnisses, P 2 der der Frequenz. Anstelle der angegebenen Halbleiterbauelemente lassen sich auch beliebige andere Siliziumtypen verwenden

das Spannungsteilerverhältnis gegebenen Wert heruntergeteilt wird. An die auf diese Weise entstandene theoretisch unendlich schnelle negative Flanke schließt sich nun die einsetzende Entladung an, wie durch den Ausgangsimpuls in Abb. 3.19.2 angedeutet. Diese Maßnahme ist übrigens nur bei Verwendung „guter" Kondensatoren notwendig. Verwendet man Elektrolyt- oder Tantalkondensatoren, so ist der benötigte Hilfswiderstand in Form des Verlustwiderstandes bereits mit „eingebaut".

Die Impulszeiten t_1 und t_2 lassen sich nur näherungsweise errechnen, da die Kennwerte von Doppelbasisdioden stark streuen:

$$t_1 \approx k \cdot R \cdot C \cdot \ln \frac{U_B - U_S - U_T}{U_B - U_S - U_P} \qquad t_2 \approx (1 - k) \cdot RC \cdot \ln \frac{U_B - U_S - U_T}{U_B - U_S - U_P}$$

Für das Tastverhältnis erhält man dann

$$\nu_1 = \frac{t_1}{T} = k \qquad \nu_2 = \frac{t_2}{T} = 1 - k$$

wobei T die Periodendauer ist:

$$T = t_1 + t_2 \approx RC \cdot \ln \frac{U_B - U_S - U_T}{U_B - U_S - U_P}$$

Dabei ist U_B die Speisespannung, R die Summe der beiden Ladewiderstände (im Beispiel 520 kΩ) U_P die Höckerspannung und U_T die Talspannung der Doppelbasisdiode. Die Hökkerspannung ergibt sich bekanntlich aus dem inneren Spannungsteilerverhältnis η unter Berücksichtigung der Schwellenspannung der Emitterdiode:

$$U_P = \eta \cdot U_{BB} + U_D$$

mit U_{BB} als Zwischenbasisspannung und $U_D \approx 0{,}55$ V (Diodenschwellspannung). U_S ist die Summe der Schwellenspannung der Entkopplungsdiode D und der Restspannung von T 4 bzw. T 5 ($U_S \approx 0{,}8$ V).

Die Wahl des Ladewiderstandes k · R bzw. (1 - k) · R ist nach oben (R_{max}) und unten (R_{min}) durch zwei Kriterien begrenzt: R_{max} muß bei Erreichen der Höckerspannung noch den notwendigen Höckerstrom I_P liefern können, während R_{min} dadurch gegeben ist, daß der Emitterstrom nie größer als der Talstrom I_T werden darf (sonst stabiler Schnittpunkt zweier Kennlinien!):

$$R_{max} \approx \frac{U_B - U_S - U_P}{I_P} \qquad R_{min} \approx \frac{U_B - U_S - U_T}{I_T}$$

Diese Forderung läßt sich auch anders ausdrücken: Die Widerstandsgerade von k · R bzw. (1 — k) · R muß sowohl rechts vom Höckerpunkt als auch links des Talpunktes verlaufen.

Die in Abb. 3.19.1 angegebene Schaltung ist ausgelegt für eine Periodendauer T = 2,4 s. Dabei ist $U_B = 15$ V und $U_T = 1{,}2$ V vorausgesetzt. Die Höckerspannung ergibt sich mit $\eta \approx 0{,}7$ zu $U_P \approx 11$ V. Das Tastverhältnis kann in den Grenzen

$1/52 \leqq \nu \leqq 51/52$ eingestellt werden.

Die Transistoren T 4 und T 5 lassen sich einsparen, wenn man die Ladewiderstände k · R und (1 — k) · R direkt an die Kollektoren von T 2 und T 3 anschließt. Dann muß man bei der Rechnung allerdings berücksichtigen, daß wegen des Spannungsabfalls nicht die volle Ladespannung zur Verfügung steht.

Zum Schluß sei noch auf die Möglichkeit hingewiesen, mit Hilfe des angedeuteten Potentiometers P 2 eine Frequenzregelung ohne Beeinflussung des Tastverhältnisses innerhalb gewisser Grenzen durchzuführen. P 2 bildet dann mit dem Zwischenbasiswiderstand r_{BB} der Doppelbasisdiode einen Spannungsteiler, so daß die Höckerspannung niedriger wird. Für die Aufladung auf U_P wird daher weniger Zeit benötigt, d.h. die Frequenz steigt mit wachsendem P 2. Weil auch der Zwischenbasiswiderstand stark exemplarabhängig ist und nur innerhalb gewisser Grenzen angegeben werden kann, läßt sich bezüglich der Wirkung von P 2 keine quantitative Aussage machen. Wünscht man jedoch bei gegebenem P 2 und verschiedenen Exemplaren T 1 eine definierte Frequenzvariation (z.B. für Serienfertigung), so läßt sich dies mit dem angedeuteten Trimmpotentiometer R_p erreichen: Bei voll aufgedrehtem P 2 stellt man mit R_p die Frequenz auf den gewünschten Wert ein. Die Parallelschaltung $r_{BB} \| R_p$ bildet jetzt mit P 2 einen Spannungsteiler derart, daß auch die Abweichungen des Teilerverhältnisses η kompensiert sind. Sieht man umschaltbare Kondensatoren C vor, so läßt sich auch eine Grobumschaltung durchführen. *Dipl.-Ing. Peter Herrmann*

3.20 Stabiler Rechteckgenerator mit 100 mA Ausgangsstrom

Mit der bekannten Schaltung eines Rechteckgenerators mit einem Operationsverstärker nach *Abb. 3.20.1* läßt sich eine hohe Frequenzkonstanz, auch bei nicht stabiliserter Betriebsspannung und bei Belastung, erreichen. Um aber einen Ausgangsstrom von mindestens 100 mA zu erzielen, muß man die Schaltung mit einer Transistorstufe erweitern. Da hierbei das Ausgangssignal invertiert wird, müssen die Eingänge des Operationsverstärkers ver-

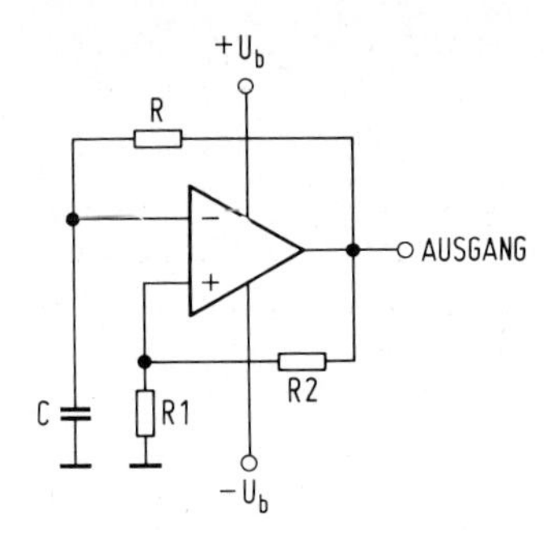

Abb. 3.20.1 Rechteckgenerator mit Operationsverstärker

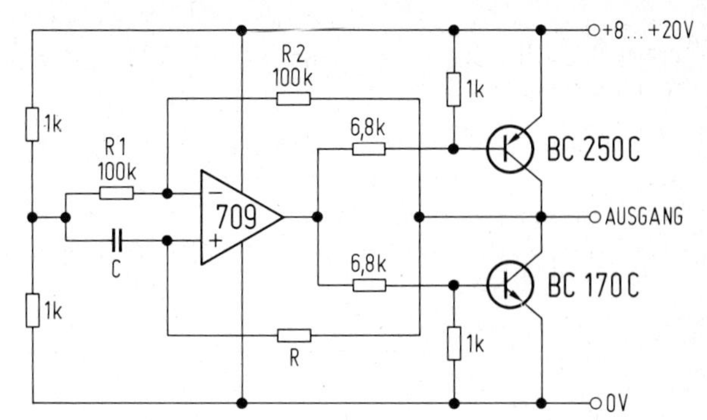

Abb. 3.20.2 Schaltung für eine Versorgungsspannung mit 100 mA Ausgangsstrom

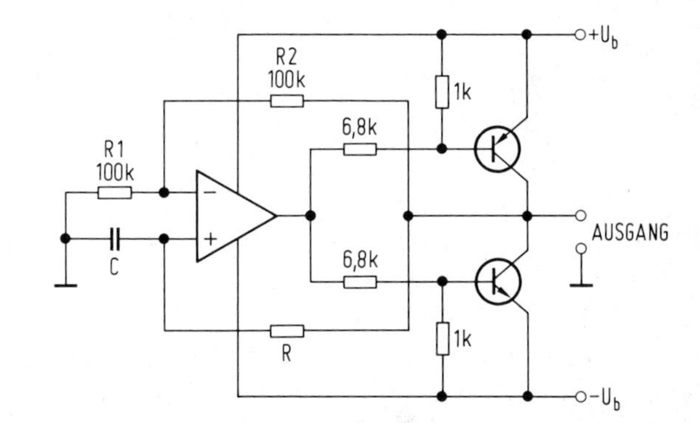

Abb. 3.20.3 Schaltung für symmetrische Ausgangsspannung

tauscht werden. Legt man R1 und C über einen Spannungsteiler auf ein Potential, das etwa der halben Betriebsspannung entspricht, dann wird zur Versorgung nur eine Spannungsquelle benötigt. Der verwendete Operationsverstärkertyp 709 hat kurze Umschaltzeiten und eine hohe Grenzfrequenz. Eine Frequenzkompensation ist für diese Anwendung nicht notwendig. Die Schaltung arbeitet mit Versorgungsspannungen von 8...20 V. Höhere Spannungen bis etwa 30 V und größere Ausgangsströme sind mit anderen Transistoren (z.B. BC 337 und BC 327) möglich. Die Periodendauer beträgt etwa $\tau \approx 2RC \cdot \ln 3 \approx 2{,}2\,RC$ für R1 = R2. Impuls- und Pausenlänge sind etwa gleich. Nahezu unabhängig von der Belastung ist die Impulshöhe ungefähr gleich der Versorgungsspannung.

Will man eine symmetrische Ausgangsspannung erreichen, so ist die Schaltung gemäß *Abb. 3.20.3* abzuändern. Damit Impuls- und Pausendauer gleich groß sind und die Frequenz möglichst konstant bleibt, müssen die Versorgungsspannungen den gleichen Betrag haben, und ihre Schwankungen sollen ebenfalls gleich sein. Diese Schaltung arbeitet mit Versorgungsspannungen von jeweils ≥ 4 V. Sowohl die in *Abb. 3.20.2* als auch die in Abb. 3.20.3 dargestellte Schaltung arbeitet in einem Frequenzbereich von 0,1 Hz...200 kHz.

Peter Kretschmer

4 Operationsverstärkerschaltungen

4.1 Operationsverstärkerschaltungen mit großem Eingangsspannungsbereich

Allgemeines

Bei der Entwicklung von Analogschaltungen will man häufig hohe Spannungen sehr hochohmig messen bzw. Verstärker mit sehr hohem Eingangs- und Gleichtaktspannungsbereich aufbauen, wobei man nach Möglichkeit auf vorhandene und preiswerte Bauteile zurückgreifen möchte.

Hierzu bietet sich das Prinzip der ,,Climbing-Pole-Schaltung" an, womit sich Eingangsspannungsbereiche von 200 V und mehr unter Beibehaltung der übrigen Daten eines Operationsverstärkers realisieren lassen.

Prinzip

Die meisten Operationsverstärker haben einen Eingangsspannungsbereich in Höhe der Versorgungsspannung, maximal jedoch ca. ± 15 V. Es gilt also:

$$-U_v \leq U_e \leq +U_v \quad (1)$$

wobei U_v die Versorgungs- und U_e die Eingangsspannung ist. Diese Beschränkung entsteht durch den Bezug der Versorgungsspannungen auf Nullpotential. Bei Zuordnung der Versorgungsspannungen zum Eingangssignal der Schaltung wird bei beliebigem Eingangspotential φ_e die Bedingung (1) erfüllt, die jetzt in der erweiterten Form lautet:

$$(\varphi_e - U_v) \leq \varphi_e \leq (\varphi_e + U_v)$$

Diese Schaltung ist aber erst dann sinnvoll, wenn ihr Leistung entnehmbar ist, die man in einem wiederum auf Nullpotential bezogenen Netzwerk weiterverarbeiten kann *(Abb. 4.1.1).*

Besonderer Überlegungen bedürfen dabei die Hilfsspannungsquellen $+U_v$ und $-U_v$, die den Operationsverstärker versorgen. Batterien scheiden der ständigen Wartung und Kontrolle wegen aus, und transformatorgespeiste, potentialfreie Netzteile verursachen zu großen Aufwand und haben zudem noch störende Wicklungskapazitäten.

Ein wesentlich einfacherer Weg ist der: Man greift die Spannungen $+U_v$ und $-U_v$ mittels Z-Dioden aus einem Potentialgefälle $\varphi_2-\varphi_1$ ab, dessen Endpunkte φ_{10} und φ_{20} durch je eine Konstantstromquelle (I_1 und I_2) bestimmt werden *(Abb. 4.1.2).*

Diese Stromquellen bilden eine Art Kletterstange, deren unteres Ende dem Potential φ_{10} und deren oberes Ende dem Potential φ_{20} entspricht. Ein Turner ist nun in der Lage, trotz viel geringerer Körperspannweite, was unserer Potentialdifferenz $\varphi_e + U_v - (\varphi_e - U_v) = 2\,U_v$ entspricht, durch Hochziehen die gesamte Höhendifferenz $\varphi_{20} - \varphi_{10}$ zu überwinden. Das Hochziehen erfolgt über einen Transistor, der, gesteuert vom Operationsverstärker, gerade soviel Strom liefert wie nötig ist, um dessen Eingänge potentialgleich zu machen.

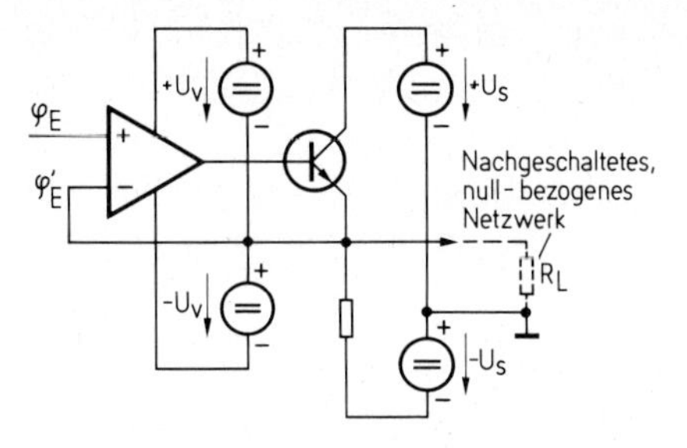

Abb. 4.1.1 Prinzipieller Aufbau mit nachgeschaltetem nullbezogenen Netzwerk

Abb. 4.1.2 Abgreifen der Versorgungsspannungen mit Z-Dioden

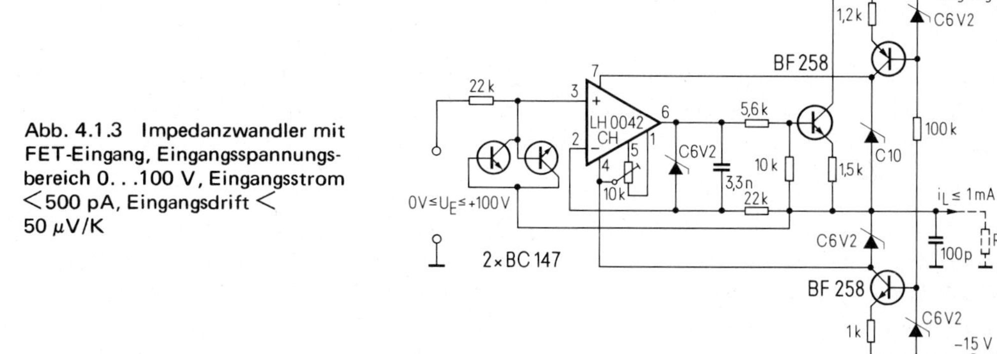

Abb. 4.1.3 Impedanzwandler mit FET-Eingang, Eingangsspannungsbereich 0. . .100 V, Eingangsstrom < 500 pA, Eingangsdrift < 50 μV/K

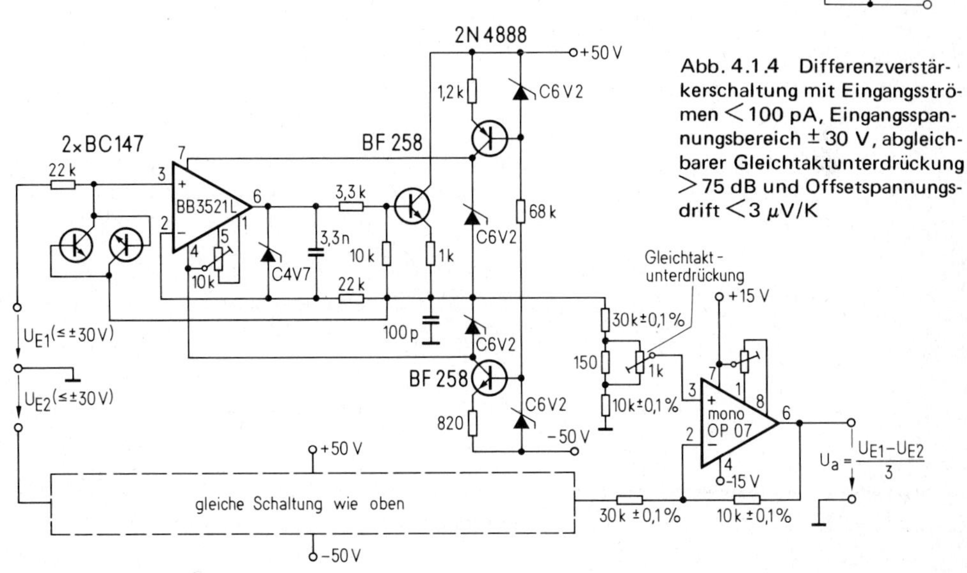

Abb. 4.1.4 Differenzverstärkerschaltung mit Eingangsströmen < 100 pA, Eingangsspannungsbereich ± 30 V, abgleichbarer Gleichtaktunterdrückung > 75 dB und Offsetspannungsdrift < 3 μV/K

Dimensionierung

Die Stromquelle 2 (I_2) muß den Z-Dioden-Querstrom i_z, den Versorgungsstrom des Operationsverstärkers i_v und den Basisstrom des Transistors i_B liefern können, also $I_2 \geq i_{v\,max} + i_{B\,max} + i_{Z\,min}$.

Die Stromquelle 1 muß mindestens I_2 und den Laststrom $-i_L$ (wenn $\varphi_e < 0$) nach unten abziehen können, d.h. $I_1 > I_2 + i_L$.

Der Transistor liefert jeweils die Differenzströme:

$$i_E = (I_1 - I_2) + i_L \text{ (für } \varphi_e > 0)$$
$$i_E = (I_1 - I_2) - i_L \text{ (für } \varphi_e < 0)$$

In der praktischen Ausführung der Schaltung mußten noch einige Maßnahmen gegen Zerstörung durch zu hohe Eingangsspannungen und gegen parasitäre Schwingungen getroffen werden.

Abb. 4.1.3 zeigt eine ausgeführte Schaltung als Impedanzwandler mit FET-Eingang und unsymmetrischem Eingangsspannungsbereich von ca. 0...100 V.

In *Abb. 4.1.4* ist eine ebenfalls realisierte Differenzverstärkerschaltung mit FET-Eingang und symmetrischem Eingangsspannungsbereich von ≥ ± 30 V dargestellt.

Ing. (grad.) Manfred Jörg

4.2 Operationsverstärker für hohe Ausgangsspannungen

Zum Justieren höchst empfindlicher optischer Systeme werden in jüngster Zeit „piezoelektrische Elemente" verwendet, wobei von der Tatsache Gebrauch gemacht wird, daß sich bei Anlegen einer Gleichspannung an ein piezoelektrisches Element dessen Länge ändert. *Es lassen sich dabei Längenänderungen erzielen, die weit über der Einstellgenauigkeit mechanischer Mikrometerschrauben liegen.* Zum Ansteuern werden Gleichspannungen von mehreren 100 V benötigt, was die Entwicklung eines Hochvolt-Rechenverstärkers notwendig machte. Der Verstärker sollte so dimensioniert werden, daß mit Steuersignalen des normalen Operationsverstärkerpegels (±10 V) gearbeitet werden kann.

Eine Erleichterung der Problemstellung lag darin, daß die Piezoelemente quasi-statisch angesteuert werden können. Dadurch ist der Leistungsbedarf der Endstufe minimal, was wiederum bedeutet, daß diese relativ hochohmig dimensioniert werden kann.

In *Abb. 4.2* ist die Schaltung eines derartigen Hochvolt-Operationsverstärkers dargestellt. Die maximal mögliche Ausgangsspannung des Verstärkers wird durch die Kollektor-Emitter-Sperrspannung des Transistors T 2 bestimmt. Für einen Spannungsbereich von mehreren 100 V sind von vornherein nur wenige preiswerte Typen erhältlich. Eine preisgünstige obere Grenze liegt derzeit bei einer Kollektor-Emitter-Sperrspannung von 750...800 V, wie z.B. die Typen MJ 8400 von Motorola oder DTS 702 von Delco. Beide Transistoren liegen in der Preisklasse bis 50 DM.

Die Eingangsstufe ist mit einem integrierten Operationsverstärker vom Typ 709 C bestückt. C 1, C 2 und R 4 sind zu dessen Frequenzkompensation erforderlich. Das Ausgangssignal des Operationsverstärkers steuert über den Strombegrenzungswiderstand R 6 die Basis des Transistors T 1 an, dessen Kollektorsignal die Treiberspannung für T 2 bildet. R 7

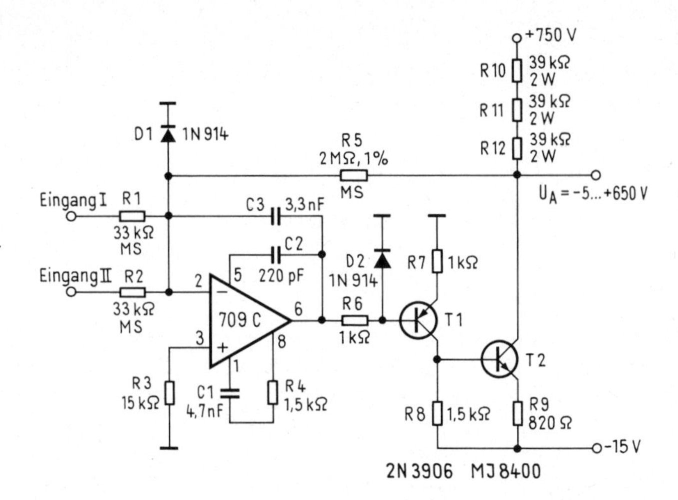

Abb. 4.2 Schaltung eines Hochvolt-Operationsverstärkers

dient als Gegenkopplungswiderstand zur Reduzierung der Gesamtverstärkung der Schaltung, die durch die beiden Transistoren wesentlich erhöht wurde. Die Diode D 2 schützt die Basis-Emitterstrecke von T 1, um bei positiver Basisspannung einen Durchbruch zu verhindern.

Die Oberspannung der Endstufe wurde mit 750 V sehr nahe an die Kollektor-Emitter-Sperrspannung des Transistors T 2 gelegt. Der Kollektorwiderstand besteht aus drei Einzelwiderständen in Reihe mit je 39 kΩ (2 W); für den Gegenkopplungswiderstand R 5 wurde ein Metallschichtwiderstand verwendet. Die Diode D 1 schützt den invertierenden Eingang des Operationsverstärkers vor positiver Überspannung, die über R 5 bei falscher Eingangspolarität auf den Eingang gelangen könnte. Das Übersetzungsverhältnis R 5 zu R 1 bzw. R 2 ist so gewählt, daß zur Vollaussteuerung der Endstufe von etwa 600 V eine Eingangsspannung von —10 V erforderlich ist. Außerdem sind zwei Eingänge vorhanden, wodurch die Summierung zweier Steuerspannungen möglich ist. Da der Emitter von T 2 über R 9 an —15V angeschlossen ist, kann die Kollektorspannung von T 2 auf jeden Fall negative Werte annehmen. Dies bedeutet, daß eine minimale Ausgangsspannung von 0 V garantiert werden kann.

Die große Leerlaufverstärkung der Schaltung macht eine zusätzliche Frequenzkompensation durch C 3 erforderlich, die auch ein stabiles Arbeiten bei schwach kapazitiver Belastung ermöglicht. Die 3-dB-Bandbreite des Verstärkers beträgt etwa 8 kHz; das Überschwingen bei Impulsbetrieb ist kleiner als 10 % und kann in weiten Bereichen durch C 3 variiert werden.

Ing. (grad.) Rolf Lehmann

4.3 Universeller Schwellwertschalter mit Operationsverstärker

Der in *Abb. 4.3* gezeigte Schwellwertschalter arbeitet als Spannungskomparator. Dem invertierenden Eingang des Operationsverstärkers wird ein Teil der Spannung U_Z über den Spannungsteiler R2 und R3 als Referenzspannung U_R zugeführt. Die Istwertspannung U_i liegt über das Dioden-ODER-Gatter D2, D3 und R4 am nichtinvertierenden Eingang des Operationsverstärkers an. Dies hat den Vorteil, daß die Belastung der Istwertquelle minimal ist. Ist die Referenzspannung U_R größer als die Istwertspannung U_i, dann befindet sich der Ausgang des Operationsverstärkers in der negativen Grenzlage, also auf $-U_B$, so daß der

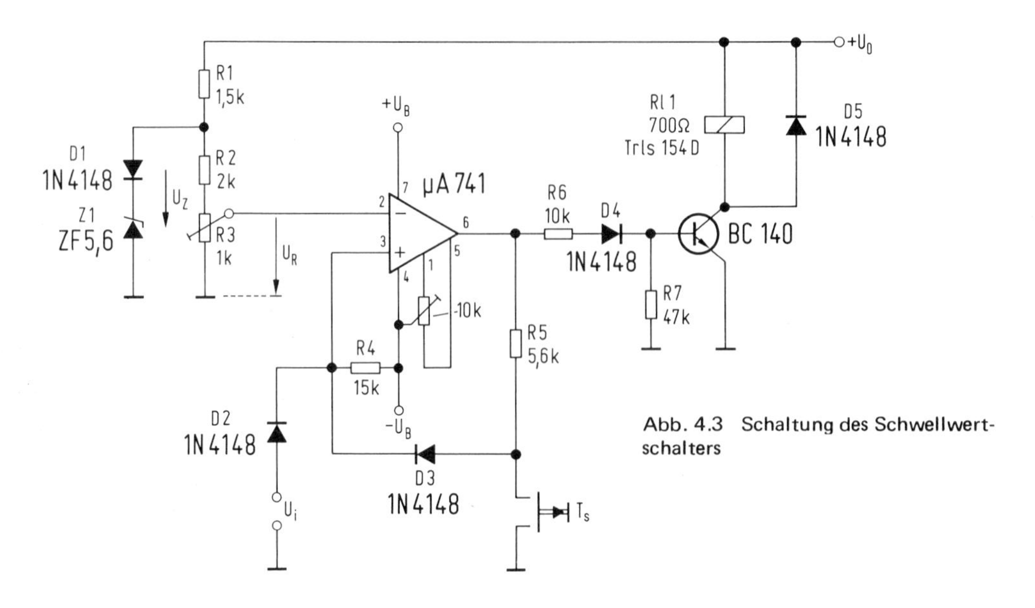

Abb. 4.3 Schaltung des Schwellwertschalters

nachfolgende Transistor gesperrt ist. Das Relais ist daher abgefallen. Wenn die Istwertspannung U_i größer als die Referenzspannung U_R wird, dann befindet sich der Ausgang des Operationsverstärkers in der positiven Grenzlage, also auf + U_B. Der NPN-Transistor ist durchgeschaltet und das Relais angezogen. Ist die Sollwertspannung U_i mit der Relaisfunktion so verknüpft, daß bei $U_i > U_R$ das Relais anzieht (womit U_i = 0 wird), dann ist $U_R > U_i$ und das Relais fällt ab. Dies bedingt wiederum, daß $U_i > U_R$ ist und das Relais zieht an usw.. Die Schaltung würde also ständig hin- und herschalten. Deshalb muß das Potential $U_i > U_R$ bei U_i = 0 vom Ausgang des Operationsverstärkers abgegriffen werden, um einen stabilen Zustand zu erhalten. Dies wird mit dem Gegenkopplungswiderstand R5 auf das Dioden-ODER-Gatter erreicht. Gelöscht wird dieser Zustand durch Nullsetzen über den Taster Ts des zweiten ODER-Gatter-Eingangs. Die Schaltung kann auch bei höheren Werten von U_R betrieben werden (hier ist U_R = 0,6 V gewählt worden), indem man die Z-Spannung U_Z mit R3 variiert oder andere Z-Dioden einfügt. Die Widerstände R1, R2 und R3 sind dann entsprechend zu verändern. Die Oberspannung U_0 kann entweder gleich $+U_B$ gemacht werden, oder größer $+U_B$, wenn man hohe Referenzspannungen erreichen will.

Dietmar Möller

4.4 Schaltungen mit dem Norton-Verstärker

4.4.1 Prinzipschaltung des Norton-Verstärkers

Beim Entwurf des Norton-Verstärkers *(Abb. 4.4.1b)* ist man von der bekannten invertierenden Verstärkerstufe in Emitterschaltung ausgegangen. Der Eingangstransistor T 5 besitzt eine Konstantstromquelle anstelle eines Lastwiderstandes, so daß eine sehr hohe Verstärkung erreicht wird. Ein nachgeschalteter Emitterfolger T 3 dient als Impedanzwandler und liefert gleichzeitig den Ausgangsstrom. Um den notwendigen Eingangsgleichtaktbereich zu

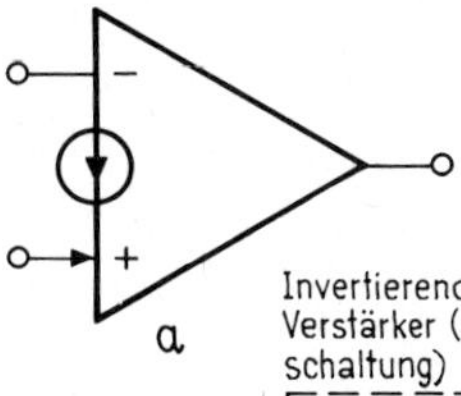

Abb. 4.4.1a Schaltzeichen für den Norton-Verstärker

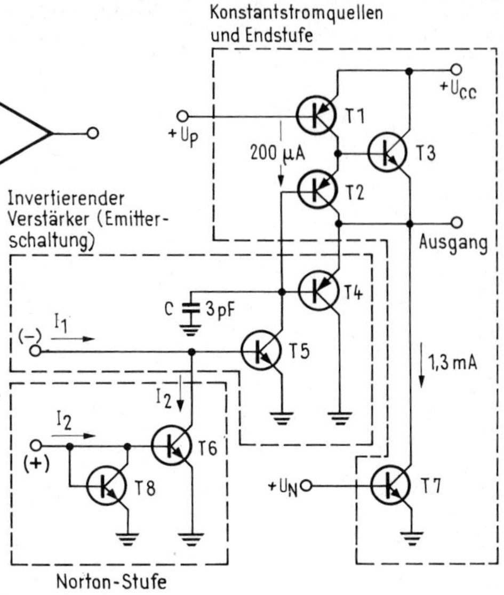

Abb. 4.4.1b Interner Schaltungsaufbau des Norton-Verstärkers; die Spannungen U_P und U_N für die Konstantstromquellen werden intern erzeugt. Der mitintegrierte 3-pF-Kondensator dient zur Frequenzkompensation

erhalten, wird der invertierenden Eingangsstufe eine aus T 6 und T 8 bestehende „Stromspiegelschaltung (Nortonstufe)" hinzugefügt, mit der der nichtinvertierende Eingang realisiert wird. Hierbei fließt nahezu der gesamte positive Eingangsstrom durch den als Diode geschalteten Transistor T 8. Daraus resultiert als Vorspannung eine bestimmte Basis-Emitter-Spannung U_{BE} an diesem Transistor. Die gleiche Vorspannung liegt jedoch auch am Eingangstransistor T 6 an, so daß durch ihn derselbe Strom fließt. Auf diese Weise wird der Eingangsstrom „gespiegelt" bzw. über Erde reflektiert.

Wie in Abb. 4.4.1a durch Pfeile angedeutet, bestimmt die Summe der Eingangsströme am nichtinvertierenden und invertierenden Eingangstransistor den Basisstrom von T 5, der im Nanoamperebereich liegt. Um einen Eingangsspannungsbereich zu erhalten, müssen – da die beiden Eingänge durch $+U_{BE}$ vorgespannt sind – die Eingangsspannungen durch Widerstände in Eingangsströme umgewandelt werden. Diese Betrachtung ist wichtig, um die Einfachheit der Schaltung und den grundsätzlichen Unterschied zu Operationsverstärkern zu erkennen. Zur Verdeutlichung der Stromspiegelung wurde ein spezielles Schaltzeichen für den Norton-Verstärker geschaffen *(Abb. 4.4.1a)*.

Durch den einfachen Schaltungsaufbau können vier solche Verstärker auf einem Kristall monolithisch zu einem günstigen Preis hergestellt werden. Einige wichtige Daten dieses Vierfachverstärkers (LM 3900 von National Semiconductor) sind nachfolgend zusammengefaßt:

Speisespannungsbereich	:	+ 4...+36 V oder ±2...±18 V
Leerlaufverstärkung bei R_L = 10 kΩ	:	70 dB bis 1 kHz
Bandbreite-Verstärkungs-Produkt	:	2,5 MHz
Eingangsstrom	:	30 nA
Eingangswiderstand	:	1 MΩ
Ausgangsspannungs-Anstiegsgeschwindigkeit	:	0,5 V/µs
Ausgangsstrom (max.)	:	30 mA
Ausgangswiderstand	:	8 kΩ

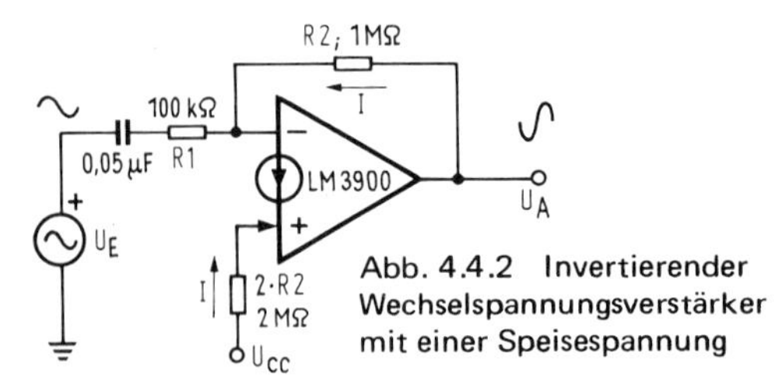

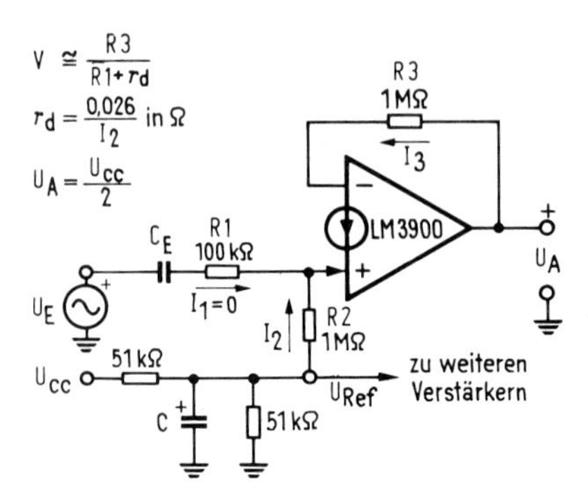

Abb. 4.4.2 Invertierender Wechselspannungsverstärker mit einer Speisespannung

Abb. 4.4.3 Nichtinvertierender Wechselspannungsverstärker mit Spannungsreferenz für Arbeitspunkteinstellung

4.4.2 Applikationsbeispiele

Wechselspannungsverstärker

Für den Aufbau von Wechselspannungsverstärkern ist dieses Bauelement besonders gut geeignet, da der Ausgang mit externen Widerständen auf jedes beliebige Gleichspannungsniveau eingestellt werden kann. Geht man in der Schaltung in *Abb. 4.4.2* davon aus, daß die Speisespannung U_{CC} als Referenzspannung am „+"-Eingang verwendet wird, errechnet sich der Gleichspannungspegel am Ausgang zu:

$$U_A \cong \frac{R2}{2 \cdot R2} \cdot U_{CC} = \frac{U_{CC}}{2}$$

Für die Schleifenverstärkung erhält man:

$$V_{CL} \cong \frac{U_A}{U_E} \cong -\frac{R2}{R1}$$

In *Abb. 4.4.3* ist eine weitere Methode für die Gleichspannungs-Arbeitspunkteinstellung dargestellt. Die Wechselspannungsverstärkung wird wieder durch das Verhältnis Rückkopplungswiderstand R3 zu Eingangswiderstand R1 bestimmt. Für sehr genaue Berechnungen sollte der Kleinsignalwiderstand der durch den Transistor T 8 gebildeten Diode am „+"-Eingang zum Wert von R1 hinzugerechnet werden. Macht man R3 = R2, dann wird die Ausgangsgleichspannung gleich der Referenzspannung, die in diesem Fall $U_{CC}/2$ beträgt. Diese gefilterte Referenzspannung kann für weitere Verstärker verwendet werden.

Anwendungen als Schalter

Durch genügend hohe Eingangsströme gelangen die Ausgänge der LM 3900-Verstärker in die Sättigung, wobei man Ausgangsströme bis zu 30 mA zum direkten Ansteuern von Endstufentransistoren ziehen kann. Dabei läßt sich jeder einzelne Verstärker dieses Bausteins als Supertransistor mit einer Stromverstärkung von mehr als 10^6 (25 nA Eingangsstrom ergeben 25 mA Ausgangsstrom) auffassen. Dies übertrifft bei weitem die Eigenschaften herkömmlicher Operationsverstärker.

a) Bistabiler Multivibrator

Ein bistabiler Multivibrator, der als asynchrones RS-Flipflop arbeitet, kann nach *Abb. 4.4.4* verwirklicht werden. Die positive Rückkopplung durch R4 verursacht den Halteeffekt. Wie

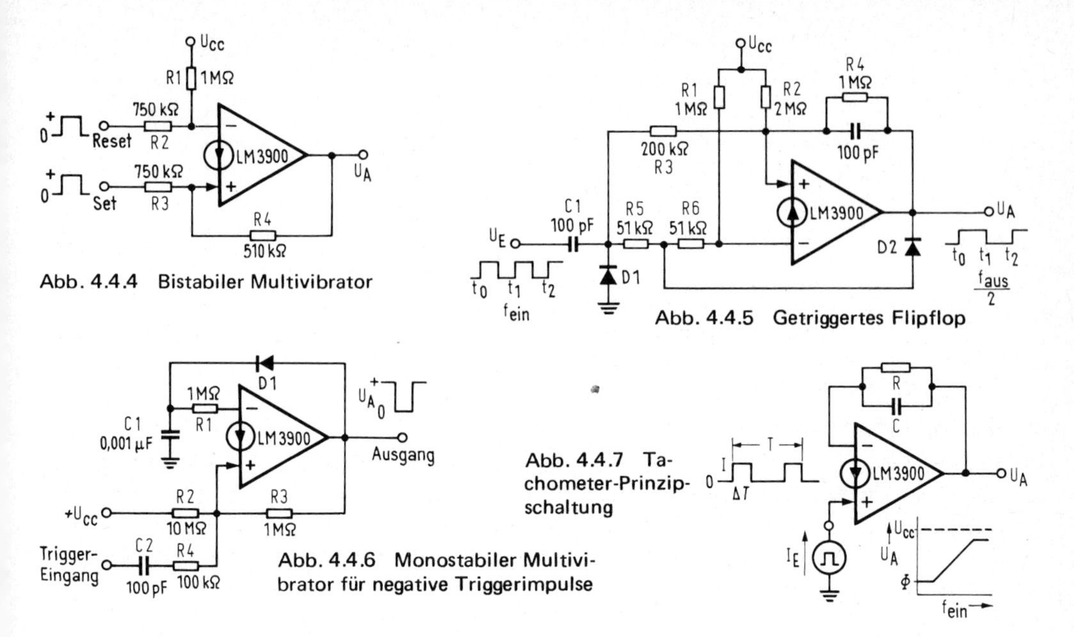

Abb. 4.4.4 Bistabiler Multivibrator

Abb. 4.4.5 Getriggertes Flipflop

Abb. 4.4.6 Monostabiler Multivibrator für negative Triggerimpulse

Abb. 4.4.7 Tachometer-Prinzipschaltung

im Bild eingezeichnet, wird dieser Multivibrator durch einen positiven Rechteckimpuls am „+"-Eingang gesetzt, wobei die Ausgangsspannung auf $+U_{CC}$ umschaltet. Das Rücksetzen (Ausgangsspannung etwa 0 V) erfolgt ebenfalls durch einen positiven Impuls, der dem „—"-Eingang zugeführt wird.

b) Getriggertes Flipflop

Solche Flipflops werden üblicherweise als Frequenzteiler verwendet. Die Schaltung in *Abb. 4.4.5*, die mit nur einem Verstärkerteil arbeitet, setzt die Eingangsfrequenz um den Faktor 2 herunter. Für den Zustand niedriger Ausgangsspannung schließt die Diode D 2 das positive Eingangstriggersignal für den „—"-Eingang kurz, das jedoch über den Widerstand R3 an den positiven Eingang gelangen kann, so daß der Verstärkerausgang nach U_{CC} umschaltet. Diese hohe Ausgangsspannung sperrt die Diode D 2, und durch den kleineren Wert von (R5 + R6) verglichen mit R3 erhält nun der „—"-Eingang eine größere positive Eingangsspannung, wodurch der Ausgang auf ungefähr 0 V umschaltet.

c) Monoflop

Mit Norton-Verstärkern lassen sich auch sehr einfach monostabile Multivibratoren (Monoflops) aufbauen. In der Schaltung nach *Abb. 4.4.6* hält die Summe der Ströme durch R2 und R3 den „—"-Eingang auf Masse, so daß der Ausgang im Ruhezustand auf hohem Potential liegt. Durch einen differenzierten, *negativen* Triggerimpuls schaltet der Ausgang des Verstärkers um. Aufgrund der hohen Spannung am Kondensator C1 fließt nun über R1 so lange ein Eingangsstrom, bis der Kondensator auf ungefähr 1/10 von U_{CC} entladen ist. Zu diesem Zeitpunkt kehrt der Ausgang wieder in den stabilen Zustand (hohe Ausgangsspannung) zurück. Die zeitbestimmenden Bauelemente sind demnach C1 und R1.

Wenn man das aus C2 und R4 bestehende Trigger-Netzwerk am „—"-Eingang anschließt, kann man das Monoflop auch mit positiven, differenzierten Impulsen triggern.

d) Tachometer

Fügt man bei den LM 3900-Bausteinen zwischen Ausgang und „—"-Eingang ein RC-Netzwerk ein, erhält man eine Integratorschaltung, wie sie *Abb. 4.4.7* zeigt. Sie kann als Tachometer verwendet werden. Legt man an den „+"-Eingang eine Rechteckimpulsfolge an, ergibt sich unter Vernachlässigung des Widerstandes R folgende Ausgangsspannungsänderung:

$$\Delta U_A \cong \frac{I \cdot \Delta t}{C}$$

Die Ausgangsspannung erhöht sich mit steigender Eingangsfrequenz.

Diese Schaltung hat den Nachteil, daß bei $f_{ein} = 0$ die Ausgangsspannung nicht genau auf 0 V zurückgeht; sie hat einen Wert, der der Basis-Emitter-Spannung $U_{BE} = 0{,}5$ V des „—"-Einganges entspricht. Man kann dies umgehen, wenn man die Schaltung nach *Abb. 4.4.8* verwendet. Durch Hinzufügen der beiden Vorspannungs-Widerstände von je 180 kΩ ist gewährleistet, daß die Ausgangsspannung für den erwähnten Fall genau 0 V beträgt. Zusätzlich bewirkt die Diode D 1 (1 N 4148 o.ä.), daß die Ausgangsspannung Werte unterhalb der Sättigungsspannung des Ausgangstransistors annehmen kann.

Generatoren

a) Rechteckgenerator

Der Rechteckgenerator in *Abb. 4.4.9* stellt eine herkömmliche, modifizierte Schmitt-Trigger-Schaltung dar. Die Auf- und Entladung des Kondensators C1 erfolgt über R1 zwischen den beiden Spannungspegeln, die durch die Widerstände R2, R3 und R4 vorgegeben sind. Bei niedriger Ausgangsspannung liegt der Umschaltpunkt mit der angegebenen Dimensionierung bei $1/3 \cdot U_{CC}$, während er bei hoher Ausgangsspannung ungefähr bei $2/3 \cdot U_{CC}$ liegt.

b) Auf-Ab-Treppenspannungsgenerator

Einen Generator mit aufwärts und abwärts verlaufender Treppenspannungscharakteristik zeigt *Abb. 4.4.10.* Ein Eingangsimpulsgenerator liefert die Impulse, die, je nachdem ob der Transistor T 1 leitend oder gesperrt ist, die Ausgangsspannung treppenförmig ansteigen oder abfallen lassen. Wenn der Transistor leitend ist, liefert der Integrator eine nach positiven Werten gehende Sägezahnspannung. Ist die obere Schwellspannung des Schmitt-Triggers erreicht, wird der Transistor T 1 gesperrt, und als Resultat des um die Hälfte kleineren "Abwärts"-Widerstandes (R1/2) verläuft die Sägezahnspannung in entgegengesetzter Richtung, bis die untere Schwellspannung des Schmitt-Triggers erreicht ist.

c) Sinusgenerator

Verwendet man ein RC-Bandfilter als Resonator hoher Güter für den Oszillatorkreis, erhält man eine Ausgangsspannung mit besonders geringem Klirrgrad. Außerdem entfallen die Probleme mit der relativen Mittenfrequenzdrift, die dann auftreten, wenn das aktive Filter lediglich zur Filterung der Ausgangsspannung eines separaten Oszillators benützt wird.

Nach diesem Prinzip arbeitet der in *Abb. 4.4.11* dargestellte Sinusgenerator. Das mit zwei Verstärkern aufgebaute RC-Filter kann relativ einfach dimensioniert werden und benötigt nur zwei Kondensatoren sowie vier Widerstände. Durch Hinzufügen einer nichtinvertierenden, verstärkungsgeregelten Stufe erhält man den gewünschten Oszillator mit einem

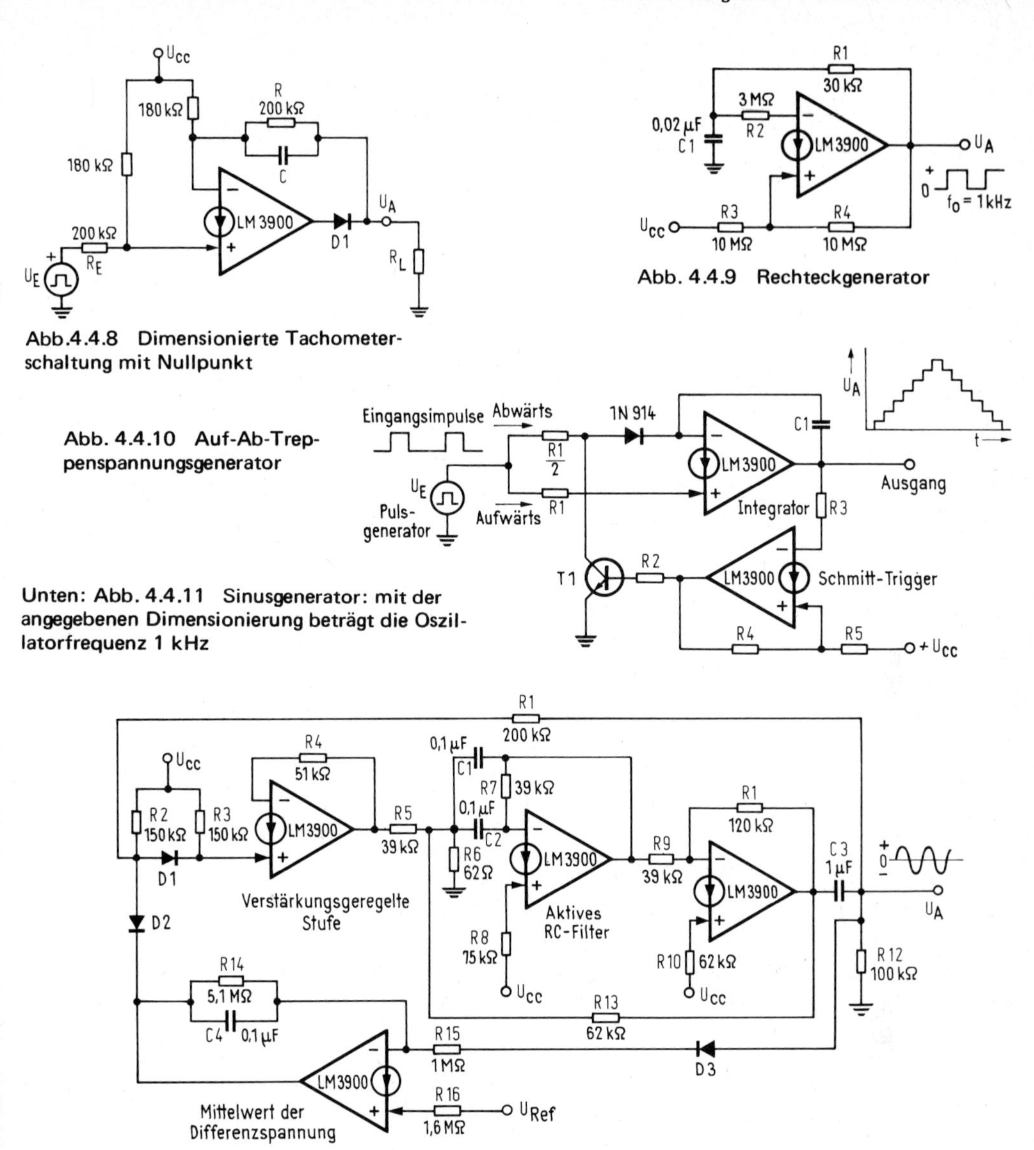

Abb. 4.4.8 Dimensionierte Tachometerschaltung mit Nullpunkt

Abb. 4.4.9 Rechteckgenerator

Abb. 4.4.10 Auf-Ab-Treppenspannungsgenerator

Unten: Abb. 4.4.11 Sinusgenerator: mit der angegebenen Dimensionierung beträgt die Oszillatorfrequenz 1 kHz

Klirrgrad von etwa 0,1 %. Die Oszillator-Ausgangsspannung wird auf eine Vergleicherstufe mit einer festen Referenzspannung zurückgeführt, die den Mittelwert der sich ergebenden Differenzspannung bildet. Das daraus entstehende Signal wird der verstärkungsgeregelten Stufe zugeführt. Auf diese Weise erhält man eine von Temperatur- und Speisespannungsschwankungen unabhängige, konstante Oszillatorspannung, deren Spitzenwert gleich $2 \cdot U_{Ref}$ beträgt.

Wolfgang Stüber

Literatur

[1] Frederiksen, T.M., Howard, W.M. und Sleeth, R.S.: The LM 3900 – A new current-differencing quad of ±input amplifiers. Applikationsbericht Nr. AN-72 der Firma National Semiconductor Corp.

4.5 Schaltungsbeispiele mit Vierfach-Komparatoren

Die Halbleiterbauelemente-Hersteller gehen immer mehr dazu über, auch bei monolithisch integrierten Analogschaltungen mehrere Schaltungen vom gleichen Typ auf einem einzigen Chip unterzubringen, so wie es bei den Digitalschaltungen, naturgemäß im größeren Stil, schon längst praktiziert wird. Wo früher diskrete oder einzelne Verstärker, Komparatoren usw. eingesetzt wurden, mit getrennter, zusätzlicher Frequenzkompensation, und bei denen jeweils zwei Anschlüsse für die Stromversorgung benötigt wurden, geht der Integrationsgrad nun so weit, daß man, wie es bei den Vierfach-Komparatoren Typ LM 339 von National Semiconductor der Fall ist, keine externen Kompensationsglieder mehr braucht. Außerdem sind für diese Vierfach-Komparatoren nur noch zwei Anschlüsse (normalerweise 4 x 2 = 8) für die Stromversorgung notwendig, da sie sich auf einem Chip befinden. Durch diese Maßnahmen verringern sich die Systemkosten erheblich.

Bei der Entwicklung des Bausteins LM 339 wurde besonderer Wert auf einfachste Anwendung gelegt. So ist er z.B. für mittlere Ausgangsspannungs-Anstiegsgeschwindigkeiten sowie für den Betrieb mit nur einer Speisespannung von +2...+36 V ausgelegt. Der Gleichtakt-Eingangsspannungsbereich erstreckt sich von 0 V bis annähernd volle Speisespannung (U_{cc} — 1 V). Ferner ist der Ausgang mit offenem Kollektor ausgeführt, so daß man die Ausgangsstufe in Verbindung mit einem externen Lastwiderstand mit jeder beliebigen Speisespannung betreiben kann, um z.B. einen TTL-kompatiblen Ausgang zu erhalten. Durch die niedrige Kollektor-Emitter-Sättigungsspannung von etwa 100 mV des Ausgangstransistors bei einem Kollektorstrom von maximal 15 mA ergibt sich ein Ausgangsspannungshub, der praktisch der angelegten Speisespannung entspricht. Die Ruheverlustleistung aller vier Komparatoren beträgt typisch 4 mW bei 5 V Speisespannung, also 1 mW/Komparator.

4.5.1 Aufbau des Vierfach-Komparators

Abb. 4.5.1a zeigt die Eingangsstufe einer der vier Komparatoren des LM 339. Die Transistoren Q 1 bis Q 4 ergeben eine PNP-Darlington-Differenzeingangsstufe mit Q 5 und Q 6 für einpolig endenden Ausgang, ohne daß man dabei Verluste in der Verstärkung erhält. Jede Differenzspannung am Eingang zwischen Q 1 und Q 4 wird verstärkt und bewirkt in Abhängigkeit von der Eingangssignalpolarität das Umschalten des Transistors Q 6 in den Ein- oder Auszustand. Es zeigt sich hierbei, daß ein Gleichtaktbetrieb bis herab auf 0 V möglich ist. An die Basis der Eingangstransistoren sollten jedoch nicht mehr als einige hundert Millivolt unter Masse angelegt werden, da die Basis-Emitter-Strecken sonst voll durchgesteuert werden und durch übermäßigen Strom zerstört werden könnten.

In *Abb. 4.5.1b* ist die vollständige Schaltung einer Komparatorstufe dargestellt, wobei die Ausgangsstufe, bestehend aus Q 7 und Q 8, eine zusätzliche Spannungsverstärkung bewirkt. Letztere kann ferner noch durch einen externen Kollektorwiderstand nach + U_{cc} erhöht werden. Aufgrund des offenen Kollektors können mehrere Ausgänge miteinander verbunden werden, so daß sich damit eine „verdrahtete" ODER-Funktion realisieren läßt. Selbstverständlich kann der Ausgangsstrom über einen externen Schalttransistor weiter verstärkt werden. Ohne Kollektorwiderstand dient der Komparator als einpoliger Schalter. In die Schaltung in Abb. 4.5.1b sind ferner mehrere Konstantstromquellen eingezeichnet. Während die Stromquellen I_1 und I_2 in erster Linie zur Arbeitspunktstabilisierung dienen, bewirken die Konstantstromquellen I_3 und I_4 eine möglichst schnelle Ladung der parasitären

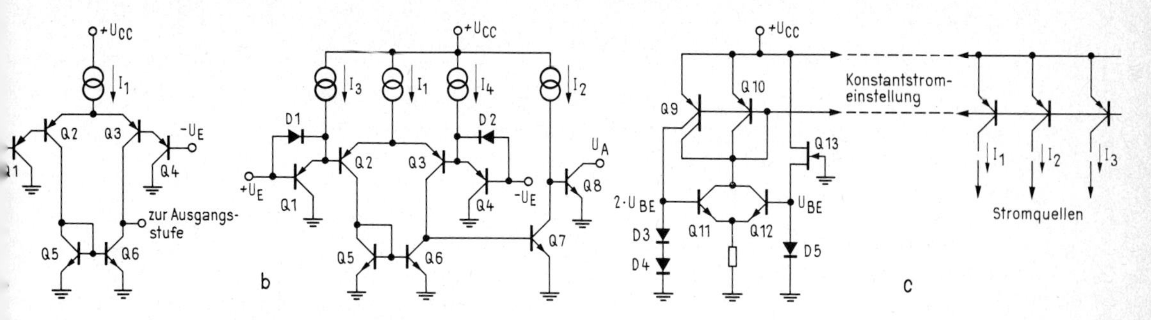

Abb. 4.5.1 a) Eingangsstufe und b) Gesamtschaltung einer LM-399-Komparatorstufe, c) Ruhestromeinstellung der Konstantstromquellen

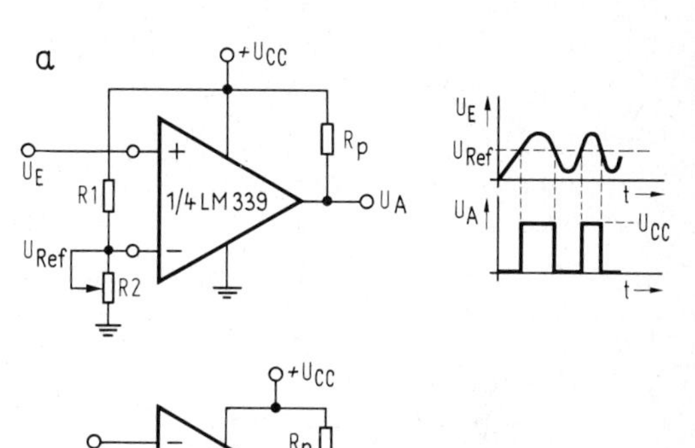

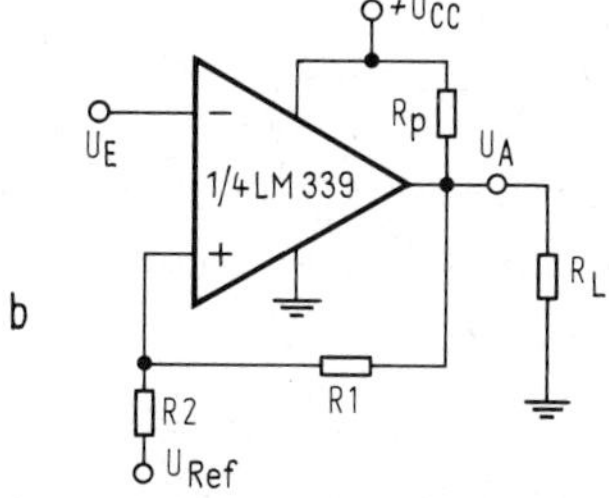

Abb. 4.5.2 a) Einfacher Komparator, b) Komparator mit Hysterese

Transistorkapazitäten an den Emittern von Q 1 und Q 4, um die Spannungsanstiegsgeschwindigkeit der Eingangsstufe zu verbessern. Zur Verdeutlichung ist in *Abb. 4.5.1c* die Ruhestromeinstellung dieser Konstantstromquellen dargestellt.

4.5.2 Anwendungsbeispiele

Komparatoren

Abb. 4.5.2a zeigt eine einfache Komparatorschaltung, die kleine Analogsignale in digitale Ausgangssignale umwandelt. Der Kollektorwiderstand R_p muß hochohmig genug gewählt werden, um eine übermäßige Leistungsaufnahme zu vermeiden. Mit den Widerständen R1 und R2 wird die Schwell- bzw. Referenzspannung eingestellt, die jeden Wert innerhalb des Gleichtakt-Eingangsspannungsbereichs annehmen kann.

Um bei Eingangssignalen, die sich sehr langsam verändern, einen definierten Umschaltpunkt zu erhalten, führt man einen Teil der Ausgangsspannung auf den nichtinvertierenden Eingang zurück, wie es in *Abb. 4.5.2b* mit Hilfe des Widerstandes R1 verwirklicht ist. Diese positive Rückkopplung (Mitkopplung) bewirkt ein beschleunigtes und damit definiertes Umschalten, so daß auch eventuell auftretende Schwingungen unterbunden werden. Im übrigen arbeitet diese Schaltung wie ein Schmitt-Trigger und weist somit eine Hysterese auf. Damit

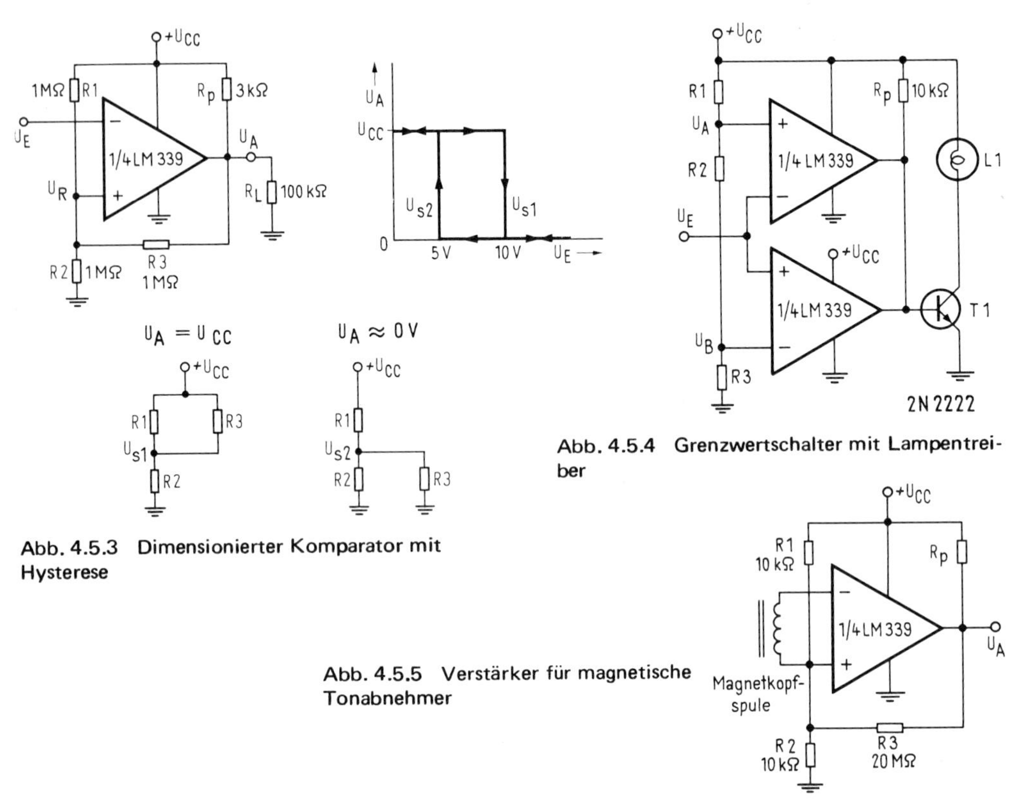

Abb. 4.5.3 Dimensionierter Komparator mit Hysterese

Abb. 4.5.4 Grenzwertschalter mit Lampentreiber

Abb. 4.5.5 Verstärker für magnetische Tonabnehmer

der Ausgangstransistor des Komparators immer von ≈ 0 V auf + U_{cc} (und umgekehrt) durchschaltet (durch den Lastwiderstand könnten sich Zwischenwerte einstellen), müssen folgende Bedingungen beachtet werden:

$$R_p < R_L \quad \text{und} \quad R1 > R_p$$

Geht man davon aus, daß der Rückkopplungsfaktor etwa 1 % beträgt, dann wird $R1 \approx 100 \cdot R2$.

Eine entsprechend dimensionierte Schaltung, die der von *Abb. 4.5.2b* entspricht, ist in *Abb. 4.5.3* dargestellt, wobei die Referenzspannung U_R durch den Spannungsteiler R1, R2 auf 7,5 V eingestellt ist. Unter der Bedingung, daß die Eingangsspannung $U_E \leqq U_R$ ist (U_A liegt dann auf U_{cc}), läßt sich die obere Schwellspannung $U_{s\,1}$ wie folgt berechnen:

$$U_{s\,1} = \frac{+\,U_{cc} \cdot R2}{(R1 \,||\, R3) + R2}$$

Wird die Eingangsspannung $U_E > U_R$, dann schaltet der Ausgangstransistor durch ($U_A \approx 0$ V), und die untere Schwellspannung $U_{s\,2}$ ergibt sich zu:

$$U_{s\,2} = \frac{+\,U_{cc}\,(R2 \,||\, R3)}{R1 + (R2 \,||\, R3)}$$

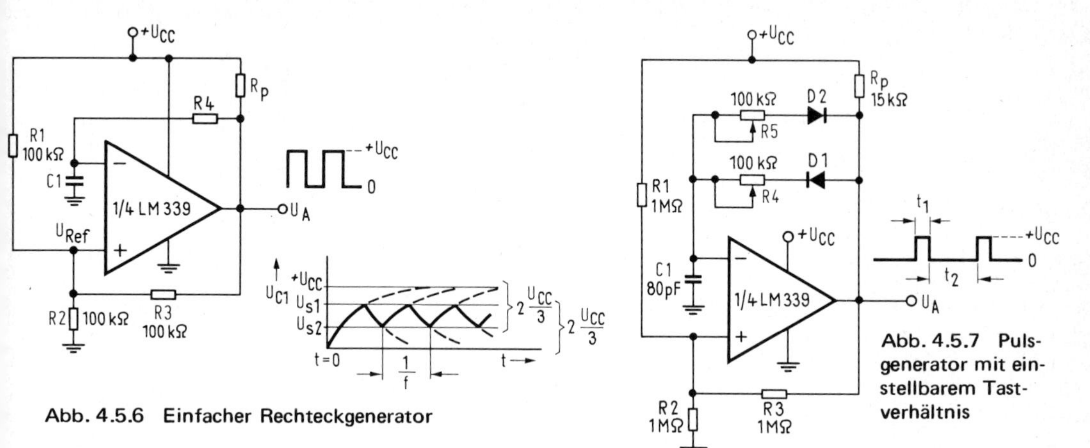

Abb. 4.5.6 Einfacher Rechteckgenerator

Abb. 4.5.7 Pulsgenerator mit einstellbarem Tastverhältnis

Grenzwertschalter mit Lampentreiber

Liegt bei dem Grenzwertschalter in *Abb. 4.5.4* die Eingangsspannung U_E im Bereich $U_A \leqq U_E \leqq U_B$, dann sind die beiden Komparatorausgänge gesperrt, und die Basis von T 1 liegt über R_p an U_{cc}, so daß der Transistor T 1 leitet und die Lampe aufleuchtet. Erst wenn die Eingangsspannung U_E größer als U_A oder kleiner als U_B wird, schaltet einer der beiden Komparatoren um und legt die Basis von T 1 an ≈ 0 V, wodurch der Transistor T 1 sperrt und die Lampe erlischt.

Magnetkopf-Verstärker

Eine Schaltung, die sich für den Anschluß an magnetische Tonabnehmer eignet, zeigt *Abb. 4.5.5.* Spannungsteiler R1, R2 legt den nichtinvertierenden Eingang auf $+ U_{CC}/2$. Der invertierende Eingang liegt an der Magnetkopfspule. Diese Schaltungsart erlaubt einen großen Ausgangsspannungshub, ohne dabei die Eingangsgleichtaktspannung zu überschreiten. Durch die positive Rückkopplung über R 3 ergibt sich eine symmetrische Rechteck-Ausgangsspannung.

Oszillatoren

Der Vierfachkomparator LM 339 eignet sich auch sehr gut für Oszillatorschaltungen mit Frequenzen unter 1 MHz. *Abb. 4.5.6* zeigt einen *symmetrischen Rechteckgenerator.* Die Ausgangsfrequenz wird durch R4 · C1 bestimmt. Die Umschaltschwellen liegen fest durch

$$U_{s1} = \frac{+ U_{CC} \cdot R2}{R2 + (R1 \parallel R2)}$$

Mit R1 = R2 = R3 ergibt sich $U_{s1} = 2/3 \cdot U_{CC}$ und $U_{s2} = 1/3 \cdot U_{CC}$

Die Widerstände R 3 und R 4 sollten jeweils einen zehnmal größeren Wert als R_p haben, um ein volles Durchschalten des Ausgangstransistors sicherzustellen.

Durch Hinzufügen einer getrennten Lade-Entladestrecke für den Kondensator C1 lassen sich unterschiedliche Lade- und Entladezeiten erreichen. Damit erhält man einen *Pulsgene-*

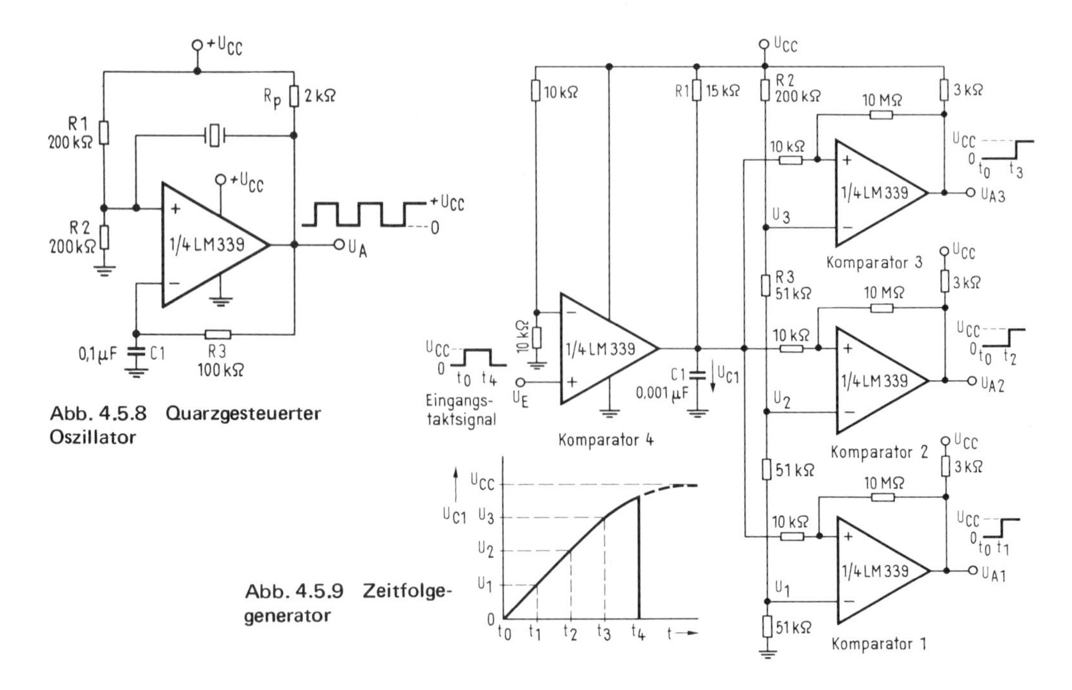

Abb. 4.5.8 Quarzgesteuerter Oszillator

Abb. 4.5.9 Zeitfolgegenerator

rator mit veränderbarem Tastverhältnis (Abb. 4.5.7). Für diese Schaltung ergeben sich unter Einbeziehung der Durchlaßspannung U_{BE} der beiden Dioden D 1 und D 2 folgende Beziehungen:

a) zur Berechnung der Impulsdauer t_1: $$\frac{1}{2\,(1 - U_{BE})} = e^{-t_2/R\,4\,\cdot\,C\,1}$$

b) zur Berechnung der Impulspause t_2: $$\frac{1}{2\,(1 - U_{BE})} = e^{-t_2/R\,5\,\cdot\,C\,1}$$

Einen einfachen und trotzdem stabilen, *quarzgesteuerten Oszillator* zeigt *Abb. 4.5.8*, wobei der Quarz in den Gegenkopplungszweig des Komparators gelegt ist. Die Werte von R1 und R2 sind gleich, so daß der Oszillator symmetrisch um + $U_{cc}/2$ schaltet. Die Zeitkonstante R 3 · C 1 sollte ein Vielfaches der Periode der Oszillatorfrequenz betragen, um am invertierenden Eingang das Integral der halben Ausgangsspannung zu erhalten.

Zeitfolgegenerator

In *Abb. 4.5.9* ist ein Zeitfolgegenerator mit einem einzigen LM 339 dargestellt. Im Ruhezustand bei U_E = 0 V ist der Komparator 4 durchgeschaltet, so daß am Kondensator C 1 die Spannung 0 V liegt. Damit befinden sich auch die anderen drei Komparatoren im durchgeschalteten Zustand, d.h. $U_{A\,1} = U_{A\,2} = U_{A\,3}$ = 0 V. Erscheint nun ein positives Eingangssignal definierter Dauer am Eingang des Komparators 4, dann lädt sich der Kondensator C1 mit der Zeitkonstante C1 · R1 gegen + U_{cc} auf. Wenn nun die Spannung U_{C1} und die feste Schwellspannung U_1 des Komparators 1 gleich sind, schaltet dieser zum Zeitpunkt t_1 um, wie aus Abb. 4.5.9 ersichtlich ist. Mit höherer Kondensatorspannung schalten anschließend auch die beiden anderen Komparatoren um, so daß an den Ausgängen ein jeweils um ein bestimmtes Zeitintervall versetztes Signal zur Verfügung steht. Der 10-MΩ-Rückkopplungswiderstand sorgt für eine kleine Hysterese, damit auch bei großen Zeitkonstanten ein rasches Umschalten erfolgt.

Ing. Wolfgang Stüber

Literatur

[1] LM 139/LM 239/LM 339 a quad of independently functioning comparators. Applikationsschrift Nr. AN-74 der Firma National Semiconductor.

4.6 Automatische Verstärkungsregelung

Bei der Schaltung nach *Abb. 4.6.1* (nichtinvertierender Verstärker) soll die Verstärkung automatisch geregelt werden, die Eingangsspannung soll zwischen 30 und 400 mV (Spitze-Spitze) liegen. Der Widerstand R_A wird zu diesem Zweck im wesentlichen durch einen Feldeffekttransistor ersetzt. *Abb. 4.6.2* zeigt eine erprobte Schaltung.

FET als veränderlicher Widerstand

Bei kleiner Aussteuerung (bis $U_{GS} \approx 500$ mV) befindet man sich im quasi-linearen Bereich des I_D-U_{DS}-Kennlinienfeldes *(Abb. 4.6.3)*; der FET wirkt als ohmscher Widerstand [1, 2]. Der Drainstrom I_D [3] ist gegeben durch:

$$I_D = I_{DSS} \left[1 - 3 \cdot \frac{U_{GS}}{U_P} + 2 \left(\frac{U_{GS}}{U_P} \right)^{\frac{3}{2}} \right] \tag{1}$$

mit U_{GS} = Gate-Source-Spannung, U_P = Abschnürspannung (*pinch-off*-Spannung), I_{DSS} = Drain-Sättigungsstrom bei $U_{GS} = 0$. Eine gute Näherung [4] ist:

$$I_D = I_{DSS} \left(1 - \frac{U_{GS}}{U_P} \right)^2 . \tag{2}$$

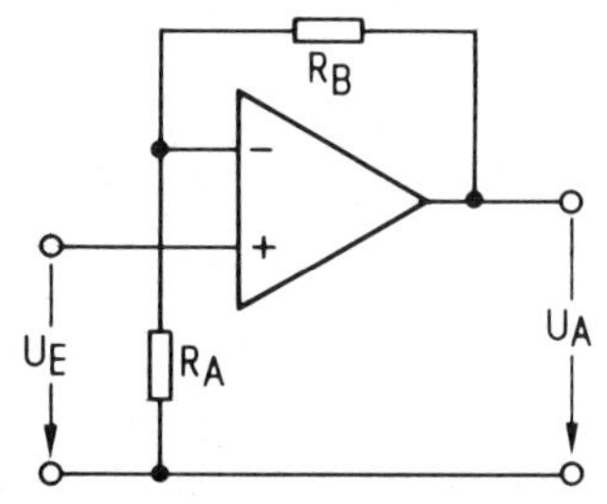

Abb. 4.6.1 Grundschaltung eines nichtinvertierenden Verstärkers

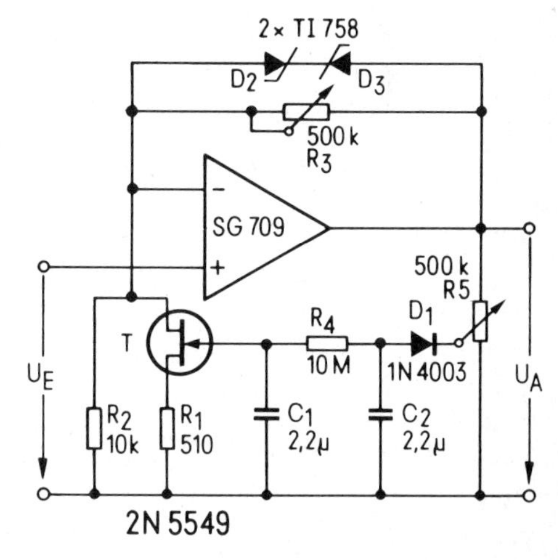

Abb. 4.6.2 Praktische Schaltung mit automatischer Verstärkungsregelung für Eingangsspannungen von 30. . .400 mV (Spitze-Spitze) und für f_u = 0,1 Hz

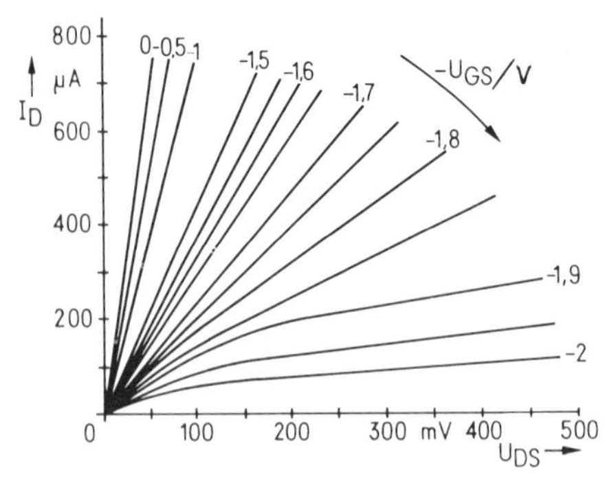

Abb. 4.6.3 Auszug aus dem Kennlinienfeld des FET 2N 5549 (für kleine Aussteuerung)

Durch Differenzieren nach U_{GS} und anschließende Reziprokwertbildung erhält man den dynamischen Widerstand R_D:

$$R_D = \frac{R_0}{1 - \left| \frac{U_{GS}}{U_P} \right|} \tag{3}$$

$$\text{für } R_0 = \frac{U_P}{2\, I_{DSS}} \quad \text{und } |U_{GS}| \leq |U_P|.$$

R_0 kann aus dem linearen Teil der Kennlinie entnommen oder über I_{DSS} und U_P berechnet werden (für den Typ 2 N 5549 beträgt R_0 etwa 60...70 Ω).

Regelbereich

Die Verstärkung V des Operationsverstärkers beträgt

$$V = \frac{R3}{R_A} + 1 \tag{4}$$

$$\text{mit } R_A = \frac{(R1 + R_D)\, R2}{R1 + R2 + R_D}$$

$$\text{Mit } V \gg 1 \text{ ergibt sich } V = \frac{R3}{R2}\left(1 + \frac{R2}{R1 + R_D}\right). \tag{5}$$

Für sehr kleine Eingangsspannungen ($R_D \to R_o$) ergibt sich die maximale Verstärkung, die durch die Wahl von R3 bestimmt wird:

$$R3 = \frac{V \cdot R2}{1 + \frac{R2}{R\,1 + R_o}} \tag{6}$$

Für die geringste Verstärkung gilt Gleichung (4), wobei für R_D etwa 10 kΩ (unabhängig vom FET-Typ) einzusetzen ist.

Die Regelspannung für den FET wird über R5, D1 und den Tiefpaß aus C1, R4 und C2 gewonnen. Die Zeitkonstante des Tiefpasses richtet sich nach der kleinsten noch zu verstärkenden Frequenz. Um Eigenschwingungen des Verstärkers zu vermeiden, sollte $\tau \geqq 2/f_u$ sein. An der unteren Grenze des Regelbereiches muß R5 so eingestellt werden, daß die abgegriffene Spannung gerade die Knickspannung der Diode D 1 überschreitet. Die Dioden D 1 und D 2 dienen nur zur Begrenzung der Ausgangsspannung bei Spannungssprüngen, die nicht schnell genug ausgeregelt werden können (bedingt durch die Zeitkonstante des Tiefpasses) und bei Eingangsspannungen oberhalb des Regelbereichs.

Dipl.-Ing. Heinz Barthelmes

Literatur

[1] Lange, F. D., Schürmann, J. H.: Aktive Vierpolschaltungen mit Operationsverstärkern und FET. ELEKTRONIK 1970, H. 1, S. 13...14.

[2] Wallmark, J. T., Johnson, H.: Field-Effect-Transistors. Prentice-Hall Inc., New York 1966.

[3] Shockley, W.: A Unipolar Field-Effect-Transistor. Proc. IRE 1952. Bd. 40. S. 1365.

[4] Sevin jr., L. J.: Field-Effect-Transistors. McGraw-Hill Book Company, New York.

4.7 Spannungsgesteuerte Verzögerungsschaltung für schnelle Triggersignale

Das sogenannte schnelle NIM-Signal der Nuklearelektronik ist ein negativer Triggerpuls mit 0,8 V Amplitude, einer Anstiegs- und Abfallzeit von etwa 10 ns und einer Pulslänge von ungefähr 30 ns. Bei manchen Instrumentierungen der Nuklearelektronik muß dieses Signal verzögert werden. Die in *Abb. 4.7.1* dargestellte Schaltung ermöglicht eine durch eine Gleichspannung von 0...+1 V gesteuerte Signalverzögerung zwischen 50 und 150 ns.

Die Eingangsstufe der Verzögerungsschaltung besteht aus einem schnellen Komparator, der durch die kapazitive Mitkopplung über C 1 als Monoflop mit einer Pulsdauer von etwa 500 ns arbeitet. Es wird durch das zu verzögernde NIM-Signal getriggert. Zur Minimierung seiner Erholzeit dient die Hot-Carrier-Diode D 1, die den zeitbestimmenden Widerstand R 1 für eine Stromflußrichtung überbrückt.

Die Monoflop-Eingangsstufe steuert eine aus den Transistoren T 1 und T 2 bestehende bipolare Stromquelle, die mit ihrem Ausgangsstrom i den Kondensator C 2 lädt. Für den Ruhezustand des Monoflops gilt $i < 0$; die Spannung u_C am Kondensator C 2 wird durch die Hot-Carrier-Diode D 2 auf ca. −0,3 V begrenzt. Für den getriggerten Zustand gilt $i > 0$: die Kondensatorspannung u_C steigt nun während der Pulsdauer linear bis auf etwa + 1,5 V an, danach geht sie wieder linear bis auf −0,3 V zurück.

Der am Kondensator C 2 anstehende Sägezahnpuls wird in der nachgeschalteten Komparatorstufe mit der Steuerspannung U_{St} verglichen. Die Steuerspannung darf im Bereich von 0...+1 V liegen. Da der Anstieg der Sägezahnspannung linear erfolgt, ist die Zeit zwischen Trigger-Eingangssignal und negativer Flanke der Komparator-Ausgangsspannung u_K linear von der Steuerspannung abhängig. Der NIM-Ausgangspuls wird nun durch Differentiation und Pulsformung der negativen Flanke gewonnen. Die Differentiation erfolgt mit der Induktivität L 1, da die übliche RC-Differentiation bei den hier erforderlichen kleinen Zeitkonstanten nicht geeignet ist. Am Kollektor von Transistor T 4 steht das verzögerte NIM-Signal mit einer Quellimpedanz von 50 Ω zur Verfügung. *Abb. 4.7.2* zeigt den schematischen Pulsplan für die Schaltung.

Die beschriebene Schaltung besitzt gegenüber einfacheren und weniger aufwendigen Versionen zunächst den Vorteil, daß die Verzögerung linear von der Steuerspannung abhängt. Weiterhin besitzen die Ausgangspulse immer, auch bei statistischer Triggerung, exakt die durch die Steuerspannung definierte Verzögerung, da diese nur von der Steigung der Kondensatorspannung und dem Wert der Steuerspannung abhängt. Triggerung innerhalb der Erholzeit der Monoflop-Eingangsstufe bewirkt zwar eine Verkürzung seiner Pulsdauer, diese ist aber ohne Einfluß auf die Steigung der Kondensatorspannung. Nur dann, wenn

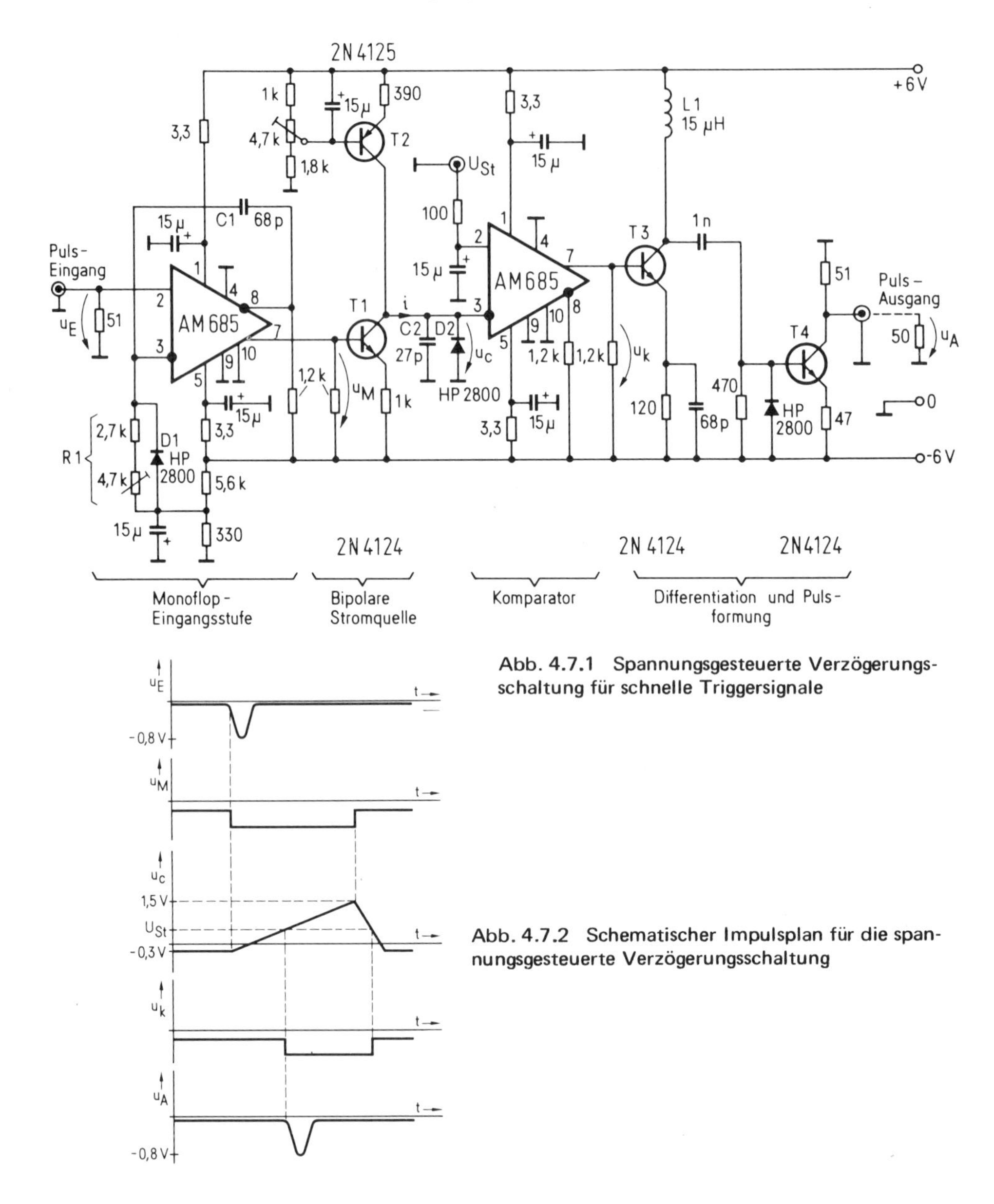

Abb. 4.7.1 Spannungsgesteuerte Verzögerungsschaltung für schnelle Triggersignale

Abb. 4.7.2 Schematischer Impulsplan für die spannungsgesteuerte Verzögerungsschaltung

die Pulslänge so klein wird, daß die maximale Kondensatorspannung kleiner als die Steuerspannung bleibt, arbeitet die Schaltung nicht mehr, das heißt, es wird kein Ausgangspuls erzeugt. Entsteht aber ein Ausgangspuls, so ist dieser immer zeitlich exakt definiert.

Aufgrund des Schaltungsprinzips zeigt die Verzögerungsstufe eine ausgezeichnete Kurzzeitstabilität. Sie wurde bei statistischer Triggerung mit einem Zeit-Impulshöhen-Umsetzer der Firma Ortec und einem Vielkanal-Analysator gemessen: Die Abweichung im gesamten Arbeitsbereich von 50...150 ns liegt unter ± 40 ps.

Die Schaltung wird bei einem speziellen Problem der Signalverarbeitung der Kernspektroskopie zur Stabilisierung von Zeitspektren benutzt. *Ing. (grad.) A. Hillers*

4.8 Polaritätsumschalter ohne mechanische Schaltelemente

Der Polaritätsumschalter besteht aus zwei Operationsverstärkern, zwei Transistoren und einer geringen Anzahl passiver Bauelemente. Die Eingangsspannung beträg 0...±10 V, die Ausgangsspannung ist in jedem Fall positiv und proportional zur Eingangsspannung. Wenn eine positive Eingangsspannung vorhanden ist, bekommt der Operationsverstärker IC 1 über die Diode D 1 auf den nichtinvertierenden Eingang ein Rückführsignal (Spannungsfolger). Der Ausgang des Wandlers ist gleich der am Eingang liegenden Spannung. Der Transistor T 1 ist nicht leitend. Das gleiche positive Signal liegt auch am nichtinvertierenden Eingang des Operationsverstärkers IC 2, kann jedoch über die Diode D 2 nicht zurückgeführt werden (negatives Ausgangssignal). Der Verstärker arbeitet mit offener Verstärkung. Über den Widerstand R 5 wird der Transistor T 2 durchgeschaltet, und das Lämpchen L 2 zeigt ein positives Signal an. Bei einem negativen Eingangssignal arbeitet der Verstärker IC 1 mit offener Verstärkung und steuert den Transistor T 1 an. In diesem Fall signalisiert L1 ein negatives Eingangssignal. Der Verstärker IC 2 arbeitet nun mit der Verstärkung 1 und gibt das negative Eingangssignal als positives Signal an den Ausgang. Mit dem Potentiometer P 1 kann der Gleichlauf der beiden Systeme eingestellt werden. Die Schaltung arbeitet im Millivolt-Bereich und, mit Vorwiderständen versehen, bis in beliebige Spannungsbereiche. Die Driftempfindlichkeit der Dioden D 1 und D 2 geht nicht in die Genauigkeit der Schaltung ein, da diese mit in den Rückführkreis einbezogen wurden. Die Schaltung arbeitet beim Verfasser in einem selbstgebauten Digitalvoltmeter. *Karl-Werner Hähner*

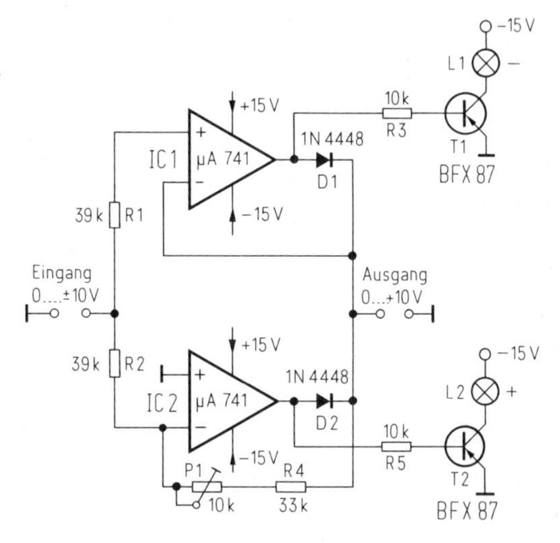

Abb. 4.8 Schaltung des Polaritätsumschalters: $U_{ein} \sim U_{aus}$

5 Steuer- und Regelschaltungen

5.1 Temperaturregelung mit einem Triac

Die im folgenden beschriebene Temperaturregelschaltung *(Abb. 5.1.1)* hat einen Regelbereich von 25...65 °C und ist für eine maximale Last von 2 kW ausgelegt. Sie kann, um nur ein Beispiel zu nennen, zur Konstanthaltung der Temperatur einer Flüssigkeit verwendet werden.

5.1.1 Funktionsweise

Als Sensor wird ein Meßheißleiter K 17 der Firma Siemens mit einem Widerstand (bei 25 °C) von 2,5 kΩ verwendet. Um die Eigenerwärmung des NTC-Widerstandes gering zu halten, ist der Widerstand R 1 so bemessen, daß durch den Heißleiter nur ein Strom von etwa 0,8 mA fließt (die Eigenerwärmung beträgt dann nur 2 °C).

Der Spannungsabfall, der am Meßheißleiter entsteht, wird über die Transistorstufe T 1 etwa 7fach verstärkt und der Basis von T 2 des Differenzverstärkers zugeführt. An der Basis von T 2 des Differenzverstärkers liegt die Referenzspannung an. Sie ist von 4...15 V einstellbar, was einer Temperatur von 25 – 65 °C entspricht.

Transistor T 4 liefert einen Konstantstrom an die beiden Emitter des Differenzverstärkers. Dieser Konstantstrom ist so bemessen, daß der Spannungsabfall an R 4 zwischen 0 und 10 V liegt, je nach Temperatur und Einstellung von P 1.

Der Spannungsabfall an R 4, der zwischen 0 und 10 V liegen kann, wird über R 13 dem Transistor T 7 zugeführt. Je nach Höhe der Spannung wird der Kondensator C 4 mehr oder weniger schnell geladen. Erreicht die Spannung an C 4 den Wert U_P (Höckerspannung des Unijunction-Transistors), dann wird die Strecke E-B 1 des Unijunction-Transistors T 8 schlagartig niederohmig, und der Kondensator entlädt sich rasch. Dabei fließt über die Primärwicklung des Zündübertragers kurzzeitig ein großer Strom. Durch die Feldänderung wird eine Spannung induziert, die von der Sekundärwicklung abgenommen wird und die den Triac „zündet".

5.1.2 Synchronisierung

Die Zündimpulse für den Triac, die der Unijunction-Transistor liefert, müssen mit der Netzfrequenz synchronisiert werden. Dies erreicht man, indem der Ladekondensator C 4 jeweils im Nulldurchgang der Netzspannung kurzgeschlossen bzw. sehr schnell entladen wird. Er lädt sich nach dem Nulldurchgang wieder auf. Der Transistor T 5 ist immer dann im leitenden Zustand, wenn seine Basis-Emitter-Spannung größer als 0,6 V ist. Leitet T 5, dann liegt die Basis von T 6 auf Massepotential und T 6 sperrt.

Im Nulldurchgang der Netzwechselspannung ist nun die Basis-Emitter-Spannung von T 5 null und T 5 sperrt, d.h. T 6 ist durchgeschaltet und entlädt den Kondensator C 4.

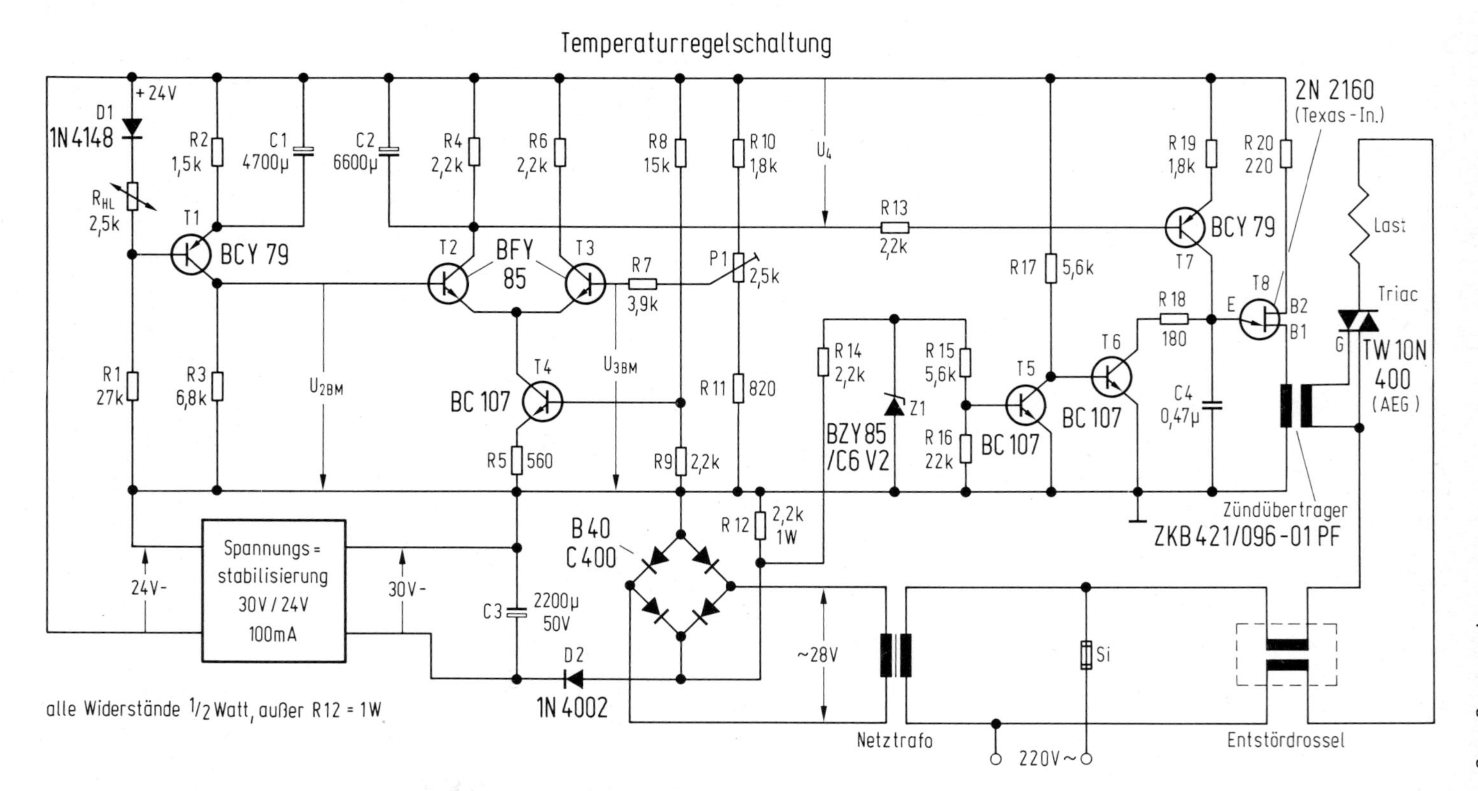

Abb. 5.1.1 Gesamtschaltung des Temperaturreglers

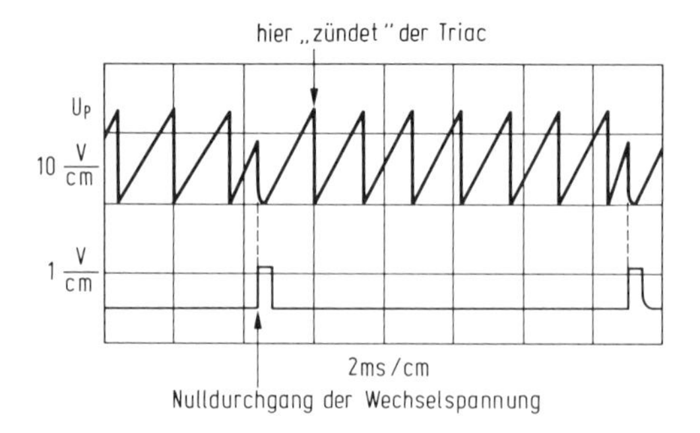

Abb. 5.1.2 Spannungsverlauf am Kondensator C 4 und an der Basis des Transistors T 6

5.1.3 Regelung

Angenommen mit dem Potentiometer P 1 wird eine gewünschte Temperatur von ϑ = 40 °C eingestellt. Die Umgebungstemperatur des Meßfühlers betrage ϑ_R = 20 °C. Die Spannung U_{2BM} von T 2 ist nun größer als U_{3BM}. D.h. T 2 ist nahezu ganz durchgeschaltet, und an R 4 erhält man den maximalen Spannungsabfall von U_4 (10 V). Mit der Spannung U_4 = 10 V wird erreicht, daß der Kondensator C 4 schnell aufgeladen wird. Der Triac wird schon kurz nach dem Nulldurchgang der Wechselspannung gezündet und bleibt eingeschaltet bis zum nächsten Nulldurchgang, um dann kurz danach wieder in den leitenden Zustand zu gehen. Die Heizwicklung bekommt also annähernd die maximale Leistung zugeführt.

Die obere Kurve im Oszillogramm *(Abb. 5.1.2)* zeigt den Spannungsverlauf an C4. Die untere Kurve ist der Spannungsverlauf von der Basis von T 6. Wie aus dem Oszillogramm ersichtlich, kann sich der Kondensator C 4 bei Eintreffen des Synchronisierimpulses (untere Kurve) nicht mehr auf U_P aufladen, da C 4 über die Kollektor-Emitter-Strecke von T 6 entladen wird.

Nach einer gewissen Zeit hat die Flüssigkeit eine Temperatur von 40 °C erreicht. Damit wird die Spannung U_{2BM} kleiner; U_4 wird ebenfalls kleiner, und als Folge davon wird der Kondensator C 4 langsamer aufgeladen. Der Triac ist jetzt für eine kürzere Zeit im leitenden Zustand. Es hat sich jetzt der stabile Zustand eingestellt: Die Flüssigkeitstemperatur beträgt 40 °C. Tritt jetzt eine Störung auf, z.B. eine Abnahme der Raumtemperatur, dann erniedrigt sich zunächst die Temperatur der Flüssigkeit. Die Spannung U_{2BM} wird größer, und als Folge davon wird U_4 ebenfalls größer. Der Kondensator C 4 wird schneller aufgeladen, d.h. der Triac zündet früher, und damit erhöht sich die Heizleistung. Letztlich stellt sich dadurch wieder die ursprüngliche Temperatur von ϑ = 40 °C ein. Der Kondensator C2 verhindert ein „Zweipunktverhalten" der Schaltung bei niedriger Temperatur.

G. Franke

5.2 Thyristor- und Triac-Steuerungen – präzis und bequem

Seitdem Thyristoren und Triacs sich in der Leistungselektronik weitgehend durchgesetzt haben, wurde – um ihren Einsatz zu vereinfachen – eine ganze Reihe von integrierten Steuerschaltungen entwickelt. Im folgenden werden verschiedene Steuer- und Regeleinrichtungen für Wechselstromlasten beschrieben, bei denen Triacs mit Hilfe des integrierten Steuerbausteins SL 440 von Plessey angesteuert werden; sinngemäß lassen sich diese Anordnungen natürlich auch für den Betrieb von Thyristoren verwenden. Der gut durchdachte

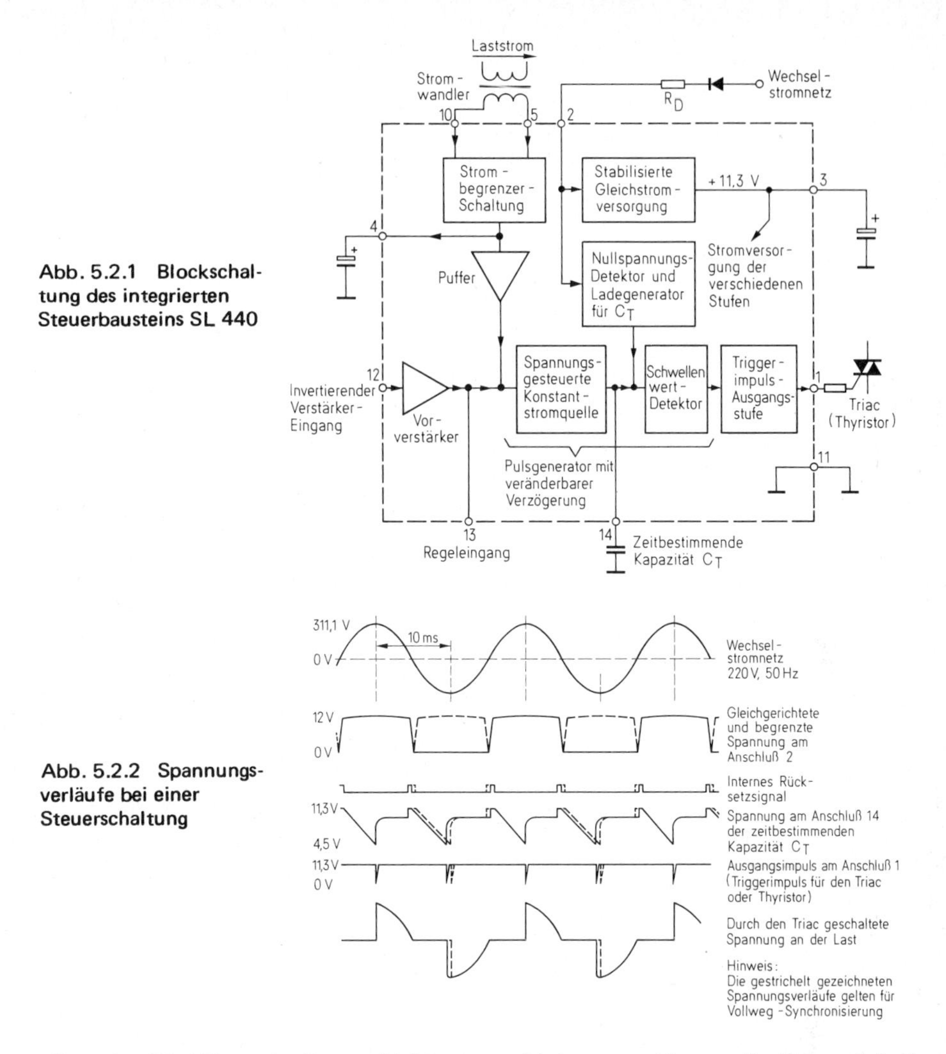

Abb. 5.2.1 Blockschaltung des integrierten Steuerbausteins SL 440

Abb. 5.2.2 Spannungsverläufe bei einer Steuerschaltung

Innenaufbau des SL 440 sowie die geschickte Auswahl der von außen zugänglichen Schaltpunkte gestatten die Verwirklichung einer Vielzahl von Funktionen, für die sonst ein erheblich größerer Materialaufwand nötig wäre.

5.2.1 Aufbau und Arbeitsweise des Steuerbausteins SL 440

Abb. 5.2.1 zeigt die Blockschaltung des integrierten Steuerbausteins SL 440 zur Ansteuerung von Triacs oder Thyristoren. Die Kapazität C_T am Anschluß 14 wird bei jedem Nulldurchgang der Netzwechselspannung sehr schnell auf eine fest vorgegebene Spannung aufgeladen und während der dann folgenden positiven oder negativen Halbwelle über eine spannungsgesteuerte Konstantstromquelle linear wieder entladen. Sobald bei jedem dieser Entladevorgänge – also einmal je Halbwelle – die Kondensatorspannung einen bestimmten, intern definierten Schwellenwert unterschreitet, liefert die Ausgangsstufe einen Impuls von etwa 50 μs Dauer und mindestens 60 mA Amplitude (Mittelwert 120 mA), der über den

Anschluß 1 an das Gate des Triac gelangt und selbst stärkere Ausführungen sicher zündet. Der Triac bleibt dann bis zum nächsten Netzspannungs-Nulldurchgang stromführend, und nach seinem Löschen beginnt das Spiel für die nächste Halbwelle von neuem. Diese Verhältnisse sind in *Abb. 5.2.2* veranschaulicht.

Je höher die Steuerspannung am Eingang 13 der die Kapazität C_T entladenden Konstantstromquelle ist, desto länger ist entsprechend *Abb. 5.2.3* die Zeit zwischen dem vorangegangenen Nulldurchgang und dem Zündimpuls — desto kürzer ist also damit die Zeit, für welche der Triac während dieser Halbwelle Strom führt; der Zusammenhang zwischen Stromflußzeit und Steuerspannung am Anschluß 13 ist weitgehend linear. Stehen nur sehr kleine Steuerspannungen zur Verfügung, dann kann man sie dem Eingang 12 zuführen: Der dann dazwischengeschaltete invertierende Verstärker liefert am Anschluß 13 ein um etwa den Faktor 75 verstärktes Signal.

Zündimpulse für den Triac treten allerdings am Anschluß 1 nur dann auf, wenn das Potential am Sperreingang 4 größer als etwa + 5 V ist; man verbindet ihn dazu beispielsweise über einen passenden Widerstand mit der Betriebsspannung von + 11,3 V am Anschluß 3. Sinkt die Spannung am Sperreingang 4 auf einen Wert von weniger als + 5 V, dann wird die Konstantstromquelle so angesteuert, daß keine Ausgangsimpulse mehr entstehen. Durch Kurzschluß von Anschluß 4 gegen Masse — etwa durch einen Schalter oder eine Logik — kann man also die Last abschalten, und zwar unabhängig von allen anderen Einstellungen des Steuersystems.

Bei Verbindung des Anschlusses 4 mit der Betriebsspannung (Anschluß 3) über einen Widerstand kann aber auch die eingebaute Strombegrenzungsschaltung verwendet werden. Zu diesem Zweck steuert man die beiden Wechselstrom-Steuereingänge 5 und 10 über einen mit der Last in Serie liegenden Stromwandler an. Am Anschluß 4 tritt dabei eine dem Lastwechselstrom umgekehrt proportionale Gleichspannung auf, welche über die Pufferstufe die Konstantstromquelle so steuert, daß ein vorgegebener Laststrom nicht überschritten wird. Die Begrenzung wird wirksam, wenn die Spannungen an den Eingängen 5 und 10 einen Wert von ±0,7 V überschreiten.

Zur Stromversorgung des Steuerbausteins SL 440 wird seinem Anschluß 2 gleichgerichteter, aber nicht gesiebter Wechselstrom zugeführt; damit ist dann auch die Netzsynchronisierung sichergestellt. Bei Einweg-Gleichrichtung ergibt sich, wie in Abb. 5.2.2 zu erkennen ist, eine geringe Unsymmetrie von etwa 3 %, die aber durch Vollweg-Gleichrichtung vermieden werden kann. Die stabilisierte Betriebsspannung von 11,3 V am Anschluß 3 wird mit Hilfe einer ausreichend großen Kapazität gesiebt und steht dann auch zur Stromversorgung anderer Teile der Steuereinrichtung zur Verfügung.

5.2.2 Anwendungsbeispiele

Für eine so vielseitig verwendbare Schaltung wie den SL 440 lassen sich kaum alle Verwendungsmöglichkeiten aufzählen. Die im folgenden kurz beschriebenen Beispiele sind deshalb lediglich als Anregung aufzufassen und erheben keinen Anspruch auf Vollständigkeit.

Abb. 5.2.4 zeigt eine sehr einfache Anordnung, wie sie beispielsweise zur Beleuchtungssteuerung verwendet werden kann. Zur Stromversorgung dient eine Einweg-Gleichrichtung mit Vorwiderstand, und die Ausgangsleistung läßt sich manuell mit Hilfe des Potentiometers P steuern. Will man — etwa zur Steuerung empfindlicher Studiolampen — die Leistungssteuerung nicht abrupt, sondern mit etwas weicheren Übergängen vornehmen, dann läßt sich eine gewisse Ansprechverzögerung mit Hilfe des gestrichelt eingezeichneten Kondensators zwischen den Anschlüssen 3 und 13 erreichen.

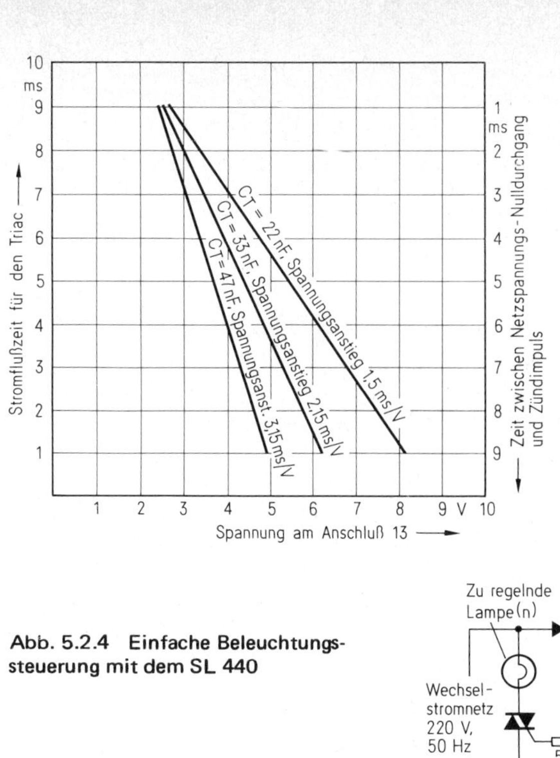

Abb. 5.2.3 Abhängigkeit der Zeit zwischen Netzspannungs-Nulldurchgang und Zündimpuls und der Stromflußzeit des Triac von der Spannung am Anschluß 13 des SL 440

Abb. 5.2.4 Einfache Beleuchtungssteuerung mit dem SL 440

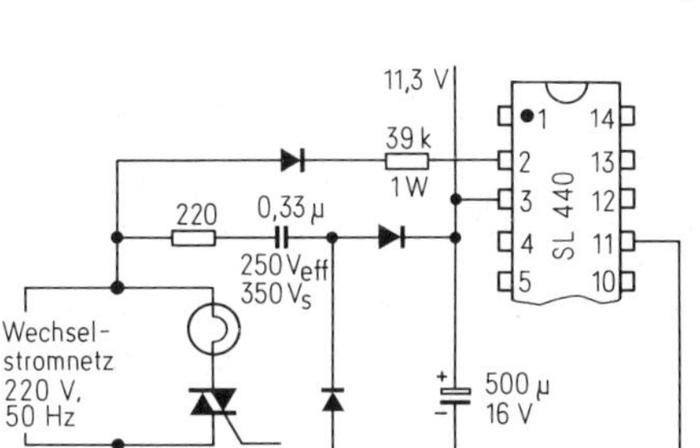

Abb. 5.2.5 Stromversorgung für den SL 440, welche die hohe Verlustleistung im Vorschaltwiderstand entsprechend Abb. 5.2.4 vermeidet

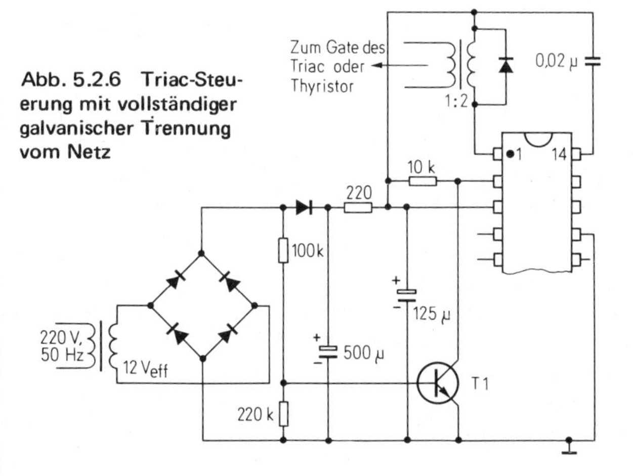

Abb. 5.2.6 Triac-Steuerung mit vollständiger galvanischer Trennung vom Netz

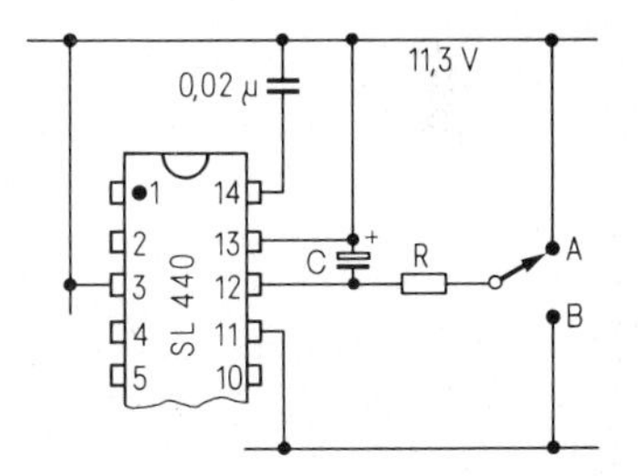

Abb. 5.2.7 Prinzipschaltung für automatische langsame Beleuchtungsänderung

Der Stromversorgungs-Vorwiderstand von 6,8 kΩ in Abb. 5.2.4 nimmt eine relativ große Verlustleistung von etwa 5 W auf. Günstiger sind die Verhältnisse bei der Stromversorgungsschaltung nach *Abb. 5.2.5:* Hier wird die eigentliche Betriebsspannung über einen Vorschalt-Kondensator dem Netz entnommen und mit einer Spannungsverdopplerschaltung gleichgerichtet. Zur Netzsynchronisierung dient dann eine Einweg-Gleichrichtung mit einem Vorwiderstand von 39 kΩ. Die Schaltung weist außer der wesentlich geringeren Verlustleistung den Vorteil auf, gleichzeitig die Störspannungen recht wirksam zu unterdrücken.

Entsprechend *Abb. 5.2.6* läßt sich der SL 440 auch über einen Niederspannungs-Transformator betreiben. Der zusätzliche Transistor sorgt dabei für eine Rechteck-Ansteuerung am Anschluß 2, damit die Netzsynchronisierung erhalten bleibt. Führt man dem Triac seine Zündimpulse ebenfalls über einen Übertrager zu, dann ist der gesamte Steuervorteil galvanisch vom Netz getrennt.

Die invertierende Arbeitsweise des in den SL 440 eingebauten Verstärkers ermöglicht auch Spezialschaltungen wie etwa die nach *Abb. 5.2.7.* Hier wird der Miller-Effekt einer zwischen Verstärker-Ausgang und -Eingang geschalteten Kapazität ausgenutzt. Bei Schalterstellung A steigt die Ausgangsleistung (beispielsweise die Beleuchtungsstärke) langsam an, und zwar wird der gesamte Leistungsbereich von Null bis Vollast etwa in der Zeit T = 20 · R · C durchlaufen. In Schalterstellung B nimmt dann die Leistung mit der gleichen Änderungsgeschwindigkeit wieder ab. Solche Effekte werden beispielsweise für Bühnen- oder Saalbeleuchtungen gebraucht. *Abb. 5.2.8* zeigt eine komplette Schaltung für das automatische langsame Verringern der Beleuchtungsstärke auf einen vorher eingestellten Wert; durch entsprechende Wahl der Kapazität C lassen sich hier Abwärts-Regelzeiten bis zu 30 min erreichen.

Eine Schaltung, mit der sich ein vorgegebener Beleuchtungspegel konstant halten läßt, ist in *Abb. 5.2.9* dargestellt. Die gewünschte Beleuchtungsstärke wird durch Graufilter oder Blenden eingestellt, die vor dem Fotowiderstand angeordnet sind. Am Anschluß 12 soll ein Nennpotential von 1 V liegen: Dementsprechend ist der Widerstand R unter Berücksichtigung der Daten des verwendeten Fotowiderstandes zu bemessen.

In vielen Fällen ist es wünschenswert, die Last abschalten zu können, ohne die Einstellung zu verändern. In *Abb. 5.2.10* ist zu erkennen, wie sich dies mit Hilfe des Sperreingangs erreichen läßt. Der Kurzschluß zwischen Anschluß 4 und Masse kann gegebenenfalls auch durch eine Logik bewirkt werden.

Wie sich im SL 440 eine Laststrom-Begrenzung einführen läßt, ist in *Abb. 5.2.11* gezeigt. In Serie mit der Last liegt ein Stromwandler, dessen Sekundärseite über ein Einstell-Potentiometer mit den Eingängen 5 und 10 der internen Begrenzerschaltung verbunden ist; das Potentiometer wirkt hier als Nebenschluß und gestattet die Wahl des Begrenzungswertes zwischen 1 A und 10 A.

Als letztes Beispiel für die Anwendungsmöglichkeiten des integrierten Regelbausteins SL 440 ist in *Abb. 5.2.12* die Schaltung für eine komplette Motorregelung mit Strombegrenzung angegeben. Das Steuersignal für die Konstanthaltung der Drehzahl wird hier von einem Tachogenerator geliefert und über den eingebauten Vorverstärker geführt. Ein Einstellpotentiometer gestattet die Wahl der gewünschten Drehzahl. Für die Laststrombegrenzung sorgt eine Schaltung entsprechend Abb. 5.2.11. *Dipl.-Phys. H.-P. Siebert*

Literatur

[1] Datenblatt SL 440 Power Control Circuit. Plessey Semiconductors.
[2] SL 440 AC Power Control Circuit. Applikationsschrift der Firma Plessey Semiconductors.

Abb. 5.2.8 **Komplette Schaltung für automatisches, langsames Herabsteuern einer Beleuchtung auf einen vorgegebenen Pegel**

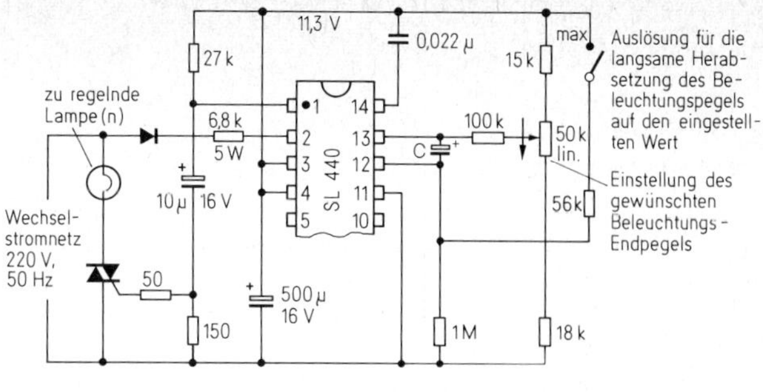

Abb. 5.2.9 **Schaltung zur automatischen Konstanthaltung eines vorgegebenen Beleuchtungspegels**

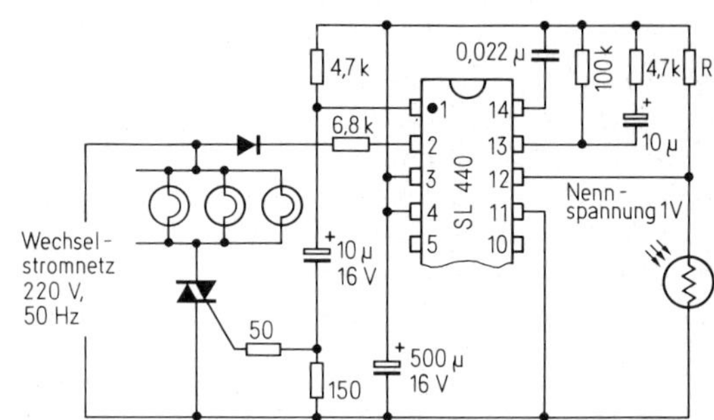

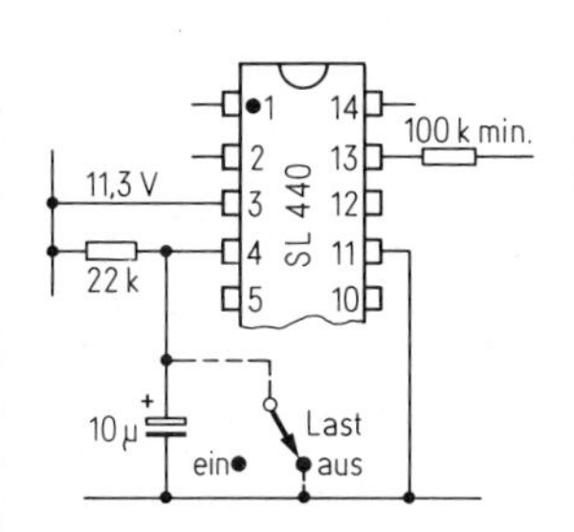

Abb. 5.2.10 **Verwendung des Sperreingangs zur Abschaltung der Last**

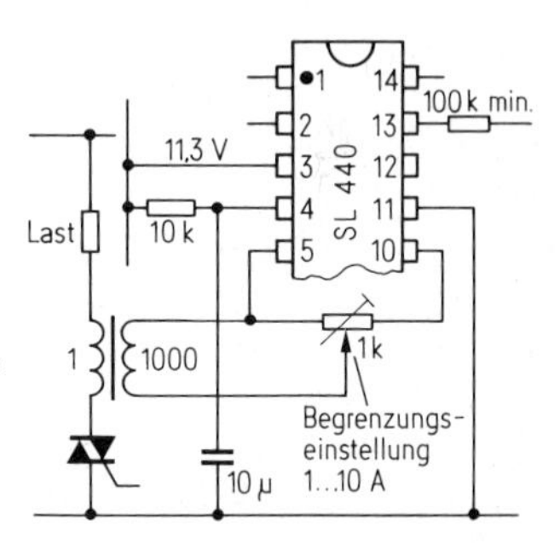

Abb. 5.2.11 **Automatische Strombegrenzung auf einen vorher eingestellten Wert**

Abb. 5.2.12 **Automatische Drehzahlregelung mit Strombegrenzung**

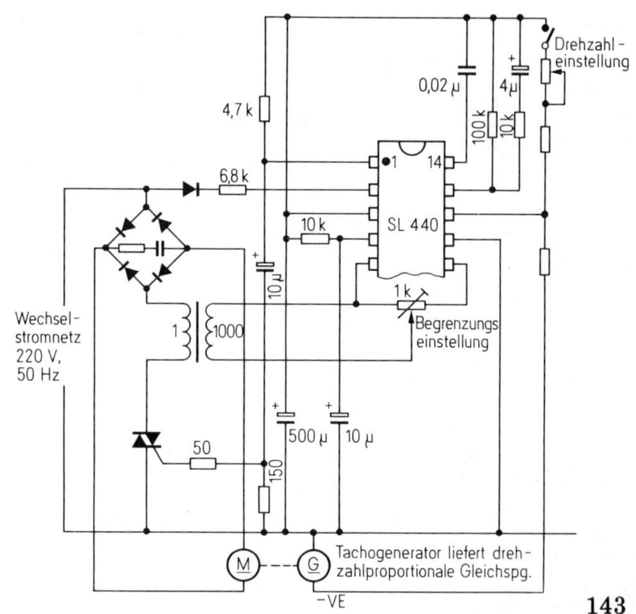

5.3 Schaltungen mit Silizium-Planar-Thyristoren

Bei allem Interesse, das der rasanten Entwicklung der integrierten Schaltungen entgegengebracht wird, darf man die diskreten aktiven Bauelemente nicht vergessen. Denn auch bei ihnen finden laufend — wenn auch keine spektakulären, so aber doch wichtige — Weiterentwicklungen statt, mit dem Ziel, die Bauelemente noch zuverlässiger, preisgünstiger, universeller und einfacher in der Handhabung zu machen. Ein entsprechendes Beispiel sind die Si-Planar-Thyristoren der Reihe BRX 44...49 der Firma Intermetall, die gegenüber gebräuchlichen Leistungs-Thyristoren einige abweichend Eigenschaften aufweisen und eine Vielzahl von interessanten Anwendungsbeispielen ermöglichen. Sie sind im nachfolgenden Beitrag zusammengefaßt und sollen einerseits dem Entwickler als Arbeitsunterlage dienen und ihm andererseits Denkanstöße für eigene Schaltungsentwürfe vermitteln.

5.3.1 Gegenüberstellung zweier Thyristor-Systeme

Abb. 5.3.1a zeigt die vereinfachte Ersatzschaltung eines in üblicher „shorted-emitter"-Technik hergestellten Thyristors, wie er zum Beispiel als T0,8N4AOO von der Firma Intermetall angeboten wird. Die übliche Zwei-Transistor-Darstellung ist durch einen ohmschen Basis-Emitter-Widerstand R_{BE} und einen Vorwiderstand R_v am Gate-Anschluß ergänzt. Unter anderem ist aus der Abb. zu sehen, daß sich das Gate gegenüber der Katode unterhalb der Zündspannung wie ein ohmscher Widerstand verhält. Wegen des Vorwiderstandes R_v kann der Thyristor durch Kurzschließen der Gate-Katoden-Strecke nicht gelöscht werden, sondern nur durch Unterschreiten des Haltestromes. Zünd- und Haltestrom werden vom Tyhristor-Typ bestimmt und sind durch äußere Beschaltung nicht oder nur wenig beeinflußbar.

Die Silizium-Planar-Thyristoren BRX 44...49 verhalten sich dagegen weitgehend wie das Zwei-Transistor-Modell nach *Abb. 5.3.1b*, das keine zusätzlichen Widerstände enthält. Daraus resultiert, daß zum Einschalten solcher Thyristoren nur ein kleiner Zündstrom erforderlich ist. Er fließt zunächst als Basisstrom in den Transistor T 1, erscheint verstärkt als Kollektorstrom, der wiederum Basisstrom des Transistors T 2 ist, in diesem nochmals verstärkt und dann gleichsinnig mit dem Zündstrom wieder der Basis des Transistors T 1 zugeführt wird. Diese Gleichstromrückkopplung bewirkt den kleinen Zündstrom, der allerdings temperatur- und anodenspannungsabhängig und starken Exemplarstreuungen unterworfen ist. Es ist deshalb üblich, der Gate-Katoden-Strecke einen Widerstand parallelzuschalten, so daß in erster Linie der Spannungsabfall an diesem Widerstand den Zündstrom bestimmt. Mit der Wahl dieses Widerstandes hat der Anwender auch die Möglichkeit, den Haltestrom den Erfordernissen anzupassen. Wird der Thyristor von einer Spannungsquelle mit kleinem Innenwiderstand angesteuert, ist unter Umständen noch ein Gate-Vorwiderstand erforderlich *(Abb. 5.3.1c).* Ohne diesen wäre der Innenwiderstand der Steuerspannungsquelle der Gate-Katoden-Strecke des Thyristors parallelgeschaltet, so daß dessen Haltestrom stark vergrößert und der Thyristor praktisch als Transistor sehr hoher Steilheit arbeiten würde.

Diese Thyristoren sind für negative und positive Spitzensperrspannungen von 30, 60, 100, 200, 300 und 400 V bei einem Dauergrenzstrom von 400 mA bei T_U = 25 °C erhältlich. Ihr Sperrstrom bei diesen Spannungen liegt unter 100 nA. Außerdem besitzen sie bei U_D = 7 V und R_{GK} = 1 kΩ folgende Kennwerte: Zündstrom < 200 μA, Zündspannung < 0,9 V, Haltestrom < 5 mA. Ohne den zusätzlichen Gate-Widerstand R_{GM} liegt ihr Zündstrom im nA-Bereich.

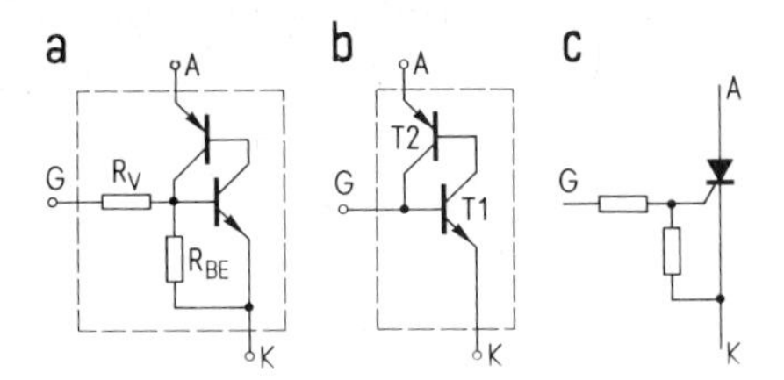

Abb. 5.3.1 a) Vereinfachte Ersatzschaltung eines Thyristors in „shorted-emitter"-Technik, b) in Silizium-Planartechnik, c) Planar-Thyristor mit beschaltetem Gate

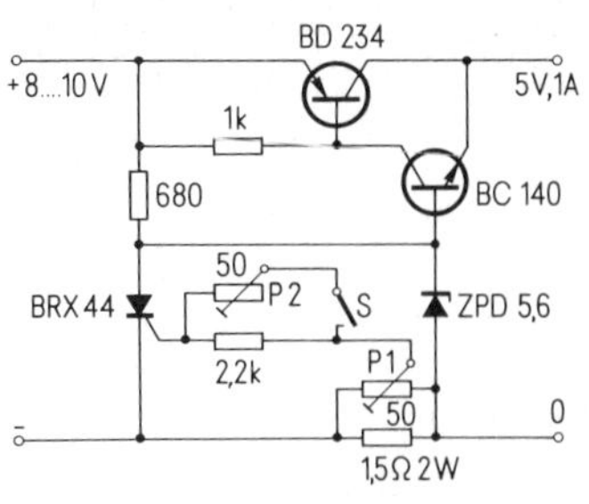

Abb. 5.3.2 Überlastschutz für eine Stabilisierungsschaltung; Schalter S offen: Überstromabschaltung, Schalter S geschlossen: Überstrombegrenzung

5.3.2 Gleichstromschaltungen

a) Überlastschutz für eine Stabilisierungsschaltung

Abb. 5.3.2 zeigt eine einfache 5-V-Stabilisierungsschaltung zur Erzeugung der Versorgungsspannung für TTL-Schaltungen. Als Überlastschutz dient ein der Z-Diode parallelgeschalteter Thyristor BRX 44. Überschreitet bei geöffnetem Schalter S die Spannung zwischen Gate und Katode im Überlastfall die Zündspannung U_{GT} von 0,6 V, so zündet der Thyristor und schaltet die Basis des Transistors BC 140 auf Null. Dadurch wird auch die Ausgangsspannung zu Null, auch wenn der Überlastfall wieder aufgehoben wird.

Erst durch Unterbrechen der Eingangsspannung wird der Thyristor gelöscht und damit die Schaltung wieder betriebsbereit. Mit dem Potentiometer P 1 wird der Ansprechstrom der Schutzschaltung eingestellt. Bis hierher ist die Schaltung *(Abb. 5.3.2)* auch mit anderen Thyristoren realisierbar. Sie hat jedoch den unter Umständen gravierenden Nachteil, daß beim Anschluß kapazitiver Last der Überlastschutz anspricht. Das läßt sich in gewissen Grenzen durch einen Kondensator zwischen Gate und Katode einschränken. Ist dieser Kondensator aber zu groß, so schaltet die Automatik bei Kurzschluß am Ausgang unter Umständen erst nach Zerstörung der Transistoren ab. Ist er zu klein, so genügt der Anschluß eines Kondensators von z.B. 500 μF, um den Überlastschutz auszulösen. Die Schaltung in Abb. 5.3.2 kann jedoch durch Schließen des Schalters S auf Strombegrenzung umgeschaltet werden. Der Thyristor BRX 44 wird dan niederohmig angesteuert und verhält sich, wie bereits im vorigen Abschnitt erwähnt, wie ein Transistor großer Steilheit. Mit dem Potentiometer P 2 läßt sich die Kennlinie der Strombegrenzung einstellen.

b) Einschaltverzögerung von Relais

Bei der Einschaltverzögerungsschaltung nach *Abb. 5.3.3* ist die Verzögerungszeit unabhängig vom Wicklungswiderstand des verwendeten Relais. Der Thyristor zündet, sobald der Kondensator auf die Spannung

$$U_C = U_{GT} \cdot \left(\frac{R2}{R3} + 1\right)$$

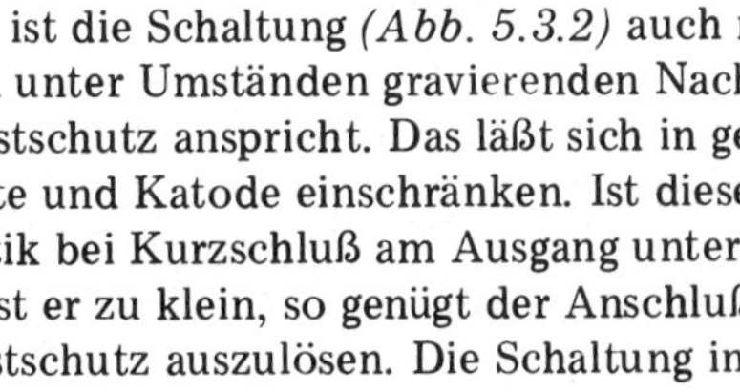

Abb. 5.3.3 Einschaltverzögerungsschaltung (etwa 1,5. . .2s)

aufgeladen ist. Da die Zündspannung U_{GT} des Thyristors BRX 44 ebenso wie die Basis-Emitter-Spannung eines Transistors mit etwa -2 mV/K von der Temperatur abhängt, ist die Spannung U_C am Kondensator, bei der der Thyristor zündet, nach der Beziehung

$$\Delta U_C (T) = -2 \text{ mV}/\Delta \text{K} \cdot \left(\frac{R\,2}{R\,3} + 1\right)$$

ebenfalls temperaturabhängig, entsprechend auch die Verzögerungszeit. Diese Temperaturabhängigkeit läßt sich weitgehend verringern, wenn man den Widerstand R 2 durch einen als Z-Diode betriebenen Transistor BC 170 ersetzt. Die Durchbruchspannung seiner Emitterdiode beträgt etwa 6 V und ist nur wenig temperaturabhängig. Statt des Transistors kann auch die für niedrige Arbeitsströme ausgelegte, temperaturkompensierte Z-Diode ZTW 6,8 eingesetzt werden. Normale Z-Dioden sind nur bedingt brauchbar, da sie bei dem hier sehr kleinen Arbeitsstrom im gekrümmten Teil ihrer Kennlinie arbeiten. Die Spannung U_C am Kondensator, bei welcher der Thyristor zündet, errechnet sich dann zu

$$U_C = U_Z + U_{GT}$$

Ihr Temperaturgang beträgt nur etwa -2 mV/K. Die Diode D 1 bewirkt, daß nach Zünden des Thyristors der Kondensator über den 100-Ω-Schutzwiderstand schnell entladen wird, damit auch bei nur kurzzeitigem Ausschalten das Relais beim Wiedereinschalten verzögert anzieht.

c) Alarmanlage

Abb. 5.3.4 zeigt die Schaltung einer einfachen Alarmanlage. Zur Überwachung des zu schützenden Objektes dient eine Brückenschaltung, die einerseits aus den abgleichbaren Zweig mit den Widerständen R 1, R 2 und dem Potentiometer P 1 und andererseits aus dem Kontrollzweig mit den Kontrollwiderständen R_{K1}, R_{K2} besteht. Im abgeglichenen Zustand ist die Spannung in der Brückendiagonale gleich Null, so daß die Transistoren sperren. Wird nun durch äußere Einflüsse mindestens ein Brückenwiderstand so weit verändert, daß die Spannung in der Brückendiagonale die Schwellspannung eines der beiden Transistoren, also etwa 0,6 V überschreitet, so wird dieser Transistor leitend. Sein Kollektorstrom erzeugt am Widerstand R 3 einen Spannungsabfall, der den Thyristor zündet und damit eine Hupe o.ä. in Betrieb setzt. Der Alarm kann nach Beseitigung der Störung durch Drücken der Taste abgeschaltet werden.

Diese Schaltung ist so ausgelegt, daß bei Änderung eines der Kontrollwiderstände um etwa 15...20 % Alarm gegeben wird. Die Kontrollwiderstände und ihre Zuleitungen können zum Beispiel Bestandteil eines kombinierten Raumschutzanlage gegen Einbruch, Feuer oder sonstige Störungen sein. Anstelle des Widerstandswertes der Kontrollwiderstände läßt sich mit der Schaltung nach Abb. 5.3.4 auch eine an den Punkt a angelegte Spannung überwachen.

d) Kippschaltungen

Der kleine Zündstrom der Planar-Thyristoren BRX 44...49 ermöglicht den Aufbau freischwingender Kippschaltungen. *Abb. 5.3.5* zeigt ein einfaches Beispiel. Der Kondensator C wird über den Widerstand R aufgeladen, bis die Z-Diode leitend und der Thyristor über

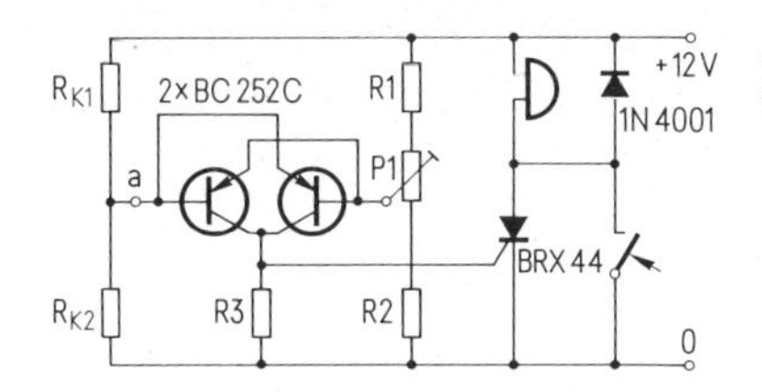

Abb. 5.3.4 Alarmanlage

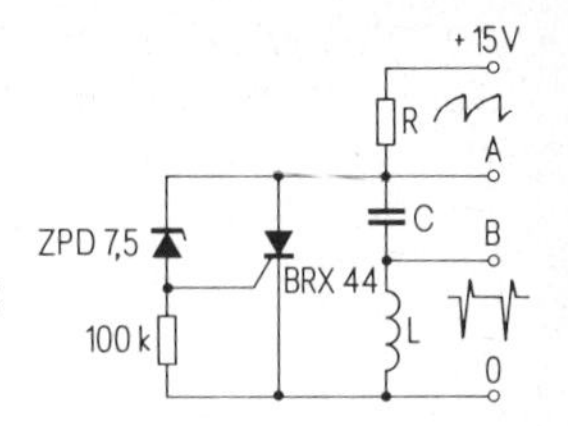

Abb. 5.3.5 Kippschaltung mit Festlegung der Amplitude durch eine Z-Diode

ihren Arbeitsstrom gezündet wird und mit seinem Anodenstrom den Kondensator C entlädt. Anschließend wird der Kondensator wieder aufgeladen und so fort. Es muß dabei vorausgesetzt werden, daß der durch den Widerstand R und die Versorgungsspannung bestimmte Ladestrom des Kondensators, der bei Überschreiten der Arbeitsspannung der Z-Diode zum Zündstrom des Thyristors wird, kleiner als dessen Haltestrom ist. Zünd- und Haltestrom von Thyristoren sind jedoch Exemplarstreuungen unterworfen, und deshalb ist eine optimale Dimensionierung der Schaltung von Exemplar zu Exemplar verschieden.

Abhilfe schafft hier die Spule L. Sie wird so ausgelegt, daß eine Halbperiode der Resonanzfrequenz des aus L und C gebildeten Schwingkreises länger dauert als die Freiwerdezeit des Thyristors. Dadurch entsteht bei der Entladung des Kondensators eine gedämpfte Schwingung, die die Anodenspannung des Thyristors umkehrt. So wird der Thyristor sicher gelöscht, auch wenn der Ladestrom größer als der Haltestrom ist. Durch die zusätzliche Spule entzieht sich jedoch die Oszillatorfrequenz der Kippschaltung einer einfachen Berechnung; außerdem hängt die Frequenz von der Versorgungsspannung ab. Als groben Richtwert kann man annehmen, daß die Periodendauer etwa gleich der Zeitkonstante R · C ist. Weitere Anhaltswerte für die Dimensionierung von R und L sind: R = 1...10 kΩ, L = ca. 50...100 μH.

Eine weitere Schaltung für einen Kipposzillator mit Planar-Thyristoren zeigt *Abb. 5.3.6.* Beim Einschalten der Versorgungsspannung zündet der Thyristor, lädt den Kondensator C und löscht dann, wenn sein Haltestrom unterschritten wird. Der Kondensator wird nun über den Widerstand R 3 entladen, bis mit absinkender Spannung die Katodenspannung des Thyristors um die Zündspannung kleiner als die Gatespannung wird. Nun zündet der Thyristor wieder und lädt den Kondensator, und das Spiel beginnt von neuem. Die Spule L hat die gleiche Aufgabe und wird ebenso bemessen wie in Schaltung Abb. 5.3.5. Es sei hier noch angeregt, eine eventuell vorhandene Induktivität des Verbrauches in die Kippschaltung einzubeziehen. Zum Beispiel kann das die Schwingspule des Lautsprechers sein, wenn man die Schaltung als elektronisches Metronom verwendet.

Bei der Auslegung des Spannungsteilers muß darauf geachtet werden, daß am Widerstand R 1 keine höhere Spannung als etwa 5 V abfällt, damit nach dem Zünden des Thyristors am Gate die zulässige negative Spannung von —6 V nicht überschritten wird. Die Frequenz des erzeugten Signals ist hier nur wenig von der Versorgungsspannung abhängig, da der Zündzeitpunkt durch den Spannungsteiler bestimmt wird. Ein Anwendungsbeispiel dieser Kippschaltung bringt der folgende Abschnitt.

e) Lauflichtschaltung als Beispiel für einen Thyristor-Ringzähler

Es ist heute kein Problem, Ringzählerschaltungen mit integrierten Digitalschaltungen, z.B. MIC 7496, aufzubauen. Für eine Lauflichtschaltung, wie sie zum Beispiel zur Kennung von Autobahnbaustellen benutzt wird, ist jedoch eine Lösung mit Thyristoren vorteilhafter. *Abb. 5.3.7* zeigt eine für diesen Zweck geeignete Schaltung. Wird die Versorgungsspannung

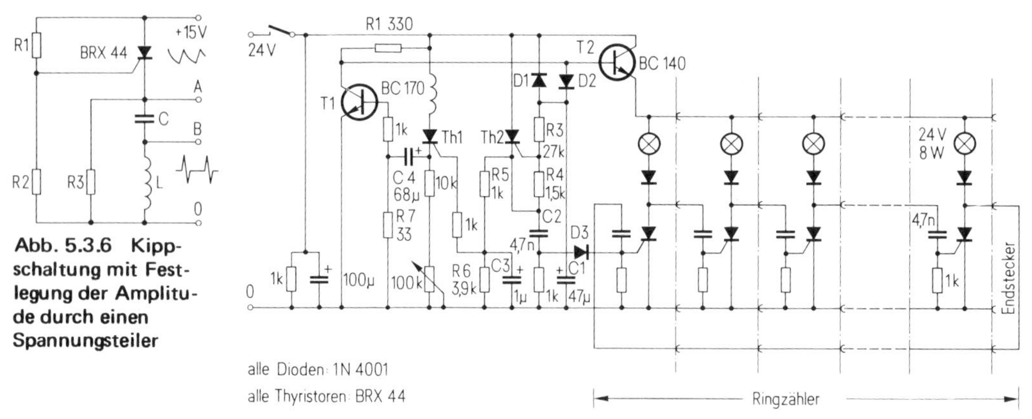

Abb. 5.3.6 Kippschaltung mit Festlegung der Amplitude durch einen Spannungsteiler

Abb. 5.3.7 Lauflichtschaltung mit Thyristoren

eingeschaltet, lädt sich der Kondensator C 1 über den Widerstand R 1 und die Diode D 2 mit einer Zeitkonstante von etwa 15 ms auf. Genauso langsam steigt über den Emitterfolger T 2 die Versorgungsspannung für den eigentlichen Ringzähler an, und damit werden auch die Kondensatoren des Ringzählers so langsam aufgeladen, daß der durch den Ladestrom an den Gate-Katoden-Widerständen auftretende Spannungsabfall unter der Zündspannung der Ringzähler-Thyristoren bleibt. Sobald der Spannungsabfall am Widerstand R 4 der Spannungsteilerkette R 3, R 4, R 5, R 6 die Zündspannung des Thyristors Th 2 überschreitet, zündet dieser und gibt über den Kondensator C 2 und die Trenndiode D 3 einen einmaligen Impuls an das Gate des ersten Ringzähler-Thyristors, so daß dieser zündet und seine Lampe einschaltet.

Die Widerstände R 5 und R 6 bilden den Gate-Spannungsteiler einer freischwingenden Kippschaltung ähnlich Abb. 5.3.6. Dieser liegt jetzt infolge des durchgeschalteten Thyristors Th 2 ebenfalls an der Versorgungsspannung, so daß nach einer durch die Aufladung des Kondensators C 3 bedingten Verzögerung der Kipposzillator anläuft. Die Ladestromimpulse für den Kippkondensator C 4 erzeugen im Widerstand R 7 Spannungsimpulse, die den Transistor T 1 impulsweise einschalten. Dadurch wird die Basis des Transistors T 2 impulsweise auf Null gelegt und somit die Versorgungsspannung des Ringzählers unterbrochen. Diese Unterbrechungen sind die Fortschaltimpulse des Ringzählers.

Geht man davon aus, daß zunächst, wie bereits beschrieben, der erste Ringzähler-Thyristor gezündet ist, so sind im Ringzähler alle Koppelkondensatoren bis auf den zur zweiten Stufe aufgeladen. Diese Ladung bleibt auch bei einer kurzzeitigen Unterbrechung der Versorgungsspannung, die alle Thyristoren löscht, bestehen, da die Trenndioden eine Entladung verhindern. Kehrt jetzt die Versorgungsspannung zurück, so kann sich dieser Spannungssprung nur über den einzigen entladenen Kondensator auf das Gate des Thyristors der zweiten Stufe übertragen, d.h. dieser wird gezündet. Bei der nächsten Spannungsunterbrechung ist dann der nächste Kondensator der einzige entladene Kondensator und so fort.

Durch Vierfachstecker und zwischengeschaltete Kabel können, wie in Abb. 5.3.7 angedeutet, beliebig viele Lampen zu einer Laufkette verbunden werden. Sollen Lampen höherer Leistung geschaltet werden, so können mit den Ringzähler-Thyristoren Leistungstransistoren, zum Beispiel vom Typ 2N 3055, angesteuert werden, die dann den größeren Strom (bis zu etwa 5 A) schalten.

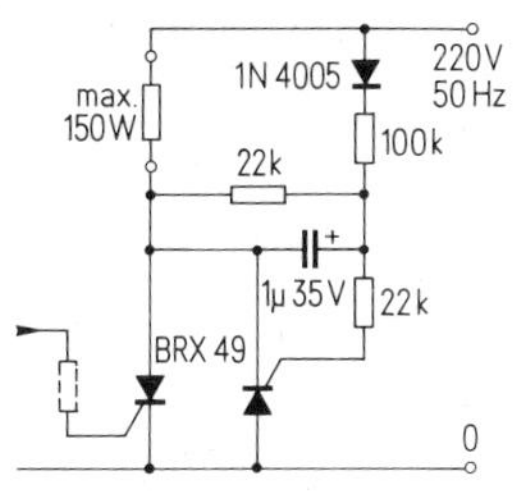

Abb. 5.3.8 Wechselstromschalter

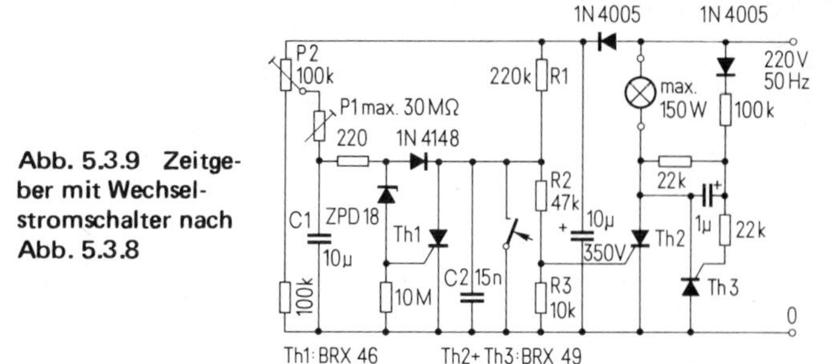

Abb. 5.3.9 Zeitgeber mit Wechselstromschalter nach Abb. 5.3.8

5.3.3 Wechselstrom-Vollwellenschaltungen

a) Wechselstromschalter für kleine Leistungen [3]

Abb. 5.3.8 zeigt einen einfachen Wechselstromschalter, aufgebaut mit zwei antiparallelgeschalteten Thyristoren BRX 49, von denen der linke durch eine Steuerspannung oder einen Steuerstrom gezündet werden kann. Ist dies geschehen, so wird während der positiven Netzhalbwelle der 1-µF-Kondensator geladen. Zu Beginn der negativen Halbwelle liefert dieser Kondensator dann den Zündstrom für den rechten Thyristor. Mit dieser Schaltung läßt sich bei 220 V eine Leistung von max. 150 W schalten.

b) Zeitgeber

Als Anwendungsbeispiel für den eben beschriebenen Wechselstromschalter zeigt *Abb. 5.3.9* die Schaltung eines Zeitgebers, der z.B. als Treppenhausautomat oder als Zeitschalter für die Dunkelkammer benutzt werden kann. Bei Anlegen der Netzspannung ist der Wechselstromschalter mit den Thyristoren Th 2 und Th 3 über den Spannungsteiler R 1, R 2 und R 3 zunächst eingeschaltet, und die Lampe brennt. Gleichzeitig beginnt der Kondensator C 1 sich über das Potentiometer P 1 aufzuladen. Bei etwa 20 V wird der Thyristor Th 1 über die Z-Diode ZPD 18 gezündet, wodurch sich der Kondensator C 1 entlädt. Der Widerstand R 1 liefert dann den erforderlichen Haltestrom für Th 1. Gleichzeitig sind durch den Thyristor Th 1 die Spannungsteiler-Widerstände R 1 und R 3 überbrückt, so daß Thyristor Th 2 keine Steuerspannung mehr erhält und beim nächsten Nulldurchgang der Netzspannung löscht, worauf die Lampe erlischt. Durch Drücken der Taste kann Thyristor Th 1 gelöscht werden. Läßt man sie los, lädt sich der Kondensator C 1 von neuem auf. Während dieser Ladezeit brennt die Lampe wieder.

Der Kondensator C 2 verringert die Spannungsanstiegsgeschwindigkeit an der Anode des Thyristors Th 1 beim Loslassen der Taste und verhindert so ein unerwünschtes Zünden. Bei hochohmiger Gate-Beschaltung, wie sie hier vorliegt, machen sich externe und interne Kapazitäten zwischen Anode und Gate dadurch unangenehm bemerkbar, daß sie die zulässige Spannungsanstiegsgeschwindigkeit an der Anode herabsetzten. Ein Spannungssprung an der Anode wird kapazitiv auf das Gate übertragen und bewirkt unter Umständen eine Zündung. Mit dem Potentiometer P 2 können Bauelementetoleranzen ausgeglichen werden; außerdem läßt sich damit die Einschaltzeit nach der Gleichung

$$T/s = \frac{R/M\Omega \cdot C/\mu F}{10}$$

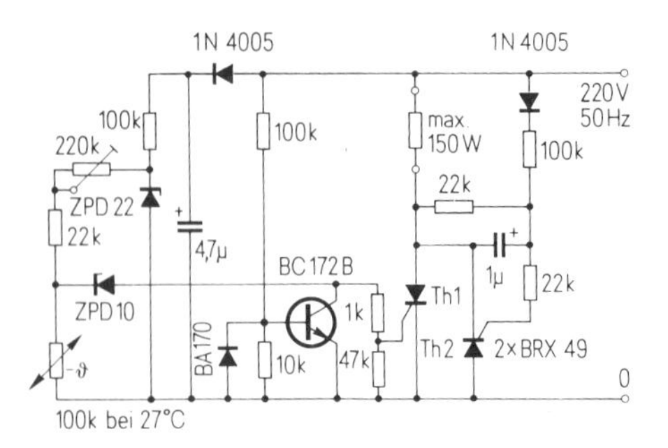

Abb. 5.3.10 Temperaturregelung für ein Warmwasser-Aquarium mit Nullspannungsschalter

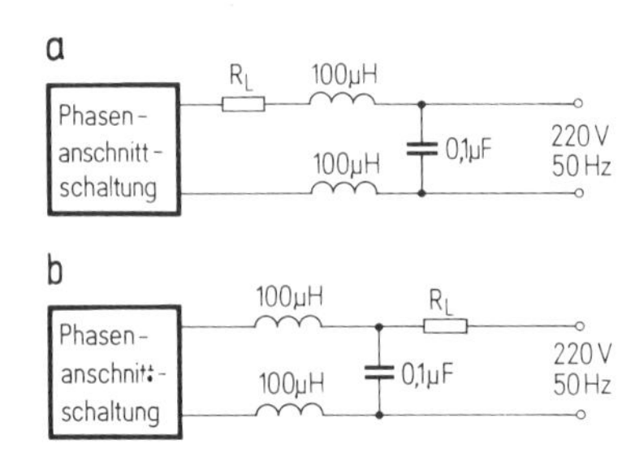

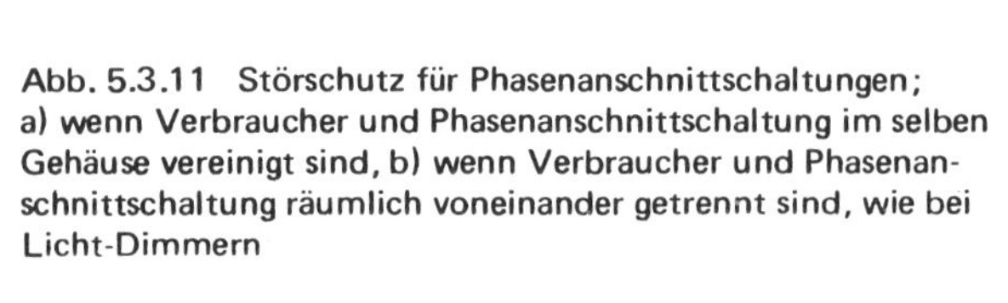
Abb. 5.3.11 Störschutz für Phasenanschnittschaltungen; a) wenn Verbraucher und Phasenanschnittschaltung im selben Gehäuse vereinigt sind, b) wenn Verbraucher und Phasenanschnittschaltung räumlich voneinander getrennt sind, wie bei Licht-Dimmern

genau einstellen. Als Kondensator C 1 kann anstelle des zunächst empfohlenen Wickelkondensators auch ein Tantal-Kondensator mit einem Reststrom von $< 1\ \mu$A eingesetzt werden. Dann ist der reststrombedingte Zeitfehler bei einem Ladewiderstand R_{P1} von 20 MΩ höchstens 10 %.

c) Temperaturregelung mit Nullspannungsschalter

Die Schaltung in *Abb. 5.3.10* wurde für die rundfunkstörfreie Regelung der Temperatur eines Warmwasseraquariums entwickelt. Sie ist auch für andere, kleinere Verbraucher bis 150 W wie z.B. Lötkolben, Warmhalteplatten, Wärmer für Babyflaschen usw. geeignet.

Die mit der Diode 1N 4005 gleichgerichtete und mit dem 4,7-μF-Ladekondensator gesiebte Versorgungsspannung speist nach Stabilisierung mit der Z-Diode ZPD 22 den aus dem 220-kΩ-Einstellpotentiometer, dem 22-kΩ-Festwiderstand und dem NTC-Widerstand als Temperaturfühler bestehenden Spannungsteiler. Übersteigt der Spannungsabfall am Temperaturfühler die Arbeitsspannung der Z-Diode ZPD 10, so fließt Strom in das Gate des Thyristors Th 1, und der Wechselstromschalter schaltet nach dem bereits bekannten Prinzip die Heizung ein. Bei ansteigender Temperatur verringert sich der Widerstand des Temperaturfühlers, bis der Spannungsabfall an ihm zur Zündung des Thyristors Th 1 nicht mehr ausreicht. Der Stromkreis für den Heizkörper bleibt so lange unterbrochen, bis sich durch die absinkende Temperatur der Widerstand des Fühlers wieder so weit erhöht, daß Thyristor Th 1 Zündstrom erhält. Der Transistor BC 172 B bewirkt das Schalten im Nulldurchgang der Netzspannung. Sobald der an seiner Basis liegende, durch den Spannungsteiler definierte Teil der Versorgungsspannung größer als etwa 0,6 V wird, schließt der Transistor die Steuerspannung kurz und verhindert so, daß der Thyristor Th 1 zu anderer Zeit als in der unmittelbaren Umgebung des Nulldurchgangs gezündet wird.

5.3.4 Phasenanschnittschaltungen

Zunächst sei darauf hingewiesen, daß netzbetriebene Phasenanschnittschaltungen hochfrequente Störungen verursachen. Sie sind deshalb durch einen LC-Tiefpaß gegenüber dem Lichtnetz zu entstören, zum Beispiel wie in *Abb. 5.3.11* angegeben. Dieser Tiefpaß ist der Einfachheit halber in den folgenden Schaltungen nicht eingezeichnet.

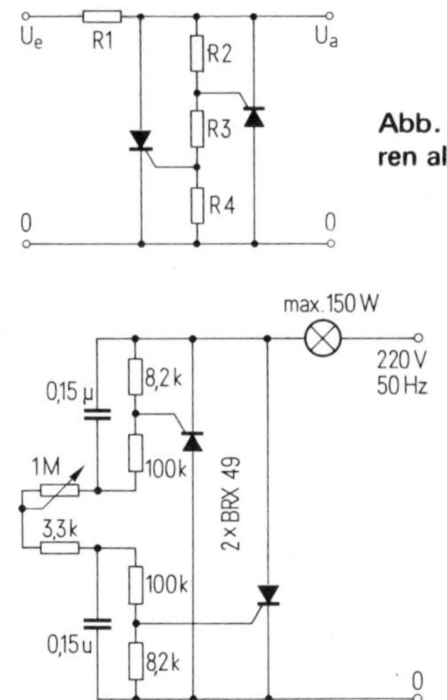

Abb. 5.3.12 Zwei Thyristoren als programmierbarer Diac

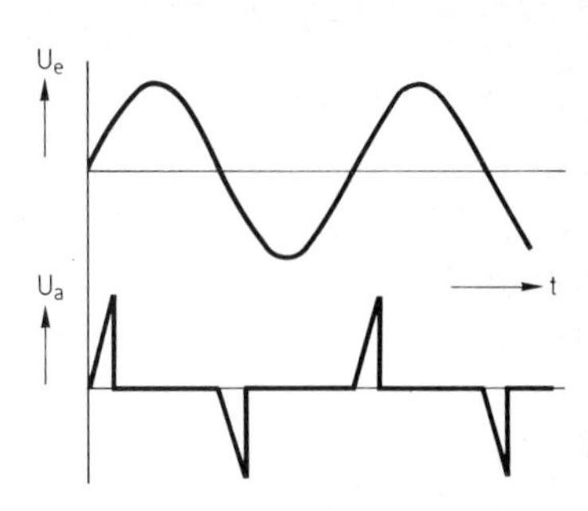

Abb. 5.3.13 Eingangsspannung und Ausgangsspannung der Schaltung Abb. 5.3.12

Abb. 5.3.14 Dimmerschaltung mit Planar-Thyristoren

a) Symmetrische Kippstufe

Abb. 5.3.12 zeigt eine symmetrische Kippstufe mit Silizium-Planar-Thyristoren. Diese ist über einen Vorwiderstand an eine Wechselspannung angeschlossen. Sobald der Spannungsabfall am Widerstand R 2 bzw. am Widerstand R 4 die Zündspannung des jeweiligen Thyristors überschreitet, wird dieser gezündet. Unter der Voraussetzung, daß der Widerstand R 3 $\gg$ R1 und R 2 = R 4 ist, erhält man eine Ausgangsspannung U_a, wie sie in *Abb. 5.3.13* skizziert ist. So läßt sich also mit zwei BRX 44 und drei Widerständen (Spannungsteiler R 2, R 3 und R 4) ein Diac (bidirektionale Triggerdiode) aufbauen, dessen positive und negative Zündspannung durch die Bemessung der Spannungsteilerwiderstände festgelegt werden kann. Macht man den Widerstand R 2 $\neq$ R 4, so lassen sich auch für die positive und die negative Halbwelle unterschiedliche Zündspannungen realisieren. Richtwerte für die Dimensionierung bei Netzbetrieb sind: R 2, R 4 = 1...100 kΩ, R 3 = 3 kΩ...3 MΩ, R 1 $>$ 400 Ω.

b) Dimmer für Glühlampen

Leuchten in Wohnräumen haben selten eine höhere Leistungsaufnahme als 100...150 W. Übliche Dimmerschaltungen mit Triacs können jedoch meist 500...1500 W steuern. Sie sind also in der Regel überdimensioniert. *Abb. 5.3.14* zeigt eine besonders kostengünstige Dimmerschaltung, in der nach dem Prinzip von Abb. 5.3.12 antiparallelgeschaltete Thyristoren vom Typ BRX 49 gleichzeitig als Zünd- und als Steuerelement dienen. Besonders zu beachten ist, daß keine hochbelastbaren Bauelemente benötigt werden. Mit dieser Schaltung kann die Helligkeit von Glühlampen mit einer Leistung bis zu 150 W beliebig bis auf Null herabgesetzt werden.

c) Die Ansteuerung von Triacs

Manchmal besteht der Wunsch, die Vorteile der Schalt- und Steueranordnungen von Planar-Thyristoren auch für höhere Leistungen zu nutzen. Bei Gleichstromschaltungen kann man sie, wie in Abschnitt 5.3.2e erwähnt, auch zur Ansteuerung von Leistungstransistoren, z.B. 2N 3055, verwenden. Die beschriebenen Wechselstromschaltungen können jeweils durch

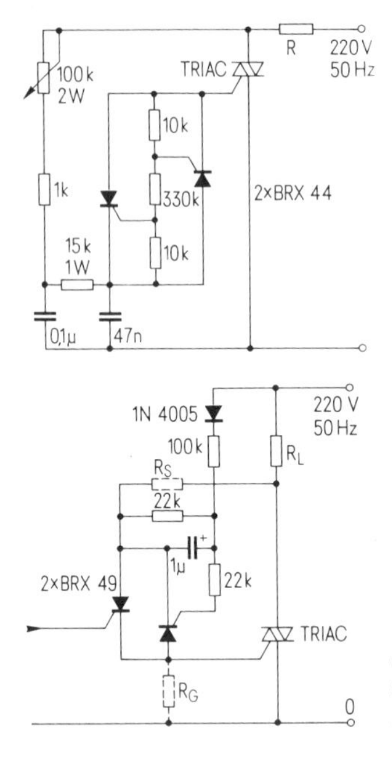

Abb. 5.3.15 Phasenanschnittsteuerung mit Triac, angesteuert über einen programmierbaren Diac nach Abb. 5.3.12

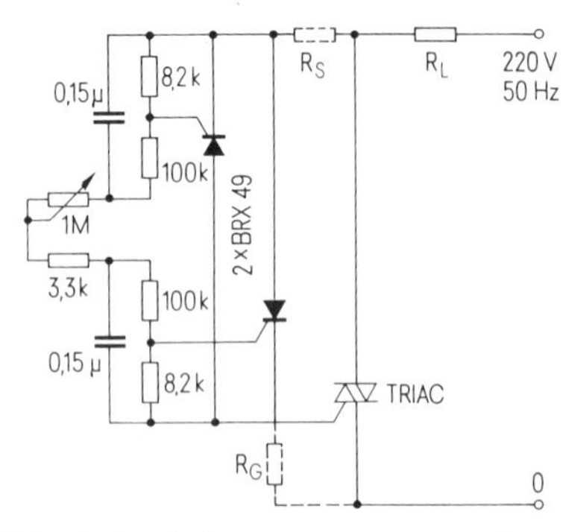

Abb. 5.3.16 Triac hoher Leistung, angesteuert mit einer Dimmerschaltung nach Abb. 5.3.14. Bei manchen Triacs ist ein Gatewiderstand R_G vorgeschrieben. Bei langsam schaltenden Triacs ist der Schutzwiderstand R_s erforderlich, um die Planar-Thyristoren BRX 49 nicht zu überlasten

Abb. 5.3.17 Wechselstromschalter hoher Leistung mit Triac, angesteuert mittels Wechselstromschalter nach Abb. 5.3.8. Auch hier sind der Gatewiderstand R_G und der Schutzwiderstand R_s nur in Ausnahmefällen erforderlich.

einen Triac ergänzt werden, so daß höhere Leistungen geschaltet, gesteuert und geregelt werden können, wie in den folgenden Beispielen gezeigt wird.

d) „Klassische" und neue Leistungs-Dimmerschaltung

Abb. 5.3.15 zeigt die übliche Dimmerschaltung mit einem Triac, die jedoch zum Zünden mit einem programmierbaren Diac nach Abb. 5.3.12 ausgeführt ist. In *Abb. 5.3.16* dagegen ist die Schaltung (Abb. 5.3.14) durch einen Triac ergänzt.

Bei der Dimmerschaltung nach Abb. 5.3.13 werden kräftige Umladeströme für die Phasenschieberkondensatoren benötigt, auch muß der 47-nF-Zündkondensator die gesamte Zündenergie für den Triac liefern. Dagegen hat die Schaltung (Abb. 5.3.16) zwar die gleiche Anzahl Bauteile, doch können diese schwächer dimensioniert sein, da die Steuerenergie für den Triac über den Verbraucher direkt dem Lichtnetz entnommen wird. Deshalb können an dieser Stelle Triacs eingesetzt werden, die Steuerströme von 0,5 A benötigen und dann selbst z.B. mehrere 100 A schalten. Dies gilt sinngemäß auch für die folgende Schaltung.

e) Wechselstromschalter für große Leistungen

Auch die Schaltung nach Abb. 5.3.8 läßt sich durch einen Triac zu einem Hochleistungsschalter ausbauen, wie *Abb. 5.3.17* zeigt. Auch hier hängt die schaltbare Leistung nur vom Triac ab. Natürlich können auch die Schaltungen nach Abb. 5.3.9 und 5.3.10 sinngemäß erweitert werden.

Ing. Günter Peltz

Literatur

[1] Integrierte Schaltungen für die Konsumelektronik. Ausgabe 1975/76, S. 18...42. Druckschrift der Firma Intermetall.

[2] Thyristoren, Grundlagen und Anwendungen, Ausgabe 1971. Druckschrift der Firma Intermetall.

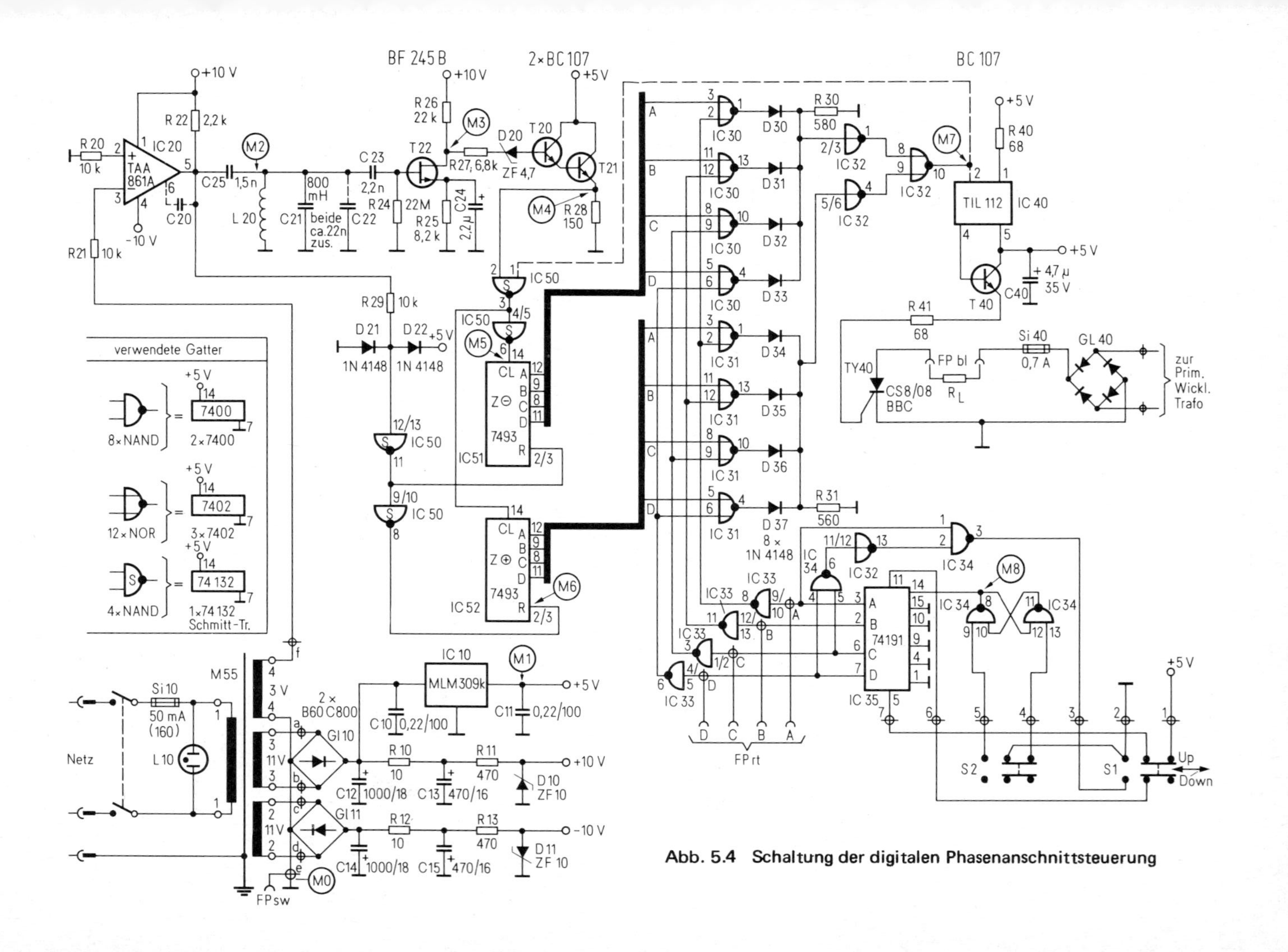

Abb. 5.4 Schaltung der digitalen Phasenanschnittsteuerung

5.4 Digitale Phasenanschnittsteuerung

Bei der Schaltung nach *Abb. 5.4* soll der Phasenanschnittwinkel in einem Thyristor-Laststromkreis in Schritten von etwa 15° durch Tastendruck größer oder kleiner gemacht werden können. Dazu werden innerhalb einer Halbperiode der Netzwechselspannung 12 Zählimpulse benötigt, die in einem festen Phasenbezug zum Netz stehen.

Die 50-Hz-Wechselspannung wird in einem Nullspannungsschalter (IC 20) in ein Rechtecksignal umgewandelt, das einmal über eine Begrenzerschaltung und über die Schmitt-Trigger (IC 50) den Rücksetzeingängen von zwei Zählern (IC 51 und 52) zugeleitet wird. Dies führt dazu, daß während der Dauer der positiven Halbwelle der Zähler ⊕ zählen kann, während der Zähler ⊖ auf dem Zählerstand 0000 bleibt (umgekehrt während der negativen Halbwelle).

Zum anderen gelangt das Ausgangssignal des Nullspannungsschalters hochohmig an einen Schwingkreis (L 20...21) mit der Resonanzfrequenz von 1,25 kHz. Dieser Schwingkreis wird im Rhythmus der 50-Hz-Rechteckspannung erregt. In einer nachfolgenden Verstärkerschaltung (T 20...22) werden diese Schwingungen so weit verstärkt, daß die Schwelle der Schmitt-Triggers (IC 50) überschritten wird. Letzterer erzeugt ein 1,25-kHz-Rechtecksignal, das dem Zähler ⊕ und in invertierter Form dem Zähler ⊖ zugeleitet wird.

Der Zählerstand beider Halbwellenzähler wird mit dem Zählerstand eines Vor-/Rückwärtszählers (IC 35) verglichen. Bei Gleichheit wird über einen Optokoppler (IC 40) der Thyristor (TY 40) gezündet. Der Zündwinkel ergibt sich damit aus der Zählerstellung des Vor-/Rückwärtszählers, dessen Zählerstand über eine entprellte Taste (S 2, IC 34) jeweils um eine Stellung auf- oder abwärts durch Tastendruck geändert werden kann. Sobald Gleichheit der beiden Zählerstände erreicht ist, werden die Zähleingänge für beide Halbwellenzähler gesperrt.

Der Vor-/Rückwärtszähler wird in der Betriebsart „Aufwärtszählen" durch eine Rücksetzlogik (IC 32 und 34) auf den Zählerstand 1101 ≙ 13 begrenzt.

Ing. (grad.) Dietmar Böhm

5.5 Phasenanschnitt- und Schwingungspaketsteuerung mit integrierten Schaltungen

Die Drehzahlsteuerung von Wechselstrommotoren, die Helligkeitssteuerung von Glüh- und Leuchtstofflampen oder auch Heizungssteuerungen bzw. -regelungen kann man sich heute ohne Phasenanschnitt- bzw. Schwingungspaketsteuerung fast nicht mehr vorstellen. Während man noch vor einigen Jahren solche Steuerungen mit diskreten Bauelementen aufbauen mußte, kann man jetzt bereits auf integrierte Schaltungen für diesen Zweck zurückgreifen. So hat z.B. die Firma SGS-ATES mit den Typen L 120 und L 121 zwei monolithisch integrierte Analogschaltungen entwickelt, die beide für die Ansteuerung von Triacs und Thyristoren geeignet sind.

Während der Typ L 120 für Phasenanschnittsteuerungen ausgelegt ist, wobei sich die Zündimpulse kontinuierlich zwischen 0...180° Phasenwinkel verschieben lassen, handelt es sich beim Typ L 121 um einen reinen Nullspannungsschalter ohmscher Lasten, mit dem man Schwingungs- bzw. Impulspaketsteuerungen aufbauen kann. Dieses Bauelement zündet im Nulldurchgang des Netzstromes einen Triac bzw. Thyristor, der beim nächsten Nulldurchgang der Netzspannung durch Unterschreiten seines Haltestromes von selbst wieder sperrt.

Die Schwingungspaketsteuerung mit Nullspannungsschaltern hat gegenüber der Phasenanschnittsteuerung mehrere Vorteile:

a) Steile Anschnittflanken werden vermieden, dadurch entfallen Funkstörungen, man spart Entstörfilter.
b) Die Lebensdauer der gesteuerten Thyristoren erhöht sich, da beim Schalten im Nulldurchgang der Laststrom nur allmählich ansteigt (hierbei wird allerdings vorausgesetzt, daß der Spannungs- mit dem Stromnulldurchgang zusammenfällt, was bei ohmscher Last stets der Fall ist).
c) Hohe Einschaltstromstöße durch unkontrolliertes Einschalten in bezug auf die Phasenlage der Netzspannung werden vermieden. Dadurch erhöht sich die Lebensdauer von Glühlampenwendeln um ein Vielfaches.
d) Durch das Schalten großer Lasten im Nulldurchgang werden Flickererscheinungen im öffentlichen Stromversorgungsnetz verhindert.

5.5.1 Phasenanschnittsteuerung mit dem Baustein L 120

Wie aus der Blockschaltung in *Abb. 5.5.1a* hervorgeht, besteht diese integrierte Phasenanschnittschaltung aus 11 internen Baugruppen. Sie kann bei Verwendung eines Vorwider-

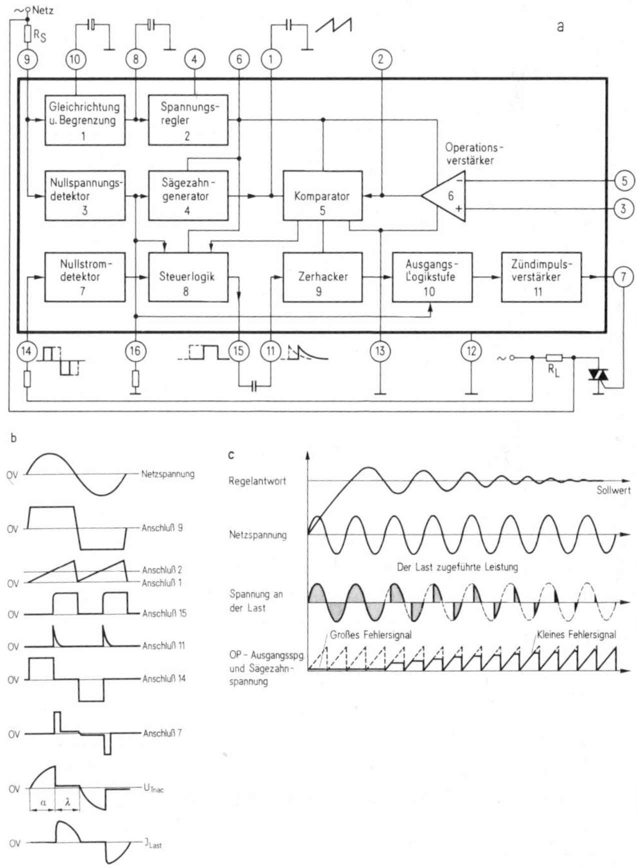

Abb. 5.5.1 a) Blockschaltung der integrierten Phasenanschnitt-Steuerschaltung L 120, b) die dazugehörigen Spannungsverläufe mit α = Zündwinkel und λ = Stromflußwinkel, c) die charakteristischen Signale einr Phasenanschnittsteuerung

standes direkt aus dem Netz oder an einer externen Gleichspannung ± 12 V betrieben werden; in letzterem Fall ist ein Synchronisiersignal aus dem Netz erforderlich. Bei Netzbetrieb wird über einen Vorwiderstand Rs die Netzspannung mit zwei *Einweggleichrichtern* gleichgerichtet (Block 1); die gewonnenen Gleichspannungen werden auf +12 V und −12 V begrenzt. An den Punkten 8 und 10 werden Ladekondensatoren angeschlossen.

Der *Spannungsregler* (Block 2) versorgt den Operationsverstärker, den Komparator und den Sägezahngenerator. Die Ausgangsspannung beträgt 8 V und kann am Anschluß 6 abgenommen werden. Sie läßt sich zusätzlich für die Versorgung externer Verbraucher mit maximal 5 mA Belastung verwenden. Am Anschluß 4 steht eine weitere stabilisierte Referenzspannung von 1,5 V zur Verfügung.

Der *Nullspannungsdetektor* (Block 3) erfüllt folgende Funktionen:

a) Synchronisation des Sägezahngenerators durch Rücksetzen beim Nulldurchgang der Netzspannung;
b) er erzeugt eines der drei benötigten Signale für die Steuerlogik und
c) er bestimmt die Polarität der Zündimpulse durch Ansteuern der Ausgangs-Logikstufe.

Die Frequenz des *Sägezahngenerators* (Block 4) wird durch den Nullspannungsdetektor festgelegt, d.h. bei jedem Nulldurchgang der Netzfrequenz wird der Sägezahn von neuem gestartet. Dessen Steilheit wird durch den Kondensator, der zwischen Anschluß 1 und Masse und dem Widerstand, der zwischen Anschluß 16 und Masse angeschlossen ist, eingestellt. Die Zägezahnamplitude liegt zwischen 0,8 und 7,5 V.

Die Ausgangsspannung (Anschluß 2) des Operationsverstärkers und die Sägezahnspannung (Anschluß 1) vergleicht der *Komparator* (Block 5). Immer dann, wenn die Ausgangsspannung des Operationsverstärkers kleiner als die Sägezahnamplitude ist, schaltet der Komparator.

Mit dem freibeschaltbaren, intern frequenzkompensierten *Operationsverstärker* (Block 6) läßt sich ein hochgenauer Regelverstärker aufbauen. Dieser Verstärker hat eine Leerlaufverstärkung von 70 dB. Die Offsetspannung beträgt 3 mV, der Offsetstrom 10 μA und die Bandbreite 3 MHz.

Der *Nullstromdetektor* (Block 7) hat die Funktion, nur dann einen Zündimpuls entstehen zu lassen, wenn der Strom im Triac zu 0 geworden ist. Er ist ähnlich aufgebaut wie der Nullspannungsdetektor. Der Triac sperrt von selbst, wenn der Laststrom kleiner wird als der Haltestrom des Triacs. In diesem Zustand liegt die volle Netzspannung über dem Triac; sie schaltet über einen hochohmigen Widerstand (100 kΩ) den Nullstromdetektor.

Die *Steuerlogik* (Block 8) hat die Aufgabe, nur dann ein Signal zu erzeugen, wenn folgende drei Bedingungen erfüllt sind:

a) Nullspannungsdurchgang; diese Information gibt der Nullspannungsdetektor,
b) Nullstromdurchgang (er ist bei induktiver Last zeitlich verschoben),
c) das Komparator-Signal schaltet die Steuerlogik, wenn die Ausgangsspannung des Operationsverstärkers innerhalb der Sägezahnamplitude liegt.

Durch diese UND-Verknüpfung werden ungewollte Zündimpulse sicher vermieden. Die Größe des Koppelkondensators zwischen den Anschlüssen 11 und 15 bestimmt die Zündimpulsbreite. Sie wird mit folgender Formel näherungsweise berechnet.

$$t = C \cdot 26 \text{ mit C in nF und t in } \mu s$$

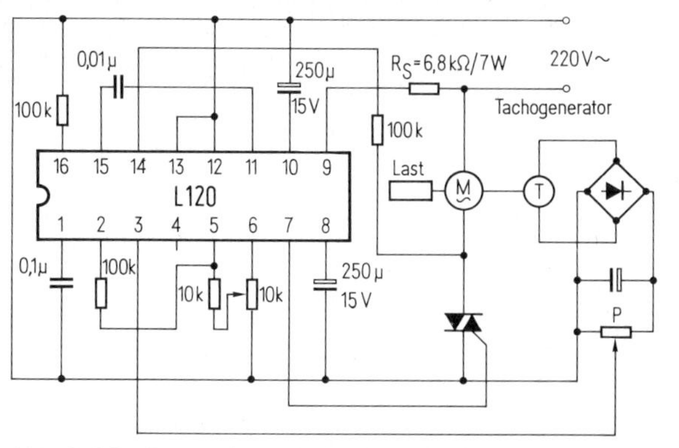

Abb. 5.5.2 Proportional-Drehzahlregelung eines Wechselstrommotors

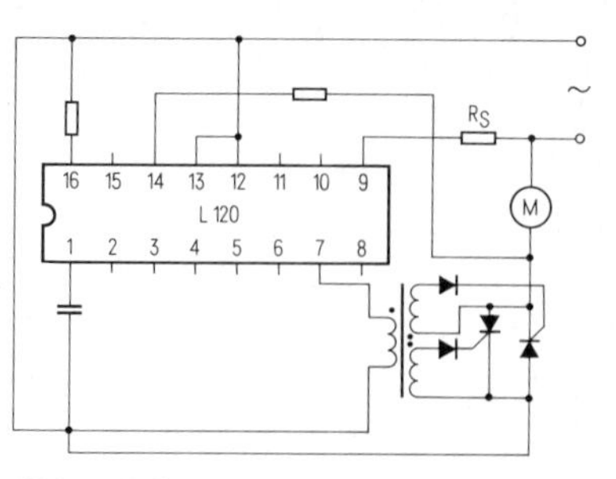

Abb. 5.5.3 Vollwellensteuerung eines Wechselstrommotors mit Thyristoren

Die Ausgangsimpulsbreite beträgt bei einem Koppelkondensator von 10 nF typ. 200 µs. Dieser Impuls hat eine Anstiegszeit von typ. 200 ns.

Über den Koppelkondensator C11/15 gelangt der Zündimpuls zum *Zerhacker* bzw. Chopper (Block 9). Er arbeitet wie ein Tor, das vom Komparator angesteuert wird. Das Tor ist für die Zeit geschlossen, während der die Operationsverstärker-Ausgangsspannung größer als die Sägezahnspannung ist.

Vom Chopper gelangt das Signal zur *Ausgangs-Logikstufe* (Block 10). Sie sorgt für die richtige Polarität der Zündimpulse entsprechend der Polarität der Netzspannung.

Der *Zündimpulsverstärker* (Block 11) erzeugt Impulsströme von 120 mA. Die Impulse sind netzsynchron und haben eine positive Amplitude von 5,5 V sowie eine negative Amplitude von 9,5 V. Am sichersten und mit der geringsten Zündenergie lassen sich Triacs zünden, wenn die Zündimpulse im I. Quadranten positive und im III. Quadranten negative Polarität haben. In *Abb. 5.5.1b* sind die Spannungsverläufe an den verschiedenen Anschlüssen des L 120 dargestellt.

Nach DIN EN 50 006/VDE 0838, Seite 2, handelt es sich bei der Phasenschnittsteuerung um einen Steuervorgang, bei dem der Stromfluß durch das Gerät bei jeder Halbschwingung erst nach einem auf den Spannungsnulldurchgang folgenden Zeitintervall freigegeben wird. Durch Änderung dieses Zeitintervalles, das durch den Steuerwinkel gekennzeichnet ist, kann die Leistungsaufnahme des Gerätes verändert werden. Die charakteristischen Signale einer Phasenanschnittsteuerung zeigt *Abb. 5.5.1c:*

Der Baustein L 120 kann beispielsweise zur Drehzahlregelung von Werkzeugmaschinenmotoren sowie von Ventilatoren in Klimaanlagen verwendet werden, ferner für Heilligkeitsregelungen in der fotografischen Industrie sowie in Regelanlagen für Temperatur, Druck, Feuchtigkeit im Bereich der chemischen und petrochemischen Industrie.

Als konkretes Beispiel ist in *Abb. 5.5.2* die Proportionalregelung eines Wechselstrommotors in Verbindung mit einem Tachogenerator angegeben. Über den Spannungsteiler zwischen Anschluß 6 und Masse wird der Sollwert der Drehzahl am invertierenden Eingang (5) des Operationsverstärkers eingestellt. Die drehzahlproportionale, gleichgerichtete Spannung des Tachogenerators wird dem nichtinvertierenden Eingang (3) zugeführt. Bei Belastung des Motors sinkt zunächst die Drehzahl und damit auch die im Tachogenerator erzeugte Spannung. Um die Verstärkung des Operationsverstärkers verringert sich dann auch die Spannung

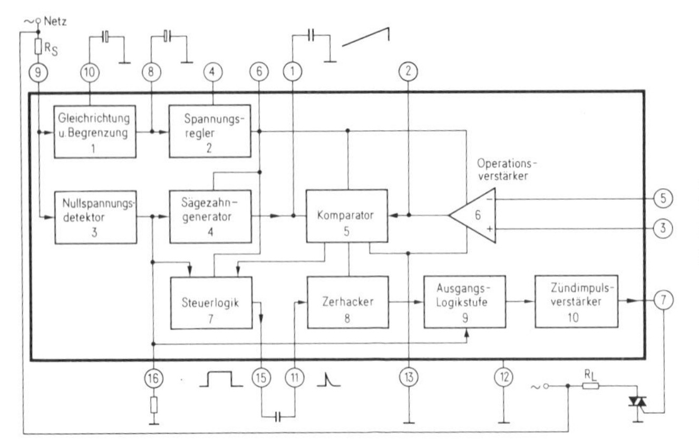

Abb. 5.5.4 Blockschaltung der integrierten Schwingungspaket-Steuerschaltung L 121 (Nullspannungsschalter)

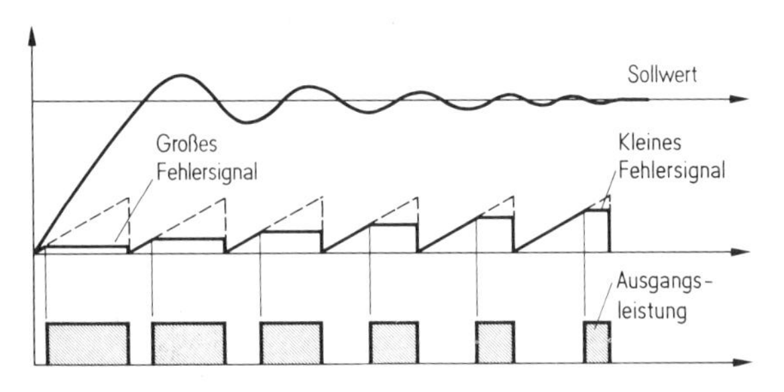

Abb. 5.5.5 Charakteristische Signale einer Schwingungspaketsteuerung

an seinem Ausgang (Anschluß 2). Die Spannung schneidet die Sägezahnspannung in einem früheren Zeitpunkt (siehe Spannungsverlauf an Anschlüssen 1 und 2), wodurch der Triac bei einem kleineren Zündwinkel gezündet wird. Nun steigt die Drehzahl so lange an, bis sich wieder ein Gleichgewicht im Regelkreis eingestellt hat. In *Abb. 5.5.3* ist die Prinzipschaltung einer Wechselstrommotor-Vollwellensteuerung dargestellt. Die beiden Thyristoren werden über einen Zündübertrager angesteuert.

5.5.2 Schwingungspaketsteuerung mit dem Baustein L 121

Wie aus der Blockschaltung in *Abb. 5.5.4* hervorgeht, verfügt dieser Baustein im wesentlichen über dieselben internen Baugruppen wie der L 120. Es entfällt allerdings der Nullstromdetektor, weil diese Schaltung nur zur Regelung ohmscher Lasten angewendet wird, wobei zwischen Spannung und Strom selbstverständlich keine Phasenverschiebung auftritt. Außerdem wird der Sägezahngenerator nicht durch den Nullspannungsdetektor synchronisiert, sondern er schwingt frei und wird bei einer Amplitude von etwa 6 V durch einen Unijunction-Transistor zurückgesetzt. Die Zeitbasis wird durch den Widerstand zwischen Anschluß 16 und Masse sowie durch den Kondensator zwischen Anschluß 1 und Masse festgelegt.

Nach DIN EN 50 006/VDE 0838, Seite 2, handelt es sich bei der Schwingungspaketsteuerung um einen Steuervorgang, bei dem der Stromdurchgang während einer ganzen Zahl von Halbschwingungen freigegeben und während einer ganzen Zahl folgender Halbschwingungen gesperrt wird. Mit den verschiedenen Kombinationen der Zeiten für Stromdurch-

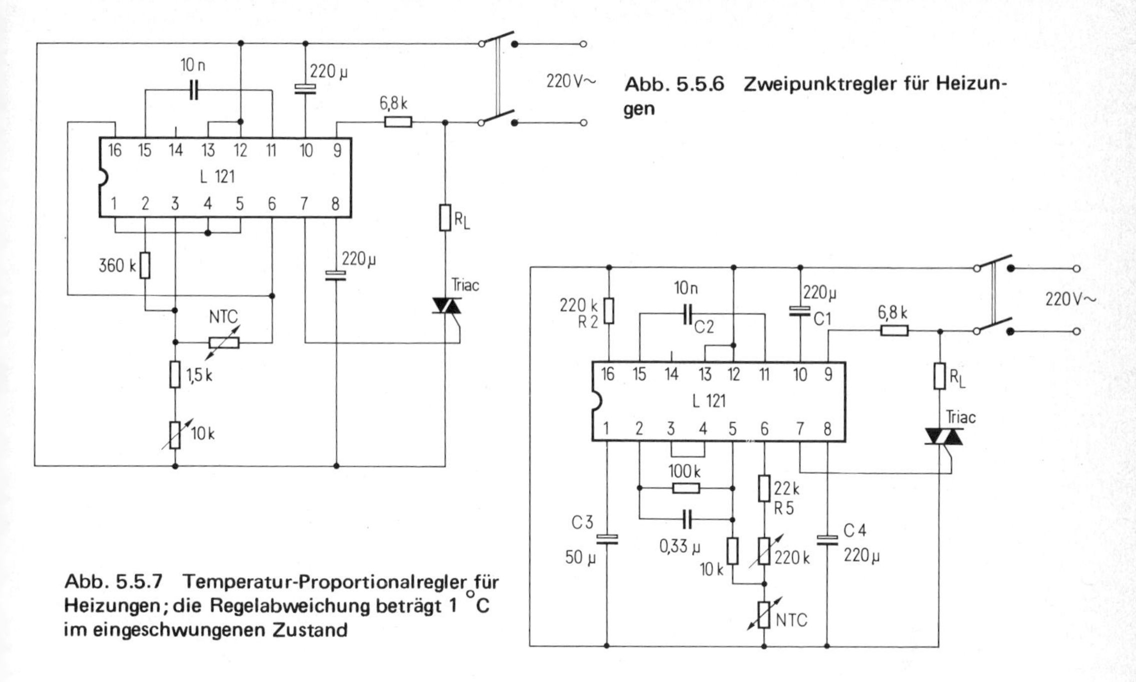

Abb. 5.5.6 Zweipunktregler für Heizungen

Abb. 5.5.7 Temperatur-Proportionalregler für Heizungen; die Regelabweichung beträgt 1 °C im eingeschwungenen Zustand

gang und -sperrung kann die mittlere Leistungsaufnahme des Verbrauchsgerätes verändert werden *(Abb. 5.5.5)*.

Die Schwingungspaketsteuerung wird hauptsächlich für Heizungssteuerungen aller Art sowie für Verkehrsampelsteuerungen angewendet. Darüber hinaus eignet sich der L 121 auch als Blinkgeber. Als Beispiel ist in *Abb. 5.5.6* ein einfacher Zweipunktregler für eine Heizungsanlage dargestellt; er weist eine Hysterese von etwa 3 °C im eingeschwungenen Zustand auf. Bei fallender Temperatur vergrößert sich der Widerstand des NTC-Fühlers. Bei Erreichen der Schaltschwelle wird der Triac im Nulldurchgang der Netzspannung eingeschaltet und bleibt für ein komplettes Schwingungspaket leitend, bis die Temperatur wieder steigt und der Widerstand des NTC-Fühlers sinkt. Damit kippt der Operationsverstärker mit einer Hysterese in die Aus-Stellung, und beim nächsten Nulldurchgang sperrt der Triac von selbst.

Die erreichbare Regelgenauigkeit ist bei einem Proportionalregler *(Abb. 5.5.7)* größer, da hier laufend mit jeder Temperaturänderung nachgeregelt wird. Dabei ändert sich proportional zu den Temperaturschwankungen die Länge der Schwingungspakete der Netzspannung an der Last.

Ing. (grad.) Ekkehard Ueberreiter

5.6 Digitale Schwingungspaketsteuerung

Auch in der Energie-Elektronik spielt die digitale Steuerung eine große Rolle, z.B. bei Schweißmaschinen, bei denen man die Taktzeiten der größeren Präzision halber nicht durch RC-Glieder bestimmt, sondern durch Taktzähler. Dieses Prinzip hat der Autor nun in einer sehr praktikablen Form auf eine industrielle Ofensteuerung ausgedehnt, bei der die Schwingungspaketsteuerung und elektronische Schütze angewandt werden. Eine solche vollelektronische Anordnung ergibt lautlosen, verschleißfreien und störungsfreien Dauerbetrieb.

5.6.1 Situation und Aufgabenstellung

In der Steuerungstechnik werden in zunehmendem Maße elektronische Schütze [1, 2] verwendet. Obwohl sie zur Zeit noch teurer sind als die herkömmlichen elektromechanischen Schütze, bieten sie doch verschiedene Vorteile und auch Möglichkeiten, die mit elektromechanischen Schützen nicht zu verwirklichen sind. Sie bestehen im wesentlichen aus einem Triac für hohe Ströme, der auf einem Kühlkörper montiert ist, und aus einem Nullspannungsschalter [1], der meist mit dem Kühlkörper vergossen ist.

Eine bevorzugte Einsatzart für elektronische Schütze ist das Schalten von Heizkreisen in Industrieöfen. Temperaturregelungen sind oft mit Zweipunktreglern ausgestattet; es kommt aber häufig vor, daß nur wenig Material in dem Ofen zu erwärmen ist und deshalb die installierte Heizleistung eigentlich zu groß ist. Bei Zweipunktreglern kann man die Schwankungsbreite der Isttemperatur um den Sollwert bekanntlich dadurch verkleinern, daß man mit den Heizleistungen im ein- und ausgeschalteten Zustand möglichst dicht an die tatsächlich zur Einhaltung der Solltemperatur nötige Leistung herangeht.

Bei gering beschicktem Ofen kann man die Heizleistung verlustlos und elegant dadurch verringern, daß man während der Zeit, in der der Zweipunktregler die Heizung einschaltet, den elektronischen Schütz nicht dauernd eingeschaltet hält, sondern in schneller Folge ein- und ausschaltet. Durch einen astabilen Multivibrator z.B. kann man das Verhältnis der Ein- zur Ausschaltzeit (Tastverhältnis) variieren. In gleicher Weise kann man auch im Ausschaltzustand des Zweipunktreglers die Heizung periodisch ein- und ausschalten. Auf diese Weise wird die Ofenheizung nicht wie bei direkter Zweipunktregelung voll ein- und ausgeschaltet, sondern je nach Reglerstellung von kleinerer auf größere Leistung umgeschaltet.

Bei einem elektronischen Schütz mit einstellbarem Tastverhältnis („Schwingungspaketsteuerung" [3]) ist die Eichung eines astabilen Multivibrators zur Ansteuerung aber umständlich und nicht immer reproduzierbar. Es wurde daher eine wenig aufwendige digitale Schwingungspaketsteuerung entwickelt, die man nicht zu eichen braucht, und die über digitale Einstellschalter dennoch exakt und reproduzierbar in 10-%-Schritten der Heizleistung einstellbar ist.

5.6.2 Prinzip

Das Prinzip ist recht einfach: Ein Dekadenzähler-IC zählt die Impulse eines Taktgebers und gibt sie binär codiert auf einen Codierschalter *(Abb. 5.6.1).* Der Dekadenzähler zählt immer 10 Impulse und springt dann sofort in den Ausgangszustand zurück, um erneut zu zählen. Durch Koinzidenz zwischen den aus der Zähldekade kommenden codierten Impulsen und dem Codierschalter läßt der Schalter je nach Einstellung (von 0...9) die eingestellte Anzahl Impulse durch, dann sperrt er für die restlichen der zehn Impulse der Dekade. Stellt man den Codierschalter also zum Beispiel auf „3", so werden jeweils drei Impulse durchgelassen und sieben gesperrt usf. Eine Schwingungspaketsteuerung erhält man dadurch, daß für die Zeit der durchgelassenen Impulse der elektronische Schütz leitend und während der Zeit der ausbleibenden Impulse wieder gesperrt wird. Ordnet man nun für die Öffnungs- und Schließzeit des Zweipunktreglers jeweils getrennte Codierschalter an, so kann man die Schwingungspaketsteuerung für die Ein- und Ausschaltzeit des Reglers getrennt einstellen.

5.6.3 Schaltungsdetails

Den Schaltplan für die praktische Ausführung zeigt *Abb. 5.6.2.* Ein integrierter Zeitgeber vom Typ 555 (Signetics) in astabiler Multivibratorschaltung mit einer Frequenz von 5 Hz

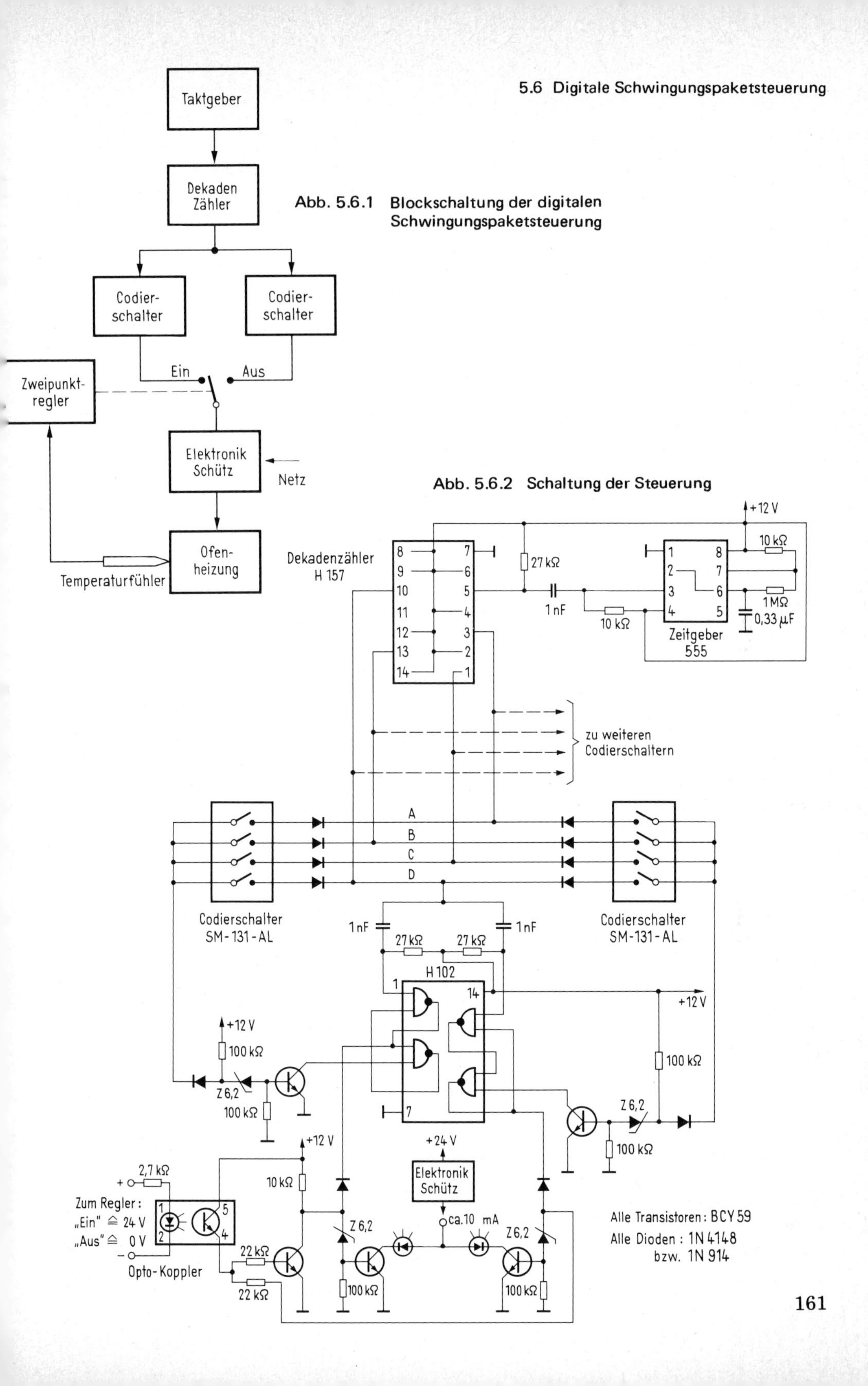

Abb. 5.6.1 Blockschaltung der digitalen Schwingungspaketsteuerung

Abb. 5.6.2 Schaltung der Steuerung

dient als Taktgeber. Die Impulse gelangen auf den Dekadenzähler-IC vom Typ H 157 (SGS). Dieser Typ wurde wegen der hohen Störsicherheit und unkritischen Betriebsspannung ausgewählt. Die vier binär codierten Ausgänge (A/B/C/D) werden im Takt des Multivibrators umgeschaltet. Sie werden auf einen (oder auch mehrere) ebenfalls binär codierte Dekadenschalter geführt. Ein weiterer IC vom Typ H 102 aus der gleichen störsicheren SGS-Reihe enthält vier NAND-Glieder, die als zwei Flipflops zusammengeschaltet sind. Diese werden durch einen Impuls aus dem D-Ausgang des Dekadenzählers in eine bestimmte Lage gekippt und durch jeweils eine Transistorvorstufe in die andere Lage.

Das der Basis der Transistorstufe über einen Widerstand von 100 kΩ zugeführte hohe Potential (+ 12 V) wird zunächst über die (je nach eingestellter Ziffer) geschlossenen Kontakte des Codierschalters und die auf Null liegenden Ausgänge des Dekadenschalters abgeleitet. Der Zähler beginnt zu zählen, und wenn die gleiche binäre Stellung der Ausgänge erreicht ist wie im Codierschalter, d.h. genau die Leitungen auf H-Pegel liegen, die auf geschlossene Codierkontakte führen, dann wird der Transistor leitend und schaltet das Flipflop um. Dieses bleibt jetzt so lange in seiner Lage, bis der Dekadenzähler nach dem zehnten Impuls auf der D-Leitung wieder zurückkippt. Das Flipflop befindet sich also, je nach der auf dem Codierschalter eingestellten Zahl, eine gewisse Zeit in der einen Lage, und für die restliche Zeit bis zum Ablauf der 10 Takte in der anderen Lage. Bei einer Taktfrequenz von 5 Hz dauert also eine Periode 2 Sekunden. Innerhalb dieser Periode kann durch Einstellung des Codierschalters die Zeit für die beiden Lagen des Flipflops (Tastverhältnis) in 10 Stufen verändert werden. Nun ist es leicht, entsprechend den Lagen des Flipflops über eine weitere Transistorstufe ein elektronisches Schütz ein- und auszuschalten.

5.6.4 Betriebsverhalten

Selbst wenn sich durch Temperatureinflüsse die Taktzeit des astabilen Multivibrators langsam verändern sollte, so bleibt doch das eingestellte Tastverhältnis genau erhalten. Man kann natürlich auch eine andere Frequenz als 5 Hz wählen; sehr viel höher sollte sie aber nicht sein, da man sonst zu nahe an die Netzfrequenz kommt, mit der der Triac geschaltet wird. (Bei 5 Hz und während nur eines Einschalttaktes des Dekadenzählers wird der Triac 20mal durchgeschaltet.) Eine zu langsame Frequenz ist bei geringer Trägheit der Ofenheizung auch nicht empfehlenswert.

Da der Ofenheizung während der Ausschaltzeit des Zweipunktreglers eine geringere und während der Einschaltzeit eine höhere Leistung zugeführt werden soll, müssen pro Heizung zwei Codierschalter vorhanden sein, deren unterschiedliche Tastverhältnisse je nach Stellung des Zweipunktreglers auf das elektronische Schütz gegeben werden. Die Kontakte des Zweipunktreglers steuern (hier z.B. noch über einen Opto-Koppler) bzw. sperren jweils die Verbindung des einen oder des anderen Flipflops mit dem elektronischen Schütz. In den beiden Steuerleitungen zum Schütz befindet sich noch je eine kleine Leuchtdiode, die es gestattet, die Funktion der Schwingungspaketsteuerung zu beobachten.

Eine Besonderheit der Schaltung in Abb. 5.6.2 ist noch zu erwähnen: Die Ansteuerung des elektronischen Schützes von jedem der beiden Flipflops her wird aus folgendem Grund etwas unterschiedlich ausgeführt: Die Codierschalter lassen sich grundsätzlich nur auf die Ziffern 0...9 einstellen. Für die Zeit, in der der Zweipunktregler ausgeschaltet hat, wird eine gewisse geringe Heizleistung durch ein entsprechendes Tastverhältnis des Triacs aufrechterhalten, sie sei hier „Grundheizung" genannt. Die am Codierschalter sichtbare Ziffer gibt die *Einschaltzeit* der Schwingungspaketsteuerung bei Grundheizung in 10-%-Stufen an, also von 0...90 % der maximalen Heizleistung. Meist wird man eine Grundheizung von 0 bis vielleicht 60 % benötigen. Anders bei eingeschaltetem Zweipunktregler: Hier sind 0 % überflüssig, dafür braucht man aber mitunter 100 %. Da die Ziffer „10" nicht auf dem Schalter ist und auch eine Umcodierung der „0" in „10" umständlich wird, wurde hier eine andere Schaltung gefunden: Die Impulse der Schwingungspaketsteuerung werden für die Zeit des eingeschalteten Reglers (hier „Vollheizung" genannt) durch eine zusätzliche Transistorstufe invertiert und damit das Tastverhältnis umgekehrt. Die eingestellte Codierschalter-Ziffer gibt jetzt die *Ausschaltzeit* der Schwingungspaketsteuerung von 0...90 % an, d.h. man kann die Leistung der Vollheizung von 10...100 % einstellen.

Hat ein Ofen verschiedene Heizzonen, die getrennt geregelt werden, so können mehrere Triac-Schaltstufen mit je zwei Codierschaltern gemeinsam an einen integrierten Dekadenzähler mit einem Zeitgeber angeschlossen werden. Alle diese Schaltungen wurden bei der praktischen Ausführung des Verfassers in einem einzigen Einschub untergebracht. Es wurden bisher zwei Einheiten ausgeführt, die sich im Dauerbetrieb bewährt haben.

Helmut Schubert

Literatur

[1] Schubert, H.: Elektronische Schütze mit Nullspannungsschaltern. ELEKTRONIK 1972, H. 4, S. 139...140.
[2] Siebert, H.P.: Optoelektronische Relais und Schütze. ELEKTRONIK 1973, H. 5, S. 192...194.
[3] Limann, O.: Proportionale Temperaturregelung mit Nullspannungsschaltern. ELEKTRONIK 1967, H. 8, S. 237...239.

5.7 Drehrichtungs- und Drehzahlsteuerung für einen Gleichstrommotor

Für eine Labortesteinrichtung wurde eine einfache motorgetriebene Positioniersteuerung benötigt. Ein Gleichstrommotor und eine Dimmer-Brettschaltung waren vorhanden. Was fehlte, war die Drehrichtungsumkehr.

Die Lösung des Problems zeigt *Abb. 5.7.*

Mit dem 500-kΩ-Potentiometer kann der Motor langsam angefahren werden. Bei Mittelstellung des Potentiometers ändert sich die Drehrichtung des Motors. Die Dimensionierung der RCL-Kombination ist von den Motordaten abhängig.

Diese Schaltung soll kein „Kochrezept", sondern nur eine prinzipielle Lösungsmöglichkeit für einen ähnlich gelagerten Fall sein.

Horst Heyde

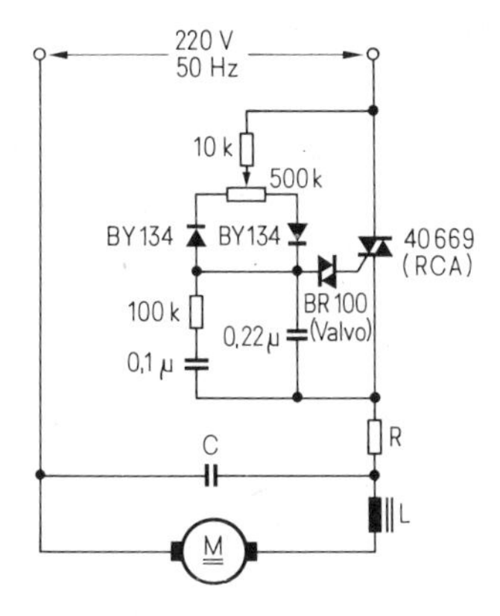

Abb. 5.7 Schaltung für die Steuerung von Drehrichtung und Drehzahl eines Gleichstrommotors

5.8 Drehzahlimpuls-Verstärker mit nur einer Leitung für Stromversorgung und Signalübertragung

Zur Drehzahlmessung werden oft induktiv arbeitende Geber eingesetzt, die beispielsweise aus einer feststehenden Induktionsspule mit einem Dauermagnetstift als Kern und aus einem mit der zu messenden Drehzahl rotierenden Zahnrad aus ferromagnetischem Material bestehen. Wenn der Geber ziemlich klein sein muß und ein verhältnismäßig großer Geberluftspalt gefordert wird, dann ist die in der Spule induzierte Spannung bei niedrigen Drehzahlen so gering, daß sie am Ort der Entstehung verstärkt werden muß, um bei der Übertragung zu einem Auswertegerät nicht durch Einstreuung von Störspannungen verfälscht zu werden. Mit Hilfe der Schaltung nach *Abb. 5.8.1* kann das Gebersignal zu einem Rechteck-Mäander mit ausreichend hoher, konstanter Amplitude verstärkt und über die Stromversorgungsleitung des Verstärkers zu einem Auswertegerät übertragen werden. Damit benötigt man lediglich zwei Leitungen zwischen Geber/Verstärker und Auswertegerät oder aber, wenn eine Masseverbindung bereits besteht, nur eine einzige Leitung.

Arbeitsweise

Die Schaltung besteht aus einem zweistufigen Verstärker mit den Transistoren T 1 und T 2 und aus einem Rückkopplungsnetzwerk mit einer Diode D und den Widerständen R 1, R 2 und R 3. Der Verstärker wird aus einem Signalauswertegerät mit der Gleichspannung U_v über den Widerstand R0 gespeist. Aus der Dimensionierung der Schaltung geht hervor, daß an R0 eine unterschiedlich große Spannung abfällt, je nachdem, ob in den Verstärker ein sehr kleiner Strom fließt, weil T 2 sperrt, oder ob der Verstärker einen wesentlich höheren Strom aufnimmt, weil T 2 leitet und R 2 als Belastungswiderstand wirkt. Die Induktionsspule des Gebers liegt zwischen der Anode von D und der Basis von T 1. Da die Basis-Emitter-Spannung von T 1 etwa gleich der Spannung an D ist, wird T 1 leitend, solange die Geberspannung u_G positiv ist. Damit wird T 2 gesperrt. T 2 leitet, wenn T 1 während $u_G < 0$ gesperrt ist. Der ohmsche Widerstand R_G der Geberspule ist so niedrig, daß der Basisstrom von T 1 an ihm keinen bemerkenswerten Spannungsabfall erzeugt; somit kann auch die Änderung von R_G mit der Umgebungstemperatur die Wirkung der Schaltung nicht beeinträchtigen.

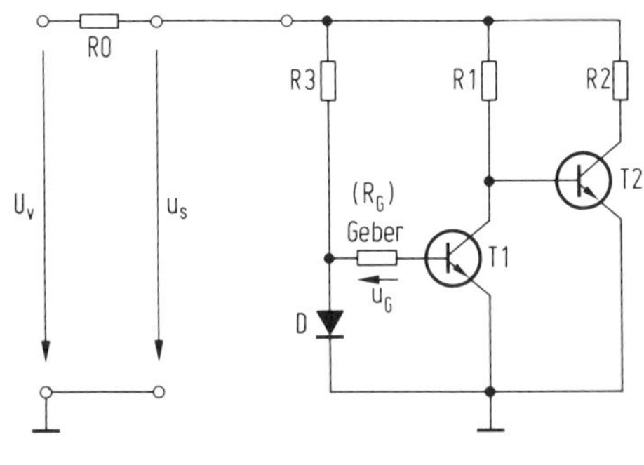

Dimensionierungsbeispiel:
$R0 = 560\,\Omega$, $R1 = 1{,}8\,k\Omega$, $R2 = 220\,\Omega$, $R3 = 2{,}7\,k\Omega$, $R_G \approx 200\,\Omega$
T1, T2 = BCY 58, D = BAX 13
$U_v = 10\,V$, $U_{max} \approx 7\,V$, $U_{min} \approx 3\,V$

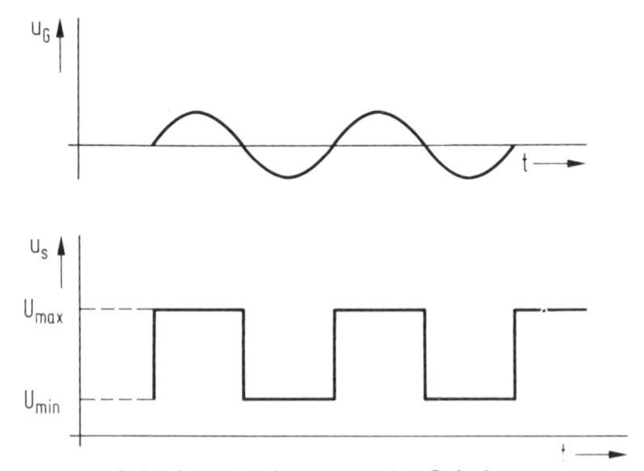

Abb. 5.8.2 Impulsdiagramm der Schaltung

Abb. 5.8.1 Schaltung des Drehzahlimpuls-Verstärkers

Der Verstärker ist über R 3 mitgekoppelt. Die Mitkopplung wirkt so, daß beispielsweise beim Leitendwerden von T 1 und gleichzeitigem Sperren von T 2 die Signalspannung u_s auf den Wert U_{max} springt, so daß die Spannung an D geringfügig zunimmt; dadurch wird das Leitendwerden von T 1 beschleunigt. Um steile Flanken von u_s zu erhalten, muß der dynamische Leitwert von D kleiner als die Eingangssteilheit von T 1 sein. *Abb. 5.8.2* zeigt das Impulsdiagramm.

Die Schaltung zeigt keine besonderen Ansprüche an die Bauelemente, insbesondere erfordert sie keinen Abgleich, wenn die Geberspannung mindestens 50...100 mV erreicht. Die niederohmige Dimensionierung gewährleistet zusammen mit der durch die Mitkopplung erzielten Schalthysterese eine hohe Unempfindlichkeit gegen Störeinflüsse. Die Signalspannung u_s, deren Hub einige Volt beträgt, kann im Auswertegerät ohne weiteres kapazitiv ausgekoppelt werden.

Dr.-Ing. Wolfgang Maisch

5.9 Lineare Leistungssteuerung

Das der Regelabweichung proportionale Ausgangssignal einer Meßbrücke (u_{st}) soll in eine proportionale Heizleistung umgesetzt werden.

Bei herkömmlichen Schaltungen wird durch Phasenanschnittsteuerung mit einem Thyristor oder Triac ein linearer Zusammenhang zwischen dem Eingangssignal u_{st} und dem Zündwinkel α hergestellt. Dies läßt sich sehr einfach durch Anschalten einer sägezahnförmigen Referenzspannung u_{ref} an den Komparatoreingang erreichen *(Abb. 5.9.1)*. Dafür gibt es schon fertige integrierte Schaltungen. Der Zusammenhang zwischen Zündwinkel α und Leistung P des Verbrauchers ist aber nicht linear (a in *Abb. 5.9.2)*. Es besteht die Beziehung:

$$P = \frac{\hat{u}^2}{4\,\pi\,R_{Last}}(\pi - \alpha + 0{,}5 \cdot \sin 2\,\alpha) \quad \text{oder} \quad \frac{P}{P_{max}} = \frac{\pi - \alpha + 0{,}5 \sin 2\,\alpha}{\pi}$$

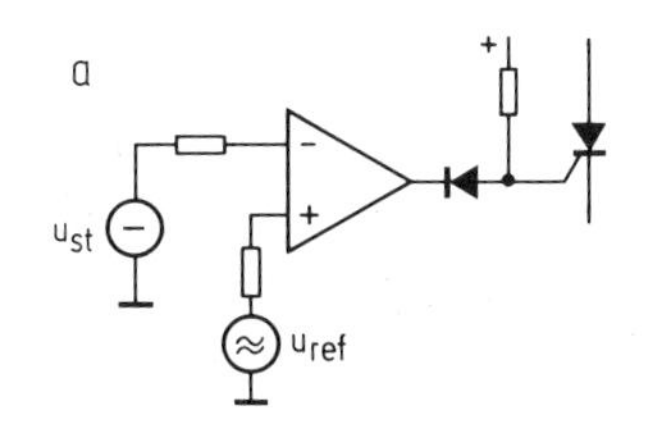

Abb. 5.9.1a) Bei herkömmlichen Schaltungen ist u_{ref} eine Sägezahnspannung

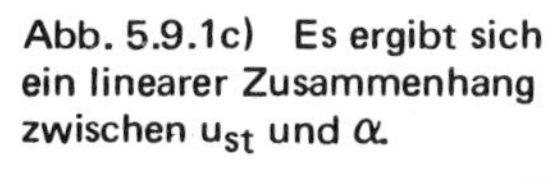

Abb. 5.9.1c) Es ergibt sich ein linearer Zusammenhang zwischen u_{st} und α.

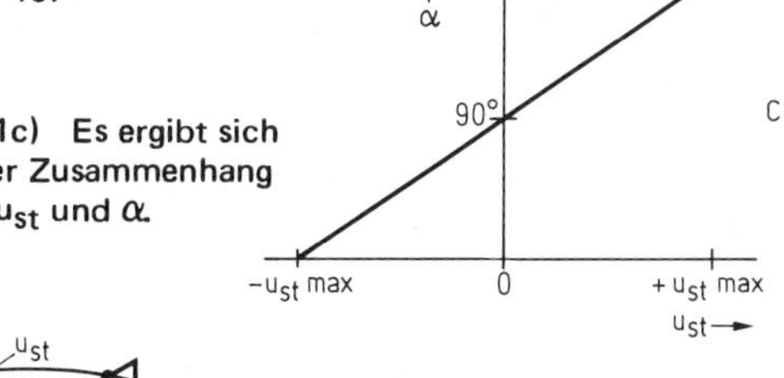

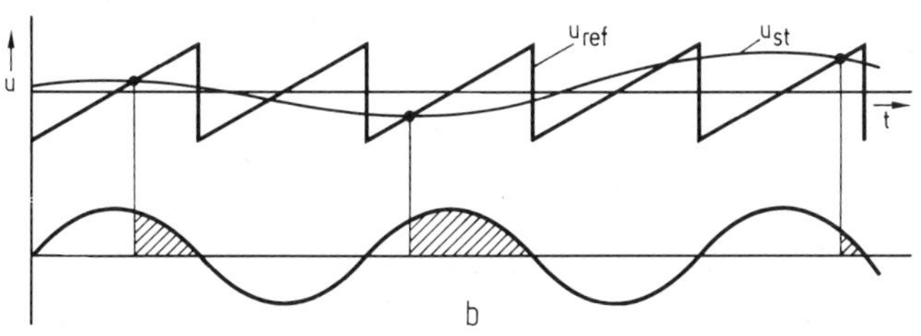

Abb. 5.9.1b) Wenn u_{ref} größer wird als u_{st}, dann kippt der Komparator, und der Thyristor zündet. Die negative Halbwelle bleibt unberücksichtigt

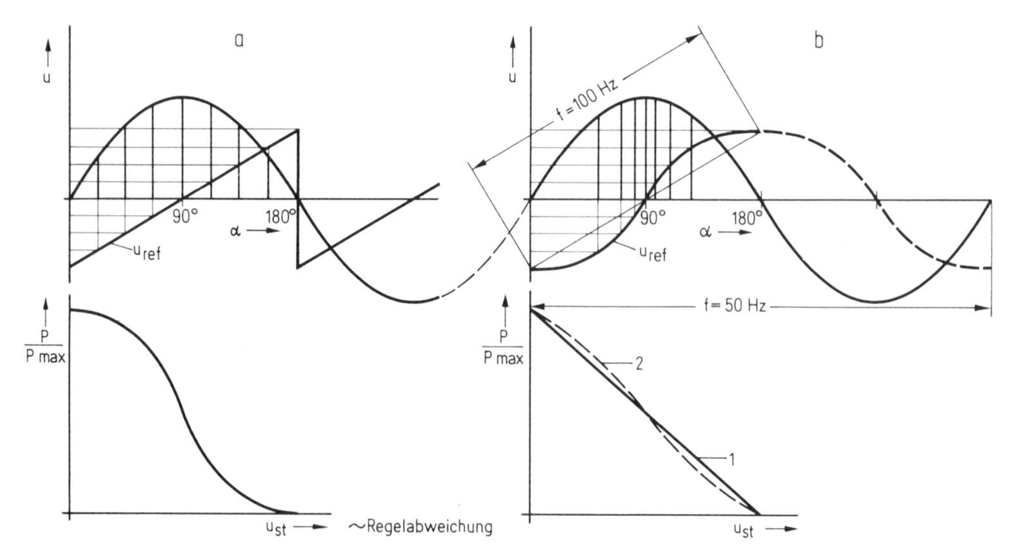

Abb. 5.9.2 a) Ist u_{ref} ein Sägezahn, dann ist der Zusammenhang zwischen P und u_{st} nicht linear. Bei $0 < \alpha < 90^\circ$ ist die Leistung zu hoch und bei $90^\circ < \alpha < 180^\circ$ ist die Leistung zu niedrig. b) Um einen linearen Zusammenhang zwischen P und u_{st} zu erreichen, muß der Zündzeitpunkt im Bereich $0 < \alpha < 90^\circ$ später und im Bereich $90^\circ < \alpha < 180^\circ$ früher gewählt werden. Einen völlig linearen Zusammenhang (1) erreicht man theoretisch mit u_{ref} nach dem obigen Verlauf (Sägezahn mit Sinus von 100 Hz überlagert). Eine gute Näherung stellt eine um 90° phasenverschobene Sinusspannung mit f = 50 Hz dar, die eine für die Praxis völlig ausreichende Linearität liefert (2)

Ein annähernd linearer Zusammenhang zwischen der Leistung und der Regelabweichung läßt sich herstellen, indem man die Sägezahnspannung durch eine um 90° phasenverschobene Sinusspannung ersetzt (b in Abb. 5.9.2). Wird der Verbraucher am Netz betrieben, so muß diese Sinusspannung ebenfalls eine Frequenz von 50 Hz haben. Durch die geänderte Beziehung zwischen u_{st} und α wird die Unlinearität der Leistungs-Regelabweichungs-Kurve weitgehend kompensiert, was für die Praxis völlig ausreicht. *Ing. (grad.) Herbert Güthner*

5.10 Feder-Abhebesteuerung für X-Y-Schreiber

Bei der täglichen Laborarbeit kommt es oft vor, daß mit Hilfe eines X-Y-Schreibers mehrere Meßkurven auf demselben Blatt aufgezeichnet werden, um z.B. unterschiedliche Filterkurven miteinander vergleichen zu können. Meßkurven, die sich nur wenig voneinander unterscheiden, sind dann oft schwer auseinanderzuhalten. Erleichtert wird die Arbeit durch unterschiedliche Farben oder durch verschiedene Punkt-Strich-Muster. Eine Schaltung zur Erzeugung solcher Muster zeigt *Abb. 5.10.1.*

Schaltungsbeschreibung

Ein Oszillator mit dem Zeitgeberbaustein NE 555 erzeugt eine Frequenz von 8 Hz mit dem Kondensator C 1 bzw. 4 Hz mit dem Kondensator C 2. Das Trimmpotentiometer P 1 dient zur Einstellung des Tastverhältnisses und der Frequenz. Mit Hilfe des Vor-Rückwärts-Zählers SN 74191 wird die Oszillatorfrequenz durch die Faktoren 2, 4, 8 und 16 geteilt. Die Aus-

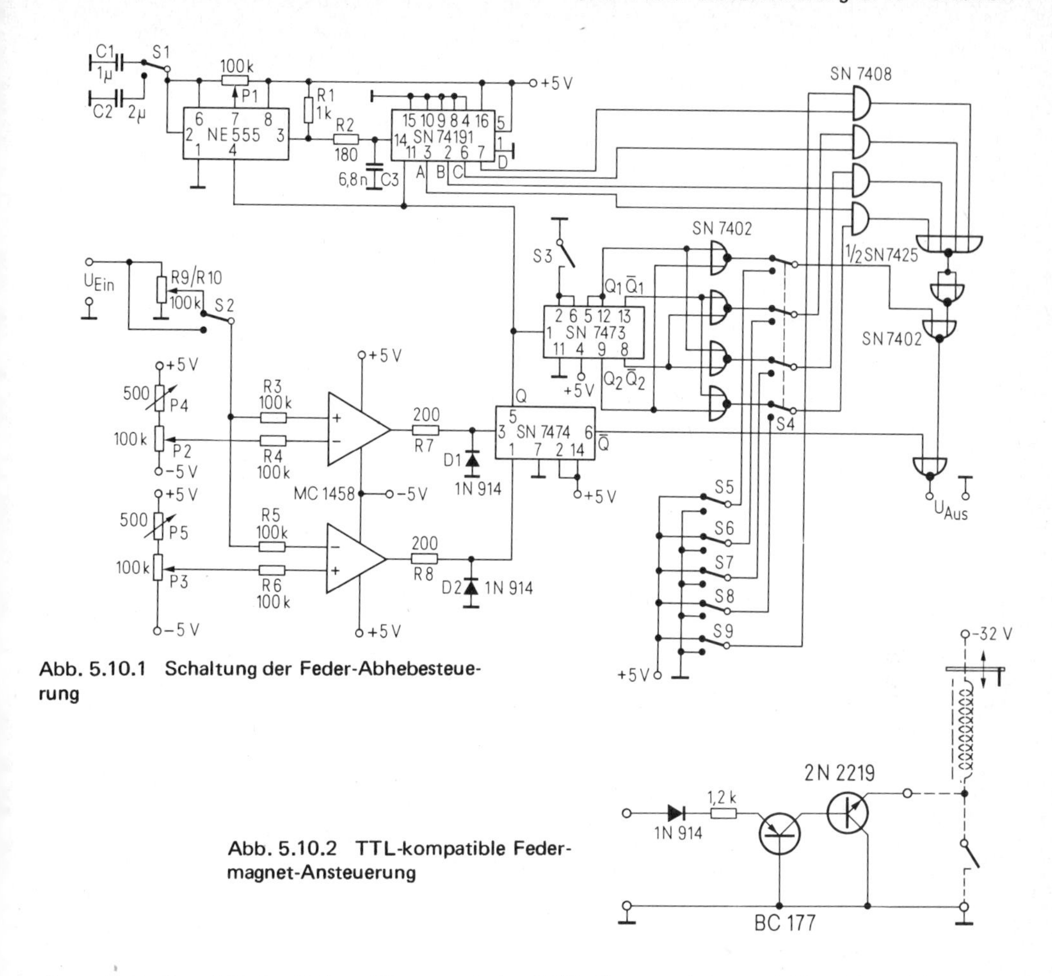

Abb. 5.10.1 Schaltung der Feder-Abhebesteuerung

Abb. 5.10.2 TTL-kompatible Federmagnet-Ansteuerung

gänge A, B, C und D des Teilers führen auf vier UND-Gatter mit je zwei Eingängen. Liegt eine „1" am zweiten Eingang eines UND-Gatters, so gelangt das jeweilige Ausgangssignal auf das NOR-Gatter SN 7425, an dessen Ausgang nun die Taktfrequenz und damit das Strich-Pausen-Verhältnis für die Federsteuerung des X-Y-Schreibers zur Verfügung steht. Werden gleichzeitig mehrere Ausgangssignale an das NOR-Gatter gelegt, so wirkt dieses wie eine Art „Mischer", und es ergibt sich ein Punkt-Strich-Muster.

Damit jede Meßkurve mit einem Strich beginnt und die Feder vor dem Rücklauf abhebt und am Anfang wieder aufsetzt, sind noch weitere Schaltungselemente vorhanden. Mit Hilfe von zwei Spannungskomparatoren werden Anfangs- und Endpunkt des Schreibvorgangs bestimmt. Die zur Ablenkung erforderliche Sägezahnspannung wird daher außer auf den X-Eingang des Schreibers auch auf die Feder-Abhebesteuerung gegeben. Mit den Potentiometern P 2 und P 3 werden die Schaltschwellen der zwei Spannungskomparatoren eingestellt. Zur Feineinstellung dienen die Potentiometer P 4 und P 5, und der Eingangsteiler R 9/R 10 dient zur Verkleinerung großer Sägezahnspannungen. Die Dioden D 1 und D 2 schließen die negativen Spannungen am Ausgang der Komparatoren kurz, so daß ein TTL-kompatibles Signal zur Verfügung steht. Bei Erreichen der unteren Schwelle wird ein Taktimpuls auf das Flipflop SN 7474 gegeben, dessen Q-Ausgang den Oszillator NE 555 startet und den Zähler SN 74191 auf „1" setzt. Damit das Setzen des Zählers nicht mit dem Start des Oszillators zusammenfällt, wird das vom Oszillator kommende Signal noch um die Zeit t = R 2 · C 3 verzögert. Wird die obere Schwelle erreicht, so wird das Flipflop SN 7474 zurückgesetzt und der Oszillator angehalten. Der $\overline{Q}$-Ausgang des Flipflops sorgt gleichzeitig über eine NOR-Verknüpfung dafür, daß die Feder vom Papier abhebt.

Der Dual-Zähler SN 7473 dient dem Bedienungskomfort; mit seiner Hilfe werden die Strichmuster vor jeder neuen Meßkurve automatisch umgeschaltet. Mit jedem Takt-Impuls (bei Erreichen der oberen Schwelle) zählt er um eins weiter und schaltet den Ausgang der Feder-Abhebesteuerung über eine NOR-Verknüpfung zunächst auf Dauerstrich, dann auf die drei Ausgänge A, B, C des Vor-Rückwärts-Zählers. Mit dem Schalter S 3 kann der Zähler SN 7473 jederzeit wieder auf Null zurückgesetzt werden, so daß der Ablauf der Feder-Abhebesteuerung wieder mit Dauerstrich beginnt. Durch die Drucktastenschalter S 4...S 9 sind die Betriebsarten Dauerstrich, Punktmuster oder Automatik einzeln wählbar. Durch Betätigen mehrerer Tasten können Kombinationen von Punkt-Strich-Mustern eingestellt werden.

Anschluß an einen X-Y-Schreiber

Ein X-Y-Schreiber wie der Typ hp 135 von Hewlett-Packard läßt sich extern nur steuern, wenn die Magnetspule der Feder gegen Masse gelegt wird. Um eine TTL-kompatible Ansteuerung zu ermöglichen, wird eine Schaltung mit zwei Transistoren aufgebaut, die als Schalter arbeitet und beim Anlegen einer Spannung zwischen +3,5 V und +5 V den Federmagneten anziehen läßt *(Abb. 5.10.2)*. Die vier Bauteile können bequem im Schreiber untergebracht werden oder, wenn man sich vor einem Eingriff scheut, noch auf der Platine der Feder-Abhebesteuerung Platz finden.

In der Praxis erwies sich das Gerät als sehr nützlich, da Bilder mit mehreren Meßkurven wesentlich übersichtlicher wurden. Außerdem gab es keinen unschönen Rücklaufstrich, was passierte, wenn die Feder nicht rechtzeitig vom Papier abhob. *Rolf Springer*

Literatur

[1] U. Tietze, Ch. Schenk: Halbleiterschaltungstechnik. Springer-Verlag, Berlin, Heidelberg, New York.

5.11 Programmierbarer Helligkeitseinsteller

Beim Helligkeitseinsteller *(Abb. 5.11)* mit fast hundertprozentigem Einstellbereich lassen sich der Zündwinkel und das Ein-/Ausschalten extern mit einem Schalter programmieren.

Schalterfunktionen

Ein Impuls = EIN; zwei Impulse = AUS.
Ein Impuls verlängert auf 1...10 s = kontinuierliches Abdunkeln solange der Schalter geschlossen ist; gewählte Helligkeit bleibt bis zum nächsten Ausschalten.

Funktion

Über den Optokoppler IC 1 gelangt das Steuersignal (50 Hz/~ vom Sensor, oder min. 3 V Gleichspannung) auf die Verzögerungsstufe (R 2, R 3, C 1). Zeiten von 0,5 s (Anzug) und

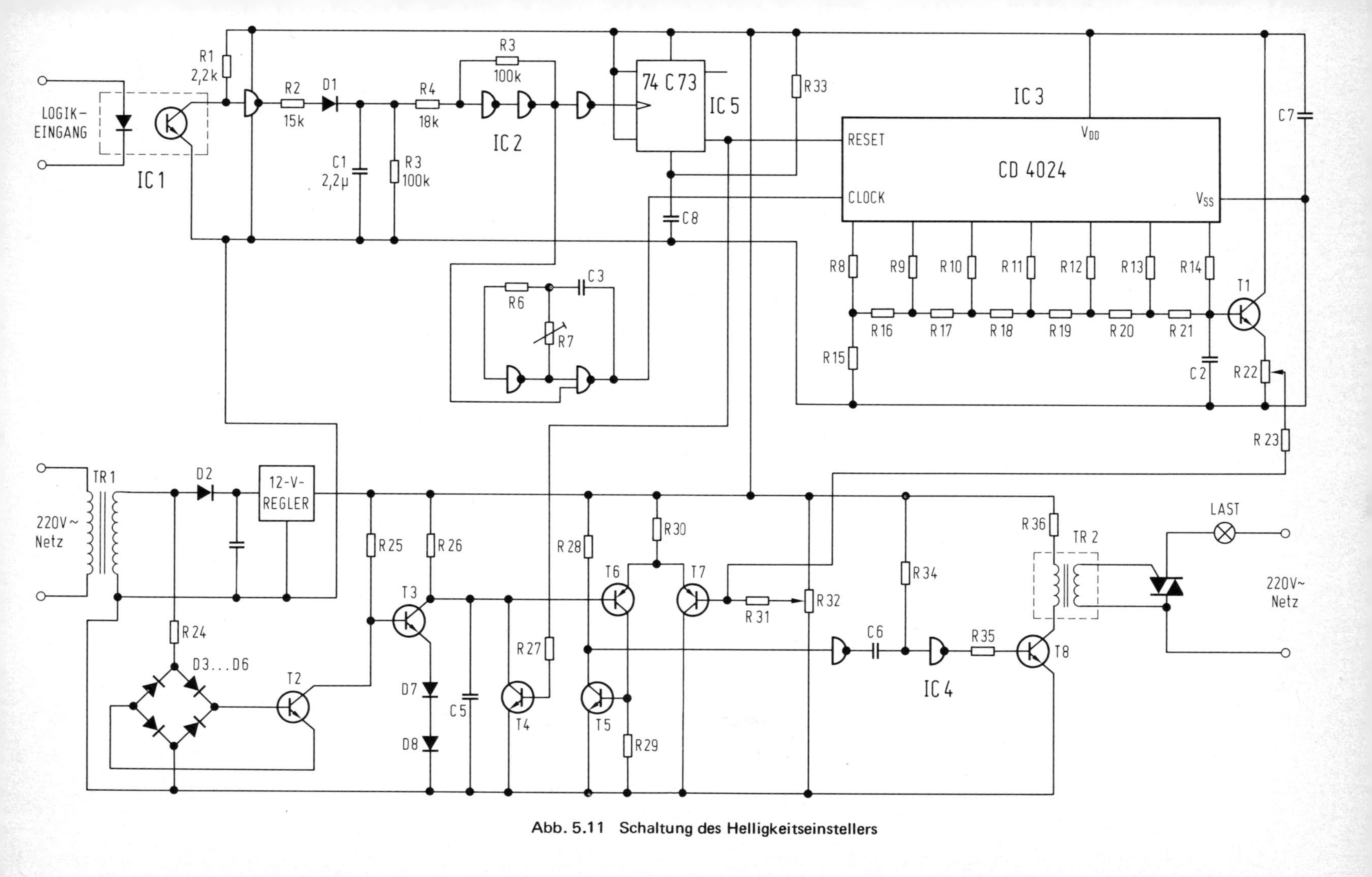

Abb. 5.11 Schaltung des Helligkeitseinstellers

1...2 s (Abfall) ergaben im Betrieb die besten Ergebnisse. Der nachfolgende Schmitt-Trigger (IC 2, R 4, 5) erzeugt saubere Rechteckflanken für das Flipflop (IC 5). Im Aus-Zustand ist der Zählerausgang null, und der Transistor T 4 sperrt den Zündimpulsgenerator. Im Ein-Zustand ist T 4 offen, und der Zähler (7 bit dual) zählt die Taktimpulse vom Rechteckgenerator (IC 2, R 6, R 7); die Frequenz kann von 10...30 Hz verändert werden. Der Zählerausgang wird mit dem Widerstandsarray (R—2R—Schaltung) in eine Treppenspannung umgewandelt, die mit C 2 geglättet und mit T 1 an den Differenzverstärker T 6/T 7 angepaßt wird. Solange ein Signal am Optokoppler steht, steigt die Spannung linear an. Wenn der Eingangsschalter geöffnet wird, bleibt der Zählereingang gesperrt und der Analogausgang beim momentanen Spannungswert stehen. Beim nächsten Schaltbefehl werden das Flipflop und der Zähler auf Null gesetzt. T 4 schließt den Zündimpulsgenerator kurz.

Der Zündimpulsgenerator funktioniert wie folgt: Über D 3...D 6, T 2, T 3, C 5 wird eine netzsynchrone Sägezahnspannung erzeugt. Wenn diese Spannung den Sollwert des Digital-Analog-Umsetzers erreicht, wird T 5 gesperrt. Der positive Spannungssprung am Kollektor von T 5 wird an IC 4, C 6 differenziert und in einen kurzen Rechteckimpuls umgewandelt. Über den Übertrager TR 2 wird der Triac eingeschaltet. Die Speisespannung von 12 V für den Zündimpulsgenerator und die CMOS-Logik wird mit D 2 und C 4 gewonnen. Eine zusätzliche Stabilisierung mit Z-Diode oder Spannungsregler ist nicht unbedingt notwendig. Mit R 22 und R 32 lassen sich die maximale und minimale Helligkeit in gewissen Grenzen einstellen.

Eine interessante Variante ist folgende: Ersetzt man den Zähler durch ein Schieberegister oder einen Speicher, so läßt sich die Helligkeit mit 7 bit seriell oder parallel programmieren.

Erich Suter

5.12 Kurzschlußfeste Leistungsschaltstufe

Beim Aufbau von elektronischen Steuerungen werden für den Übergang vom Logikteil auf externe Stellglieder Leistungsschaltstufen verwendet. Häufig sind die Stellglieder über längere Leitungen mit Zwischenklemmungen oder Steckverbindungen angeschlossen. Dadurch wird die ohnehin vorhandene Kurzschlußgefahr auf der Lastseite der Schaltstufe erhöht; das stellt eine Gefährdung des Schalttransistors dar. Bei der in *Abb. 5.12* gezeigten Schaltung ist der Schalttransistor gegen Kurzschluß (Überlast) geschützt, ohne daß in den Lastkreis Meßwiderstände eingefügt werden müssen.

Wirkungsweise

Ist bei einer Schaltstufe der Lastwiderstand sehr klein, so wird der Kollektorstrom durch den Basisstrom begrenzt; U_{CE} steigt an. Dieser Spannungsanstieg kann als Kriterium für einen unzulässigen Betriebsbereich verwendet werden. Wenn die Einschaltzeit kurz ist, wird der Transistor nicht zerstört.

Bei der vorliegenden Schaltung wird der Schalttransistor T 3 vom Vortransistor T 1 über zwei Wege gesteuert, einmal über den Kondensator C 1 und den Widerstand R 4, zum zweiten über den Widerstand R 5 und den Transistor T 3. Bei einem L-Signal am Eingang geht der Kollektor von T 1 auf Null und zieht über C 1 und R 4 einen Ladestrom, der den Transistor T 3 auftastet. Hat der Lastwiderstand eine zulässige Größe, so steigt die Ausgangsspannung auf $U_B - U_{CE\ sat\ (T\ 3)}$. Damit erhält der Transistor T 2 über die Diode D 6 und das

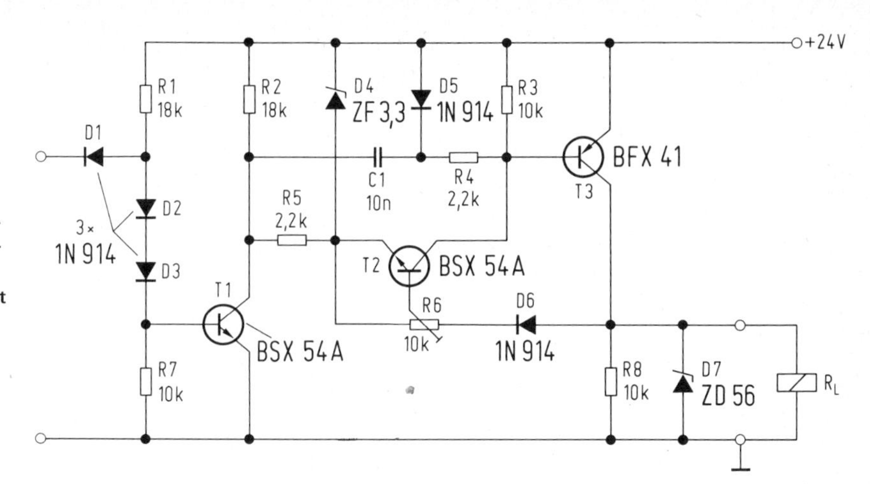

Abb. 5.12 Der Schalttransistor ist gegen Kurzschluß geschützt

Potentiometer R 6 Basisstrom; er wird leitend und übernimmt den Steuerstrom für T 3. Die Schaltstufe ist eingeschaltet.

Bei kleiner werdendem Lastwiderstand steigt U_{CE} von Transistor T 3 an, damit reduziert sich die Steuerspannung von T 2, das Emitterpotential von T 2 geht gegen $-U_B$. Bei Erreichen der durch die Z-Diode D 4 vorgegebenen Schwelle, wird der Transistor T 2 hochohmig, dadurch verringert sich der Basisstrom von T 3 und U_{CE} steigt an; es setzt eine positive Mitkopplung ein, welche die Sperrung von T 2 und T 3 zur Folge hat. Durch einen erneuten „0"-„1"-Sprung am Eingang wird dieser Zustand aufgehoben, wenn der Kurzschluß beseitigt ist. Ist das nicht der Fall, so wird der Transistor T 3 für die Dauer der Zeitkonstante von C 1 und R 4 aufgetastet. Da T 2 den Basisstrom nicht übernimmt, sperrt T 3 wieder.

Das RC-Glied ist so zu dimensionieren, daß die Schaltzeit von T 3 und T 2 sicher überschritten wird, hierbei ist der Einfluß der Lastkapazität zu berücksichtigen. Mit dem Potentiometer R 6 wird der Abschaltstrom eingestellt. Die Diode D 5 dient zur schnelleren Entladung von C 1 bei gesperrtem Transistor T 1; die Diode D 6 schützt den Transistor vor negativer Basis-Emitterspannung bei gesperrtem Transistor T 1. Die Z-Diode D_Z schützt den Transistor T 3 vor der Abschaltspitze induktiver Lasten.

Die Stufe arbeitet in der vorliegenden Schaltung sowie mit einer Darlington-Stufe für größere Ströme zuverlässig. Es gibt für den Lastwiderstand zwischen $R_L = R_{nenn}$ und $R_L = 0$ keinen Wert, der den Schalttransistor zerstört, sowohl bei Gleichstrom- als auch bei Impulsbetrieb. Bei Frequenzen über 100 Hz sollte der Transistor ausreichend gekühlt werden. Der Abschaltstrom steigt mit steigender Umgebungstemperatur geringfügig.

Ing. (grad.) Hans-Georg Winkler

5.13 Datenteil einer einfachen programmierbaren Steuereinheit

Viele Aufgaben, die mit programmierbaren Steuereinheiten gelöst werden sollen, erfordern nur einen beschränkten Befehlsvorrat. Dabei muß auch nicht in jedem Fall eine komplette Arithmetik-Einheit zur Verfügung stehen. Oft genügt z.B. einfaches Zählen. Für solche einfachen Aufgaben ist der nachfolgend beschriebene Datenteil einer programmierbaren Steuereinheit gedacht.

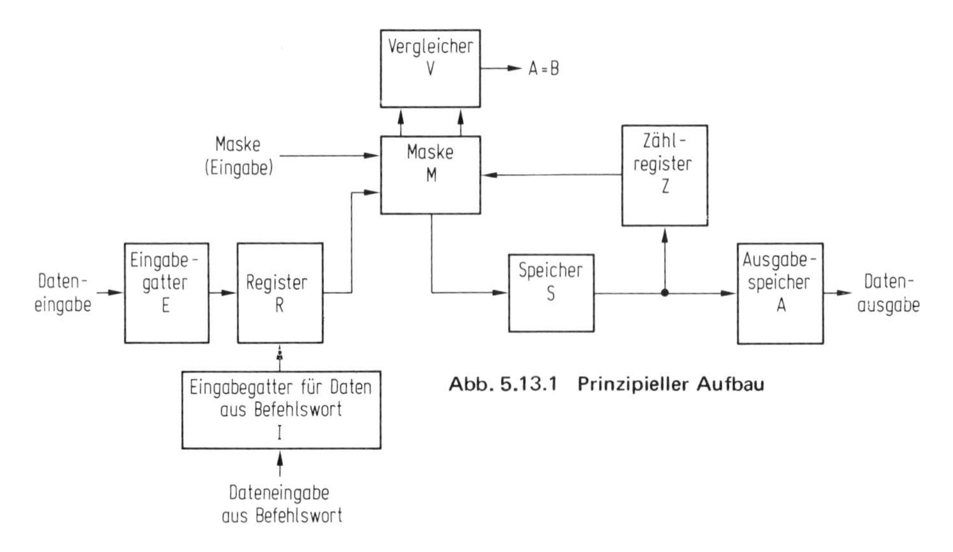

Abb. 5.13.1 Prinzipieller Aufbau

Die *Tabelle* zeigt eine Übersicht über die möglichen Instruktionen, wobei anzumerken ist, daß die letzten drei davon nicht den Datenteil betreffen und daher hier nicht weiter betrachtet werden. Mit diesen Datenbefehlen ist es also möglich,

- Datenworte unter Kontrolie einer Maske in einen Speicher zu übertragen,
- zwei Datenworte unter einer Maske zu vergleichen,
- zu zählen und
- Datenworte auszugeben.

Der prinzipielle Aufbau ist in *Abb. 5.13.1* dargestellt. Die Daten gelangen über die Eingabegatter (auch aus dem Befehlswort) zunächst nach R. In einem zweiten Schritt kann

Tabelle der Datenbefehle

12-bit-Befehlswort			Bedeutung
0000	frei	frei	keine Operation
0001	XXXX	(frei)	übertrage Inhalt von Befehlswort (XXXX) nach Register (R)
0001	frei	1000	übertrage Eingabe 1 (E 1) nach R
0001	frei	0100	übertrage Eingabe 2 (E 2) nach R
0010	1111	Sp.-Adr.	übertrage Inhalt von R nach Speicher (S)
0010	0000	Sp.-Adr.	übertrage Inhalt von Zählregister (Z) nach S
0010	XXXX	Sp.-Adr.	übertrage Inhalt von R und Z nach S unter Maske (XXXX)
0011	frei	Sp.-Adr.	übertrage Inhalt von S nach Ausgabe 1 (A 1)
0100	frei	Sp.-Adr.	übertrage Inhalt von S nach Ausgabe 2 (A 2)
0101	frei	Sp.-Adr.	übertrage Inhalt von S nach Z
0110	frei	0000	erhöhe Inhalt von Z um 1
0111	frei	1000	verringere Inhalt von Z um 1
1000	XXXX	frei	vergleiche unter Maske (XXXX) den Inhalt von R und Z
1001	Sprung-Adr.		springe unbedingt
1010	Sprung-Adr.		springe bei Gleichheit (von R und Z)
1011	frei	frei	stopp, warte auf Synchronimpuls

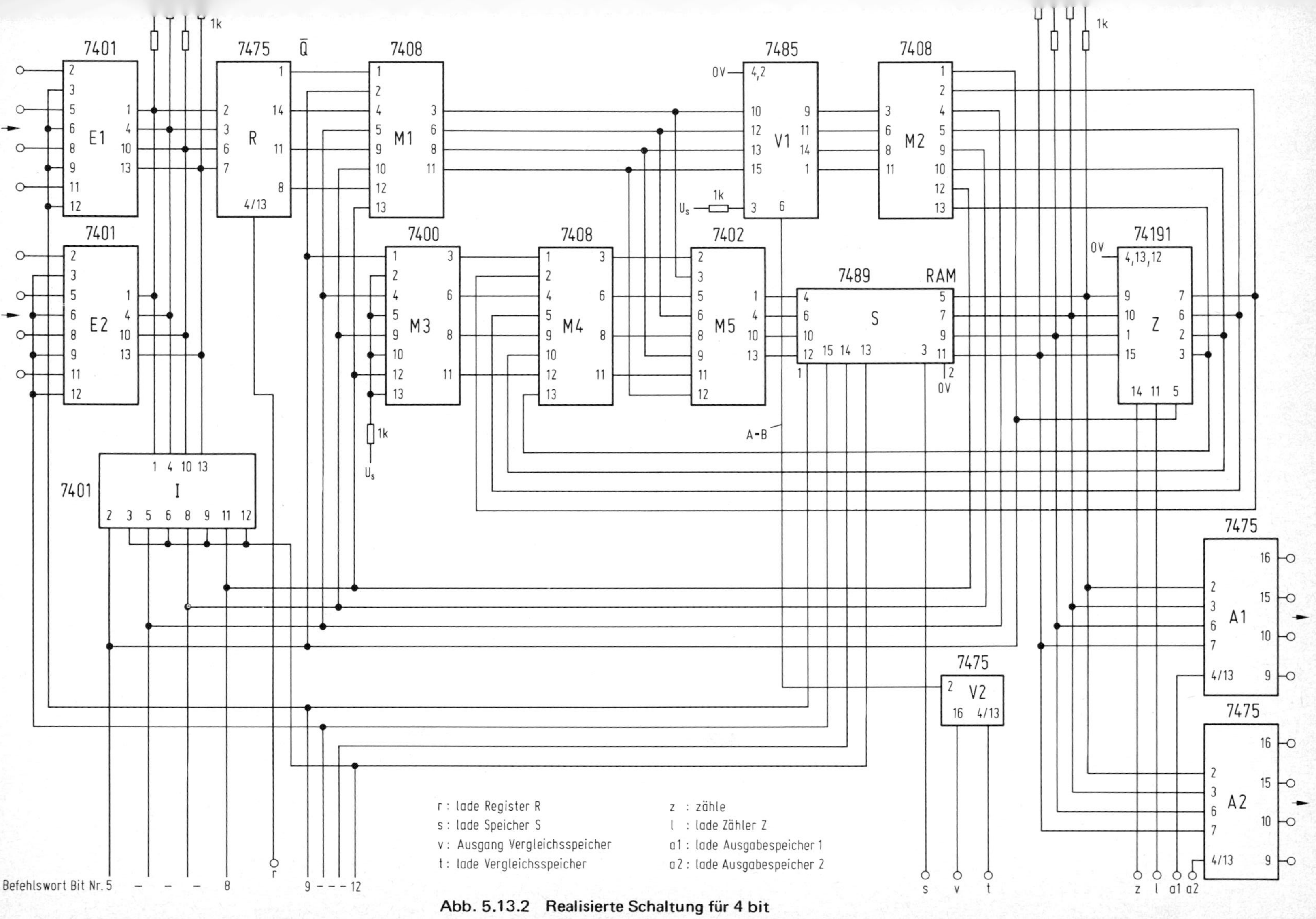

Abb. 5.13.2 Realisierte Schaltung für 4 bit

dann S die Daten von R (bzw. Z) unter Kontrolle von M übernehmen. Gemäß der Funktion $S = R \wedge M \vee Z \wedge \overline{M}$ werden die maskierten Daten von R und die nicht maskierten Daten von Z nach S übertragen. Ein Vorteil dieses Aufbaus ist, daß einzelne Bits eines in S gespeicherten Wortes verändert werden können, wenn zuvor dieses Wort nach Z übertragen wurde. Die Maske wird auch für den Vergleich der in R und Z gespeicherten Daten verwendet, indem nicht interessierende Bitpositionen auf Null gesetzt werden.

Z ist sowohl Zwischenspeicher für die Daten von S als auch Zähler. Die Information +1 bzw. −1 (U_p/Down) wird dem Instruktionswort entnommen. S kann seine Daten auch direkt dem Ausgabespeicher übertragen.

Abb. 5.13.2 zeigt als Beispiel eine realisierte Schaltung mit 4 bit Wortlänge. Die gewählte Speichergröße (64 bit) ist ohne Zweifel für die meisten Anwendungen zu klein. Es ist aber kein Problem, größere Speicher, die mit Hilfe eines zusätzlichen Adreßregisters adressiert werden können, vorzusehen. Durch Verändern des Aufbaus der Daten- und Befehlsworte ist eine Anpassung an die jeweiligen Bedürfnisse möglich. Register R könnte auch ein Schieberegister sein.

Das Steuerwerk ist verhältnismäßig einfach aufzubauen, da die Ausführung eines Datenbefehls nur wenige Schritte erfordert:

- Decodieren des Befehlscodes,
- Ladeimpuls für den jeweiligen Speicher (R, S, Z, A1, A2, V2) bzw. Zählimpuls für Z,
- Zählimpuls für Befehlszähler (Sprung auf nächsten Befehl) usw.

Hans Nolting

6 Filter- und Rechenschaltungen

6.1 Aktiver Bandpaß mit variabler Güte und Resonanzfrequenz

Die Übertragungsfunktion eines aktiven Filters 2. Ordnung mit Bandpaßverhalten enthält als charakteristische Größen die Resonanzfrequenz f_0, die Polgüte Q und die Verstärkung $V(f_0)$ bei der Resonanzfrequenz. Infolge der Toleranzempfindlichkeit dieser Größen bezüglich der frequenzbestimmenden Bauelemente treten praktisch immer Schwierigkeiten auf, vorgegebene Werte dieser Größen möglichst genau zu erreichen. Die folgende Filterschaltung ist aus der Forderung entstanden, mit einem minimalen Aufwand an aktiven und passiven Bauelementen einen Bandpaß mit leicht abgleichbarer Resonanzfrequenz und Güte zu realisieren.

Grundschaltung mit variabler Güte

Das Filter besteht aus einem invertierenden Operationsverstärker, in dessen Gegenkopplungszweig eine RC-Parallelschaltung gelegt wird. Die Eingangsbeschaltung ist als RC-Serienschaltung ausgebildet, während ein variabler Spannungsteiler zwischen Ausgang und Masse zum P-Eingang des Operationsverstärkers führt *(Abb. 6.1.1)*. Im Gegensatz zu anderen Filterausführungen mit einem invertierenden Operationsverstärker liegt hier der P-Eingang des Operationsverstärkers nicht auf Masse, sondern es wird eine positive (ohmsche) Rückkopplung verwendet, wodurch man einen Freiheitsgrad für die Güte gewinnt. R und C sind die frequenzbestimmenden Elemente, während die Güte mit dem Potentiometer R_Q eingestellt werden kann.

Für tiefe Frequenzen unterhalb der Resonanzfrequenz f_0 wirkt die Schaltung als Differentiator mit einem Verstärkungsanstieg von 6 dB/Oktave. Für hohe Frequenzen oberhalb f_0 arbeitet sie als Integrator mit einem Verstärkungsabfall von 6 dB/Oktave. Bei der Resonanzfrequenz dagegen kommt infolge der positiven Rückkopplung eine ausgeprägte Überhöhung des Verstärkungsverlaufs zustande. f_1 sei die untere und f_2 sei die obere Grenzfrequenz. Mit $R_Q = R\,1 + R\,2$ und dem Spannungsteilerverhältnis $q = R1/R2$ erhält man aus der Übertragungsfunktion die Gleichung für die Resonanzfrequenz:

$$f_0 = \frac{1}{2\pi \cdot RC} \qquad (1)$$

Als Beziehung für die Güte ergibt sich

$$Q = \frac{f_0}{f_2 - f_1} = \frac{q}{2q - 1} = \frac{R1}{2R1 - R2} \qquad (2)$$

und für die Resonanzverstärkung

$$|V(f_0)| = \frac{q+1}{q} \qquad Q = \frac{q+1}{2q-1} = \frac{R1 + R2}{2\,R1 - R2} \qquad (3)$$

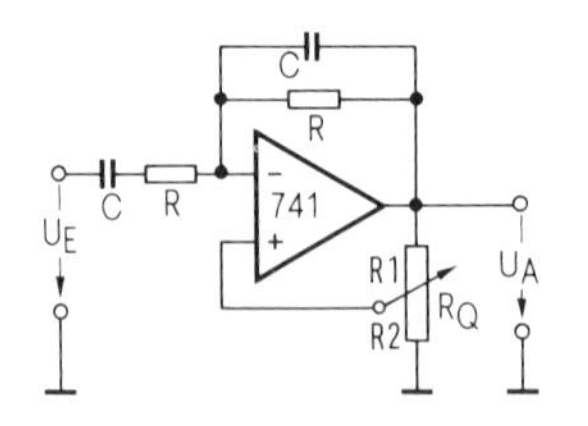

Abb. 6.1.1 Grundschaltung eines aktiven Bandpasses mit variabler Güte

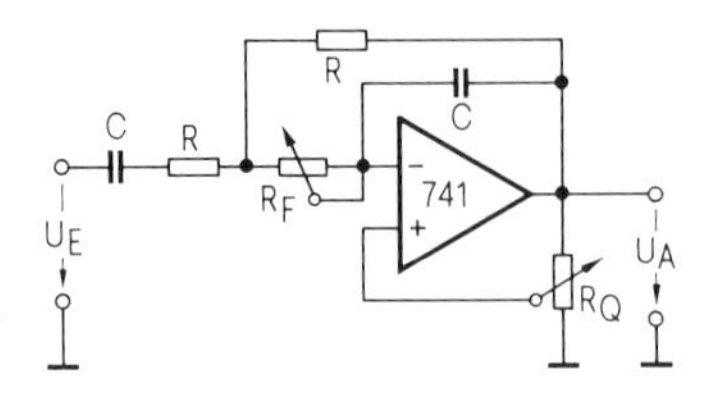

Abb. 6.1.2 Aktives Bandpaß-Filter, bei dem Güte und Resonanzfrequenz einstellbar sind.

Die Güte Q ist also nur vom eingestellten Spannungsteilerverhältnis q abhängig und kann mit R_Q leicht variiert werden. Anhand dieser Formeln ergibt sich die Dimensionierung der Bauelemente. R wählt man für einen hohen Eingangswiderstand günstig hochohmig (z.B. 100 kΩ), R_Q möglichst in der gleichen Größenordnung, C ergibt sich aus Gl. (1). Damit das Filter nicht schwingt, muß die Bedingung

$$q = \frac{R1}{R2} > \frac{1}{2} \quad \text{erfüllt sein.} \tag{4}$$

Modifizierte Schaltung mit variabler Güte und variabler Resonanzfrequenz

Das hier verwendete Filter enthält außer den beiden Kondensatoren C die beiden Widerstände R als frequenzbestimmende Elemente. Eine häufig verwendete Methode zum Variieren der Resonanzfrequenz ist das Verändern der beiden Widerstände im Gleichlauf mit Hilfe eines Tandempotentiometers. Günstiger ist jedoch eine Schaltung mit Einelementabstimmung, bei der man die Resonanzfrequenz mit einem einzigen Widerstand verändern kann. Es läßt sich hier folgender Kunstgriff anwenden: Man teilt die beiden Widerstände R in je zwei Teilwiderstände auf und verbindet sie über ein Potentiometer. Durch eine Stern-Dreieck-Transformation erhält man die einfache Schaltung in *Abb. 6.1.2.* Dadurch wird das Filter zwar nicht durchstimmbar gemacht, jedoch kann man die Resonanzfrequenz mit einem einzigen Widerstand (nämlich R_F) über einen gewünschten Frequenzbereich verschieben. Für die charakteristischen Größen erhält man:

$$f_0 = \frac{1}{2\pi\, RC \sqrt{1 + 2\,\frac{R_F}{R}}} \tag{5}$$

$$Q = \frac{R \sqrt{1 + 2\,\frac{R_F}{R}}}{R_F + R\left(2 - \frac{1}{q}\right)} \tag{6}$$

$$|\,V\,(f_0)\,| = \frac{(q + 1)\,R}{q \cdot R_F + R\,(2q - 1)} \tag{7}$$

Gegenüber der grundlegenden Schaltung hat jetzt R_F einen Einfluß auf die Güte; sie ändert sich allerdings nach Gl. (2) auch mit f_0. Vergrößert man R_F, um f_0 zu verkleinern, so wird die Güte nach Gl. (6) kleiner. Wenn man für R_F ein Potentiometer verwendet, dessen maximaler Widerstandswert R_F ist, so erhält man für die mögliche Frequenzvariation:

$$\frac{f_{0\,max}}{f_{0\,min}} = \sqrt{1 + 2\frac{R_F}{R}} \qquad (8)$$

Für $R_F/R = 1{,}5$ kann man die Resonanzfrequenz um etwa eine Oktave verschieben. Als Stabilitätskriterium muß

$$q = \frac{R1}{R2} > \frac{R}{2\,R + R_F} \text{ erfüllt sein.} \qquad (9)$$

Aufbauhinweise und Abgleich

Das Filter ist für Frequenzvariationen bis zu einer Oktave und Güten bis etwa Q = 100 gut geeignet. Die Verwendung von Bauteilen mit großen Toleranzen bewirkt eine Verkleinerung der Güte gegenüber dem theoretisch möglichen Wert, so daß man die positive Rückkopplung mit R_Q vergrößern muß, wobei es passieren kann, daß das Filter bereits schwingt, ohne daß man die gewünschte Güte erreicht hat. Daher ist es empfehlenswert, ab etwa Q = 15...20 engtolerierte Bauteile (1...2 % Toleranz) zu verwenden.

Beim Abgleich des Filters auf eine bestimmte Resonanzfrequenz und Güte stellt man zuerst mit R_F die gewünschte Resonanzfrequenz ein. Da sich dabei Q ändert, kann eine störende Schwingneigung auftreten, die man mit R_Q beseitigt. Erst wenn der geforderte Wert von f_0 erreicht ist, führt man den Güteabgleich mit R_Q durch. Die Resonanzfrequenz bleibt dabei völlig unbeeinflußt. Will man die Güte besonders fein regeln, so empfiehlt sich die Verwendung eines Helitrimmers und eine Einengung des Regelbereiches durch zwei Begrenzungswiderstände. Auf diese Art können geforderte Grenz- und Resonanzfrequenzen mit einer Abweichung von 0,5 % realisiert werden. Die kleine Ausgangsimpedanz dieser Filterstruktur erlaubt eine Kettenschaltung mehrerer Filterstufen ohne Zwischenschalten eines Impedanzwandlers. Mit dem Operationsverstärker vom Typ 741 ergibt sich ein Einsatzbereich der Schaltung bis etwa 6 kHz.

cand. ing. Karl H. Düll

6.2 Ein spannungsgesteuertes Resonanzfilter 2. Ordnung

Mit nur einem Operationsverstärker und einem Doppel-FET kann ein spannungsgesteuertes Resonanzfilter 2. Ordnung aufgebaut werden, das einen linearen Zusammenhang zwischen Mittenfrequenz und Steuerspannung aufweist *(Abb. 6.2.1)*. Die Mittenfrequenz kann im Bereich 10:1 variiert werden, ohne daß sich Güte und Verstärkung des Filters ändern.

Theoretische Betrachtungen

Die Übertragungsfunktion des Filters lautet

$$F(s) = -\frac{k \cdot R \cdot C \cdot s}{1 + 2RC \cdot s + kR^2C^2 \cdot s^2} \quad \text{wobei} \tag{1}$$

$$R1 = R2 = R \gg R4 \text{ und } k = \frac{R3 + R4}{R4}$$

gelten muß, s = komplexe Frequenz.

Die Mittenfrequenz f_0, die Güte Q und die Verstärkung V ergeben sich aus folgenden Formeln:

$$f_0 = 1/2\pi C \cdot R\sqrt{k} \tag{2}$$
$$Q = \sqrt{k}/2 \tag{3}$$
$$V = k/2 \tag{4}$$

Für den Kanalwiderstand R eines FET gilt die Beziehung:

$$R = \frac{U_p{}^2}{I_{DS}U_{GS} - I_{DS} \cdot U_p} \tag{5}$$

U_p = Schwellenspannung, I_{DS} = Drainstrom bei $U_{GS} = 0$, U_{GS} = Gate-Source-Steuerspannung.

Setzt man (5) in (2) ein, so erhält man

$$f_0 = \frac{I_{DS} \cdot U_{GS} - I_{DS} \cdot U_p}{2\pi C \sqrt{k} \cdot U_p{}^2} \tag{6}$$

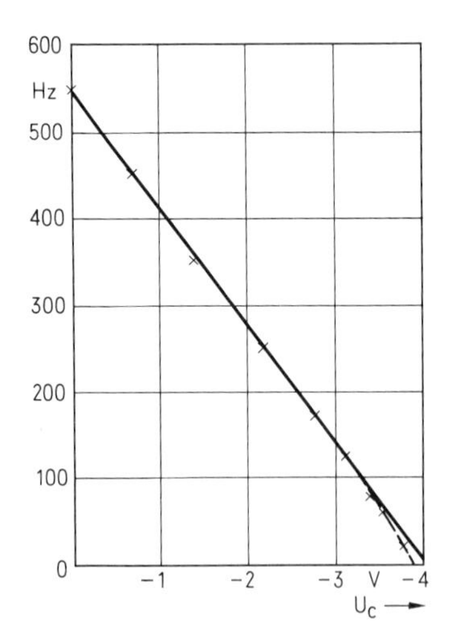

Abb. 6.2.1 Zusammenhang zwischen Steuerspannung U_c und Resonanzfrequenz f_0

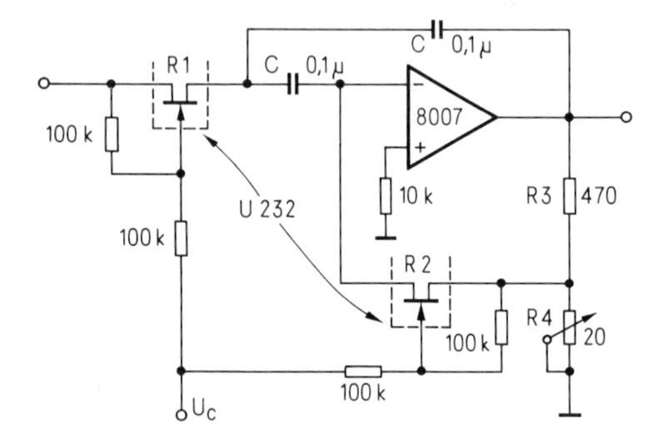

Abb. 6.2.2 Praktischer Aufbau: R 4 = 13,4 Ω, Q = 3, V = 18

oder vereinfacht geschrieben

$$f_0 = k_1 \cdot U_{GS} - k_2 \qquad (7)$$

mit k_1, k_2 = konstant.
Hieraus wird der lineare Zusammenhang zwischen f_0 und U_{GS} deutlich.

Anmerkung zur Schaltung

Die Schaltung *(Abb. 6.2.2)* ist nicht sehr empfindlich gegenüber Gleichlaufschwankungen der Kanalwiderstände, so daß auch ausgesuchte Einzeltypen (z.B. BF 245) zum Einsatz kommen können. In den meisten Anwendungsfällen kann der Operationsverstärker ICL 8007 durch den billigen Typ 741 ersetzt werden. Da die beiden 100-kΩ-Gegenkopplungswiderstände der FETs auch als Spannungsteiler für die Steuerspannung wirken, muß der Eingang des Filters gleichspannungsgekoppelt sein. Um Verzerrungen zu vermeiden, sollte die Ausgangsspannung 3 V (Spitze-Spitze) nicht überschreiten. Das Filter eignet sich ausgezeichnet für die qualitative Überprüfung von spektralen Bereichen über drei Oktaven — eine Betrachtung der Temperaturabhängigkeit erschien daher nicht sinnvoll. *Dipl.-Ing. Erik Damm*

6.3 Amplitudensieb mit kontinuierlich einstellbarer Schwellenspannung

Die Schaltung nach *Abb. 6.3.1* ermöglicht z.B. die Untersuchung der Amplitudenverteilung eines Signalgemisches. Die Eingangssignale werden nur dann zum Schaltungsausgang weitergeleitet, wenn die Eingangssignalamplitude größer ist als die Schwellenspannung, die im Bereich von 0...16 V stufenlos einstellbar ist. Die Schwellenspannung, die am Schleifer des Potentiometers P 1 abgegriffen wird, gelangt an den Eingang des Operationsverstärkers III und der gleich große negative Anteil an den Operationsverstärker II. Der Operationsverstärker I hat lediglich die Aufgabe, die variable Schwellenspannung zu invertieren. Der Addierer III mit der Spannungsverstärkung —1 gibt an seinem Ausgang 8 nur dann ein Signal ab, wenn die Summe von Schwellen- und Eingangssignalspannung negativ wird. Erst dann wird nämlich der Rückkopplungszweig D 18-R 11 wirksam. Bei einer positiven Summe (Eingangssignal kleiner als die Schwellenspannung) wird die Diode D 17 leitend und damit die Verstärkung zu null. Die gleichen Überlegungen gelten für den Addierer II, allerdings mit umgekehrten Vorzeichen.

Schließlich werden durch den Summierer IV, ebenfalls mit der Spannungsverstärkung —1, die um die Schwellenspannung reduzierten positiven und negativen Signalanteile wieder zusammengeführt, so daß am Schaltungsausgang ein Signal entsprechend den Oszillogrammen in *Abb. 6.3.2* und *6.3.3* zur Verfügung steht. Die Kennlinie der Schaltung ist in *Abb. 6.3.4* dargestellt.

Zur Anzeige der Größe der eingestellten Schwellenspannung dient die bekannte Schaltung mit dem LED-Ansteuerbaustein UAA 170 (FUNKSCHAU 1975, H. 13, S. 340).

Dipl.-Ing. Günter Ascher

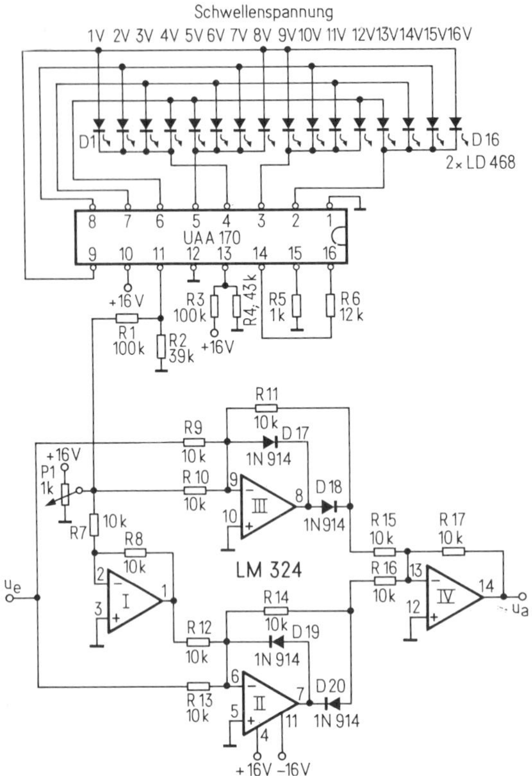

Abb. 6.3.1 Schaltung des Amplitudensiebs mit optischer Anzeige der Schwellenspannung

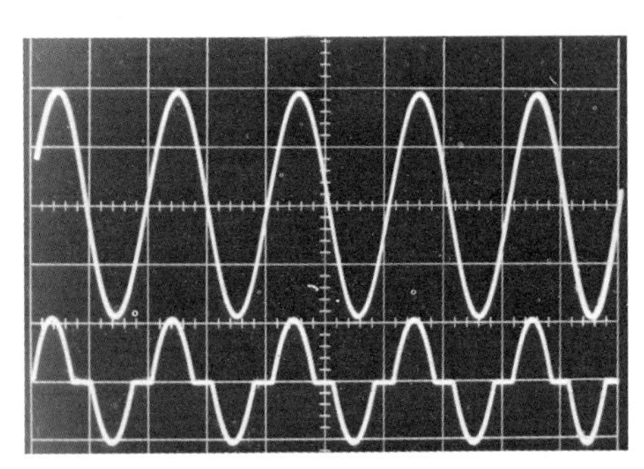

Abb. 6.3.2 Ausgangssignal (untere Kurve) bei einem Sinussignal am Eingang; Ablenkkoeffizienten: 2 V/Teil, 1 ms/Teil: Schwellenspannung 4 V

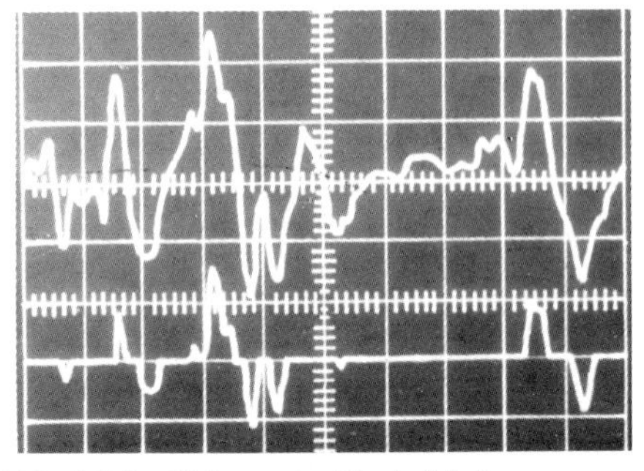

Abb. 6.3.3 Siebung des Muskelaktionspotentials; Ablenkkoeffizienten: 2 V/Teil, 5 ms/Teil; Schwellenspannung: 5 V

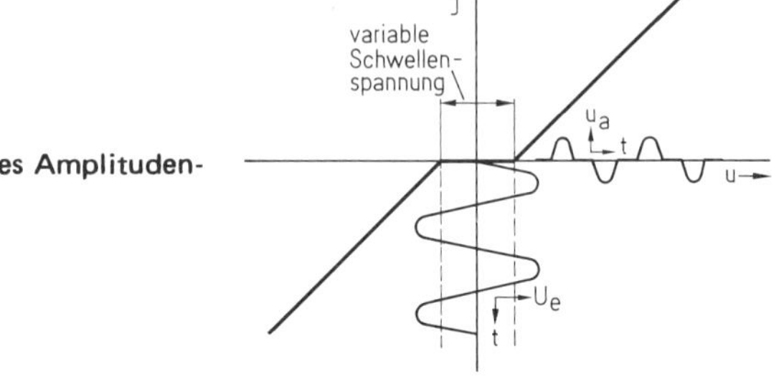

Abb. 6.3.4 Kennlinie des Amplitudensiebs

6.4 Aktive Tief- und Hochpaßfilter mit handelsüblichen Bauelementen

6.4.1 Einführung

Mit Filtern lassen sich Signale unterschiedlicher Frequenz voneinander trennen. Dies geschieht zum Beispiel in der Nachrichtentechnik beim Empfang eines Multiplex-Signals, in der HiFi-Technik, um die außerhalb des interessierenden Frequenzbereichs liegenden Rauschanteile zu eliminieren, oder in der Meß- und Regeltechnik, um z.B. die Schwingneigung eines Verstärkers herabzusetzen.

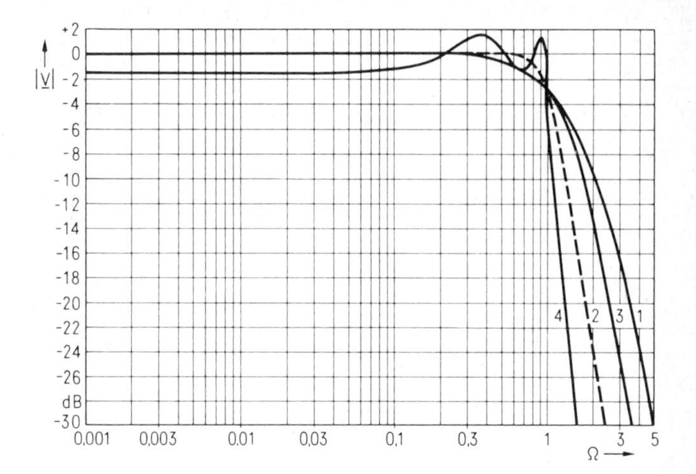

Abb. 6.4.1 Vergleich der Frequenzgänge 4. Ordnung: Kurve 1 = passiver Tiefpaß, Kurve 2 = Butterworth-Tiefpaß, Kurve 3 = Bessel-Tiefpaß, Kurve 4 = Tschebyscheff-Tiefpaß mit ± 1,5 dB Welligkeit

Ein ideales Filter sollte ein Rechteckübertragungsverhalten besitzen, d.h. eine konstante Verstärkung im gewünschten Durchlaßbereich, einen steilen Verstärkungsabfall zum Sperrbereich haben und bei Eingabe eines Rechtecksprungs am Ausgang nicht überschwingen. Es gibt keine Filterschaltung, die alle diese Eigenschaften besitzt.

Die Optimierung bestimmter Filtereigenschaften führt zu bestimmten Filtertypen, z.B. mit Butterworth-, Tschebyscheff- oder Bessel-Charakteristik. Das Butterworth-Filter zeichnet sich durch konstante Verstärkung im Durchlaßbereich aus, auch die Flankensteilheit ist verhältnismäßig gut, jedoch ergibt ein Spannungssprung am Eingang ein Überschwingen am Ausgang. Tschebyscheff-Filter besitzen eine hohe Flankensteilheit, jedoch ist die Verstärkung im Durchlaßbereich nicht konstant und das Überschwingen der Sprungantwort noch stärker als beim Butterworth-Filter. Beim Bessel-Filter erzeugt ein Spannungssprung am Eingang kein Überschwingen am Ausgang, dagegen ist der Verstärkungsabfall zum Sperrbereich weniger steil als beim Tschebyscheff- und Butterworth-Filter. In *Abb. 6.4.1* sind die Frequenzgänge der beschriebenen Filtertypen am Beispiel eines Tiefpasses 4. Ordnung dargestellt. Aufgetragen ist die Verstärkung V in Dezibel über der normierten Frequenz $\Omega = f/f_g$, wobei die Grenzfrequenz f_g als diejenige Frequenz f definiert ist, bei der die Verstärkung um 3 dB abgenommen hat.

Obwohl heute integrierte Filter im Handel sind, wird der Praktiker immer wieder vor die Aufgabe gestellt, ein Filter speziell für seine Belange zu berechnen und aufzubauen. Die Realisierung aktiver Filter höherer Ordnung bereitet jedoch immer wieder Schwierigkeiten, weil die berechneten Widerstands- und Kapazitätswerte in der Regel nicht handelsüblich sind.

Im folgenden wird eine Anleitung gegeben, wie man aktive Filterschaltungen 2. und 4. Ordnung mit Bessel-, Butterworth- oder Tschebyscheff-Charakteristik mit Widerständen und Kondensatoren der Baureihe E 12 realisieren kann. Auf eine Darstellung der Filtertheorie wird bewußt verzichtet. Der theoretisch interessierte Leser sei auf die Literatur verwiesen [1].

Die Schaltung mit dem geringsten Bauelementebedarf ist ein aktives Filter mit Einfachmitkopplung und der inneren Verstärkung k = 1. Die Filtercharakteristik wird beim Hochpaßfilter durch das Verhältnis jeweils zweier Widerstände, beim Tiefpaßfilter durch das Verhältnis zweier Kapazitäten bestimmt. In der vorliegenden Arbeit wurden durch ein Computerprogramm aus der Baureihe E 12 diejenigen Widerstands- und Kapazitätswerte ermittelt, mit welchen sich die gewünschte Filtercharakteristik am besten realisieren läßt.

Tabelle 1. Optimale Kapazitätswerte der Baureihe E 12 für Tiefpaßfilter 2. Ordnung nach Abb. 4.6.2

Filtercharakteristik		Bessel	Butterworth	Tschebyscheff
Theoretisches Kapazitätsverhältnis	C2/C1	1,33	2,00	6,83
Optimale Kapazitätswerte (±2,5 %)	C1 C2	$12 \cdot 10^n$pF $15 \cdot 10^n$pF	$33 \cdot 10^n$pF $68 \cdot 10^n$pF	$82 \cdot 10^n$pF $560 \cdot 10^n$pF
Erreichbares Kapazitätsverhältnis	C2/C1	1,19...1,31	1,96...2,17	6,50...7,18
$R_{(k\Omega)} \cdot C2_{(pF)} \cdot f_{g\ (kHz)}$		144 431	225 113	536 322

Tabelle 2. Optimale Kapazitätswerte der Baureihe E 12 für Tiefpaßfilter 4. Ordnung nach Abb. 4.6.3

Filtercharakteristik		Bessel	Butterworth	Tschebyscheff
Theoretische Kapazitätsverhältnisse	C_{a2}/C_{a1} C_{b2}/C_{b1} C_{b2}/C_{a2}	1,09 2,60 1,38	1,17 7,00 2,44	4,65 125 2,42
Optimale Kapazitätswerte (± 2,5 % Toleranz)	C_{a1} C_{a2} C_{b1} C_{b2}	$33 \cdot 10^n$pF $33 \cdot 10^n$pF $18 \cdot 10^n$pF $47 \cdot 10^n$pF	$27 \cdot 10^n$pF $33 \cdot 10^n$pF $12 \cdot 10^n$pF $82 \cdot 10^n$pF	$100 \cdot 10^n$pF $470 \cdot 10^n$pF $10 \cdot 10^n$pF $1200 \cdot 10^n$pF
Erreichbare Kapazitätsverhältnisse	C_{a2}/C_{a1} C_{b2}/C_{b1} C_{b2}/C_{a2}	0,95...1,05 2,48...2,75 1,35...1,50	1,16...1,28 6,50...7,18 2,36...2,61	4,47...4,94 114...126 2,43...2,68
$R_{(k\Omega)} \cdot C_{a2(pF)} \cdot f_{g\ (kHz)}$		116 159	172 246	791 759

Für den Aufbau der Filter sollten möglichst Styroflexkondensatoren mit einer Kapazitätstoleranz von höchstens ±2,5 % und Metallfilmwiderstände mit maximal ±2 % Toleranz verwendet werden. Damit erzielt man einen für viele Anwendungen noch tolerierbaren Fehler der Grenzfrequenz von ±4,5 %. Für normale Anwendungen im Nf-Bereich können Universalverstärker (z.B. vom Typ 741) eingesetzt werden.

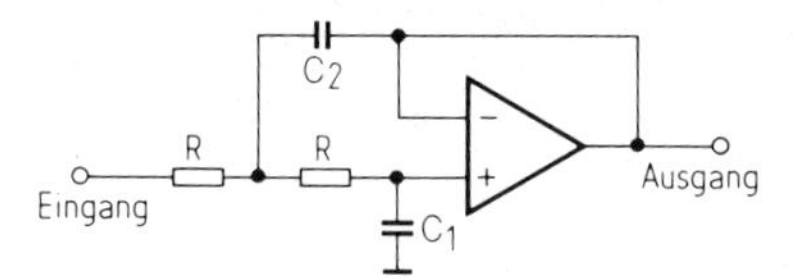

Abb. 6.4.2 Tiefpaßfilter 2. Ordnung

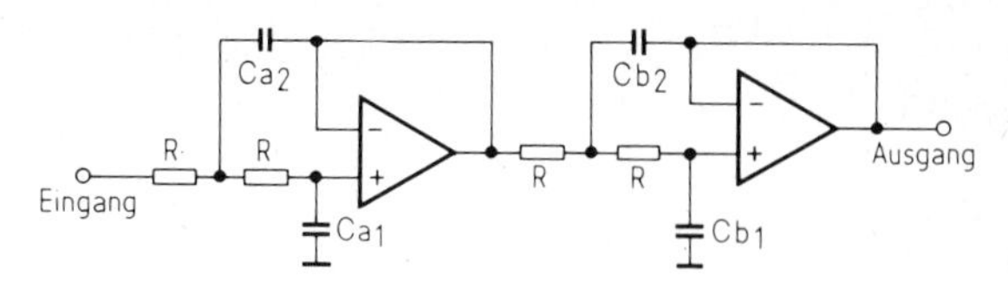

Abb. 6.4.3 Tiefpaßfilter 4. Ordnung

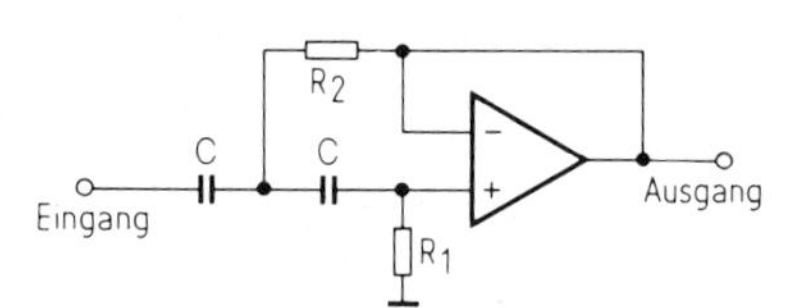

Abb. 6.4.4 Hochpaßfilter 2. Ordnung

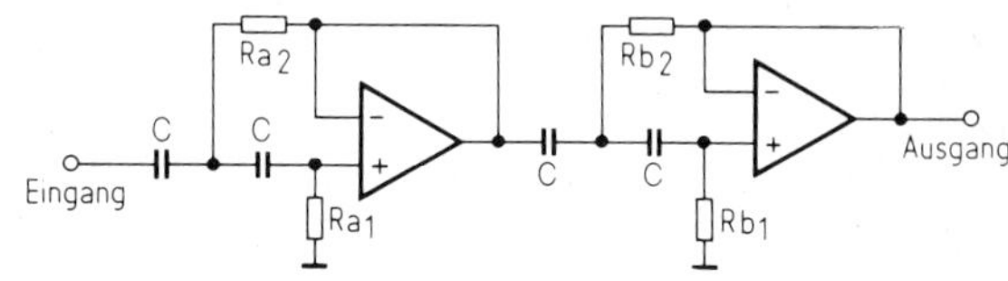

Abb. 6.4.5 Hochpaßfilter 4. Ordnung

6.4.2 Tiefpaßfilter

Tiefpaßfilter 2. Ordnung

Abb. 6.4.2 zeigt die entsprechende Schaltung; in *Tabelle 1* sind die optimierten Werte zusammengefaßt. Der Exponent n = 0, 1, 2... ist frei wählbar, da es zunächst nur auf das Verhältnis der beiden Kapazitäten ankommt. In der Praxis muß man jedoch darauf achten, daß bei gegebener Grenzfrequenz f_g der Widerstand R nicht zu klein wird. Bei intern frequenzkompensierten Verstärkern sollten die Kapazitäten nicht unter 100 pF liegen.

Das hier Gesagte gilt auch für die Dimensionierung der im folgenden beschriebenen Schaltungen.

Tiefpaßfilter 4. Ordnung

In diesem Fall *(Abb. 6.4.3)* müssen die Kapazitätsverhältnisse C_{a2}/C_{a1}, C_{b2}/C_{b1} und C_{b2}/C_{a2} für jeden Filtertyp ganz bestimmte Werte haben, die in der *Tabelle 2* zusammen mit den optimalen Kapazitätswerten der Baureihe E 12 angegeben sind.

Dimensionierungsbeispiel eines Butterworth-Tiefpaßfilters 4. Ordnung mit einer oberen Grenzfrequenz von etwa 900 Hz:
R = 5,6 kΩ, C_{a1} = 27 nF, C_{a2} = 33 nF, C_{b2} = 82 nF.

6.4.3 Hochpaßfilter

Hochpaßfilter 2. Ordnung

Für dieses Filter zeigt *Abb. 6.4.4* die entsprechende Schaltung, während aus *Tabelle 3* die optimierten Werte hervorgehen.

Hochpaßfilter 4. Ordnung

In *Abb. 6.4.5* ist die Schaltung dieses Filters dargestellt, und in *Tabelle 4* sind die optimierten Werte angegeben.

Dimensionierungsbeispiel eines Tschebyscheff-Hochpaßfilters 4. Ordnung mit einer unteren Grenzfrequenz von etwa 1000 Hz:
C = 4,7 nF, R_{a1} = 33 kΩ, R_{a2} = 6,8 kΩ, R_{b1} = 330 kΩ, R_{b2} = 2,7 kΩ.

Dr. Werner Berthold und Dr. Ulrich Löffler

Tabelle 3. Optimale Widerstandswerte der Baureihe E 12 für Hochpaßfilter 2. Ordnung nach Abb. 6.4.4

Filtercharakteristik		Bessel	Butterworth	Tschebyscheff
Theoretisches Widerstands-verhältnis	R 1/R 2	1,33	2,00	6,83
Optimale Widerstands-werte (±2 %)	R1 R2	$1{,}5 \cdot 10^n k\Omega$ $1{,}2 \cdot 10^n k\Omega$	$6{,}8 \cdot 10^n k\Omega$ $3{,}3 \cdot 10^n k\Omega$	$56 \cdot 10^n k\Omega$ $8{,}2 \cdot 10^n k\Omega$
Erreichbares Widerstands verhältnis	R1/R2	1,20...1,30	1,98...2,14	6,56...7,11
$C_{(pF)} \cdot R1_{(k\Omega)} \cdot f_{g\,(kHz)}$		233 708	225 113	322 502

Tabelle 4. Optimale Widerstandswerte der Baureihe E 12 für Hochpaßfilter 4. Ordnung nach Abb. 6.4.5

Filtercharakteristik		Bessel	Butterworth	Tschebyscheff
Theoretische Widerstands-verhältnisse	R_{a1}/R_{a2} R_{b1}/R_{b2} R_{a2}/R_{b2}	1,09 2,60 1,38	1,17 7,00 2,44	4,65 125 2,42
Optimale Widerstands-werte (±2 % Toleranz)	R_{a1} R_{a2} R_{b1} R_{b2}	$5{,}6 \cdot 10^n k\Omega$ $5{,}6 \cdot 10^n k\Omega$ $10 \cdot 10^n k\Omega$ $3{,}9 \cdot 10^n k\Omega$	$12 \cdot 10^n k\Omega$ $10 \cdot 10^n k\Omega$ $27 \cdot 10^n k\Omega$ $3{,}9 \cdot 10^n k\Omega$	$33 \cdot 10^n k\Omega$ $6{,}8 \cdot 10^n k\Omega$ $330 \cdot 10^n k\Omega$ $2{,}7 \cdot 10^n k\Omega$
Erreichbare Widerstands-verhältnisse	R_{a1}/R_{a2} R_{b1}/R_{b2} R_{a2}/R_{b2}	0,96...1,04 2,46...2,66 1,38...1,50	1,15...1,25 6,64...7,20 2,46...2,66	4,66...5,04 117...127 2,42...2,62
$C_{(pF)} \cdot R_{a2\,(k\Omega)} \cdot f_{g\,(kHz)}$		218 065	147 059	31 992

Literatur

[1] Schenk, Ch. und Tietze, U.: Aktive Filter. ELEKTRONIK 1970, H. 10, S. 329...334 (1. Teil), H. 11, S. 379...382 (2. Teil), H. 12, S. 421...424 (3. Teil).

[2] Elektronik-Arbeitsblatt Nr. 79: Berechnung aktiver Hoch- und Tiefpaßfilter mit Tschebyscheff-Charakteristik. ELEKTRONIK 1974, H. 1, S. 33...34 (1. Teil), und H. 2, S. 69...70 (2. Teil).

6.5 Berechnung aktiver Hoch- und Tiefpaßfilter mit Tschebyscheff-Charakteristik

Trotz zahlreicher Veröffentlichungen, die meistens theoretisch gehalten sind, bringt die Realisierung von aktiven RC-Filterschaltungen für den Praktiker immer wieder Schwierigkeiten mit sich, und zwar insbesondere dann, wenn es sich um Filter höherer Ordnung handelt. Aber auch der Ingenieur oder Techniker, der schon Erfahrung auf diesem Gebiet hat, wird es ärgerlich finden, wenn er immer wieder die gleichen aufwendigen Berechnungen vornehmen muß.

Im folgenden soll daher eine Anleitung gegeben werden, mit deren Hilfe auch der Nicht-Spezialist in der Lage ist, anhand von Tabellen Hoch- und Tiefpaßfilter 2. bis 10. Ordnung aufzubauen. Speziell zur Berechnung von Tiefpaßfiltern wird ein Verfahren angegeben, das die Bestückung mit gängigen Kapazitätswerten zuläßt.

Grundlage ist eine Filterschaltung 2. Ordnung mit Einfachmitkopplung, die sich durch minimalen Bauelementebedarf auszeichnet [1,3]. Es wurde eine Filtercharakteristik ausgewählt, die bei einer Welligkeit von 3 dB im Durchlaßbereich größte Flankensteilheit ergibt (Tschebyscheff-Charakteristik, $\epsilon = 1$). — Die theoretische Ableitung der verwendeten zugeschnittenen Gleichungen folgt im Anschluß an die jeweiligen praktischen Ausführungen.

6.5.1 Bestimmung der Flankensteilheit

Zunächst zeichnet man den gewünschten Frequenzgang des Filters auf. Dabei ist zu berücksichtigen, daß das Filter aufgrund der verwendeten Tschebyscheff-Charakteristik im Durchlaßbereich eine Verstärkung zwischen 0 und —3 dB hat. Dann legt man die Grenzfrequenz f_0 fest: Bei dieser Frequenz hat die Verstärkung um 3 dB abgenommen. Die Verstärkung fällt beim Hochpaß unterhalb, beim Tiefpaß oberhalb dieser Frequenz weiter ab.

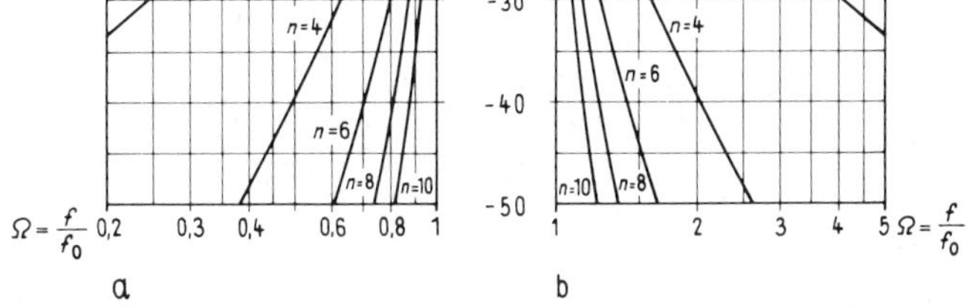

Abb. 6.5.1 a) Theoretischer Verstärkungsverlauf von Hochpaßfiltern n-ter Ordnung nach Tschebyscheff ($\epsilon = 1$); b) Theoretischer Verstärkungsverlauf von Tiefpaßfilter n-ter Ordnung nach Tschebyscheff ($\epsilon = 1$)

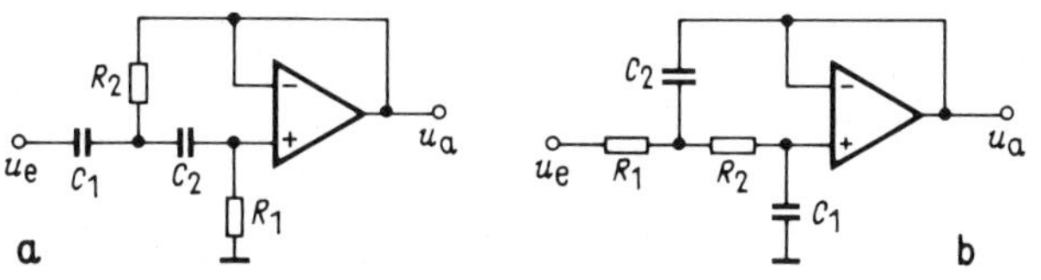

Abb. 6.5.2 a) Aktives RC-Hochpaßfilter 2. Ordnung mit Einfachmitkopplung; b) Aktives RC-Tiefpaßfilter 2. Ordnung mit Einfachmitkopplung

Als nächstes legt man die Frequenz f fest, bei der die Verstärkung am geringsten sein soll, und rechnet den Quotienten f/f_o aus.

Nach *Abb. 6.5.1* wählt man nun die Ordnung des Filters aus, bei der bei entsprechendem f/f_o der erforderliche Abfall der Verstärkung erreicht ist.

Die Gesamtschaltung besteht aus n/2 Grundschaltungen nach *Abb. 6.5.2*, deren Kapazitäts- und Widerstandswerte nach den Angaben der nächsten beiden Abschnitte berechnet werden können.

Der in Abb. 6.5.1 angegebene theoretische Verstärkungsverlauf von Tiefpaßfiltern n-ter Ordnung nach Tschebyscheff ($\epsilon = 1$) wurde berechnet mit

$$\nu = 20 \log \sqrt{\frac{1}{1 + T_n{}^2}} \text{ (in dB), wobei } T_n(\Omega) = \frac{(\Omega \pm \sqrt{\Omega^2 - 1})^n + (\Omega \pm \sqrt{\Omega^2 - 1})^{-n}}{2}$$

das Tschebyscheff-Polynom ist. Die ausgerechneten Tschebyscheff-Polynome wurden [2] entnommen.

6.5.2 Aktive Hochpaßfilter

Bestimmung der Kapazitäts- und Widerstandswerte

Das Hochpaßfilter n-ter Ordnung besteht aus einer Aneinanderreihung von n/2 Grundschaltungen nach Abb. 6.5.2a. *Abb. 6.5.3* zeigt als Beispiel ein Hochpaßfilter 6. Ordnung. Die Grundschaltungen und deren Bauelemente sind mit einem Index a, b, ... usw. versehen. In *Tabelle 1* sind für n = 2, 4, 6, 8, 10 für jedes dieser Indizes die Faktoren H_1 und H_2 enthal-

Tabelle 1. Berechnungsfaktoren für Hochpässe gerader Ordnung nach Tschebyscheff mit 3 dB Welligkeit im Durchlaßbereich

Ordnung	Filter	H_1 / Hz · F · Ω	H_2 / Hz · F · Ω
2	a	0,349429	0,051319
4	a	0,151694	0,032725
	b	1,687566	0,013555
6	a	0,099063	0,022707
	b	0,795154	0,016623
	c	3,975096	$6{,}0844 \cdot 10^{-3}$
8	a	0,073788	0,017265
	b	0,555334	0,014637
	c	1,822272	$9{,}7800 \cdot 10^{-3}$
	d	7,185239	$3{,}4343 \cdot 10^{-3}$
10	a	0,058846	0,013899
	b	0,432166	0,012539
	c	1,292683	$9{,}9508 \cdot 10^{-3}$
	d	3,178629	$6{,}3888 \cdot 10^{-3}$
	e	11,31467	$2{,}2014 \cdot 10^{-3}$

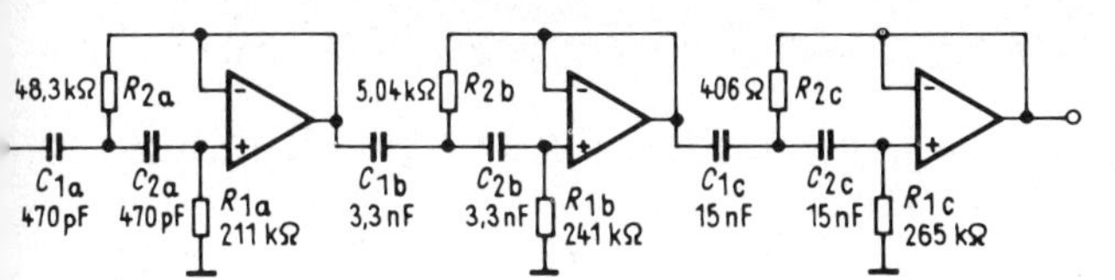

Abb. 6.5.3 Aktives RC-Hochpaßfilter 6. Ordnung nach Tschebyscheff; Grenzfrequenz f_o = 1000 Hz

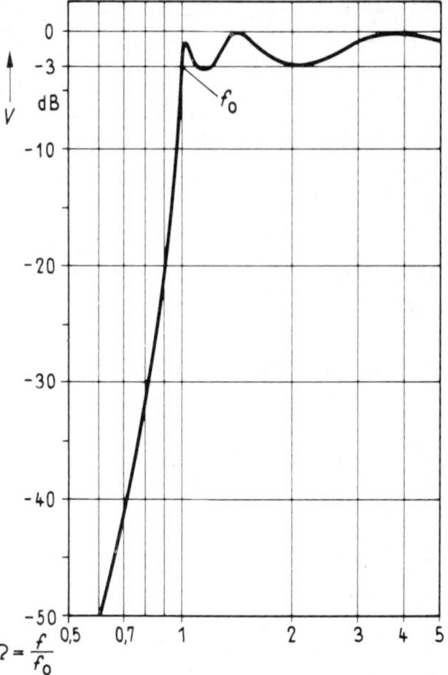

Abb. 6.5.4 Frequenzgang des aktiven Tschebyscheff-Hochpaßfilters nach Abb. 6.5.3

ten; durch diese Faktoren werden abhängig von Grenzfrequenz und verwendeten Kapazitätswerten die Widerstände bestimmt.

Zunächst wählt man die Werte der Kapazitäten C1 und C2, die in einer einzelnen Grundschaltung den gleichen Wert C_o haben müssen. Dann werden die zugehörigen Widerstandswerte errechnet:

$$R1 = \frac{H_1}{f_o \cdot C_o} \qquad R2 = \frac{H_2}{f_o \cdot C_o} \qquad (1, 2)$$

Mit den sich daraus ergebenden Werten kann die Schaltung aufgebaut werden. Für das dimensionierte Schaltungsbeispiel (Abb. 6.5.3) ist in *Abb. 6.5.4* der Frequenzgang aufgetragen.

Theoretische Ableitung

Das in Abb. 6.5.2a angegebene Filter hat, wie unschwer nachzuprüfen ist, die komplexe Verstärkung

$$\frac{u_a}{u_e} = \nu = \frac{1}{\frac{1}{p^2} + \frac{a_1}{p} + a_2} \qquad (3)$$

wobei $p = j\,\frac{\omega}{\omega_o}$ die komplexe normierte Frequenz darstellt. Die Koeffizienten des Nennerpolynoms sind dabei:

$$a_1 = 4\pi \cdot f_o \cdot C_o \cdot R2 \qquad a_2 = 4\pi^2 \cdot f_o{}^2 \cdot C_o{}^2 \cdot R1 \cdot R2 \qquad (4, 5)$$

Diese Koeffizienten bestimmen die Filtercharakteristik. Die Auflösung der Gleichung (4) nach R2 ergibt

$$R2 = \frac{a_1}{4\pi \cdot f_o \cdot C_o} \qquad (6)$$

Durch Einsetzen von (6) in (5) und Auflösung nach R1 erhält man

$$R1 = \frac{a_2}{a_1 \cdot \pi \cdot f_o \cdot C_o} \qquad (7)$$

Durch Einsetzen der Faktoren

$$H_1 = \frac{a_2}{a_1 \cdot \pi} \text{ und } H_2 = \frac{a_1}{4\pi} \qquad (8,9)$$

in die Ausdrücke (7) bzw. (6) erhält man die zugeschnittenen Berechnungsgleichungen (1) bzw. (2).

In der Tabelle 1 sind die Werte H_1 und H_2 aufgeführt. Die Faktoren a_1 und a_2 basieren auf der Berechnung der Nullstellen der Tschebyscheff-Polynome nach [2].

6.5.3 Aktive Tiefpaßfilter

Bestimmung der Kapazitäts- und Widerstandswerte

Das Tiefpaßfilter n-ter Ordnung besteht aus einer Aneinanderreihung von n/2 Grundschaltungen nach Abb. 6.5.2b. Die Grundschaltungen und deren Bauelemente sind, wie in Abb. 6.5.3, mit einem Index a, b, ... usw. versehen. In der *Tabelle 2* sind für n = 2, 4, 6, 8, 10 für jeden dieser Indizes die Faktoren T_1 und T_2 enthalten; durch diese Faktoren werden abhängig von der Grenzfrequenz die Widerstandswerte bestimmt.

Zunächst wählt man die Werte der Kapazitäten C'1 und C'2 nach der Tabelle 2a oder 2b. Dann werden die zugehörigen Widerstandswerte errechnet:

$$R'1 = \frac{T_1}{f_o}, \quad R'2 = \frac{T_2}{f_o} \qquad (10, 11)$$

Die gesuchten Werte C1, C2, R1, R2 ergeben sich dann mit

$$R_i = R'_i \cdot 10^N \text{ und } C_i = C'_i \cdot 10^{-N} \qquad (12, 13)$$

mit i = 1,2; N kann irgendeine ganze Zahl sein.

Sollen Kapazitätswerte verwendet werden, die nicht in der Normreihe E 6 enthalten sind, so müssen die Widerstandswerte, abhängig von Grenzfrequenz und gewählten Kapazitätswerten, durch die in *Tabelle 3* enthaltenen Faktoren T_3 und T_4 bestimmt werden:
Man wählt irgendeine Kapazität C'1 und berechnet mit T_3 den Wert $T_3 \cdot C'1$. Dann wählt

Tabelle 2. Berechnungsfaktoren für Tiefpässe gerader Ordnung nach Tschebyscheff unter Verwendung von Kapazitätswerten der Normreihe E 6

a) Optimale Annäherung der Kapazitätswerte

Ordnung	Filter	C1' / F	C2' / F	T_1 / Hz · Ω	T_2 / Hz · Ω
2	a	6,8	47	$9,3597 \cdot 10^{-3}$	0,011961
4	a	4,7	22	0,032028	0,039029
	b	3,3	470	$2,9347 \cdot 10^{-3}$	$6,1623 \cdot 10^{-3}$
6	a	1,5	6,8	0,137386	0,203548
	b	6,8	330	$4,1239 \cdot 10^{-3}$	$5,2455 \cdot 10^{-3}$
	c	1,5	1 000	$3,6472 \cdot 10^{-3}$	$4,8491 \cdot 10^{-3}$
8	a	1,5	6,8	0,174095	0,283621
	b	2,2	100	0,012304	0,029162
	c	3,3	680	$2,9086 \cdot 10^{-3}$	$5,5157 \cdot 10^{-3}$
	d	4,7	10 000	$6,5325 \cdot 10^{-4}$	$8,4688 \cdot 10^{-4}$
10	a	1,5	6,8	0,213196	0,360740
	b	2,2	100	0,013543	0,039741
	c	3,3	470	$4,1776 \cdot 10^{-3}$	$7,6981 \cdot 10^{-3}$
	d	1,5	1 000	$2,6367 \cdot 10^{-3}$	$7.9885 \cdot 10^{-3}$
	e	1,5	10 000	$7,7818 \cdot 10^{-4}$	$2,2067 \cdot 10^{-3}$

b) Annäherung mit kleinen Kapazitätswerten

Ordnung	Filter	C1' / F	C2' / F	T_1 / Hz · Ω	T_2 / Hz · Ω
2	a	2,2	15	0,031733	0,034167
4	a	1	4,7	0,147407	0,186559
	b	1	150	$8,8208 \cdot 10^{-3}$	0,021199
6	a	1	4,7	0,187191	0,324209
	b	1	68	0,014508	0,049204
	c	1	680	$5,1102 \cdot 10^{-3}$	$7,6342 \cdot 10^{-3}$
8	a	1	4,7	0,239908	0,446666
	b	1	47	0,025588	0,065638
	c	1	220	$8,4618 \cdot 10^{-3}$	0,019338
	d	1	2 200	$2,7450 \cdot 10^{-3}$	$4,3056 \cdot 10^{-3}$
10	a	1	4,7	0,294874	0,566030
	b	1	47	0,028345	0,088879
	c	1	150	0,012424	0,026766
	d	1	680	$3,8409 \cdot 10^{-3}$	0,012097
	e	1	6 800	$1,1325 \cdot 10^{-3}$	$3,3449 \cdot 10^{-3}$

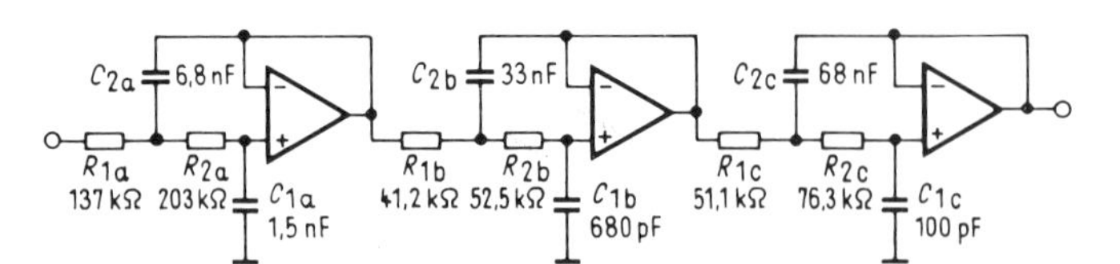

Abb. 6.5.5 Aktives RC-Tiefpaßfilter 6. Ordnung nach Tschebyscheff; Grenzfrequenz f_o = 1000 Hz

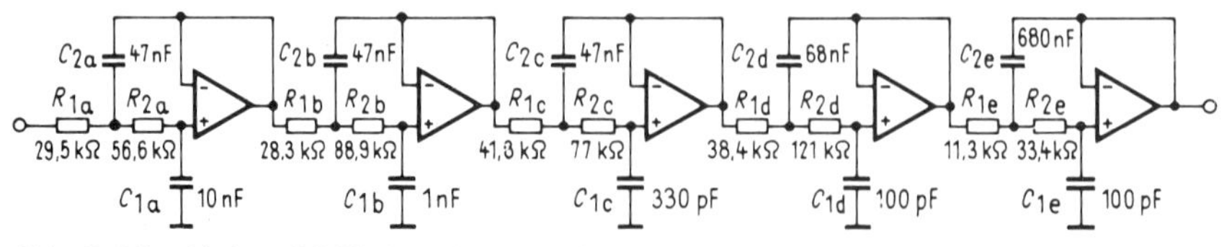

Abb. 6.5.6 Aktives RC-Tiefpaßfilter 10. Ordnung nach Tschebyscheff; Grenzfrequenz f_o = 1000 Hz

Tabelle 3. Berechnungsfaktoren für Tiefpässe gerader Ordnung nach Tschebyscheff mit 3 dB Welligkeit im Durchlaßbereich

Ordnung	Filter	T_3 Hz · F · Ω	T_4 Hz · F · Ω
2	a	6,80890	0,072490
4	a	4,63536	0,166983
	b	124,495	0,015010
6	a	4,36258	0,255700
	b	47,8347	0,031856
	c	653,324	$6{,}3722 \cdot 10^{-3}$
8	a	4,27376	0,343287
	b	37,9410	0,045613
	c	186,327	0,013900
	d	2092,21	$3{,}5253 \cdot 10^{-3}$
10	a	4,23373	0,430452
	b	34,4666	0,058612
	c	129,908	0,019595
	d	497,533	$7{,}9689 \cdot 10^{-3}$
	e	5139,69	$2{,}2387 \cdot 10^{-3}$

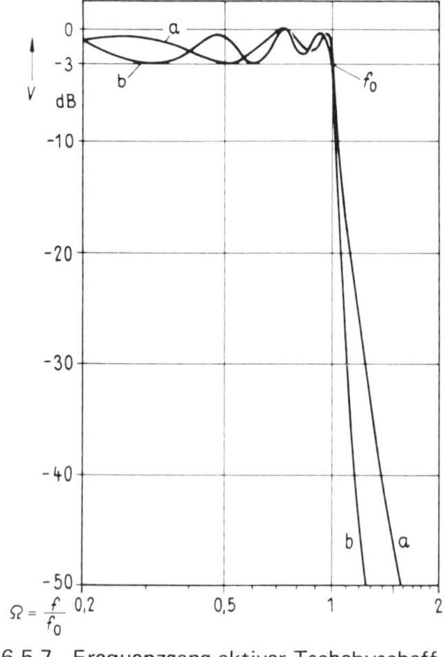

Abb. 6.5.7 Frequenzgang aktiver Tschebyscheff-Tiefpaßfilter; a) Tiefpaß 6. Ordnung (Schaltung Abb. 6.5.5); b) Tiefpaß 10. Ordnung (Schaltung Abb. 6.5.6)

man $C'2 \geqq T_3 \cdot C'1$ (z.B. den in einer Normreihe auf $T_3 \cdot C'1$ nächstfolgenden Wert) und berechnet

$$R'1, 2 = \frac{T_4}{f_o \cdot C'1} \left(1 \pm \sqrt{1 - T_3\, C'1/C'2}\right) \tag{14}$$

Die gesuchten Werte C1, C2, R1, R2 ergeben sich dann wie vorstehend nach Gleichung (12) bzw. (13).

In *Abb. 6.5.5* ist hierzu als Beispiel ein dimensioniertes Tiefpaßfilter 6. Ordnung dargestellt, in *Abb. 6.5.6* ein Tiefpaßfilter 10. Ordnung.

Berechnungsbeispiel

Es soll ein Tiefpaß sechster Ordnung mit f_o = 1000 Hz berechnet werden.

Nach Tabelle 2a ergibt sich:

C'1a = 1,5 F; C'1b = 6,8 F; C'1c = 1,5 F;
C'2a = 6,8 F; C'2b = 330 F; C'2c = 1000 F.

Die nach den Gleichungen (10) und (11) errechneten Werte für R'1 und R'2 sind dann (auf drei Stellen abgerundet):

R'1a = $0{,}137 \cdot 10^{-3}\ \Omega$; R'1b = $4{,}12 \cdot 10^{-6}\ \Omega$; R'1c = $3{,}65 \cdot 10^{-6}\ \Omega$;
R'2a = $0{,}203 \cdot 10^{-3}\ \Omega$; R'2b = $5{,}25 \cdot 10^{-6}\ \Omega$; R'2c = $4{,}85 \cdot 10^{-6}\ \Omega$.

Als Werte für N werden gewählt: $N_a = 9$, $N_b = N_c = 10$. Man erhält somit:

R1a = 137 kΩ;	R1b = 41,2 kΩ;	R1c = 36,5 kΩ;
R2a = 203 kΩ;	R2b = 52,5 kΩ;	R2c = 48,5 kΩ;
C1a = 1,5 nF;	C1b = 680 pF;	C1c = 150 pF;
C2a = 6,8 nF;	C2b = 33 nF;	C2c = 100 nF.

Eine Berechnung nach Tabelle 2b ergibt mit den gleichen Werten für N:

R1a = 187 kΩ;	R1b = 145 kΩ;	R1c = 51,1 kΩ;
R2a = 324 kΩ;	R2b = 492 kΩ;	R2c = 76,3 kΩ;
C1a = 1 nF;	C1b = 100 pF;	C1c = 100 pF;
C2a = 4,7 nF;	C2b = 6,8 nF;	C2c = 68 nF.

Für die Schaltung (Abb. 6.5.5) wurden die Werte für die Filterstufen a und b der Berechnung nach Tabelle 2a entnommen, für Filterstufe c nach Tabelle 2b. Der Tiefpaß 10. Ordnung gleicher Grenzfrequenz (Abb. 6.5.6) ist nach dem gleichen Verfahren berechnet worden. Die Frequenzgänge beider Filter sind in *Abb. 6.5.7* aufgezeichnet.

Theoretische Ableitung

Das in Abb. 6.5.2b angegebene Filter hat mit $p = j\frac{\omega}{\omega_o}$ als komplexe normierte Frequenz die komplexe Verstärkung

$$\frac{u_a}{u_e} = v = \frac{1}{p^2 + a_1 p + a_2} \tag{15}$$

Die Koeffizienten des Nennerpolynoms sind dabei

$$a_1 = \frac{R1 + R2}{a\,\pi\,f_o\,C2\,R1\,R2} \quad \text{und} \quad a_2 = \frac{1}{4\,\pi^2\,f_o^{\,2}\,C1\,C2\,R1\,R2} \tag{16,17}$$

Diese Koeffizienten bestimmen die Filtercharakteristik.

Die Auflösung der Gleichungen (16) und (17) nach R1 und R2 führt auf eine quadratische Gleichung. Deren Lösung lautet

$$R1,2 = \frac{a_1}{4a_2 \pi f_o C1} \left(1 \pm \sqrt{1 - \frac{4a_2 C1}{a_1^2 C2}}\right) \tag{18}$$

Zur Vereinfachung des Berechnungsganges führt man die Faktoren T_1 und T_2 ein:

$$T_{1,2} = \frac{a_1}{4a_2 \pi C'1} \left(1 \pm \sqrt{1 - \frac{4a_2 C'1}{a_1^2 C'2}}\right) \tag{19}$$

Durch Einsetzen von $T_{1,2}$ in (18) erhält man die zugeschnittenen Gleichungen (10) und (11).

Will man den vorgesehenen Frequenzgang genau erreichen, so muß der Wurzelausdruck in (18) bzw. (19) gleich Null sein. Die in Tabelle 2a aufgeführten Kapazitätswerte der Normreihe E 6 sind so ausgewählt, daß der Wurzelausdruck in Gleichung (19) möglichst klein wird (optimale Annäherung); für Tabelle 2b sind kleinere Kapazitätswerte mit guter Annäherung ausgesucht worden.

Die Gleichung (14) erhält man durch Einsetzen der Faktoren

$$T_3 = \frac{4a_2}{a_1^2} \quad \text{und} \quad T_4 = \frac{a_1}{4a_2 \pi} \tag{20,21}$$

in Gleichung (18). Damit können Kapazitätswerte gewählt werden, die nicht in der Normreihe E 6 enthalten sind.

6.5.4 Zusammenschaltung mehrerer Filter

Eine Anwendung der Hoch- und Tiefpaßfilter ist z.B. die Zusammenschaltung zu einem Bandpaß. Dabei bestimmt der Hochpaß die untere, der Tiefpaß die obere Grenzfrequenz *(Abb. 6.5.8)*.

Ebenso kann mit einem Hoch- und Tiefpaß über eine Summierschaltung *(Abb. 6.5.9)* eine Bandsperre gebildet werden. Hierbei bestimmt der Tiefpaß die untere, der Hochpaß die obere Grenzfrequenz. Die Widerstände R1 und R2 entkoppeln die Filterausgänge. Es ist zu beachten, daß die Flankensteilheit durch die Überlagerung der einzelnen Filtercharakteristiken etwas geringer wird.

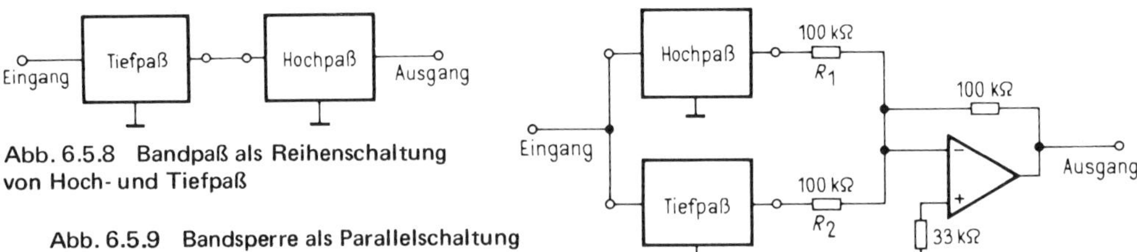

Abb. 6.5.8 Bandpaß als Reihenschaltung von Hoch- und Tiefpaß

Abb. 6.5.9 Bandsperre als Parallelschaltung von Hoch- und Tiefpaß

6.5.5 Auswahl der Bauelemente und praktische Hinweise

Operationsverstärker

Die gezeigten Schaltungen können mit preisgünstigen Operationsverstärkern (z.B. μA 709 C, TAA 761 A) aufgebaut werden. Bei den in Abb. 6.5.3, Abb. 6.5.5 und Abb. 6.5.6 dargestellten Filtern handelt es sich um erprobte Schaltungen. Es ergab sich eine Abweichung von etwa 0,1 · n^2% zur berechneten Grenzfrequenz. Diese Abweichung beruht auf den nichtidealen Eigenschaften des Operationsverstärkers; sie muß in Kauf genommen werden, da die Einbeziehung der Eigenschaften des Operationsverstärkers in die Berechnung praktisch nicht möglich ist.

Weicht die praktisch erreichte Grenzfrequenz f_p zu weit von der berechneten Grenzfrequenz f_o ab, so genügt es, die Widerstände neu zu berechnen. Dies geschieht sehr einfach mit Hilfe einer „Faustformel": Nennt man die neu einzusetzenden Widerstände $R_i{}^*$ (i als Index des jeweiligen Widerstandes), dann ist

$$R_i{}^* = R_i \cdot \frac{f_o}{f_o - f_p} \tag{22}$$

Dies gilt für Hoch- und Tiefpaß. Die eingesetzten Kondensatoren werden beibehalten.

Bei der Anwendung aktiver RC-Filterschaltungen ist zu berücksichtigen, daß die Aussteuerbarkeit von der Betriebsspannung U_B abhängt. So läßt sich z.B. eine Schaltung mit dem μA 709 C bei U_B = 9 V bis zu einem Eingangspegel von etwa 7 dB, bei U_B = 18 V bis zu etwa 12 dB aussteuern.

Untere Grenzen für das Eingangssignal werden durch das Eigenrauschen der Bauelemente gesetzt. Um einen großen Dynamikbereich zu erhalten, empfiehlt es sich, das zu verarbeitende Signal auf einen möglichst hohen Pegel zu verstärken, bevor es dem Filter zugeführt wird.

Die gezeigten Schaltungen können auch mit nur einer Spannungsquelle betrieben werden; dann sind jedoch Symmetriewiderstände notwendig.

Kondensatoren

Es empfiehlt sich, aus Stabilitätsgründen Polystyrol-Kondensatoren (z.B. Styroflex-Kondensatoren) oder Glimmerkondensatoren mit Werten größer als 30 pF und ±1 % Toleranz einzusetzen.

Widerstände

Die Widerstandswerte dürfen zwischen einigen hundert Ω und etwa 500 kΩ liegen; anderenfalls ergeben sich Verfälschungen durch Ausgangswiderstand bzw. Eingangsstrom des Operationsverstärkers.

Für hohe Ansprüche in bezug auf Temperaturkonstanz und Alterung sind Metallschichtwiderstände mit ±1 % Toleranz vorzuziehen; für den versuchsweisen Aufbau genügen jedoch Kohlewiderstände. Höhere Toleranzwerte können entsprechende Abweichungen des Frequenzgangs ergeben.

Ing. (grad.) Dirk Brühl

Literatur

[1] Tietze, U. und Schenk, Ch.: Halbleiter-Schaltungstechnik. Springer-Verlag, Berlin 1971, S. 264 ff.
[2] Weinberg, L.: Network Analysis and Synthesis. McGraw-Hill Book Company, New York 1972, S.510ff.
[3] Schenk, Ch. und Tietze, U.: Aktive Filter. ELEKTRONIK 1970, H. 10, S. 329...334 (1. Teil), H. 11, S. 379...382 (2. Teil), H. 12, S. 421...424 (3. Teil).

6.6 Einfache und genaue analoge Multiplizier- und Dividierschaltung

Auf dem Gebiet der Elektronik besteht immer mehr die Aufgabe, Multiplikationen und Divisionen analog elektronisch durchzuführen. Der Aufwand bei den üblichen, bekannten Schaltungen [1, 2, 3, 4] ist aber relativ groß. Im folgenden wird deshalb unter Verwendung von Operationsverstärkern eine Schaltung betrieben, die die Rechenoperation

$$U_A = \frac{U_1 \cdot U_3}{U_2}$$

preiswert und mit guter Genauigkeit durchführen kann.

6.6.1 Aufbau und Wirkungsweise

Die Rechenschaltung besteht im wesentlichen aus den Funktionsgruppen: Summations-Integrator, Spannungskomparator und Tiefpaßfilter. Die Prinzipschaltung zeigt *Abb. 6.6.1*; das dazugehörige Impulsdiagramm ist in *Abb. 6.6.2* dargestellt. Die positive Spannung U_1 liegt permanent am invertierenden Eingang des Summations-Integrators. Bei geöffnetem Schalter S 1 wird der Kondensator C1 zeitproportional mit dem Strom $I_1 = \frac{U1}{R1}$ aufgeladen. Damit fällt die Ausgangsspannung des Integrators U_{A1} von $+U_K$ nach $-U_K$ linear nach der Zeitfunktion

$$U_{A1}\,(t_2) = -\frac{1}{R1\,C1} \int U_1 \cdot dt + U_K \text{ ab.} \qquad (1)$$

Bei $t = t_2$ ist $U_{A1} = -U_K = \frac{R4 \cdot U_{s-}}{R4 + R5}$ und der Komparator-Ausgang U_{A2} springt von U_{s-} auf U_{s+} (U_{s-} ist die negative und U_{s+} die positive Sättigungsspannung des Verstärkers V 2 [5]), wodurch der Schalter S 1 (z.B. FET) schließt.

Damit wird eine negative Spannung $-U_2$ über R2 an den Summationspunkt des Integrators gelegt und bei Erfüllung der Bedingung $|U_2|>|U_1|$ erfolgt die Rückintegration nach der Zeitfunktion

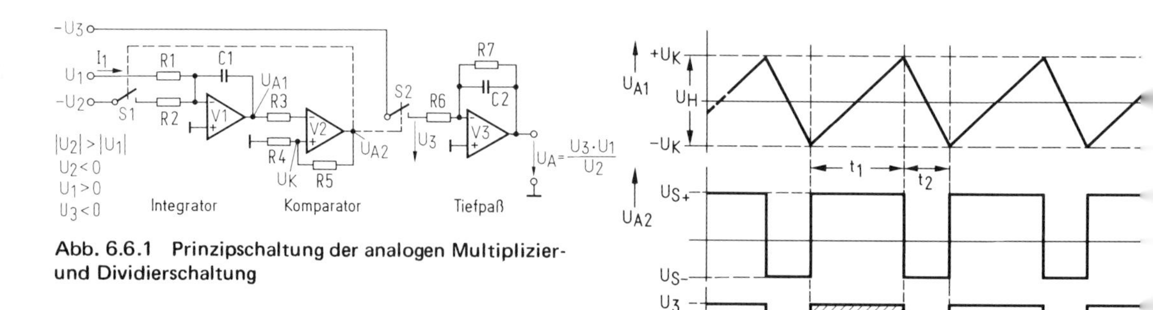

Abb. 6.6.1 Prinzipschaltung der analogen Multiplizier- und Dividierschaltung

Abb. 6.6.2 Impulsdiagramm der Schaltung nach Abb. 6.6.1

$$U_{A1}(t_1) = -\left[\frac{1}{R1\,C1}\int U_1 \cdot dt + \frac{1}{R2\,C1}\int -U_2 \cdot dt\right] - U_K \qquad (2)$$

Bei $t = t_1$ ist $U_{A1} = + U_K = \frac{R4 \cdot U_{s+}}{R4 + R5}$ und der Komparator-Ausgang U_{A2} springt von U_{s+} auf U_{s-}. Damit wird der Schalter S 1 geöffnet und der eben beschriebene Ablauf kann erneut beginnen. Setzt man nun in Gl. (1) für $U_{A1}(t_2) = -U_K$ und in Gl. (2) $U_{A1}(t_1) = +U_K$ und löst nach t_2 bzw. t_1 auf, ergibt sich:

$$t_2 = \frac{2\,U_K \cdot R1 \cdot C1}{U_1} \qquad (3)$$

$$t_1 = \frac{2\,U_K \cdot R2 \cdot C1}{U_2 - U_1} \qquad (4)$$

worin $2 \cdot U_K$ nichts anderes ist als die Hysteresespannung U_H des Komparators [5]. Bildet man nun den Ausdruck $\frac{t_1}{t_1 + t_2}$ (5) und setzt in Gl. (5) die Gleichungen (3) und (4) ein, erhält man mit der Bedingung $R1 = R2 = R$:

$$\frac{t_1}{t_1 + t_2} = \frac{\frac{2\,U_K \cdot R\,C1}{U_2 - U_1}}{\frac{2\,U_K \cdot R\,C1}{U_2 - U_1} + \frac{2\,U_K \cdot R\,C1}{U_1}} = \frac{U_1}{U_2} \qquad (6)$$

Das Schaltverhältnis $\frac{t_1}{t_1 + t_2}$ ist somit proportional dem Quotienten aus den beiden Spannungen. Schließt man synchron mit S 1 auch den Schalter S 2, so wird entsprechend dem Schaltverhältnis eine Spannung U_3 an das Tiefpaßfilter gelegt. Im einfachsten Fall genügt, wie in Abb. 6.6.1 angedeutet, ein Tiefpaß 1. Ordnung mit Umkehrverstärker. Bei entsprechender Dimensionierung der Zeitkonstanten bildet der Tiefpaß den arithmetischen Mittelwert der angelegten pulsierenden Gleichspannung U_3. Es gilt:

$$U_A = \frac{t_1}{t_1 + t_2} \cdot U_3 \qquad (7)$$

Die Ausgangsspannung U_A steht somit mit dem Schaltverhältnis in einem linearen Zusammenhang. Setzt man in Gl. (7) die Gl. (6) ein, erhält man den gewünschten Zusammenhang

$$U_A = \frac{t_1}{t_1 + t_2} \cdot U_3 = \frac{U_1 \cdot U_3}{U_2} \qquad (8)$$

6.6.2 Fehlerbetrachtung

Aus den Gleichungen (6) und (7) geht hervor, daß die Kippschwellen des Komparators $+U_K$ und $-U_K$ bzw. die Hysteresespannung U_H und die Zeitkonstante $\tau = R \cdot C1$ des Integrators nicht im Ergebnis erscheinen.

Bei der Ableitung der Formeln wurde ein idealer Operationsverstärker vorausgesetzt [6]. Durch die endliche Leerlaufverstärkung V_0 steigt aber die Integrator-Eingangsspannung U_{A1} nicht linear, sondern nach einer e-Funktion an. Es ergibt sich daher ein Linearitätsfehler in 1. Näherung von

$$\frac{dU_{A1}}{U_A} = \frac{t_{(1,2)}}{2 \cdot V_0 \cdot R\,C1}$$

Bei Verwendung von Operationsverstärkern mit $V_0 > 80$ dB kann dieser Fehler aber immer vernachlässigt werden. Strom- und Spannungsoffset der Operationsverstärker V 1 und V 2 wirken sich so aus, als ob die umzusetzenden Spannungen U_1, U_2 und U_3 größer oder kleiner sind. Der Einfluß kann berechnet werden [6], ebenso ist durch entsprechende Beschaltung (Offsetabgleich) der Einfluß abzugleichen. Offsetstrom und -spannung des Komparators haben auf die Genauigkeit keinen Einfluß.

6.6.3 Praktische Ausführung

Abb. 6.6.3 zeigt die in der Praxis erprobte Multiplikations- und Dividierschaltung. Die verwendeten Operationsverstärker sind vom Typ 741. Als Schalter S 1 und S 2 wurden Si-PNP-Transistoren (BC 252 A) verwendet, die zur Reduzierung der $U_{CE\,sat}$-Spannung invers betrieben werden. Bei der angegebenen Dimensionierung wurde $U_{CE\,sat} \approx 11$ mV gemessen. Dieser Betrag geht als Fehler in die Umsetzgenauigkeit ein. Für höhere Anforderungen sind daher FET einzusetzen.

Die in *Abb. 6.6.3* dargestellte einfache Ausführung arbeitet als Einquadranten-Multiplizierer bzw. -Dividierer mit den angegebenen Vorzeichen für U_1, U_2 und U_3. Das Ergebnis erscheint als Gleichspannung U_A vorzeichenrichtig. Die Schaltung kann zum Vierquadranten-Multiplizierer/-Dividierer erweitert werden, wenn man z.B. die Vorzeichen von U_1, U_2, U_3 elektronisch ermittelt und durch zusätzliche Inverter auf die entsprechende Polarität um-

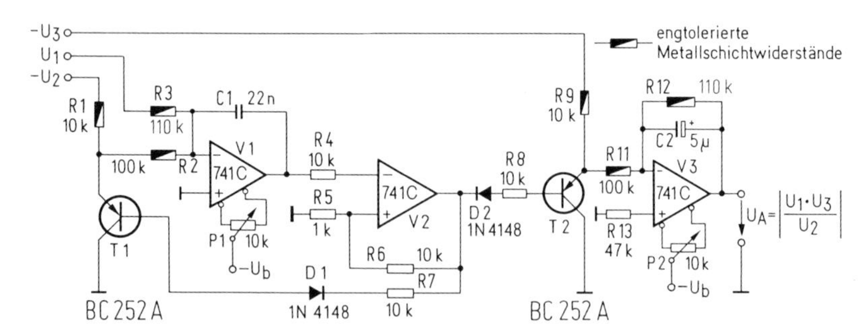

Abb. 6.6.3 Praktische Ausführung einer preiswerten und genauen Multiplizier- und Dividierschaltung. Die Ausgangsspannung U_A erscheint vorzeichenrichtig. Die Versorgungsspannung $\pm U_b$ wurde nicht mit eingezeichnet. Der Autor entwickelte diese Schaltung in der Pilz KG

setzt. In der angegebenen Schaltung wurde die Offsetspannung von V 1 und V 3 mit P 1 bzw. P 2 abgeglichen. Als maximaler Fehler wurde ein Wert von $\epsilon \leqq 0{,}8\,\%$ ermittelt.

Ing. (grad.) Rainer Künzel

Literatur

[1] Tietze, U. und Schenk, Ch.: Analogmultiplizieren mit Stromverteilungssteuerung. ELEKTRONIK 1971, H. 6, S. 189...194.

[2] Grünberg, W.: Analoges Multiplizieren und Dividieren nach dem Sägezahnverfahren. ELEKTRONIK 1969, H. 2, S. 43...45.

[3] Zirpel, M.: Einfacher Multiplizierer mit zwei Operationsverstärkern. ELEKTRONIK 1973, H. 11, S. 402...404.

[4] Raufenbarth, F.: Verwertung von Methoden der Impulstechnik zur Verbesserung elektronischer Regler. Proceedings of the fifth international instr. and measurments conference Sept. 13-16. 1960, Stockholm Sweden Vol. 1.

[5] Künzel, R.: Operationsverstärker als Schalter. ELEKTRONIK 1973, H. 10, S. 373 bis 374 und H. 11, S. 413...414.

[6] Künzel, R.: Nullpunktfehler des Operationsverstärkers. Internationale Elektronische Rundschau 1973, H. 5, S. 99...102 und H. 6, S. 123...126.

6.7 Wattmeterschaltung mit Multiplizierer

Das Bild zeigt eine Wattmeterschaltung, die mit einem Analogmultiplizierer realisiert wurde.

Mit einem Spannungsteiler (R 2, R 3) parallel zur Last wird eine Hilfsspannung U_u gewonnen, die proportional der Lastspannung ist. In Reihe zur Last liegt der Meßwiderstand R 1, dessen Spannungsfeld proportional zum Laststrom ist. Dieser wird mit IC 1 (um den Faktor —20) verstärkt und bildet die Hilfsspannung U_i.

Nach der Formel $P = U \cdot I$ werden die beiden Hilfsspannungen (U_u und U_i) mit IC 2 multipliziert, und man erhält die Ausgangsspannung $|U_1|$, die proportional der Leistung im Verbraucher ist. Diese Spannung wird auf einen Präzisionsgleichrichter (IC 3) gegeben und angezeigt. Mit R 4 läßt sich der Instrumentenstrom einstellen, nach der Formel

$$R\,4 = U_1 / i.$$

Die Schaltung eignet sich für Wirk- und Blindleistungsmessungen bis 2 kW. Die maximale Lastspannung betragt 400 V, während der maximale Laststrom 5 A beträgt. Der Frequenzgang ist linear bis zu einigen kHz.

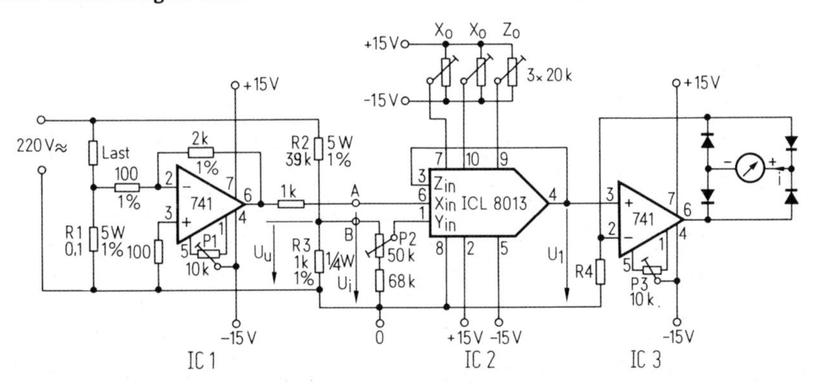

Abb. 6.7 Ausführung der Wattmeterschaltung: Als Multiplizierer wird der Typ ICL 8013 (Intersil) verwendet

Eine Meßbereichsvariation ist jederzeit durch eine Widerstandänderung von R 1 und R 2 möglich.

Abgleich

1. Bei kurzgeschlossenem R 1 den Ausgang von IC 1 mit Regler P 1 auf Gleichspannungsnull bringen.
2. X- und Y-Eingang des Multiplizierers an Punkt A und B öffnen.
3. A und B auf 0 V legen. Mit Z_o den Ausgang an Anschluß 4 auf 0 V bringen.
4. An B eine Wechselspannung (Sinus ca. 100 Hz) mit ±10 V anlegen; A = 0 V. Mit X_o auf minimales Ausgangssignal abgleichen.
5. Wechselspannung aus 4. an A legen; B = 0 V. Mit Y_o auf minimales Ausgangssignal abgleichen.
6. Eventuell 3. wiederholen.
7. An A +10 V Gleichspannung legen und Wechselspannung aus 4. an B. Mit P 2 den Ausgang auf Spannung an Punkt B bringen. Mit einem Zweistrahloszillografen (Strahl A = Ausgang, Strahl B = Punkt B invertiert) ist die Einstellung einfach, da dann nur auf 0 abgeglichen werden muß.

Die Genauigkeit der Schaltung ist hauptsächlich abhängig vom IC-Typ (Ausführungen: A = 0,5 %; B = 1,0 %; C = 2,0 % Fehler) und vom gewissenhaften Abgleich des Multiplizierers. Mit P 3 wird das Instrument auf 0 bei U_1 = 0 abgeglichen.

Ing. (grad).Eberhard Müller

6.8 Logarithmierschaltung über mehrere Dekaden

Ein Verstärker mit logarithmischer Kennlinie wird für viele meßtechnische Aufgaben und regelungstechnische Probleme benötigt; so z.B. um ein Amplitudenverhältnis logarithmisch zu bewerten, damit die entsprechenden Meßwerte auf einem XY-Schreiber als Amplitudengang im Bodediagramm dargestellt werden können.

Die Realisierung der logarithmischen Kennlinie bringt einige technische Schwierigkeiten mit sich. Will man die Kennlinie mit einem Diodenfunktionsgenerator [1] aufbauen, so muß eine sehr hohe Arbeitsspannung gewählt werden, damit der Temperaturgang der Dioden nicht ins Gewicht fällt. Die Unsicherheit der Knickpunkte kann durch Anwendung von einem Präzisionsgleichrichter [1] je Knickpunkt ausgeschaltet werden, jedoch dürfte dieser Aufwand zu hoch sein.

Eine weitere Lösung, die technisch sehr einfach ist, zeigt *Abb. 6.8.1.* Die in der Rückführung eines Operationsverstärkers liegende Siliziumdiode weist über etwa drei Dekaden ein logarithmisches Verhalten auf. Durch den Eingangswiderstand von R = 10 kΩ fließt bei einem Eingangsbereich von U_1 = 10 mV...10 V ein Strom von 1 μA...1 mA, wobei sich die Ausgangsspannung um etwa 120 mV/Dek. ändert. Der starke Temperaturgang der Si-Diode (etwa 3 %/°C je Dekade) läßt diese Schaltung nur für einfachere Anforderungen zu.

Für höhere Ansprüche muß der Aufwand wesentlich gesteigert werden. Entweder muß die Diode in Abb. 6.8.1 auf konstanter Umgebungstemperatur gehalten werden oder es wird die in Abb. 6.8.3 gezeigte Schaltung verwendet, die bis zu sieben Dekaden verarbeiten kann. Die Wirkungsweise soll aber zunächst anhand von *Abb. 6.8.2* erläutert werden. Das Logarithmierelement ist hier ein als Diode geschalteter Transistor T — kurz *Transdiode* genannt. Seine Kollektor-Basisstrecke ist durch den Operationsverstärker kurzgeschlossen (virtueller Kurzschluß). Die Basis-Emitterspannung ändert sich um etwa 60 mV je Stromdekade. Um

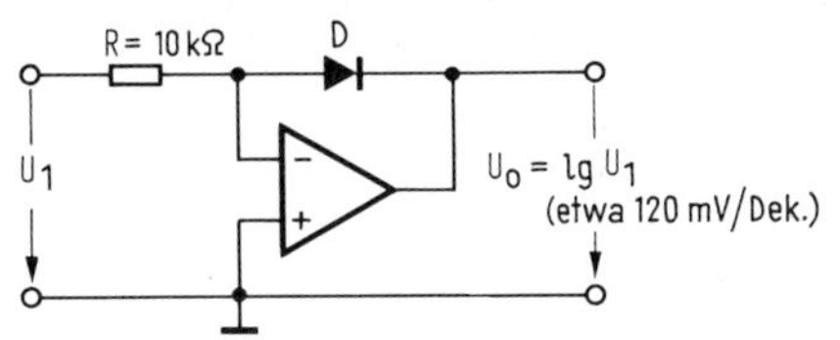

Abb. 6.8.1 Einfacher Logarithmierer

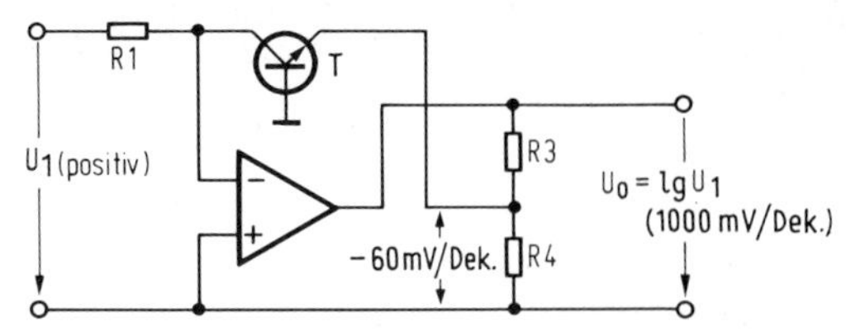

Abb. 6.8.2 Logarithmierschaltung mit Transdiode

Abb. 6.8.3 Logarithmierschaltung für höhere Ansprüche (über maximal sieben Dekaden)

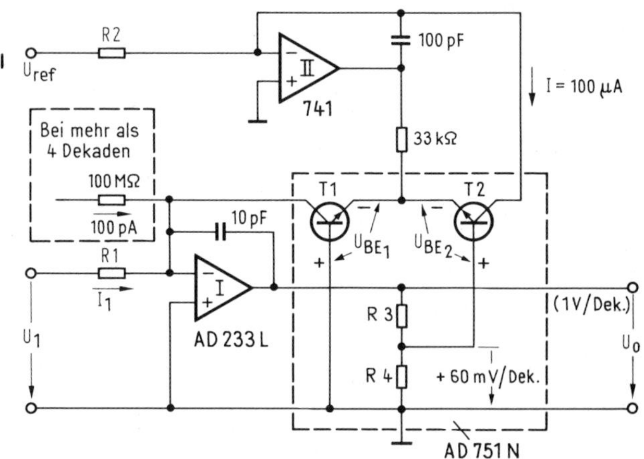

Tabelle der Ein- und Ausgangsspannungen nach Abb. 6.8.3

U_0 (V)	U_1 (V)
0	10
1	1
2	0,1
3	0,01
4	0,001
5	0,0001

das Signal anzuheben, ist der Emitter an die potentiometrische Rückführung [1] angeschlossen, so daß das Ausgangssignal U_o = 1000 mV/Dek. beträgt.

Aber auch in dieser Schaltung stört der Temperaturgang der Basis-Emitterstrecke. Daher wird eine weitere Basis-Emitterstrecke des ebenfalls als Transdiode betriebenen Transistors T 2, wie in *Abb. 6.8.3* gezeigt, zwischengeschaltet. Der Temperaturgang ist weitgehend ausgeschaltet, wenn beide Transistoren praktisch gleich sind. Durch Aussuchen von T1 und T2 läßt sich der Temperatureinfluß ohne weiteres auf 0,5 mV/°C je Dekade drücken [2]. — Am Ausgang erscheint nun die um das Teilerverhältnis von R 3, R 4 verstärkte Differenz $U_{BE2} - U_{BE1}$. Und zwar beträgt U_{BE2} konstant etwa 540 mV, wenn über den Widerstand R 2 ein konstanter Strom von I = 100 μA eingespeist wird. Daher muß $U_{ref} = I \cdot R_2$ sein. Wenn als Eingangsstrom $I_{1\,max}$ = 100 μA zugelassen wird, ist U_{BE1} ebenfalls 540 mV; am Ausgang erscheint dann U_0 = 0 V. Verringert sich das Eingangssignal U_1, verringert sich I_1 entsprechend und U_{BE1} wird kleiner, wodurch die Ausgangsspannung U_0 ansteigt (positiv). Die Beziehung zwischen U_0 und U_1 zeigt die *Tabelle*.

Bei einer Eingangsspannung von U_1 = 1 mV beträgt die Ausgangsspannung U_0 = 4 V, was einer Verstärkung von 4000fach entspricht. Daher muß der Verstärker I eine sehr geringe Spannungsdrift haben. Die Stromdrift muß klein gegen I_1 sein. Es ist ein zerhackerstabilisierter Typ zu empfehlen. Der Verstärker II kann vom Typ 741 sein, da keine Qualitätsforderungen für ihn bestehen.

Für die Schaltung nach Abb. 6.8.3 gelten folgende Beziehungen:

$$\frac{U_0}{[V]} = -\lg \frac{I_1}{I} = \lg \frac{I}{I_1} = \lg \frac{U_{ref}}{R2} \cdot \frac{R1}{U_1}$$

Beträgt U_{ref} = 10 V und R2 = R1 = 100 kΩ, so gilt

$$\frac{U_0}{[V]} = \lg \frac{10\ V}{U_1}$$

Diese mathematische Operation wird auf ±5 mV/Dek. gemäß den Herstellerangaben des verwendeten Logarithmiermoduls ausgeführt. Da die Änderung der Eingangsspannung U_1 um eine Dekade eine Änderung am Ausgang um ΔU_0 = 1000 mV zur Folge hat, kann man mit einem Fehler von ± 0,5 %/Dek. rechnen. *Ing. (grad.) Hansjürgen Vahldiek*

Literatur

[1] Vahldiek, H.: Operationsverstärker. Franckh'sche Verlagshandlung, 1973, Stuttgart

[2] Borlase, W., und David, E.: Log circuits. Druckschrift der Firma Analog Devices.

6.9 Digitaler Integrator mit hoher Zeitkonstante

Für die Lösung der Probleme, in denen die Integrationszeit zwischen Minuten und Stunden liegt, kann man die konventionelle Methode mit Operationsverstärkern nicht anwenden. Für solche Schaltungen verwendet man Spannungs-Frequenz-Umsetzer und, je nach Integrationszeit T, mehrere Zähler.

In der in *Abb. 6.9* gezeigten Schaltung werden ein U/f-Umsetzer VEV-10K (Datel Systems) und die BCD-Universalzähler MC 10 137 angewandt. Der Umsetzer arbeitet im Spannungsbereich von 0...10 V, wobei die Ausgangsfrequenz im Bereich von 0...10 kHz liegt; die Linearität beträgt etwa 0,005 %.

Die nachgeschalteten programmierbaren BCD-Zähler liefern eine Ausgangsfrequenz f_{aus}, die umgekehrt proportional dem eingestellten Eingangsbitmuster N ist. Für die Integrationszeit gilt:

$$T \sim \int_0^T U_{ein}\, dt = K \int_0^T \frac{dN}{dt}\, dt = K \cdot N, \text{ wobei K eine Konstante ist.}$$

Wird z.B. U_{ein} = 10 V, ergibt sich für f_{ein} = 10 kHz. Wenn das Eingangsbitmuster (im BCD-Code) an jedem Eingang 1001 (≙ 9) ist und acht Zähler nachgeschaltet sind, ergibt sich:

$$f_{aus} = \frac{f_{ein}}{N} \approx 10^{-4} \text{ Hz, so daß } T = 10^4 \text{ s ist.}$$

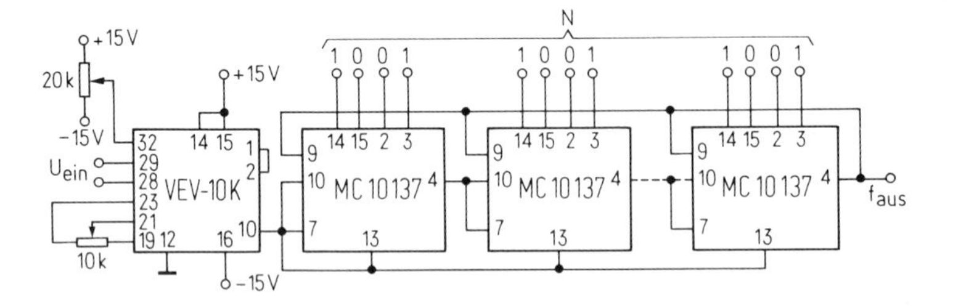

Abb. 6.9 Integrator mit hoher Zeitkonstante

Integratoren dieser Art können in PLL-Schaltungen zum Nachführen langsam veränderlicher Signale eingesetzt werden.

Prof. Kamil Kraus

6.10 Transmissions-Extinktions-Wandler mit einem logarithmischen Rechenverstärker

Eines der meistbenutzten Meßverfahren in Chemie, Medizin, Biochemie und Biologie ist die quantitative Spektralphotometrie. Hierbei wird die Eigenschaft von Stoffen (meist in Lösung) ausgenutzt, Licht einer bestimmten Wellenlänge proportional zur Stoffkonzentration zu absorbieren. Diese Absorption, Extinktion (E) genannt, ist nach dem Lambert-Beerschen Ge-

$$E = \log \frac{I_o}{I} = \cdot \epsilon \cdot c \cdot d$$

- gleich dem Logarithmus der Intensitätsverhältnisse von eintretender (I_o) zu austretender Strahlung des Lichtes,

- proportional der Konzentration (c) und des molaren Extinktionskoeffizienten (ϵ), einer Konstanten des Stoffes, der vom Licht durchstrahlt wird, sowie dessen Schichtdicke (d).

Die Meßanordnung ist meist so gewählt, daß d=1 [cm] ist und, da ϵ für jeweils den gleichen Stoff konstant ist, gilt: $E \sim c$. Außerdem wird bei den meisten Fotometern die Intensität des eintretenden Lichtes für eine Meßreihe bei einer bestimmten Wellenlänge konstant gehalten, somit ist $E = \log \frac{\text{Konstante}}{I}$. Zur Messung des Lichtes werden meistens Fotovervielfacher oder Fotozellen benutzt. Die Spannung am Ausgang dieser Meßanordnung ist der Intensität (I) direkt proportional und wird am Meßgerät als sogenannte Transmission (T) abgelesen. Zwischen Transmission und Extinktion besteht folgende Beziehung:

$$E = \log \frac{1}{T}.$$

Bei den meisten einfachen oder auch älteren Fotometern ist nur ein Ausgang vorhanden, an dem eine Spannung abgegriffen werden kann, die der Transmission direkt proportional ist. Um nun die Konzentration eines Stoffes nach dem Lambert-Beerschen Gesetz fotometrisch bestimmen zu können, muß man die Extinktionswerte finden. Dieses Problem wird vielfach so gelöst, daß man zur direkten Anzeige eine logarithmische Skala oder beim Registrieren Schreiberpapier mit logarithmischer Einteilung benutzt. Vielfach sollen die Werte jedoch weiterverarbeitet werden. So werden zur Auswertung von kinetischen Messungen (Verfolgung von chemischen Reaktionen, Enzymbestimmungen usw.) Kurven oder Geraden benötigt (aufgezeichnet durch X-t-Schreiber), deren X-Werte der Konzentration und somit der Extinktion direkt proportional sind. Ein weiteres Problem ist die direkte rechnerische Auswertung (Digital-Rechner) zur Konzentrationsbestimmung; hierzu gehört immer häufiger die rechnerische Integration von fotometrischen Kurven aus automatischen Analysengeräten. Zwar haben einige neue Fotometer der oberen Klasse heute sogenannte Extinktionsausgänge, aber die Routine-Geräte der meisten Labors brauchen als Zusatz noch einen sogenannten Transmissions-Extinktions-Wandler.

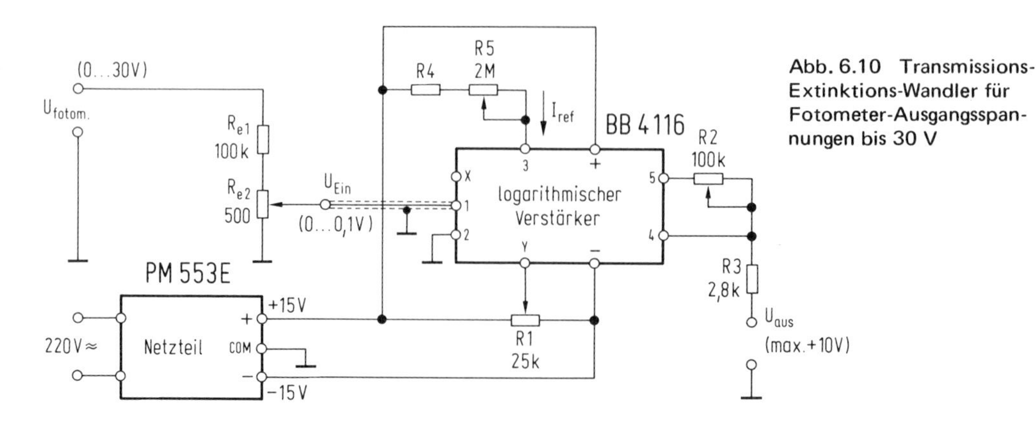

Abb. 6.10 Transmissions-Extinktions-Wandler für Fotometer-Ausgangsspannungen bis 30 V

Hier wird nun ein solches Zusatzgerät vorgestellt, das sehr einfach zu bauen und weit billiger als käufliche ist und sich zudem in der Praxis bestens bewährt hat. *Abb. 6.10* zeigt die Gesamtschaltung. Herz des Gerätes ist der logarithmische Rechenverstärker 4116 der Firma Burr-Brown. Ähnliche Verstärker werden auch von anderen Firmen angeboten; die meisten haben jedoch den Nachteil, daß einige Parameter bereits fest eingestellt sind und sich deswegen nur schwer für diesen Anwendungszweck modifizieren lassen. Grundlage der Anwendung ist die Rechenfunktion des Verstärkers:

$$U_{aus} = - A \cdot \log \frac{I_{Ein}}{I_{Ref}},$$

wobei die Ausgangsspannung (U_{aus}) proportional dem Faktor A mal dem Logarithmus aus Eingangsstrom (I_{Ein}) zu Referenzstrom (I_{Ref}) ist. Neben dem Stromeingang (X) besitzt der Baustein auch einen Spannungseingang (1), für den gilt:

$$U_{aus} = -A \log \frac{U_{Ein}}{100\ \text{k}\Omega \cdot I_{Ref}}.$$

Die theoretischen Grundlagen des logarithmischen Verstärkers sind in (1) und (2) zu finden. Benutzt man nun diese Funktion, so kann man ersehen, daß bei konstantem Referenzstrom gilt:

$$U_{aus} = A \log \frac{\text{Konstante}}{U_{Ein}}.$$

Gibt man auf den Eingang des logarithmischen Verstärkers die Ausgangsspannung des Fotometers, so hat man an seinem Ausgang eine Spannung, die der Extinktion direkt proportional ist.

Der Verstärker 4116 muß zum Betrieb nur noch mit einigen Widerständen beschaltet werden. Es wurden ausschließlich Metallfilmwiderstände mit niedrigem Temperaturkoeffizienten (TK) verwendet. Als veränderliche Widerstände dienten 20-Gang-Cermet-Trimmer, ebenfalls mit niedrigem TK. R1 dient zum Einstellen des Offsetstromes, ein etwas aufwendigeres Verfahren: Hierzu klemmt man Stift 1 ab und setzt (R4 + R5) = 8 MΩ, dann wird Stift X über 15 MΩ mit +15 V verbunden und Stift 1 wechselweise mit Masse verbunden bzw. offen gelassen, dabei wird R1 solange verändert bis sich beim Wechseln am Eingang 1 die Spannung am Ausgang minimal verändert. In die Funktion geht der Referenzstrom direkt ein; für eine Eingangsspannung (0,1 V), die einer 100%igen Transmission entsprechen soll, ist die Extinktion E = 0 laut Definition, d.h. für U_{Ein} = 0,1 V muß U_{Aus} = 0 V sein. Setzt man diese Bedingungen in die Funktion des Verstärkers ein, so folgt, daß $I_{Ref} = 1\,\mu A$. Als beste Werte haben sich für (R4 + R5) 8,5...9,5 MΩ ergeben. Den richtigen Wert stellt man an R5 ein, indem man 0,1 V an Stift 1 konstant anlegt und so lange verstellt, bis am Ausgang die kleinste Spannung erreicht wird, diese liegt meist bei etwa ± 0,5 mV bei optimal eingestelltem Ausgang von 10 V für den größten Extinktionswert. Mit R2 kann man den Faktor A und damit die optimale Ausgangsspannung einstellen. R2 läßt sich so einstellen, daß z.B. für U_{Ein} = 0,01 V (≙ 10 % Transmission und E = 1) eine Ausgangsspannung von +10 V zur Verfügung steht. Bei dieser Einstellung lassen sich dann alle Extinktionswerte als 10fache Spannungswerte abgreifen.

Zur Kontrolle der Einstellungen wurde ein 4 1/2stelliges Digitalmultimeter benutzt, um die Funktion des logarithmischen Verstärkers zu überprüfen, indem man an Stift 1 verschiedene Spannungen (aus einer guten Konstantspannungsquelle) anlegte und auf dem Taschenrechner HP 35 die Ausgangswerte mit den errechneten Werten verglich. Die Abweichungen waren erheblich geringer als 1 % (Garantiewerte von Burr-Brown).

Zur Versorgung dient ein Netzmodul PM 553 E der Firma Computer Products, der den Aufbau erheblich vereinfacht. R3 dient lediglich zum Schutz des Rechenverstärkers bei Kurzschluß des Ausganges, da in den meisten Labors Bananenstecker zum Anschluß z.B. an einen X-t-Schreiber üblich sind.

Am Eingang 1 liegt noch ein Spannungsteiler $R_{e1} + R_{e2}$; er ist für das Eppendorf-Fotometer, eines der häufigsten Routinegeräte dimensioniert, wobei etwa +30 V am Fotometer einer Extinktion von 0 und + 0,3 V einer Extinktion von 1 entsprechen. Bei Verwendung an einem Schreiber kann der Bereich der zu messenden Extinktionswerte durch Variation des Schreibereingangsbereiches beliebig angepaßt werden. Sogar der Bereich von E = 0...0,1 kann mit einem Schreiber im 1-V-Bereich gut aufgelöst werden. *Dipl.-Chem. Günther Sawatzki*

Literatur

[1] Burr-Brown Applikationsblatt PDS 241 B.
[2] Tobey, Graeme, Huelsman: Operational Amplifiers, S. 258.

7 Meß- und Prüfschaltungen

7.1 Digitales Phasenmeßgerät

Das im folgenden beschriebene Gerät mißt die Phase mit einer Auflösung von 1° im Bereich von 0,1 Hz...1 kHz. Seine Besonderheiten liegen darin, daß keine Frequenzumschaltung notwendig ist und daß für die Anzeigeeinheit ein LSI-Baustein verwendet wird, der die Anzahl der ICs in diesem Teil der Schaltung auf zwei beschränkt. Wesentlicher Bestandteil des Instruments ist eine schnellfangende PLL-Schaltung mit einem Fangbereich, der nur von den Eigenschaften des spannungsgesteuerten Oszillators (VCO) abhängt. *Abb. 7.1.1* zeigt die Gesamtschaltung.

Prinzip

Der Prüfling erzeugt gegenüber der Referenzfrequenz f_x eine phasenverschobene Frequenz. In getrennten Kanälen werden beide verstärkt, in Rechteckimpulse umgewandelt und auf eine Schaltung gegeben, die phasenproportionale Rechtecke liefert. Die negative Flanke dieser Impulse triggert zwei Monoflops, die die Speicherübernahme- und Rücksetzimpulse für die Anzeigeeinheit erzeugen. Die PLL-Schaltung — sie besteht aus Phasen-Frequenz-Komparator, Tiefpaß und VCO — erzeugt eine Frequenz, die um den Faktor 360 größer ist als die Eingangsfrequenz. Diese Frequenz wird über ein Gatter dem Zähler zugeführt; das Gatter wird aber vom bereits erwähnten phasenproportionalen Rechteck geöffnet, so daß genau die Anzahl der Impulse in den Zähler gelangt, die der Phasendifferenz in Grad entspricht.

Schaltungsdetails

Vorverstärker und Nulldurchgangsdetektor

Der Vorverstärker ist mit einem Operationsverstärker, Typ μA 741, aufgebaut. Mit P 2 (P 2') wird die Verstärkung so eingestellt, daß die Spannung am nachfolgenden Nulldurchgangsdetektor einige Volt beträgt. Dadurch können Eingangsspannungen von 0,1...7 V (effektiv) verarbeitet werden. Mit P1 (P 1') wird der Offset abgeglichen. Als Nulldurchgangsdetektor wird der Baustein NE 531 (Signetics) verwendet, der wegen seiner hohen Anstiegsgeschwindigkeit der Ausgangsspannung *(slew rate)* ausreichend schnell schaltet.

Die beiden Eingangskanäle sind völlig identisch aufgebaut.

Phasendiskriminator und Anzeigeeinheit

Zwei D-Flipflops (SN 7474) erzeugen die phasenproportionalen Rechteckimpulse mit der Frequenz $f_x/2$ *(Abb. 7.1.2)*. Dadurch kann auch bei 359° noch eine sichere Messung durchgeführt werden, ohne daß der Rücksetzimpuls die nächste Messung beschneidet; das ist der Fall, wenn der Zähler erst zurückgesetzt wird, nachdem die Messung beendet worden ist. Die Speicherübernahme- und Rücksetzimpulse werden von zwei Monoflops (SN 74 123) erzeugt.

Abb. 7.1.1 Gesamtschaltung des Phasenmessers

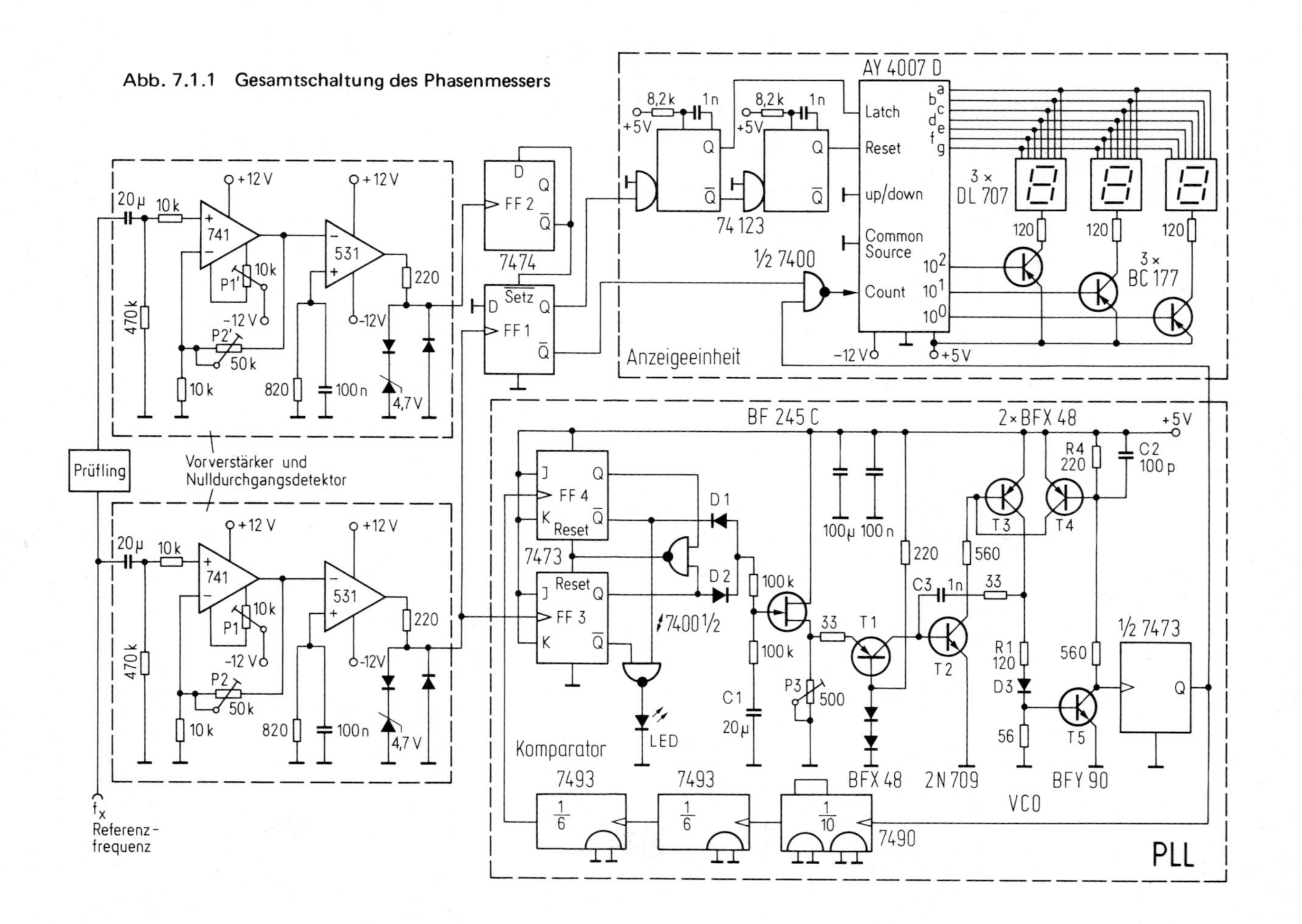

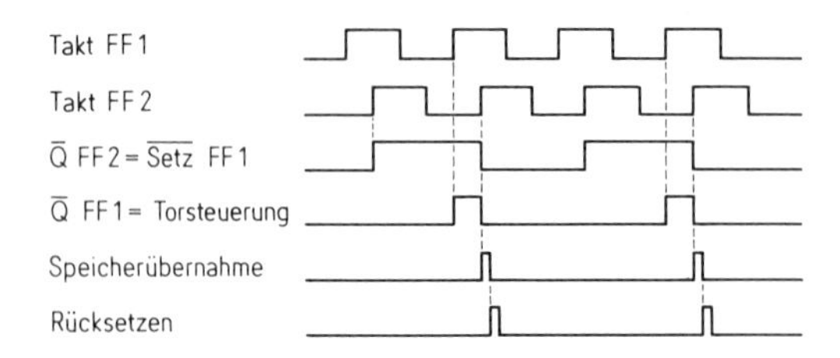

Abb. 7.1.2 Ist der Ausgang $\overline{Q}$ von FF2 „0", so ist FF1 auch beim nächsten Takt gesetzt, und $\overline{Q}$ von FF1 bleibt „0". Dadurch ist zwischen zwei Messungen genügend Zeit für den Speicherübernahme- und Rücksetzimpuls

Als Zähleinheit wird der Baustein AY 4007 D (General Instrument) benutzt. Er enthält einen Vierdekadenzähler mit Speicher, Multiplexer, Siebensegmentausgängen, Treiberstufen für die gemeinsamen Anschlüsse der LED-Anzeigen und einen internen Oszillator für die Multiplexfrequenz. Von den zur Verfügung stehenden vier Dekaden werden hier nur drei ausgenutzt. Der Platinenaufbau vereinfacht sich durch diesen Groß-IC ganz wesentlich, zusätzlich verringert sich der Stromverbrauch.

PLL-Schaltung

Die PLL-Schaltung hat die Aufgabe, die Frequenz $f_x \cdot 360$ zu erzeugen. Sie muß deswegen einen sehr großen Fangbereich aufweisen, was durch einen VCO erreicht wird, der sich in weiten Grenzen durchstimmen läßt.

Diese Bedingung erfüllt ein stromgesteuerter astabiler Impulsoszillator mit einem Rückkopplungswiderstand, der vom Steuerstrom abhängig ist und von R 1 und D 3 gebildet wird. Bei niedrigen Strömen ist der differentielle Widerstand der Diode hoch, dadurch tritt schon bei sehr kleinen Steuerströmen eine Rückkopplung auf. Erst bei höheren Steuerströmen — in diesem Bereich ist der differentielle Widerstand der Diode sehr gering — ergibt sich der niedrige Arbeitswiderstand des Rückkopplungsverstärkers, der für hohe Impulsfolgefrequenzen erforderlich ist. Die Serienschaltung von R 1 und D 3 bewirkt also eine erhebliche Erweiterung des Frequenzbereichs. Der eigentliche Oszillator, der von den Transistoren T 2...T 5 gebildet wird, liefert negative Impulse mit einer Länge von etwa 50 ns. Die Frequenz hängt vom Steuerstrom und von C 3 ab. Sie läßt sich mit Strömen von 1 μA...10 mA kontinuierlich von 1 Hz...16 MHz ändern. Mit P 3 kann die untere Frequenzgrenze so eingestellt werden, daß bei 0 V am Gate des FET (der den Steuerstrom „liefert") gerade noch keine Schwingung auftritt. Um symmetrische Rechteckimpulse zu erhalten, ist dem Oszillator ein Flipflop nachgeschaltet. Insgesamt bietet die PLL-Schaltung drei wesentliche Vorteile gegenüber herkömmlichen Schaltungen:

- Der Halte- und Fangbereich wird vom VCO bestimmt.
- Das Ausgangssignal ist völlig frei von Frequenzmodulation, da die Steuerspannung im eingerasteten Zustand eine Gleichspannung (also ohne Brumm) ist.
- Die Referenzfrequenz ist mit der durch 360 geteilten Ausgangsfrequenz phasengleich.

Der Steuerstrom für den VCO wird von einem Phasen-Frequenz-Komparator bestimmt, der im wesentlichen aus den Flipflops FF 3 und FF 4 (SN 7473) besteht. Am Eingang von FF 3 liegt das Referenzsignal mit der Frequenz f_x an. Eine negative Flanke setzt den Q-Ausgang auf „1", und über die Diode D 2 wird der Kondensator C 1 *geladen.* Sobald der Frequenzteiler (SN 7490 und 2 x SN 7493) einen Impuls liefert, kippt FF 4, und über das Gatter werden beide Flipflops zurückgesetzt. Trifft zuerst das Signal vom Teiler ein, wird FF 4 gesetzt, und der Kondensator wird *entladen.* Die Kondensatorspannung — sie bleibt wegen des hohen Eingangswiderstands (10^{11} Ω) des FET erhalten – steuert über den FET den Steuerstrom für den VCO, der durch T 1 fließt. Ist die Schaltung eingerastet, weisen beide Eingangsfrequenzen die selbe Phasenlage auf, und die Spannung am Kondensator ändert sich nicht mehr.

Im nichteingerasteten Zustand zeigt eine Leuchtdiode an, daß eine Messung nicht durchgeführt werden kann.

Erweiterungsmöglichkeiten

Der VCO ist in der Lage, Frequenzen von 1 Hz...8 MHz zu liefern. Prinzipiell könnte daher der Frequenzbereich des Gerätes auf etwa 20 kHz nach oben und auf etwa 0,01 Hz nach unten erweitert werden. Der CMOS-Zähler in der Anzeigeeinheit ist aber lediglich für Frequenzen bis maximal 400 kHz geeignet, dadurch ist die obere Frequenzgrenze des Gesamtgeräts auf 1 kHz festgelegt. Für höhere Frequenzen müssen als Anzeigeeinheit Bausteine einer anderen Technologie (z.B. TTL) verwendet werden. Die untere Frequenzgrenze ist durch die Zeitkonstante des Tiefpasses am Gate des FET gegeben. Im Hinblick auf eine kurze Nachregelzeit sollte diese Zeitkonstante nicht zu groß sein.

Ohne großen Aufwand kann die Schaltung auch für eine Auflösung von 0,1° ausgelegt werden. Dafür muß lediglich ein Dezimalzähler in der Teilereinheit hinzugefügt werden (durch 3600 teilen); die vierte Stelle in der Zählereinheit ist ohnehin vorhanden. Die obere Frequenzgrenze beträgt dann allerdings nur noch 100 Hz.

Dieter Pruss

7.2 Digitaler Kapazitätsmesser

Die Arbeitsweise der Schaltung beruht auf der bekannten Tatsache, daß der instabile Zustand einer monostabilen Kippstufe linear von der Kapazität des Zeitglieds abhängt. Besonderer Wert wurde darauf gelegt, mit relativ geringem Aufwand einen großen Meßbereich bei dennoch guter Auflösung zu erfassen.

Funktionsbeschreibung

Abb. 7.2.1 zeigt die Gesamtschaltung des Gerätes. Ein quarzstabilisierter Rechteckgenerator (IC 1) liefert eine Frequenz von 10 MHz. Diese wird in fünf Stufen dekadisch geteilt (IC 2...IC 6) und nach jeder Teilerstufe auf eine Torschaltung (IC 7, IC 8) gegeben. Durch einen Drehschalter kann diejenige Frequenz ausgewählt werden, die in den dreistufigen Zähler (IC 12...IC 14) eingezählt werden soll. Das Tor wird jedoch nur solange geöffnet, wie sich die monostabile Kippstufe (IC 17) im instabilen Zustand befindet. Dieser Zeitraum errechnet sich zu $T = R \cdot C \cdot \ln 2$, wobei C die Kapazität des Prüflings ist. Wählt man für den Widerstand R einen Wert von 15 kΩ bzw. 1,5 kΩ, so ist die Anzahl der Impulse, die das Tor passieren, gleich dem Zahlenwert der zu messenden Kapazität.

Die Ablaufsteuerung wird von zwei weiteren monostabilen Kippstufen (IC 16) übernommen, die mit IC 17 als Ringzähler arbeiten. Nach Beendigung der Meßzeit wird die Torschaltung gesperrt und die nächste Kippstufe angesteuert. Deren Ausgang setzt die Ausblendeingänge der Siebensegmentdecodierer (IC 9...IV 11) für etwa 2,7 s auf „High", so daß der Zählerinhalt angezeigt wird. Von der fallenden Flanke der zweiten wird die dritte Kippstufe getriggert, sie setzt den Zähler und das Überlaufflipflop (IC 15) auf Null. Danach ist der Ausgangszustand der Schaltung erreicht und ein neuer Meßzyklus beginnt. Das Überlaufflipflop

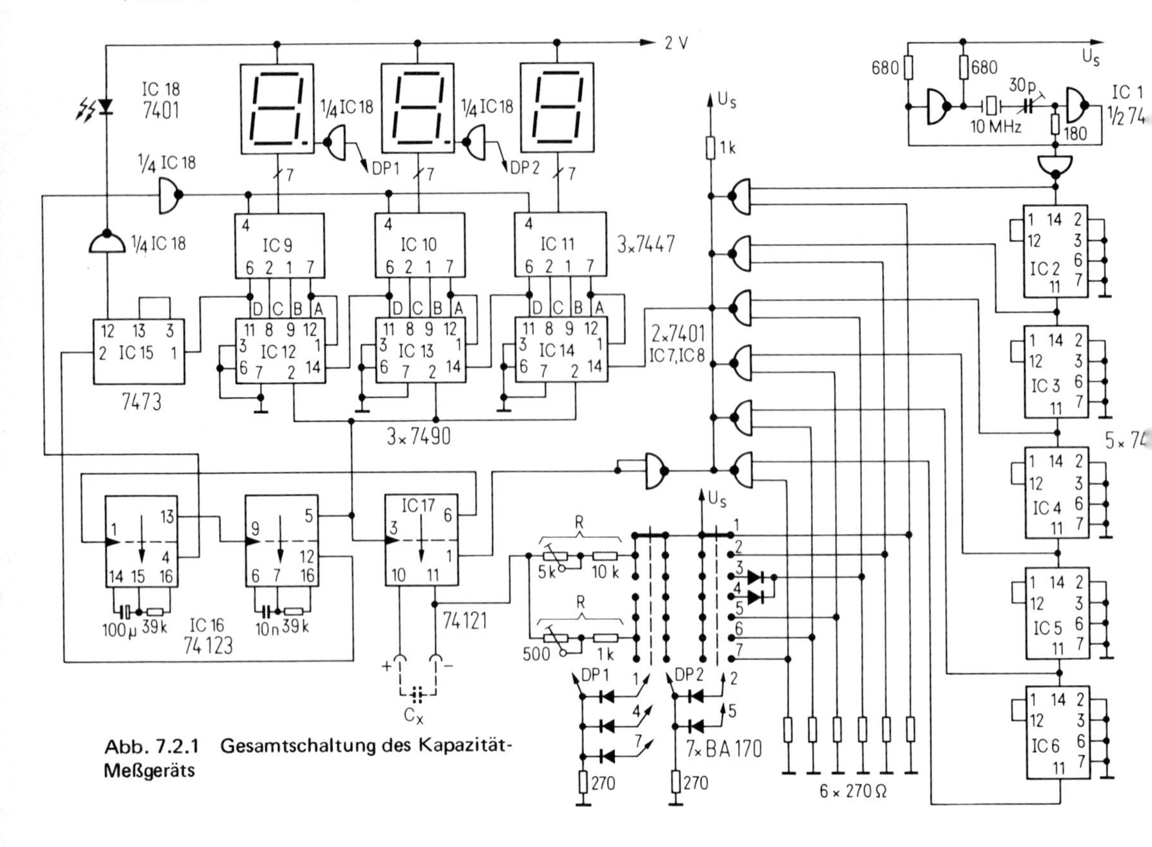

Abb. 7.2.1 Gesamtschaltung des Kapazität-Meßgeräts

wird immer dann gesetzt, wenn mehr als 999 Impulse innerhalb der Meßzeit in den Zähler einlaufen. Eine Zusammenstellung der Meßbereiche zeigt die *Tabelle*.

Karl-Heinz Kemna

Tabelle der Meßbereiche

Bereich	Schalter-stellung	Anzeige	Auflösung	Zähl-frequenz
	1	0,01 ... 9,99	10 pF	10 MHz
nF	2	10 ... 99,9	100 pF	1 MHz
	3	100 ... 999	1 nF	100 kHz
	4	1 ... 9,99	10 nF	100 kHz
µF	5	10 ... 99,9	100 nF	10 kHz
	6	100 ... 999	1 µF	1 kHz
mF	7	1 ... 9,99	10 µF	100 Hz

7.3 Kapazitätsmeßzusatz für Universalzähler

Die Schaltung wurde vor allem für die genaue Messung von Elektrolytkondensatoren im Bereich von 1...1000 μF konzipiert. Es hat sich jedoch gezeigt, daß man mit hoher Genauigkeit bis ca. 10 nF herunter messen kann. Nach oben ist von der Genauigkeit her keine Begrenzung gegeben, jedoch werden bei großen Kondensatoren die Meßzeiten unhandlich lang (bei 10 mF bereits 100 s). Der größte Vorteil der Schaltung liegt darin, daß der Reststrom von Elektrolytkondensatoren (sofern er stabil ist) in erster Näherung keinen Meßfehler verursacht.

Die Größe der Speisespannung geht in die Messung nicht direkt ein. Sie bestimmt jedoch die Polarisationsspannung des gemessenen Kondensators, die sich zwischen 1/3 und 2/3 der Speisespannung bewegt. Es kann also durch entsprechende Wahl der Speisespannung eine bestimmte maximale Polarisationsspannung gewählt werden. Durch sorgfältige Bauteileauswahl kann man ohne weiteres einen maximalen Fehler von 1 % für Kapazitäten von 10 nF aufwärts erreichen.

Als Prinzip wurde der bekannte, mit einem Komparator aufgebaute astabile Multivibrator gewählt *(Abb. 7.3.1)*. Um hohe Genauigkeit zu erreichen, mußte dem integrierten Komparator (LM 301) eine diskrete Schaltstufe nachgeschaltet werden, da seine Ausgangsspannung U_A *(Abb. 7.3.2)* und seine Ausgangsimpedanz zu instabil sind. Die Hysterese wurde mit 1/3 der Betriebsspannung groß gewählt, um die Einflüsse von Störspannungen (Eingangsrauschen, Speisespannungsrauschen usw.) klein zu halten. Der Eingangsstrom des Komparators verursacht einen Meßfehler, der zwar bei der Kalibrierung durch den Abgleich eliminiert werden kann, dessen Änderungen mit der Temperatur jedoch verbleiben. Aus diesem Grund ist es empfehlenswert, einen Komparator mit geringem absoluten Eingangsstrom zu wählen (evtl. auslesen).

Abschließend sei noch darauf hingewiesen, daß die Zeitdifferenz zwischen dem positiven und dem negativen Ausgangssignal ein Maß für den Leckstrom des Kondensators ist. Die gesamte Schaltung ist in *Abb. 7.3.3* dargestellt.

Klaus Wiedergut

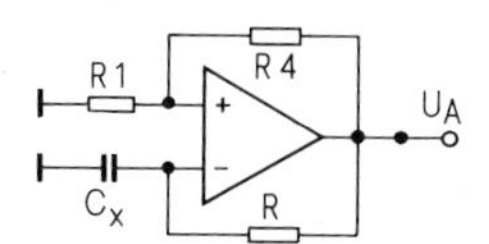

Abb. 7.3.1 Schaltungsprinzip

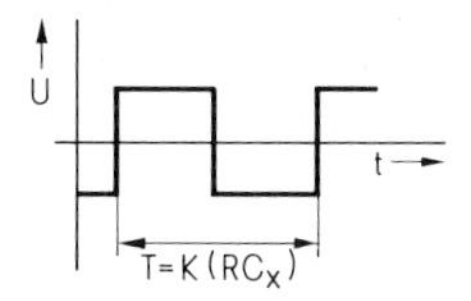

Abb. 7.3.2 Verlauf der Ausgangsspannung U_A

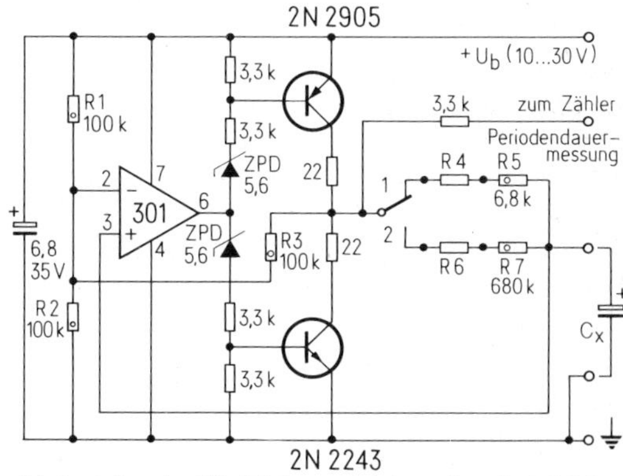

Abb. 7.3.3 Praktische Ausführung des Kapazitätsmeßzusatzes

7.4 Messung von Übergangswiderständen an bewegten Kontakten

Für die Beurteilung eines Kontaktsystems ist die Kenntnis des Übergangswiderstands an der Kontaktstelle von großer Bedeutung. Bei Kontaktsystemen, die in empfindlichen Stromkreisen verwendet werden, spielen die Übergangswiderstände nicht nur bei ruhendem System, sondern auch bei Erschütterung eine Rolle. Grundsätzlich lassen sich Übergangswiderstands-Änderungen mit einem Speicheroszillografen messen. Dabei wird ein Konstantstrom verwendet, der über den geschlossenen Kontakt fließt. Die Spannungsänderungen bei bewegtem oder erschüttertem Kontakt werden vom Speicheroszillografen aufgezeichnet.

Für die Qualitätsüberwachung bei der Fertigung von Kontaktsystemen sind Meßgeräte erforderlich, mit denen solche Übergangswiderstands-Änderungen einfach und schnell gemessen werden können. Für diesen Zweck wurde die Schaltung nach *Abb. 7.4.1* entwickelt. Die Anordnung ermöglicht die Speicherung und Messung von Impulsen mit Amplituden von 0,05...200 mV und Impulsbreiten bis herab zu 50 μs. Das entspricht bei einem Konstantstrom von 0,1 A einem Widerstands-Meßbereich von 0,5...2000 mΩ.

Funktion der Schaltung

Die Konstantstromquelle (Abb. 7.4.1a) liefert einen Strom von 0,1 A bei einer maximalen Spannung (offener Ausgang) von 0,3 V. Diese Werte liegen unterhalb der Funkenlöschkurven der normalerweise verwendeten Kontaktmaterialien, so daß Fehlmessungen durch Funkenbildung und Mikro-Schweißstellen vermieden werden.

Der Verstärker V 1 regelt einen konstanten Spannungsabfall am Serienwiderstand R_S ein, der Verstärker V 2 regelt die Ausgangsspannung auf 0,3 V bei offenem Ausgang.

Der Kontaktstrom I_k fließt durch den Übergangswiderstand $R_ü$ (Abb. 7.4.1b). Der entstehende Spannungsabfall wird vom Verstärker V 3 um den Faktor 40 verstärkt. Über den FET-Schalter T 1 wird der Speicherkondensator C_s aufgeladen, wenn der Ausgang des Komparators K 1 positiv ist. Die Spannung von C_s wird über den Impedanzwandler T 2, V 4 und den Spannungsteiler R_{T1}/R_{T2} dem Digitalvoltmeter DVM zugeführt.

Die Ausgangsspannung von V 3 liegt am positiven Eingang, die Ausgangsspannung von V 4 am negativen Eingang des Komparators K1. Immer wenn die Ausgangsspannung von V 3 größer ist als die Ausgangsspannung von V 4, wird der Ausgang des Komparators K 1 positiv und der Speicherkondensator wird auf die Ausgangsspannung von V 3 aufgeladen. Wird die Spannung an $R_ü$ und damit die Ausgangsspannung von V 3 kleiner, so wird der Komparatorausgang negativ, der FET T 1 wird gesperrt, und der letzte Maximalwert der Spannung wird in C_s gespeichert. Die Schaltung hat damit die Funktion eines Spitzenwertspeichers. Der kleinste speicherbare Spitzenwert wird dabei durch die Eingangsnullspannung U_{EO} des Komparators (typ. 2 mV) und die Verstärkung (40fach) des Eingangsverstärkers bestimmt, wobei vorausgesetzt wird, daß die Eingangsnullspannung von V 3 kompensiert wird. Der kleinste meßbare Spitzenwert beträgt danach etwa

$$\frac{2\,\text{mV}}{40} = 0{,}05\,\text{mV}.$$

Das entspricht bei einem Konstantstrom I_k = 0,1 A einem Übergangswiderstand von 0,5 mΩ. Der größte speicherbare Spitzenwert ist durch die Aussteuerbarkeit und die Verstärkung des

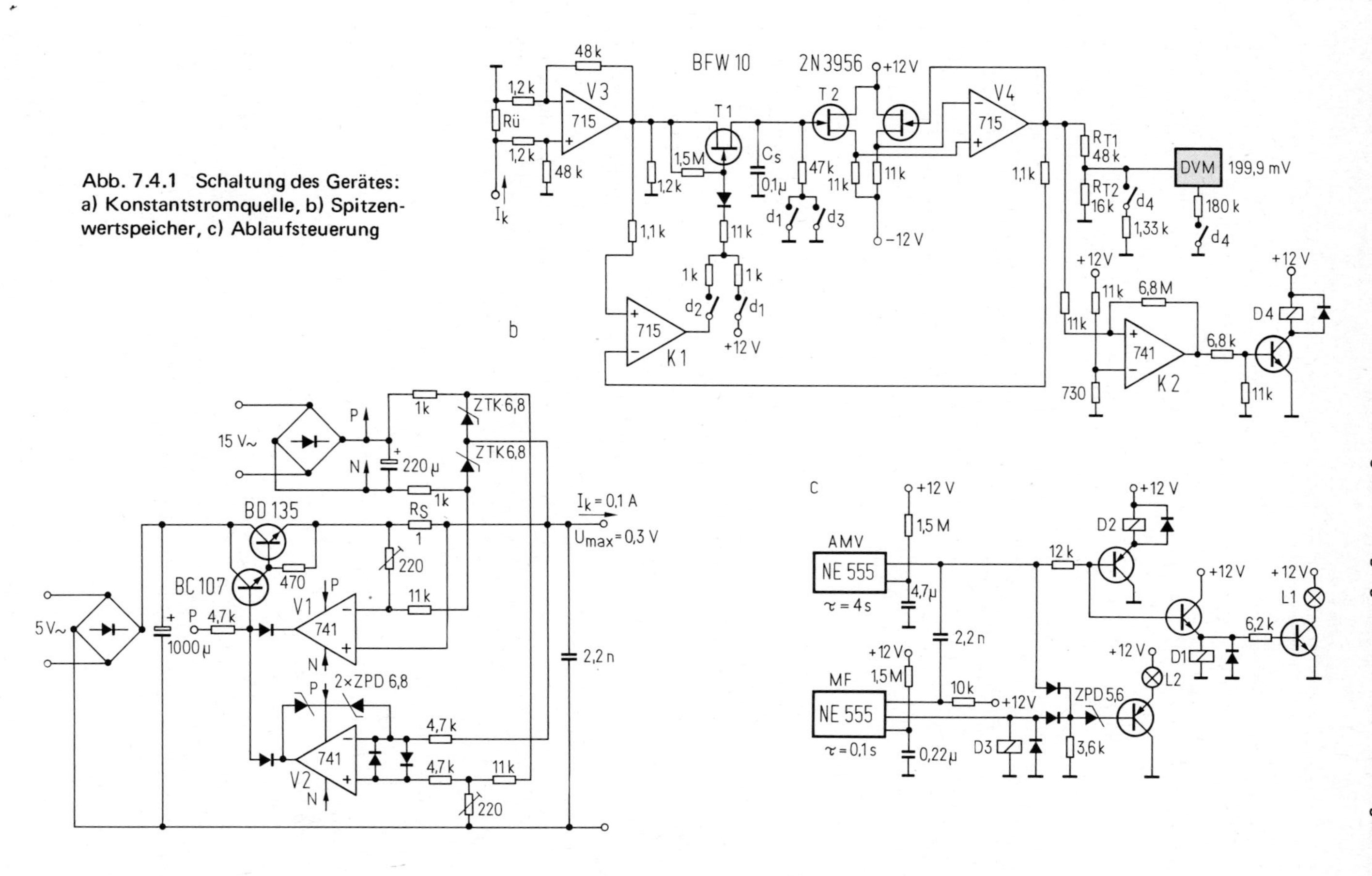

Abb. 7.4.1 Schaltung des Gerätes: a) Konstantstromquelle, b) Spitzenwertspeicher, c) Ablaufsteuerung

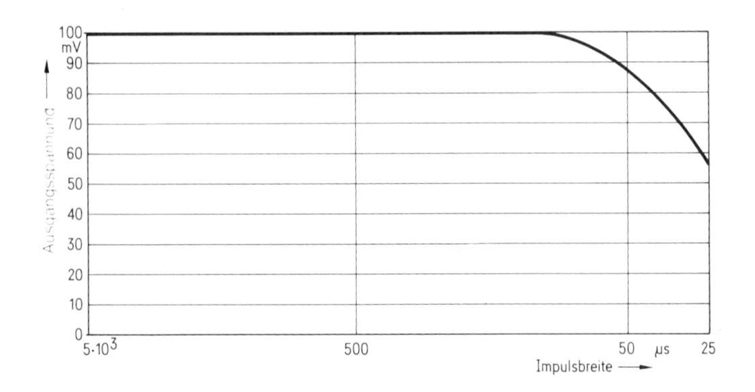

Abb. 7.4.2 Ausgangsspannung als Funktion der Impulsbreite bei Rechteckimpulsen und konstanter Eingangsamplitude

Eingangsverstärkers gegeben. Bei einer maximalen Ausgangsamplitude des Verstärkers V 3 von 8 V beträgt der maximale speicherbare Spitzenwert

$$\frac{8\ \text{V}}{40} = 0{,}2\ \text{V}, \text{ das entspricht einem } R_{ü} \text{ von } 2\ \Omega.$$

Die kleinste speicherbare Impulsbreite wird außer von der Größe des Speicherkondensators C_s durch den Ausgangswiderstand von V 3 und den Kanalwiderstand des FET T 1 im eingeschalteten Zustand festgelegt. Die Summe beider Widerstände beträgt etwa 250 Ω, so daß bei $C_s = 0{,}1\ \mu F$ die Ladezeit für einen Fehler von 5 % (3 Zeitkonstanten) etwa 75 μs beträgt.

Abb. 7.4.2 zeigt die Ausgangsspannung als Funktion der Impulsbreite bei Rechteckimpulsen und konstanter Eingangsamplitude.

Bei anderer Dimensionierung von C_s, Verwendung eines FET mit niedrigerem Kanalwiderstand sowie Operationsverstärkern mit Leistungsausgang lassen sich kürzere Impulsbreiten speichern. Die Anstiegszeit der verwendeten Verstärker muß klein gegenüber der kleinsten zu speichernden Impulsbreite sein.

In einem Mustergerät werden die Operationsverstärker 715 HC von Fairchild verwendet, mit denen sich Anstiegszeiten unter 1 μs erreichen lassen. Außerdem muß gewährleistet sein, daß die Ausregelzeit der Konstantstromquelle wesentlich kleiner ist als die kleinste Impulsbreite.

Die Speicherzeit des Spitzenwertspeichers ist im wesentlichen abhängig von den Leckströmen der Feldeffekt-Transistoren T 1 und T 2. Diese Leckströme sind entgegengesetzt gerichtet, dadurch wird die Drift der Speicherspannung sehr gering. Die Drift in Speicherstellung wurde bei betriebswarmem Gerät mit + 0,05 mΩ/s gemessen, das entspricht einer Zunahme der Spannung von 0,2 mV/s am Speicherkondensator C_s.

Der Komparator K 2 dient zusammen mit dem Relais D 4 zur automatischen Meßbereichsumschaltung, da das verwendete Einbau-Digitalvoltmeter nur einen Bereich bis 199,9mV besitzt.

Ferner wurde eine Ablaufsteuerung *(Abb. 7.4.1c)* aufgebaut, da der Speicherkondensator vor jeder Messung entladen werden muß. Der Ablauf wurde so festgelegt, daß zuerst der Übergangswiderstand bei ruhendem Kontakt gemessen wird (d_1 geschlossen, d_2 offen) und dann bei bewegtem Kontakt der Spitzenwert gespeichert wird (d_1, d_3 offen, d_2 geschlossen).

Der astabile Multivibrator AMV und das vom AMV getriggerte Monoflop MF sorgen für diesen Ablauf. Der Schaltzustand des Gerätes wird durch die Lampen L 1 und L 2 angezeigt.

Ing. (grad.) Dieter Stumpe

Literatur

[1] Krögel, J.: Stabilisiertes Labornetzgerät mit Operationsverstärkern. FUNKSCHAU 1973, H. 12, S. 447.
[2] The Complete Linear Book, Daten- und Applikationsbuch der Fa. Fairchild.
[3] Die Abtast- und Halte-Schaltung, ELEKTRONIK-Arbeitsblatt Nr. 88. ELEKTRONIK 1975, H. 2, S. 85 ... 86, und H. 3, S. 105 ... 106.
[4] Linear Applications, Handbuch über Lineare Integrierte Schaltungen der Fa. National Semiconductor Corporation.

7.5 Lineare Temperaturmessung mit dem Platin-Widerstandsthermometer

In der Meß-, Regel- und Prozeßtechnik werden elektronische Thermometer benötigt, die eine gute Reproduzierbarkeit und Langzeitkonstanz haben. Diese Forderung erfüllen zwei Temperaturfühlertypen: das Thermoelement und das Widerstandsthermometer. Bei der Spannungs- bzw. Widerstandsfunktion verhalten sie sich nichtlinear mit der Temperatur; die Linearisierung läßt sich durch sukzessive analoge Verfahren, durch aufwendige digitale Hardwareschaltungen oder durch Softwarelösungen erreichen. Hier wird ein einfaches analoges Verfahren beschrieben, das die Temperaturfunktion eines Platin-Widerstandsthermometers linearisiert.

Theoretische Betrachtungen und Schaltungsbeispiele

Die Spannung an einem Platin-Drahtwiderstand nimmt bei Konstantstromeinprägung näherungsweise linear mit seiner Temperatur zu. *Abb. 7.5.1* stellt diesen Zusammenhang für das standardisierte Platin-Widerstandsthermometer PT 100 dar.

Anstatt einer Konstantstromquelle soll ein Stromgenerator benutzt werden, der dem Platin-Widerstand $R(\vartheta)$ einen Strom mit der folgenden Funktion einprägt:

$$I = I_o + c\,R(\vartheta), \quad \text{mit } c = \text{Konstante},\ c > 0,\ c \cdot R(\vartheta) \ll I_o.$$

Das führt zu einer kleinen, positiven quadratischen Korrektur der Spannung $U(\vartheta)$:

$$U(\vartheta) = R(\vartheta) \cdot I_o + c \cdot R^2(\vartheta).$$

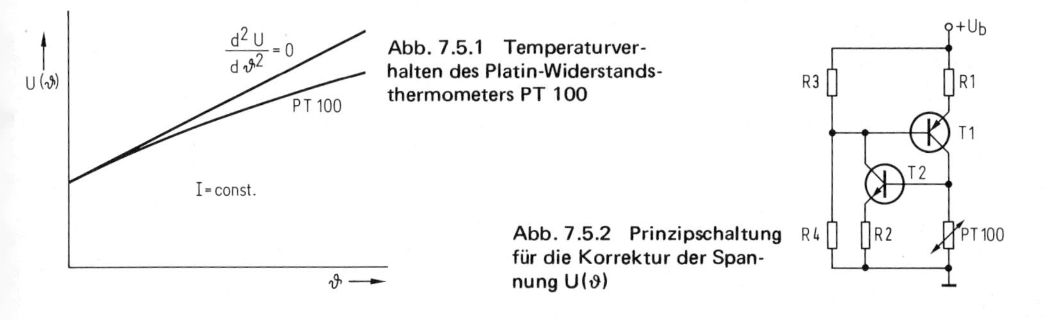

Abb. 7.5.1 Temperaturverhalten des Platin-Widerstandsthermometers PT 100

Abb. 7.5.2 Prinzipschaltung für die Korrektur der Spannung U(ϑ)

Maximaler relativer Fehler der Schaltung nach Abb. 7.5.4

Temperaturbereich in °C	maximaler relativer Fehler in %
0...150	0,095
0...200	0,097
0...250	0,10
0...300	0,11
0...350	0,15
0...400	0,19
0...450	0,22
0...500	0,25
für $R_o = R(\vartheta = 0)$	

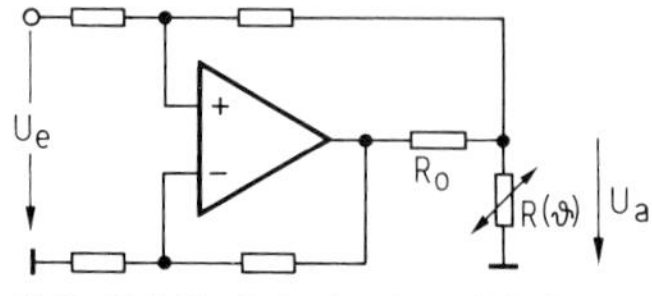

Abb. 7.5.3 Prinzip der nichtinvertierenden Linearisierung

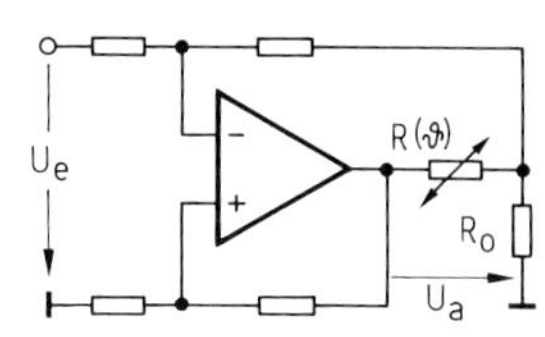

Abb. 7.5.4 Prinzip der invertierenden Linearisierung

Die Schaltung nach *Abb. 7.5.2* genügt näherungsweise dem geforderten Stromverlauf. T 1 prägt zunächst dem Platin-Widerstand PT 100 — gegeben durch U_b, R1, R3, R4 — einen Strom I_o ein. Bei einer Temperaturerhöhung wächst der Spannungsabfall am Platinwiderstand. Ein zweiter Stromgenerator, bestehend aus T 2 und R 2, läßt damit die Spannung an R 3 ansteigen, was zur Erhöhung des Kollektorstromes des Transistors T 1 führt. Natürlich ist diese Schaltung thermisch nicht stabil.

Die zwei folgenden Schaltungen bewirken Linearisierungen, die sich nur geringfügig unterscheiden. In *Abb. 7.5.3* dient als aktives Element ein linearer Operationsverstärker. Die Spannung U_a am Widerstand $R(\vartheta)$ hängt von der Eingangsspannung U_e folgendermaßen ab:

$$U_a = U_e \frac{a \cdot R(\vartheta)}{1 - b \cdot R(\vartheta)}$$

Mit $b \cdot R(\vartheta) \ll 1$ wird $U_a = U_e [a \cdot R(\vartheta) + b' \cdot R^2(\vartheta)]$,

wobei die Koeffizienten a, b, b' schaltungsbedingte Größen sind.

In *Abb. 7.5.4* stellt das aktive Element wieder ein linearer Operationsverstärker dar. Die Spannung U_a am Platin-Widerstand $R(\vartheta)$ ergibt sich aus der Schaltungsanordnung und der Eingangsspannung U_e wie folgt:

$$U_a = - U_e \frac{a\,[R(\vartheta)/R_o]}{1 - b\,(1 + [R(\vartheta)/R_o])}.$$

Mit $b\,(1 + [R(\vartheta)/R_o]) \ll 1$ wird $U_a = - U_e\,[a'\,R(\vartheta) + b'\,R^2(\vartheta)]$.

Auch hier sind a, b, a', b' schaltungsbedingt.

Ergebnisse

Die durch die Schaltungen nach Abb. 7.5.3 und 7.5.4 bewirkten Linearisierungen können nach verschiedenen Aspekten gewichtet berechnet werden. Die *Tabelle* gibt den maximalen relativen Fehler bei gegebenem Temperaturbereich für die Schaltung nach Abb. 7.5.4 an. Sie

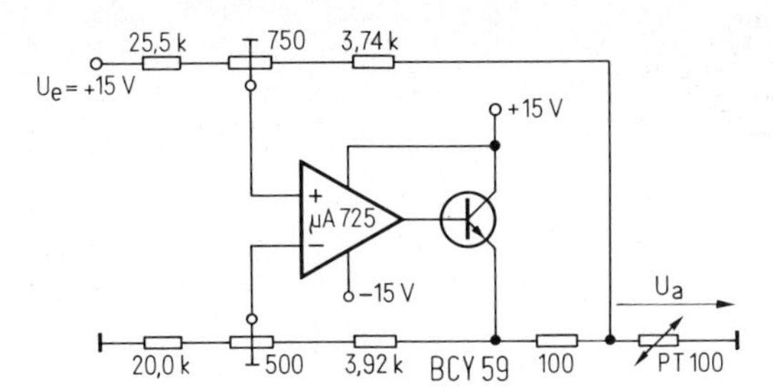

Abb. 7.5.5 Schaltungsausführung für die nichtinvertierende Linearisierung

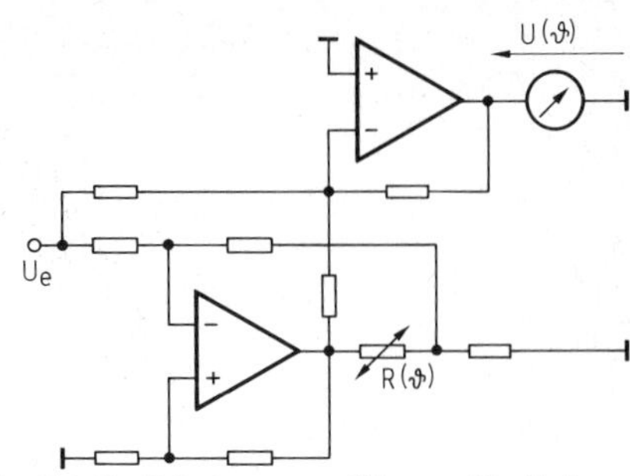

Abb. 7.5.6 Schaltungsausführung für die invertierende Linearisierung

wurde für einen idealen Verstärker nach der Methode der kleinsten relativen Fehlerquadratsumme optimiert.

Das Prinzip der Schaltung nach Abb. 7.5.3 ist in *Abb. 7.5.5* realisiert. Der Temperaturbereich erstreckt sich von 0...500 °C, bei einer Eingangsspannung von U_e = 15 V und einer Temperaturempfindlichkeit $\Delta U_a / \Delta \vartheta$ = 10 mV/°C. Die Linearisierung ist nach dem Gesichtspunkt der kleinsten, ungewichteten relativen Fehlerquadratsumme vorgenommen. Der maximale Meßfehler der Celsius-Temperaturskala beträgt 0,26 % relativ und 0,38 °C absolut im genannten Temperaturbereich. Die Anwendung der 3- oder 4-Drahtmethode ermöglicht die Kompensation der Widerstände der Zuführungsleitungen zu den Meßfühlern.

Durch die Auswahl der Widerstandstypen, durch die Wahl der Eingangsspannung U_e und durch die Wahl des Stromes durch den Platin-Widerstand lassen sich die schaltungsbedingten Drifteinflüsse so reduzieren, daß sie selbst bei Verwendung einfacher Operationsverstärker weit unter den Linearisierungsfehlern liegen. Große Ströme durch den Platin-Widerstand erhöhen wohl die Auflösung, führen aber zu seiner Eigenerwärmung. Diese läßt sich durch Pulsen der Eingangsspannung U_e verringern.

Durch einen geeignet dimensionierten Differenz- oder Summationsverstärker läßt sich mit den Schaltungen nach Abb. 7.5.3 bzw. 7.5.4 und einer Hilfsspannung (z.B. U_e) eine Spannung $U = U(\vartheta)$ so gegen das Grundpotential erzeugen, daß U für die Anfangstemperatur eines vorgegebenen Temperaturbereiches null wird. *Abb. 7.5.6* zeigt ein Schaltungsbeispiel nach dem Prinzip von Abb. 7.5.4.

Dipl.-Phys. Reiner Szepan

Literatur

[1] Datenblatt EW-W 8.1. Heraeus GmbH, Hanau.

7.6 Dielektrisches Thermometer für den Bereich von 1...30 K

Nach der Internationalen Praktischen Temperaturskala von 1968 (IPTS-68) ist als Normalgerät für die Messung der Temperatur im Temperaturbereich von 13,81 K...630,74 °C ein Platin-Widerstandsthermometer vorgeschrieben.

Im Temperaturbereich unter dem Tripelpunkt des Gleichgewichtswasserstoffs (T_{68} = 13,81 K) ist nach IPTS-68 kein Normalthermometer vorgeschrieben. Nach den durchgeführten Versuchen kann in diesem Bereich ein dielektrisches Thermometer verwendet werden, das die Temperaturabhängigkeit der Dielektrizitätskonstante von KCl-Kristallen ausnützt, die mit Li^+ dotiert sind.

Temperaturabhängigkeit der Dielektrizitätskonstante

Ändert sich die elektrische Feldstärke E nach der Gleichung $E = E_o \cos \omega t$, dann ändert sich die Verschiebungsdichte mit der Zeit nicht in gleicher Phase, so daß zwischen E und D eine Phasendifferenz ϑ entsteht. Es gilt

$$D = \epsilon E_o \cos(\omega t - \vartheta). \tag{1}$$

Im allgemeinen drückt man die Dielektrizitätskonstante eines verlustbehafteten Dielektrikums durch eine komplexe Größe ϵ aus, und es gilt [2]

$$\epsilon = \epsilon' - j\epsilon'', \text{ worin } \epsilon'' \ll \epsilon' \text{ ist.} \tag{2}$$

Der Verlustfaktor tan δ eines Dielektrikums ist definiert durch die Beziehung

$$\tan\delta = \frac{\epsilon''}{\epsilon'}. \tag{3}$$

Dabei sind ϵ' und tan δ von der Temperatur, der Frequenz und der Wechselspannung abhängig. Die Temperaturabhängigkeit des Realteils der Dielektrizitätskonstante ϵ' kann durch einen Temperaturkoeffizienten $\alpha_{\epsilon'}$ ausgedrückt werden. Es gilt

$$\alpha_{\epsilon'} = \frac{1}{\epsilon'} \cdot \frac{d\epsilon'}{dT}. \tag{4}$$

Die Temperaturabhängigkeit der Dielektrizitätskonstante kann zur Messung der tiefen Temperaturen ausgenutzt werden. Die Hauptteile des entsprechenden Thermometers sind:

- die Brücke zur Messung der komplexen Größe ϵ
- der in einem bestimmten Frequenzbereich arbeitende Verstärker
- der phasenempfindliche Detektor.

Die Brücke zur Messung der komplexen Dielektrizitätskonstante

Die für die Messung der komplexen Dielektrizitätskonstante geeignete Brücke mit der Meßkapazität C_s in einem Zweig ist in *Abb. 7.6.1* angegeben [3]. Ist die Kapazität des Konden-

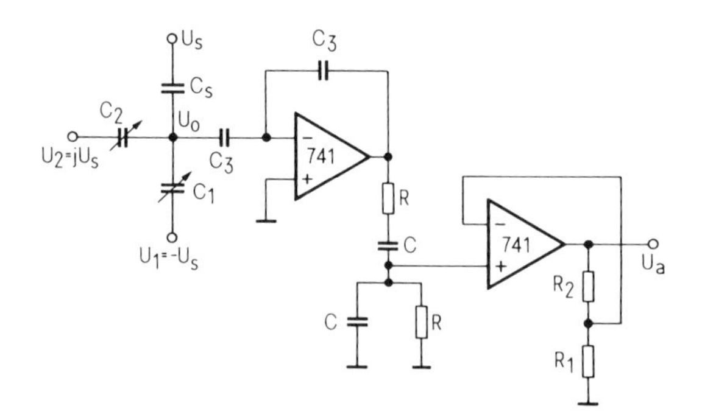

Abb. 7.6.1 Brücke zur Messung der komplexen Dielektrizitätskonstante mit Bandpaßverstärker

sators C_s im Vakuum konstant, dann gilt für ein Dielektrikum $C_s = \epsilon \cdot C_o$. Für die Brücke nach Abb. 7.6.1 ergibt sich nach einer Zwischenrechnung

$$U_o = \frac{C2\,U_2 + C_s\,U_s + C1\,U_1}{C1 + C2 + C3 + C_s} \tag{5}$$

Unter der Voraussetzung $U_o = 0$; $U_1 = -U_s$; $U_2 = jU_s$ aus Gleichung (8) folgt

$$C_s = C1 - jC2, \tag{6}$$

so daß sich mit Hilfe von Gleichung (5)

$$\epsilon' C_o - j\epsilon'' C_o = C1 - jC2 \tag{7}$$

ergibt mit

$$\epsilon' = \frac{C1}{C_o} \text{ und } \epsilon'' = \frac{C2}{C_o} \tag{8}$$

D.h., Real- und Imaginärteil der komplexen Dielektrizitätskonstante können durch die Kapazität C1 bzw. C2 bestimmt werden.

Der Verstärker für die Brücke

Der Entwurf des entsprechenden Verstärkers richtet sich nach zwei wichtigen Forderungen:

- die Verstärkung muß mindestens 10^3 sein
- damit an den verwendeten Oszillator keine speziellen Forderungen gestellt werden und damit auch die Zeitkonstante des Meßverfahrens niedrig gehalten werden kann, ist ein im Tonbereich arbeitender Bandpaß mit einem Wien-Glied nach Abb. 7.6.1 vorgesehen. Die Übertragungsfunktion F(s) ist dann

$$F(s) = -\left(1 + \frac{R2}{R1}\right) \frac{sCR}{1 + 3sCR + s^2 C^2 R^2} \tag{9}$$

Wenn $K = (1 + R2/R1)$, dann gilt für den Absolutwert der Funktion F(s)

$$|F(s)| = K \frac{\omega CR}{[(1 - \omega^2 B)^2 + \omega^2 A^2]^{1/2}}, \text{ worin } A = 3RC \text{ und } B = C^2 R^2 \text{ ist.} \tag{10}$$

Die Abhängigkeit von F(s) (in dB) von $\lg\omega$ wird unter folgenden Voraussetzungen abgeleitet:

1. Sei $\omega \ll 1$, dann ist

$$|F(s)| = K \frac{\omega CR}{\sqrt{1 + \omega^2 A^2}} \tag{11}$$

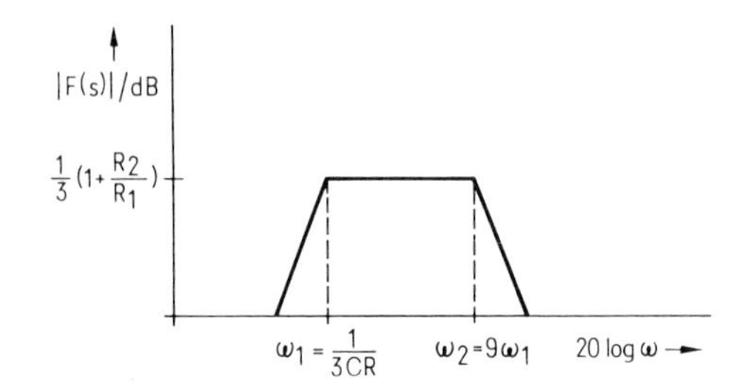

Abb. 7.6.2 Bodediagramm der Übertragungsfunktion

a) $\omega^2 A^2 \ll 1 => |F(s)|_{dB} = 20 lg\omega + 20 lgKCR$ (12)
b) $\omega^2 A^2 \gg 1 => |F(s)|_{dB} = 20 lg\, ^1/_3\, K.$ (13)

2. Sei $\omega \gg 1$, dann ist

$$|F(s)| = K \frac{CR}{\sqrt{\omega^2 B^2 + A^2}} \tag{14}$$

a) $\omega \gg A/B => |F(s)|_{dB} = -20 lg\omega + 20 lg\, K/RC$ (15)
b) $\omega \ll A/B => |F(s)|_{dB} = 20 lg\, ^1/_3\, K$ (16)

Das Bode-Diagramm ist in *Abb. 7.6.2* dargestellt. Für das praktische Meßverfahren wählt man $C = 0{,}01\ \mu F$, $R = 32\ k\Omega$, $f_0 = 500$ Hz, $\omega_1 = 1032\ s^{-1}$, $f_1 = 164$ Hz, $\omega_2 = 9375\ s^{-1}$, $f_2 = 1492$ Hz, $K = 10^3$ für $R_2 = 1\ M\Omega$ und $R_1 = 1\ k\Omega$, so daß die Übertragungsfunktion nach Gleichung (9) lautet:

$$F(s) = -10^3 \frac{32 \cdot 10^{-5}\ s}{1 + 9{,}6 \cdot 10^{-4}\ s + 1{,}024 \cdot 10^{-7}\ s^2} \tag{17}$$

Die numerischen Werte für Re F(s), Im F(s), $|F(s)|_{dB}$ und Phasenwinkel a sind in der *Tabelle* zusammengefaßt.

Numerische Werte für die Übertragungsfunktion F(s) nach der Gleichung (17)

ω	R_e F(s)	Im F(s)	$\lvert F(s)\rvert_{dB}$	a
10^2	−3,050	−31,739	30,071	264,510
$2 \cdot 10^2$	−11,945	−61,960	36,000	259,087
$5 \cdot 10^2$	−65,092	−132,138	43,364	243,774
10^3	−177,851	−166,290	47,729	223,076
$2 \cdot 10^3$	−304,537	−93,645	50,065	197,092
$5 \cdot 10^3$	−301,488	97,983	50,021	161,995
10^4	−173,033	166,545	47,610	136,094
$2 \cdot 10^4$	−62,520	130,120	43,188	155,663
$5 \cdot 10^4$	−11,406	60,597	35,800	100,660
10^5	−2,909	31,007	29,867	95,361

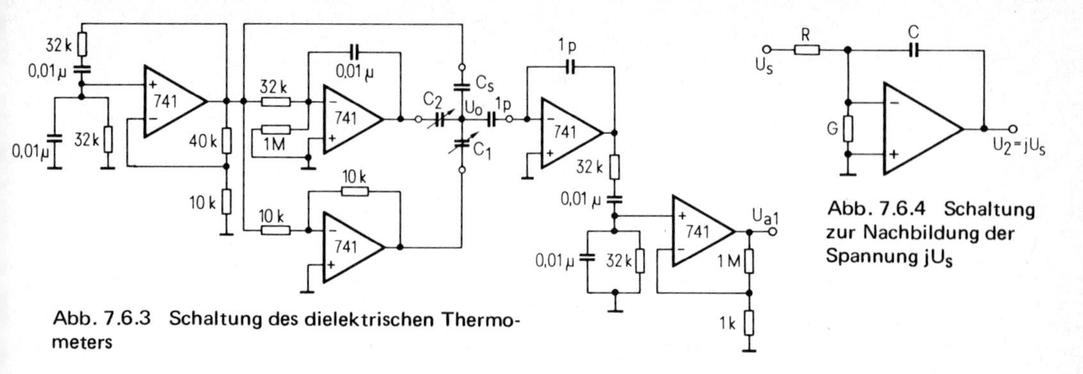

Abb. 7.6.3 Schaltung des dielektrischen Thermometers

Abb. 7.6.4 Schaltung zur Nachbildung der Spannung jU_s

Das Meßverfahren

Die Anwendbarkeit der Brücke zur Tieftemperaturmessung folgt aus der Temperaturabhängigkeit der dielektrischen Konstante der mit Li^+ oder mit OH^-, CN^- dotierten KCl-Kristalle. Die Temperatur kann aus der gemessenen dielektrischen Konstante ϵ' ermittelt werden, wobei am Anfang der Messung die Brücke mit Hilfe der Kapazitäten C1 und C2 abgeglichen wird. Für eine empfindliche Temperaturmessung muß die Brücke vollständig abgeschrimt werden.

Die Meßanordnung nach *Abb. 7.6.3* besteht aus zwei Wien-Gliedern vom gleichen Typ, das eine für den Oszillator, das andere für den Bandpaß-Verstärker; sie sind für die Resonanzfrequenz $f_0 = 500$ Hz entworfen. Zur Versorgung der Brücke mit der Spannung jU_s wird ein Operationsverstärker nach *Abb. 7.6.4* angewandt. Bezeichnet man mit V die Verstärkung des rückgekoppelten Verstärkers, ergibt sich für die Ausgangsspannung U_2

$$U_2 = \frac{jU_s}{\omega CR + j\,(1 + R_G + j\omega CR)/V} \tag{18}$$

so daß unter der Voraussetzung $V \to \infty$ und $\omega CR = 1$ folgt:

$$U_2 = jU_s. \tag{19}$$

Die Ausgangsspannung U_{a1} des Bandpaß-Verstärkers wird mit Hilfe eines phasenempfindlichen Detektors gleichgerichtet. Das Meßverfahren ist im Temperaturbereich von etwa 1...30 K anwendbar, die Empfindlichkeit ist näherungsweise 0,1 K. Die Vorteile dieser Methode sind:

- Anwendbarkeit des Meßverfahrens in starken magnetischen Feldern
- Infolge der Verwendung gleicher Bauteile einfacher Aufbau des ganzen Gerätes und präzise Abstimmung
- Da die Temperaturmessung nur durch Messung des temperaturabhängigen Anteils der Dielektrizitätskonstante erfolgt, kann das Meßverfahren durch Einstellung eines einzigen Kondensators (C1) geeicht werden.

Der phasenempfindliche Detektor

Der phasenempfindliche Detektor kann als ein Multiplizierer zweier Signale, des Eingangs- und Referenzsignals, angesehen werden [4], [5]. Unter der Voraussetzung, daß es sich um

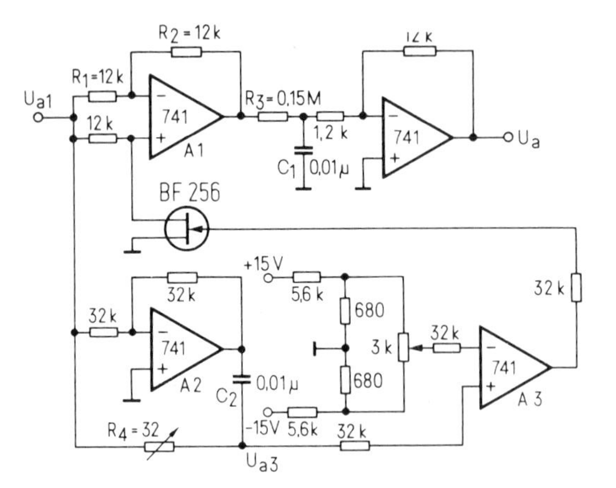

Abb. 7.6.5 Phasenempfindlicher Detektor

zwei Signale von gleicher Frequenz handelt, erscheint am Ausgang des Detektors eine Gleichspannung, die in der Form

$$U_{a2} = \frac{2}{\pi} U_{a1} \cos\varphi \qquad (20)$$

ausgedrückt werden kann, wobei U_{a1} die Amplitude der von der vorhergehenden Stufe gelieferten Spannung und φ der Phasenwinkel in bezug auf die Phase des Referenzspannungssignals ist.

Der phasenempfindliche Detektor nach *Abb. 7.6.5* ist aus dem Operationsverstärker A1 mit dem Feldeffekttransistor am Eingang und aus einem Block zur Phasenverschiebung des Referenzspannungssignals zusammengesetzt. Die Arbeitsweise des Operationsverstärkers A1 ist durch den Zustand des Feldeffekttransistors so bestimmt, daß das Verhältnis der Ausgangs- zur Eingangsspannung unter der Voraussetzung R1 = R2 entweder 1 oder −1 ist. Damit die Wechselspannungskomponenten unterdrückt werden, muß das Ausgangssignal von A1 durch einen aus dem einfachen RC-Glied gebildeten Tiefpaß gedämpft werden. Zwischen der Zeitkonstante τ des Meßsystems und der effektiven Bandbreite Δf gilt die Bezeichnung

$$\Delta f = \frac{2}{\tau} \qquad (21)$$

so daß unter der Voraussetzung C1 = 0,01 μF und $\Delta f = f_2 - f_1 = (1492 - 164)$ Hz = 1328 Hz für den Widerstandswert R3 gilt: R3 = 0,15 MΩ.

Zur Verschiebung der Phase φ des Referenzspannungssignals ist die Schaltung mit dem Operationsverstärker A2 so entworfen, daß sich für die Ausgangsspannung U_{a3}

$$U_{a3} = \frac{U_{a1}}{1 + j\omega C_2 R_4} \text{ ergibt.} \qquad (21)$$

Wählt man $\omega_o R4C2 = 1$, dann folgt unter der Voraussetzung $\omega = \omega_o = 2\pi 500\ s^{-1} = 3140\ s^{-1}$ und C2 = 0,01 μF: R4 = 32 kΩ.

Der dritte Operationsverstärker A3 ist als Komparator geschaltet, um den quadratischen Verlauf des Referenzspannungssignals nachzubilden. Erreicht das Referenzspannungssignal seinen negativen Wert, dann ist der Feldeffekttransistor gesperrt, und das Eingangsspannungssignal wird mit 1 multipliziert. Für den positiven Wert des Referenzspannungssignals ist der Feldeffekttransistor geöffnet, und das Eingangssignal wird mit −1 multipliziert.

Prof. Kamil Kraus

Literatur

[1] Internationale Praktische Temperaturskala von 1968. PTB-Mitteilungen, 81 (1971), H. 1, S. 31...43.
[2] Gevers, M.: The relation between the power factor and the temperature coefficient of the dielectrics. Philips Res. Rep., 1 (1945/45), Nr. 1, S. 197...262.
[3] Thompson, A.M.: A bridge for the measurement of permittivity. Proc. IEE, 103B (1956), Nr. 10, S. 704...707.
[4] Clayton, G.B.: An operational amplifier used as a phase sensitive detector. Wireless World, 79 (1973), Nr. 1453, S. 355...356.
[5] Brederveld, J.: Phasenempfindlicher Detektor, ELEKTRONIK 1967, H. 5, S. 341...342.

7.7. Temperaturüberwachung von 0...70° C

In einem Fotolabor soll die Temperatur eines Wasserbades auf ± 0,5 °C eingehalten werden. Wird die Solltemperatur um einen größeren Betrag über- oder unterschritten, soll dies von einem Zeigerinstrument oder von Leuchtdioden angezeigt werden. Diese Forderung läßt sich mit der in *Abb. 7.7.1* gezeigten Schaltung erfüllen, die (mit Netzteil) in einem kleinen Gehäuse Platz hat und weniger als 50 DM kostet.

Zur Temperaturmessung wird ein NTC-Widerstand verwendet, der in einem Brückenzweig liegt. In der Diagonalen liegen die Eingänge eines Operationsverstärkers. Parallel zum NTC-Widerstand liegt ein Festwiderstand, der dafür sorgt, daß die Eingangsspannung des Operationsverstärkers etwa linear von der Temperatur abhängig ist. Mit einem Potentiometer im anderen Brückenzweig läßt sich die gewünschte Solltemperatur einstellen (bei einer Eichung ergibt sich mit einem linearen Potentiometer eine lineare Skala). Bei einer Temperaturänderung wird die Brücke verstimmt, und zwischen den Eingängen des Operationsverstärkers liegt eine Spannung (bei der angegebenen Beschaltung beträgt der Temperaturkoeffizient 3,5 mV/°C).

Mit der Ausgangsspannung kann jetzt ein Voltmeter zur Anzeige benutzt werden (V-Version); für die Dunkelkammer besser geeignet sind aber Leuchtdioden (LED-Version). Da

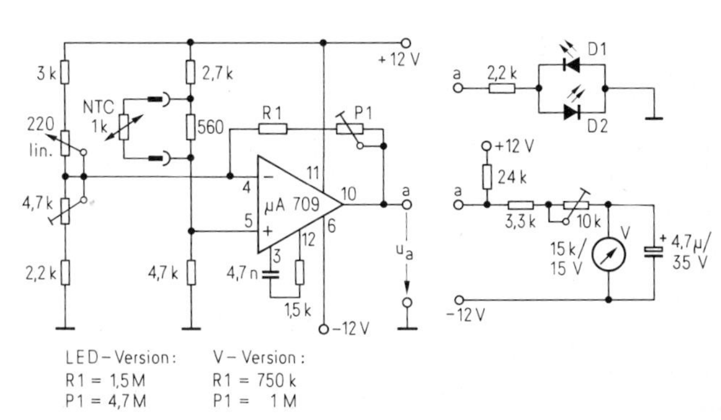

Abb. 7.7.1 Praktische Ausführung der Temperaturüberwachungs-Schaltung

ihre Helligkeit stark gedämpft werden muß , wird ein 2,2-kΩ-Vorwiderstand gewählt. Bei einer Ausgangsspannung von 4 V (≙ 0,5 °C Abweichung von der Solltemperatur) fängt je nach Vorzeichen D 1 oder D 2 gerade zu leuchten an, und leuchtet um so heller, je höher die Ausgangsspannung wird. Für die Stromversorgung der Schaltung reichen ein Transformator für 24 V/50 mA und eine einfache Stabilisierung mit Z-Dioden aus. *Jürgen Karg*

7.8 Empfindliches Platin-Widerstandsthermometer mit Linearisierung

Die Firma Siliconix hat unter der Bezeichnung L 144 einen monolithischen Baustein mit drei Operationsverstärkern herausgebracht, dessen Hauptkennzeichen sind: ±1,5...±15 V Speisespannungsbereich, 80 dB Verstärkung bei einer Belastung von 20 kΩ, 50 μA Strom per Verstärker aus der Spannungsquelle von ±1,5 V. Der Verstärker eignet sich besonders für solche Temperaturmeßverfahren, bei denen eine hohe Empfindlichkeit erforderlich ist.

Mit U_g als Eingangsspannung ergibt sich für die Ausgangsspannung U_a

$$U_a = \left(1 + 2\frac{R4}{R5}\right) U_g = 100\ U_g \tag{1}$$

für R4 = 75 kΩ und R5 = 1,5 kΩ (siehe *Abb. 7.8.1).*

Mit diesem integrierten Baustein können mit einfachsten Mitteln linearisierte Platin-Widerstandsthermometer gebaut werden, die auf einer in drei Punkten 0, A, B abgeglichenen Wheatstoneschen Brücke beruhen. Diese Brücke enthält zwei ähnliche Platin-Widerstände, die als Meßwiderstand R_S und Kompensationswiderstand R_C bezeichnet sind und deren Widerstandsverhältnis R_S/R_C konstant gehalten bleibt. Für die Brücke wird vorausgesetzt, daß diese bei den Temperaturen T_0 = 0 °C, T_A und T_B mit dem Potentiometer R_p abgeglichen wird. Die Punkte 0, A, B sind so ausgewählt, daß das Verhältnis $A = (T_B - T_0)/(T_A - T_0)$ gleich der ausgewählten Zahl ist. Die folgenden drei Abgleichbedingungen bestimmen dann die Widerstandswerte R1, R2 und R3 in den einzelnen Zweigen der Brücke. Es gilt

$$R1 = \frac{R_{SO} \cdot R_{CO} \cdot A}{R_p} \quad \frac{(C1 - 1)(C2 - 1)(C1 - C2)}{(C2 - 1) - A(C1 - 1)} \tag{2}$$

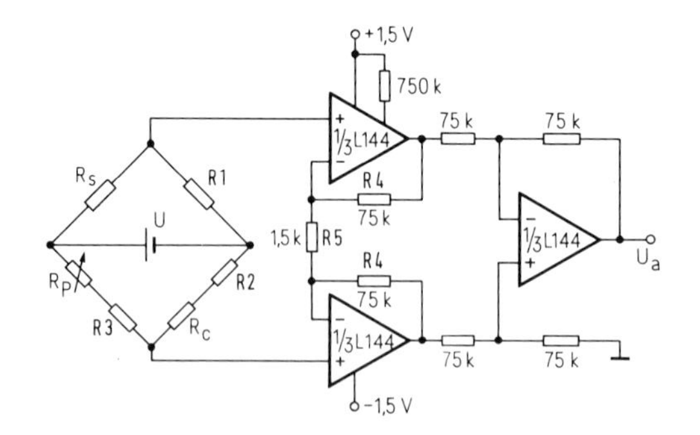

Abb. 7.8.1 Schaltung des linearisierten Widerstandsthermometers

Tabelle der Widerstandsverhältnisse W (T 68) nach der Callendarschen Gleichung für den Temperaturkoeffizienten
$a = 3{,}9259668 \cdot 10^{-3}\ {}^\circ C^{-1}$ in Fixpunkten nach der IPTS-68.

$\delta / T_{68}\,{}^\circ C$	100	231,9681	419,58	630,74
1,48	1,3925967	1,8929119	2,5693454	3,2817549
1,49	1,3925967	1,8927918	2,5688190	3,2804407
1,496334	1,3925967	1,8927156	2,5684655	3,2796081
1,50	1,3925967	1,8926716	2,5682926	3,2791264

$$R2 = R_{CO} \frac{A\,(C1^2 - 1) - (C2^2 - 1)}{(C2 - 1) - A\,(C1 - 1)} \tag{3}$$

$$R3 = \frac{R_p}{A} \cdot \frac{A\,C1\,(C1 - 1) - C2\,(C2 - 1)}{(C1 - 1)\,(C2 - 1)\,(C1 - C2)} \tag{4}$$

worin

$$C1 = \frac{R_{SA}}{R_{SO}} = \frac{R_{CA}}{R_{CO}} \tag{5}$$

und

$$C2 = \frac{R_{SB}}{R_{SO}} = \frac{R_{CB}}{R_{CO}} \tag{6}$$

ist. Dabei sind R_{SA}, R_{CA}, R_{SB} und R_{CB} die Widerstandswerte für die Temperaturen T_A und T_B.

Da nach der IPTS-68 das Platin-Widerstandsverhältnis W (T 68) durch die Beziehung

$$W\,(T_{68}) = R\,(T_{68})/R\,(273{,}15\ K) \tag{7}$$

definiert ist (mit R [T_{68}] und R [273,15 K] als Widerstandswerte für die Temperaturen T_{68} bzw. 273,15 K) können die Konstanten C 1 und C 2 aus der Callendarschen Gleichung in Fixpunkten berechnet werden. Nach der IPTS-68 wird für R (273,15 K) gewöhnlich der Wert 25 Ω und der Meßstrom 1...2 mA gewählt, so daß die Widerstandswerte R_{CA}, R_{CB}, R_{SA} und R_{SB} für einen ausgewählten Temperaturbereich und für den angegebenen δ-Wert des Platin-Widerstandes mit Hilfe der *Tabelle* leicht berechnet werden können.

Prof. Kamil Kraus

7.9 Messung kleiner Temperaturdifferenzen

Bei vielen physikalischen und vor allem biologischen Messungen ist die Temperatur ein wesentlicher Parameter. Neben dem Absolutwert interessiert oft die *Konstanz einer Temperatur.* Da diese sich nicht ohne weiteres messen läßt, wurde eine einfache Schaltung entwikkelt, mit der unter anderem die Temperaturkonstanz von Thermostaten überwacht werden kann.

Als Temperaturfühler bieten sich Thermistoren aufgrund ihres relativ großen Temperaturkoeffizienten an. Zur Messung der Widerstandsänderung sind prinzipiell zwei Möglichkeiten vorhanden: 1. Messung der Widerstandsänderung durch Strom- oder Spannungsmessung und 2. Messung der Widerstandsänderung mit einer Brückenanordnung. Die erste Methode zeichnet sich durch einen geringen Aufwand aus; dagegen ermöglicht die zweite eine bessere Temperaturauflösung. Bei der ausgeführten Schaltung verursacht eine Widerstandsänderung des Thermistors eine Spannungsänderung, die mit einem Operationsverstärker verstärkt wird und dann auf einem Schreiber registriert werden kann.

Die Widerstandsänderung des Thermistors wird in eine Spannungsänderung umgesetzt, indem der durch den Thermistor fließende Strom konstant gehalten wird. In der Praxis kann dies mit hinreichender Genauigkeit erzwungen werden durch Vorschalten eines Widerstandes R_v vor den Thermistor R_{Th}, wobei die Bedingung $R_v \gg R_{Th}$ erfüllt sein muß *(Abb. 7.9.1)*.

Im Musteraufbau wird der Präzisionsthermistor 44104 mit einem Widerstand von 7,355 kΩ bei 0°C verwendet *(Abb. 7.9.2)*. Andere Thermistoren können ebenfalls verwendet werden. Jedoch ist zu beachten, daß der Potentiometerwiderstand 10 kΩ beträgt. Damit eine Kompensation möglich ist, darf der Thermistor diesen Wert nicht überschreiten. Unter Umständen sind sowohl R_v als auch der Potentiometerwiderstand zu ändern.

Mit R_v = 1 MΩ ist hier einerseits die Bedingung des konstanten Stromes berücksichtigt, und zum anderen ist die Wärmeerzeugung des Thermistors hinreichend klein. Aufgrund der Versorgungsspannung für den Operationsverstärker bietet sich U = 15 V an. Damit fließt ein Strom von I = 15 μA durch den Thermistor *(Abb. 7.9.3)*. Eine Widerstandsänderung des Thermistors von 400 Ω entsprechend 1 °C ergibt eine Spannungsdifferenz von 6 mV. Nimmt man eine Verstärkung von V = 500 an, so ändert sich die Ausgangsspannung um 0,3 V pro 1/10 °C.

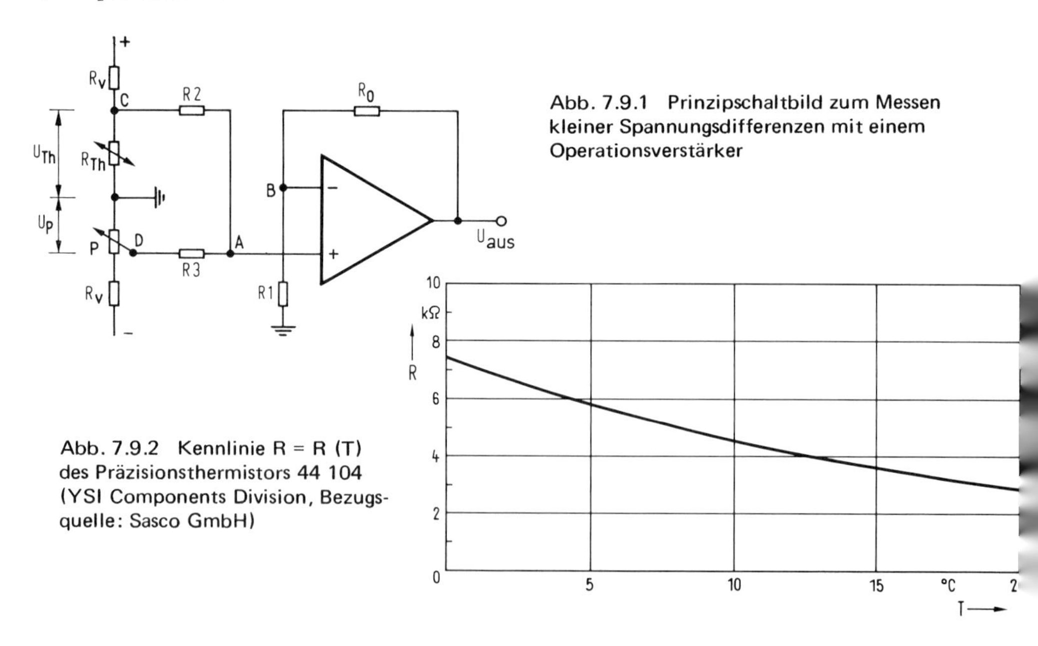

Abb. 7.9.1 Prinzipschaltbild zum Messen kleiner Spannungsdifferenzen mit einem Operationsverstärker

Abb. 7.9.2 Kennlinie R = R (T) des Präzisionsthermistors 44 104 (YSI Components Division, Bezugsquelle: Sasco GmbH)

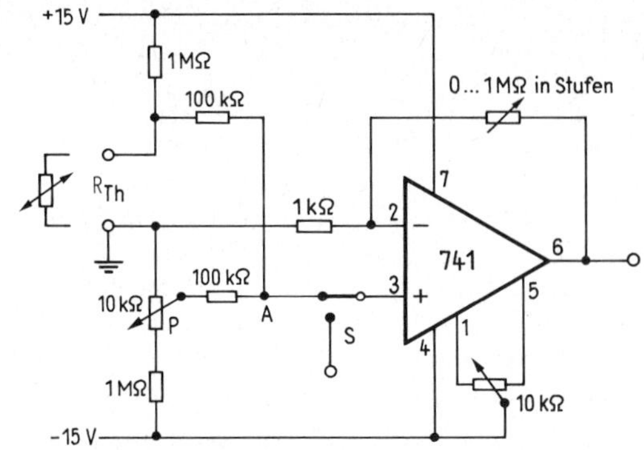

Abb. 7.9.3 Schaltung zum Messen kleiner Temperaturdifferenzen. Der Verstärker arbeitet im nichtinvertierenden summierenden Betrieb

Zur Messung der niedrigen Spannungsdifferenzen wird eine Kompensation mit nachfolgender Verstärkung angewandt. Abb. 7.9.1 zeigt das Schaltungsprinzip. Mit dem Potentiometer wird die am Thermistor abfallende Spannung kompensiert, so daß sich Punkt A auf 0 V befindet. Die Spannungsschwankungen, die durch die Widerstandsänderungen des Thermistors hervorgerufen werden, treten folglich auch bei Punkt A auf. Näherungsweise sei angenommen, daß der nachfolgende Operationsverstärker einen unendlich hohen Eingangswiderstand habe. Dann gilt

$$\frac{U_{aus}}{U_B} = \frac{R_0 + R1}{R1} \quad \text{und damit} \tag{1}$$

$$U_{aus} = U_B \left(1 + \frac{R_0}{R1}\right) \tag{2}$$

Die Punkte C und D können als Spannungsquellen betrachtet werden, deren Gesamtspannung $U_{Th} - U_P$ ist. Da die Widerstände R2 und R3 gleich groß sind, gilt für die Spannung bei Punkt A

$$U_A = \frac{U_{Th} - U_P}{2} \tag{3}$$

Beim Operationsverstärker gilt angenähert $U_A - U_B = 0$, das heißt, es ist $U_A = U_B$. Mit Gleichung (2) folgt für die Ausgangsspannung

$$U_{aus} = \frac{1}{2}\,(U_{Th} - U_P) \cdot \left(1 + \frac{R_0}{R1}\right) \tag{4}$$

Die Ausgangsspannung ist also proportional zur Differenz zwischen Thermistor- und Potentiometerspannung. Durch lineare Veränderung von R_0, dem Rückkopplungswiderstand, läßt sich die Verstärkung einfach einstellen.

Die vollständige Schaltung zeigt Abb. 7.9.3. Ihr Aufbau ist vollkommen unkritisch und kann auf einer Vero-Board-Platine erfolgen. Im Netzteil *(Abb. 7.9.4)* wird der Dual-Span-

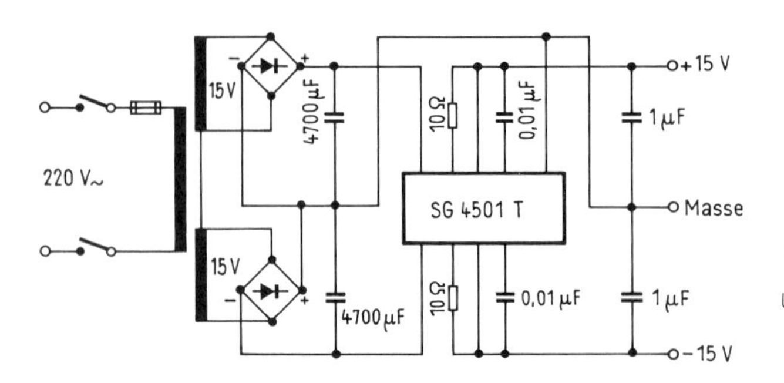

Abb. 7.9.4 Schaltung des Netzteils mit Dual-Spannungsregler SG 4501 T (Bezugsquelle: Neumüller GmbH)

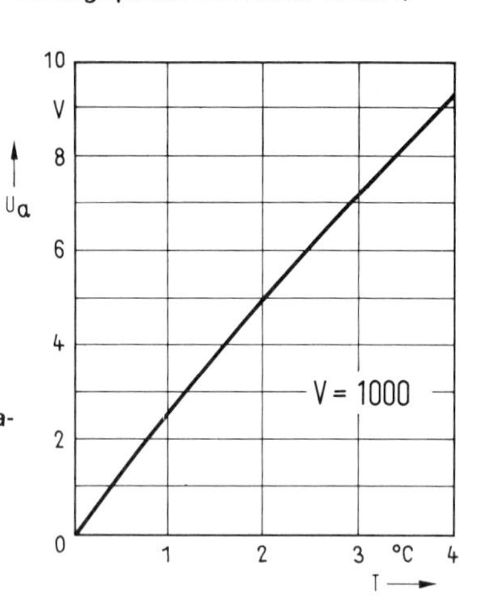

Abb. 7.9.5 Ausgangsspannung als Funktion der Temperatur im Bereich von 0 °C bis 4 °C bei einer Verstärkung von V = − 1000. Für Temperaturdifferenzen kleiner 1 °C kann ein linearer Zusammenhang zwischen Temperaturdifferenz und Ausgangsspannung angenommen werden.

nungsregler SG 4501 verwendet. Durch den Schalter S (Abb. 7.9.3) kann der Verstärkereingang direkt mit einer entsprechenden Buchse verbunden werden und der Verstärker anderweitig genutzt werden. Nur in diesem Fall ist das 10-kΩ-Offsetpotentiometer erforderlich. Zur Kompensation sollte auf jeden Fall ein 10-Gang-Wendelpotentiometer verwendet werden.

Für die Messung von Temperaturdifferenzen kleiner als 1 °C kann angenommen werden, daß die Widerstandsänderung proportional zur Temperaturänderung ist. Die Linearität wird durch eine Funktion gemäß *Abb. 7.9.5* beschrieben. Zur Eichung, das heißt zur Vorgabe einer bekannten Widerstandsdifferenz, kann der Thermistor durch eine Widerstandsdekade ersetzt werden oder aber das eingebaute Potentiometer P benutzt werden.

Klaus Paschenda

Literatur

[1] Kraus, K.: Temperaturmessung mit Operationsverstärker-Schaltungen. ELEKTRONIK, Bd. 22 (1973), H. 2, S. 61...64.

[2] Pelka, H.: Der Operationsverstärker ein vielseitig einsetzbarer Baustein. FUNKSCHAU, Bd. 44 (1972), H. 19, S. 697...700.

[3] ELEKTRONIK-Arbeitsblatt Nr. 52: Operationsverstärker-Schaltungen. ELEKTRONIK, Bd. 19 (1970), H. 11, S. 401...404.

7.10 Einfaches elektronisches Thermometer

Häufig ist es erwünscht, speziell in der Elektronik, die Oberflächentemperatur von Bauelementen zu messen. Es kommt dabei ein begrenzter Temperaturbereich von 0...100 °C in Betracht. Wichtig ist eine geringe Wärmeträgheit. Die absolute Genauigkeit ist von untergeordneter Bedeutung. Gewünscht werden Netzunabhängigkeit und lineare Anzeige.

Üblicherweise werden für elektronische Thermometer mit großem Meßbereich und hoher Genauigkeit Drahtwendelwiderstände aus Nickel oder Platin verwendet. Diese Bauelemente besitzen einen geringen Temperaturkoeffizienten und zeigen ein nichtlineares Temperatur-/ Widerstandsverhalten. Außerdem sind sie relativ teuer und haben eine große Wärmeträgheit. Sie erfordern zudem einen verhältnismäßig hohen Schaltungsaufwand. NTC-Widerstände besitzen dagegen einen hohen Temperaturkoeffizienten und sind bei starkem nichtlinearen Verhalten nur für einen begrenzten Temperaturbereich geeignet.

Außerdem werden zur Messung hoher Temperaturen Thermoelemente eingesetzt. Die sehr geringe Thermospannung macht jedoch meistens einen Meßverstärker notwendig.

Die nachstehend beschriebene Schaltung *(Abb. 7.10.1)* verwendet als Meßfühler eine Silizium-Diode. Diese zeigt in dem in Frage kommenden Meßbereich eine gute Linearität. Es gibt sie in sehr kleiner Bauform, so daß die Wärmeträgheit gering ist. Durch ihre allgemeine Verwendung sind sie gut zu beschaffen und außerordentlich preiswert.

Um eine gute Stabilität der Schaltung zu erreichen, ist es nötig, die Batteriespannung mit wenig Verlusten gut zu stabilisieren. Dies wird durch eine Konstantstromquelle und eine Z-Diode mit 6 V erreicht. Z-Dioden mit dieser Spannung weisen einen besonders geringen Temperaturkoeffizienten auf. Diese doppelte Stabilisierung macht normalerweise einen Neuabgleich bei absinkender Batteriespannung und wechselnder Umgebungstemperatur überflüssig. Die Widerstände R 3, R 4 und R 5 bilden einen einstellbaren Spannungsteiler. Dieser kompensiert die Durchlaßspannung der Fühlerdiode und ermöglicht die Einstellung des Nullpunktes. Der Widerstand R 1 dient der Strombegrenzung der Fühlerdiode. Bei veränderter Temperatur ändert sich der Spannungsabfall an dieser Diode und bewirkt einen Meßstrom über R 2 durch das Instrument. Mit dem Trimm-Potentiometer R 2 stellt man die Größe dieses Meßstromes und damit den Skalenendwert ein.

Um das Meßinstrument gleichzeitig für negative Temperaturen und zur Batteriekontrolle einsetzen zu können, ist die Schaltung nach *Abb. 7.10.2* an den Punkten A und B anzuschließen. Ein zweipoliger Wechselschalter polt im negativen Temperaturbereich das Meßinstrument um. Zur Kontrolle der Batteriespannung kann das Instrument mit einem weiteren zweipoligen Umschalter über einen entsprechenden Vorwiderstand R 6 direkt an die Batterie geschaltet werden.

Es empfiehlt sich, die Eichung für 0 °C am Skalenanfang und 100 °C am Skalenende vorzunehmen. Die exakte Temperatur von 0 °C erhält man in Eiswasser. Dazu wird ein Gefäß mit Eis und Wasser gefüllt. Durch den Schmelzwärmebedarf des Eises und die Abkühlung des Wassers stellt sich dann physikalisch exakt eine Wassertemperatur von 0 °C ein. Eine weitgehend exakte Referenztemperatur von 100 °C erhält man, indem Wasser in einem Gefäß zum Sieden gebracht wird. Bei normalen Luftdruckverhältnissen stellt sich dann durch

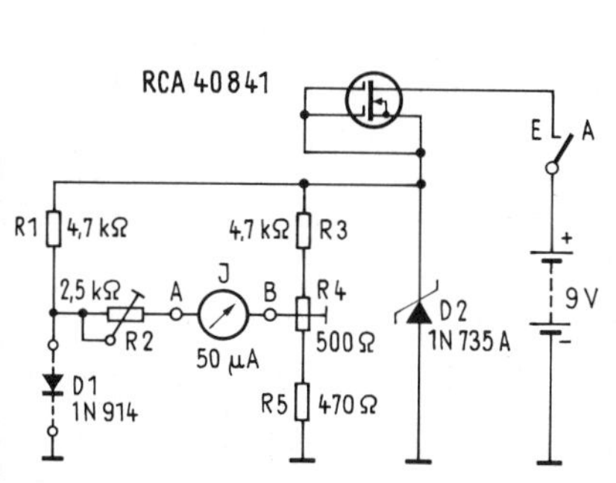

Abb. 7.10.1 Schaltung des elektronischen Thermometers; als Temperaturaufnehmer wird eine handelsübliche Si-Diode 1N 914 verwendet

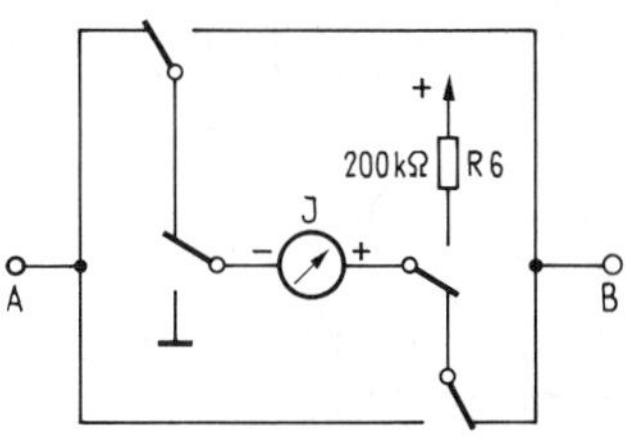

Abb. 7.10.2 Zusatz zur Messung negativer Temperaturen und zur Batteriekontrolle

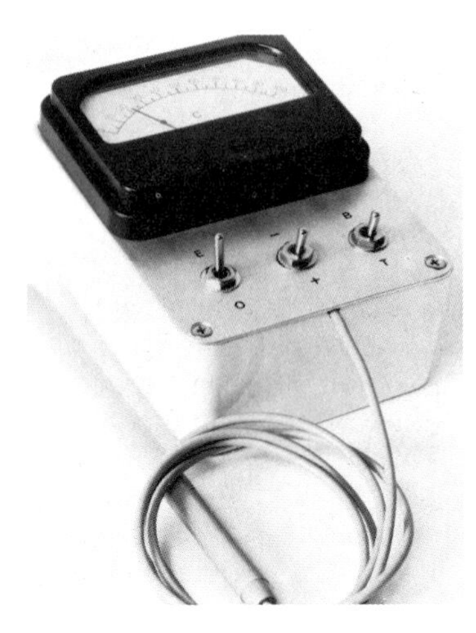

Abb. 7.10.3 Das vollständige elektronische Thermometer; es besitzt einen Meßfehler von ± 3 % und nimmt einen Strom von etwa 5 mA auf (Alfred Neye-Enatechnik GmbH)

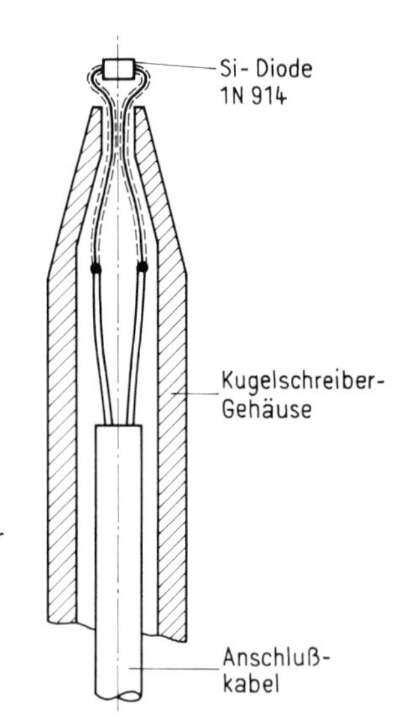

Abb. 7.10.4 Einbau der Si-Diode in ein Kugelschreiber-Gehäuse

den Verdampfungswärmebedarf des Wassers am Siedepunkt eine Temperatur von 100 °C ein (beim Normdruck von 101 323 N/m^2 = 1 013,23 mbar beträgt die Wasser-Siedetemperatur genau 100 °C). Beim Eintauchen des Meßfühlers ist darauf zu achten, daß keine Verfälschung des Meßwertes durch die Leitfähigkeit des Wassers eintritt. Es empfiehlt sich, die Anschlüsse zu isolieren bzw. nichtleitendes destilliertes Wasser zu verwenden. Der Abgleich ist so vorzunehmen, daß erst bei 0 °C der Nullpunkt eingestellt wird und anschließend bei 100 °C der Skalenendwert.

Das Meßinstrument kann mit der einfachen Schaltung und der Batterie sowie den Betriebsschaltern leicht in einem kleinen Gehäuse untergebracht werden, wie dies in *Abb. 7.10.3* gezeigt ist. Die kleine Siliziumdiode, z.B. Typ 1 N 914, kann mit abgewinkelten Drahtanschlüssen gemäß *Abb. 7.10.4* in ein Kugelschreiber-Gehäuse eingebaut werden. Wichtig ist eine gute thermische und elektrische Isolierung der Drahtanschlüsse. Da diese meist aus einer Eisenlegierung bestehen, ist eine übermäßige Wärmeableitung nicht zu befürchten. Der auf diese Weise quer vor der Kugelschreiberspitze liegende Wärmefühler ermöglicht einen einfachen Wärmekontakt zu den zu messenden Bauelementen. Zur Verringerung dieses Wärmekontaktes kann vorteilhaft sogenannte Wärmeleitpaste angewandt werden, wie sie auch zur Kühlung von Leistungstransistoren verwendet wird.

Ing. (grad.) Helmut Kern

7.11 Ein Transistortester mit frei wählbarem Arbeitspunkt

Im folgenden wird die Schaltung eines Transistortesters beschrieben, bei der die Kollektor-Emitter-Spannung, der Kollektorstrom, der Generator- und Lastwiderstand unabhängig voneinander einstellbar sind. Darüber hinaus eignet sich dieses Prüfgerät auch zum direkten Messen der h-Parameter und des Rauschverhaltens eines Transistors.

Bei einfachen Transistortestern wird die gesuchte Stromverstärkung statisch — mit Gleichstrom — gemessen, wobei die Restströme das Ergebnis unter Umständen stark verfälschen können. Bessere — und teurere — Geräte bestimmen die Kleinsignalstromverstärkung über die Spannungsverstärkung für Wechselsignale. Bei einigen Typen kann der Strom I_C durch den Transistor in Grenzen gewählt werden. In den seltensten Fällen sind dabei der genaue Arbeitspunkt (Spannung U_{CE}) und der Lastwiderstand R_L bekannt. In der üblichen Schaltung von Transistortestern scheint es unmöglich zu sein, die Kenngrößen des Arbeitspunktes (I_C, U_{CE}) unabhängig voneinander einstellen zu können.

Die Grundidee dieser Schaltung besteht in der völligen Trennung von Gleichstromeinstellung des Arbeitspunktes und Wechselstromweg des zu verstärkenden Signals. Die Abtrennung des Gleichstromes vom Wechselstromweg wird einfach durch kapazitives Abblokken erreicht. Die umgekehrte Trennung, Gleichstromweg ohne Wechselstromanteil, ist schwieriger und könnte durch entsprechend große Induktivitäten erfolgen.

Hier wird statt dessen der hohe differentielle Ausgangswiderstand eines Transistors in Basisschaltung ausgenützt. Das Prinzip zeigt *Abb. 7.11.1.* Für den Gleichstromanteil stellt T 1 einen von dessen Basiswiderstand (R_{B1}) abhängigen Widerstand R_C dar, d.h. Wechselsignale „sehen" T 1 in Basisschaltung mit dem hohen Ausgangswiderstand $r_o \approx (\beta / h_{22})$. Damit fließt der Wechselstromanteil (fast) ausschließlich über C_o und R_L (wenn R_V genügend groß ist), und der Gleichstrom wird ausschließlich von der Einstellung an R_{B1} bestimmt. Damit kann R_L in weiten Grenzen variiert werden, ohne gleichzeitig den Arbeitspunkt des Prüflings zu verschieben!

Außer dieser Trennung des Gleich- und Wechselstromanteils kann wegen der Gleichstromgegenkopplung über R_V und R_B die Kollektorgleichspannung U_{CE} von T_X (Prüfling) weitgehend unabhängig von I_C, nur abhängig von der Stellung R_B, eingestellt werden. Abgesehen von Fehlern, bedingt durch die Spannungsrückwirkung h_{12} von T 1 und den notwendigerweise endlichen Werten von R_V und R_B, erfüllt diese Schaltung bereits alle eingangs erwähnten Forderungen. Zur Verwendung in einem Meßgerät höherer Genauigkeit können diese Fehler mit der Schaltung nach *Abb. 7.11.2* (gezeichnet zur Prüfung von PNP-Transistoren) kompensiert werden.

Die nach Abb. 7.11.1 ohmisch ausgeführte Rückkopplung (R_V, R_B) wird hier ersetzt durch eine Spannungsvergleichsschaltung mittels T 2. Jede Spannungsänderung am Punkt A verstellt über R_4, R_5 die Basis-Emitter-Spannung U_{BE} von T 2. Diese Stellgröße wird über

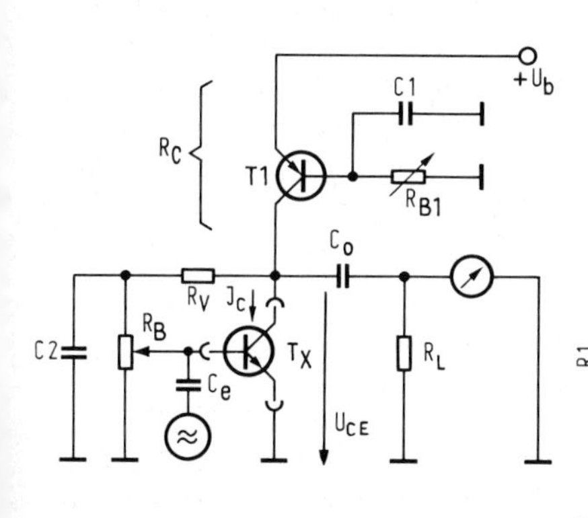

Abb. 7.11.1 Prinzipschaltung eines Transistor-Prüfgeräts, bei der der Lastwiderstand geändert werden kann, ohne daß sich der Arbeitspunkt verschiebt

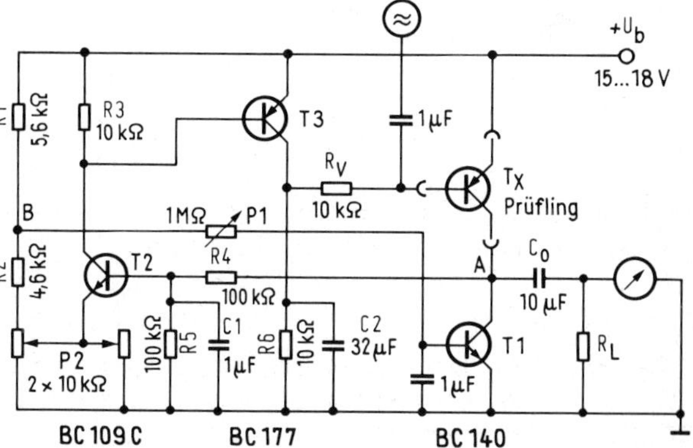

Abb. 7.11.2 Verbesserte dimensionierte Schaltung des Transistor-Prüfgeräts nach Abb. 7.11.1

T 2 und T 3 verstärkt (und zweimal invertiert) an die Basis des Prüflings T_X gelegt. Damit wird jede geringe Spannungsänderung U_{CE} an T_X sofort kompensiert. Eine geändert Einstellung des „Spannungspotentiometers" P 2 ergibt ebenfalls solange eine verstärkte Stellgröße an T_X, bis an A eine der Einstellung von P 2 proportionale Spannung entsteht. Wegen des Teilverhältnisses von R_4, R_5 wird der Spannungshub an P 2 verdoppelt an A ausgeregelt. Um zu verhindern, daß auch das zur Messung verwendete Wechselsignal in gleicher Weise ausgeregelt und damit kompensiert wird, wird dieser Regelkreis mit C1 und C2 für Wechselstrom (über 10 Hz) kurzgeschlossen.

Die Spannungsrückwirkung auf die Stromstärke — bestimmt durch T 1 — wird dadurch ausgeglichen, daß der Basisvorwiderstand (P 1) nicht an die konstante Batteriespannung gelegt wird, sondern an einen Punkt B, dessen Spannung etwas mit der Einstellung des Tandempotentiometers P 2 variiert. (Der Gesamtwiderstand von P 2 ändert sich zwischen 5 und 10 kΩ je nach Stellung des Abgriffs.)

Mit der angegebenen Schaltung lassen sich unabhängig voneinander Ströme von I_C = 100 μA...15 mA und Spannungen U_{CE} = 0,3 V ...14 V einstellen. Der Generatorwiderstand für den Prüfling ist von 0 bis 10 kΩ (R_V) änderbar, die obere Grenze des Lastwiderstandes ist 100 kΩ, bedingt durch R_4 (dabei ist $R_L = \infty$ bzw. durch den Innenwiderstand des verwendeten Spannungsindikators begrenzt).

Die Anwendungsmöglichkeiten dieses Transistortesters entsprechen denen der handelsüblichen Prüfgeräte, wobei aber hier für den zu prüfenden Transistor jeder sinnvolle Arbeitspunkt einstellbar ist; I_C *und* U_{CE} sind also frei wählbar. Darüber hinaus ist ohne Verschiebung der Aussteuerungsgrenzen die Messung der Verstärkung in Abhängigkeit vom Strom möglich, da ja die eingestellte Kollektorgleichspannung automatisch konstant gehalten wird. Ferner lassen sich bei konstant gehaltenem Strom die eventuell auftretenden Verzerrungen bei kleinen Betriebsspannungen ermitteln.

Ein weiterer Vorzug dieses Schaltungskonzeptes ist die bereits erwähnte, von der Arbeitspunkteinstellung unabhängige Variationsmöglichkeit von Generator- und Lastwiderstand. Dies führt auf einfachem Weg zur Messung der Vierpolparameter (Leerlauf-, Kurzschlußfall). Verwendet man für T 1 einen besonders rauscharmen Transistor (z.B. BFY 77), so kann man mit dieser Anordnung das optimale Rauschverhalten des Prüflings in Abhängigkeit von I_C und U_{CE} messen. Das Rauschen von T 2 und T 3 spielt dabei keine Rolle, denn die Zuleitungen zu T_X und T 1 sind für Frequenzen über 10 Hz abgeblockt.

Die vielen Vorteile dieser Schaltung sind allerdings auch mit einem Nachteil verbunden: Für das Testen von NPN- *und* PNP-Transistoren muß diese Schaltung zweimal mit jeweils komplementärer Bestückung und Spannungsversorgung aufgebaut werden.

Dr. Norbert Nessler

7.12 Einfacher Kennlinienschreiber für Halbleiterbauelemente

Der hier beschriebene Kennlinienschreiber für Kleinleistungs-Halbleiterbauelemente ist als Zusatzgerät zu einem Oszilloskop gedacht. Er soll in Labor und Werkstatt zur schnellen Überprüfung und zum Vergleich von NPN-Kleinleistungstransistoren, Unijunction-Transistoren, Thyristoren und Dioden dienen. Die Schaltung ist aus einem Haupt- und einem Steuergenerator zusammengesetzt. Der Hauptgenerator liefert die Spannungen und Ströme für den Prüfling (U_{CE}, U_{AK}, I_C, I_A). Dies kann durch eine gleichgerichtete Sinusspannung

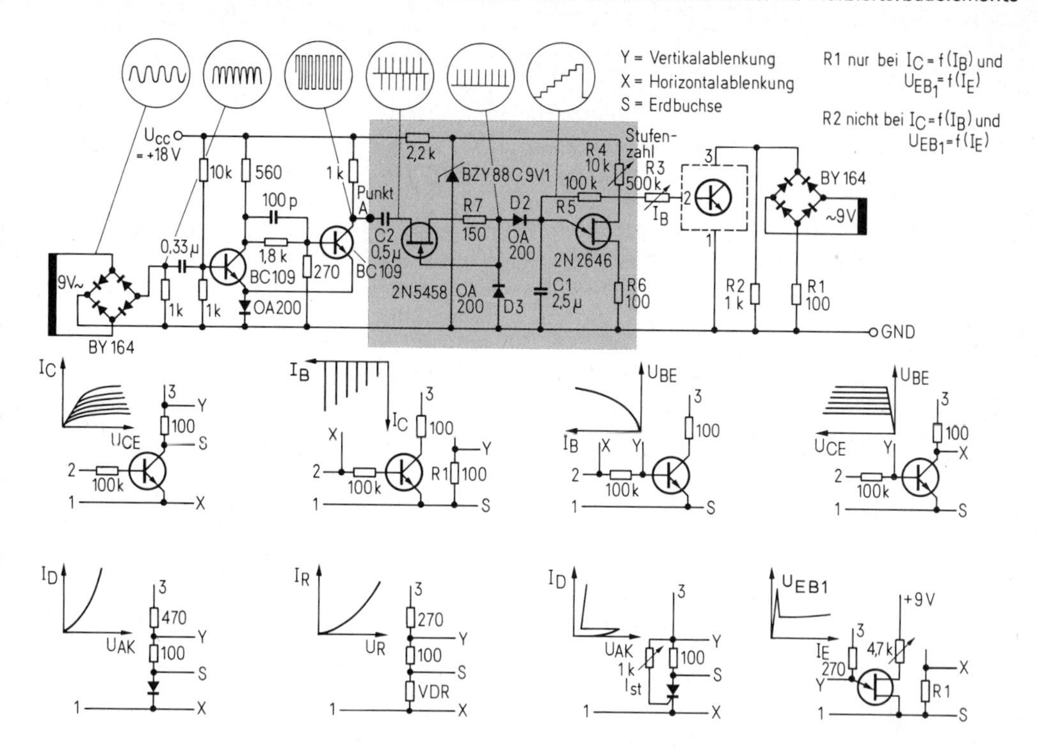

Abb. 7.12.1 Schaltung des Kennlinienschreibers und einige Meßbeispiele

geschehen. Man muß aber dafür sorgen, daß Gleichrichter und Transformator für den maximalen Strom ausgelegt sind.

Der Steuergenerator liefert eine Treppenspannung, die durch stufenweises Aufladen eines Kondensators folgendermaßen entsteht: Wenn man in bestimmten gleichen Zeitabschnitten auf einen Kondensator eine bestimmte Ladungsmenge δQ aufbringt, erhöht sich die Spannung jeweils um den Betrag δU. Es gilt

$$\delta Q = C \cdot \delta U$$

Damit steht am Kondensator eine Treppenspannung an. Man kann nun diese Ladungsmenge δQ aufbringen, indem man einen konstanten Strom I für eine feste Zeit t fließen läßt. Nun lautet die Gleichung $\delta U = (I \cdot t)/C$, wobei δU die Höhe einer Treppenstufe ist. Man kann dies mit der in *Abb. 7.12.1* grau unterlegten Schaltung realisieren.

Wirkungsweise

Bei einem negativen Impuls an Punkt A lädt sich C 2 über D 3 auf. Verschwindet der Impuls, dann sperrt D 3, die positive Ladung von C 2 fließt über D 2 ab und lädt C 1. Ein neuer negativer Impuls sperrt D 2, öffnet D 3 und C 2 wird wieder aufgeladen, der ganze Vorgang beginnt von neuem. C 1 wird erst entladen, wenn die Emitterspannung das Triggerniveau $\eta \cdot U_{BB}$ des Unijunction-Transistors erreicht hat. Die Zahl der Stufen wird durch das Verhältnis von C1 und C 2 und durch den Strom durch R 4 bestimmt. Macht man also R 4 variabel, so kann man damit die Stufenzahl innerhalb einer gewissen Grenze einstellen. C 1 und C 2 müssen so dimensioniert sein, daß

$n = (C_1 + C_2)/C_2$ erfüllt ist (n = maximale Zahl der Stufen).

Um die Stufen im Treppensignal so flach wie möglich zu machen, muß die Ladezeit für C 1 sehr kurz sein; die Zeitkonstanten müssen also klein sein. C 1 darf jedoch nicht zu klein gewählt werden, da sonst der Entladestrom durch R 5 einen wesentlichen Einfluß auf die Steilheit der Stufen hat. Weil die Spannungsdifferenz $U_{C2} - U_{C1}$ mit jeder Stufe kleiner wird, muß $U_{C2} \gg U_{C1max} = \eta \cdot U_{BB}$ sein, wenn man den gleichen Zuwachs für jede Stufe erreichen will.

Die Ablenkkoeffizienten des Oszilloskops müssen mindestens 500 mV/Teil (horizontal) und 50 mV/Teil (vertikal) betragen. Abb. 7.12.1 zeigt die vollständige Schaltung und einige Meßbeispiele.

Niels Terp

7.13 Kennlinienschreiber für NPN- und PNP-Halbleiterbauelemente

Die schnelle und einfache Darstellung von Transistor-Ausgangskennlinien ist ohne Kennlinienschreiber kaum möglich. Im folgenden wird ein Gerät beschrieben, das in Verbindung mit einem Oszillografen die Ausgangskennlinienschar von NPN- und PNP-Transistoren sowie Dioden- und Thyristorkennlinien aufzeichnet.

Die Blockschaltung zeigt *Abb. 7.13.1.* Ein Sägezahngenerator erzeugt eine positive oder negative Sägezahnspannung mit einer Amplitude von 11 V, die in einer Stromverstärker-Endstufe verstärkt wird, um den Generator nicht zu belasten. Die Ausgangsspannung der Endstufe liegt am Kollektor des Meßobjekts und wird gleichzeitg zur horizontalen Ablenkung des Elektronenstrahls benutzt. Die Ablenkung ist damit der Spannung U_{CE} proportional. Der in die Kollektorleitung geschaltete Strom-Spannungs-Umsetzer setzt den Kollektorstrom in eine proportionale Spannung um, die zur vertikalen Ablenkung des Elektronenstrahls benutzt wird. Gleichzeitig steuert er die Strombegrenzung, die den Kollektorstrom auf 40 mA begrenzt und Endstufe und Meßobjekt vor Zerstörung schützt.

Zur Erzeugung des Basisstromes wird ein Treppenspannungsgenerator verwendet, der von einem Schmitt-Trigger nach jedem Sägezahn getriggert wird und seine zuletzt erreichte Ausgangsspannung um die Stufenhöhe ΔU erhöht. An diesen Treppenspannungsgenerator ist ein Spannungs-Strom-Umsetzer angeschlossen, der die Treppenspannung in einen proportionalen Strom umwandelt. Somit wird nach jedem Meßdurchgang, d.h. nach jedem Hochlaufen der sägezahnförmigen Kollektor-Emitter-Spannung U_{CE} der Parameter „Basisstrom" geändert, und es entsteht eine Kennlinienschar. Die Sägezahnfrequenz ist mit etwa 500 Hz hoch genug gewählt, um auch bei zehn aufeinanderfolgenden Meßdurchgängen ein flimmerfreies Bild zu erzeugen. Die vollständige Schaltung ist in *Abb. 7.13.2* wiedergegeben.

Der Sägezahngenerator besteht aus dem Integrator IC 2 und dem Komparator IC 1 [1].

Die Ausgangsspannung U_2 des Integrators ändert sich linear mit der Zeit:

$$U_{21} = - U_{11} \frac{1}{R3\,C} t + U_{201}.$$

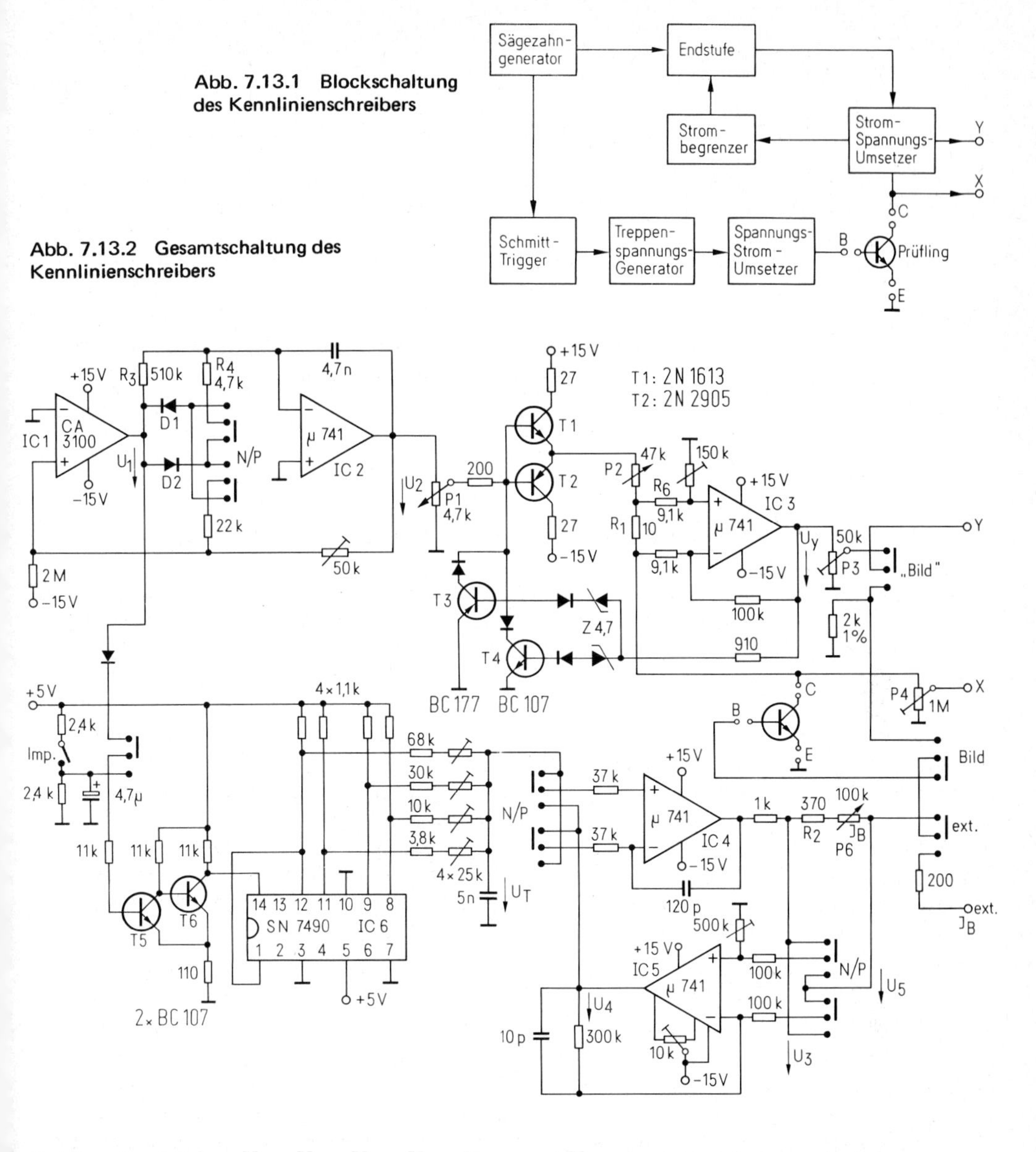

Abb. 7.13.1 Blockschaltung des Kennlinienschreibers

Abb. 7.13.2 Gesamtschaltung des Kennlinienschreibers

Bei den Ausdrücken U_{11}, U_{12}, U_{21}, U_{22}, U_{201} und U_{202} bezieht sich der erste Index auf die Ausgangsspannung der entsprechend numerierten ICs, bzw. U_{20} auf die Restspannung am Kondensator von IC 2. Der letzte Index gibt an, ob es sich um die ansteigende ($\hat{=}$ 1) oder um die abfallende ($\hat{=}$ 2) Flanke handelt. $U_1 \ldots U_5$ sowie U_Y und U_T sind gegen Masse gerichtet.

Wenn die Ausgangsspannung U_2 den Wert der Schwellspannung U_{2s} erreicht hat, polt der Komparator IC 1 seine Ausgangsspannung U_1 schlagartig um, und der Betrag der Spannung U_2 nimmt linear mit der Zeit wieder ab:

$$U_{22} = - U_{12} \frac{1}{R4\,C} t + U_{202}.$$

Ist die Spannung $U_{22} = 0$, beginnt der Vorgang von neuem. Da R4 ≪ R3 ist, ist die Rückflanke der Dreieckspannung sehr viel kürzer als die Vorderflanke, man erhält also eine Sägezahnspannung. Je nachdem, ob D 1 oder D 2 (mit dem Schalter N/P) zugeschaltet wird, ergeben sich negative oder positive Sägezähne.

Die Endstufe besteht aus einem komplementären Emitterfolger mit den Transistoren T 1 und T 2. Das Potentiometer P1 dient zur Einstellung der Spannungsamplitude, die unmittelbar für die Breite des Kennlinienbildes auf dem Bildschirm des Oszillografen verantwortlich ist. Der Subtrahierer IC 3 arbeitet als Strom-Spannungs-Umsetzer, der den Spannungsabfall an R1 zehnfach verstärkt. Für seine Ausgangsspannung U_y ergibt sich $U_y = 10 R_1 I_C = 100\ \Omega \cdot I_C$ und daraus das Übertragungsverhältnis $b_y = 0{,}1$ V/mA. Die Transistoren T 3 und T 4 bewirken die Begrenzung des Kollektorstromes. Der Ablenkkoeffizient der Horizontal-Ablenkspannung U_x wird intern mit dem Trimmpotentiometer P4 auf den Wert $s_x = 1$ V/cm eingestellt.

Der Stellwiderstand P 2 dient zur Einblendung einer Widerstandsgeraden in das Kennlinienfeld. Je nach eingestelltem Widerstandswert ergibt sich an P 2 ein Spannungsabfall, der dem Kollektorstrom I_C proportional ist. Diese Spannung subtrahiert sich von der Sägezahnspannung U_2. Die Differenz beider Spannungen liegt dann als Spannung U_{CE} am Transistor. Ihr Höchstwert wird mit steigendem Kollektorstrom kleiner:

$$U_{CEmax} = U_{2max} = R_{P2} I_{Cmax}.$$

Dadurch wird die Abszisse des Kennlinienendproduktes proportional zur Ordinate kleiner. Durch (gedankliche) Verbindung aller Kennlinienendpunkte einer Schar ergibt sich die Widerstandsgerade, wie sie üblicherweise zur Ermittlung des Arbeitspunktes und der Aussteuerungsverhältnisse einer Verstärkerstufe in das Kennlinienfeld eingezeichnet wird.

Der Schmitt-Trigger am Eingang der Parameter-Steuerschaltung ist diskret aufgebaut und kann entweder durch den Sägezahngenerator zur Darstellung einer Kennlinienschar oder durch die Taste „Imp" angesteuert werden. Es ergibt sich dann eine Einzelkennlinie, deren Parameter von Hand schrittweise verändert wird.

Für den Treppenspannungsgenerator der Steuerschaltung wird ein TTL-Dezimalzähler verwendet, der mit einer Widerstandsmatrix beschaltet ist. An jedem BCD-Ausgang ist ein Widerstand angeschlossen, der der dualen Wertigkeit des betreffenden Ausgangs umgekehrt proportional ist. Je nach der gerade vorliegenden Bitkombination sind einige der Zählerausgänge auf L- und einige auf H-Potential. Die Widerstände der Matrix bilden somit einen Spannungsteiler, dessen Teilverhältnis mit jeder Änderung der Bitkombination wechselt. Durch einen Feinabgleich mit den 25-kΩ-Trimmpotentiometern gelingt es, das jeweilige Teilverhältnis so einzustellen, daß die Ausgangsspannung dem aktuellen Zählerstand proportional ist; es ergibt sich eine Treppenspannung U_T. Sie wird vom Spannungs-Strom-Umsetzer IC 4 und IC 5 in einen Treppenstrom umgewandelt. Der Operationsverstärker IC 4 arbeitet in Schalterstellung N als nichtinvertierender Verstärker. Seine Ausgangsspannung U_3 wird durch die Differenz der Eingangsspannungen U_T und U_4 bestimmt. Im Strom-Serien-Gegenkopplungszweig liegt der Operationsverstärker IC 5. Er ist als Subtrahierer geschaltet. Seine Ausgangsspannung U_4 berechnet sich nach der Gleichung

$$U_4 = (U_3 - U_5)\, V_u = I_B\, [(R2 + R_{P6} + r_1) - r_1]\, V_u .$$

Hierin bedeuten v_u die eingestellte Spannungsverstärkung und $r_1 = r_{bb} + \beta r_e$ den eingangsseitigen Widerstand des auszumessenden Transistors. Mit $U_T = U_4$ folgt

$$U_T = I_B\,(R_2 + R_6)\, V_u \text{ und } I_B = U_T \cdot \frac{1}{V_u} \cdot \frac{1}{R2 + R_{P6}}$$

Der Basisstrom I_B ist damit der Treppenspannung U_T proportional und der Summe der Widerstände R2 und R_{P6} umgekehrt proportional. R_{P6} dient zur Einstellung der Stromamplitude. Die Spannungsverstärkung hat den Wert $V_u = 3$. Wenn durch den Schalter N/P die nichtinvertierenden Eingänge der Verstärker IC 4 und IC 5 mit den invertierenden vertauscht werden, ergibt sich ein negativer Treppenstrom.

Mit dem Schalter „ext" kann über die Buchse „I_B ext" eine äußere Stromquelle für den Basisstrom angeschlossen werden.

Durch Betätigung der Taste „Bild" wird der Basisstrom als Spannungsstrich auf dem Bildschirm sichtbar. Das zugehörige Übertragungsverhältnis hat den Wert $b_y' = 2$ V/mA.

Bei der Ausmessung von Dioden müssen in der Kennliniendarstellung die Variablen U_{CE} durch U_D und I_C durch I_D ersetzt werden. Bei Thyristoren wird für U_{CE} die Variable U_A eingesetzt und eine externe Stromquelle für den Gatestrom benutzt, die einen Strom bis zu 50 mA liefern kann; dazu wird die Taste „ext" gedrückt.

Jürgen Wagner

Literatur

[1] Kühlwetter, J.: Einfacher, hochgenauer Spannungs-Frequenz-Umsetzer. ELEKTRONIK 1974, H. 6, S. 219...220.

7.14 Funktionsprüfer für TTL-Bausteine

Ein offener Stromkreis an der Prüfspitze legt die Emitterspannung des Emitterfolgers BC 212 B auf ca. 2,3 V (durch den Spannungsteiler am Eingang). Die Basiswiderstände zu den Treibern verteilen den nötigen Strom zur Durchsteuerung der Transistoren *(Abb. 7.14.1)*.

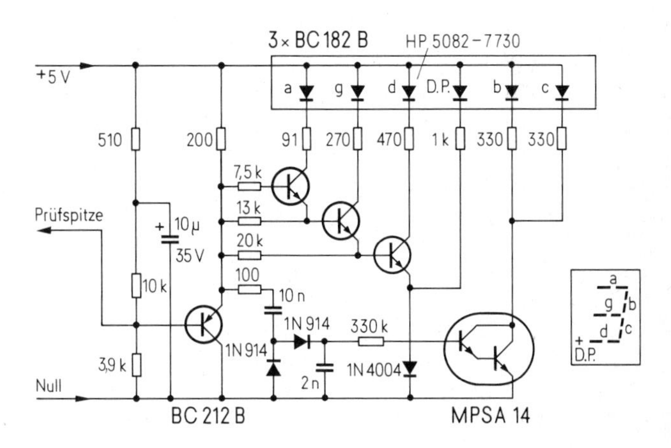

Abb. 7.14.1 Praktische Ausführung des Funktionsprüfers für TTL-Bausteine

Der Dezimalpunkt leuchtet, wenn die Prüfeinrichtung an 5 V angeschlossen ist. Eine Gleichspannung unter 0,7 V an der Prüfspitze wird nur durch einen Dezimalpunkt angezeigt. 0,7...1,4 V steuern Segment „d". Eine Spannung zwischen 1,4 und 2,1 V bzw. ein offener Eingang steuern Segment „d" und „g". Spannungen über 2,1 V lassen einen Strom durch alle drei Treiber fließen und die Segmente „a", „g" und „d" leuchten.

Impulsspannungen werden durch die Kondensatoren 10 nF und 2 nF in Verbindunge mit dem Darlington-Transistor MPSA 14 auf die Segmente „b" und „c" durchgeschaltet. Impulsspannungen mit hohem Positivanteil steuern alle Segmente, und Impulsspannungen mit großem Nullanteil steuern nur die Segmente „b" und „c". Die Schaltung hat eine Eingangsimpedanz von ca. 2 kΩ und eine maximale Impulsfolgefrequenz von ca. 10 MHz.

Anson G. Anderson

7.15 Logik-Tester für Mikroprozessor-Systeme

Die Entwicklung von Mikroprozessor-Systemen erfordert neuartige Testgeräte. Zum Austesten des Interruptverhaltens sind beispielsweise Instrumente erforderlich, die im sogenannten Datenbereich arbeiten, im Gegensatz zum Zeit- und zum Frequenzbereich, in denen die bisher gebräuchlichsten Geräte arbeiten. Eine Reihe solcher Logik-Tester ist bereits auf dem Markt erhältlich (z.B. Typ 1600 A von Hewlett-Packard; etwa DM 13 000). Ähnlich gute Dienste leistet aber auch eine preiswerte Selbstbauschaltung, die relativ einfach aufgebaut ist. Sie eignet sich für die Fehlersuche in allen Systemen, die mit derzeit erhältlichen Mikroprozessoren aufgebaut sind.

Schaltungsfunktion

Abb. 7.15.1 zeigt die Prinzipschaltung des Testers. Am Beispiel eines häufig vorkommenden Problems soll die Funktionsweise erläutert werden:

Eine Interruptanforderung wird nicht korrekt bedient. Deshalb soll für eine bestimmte Datenkonstellation auf dem 8-bit-Datenbus bei gleichzeitigem Auftreten mehrerer (bis zu

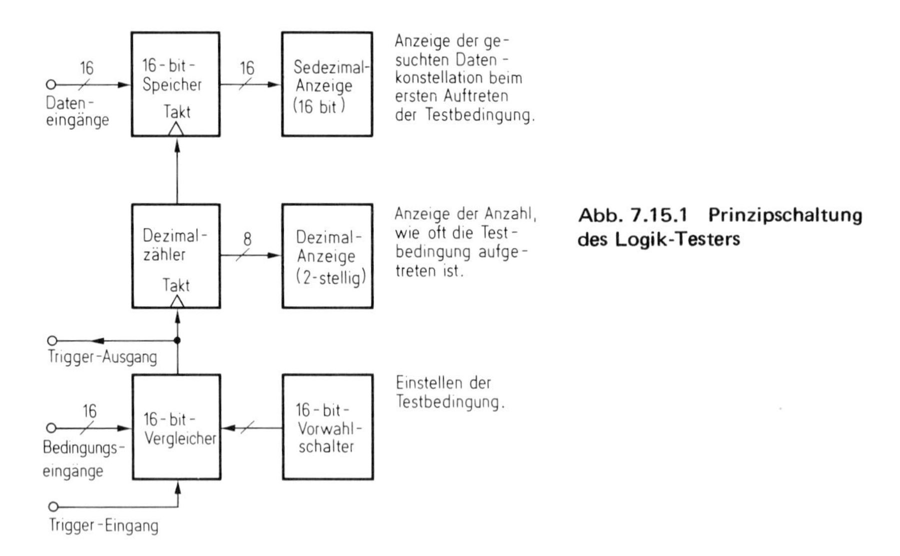

Abb. 7.15.1 Prinzipschaltung des Logik-Testers

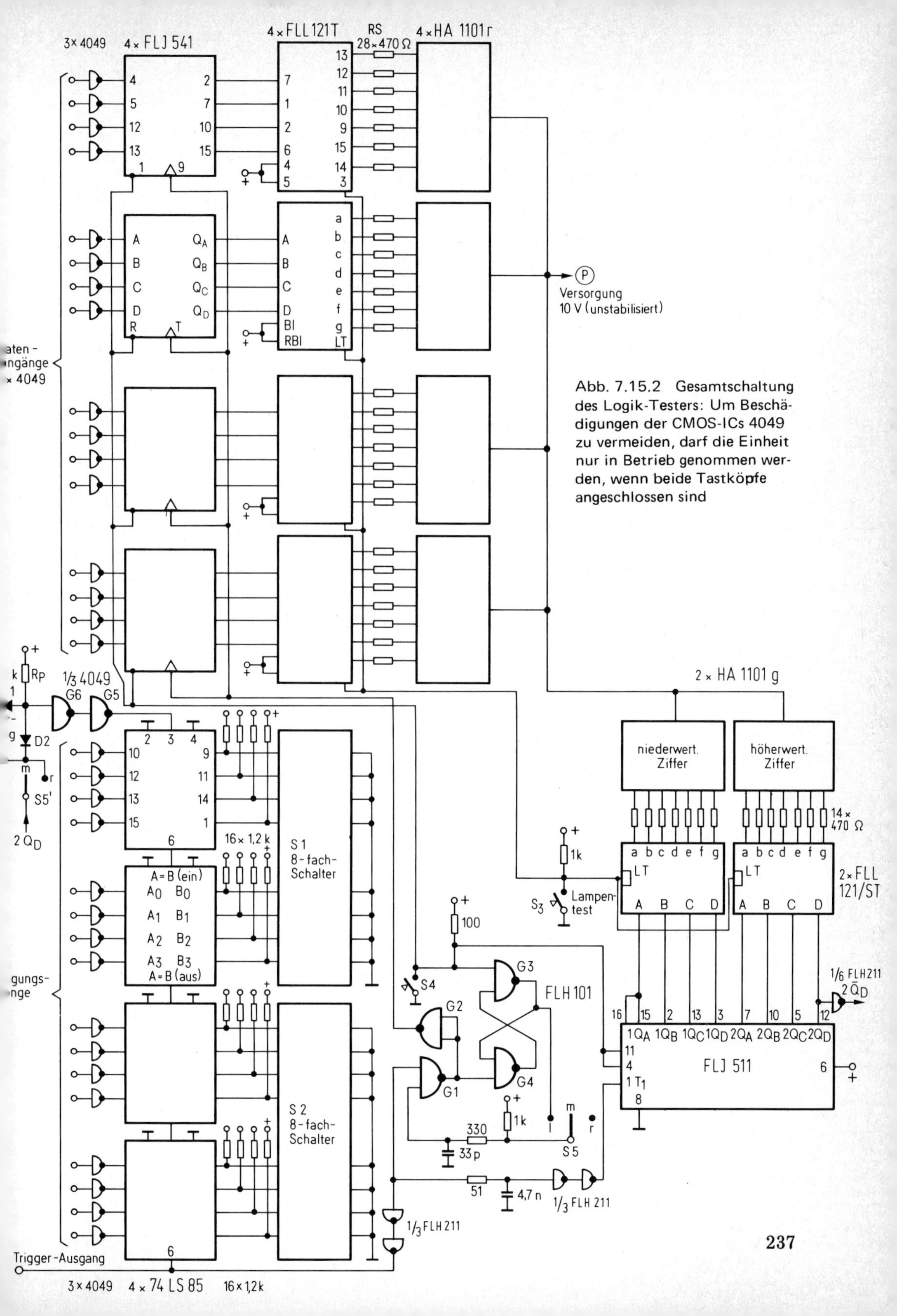

Abb. 7.15.2 Gesamtschaltung des Logik-Testers: Um Beschädigungen der CMOS-ICs 4049 zu vermeiden, darf die Einheit nur in Betrieb genommen werden, wenn beide Tastköpfe angeschlossen sind

acht) anderer Bedingungen die momentane 16-bit-Adresse geprüft, gespeichert und angezeigt werden. Darüber hinaus soll gespeichert werden, wie oft dieser Fall eingetreten ist.

Hierfür werden am 16-bit-Vorwahlschalter die gesuchte Datenkonstellation (8 bit) und die (max.) 8 Zusatzbedingungen eingestellt. Die 16 Eingänge „Testbedingung" werden mit dem Datenbus des Mikroprozessor-Systems und den Punkten für die Zusatzbedingungen verbunden (Testclip). Die 16 Dateneingänge des Logik-Testers verbindet man mit dem 16-bit-Adreßbus des zu prüfenden Systems. Sobald das System gestartet ist, liefert der Vergleicher immer dann ein Signal, wenn die Testbedingung erfüllt ist. Die an den Dateneingängen des Testers anstehende Information wird in den Speicher übernommen und angezeigt. Gleichzeitig wird der Inhalt des Dezimalzählers bei jedem Auftreten der Testbedingung um 1 erhöht. Während bzw. nach Beendigung des Tests ist die gesuchte Information (im Beispiel die Adresse) an der sedezimalen (hexadezimalen) Anzeige ablesbar.

Schaltungseinzelheiten

Die Schaltung wurde mit TTL-, CMOS- und LED-Bausteinen realisiert *(Abb. 7.15.2).* Kernstück ist ein 4 x 4-bit-Vergleicher, der aus vier Komparator-Bausteinen (74LS85) und den zwei Dual-In-Line-Schaltern (C42315-A 1341-A4 von Siemens) aufgebaut ist. Den TTL-Eingängen des Vergleichers sind CMOS-Pegelumsetzer (4049) vorgeschaltet, dadurch wird eine erhöhte Störsicherheit der Eingänge gewährleistet, aber auch die Ansprechgeschwindigkeit der Schaltung wird herabgesetzt. Der Gleichheitseingang des ersten Komparators kann als Trigger- bzw. Synchronisiereingang verwendet werden; ein Ausgangssignal wird vom Komparator nur abgegeben, wenn der Eingang H ist. Der Eingang des Inverters G_5 wird von R_p auf H gehalten, so daß bei unbeschaltetem Triggereingang der Komparator freigegeben ist. Über die Gatter G_1 und G_2 (FLH 101) werden die 16 D-Flipflops (4 x FLJ 541) getriggert; bei der LH-Flanke des Vergleichers wird die Information der Dateneingänge in den Speicher übernommen und über die LED-Treiber FLL-121/5T zur Anzeige gebracht. Als Anzeigeelemente dienen die LED-Einfachdisplays HA 1101. Die LED-Treiber decodieren nur die Ziffern 0...9, die Bitkombinationen 10...15 werden durch Sonderzeichen angezeigt *(Abb. 7.15.3);* die Funktion der LEDs kann mit dem Lampentestschalter S3 geprüft werden (sämtliche Segmente leuchten). Die LEDs werden aus einer unstabilisierten Spannungsquelle versorgt; die Strombegrenzungswiderstände R_s sind so zu dimensionieren, daß der maximale Segmentstrom 20 mA nicht überschreitet. Durch den Rückstellschalter S4 wird die gesamte Schaltung initialisiert, er setzt das RS-Flipflop G_3/G_4 und die Speicher-Flipflops zurück.

Parallel zu deren Takteingängen liegt der Eingang des zweistelligen Dezimalzählers FLJ 511. Auch er ist mit je einem Treiber (FLL 121/5T) und einem Anzeigebaustein (HA 1101) beschaltet. Über S4 kann er auf null zurückgestellt werden. Mit Schalter S5 kann man verschiedene Betriebsarten wählen:

Stellung „mitte": Jedesmal, wenn die Testbedingung zutrifft, wird die Eingangsinformation übernommen, und der Dezimalzähler zählt weiter.

Stellung „links": Nach dem ersten Auftreten der Testbedingung wird die Eingangs-Information in den Speicher übernommen. Der Zähler zählt die Ereignisse bis zum Zählerstand 80 (Überlaufanzeige), dann wird der Speichertakt über das gesetzte Flipflop G_3/G_4 und G_1 gesperrt.

Stellung „rechts": Bei jedem Auftreten der Testbedingung wird die Eingangsinformation neu abgespeichert bis der Zählerstand 80 erreicht ist, dann sperrt der höchstwertige Zählerausgang $2Q_D$ über das aus D1, D2 und G6 gebildete NAND-Gatter den Vergleichseingang.

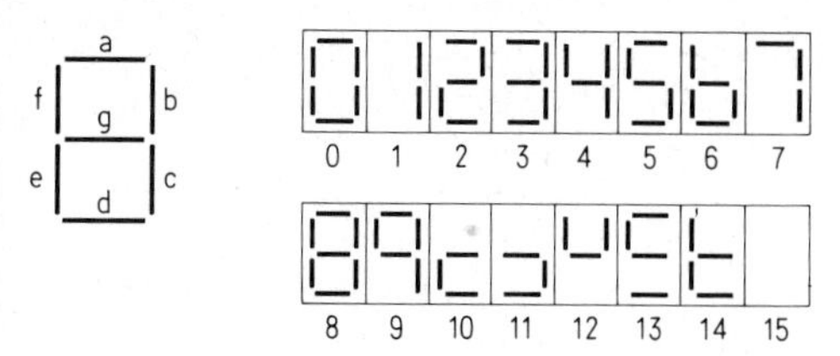

Abb. 7.15.3 **Um eine Darstellung in sedezimaler (hexadezimaler) Form zu erreichen, werden auch die „Sonderzeichen" von 10. . .15 ausgenützt**

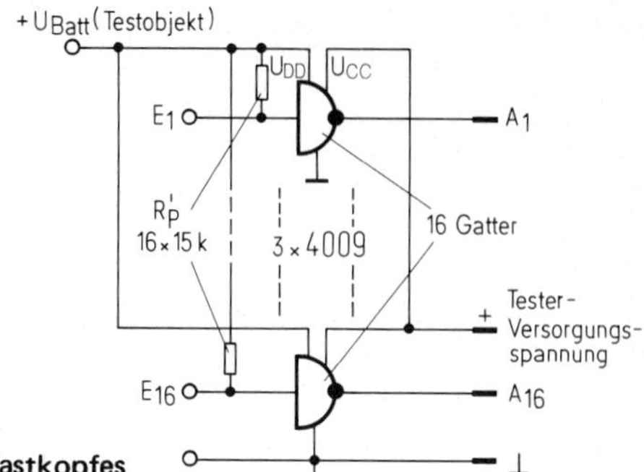

Abb. 7.15.4 **Schaltung des 16-bit-Tastkopfes**

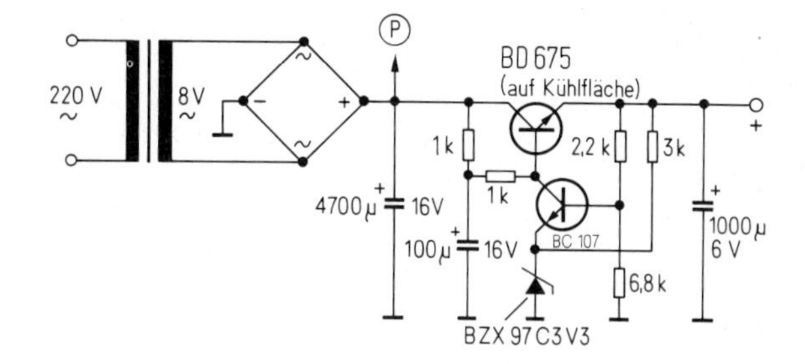

Abb. 7.15.5 **Einfache Stabilisierungs-schaltung**

Der Vergleicherausgang wurde über eine BNC-Buchse herausgeführt, er ist mit 6 TTL-Eingängen belastbar und ermöglicht beispielsweise ein Anhalten des Mikroprozessor-Systems beim ersten Auftreten der Testbedingung.

Damit das Meßobjekt nicht durch hohe TTL-Eingangsströme belastet wird und längere Zuleitungen vom Logik-Tester möglich sind, wurde ein Tastkopf in CMOS-Technik entwickelt *(Abb. 7.15.4)*. Er bezieht seine Versorgungsspannung aus dem Testsystem. Durch Verwendung der Pegelumsetzer 4009 ist die Einheit im Bereich von 3... 15 V von der Test systemspannung unabhängig, d.h. der Logik-Tester kann auch bei MOS-, LSL- und CMOS-Systemen eingesetzt werden. Die zur Anpassung an TTL-Schaltungen nötigen *(Pull-Up)* Widerstände R_p' (15 kΩ) bewirken, daß offengelassene Eingänge als H interpretiert werden.

Anwendung

Durch den Synchronisations(Trigger)-Eingang ist sowohl synchroner als auch asynchroner Betrieb möglich. Im Synchronbetrieb ist der Dezimalzählerstand ein Maß für die Zeitdauer des Ereignisses „Testbedingung erfüllt". Wegen der 16-bit-Organisation von Eingangs-Informationsleitung und Testbedingung ist das Testen von sämtlichen zur Zeit gängigen Mikroprozessor-Systemen (4, 8, 12 und 16 bit) möglich, und zwar sowohl auf Adreß- als auch auf Daten- und Steuerbedingungen.

Die Schaltung nimmt etwa 0,5 A auf, hinzu kommt maximal 1 A für die LEDs. Da diese mit unstabilisierter Gleichspannung versorgt werden, genügt für die Logik eine einfache Stabilisierungsschaltung nach *Abb. 7.15.5*. Der mechanische Aufbau erfolgt auf 3 Platinen. Für den Tastkopf ist eine gesonderte zweiseitig beschichtete Platine nötig.

Dipl.-Ing. Peter Blomeyer

7.16 V-24-Schnittstellen-Tester

Diese Schaltung *(Abb. 7.16.1)* wurde entwickelt, um eine optische Anzeige der Pegel auf Signalleitungen einer V-24-Schnittstelle zu ermöglichen. Da diese Leitungen Signalpegel zwischen + 15 V und − 15 V aufweisen, bot sich ein Operationsverstärker an. Eine Doppel-LED (Rot/Grün) wurde gewählt, um drei Signalzustände auf den Leitungen anzuzeigen; +3...+ 15V, −3...−15 V und ±3 V als „Störsignal".

Die momentanen Leitungszustände werden bei Mittelstellung des dreipoligen Schalters angezeigt. Durch Umschalten der Koppelzweige (Vorschalten einer Diode am Eingang des Verstärkers) erreicht man, daß eine kurzzeitige Änderung auf der Signalleitung (sofern sie > ± 3 V ist) gespeichert wird. Das Kippverhalten wird symmetrisch für beide Richtungen am 100-kΩ-Potentiometer fest eingestellt. Der Operationsverstärker wird als Flipflop betrieben, das Signale wie „*Data set ready*" speichert und optisch anzeigt. Selbstverständlich läßt sich diese Schaltung auch anderweitig einsetzen. Sie arbeitet in einem Versorgungsspannungs-Bereich von ±3...±15 V, wobei darauf zu achten ist, daß u.U. ein Vorwiderstand zwischen LED und Operationsverstärker-Ausgang geschaltet werden muß.

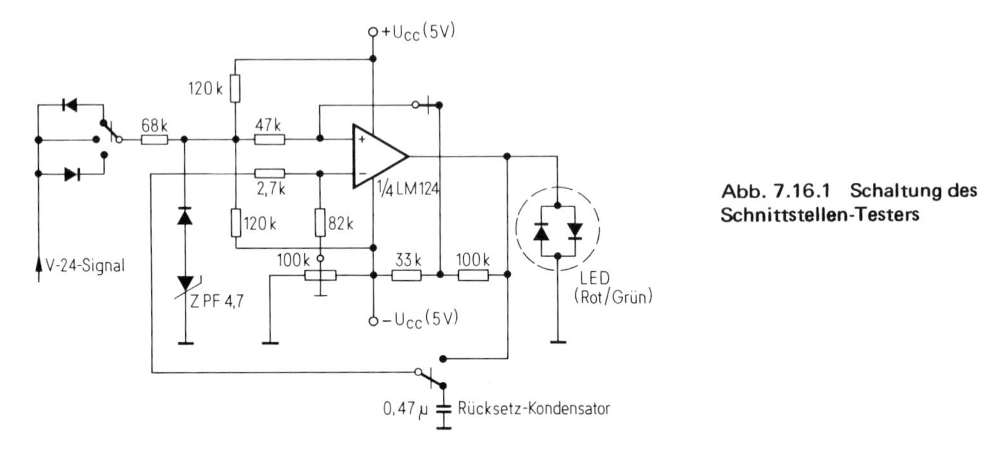

Abb. 7.16.1 Schaltung des Schnittstellen-Testers

Durch die am Eingang gegensinnig gepolten Dioden lassen sich Impulse auf den Signalleitungen speichern, deren Pegel im Ruhezustand +15 V oder −15 V sein können. Bei ±5 V Versorgungsspannung kann die LED direkt an den Operationsverstärker-Ausgang angeschlossen werden. Dies macht jedoch eine Begrenzung der negativen Eingangsspannung erforderlich, die mit der Reihenschaltung von Z-Diode und Si-Diode erreicht wird. *Manfred Glahe*

7.17 Abgleichindikator mit Leuchtdiode

Die in *Abb. 7.17.1* gezeigte Schaltung nützt den ausgeprägten Knick in der Strom-Spannungs-Kennlinie von Leuchtdioden aus. Die meisten roten LEDs beginnen bei etwa 1,8 V zu leuchten und haben beim normalen Betriebsstrom eine Spannung von 2,2 V. Die zum Leuchten nötige Spannung über der grünen LED und der Si-Diode beträgt 2,9...3,3 V (die Si-Diode ist nur bei Verwendung einer grünen LED mit weniger als 2,4 V „Brennspannung" erforderlich).

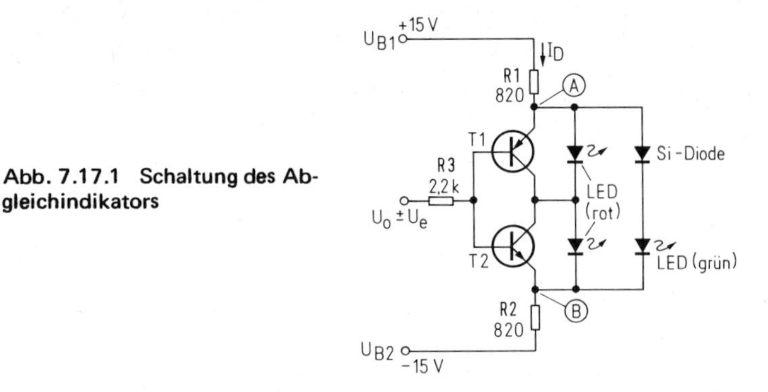

Abb. 7.17.1 Schaltung des Abgleichindikators

Auf die roten LEDs entfallen somit Spannungsabfälle von weniger als 1,8 V, und sie leuchten nicht. Schaltet einer der Transistoren durch, so daß an seiner Kollektor-Emitter-Strecke nur noch 0,1...0,2 V abfällt, dann sinkt die Spannung zwischen den Punkten A und B auf 2,3...2,4 V, und die grüne LED erlischt. Gleichzeitig beginnt aber die nicht überbrückte rote LED zu leuchten. Der nötige Spannungshub zum Durchschalten einer der zwei Transistoren beträgt

$$U_e = U_D + \frac{I_D}{\beta} R\,3,$$

mit U_D = Schwellspannung der Transistoren (U_e in der Schaltung etwa ±0,9 V).

U_0 kann durch entsprechende Wahl von R1 und R2 beliebig zwischen U_{B1} und U_{B2} gelegt werden. Es muß allerdings darauf geachtet werden, daß I_D den zulässigen Wert für die LEDs nicht überschreitet:

$$I_D = \frac{U_{B1} - U_{B2}}{R1 + R2}$$

Wenn $U_0 \pm U_e$ die Betriebsspannungen U_{B1} und U_{B2} nicht überschreiten kann, sollten R1 oder R2 nicht null sein, damit die Transistoren noch sicher durchschalten. Bei entsprechender Dimensionierung von R1 und R2 können die Betriebsspannungen beliebig hoch sein, da die Transistoren nicht auf ihre Sperrspannungen beansprucht werden. *Wolfgang Grothe*

7.18 Einfache optische Oszillator-Abgleichhilfe

Die Schaltung in *Abb. 7.18.1* stellt eine optische Abgleichhilfe für Oszillatoren mit einer Schwingfrequenz bis zu 25 MHz dar, die sehr gut zum Einstellen der Ziehkapazität eines Quarzoszillators mit Hilfe eines geeichten Referenzoszillators eingesetzt werden kann.

Über einen 4-bit-Vorwärts-/Rückwärtszähler (74193) wird die Schwebungsfrequenz (Differenzfrequenz) des geeichten Referenzoszillators (f_{Ref}) zur Schwingfrequenz des abzugleichenden Oszillators (f_e) gebildet. Der Zählerstand wird mit Hilfe eines 1-aus-8-Decoders

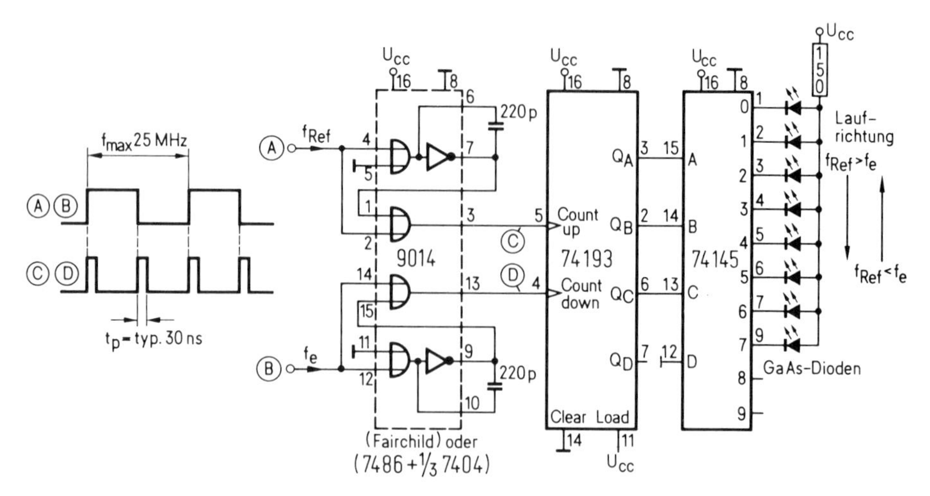

Abb. 7.18.1 **Mit drei TTL-Bausteinen aufgebaute optische Oszillator-Abgleichhilfe; bei Schwebungsnull kommt die Anzeige zum Stillstand**

(74145) über acht GaAs-Leuchtdioden angezeigt. Ist die Differenzfrequenz ungleich null, so ergibt sich je nach überwiegender Zählrichtung ein „Laufen" der Anzeige, die bei Schwebungsnull zum Stillstand kommt.

Die Flankendiskriminierung mit dem Exklusiv-ODER-Baustein 9014 (Fairchild) verhindert die (für korrektes Zählen erforderliche) Impulsüberlappung der Vorwärts- und Rückwärts-Zählimpulse und steigert zugleich die Auflösung um den Schwebungsnullpunkt herum.

Klaus Petersen

7.19 Prüfgerät für Schrift- und Steuerzeichen in 7-bit-ASCII-Bus-Systemen

Die im folgenden beschriebene Schaltung dient zur Prüfung der Informationen auf Datenbus-Leitungen. Es können damit Bus-Telegramme, die einen Informationsgehalt bis zu 256 Zeichen haben, in einem RAM gespeichert und über den Bildschirm eines Oszillografen dargestellt werden *(Abb. 7.19.1)*.

Zur Zeichenerzeugung wurden das 5 x 7-Punktrastersystem und ein ASCII-ROM verwendet, allerdings mit einem in diesem Zusammenhang neuartigen Rasterverfahren: Die möglichen 128 Kombinationen des 7-bit-ASCII-Codes (DIN 66003) enthalten Kleinbuchstaben und Steuerzeichen, die durch handelsübliche Zeichengeneratoren nicht darstellbar sind. Um auch die Unterscheidung dieser Information zu ermöglichen, werden an der entsprechenden Stelle verkleinerte Großbuchstaben bzw. blinkende Großbuchstaben der gleichen Zeile des Grundcodes angezeigt (Beispiel: blinkendes A steht für Steuerzeichen SOH). Der Speicher kann bis zu 256 Schrift- und Steuerzeichen aufnehmen. Für die Darstellung des Speicherinhaltes ist die Anordnung 8 Zeilen zu 32 Zeichen festgelegt. Die Logik ist in TTL-Technik ausgeführt, Speicher und Zeichengenerator sind handelsübliche Bauelemente. Zur Realisierung der Schaltung reicht das Europakarten-Format aus. Außer + 5 V Versorgungsspannung für die Logik und den Speicher benötigt der Zeichengenerator —12 V. Die Schal-

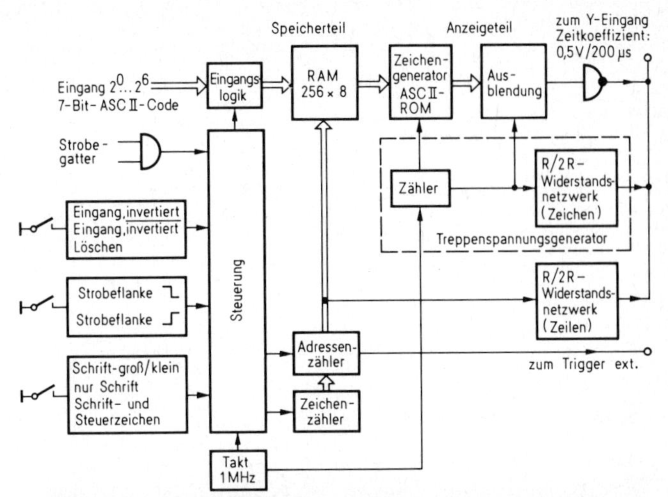

Abb. 7.19.1 **Blockschaltung des Prüfgeräts für Schrift- und Steuerzeichen in 7-bit-ASCII-Bus-Systemen**

Abb. 7.19.2 **Beispiel der Zeichendarstellung auf einem Oszillografen-Bildschirm**

tung ist zentral getaktet und erfordert keinerlei Abgleich. Von den Oszillografeneingangen werden der normale Y-Eingang und der externe Triggereingang benutzt.

Funktionsbeschreibung Anzeigeteil

Das Punktraster zur Zeichendarstellung auf dem Oszillografenschirm setzt sich aus Treppenspannungskurven zusammen. Durch einen geeigneten Zeitmaßstab der Strahlablenkung erscheinen die Stufen aufgrund der Nachleuchtdauer des Schirmbelages als Punkte, während die Schaltflanken kaum sichtbar sind. Daraus ergibt sich eine Schrägstellung der Zeichen *(Abb. 7.19.2)*. Um eine abgleichfreie und hinreichend genaue Treppenspannungskurve zu erzeugen, bietet sich ein R/2R-Widerstandsnetzwerk an (R1...R8).
Synchron mit dem Zähler zur Erzeugung des Rasters generiert der Zeichengenerator Typ MK 2302 P (Mostek) nacheinander spaltenweise die Zeichen *(Abb. 7.19.3)*. Der ebenfalls synchronisierte Multiplexer (SN 74151 N) schaltet einzelne Stufen der Treppenspannungskurve auf die Null-Volt-Linie, die außerhalb des sichtbaren Schirmbildausschnittes liegt. Mit diesen Maßnahmen ist die Beschaltung des X- und Z-Eingangs umgangen.

Die Zeilenschaltung besteht ebenfalls aus einem R/2R-Netzwerk und ist mit dem Adressenzähler des Speichers synchronisiert. Der Treppenspannung der Zeilenschaltung ist die Spannung zur Zeichendarstellung überlagert und bildet den Ausgang der Schaltung.

Speicherteil

Der Speicher besteht aus zwei RAMs des Typs 2101 (Intel), parallelgeschaltet zu 256 Worten von je 8 bit. Beim Lesen erfolgt die Adressierung der RAMs mit einem umlaufenden

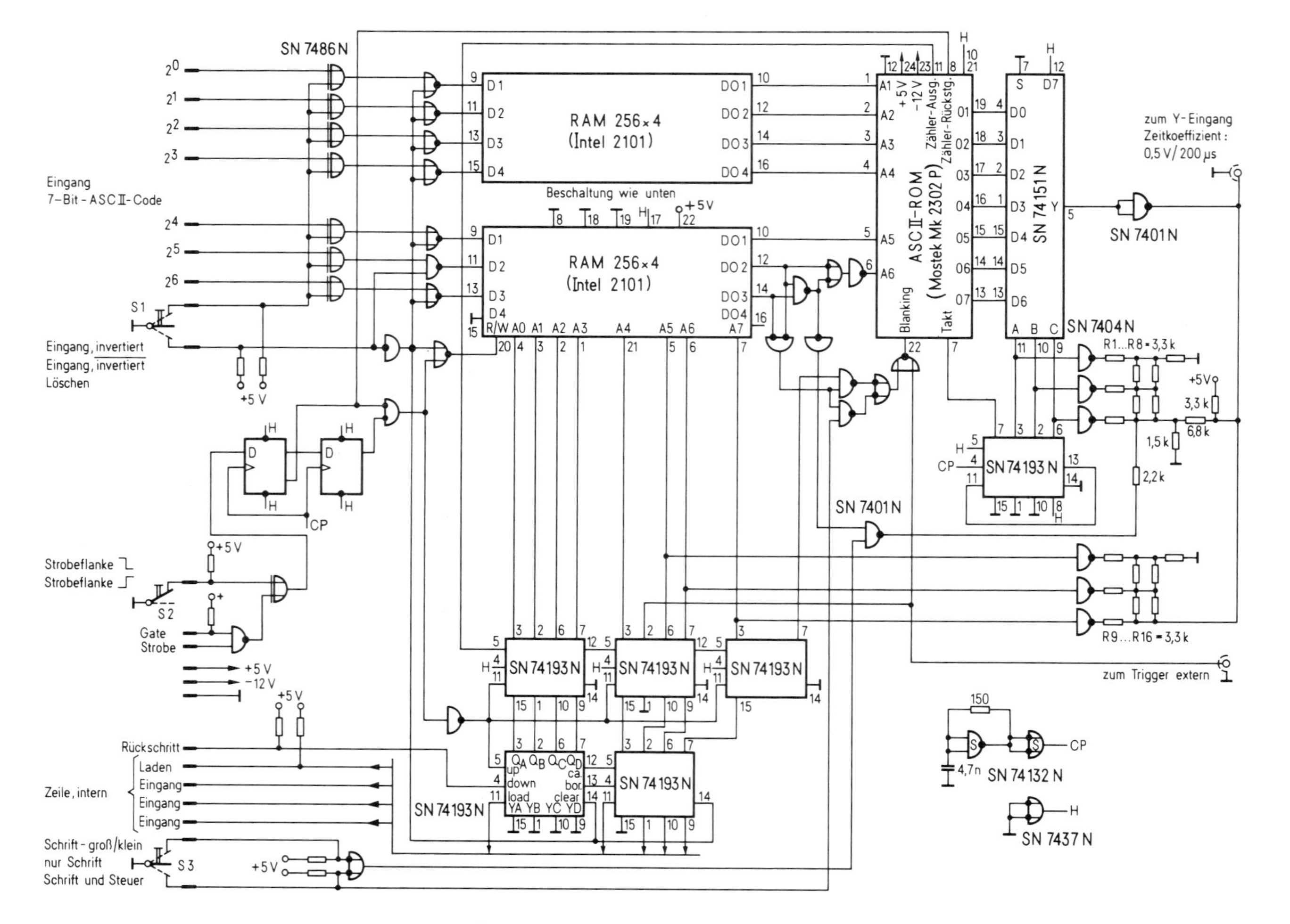

Abb. 7.19.3 Vollständige Schaltung des Prüfgerätes

Adressenzähler. Jede der 8 Zeilen wird zweimal gelesen, um eine sichere Triggerung zu gewährleisten. Für die Zeit der Wiederholung der Zeileninformation wird die Anzeige dunkelgetastet. Der in den Zeichengenerator integrierte Spaltenzähler berücksichtigt Zeichenlükken und schaltet den Adressenzähler weiter.

Beim Speichervorgang wird synchrom mit dem zentralen Takt (CP = 1 MHz) der bestehende Zählerstand des Zeichenzählers in den Adressenzähler geladen und der integrierte Spaltenzähler im Zeichengenerator gelöscht. Gleichzeitig wird die Information in die RAMs durch Umschaltung für eine Taktbreite auf „Schreiben" übernommen (R/W, Stift 20).

Bedien- und Steuerteil

Die Eingangslogik ist über den Schalter S 1 umschaltbar auf den Logikpegel des zu prüfenden Bus-Systems. In der dritten Stellung S 1 wird in alle Adressen des Speichers das ASCII-Zeichen "SPACE" geschrieben, worauf keine Anzeige erfolgt. Das erste Zeichen eines neuen Speichervorganges erscheint danach an der ersten Stelle der ersten Zeile.

Mit dem Schalter S 2 kann die wirksame Strobe-Flanke eingestellt werden. Ein weiterer Schalter S 3 erleichtert die Unterscheidung zwischen ASCII-Steuerzeichen, Textteilen bzw. Groß- und Kleinschreibung innerhalb des Textteils.

Schlußbemerkung

Die Kontrolle der Vorgänge auf einem Bus mit Hilfe der beschriebenen Einrichtung wird durch die direkte Zeichendarstellung erheblich vereinfacht. Längere Telegrammstrukturen sind ohne zeitraubende Deutung von Signalverläufen nur mit einem normalen Oszillografen erfaßbar.

Es versteht sich, daß für andere Bedingungen Eingangslogik und Logikfamilie angepaßt werden können. Ebenso können Informationen aus einem ROM in ein Schirmbild eingeblendet werden.

Peter Kruschinski

Literatur

[1] Mißbach, H.: 7-Segment-System für Buchstaben und Ziffern. ELEKTRONIK 1974, H. 1, S. 25...28.
[2] Lipinski, K.: Die Einblendung alphanumerischer Zeichen in Oszillografenröhren. ELEKTRONIK 1972, H. 1, S. 3...7.
[3] Verstraten, J.: Ziffern als Schirmbild, Teil 2. Elektor 1971/12, S. 1254...1258.
[4] Dirks, C.: Datenmultiplexverfahren für alphanumerische Punktmatrix-Anzeigen unter Anwendung eines Mikroprogramms. Internationale Elektronische Rundschau 1973, H. 3, S. 58...62.

7.20 Gleichzeitige Anzeige aller IC-Pegel mit einem Oszilloskop

Ist ein digitales IC in eine Schaltung eingebaut, so ist es wünschenswert, zur Fehlersuche die Pegel aller Anschlüsse gleichzeitig beobachten zu können. Dabei sollen nicht nur statische, sondern auch schnell wechselnde Zustände erkannt werden. Mit Hilfe eines Testclips, das sich direkt auf das IC stecken läßt, können alle Anschlüsse herausgeführt werden. Für die Anzeige der Pegel wird der Bildschirm eines Oszilloskops gewählt, wobei sowohl der Y- als auch der X-Eingang verwendet werden. Die Darstellung erfolgt entsprechend der Anordnung der IC-Anschlüsse in zwei Reihen mit je einer Position für die Pegel L und H, entsprechend

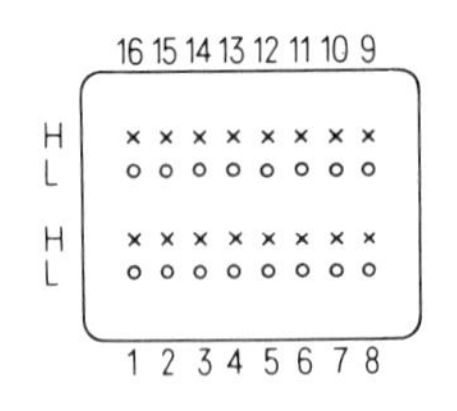

Abb. 7.20.1 Darstellung der Pegel L und H auf dem Bildschirm eines Oszilloskops

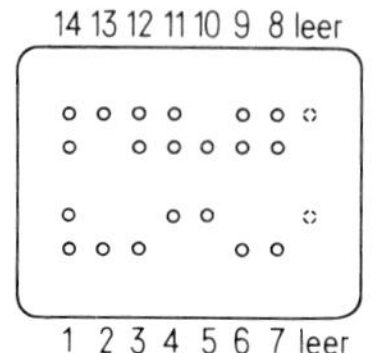

Abb. 7.20.2 Pegel-Darstellung für ein abgetastetes IC mit 14 Anschlüssen, das als Dezimalzähler geschaltet ist

Abb. 7.20.1. Auf dem Bildschirm erscheinen 16 Leuchtpunkte, und zwar die in Abb. 7.20.1 kreisförmig dargestellten bei L-Potential, während an den mit Kreuzen bezeichneten Positionen nach oben versetzt die H-Potentiale dargestellt werden. Bei in längeren Zeitabschnitten erfolgenden Potentialwechseln ist der Sprung von L auf H oder umgekehrt deutlich erkennbar. Bei zeitlich rascher Folge erscheinen beide Positionen als zwei übereinanderliegende Leuchtpunkte. *Abb. 7.20.2* zeigt die Anzeige für einen als Dezimalzähler betriebenen Baustein 7490. Dieses IC hat nur 14 Anschlüsse, so daß die beiden am weitesten rechts stehenden Leuchtpunkte zwar H anzeigen, aber nicht zu berücksichtigen sind.

Funktion der Schaltung

Die Schaltung des Testers ist in *Abb. 7.20.3* dargestellt. Die 16 Anschlüsse des Testclips werden zwei Multiplexern (74151) mit je 8 Anschlüssen zugeführt. Die Abfrage wird über einen von außen zugeführten Takt gesteuert. Ein Flipflop FF steuert abwechselnd die beiden Multiplexer M 1 und M 2, so daß jeweils nur einer in Betrieb ist. Gleichzeitig wird vom Ausgang des Flipflops mit den Impulsen ein als 3-bit-Dual-Zähler Z geschaltetes IC (7490) betrieben, dessen Ausgänge parallel die beiden Multiplexer ansteuern. Dadurch werden die 16 Eingänge beider Multiplexer nacheinander auf die Ausgänge Y gelegt. Diese sind über zwei Widerstände R 1 und R 2 miteinander verbunden und an den zum Y-Eingang des Oszilloskops führenden Ausgang des Testers gelegt. Da die Darstellung der 16 Potentiale entsprechend den Anschlüssen des IC in zwei übereinanderliegenden Reihen erfolgen soll, muß diesem Ausgang nach der Abtastung jeweils eines Multiplexers eine zusätzliche Spannungsänderung zugeführt werden. Dies geschieht wieder über das Flipflop FF und einen Widerstand R 3. Dieser Widerstand bestimmt den Abstand der beiden darzustellenden Reihen.

Für die zeitliche Verschiebung der Leuchtpunkte sorgt die X-Ablenkung. Ein einfacher Digital-/Analog-Umsetzer liefert eine Treppenspannung mit acht Stufen. Die Eingänge der drei dazugehörigen NAND-Verknüpfungen sind mit den Ausgängen des Zählers Z verbunden, um eine mit der Abtastung synchrone Fortschaltung zu erhalten. Die Ausgänge der NAND-Verknüpfungen führen zu einem Netzwerk aus Widerständen (R 4...R 9). Am Ausgang steht dann die gewünschte Treppenspannung zur Verfügung.

Zum besseren Verständnis der Funktion ist in *Abb. 7.20.4* ein Impulsdiagramm dargestellt. Die vom Takt abgeleiteten Steuersignale sind für die beiden Ausgänge Q und $\overline{Q}$, die Steuerung der Multiplexer sowie die Ausgänge Y und X angegeben. Beim Y-Ausgang zeigt Abb. 7.20.4, daß in beiden Zeilen sowohl H- als auch L-Pegel in Abhängigkeit von den Zuständen an den entsprechenden Eingängen vorhanden sein können. Der Strahlverlauf auf dem Bildschirm für den L-Zustand aller IC-Anschlüsse ist in *Abb. 7.20.5* dargestellt. Wegen der hohen Geschwindigkeit des Ablaufs ist eine Strahlverdunkelung in den Übergängen nicht notwendig.

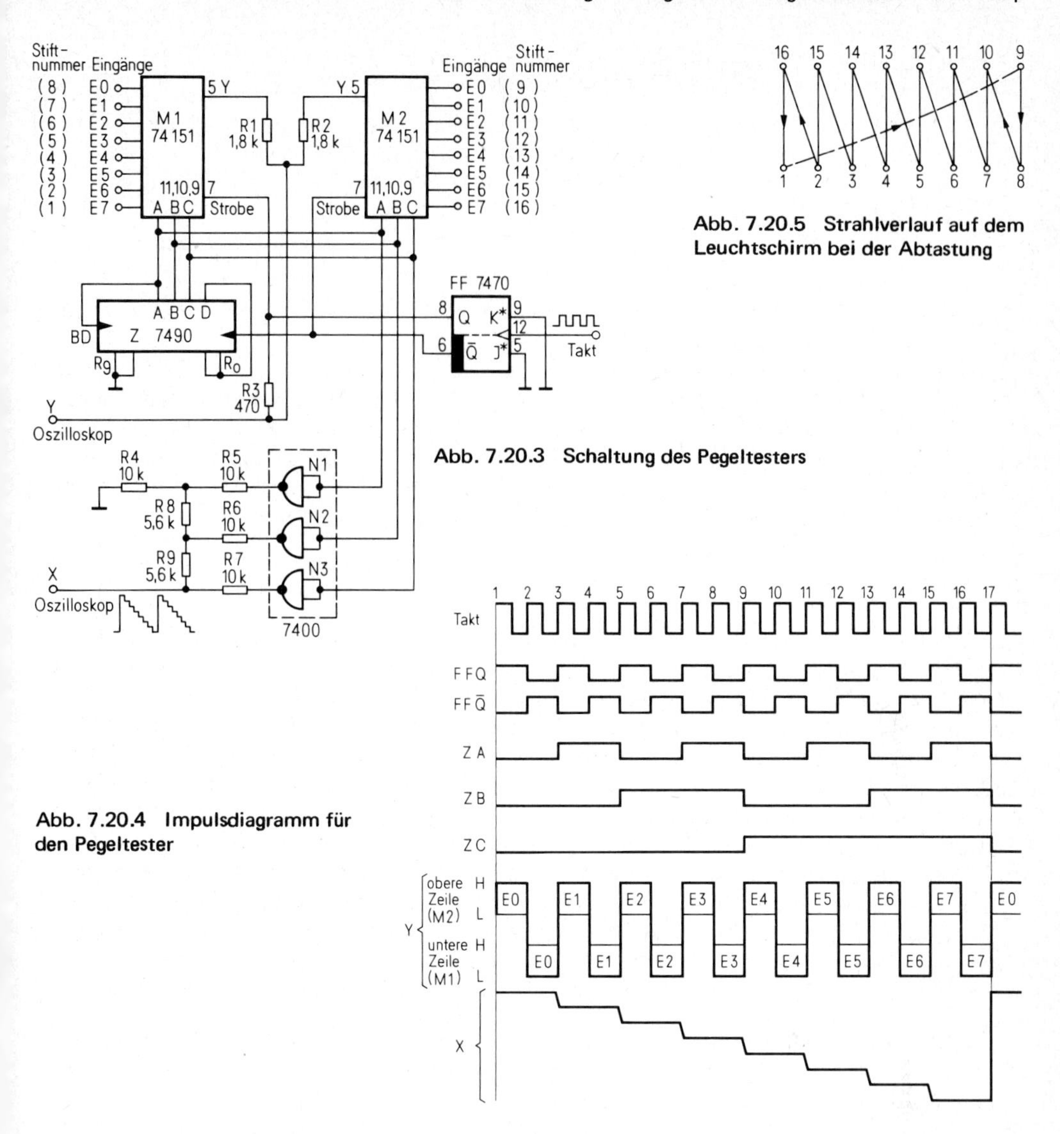

Abb. 7.20.3 Schaltung des Pegeltesters

Abb. 7.20.4 Impulsdiagramm für den Pegeltester

Abb. 7.20.5 Strahlverlauf auf dem Leuchtschirm bei der Abtastung

Eigenschaften der Schaltung

Die Frequenz des Taktes sollte veränderbar sein, damit die Abtastung nicht synchron zu einem an den Anschlüssen des zu prüfenden Bausteins anliegenden Taktes ist. Dadurch könnte sich ein falsches Bild ergeben. Die Schaltung arbeitet einwandfrei mit Taktfrequenzen von 600 Hz...10 kHz. Unterhalb 600 Hz würde das Bild durch die Frequenzuntersetzung zu stark flimmern. An den Anschlüssen der integrierten Schaltung können Spannungen mit Frequenzen von 0...10 MHz liegen. Bei den höchsten Frequenzen ist anstelle zweier Punkte für L und H ein Strich zu erkennen, so daß auch hier dauernder Pegelwechsel erkennbar ist. Der verwendete Testclip mit vergoldeten Kontakten, an den die gesamte Schaltung angebaut werden kann, ist von der Firma Fischer-Elektronik lieferbar.

Rolf-Dieter Klein

7.21 Digitale Spannungsüberwachung

Zur Überwachung von Gleichspannungen (z.B. Batteriespannungen) verwendet man im einfachsten Fall eine Brückenschaltung mit einer Z-Diode als Vergleichsnormal in einem Brückenzweig *(Abb. 7.21.1)*. Die Brückenwiderstände R_b werden so abgeglichen, daß der Komparator mit Absinken der Spannung schaltet und die Leuchtdiode aufleuchten läßt. Die Erzeugung der Referenzspannung mit einer Z-Diode hat aber besonders bei der Überwachung von kleinen Batteriespannungen und/oder Batterien mit kleiner Kapazität zwei Nachteile: Um eine genügende Stabilität der Referenzspannung zu erreichen, muß man eine Z-Diode mit ausgeprägtem Knick verwenden. Die Z-Spannung U_z sollte möglichst groß sein, muß aber mindestens 4,7 V betragen. Bei $U_z < 4{,}7$ V hat man die Möglichkeit, durch einen genügend großen Z-Strom einen Arbeitspunkt im steilen Bereich der Kennlinie ($I_z \geqslant 3$ mA) einzustellen. Diese Möglichkeit kann aber bei Batterien kleiner Kapazität nicht angewendet werden. Bei Batterien kleiner Spannung könnten auch in Durchlaßrichtung betriebene Dioden verwendet werden. Dabei muß allerdings der hohe Temperaturkoeffizient solcher Anordnungen berücksichtigt werden.

Abb. 7.21.2 stellt eine Schaltung dar, die ohne Z-Diode und die damit verbundenen Nachteile auskommt. Die Schaltung erzeugt und vergleicht zwei Rechteckimpulse, von denen nur einer von der Versorgungsspannung abhängig ist.

Ein Generator IG erzeugt Impulse, deren Dauer von der Versorgungsspannung nahezu unabhängig ist. Mit der negativen Flanke dieser Impulse wird ein Monoflop M1 getriggert, dessen quasistabiler Zustand stärker mit der Versorgungsspannung variiert. Beide Impulse bzw. deren negierte Signale werden von einem NAND-Gatter G1 ausgewertet. Solange die Spannung U größer als der anzuzeigende Wert ist, triggert das Ausgangssignal des Gatters G1 das wiedertriggerbare Monoflop M2. Da dessen quasistabiler Zustand länger als die Zeit

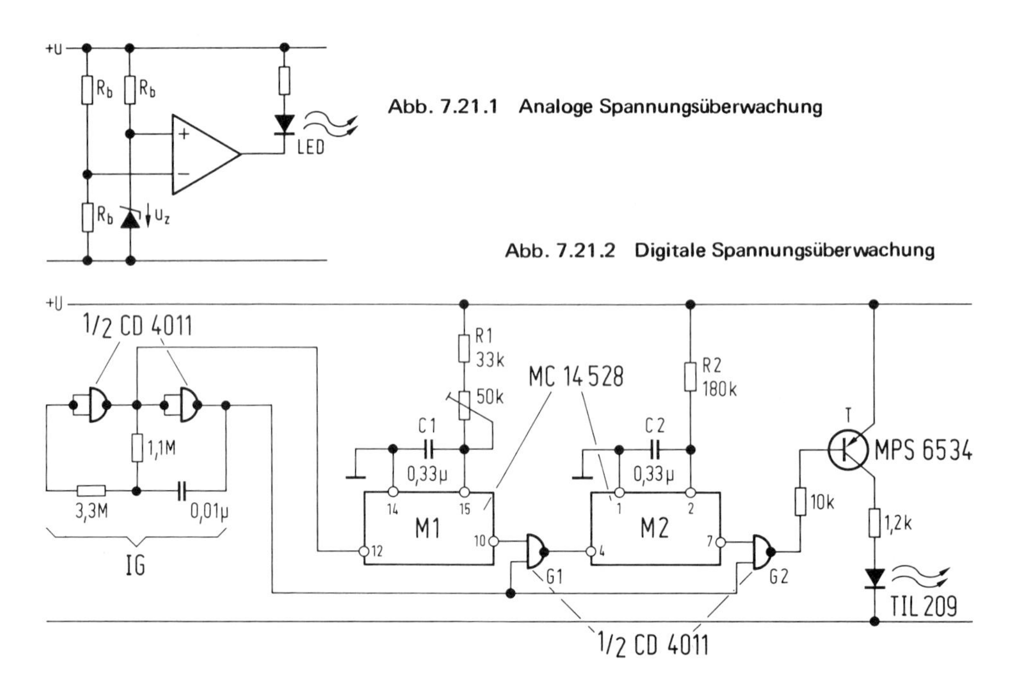

Abb. 7.21.1 Analoge Spannungsüberwachung

Abb. 7.21.2 Digitale Spannungsüberwachung

zwischen zwei Impulsen von G1 dauert, bleibt die Lumineszenzdiode dunkel. Sinkt die Spannung U, verringert sich die Dauer des quasistabilen Zustands von M1. Mit Erreichen des anzuzeigenden Spannungswertes wird dieser Impuls kürzer als der Referenzimpuls, so daß das Monoflop M2 über G1 nicht mehr getriggert wird: Die Lumineszenzdiode leuchtet auf und zeigt damit das Absinken der Spannung auf den eingestellten Grenzwert an.

Die Schaltung wird mit CMOS-Bausteinen realisiert. Der Referenzimpuls-Generator wird aus zwei NAND-Gattern (2x 1/4 CD 4011) nach [1] aufgebaut. In [1] sind auch Angaben über die sehr geringe Abhängigkeit der Impulsdauer von Versorgungsspannung und Temperatur enthalten. Die Monoflops werden mit einem Baustein MC 14528 aufgebaut. Die Dauer des quasistabilen Zustandes von M2 wird mit C2 und R2 bei der kleinsten zu erwartenden Spannung so eingestellt, daß sie größer als die Zykluszeit des Rechteckgenerators IG ist. Die Dauer des quasistabilen Zustandes von M1 wird mit C1 und R1 eingestellt. Die erste Einstellung erfolg bei dem anzuzeigenden Spannungswert so, daß die Leuchtdiode leuchtet. Anschließend wird die Spannung um 0,1 V erhöht und dann die Einstellung so verändert, daß die Diode gerade dunkel bleibt. Die dargestellte Schaltung arbeitet im Bereich 10 V...13 V (anzuzeigender Wert 11 V) mit einer Frequenz von ungefähr 50 Hz. Die Leuchtdiode wird mit dem Gatter G2 mit Impulsen angesteuert, um die Stromaufnahme zu reduzieren. Bei Verwendung für einen anderen Spannungsbereich ist lediglich der 1,2-kΩ-Widerstand, der den Strom durch die Lumineszenzdiode begrenzt, durch einen anderen Wert zu ersetzen. Die Schaltung kann im Bereich von 3...18 V verwendet werden. Die Leistungsaufnahme beträgt 1 mA (bis 12 V). Die Temperaturabhängigkeit ist gering. Es können bereits Abweichungen von 100 mV angezeigt werden, das ist besonders wichtig bei der Überwachung von NiCd-Batterien mit geringer Zellenzahl.

Dietrich Füssel

Literatur

[1] Dean, J. A., Rupley, J. P.: Astable and Monostable Oscillators Using RCA COS/MOS Digital Integrated Circuits. RCA ICAN-6267.

7.22 Strom-Spannungs-Umsetzer ohne Hilfsspannungsversorgung

Ein Gleichstromsignal, das zwischen einem Minimal- und einem Maximalwert variieren kann, ist in eine proportionale Spannung umzusetzen. Beim Minimalwert des Stromes muß die Spannung null sein *(Abb. 7.22.1)*. Der Spannungsabfall über dem Strompfad darf durch den Umsetzer nicht wesentlich größer sein als das maximale Spannungssignal. Für die entsprechende elektrische Schaltung steht keine zusätzliche Hilfsspannung als Energieversorgung zur Verfügung. Der Umsetzer muß ein hochstabiles Temperaturverhalten aufweisen. Der Fall, in dem der Minimalwert des Gleichstromes gleich null ist, soll in der Lösung außer Acht gelassen werden, da er keine grundsätzlichen Probleme ergibt.

Zum zentralen Element der hier gewählten Lösung sollen vorerst einige Gedanken erläutert werden. Der Spannungsabfall des gesuchten Netzwerkes im Strompfad bei minimalem Stromwert muß auf irgendeine Weise kompensiert werden, damit dieser am Spannungsausgang nicht erscheint. Es wird deshalb ein selbstleitender N-Kanal-FET verwendet, der zusammen mit einem Widerstand als Curristor (Stromquelle) wirken soll.

Das Temperaturverhalten von solchen Halbleitern ist in *Abb. 7.22.2* dargestellt. Es gibt also einen gewissen Drainstrom I_D, bei dem keine Empfindlichkeit in bezug auf Temperatur-

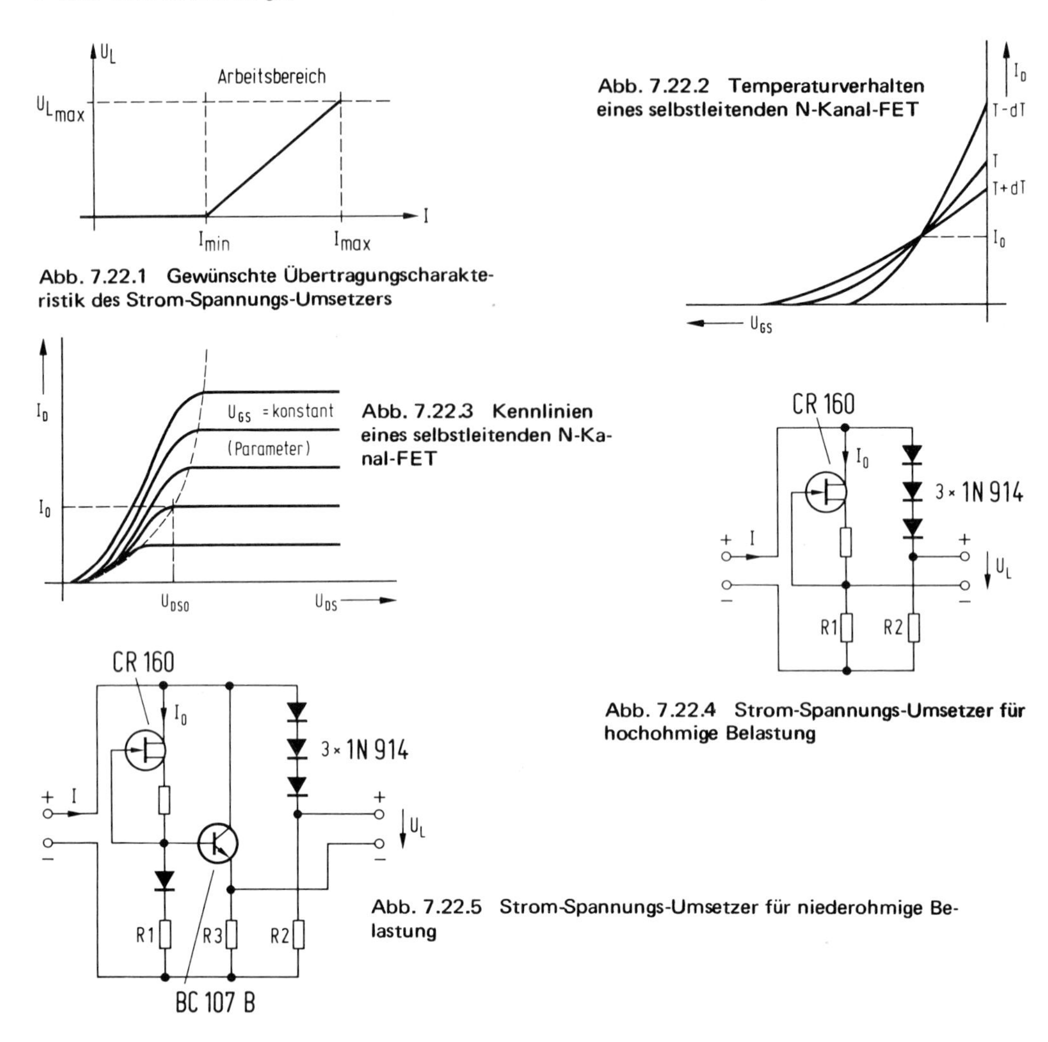

Abb. 7.22.1 Gewünschte Übertragungscharakteristik des Strom-Spannungs-Umsetzers

Abb. 7.22.2 Temperaturverhalten eines selbstleitenden N-Kanal-FET

Abb. 7.22.3 Kennlinien eines selbstleitenden N-Kanal-FET

Abb. 7.22.4 Strom-Spannungs-Umsetzer für hochohmige Belastung

Abb. 7.22.5 Strom-Spannungs-Umsetzer für niederohmige Belastung

schwankungen mehr vorliegt. Auf dem Markt findet man bereits FET-Widerstands-Kombinationen, die als Konstantstromdiode arbeiten und einen temperaturunabhängigen Strom liefern. Da über dem Strompfad die kleinstmögliche Spannung abfallen soll, muß man eine Stromdiode auslesen, die den kleinsten Spannungsabfall erzeugt. In *Abb. 7.22.3* sind die Kennlinien von solchen FET dargestellt. U_{DSO} ist diejenige Spannung, bei der der konstante Strom I_o erreicht wird. Es werden die beiden Typen CR 030 (1,6 mA) und CR 160 (0,3 mA) für den Schaltungsaufbau gewählt. Ihre maximalen Spannungsabfälle (mit dem entsprechenden Widerstand) betragen 0,5 V bzw. 1,65 V. Bei der Dimensionierung ist selbstverständlich die Toleranz des jeweiligen Konstantstromes von ± 10 % zu berücksichtigen.

Schaltung

In den beiden Schaltungen von *Abb. 7.22.4* und *Abb. 7.22.5* wird zwischen hochohmiger und niederohmiger Belastung der Ausgangsspannung unterschieden.

a) Hochohmige Belastung von U_L
Über R 1 wird ständig jener Spannungsabfall erzeugt, der bei minimalem Strom durch den Umsetzer auch an R 2 abfällt. Jede weitere Stromerhöhung ergibt nur an R 2 eine Spannungserhöhung. Damit ein kleiner Strom durch die Last in R 1 sicher vernachlässigt werden kann, wird ein I_o von 1,6 mA gewählt. Die drei in Serie geschalteten Dioden haben die Aufgabe, dafür zu sorgen, daß am FET CR 160 auch die hierfür notwendige Spannung von 1,65 V abfällt. Durch diese muß demnach ein minimaler Strom von ca. 1 mA fließen. I_{min} darf folglich nicht kleiner als 2,6 mA sein.

Allgemeine Dimensionierung:
Durch R_L an U_L fließt ein Strom $\frac{U_L}{R_L} = \frac{I \cdot R2 - I_o (R1 + R2)}{R1 + R2 + R_L}$

Wenn I_{min} durch den Umsetzer fließt, soll dieser Strom null sein. Daraus folgt:

$$R1 = \frac{I_{min} - I_o}{I_o} R2.$$

Bei I_{max} gilt jedoch

$$\frac{U_{L\,max}}{R_L} = \frac{I_{max} R2 - I_o (R1 + R2)}{R1 + R2 + R_L}.$$

Hochohmige Belastung will hier nun heißen, daß R_L gegenüber R1 + R2 so groß ist, daß der Strom durch R_L im Vergleich zu 1,6 mA im Rahmen der erforderlichen Meßgenauigkeit vernachlässigt werden darf. Somit wird

$$R2 = \frac{U_{L\,max} + I_o R1}{I_{max} - I_o}.$$

Daraus resultieren die beiden gesuchten Widerstände R1 und R2:

$$R1 = \frac{U_{L\,max} (I_{min} - I_o)}{I_o (I_{max} - I_{min})}$$

$$R2 = \frac{U_{L\,max}}{I_{max} - I_{min}}$$

Beispiel:

$I_{min} = 4$ mA, $I_o = 1{,}6$ mA $\pm$ 0,16 mA, $I_{max} = 20$ mA, $U_{L\,max} = 1$ V.

Somit werden die beiden Widerstände R1 und R2:

R1 = 79,55...111,11 Ω, R2 = 62,5 Ω.

Um die Toleranz von I_o in R1 berücksichtigen zu können, ist an Stelle eines Festwiderstandes R1 ein Trimmer vorzusehen und ein Abgleich vorzunehmen. Der Spannungsabfall über der gesamten Schaltung, je nach Strom I, beträgt etwa 2...3 V.

b) Niederohmige Belastung von U_L
Der zusätzliche Transistor bewirkt einen konstanten Spannungsabfall an R3 in einem gewissen Bereich, unabhängig von U_L/R_L. Nun ist aber der Temperaturkoeffizient der Basis-Emitter-Spannung zu berücksichtigen. Man kann dies mit Dioden in Serie zu R1 erreichen. Dabei muß aber der Transistor immer ungefähr den gleichen Strom führen, oder der Basisstrom muß so klein sein, daß seine Änderung vernachlässigbar ist. Bekanntlich gilt für die Temperaturabhängigkeit der Spannung über einer Diode die empirische Beziehung

$$\frac{dU_D}{dT} = -\frac{2\text{ mV}}{^\circ\text{C}} + \frac{0{,}3\text{ mV}}{^\circ\text{C}} \cdot \log\frac{I_D}{0{,}1\text{ mA}}.$$

Für die Basis-Emitter-Spannung ist an Stelle von I_D der Basisstrom I_B zu setzen. Da I_B viel kleiner als I_o sein muß, kann der Temperaturkoeffizient des Transistors mit einer Diode sicher nicht völlig kompensiert werden. Durch ein umfangreicheres Diodennetzwerk in Serie zu R1 und in der Basisleitung könnte dies zwar erreicht werden, der Spannungsabfall im Strompfad würde aber dadurch wesentlich erhöht werden. Ein Ersatz des Typs CR 160 durch den Typ CR 030 würde wohl diesen wieder reduzieren, der Transistorstrom müßte aber wegen seinem I_o = 0,3 mA auch drastisch verkleinert werden. Dies ist aber aufgrund des Strombereiches von I und der niederohmigen Last auch nicht erwünscht. Im übrigen müßten alle diese kompensierenden Dioden mit dem Transistor thermisch gut gekoppelt werden. Wegen der Forderung nach Einfachheit der Schaltung sollen folgende Temperaturkoeffizienten in Kauf genommen werden:

$$\left|\frac{dU_T}{dT} - \frac{dU_D}{dT}\right| = \frac{0{,}3\text{ mV}}{^\circ\text{C}} \log\frac{I_o}{I_B}.$$

Dimensionierung der Widerstände

Für die beiden Extremfälle gilt:

$$(I_{min} - I_o - I_{R3})\ R2 = I_{R3}R3$$

$$(I_{max} - I_o - I_{R3})\ R2 = I_{R3}R3 + U_{L\,max}$$

Daraus folgt:

$$R2 = \frac{U_{L\,max}}{I_{max} - I_{min}},$$

wobei gilt:

$$I_{R3} = I_T + \frac{U_L}{R_L} = \text{konstant, bzw. } I_{R3} = I_{T\,min} + \frac{U_{L\,max}}{R_L}$$

und $I_{R3} = I_{T\,max}$ für die beiden Extremfälle.

Festlegung des Transistorstrombereichs I_T unter Berücksichtigung der Streuung der Stromverstärkung

$$I_{Bmax} = 0{,}01\ I_o$$

(um den Einfluß von Stromänderungen auf die Referenzspannung über R1 möglichst klein zu halten)

Für den Typ BC 107B gilt

$$I_{Bmax} = I_{Tmax}/100.$$

Daraus folgen die beiden Extremfälle

$$I_{Tmax} = I_o \quad \text{und} \quad I_{Tmin} = I_o - U_{Lmax}/R_L.$$

$$I_{Tmin} = I_{Tmax}/2$$

Daraus folgt $U_{Lmax}/R_L = I_o/2$ oder $R_L = 2U_{Lmax}/I_o$ (Minimalwert)

Die zweite Bedingung dient der Einschränkung der möglichen Stromänderungen, um ihren Einfluß auf die thermische Kompensation möglichst klein zu halten.

Da nun I_{R3} und R2 bekannt sind, kann mit der ersten Gleichung R3 berechnet werden:

$$R3 = \frac{(I_{min} - 2I_o)\ U_{Lmax}}{(I_{max} - I_{min})\ I_o}.$$

Infolge der Streuung von I_o des Curristors um ±10 % ist R3 als Trimmer vorzusehen und ein Abgleich bei I_{min} vorzunehmen.

Da in R1 der selbe Strom wie in R3 fließt, müßte der erstere gleich R3 sein, da ja an beiden ungefähr dieselbe Spannung abfallen muß, er muß also ebenfalls abgleichbar sein. Hinzu kommt noch die Tatsache, daß die Diodenspannung nicht gleich der Basis-Emitter-Spannung sein kann, da die beiden Ströme verschieden sind. Wenn aber der abgleichbare Bereich von R3 groß genug gewählt wird, kann R1 als Festwiderstand dimensioniert werden.

Beispiel:

$$I_o = 1{,}6\ \text{mA} \pm 0{,}16\ \text{mA},\quad U_{Lmax} = 1\ \text{V},\quad I_{min} = 4\ \text{mA}.$$

Daraus folgt die maximale Last $R_{Lmin} = 2U_{Lmax}/0{,}9I_o = 1400\ \Omega$ sowie $R2 = 62{,}5\ \Omega$, $R3_{max} = 50\ \Omega$ und $R1 = 33\ \Omega$.

Der Temperaturkoeffizient der Referenzspannung über R3 ist $\frac{0{,}6\ \text{mV}}{°C}$. Der Spannungsabfall über dem Strompfad ist 2...3 V.

Ergebnisse

Die Schaltung für hochohmige Belastung zeigt ein ausgezeichnetes thermisches Verhalten. Die Übertragungslinearität ist ebenfalls sehr gut. Der Meßfehler hängt allein von der Größe der Last an der Meßspannung ab. Der thermische Einfluß in der Schaltung für niederohmige Belastung ist insbesondere bei kleinen umzuwandelnden Strömen relativ stark. Je kleiner der Meßfehler ohne Berücksichtigung des Temperatureinflusses sein soll, um so größer muß auch in dieser Schaltung der Lastwiderstand sein. Bei gleichem zulässigem Meßfehler ist jedoch eine wesentlich größere Last tragbar, allerdings auf Kosten der thermischen Unabhängigkeit.

Dipl.-Ing. W. Stauffer

7.23 Strommessung bei variabler Spannung

Die in *Abb. 7.23.1* gezeigte Schaltung liefert am Ausgang eine dem Strom I_L proportionale Spannung und eignet sich ihrer Einfachheit wegen gut für GO-NOGO-Schaltungen (z.B. einfache Funktionsprüfgeräte für Halbleiterschaltungen).

Mathematische Begründung

$$I_L = I_{R1} + I_{R2}, \tag{1}$$

$$U_- = U_+ = U_L = U_e \cdot \frac{R4}{R3 + R4}, \tag{2}$$

wobei U_+ und U_- der größte positive bzw. negative Wert von U_a ist.

$$I_{R1} = \frac{U_e - U_-}{R1} = \frac{U_e \cdot R3}{R1 \cdot (R3 + R4)}, \tag{3}$$

$$I_{R2} = \frac{U_a - U_-}{R2} = \frac{U_a \cdot (R3 + R4) - U_e \cdot R4}{R2 \cdot (R3 + R4)}, \tag{4}$$

$$I_L = \frac{U_-}{R_L} = \frac{U_e \cdot R4}{R_L \cdot (R3 + R4)}. \tag{5}$$

Setzt man die Gleichungen (3), (4) und (5) in (1) ein, und berechnet U_a, so erhält man

$$U_a = I_L \cdot R2 + U_e \cdot \frac{R2 \cdot R3 - R1 \cdot R4}{R1 \cdot (R3 + R4)}, \tag{6}$$

falls R1 = R3 und R2 = R4 wird.

$$U_a = I_L \cdot R2$$

Der Eingangswiderstand der Schaltung ist

$$R_e = \frac{U_e}{I_{R1} + I_{R3}}, \tag{7}$$

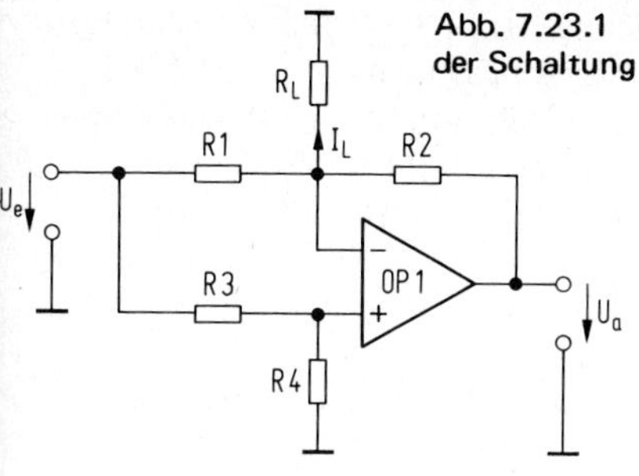

Abb. 7.23.1 Prinzipieller Aufbau der Schaltung

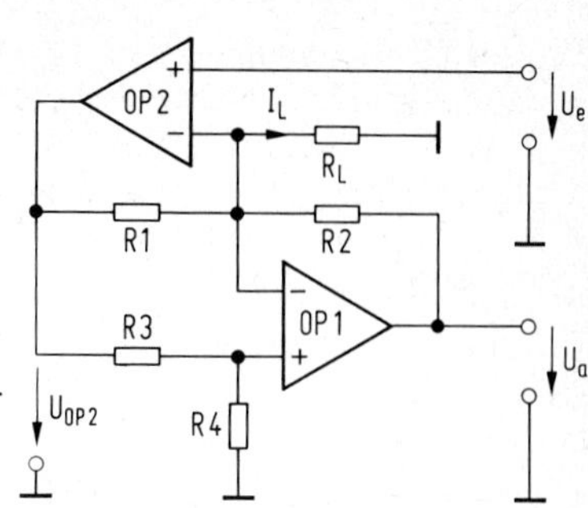

Abb. 7.23.2 Durch den zusätzlichen Operationsverstärker OP 2 wird die Spannung am Lastwiderstand gleich der Eingangsspannung

$$I_{R3} = \frac{U_e}{R3 + R4}. \tag{8}$$

Setzt man (3) und (8) in (7) ein und eliminiert U_e, erhält man

$$R_e = \frac{R1 \cdot (R3 + R4)}{R1 + R3}. \tag{9}$$

Solange der Operationsverstärker im linearen Arbeitsbereich ist, bleibt also entsprechend (9) der Eingangswiderstand unabhängig von I_L konstant.

Ein Nachteil dieser Schaltung ist darin zu sehen, daß die Spannung am Lastwiderstand nicht gleich der Eingangsspannung ist. Durch einen zusätzlichen Operationsverstärker läßt sich dieses Manko leicht beheben *(Abb. 7.23.2)*.

In dieser Schaltung hat man außer daß $U_L = U_e$ ist noch den Vorteil, daß der Eingang sehr hochohmig ist.

$$U_{OP2} = U_e \cdot \frac{R3 + R4}{R4}, \tag{10}$$

$$U_a = I_L \cdot R2 + U_e \cdot \frac{R1 \cdot R4 - R2 \cdot R3}{R1 \cdot R4}, \tag{11}$$

falls R1 = R3 und R2 = R4 wird, ist $U_a = I_L \cdot R_2$.

Ing. (grad.) Friedrich Bayer

7.24 Messung des Stromes in Abhängigkeit von der Spannung

Mit der Schaltung in *Abb. 7.24.1* kann man den Strom durch R_L in Abhängigkeit von der Spannung U_e messen.

OP 1 ist als nichtinvertierender Verstärker geschaltet und muß den maximalen Laststrom liefern können; d.h. bei größeren Strömen ist es notwendig, einen Pufferverstärker nachzuschalten. OP 2 arbeitet als Differenzverstärker und mißt den Spannungsabfall an R1. Die Ausgangsspannung von OP 2 ist direkt proportional dem Laststrom I_L. Um den Einfluß des

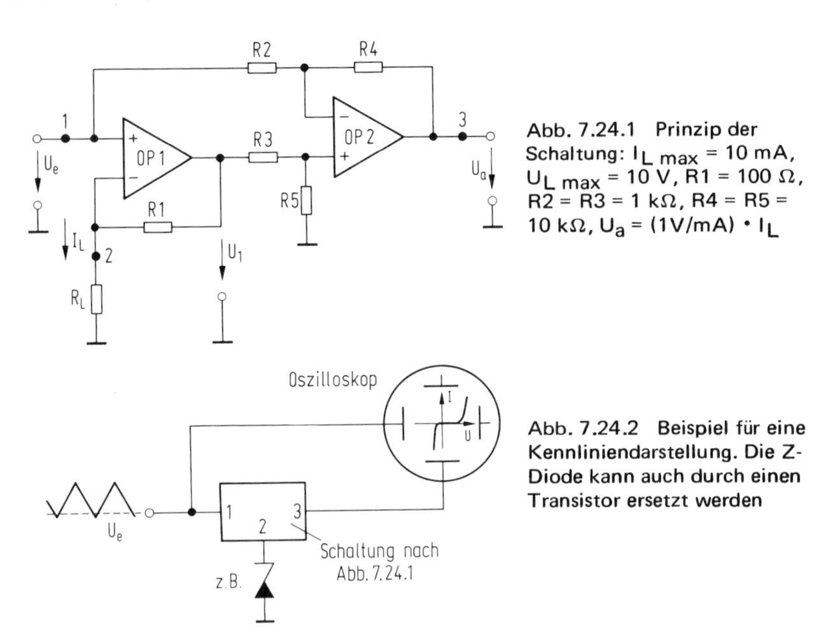

Abb. 7.24.1 Prinzip der Schaltung: $I_{L\,max} = 10$ mA, $U_{L\,max} = 10$ V, R1 = 100 Ω, R2 = R3 = 1 kΩ, R4 = R5 = 10 kΩ, $U_a = (1\text{V/mA}) \cdot I_L$

Abb. 7.24.2 Beispiel für eine Kennliniendarstellung. Die Z-Diode kann auch durch einen Transistor ersetzt werden

Generatorwiderstandes für die Eingangsspannung auf den Widerstand R2 zu eliminieren, sollte ein Operationsverstärker als Impedanzwandler vorgeschaltet werden. R1 ist so zu dimensionieren, daß bei maximalem Laststrom und maximaler Eingangsspannung OP 1 noch nicht in der Begrenzung arbeitet. Führt man die Eingangsspannung U_e und die Ausgangsspannung U_a einem Analogmultiplizierer zu, dann erhält man als Produkt die Verlustleistung des Prüflings.

Mathematische Begründung

$$U_1 = U_e \cdot \left(1 + \frac{R1}{R_L}\right) = U_e + R1 \cdot I_L,$$

$$U_a = \frac{R5}{R2} \cdot \left(\frac{R2 + R4}{R3 + R5}\right) \cdot U_1 - \frac{R4}{R2} \cdot U_1,$$ setzt man R2 = R3 und R4 = R5, wird

$$U_a = \frac{R4}{R2} \cdot (U_1 - U_e) = I_L \cdot \frac{R1 \cdot R4}{R2}.$$

$$U_{L\,max} = U_{1\,max} - I_L \cdot R1,$$

$$v_{OP2} = \frac{R4}{R2} = \frac{U_{a\,max}}{I_{L\,max} \cdot R1},$$

v_{OP2} = Schleifenverstärkung von OP 2.

Anwendungsmöglichkeiten

Abb. 7.24.2 zeigt, wie man mit der Schaltung die Kennlinie einer Z-Diode ermitteln kann. Ebenso werden die Kennlinien von Transistoren aufgezeichnet, dabei muß man lediglich den Basisstrom bzw. die Gate-Source-Spannung als Parameter stufenweise ändern.

Eine andere Möglichkeit ist die Untersuchung von einfachen komplexen Schaltungen: Genauso wie bei der Z-Diode werden die Eingangsklemmen an Punkt 2 an Masse angeschlossen. Die Phasenverschiebung zwischen Strom und Spannung kann dann an der Ellipse (Lissajous'sche Figur) auf dem Oszillografen-Schirm abgelesen werden. U_e muß für diesen Zweck eine Sinusspannung sein.

Ing. (grad.) Friedrich Bayer

8 Optoelektronische Schaltungen

8.1 Optokoppler liefern Energie zum Zünden von Thyristoren

Derzeitig werden Thyristoren entweder über Steuertransformatoren gezündet, oder – soweit bereits Optokoppler zur Steuerimpulsübertragung eingesetzt werden [1] – es wird die zum Steuern benötigte Energie von einem zusätzlichen erdfreien Stromversorgungsgerät geliefert. Eine weitere bekannte Methode, die Steuerenergie aus dem Anodenkreis des Thyristors zu beziehen, ist nicht für alle Anwendungen geeignet. Kleine, für Netzbetrieb geeignete Thyristoren benötigten Steuerenergien von ungefähr $5 \cdot 10^{-8}$ Ws und selbst Hochleistungsthyristoren fordern nur Steuerenergien von einigen 10^{-6} Ws. Nun gelingt es mit handelsüblichen Kopplern – obwohl sie für diese Anwendung nicht optimiert sind – innerhalb von 20 ms eine Energie von 10^{-6} Ws zu übertragen. Bei geeigneter Steuerkreisschaltung sollte es also möglich sein, Thyristoren ohne Verwendung weiterer Energiequellen über Koppler zu zünden.

Abb. 8.1.1 zeigt eine Schaltung, mit der das Prinzip erfolgreich erprobt wurde. Die Dioden D 2, D 3 werden mit Gleichstrom gespeist. Die Kollektor-Basis-Strecken der Transistoren T 2, T 3 arbeiten als Fotoelement; sie laden den Kondensator C auf eine Spannung von ungefähr 1,2 V auf. Für den Ladevorgang steht die gesamte Periode der Netzwechselspannung zur Verfügung. Der Steuerimpuls i_{st} schaltet den Transistor T 1, so daß sich ein Teil der im Kondensator C gespeicherten Energie in wenigen Mikrosekunden über die Steuerstrecke des Thyristors entladen kann. Damit wird der Thyristor gezündet.

Abb. 8.1.2 zeigt eine weitere erprobte Schaltung. Hier werden sowohl die Energie als auch das Steuersignal über die Optokoppler übertragen. Beim Laden des Kondensators C fließt der Strom über die Germanium-Diode D 4. Der Transistor T 4 ist während dieser Zeit gesperrt. Wird der Strom durch die Dioden D 1, D 2, D 3 unterbrochen, dann fließt ein Strom vom Kondensator C über die Emitter-Basis-Strecke des Transistors T 4 und den Widerstand R. Dadurch wird der Transistor T 4 leitend und der Kondensator C an die Steuerstrecke des Thyristors gelegt. Bei dieser Schaltung steht eine Zündspannung von 1,7 V zur Verfügung. Die notwendige Zündspannung ist abhängig von der tiefsten Umgebungstemperatur und vom Thyristortyp. Kleinleistungs-Thyristoren benötigen größere Steuerspannungen. Der Anwender muß daher die Anzahl der in Reihe geschalteten Koppler seiner Aufgabe anpassen. Da ausreichend Steuerenergie zur Verfügung steht und lediglich die Spannungsanpassung ein wirtschaftliches Problem ist, ließen sich bei ausreichendem Bedarf integrierte Mehrfachfotoelemente herstellen, so daß bereits ein Koppler zum Thyristorzünden genügen würde.

Auf einen anderen Weg, das Spannungsproblem zu lösen, soll hier nur hingewiesen werden. In *Abb. 8.1.3* liefert das Fotoelement einen Strom, der ein Magnetfeld in der Induktivität L aufbaut. Beim Abschalten des Leuchtdiodenstroms entsteht an der Induktivität eine Spannung, die den Thyristor zündet. Bei dieser Schaltung stehen beliebig große Steuerspannungen zur Verfügung. Um aber bei den verfügbaren Fotoelementströmen ausreichende Leistung speichern zu können, müssen relativ große Induktivitätswerte verwendet werden. Zwar ist der Aufwand dann immer noch geringer als bei Verwendung von Steuertransforma-

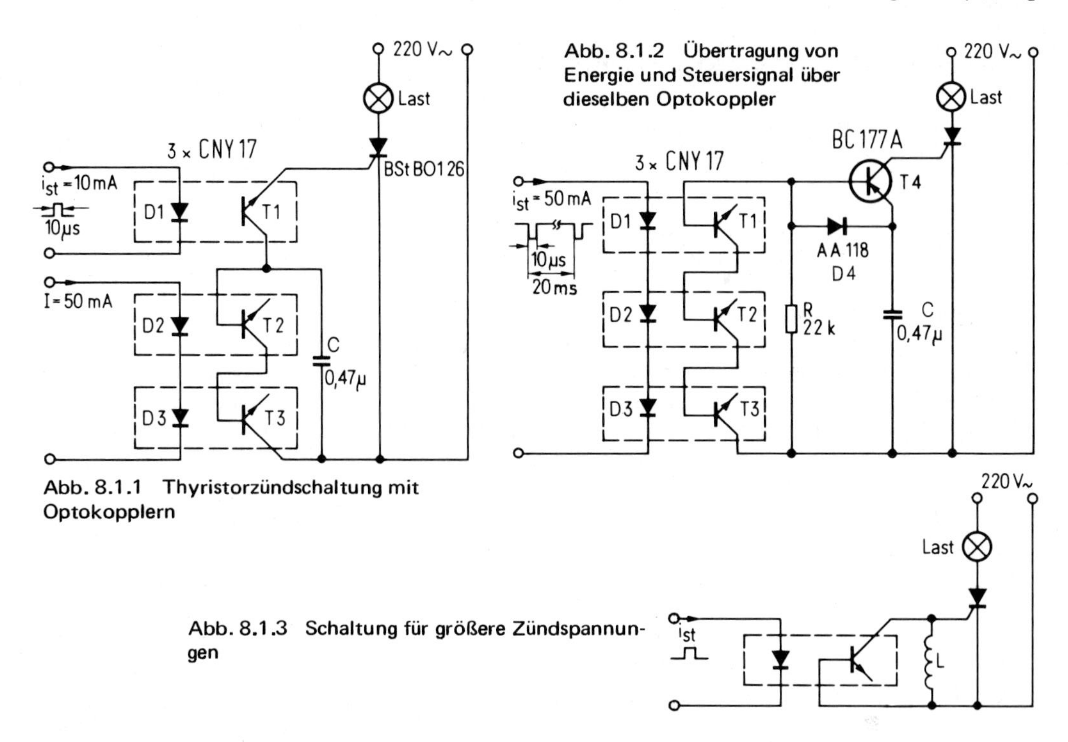

Abb. 8.1.1 Thyristorzündschaltung mit Optokopplern

Abb. 8.1.2 Übertragung von Energie und Steuersignal über dieselben Optokoppler

Abb. 8.1.3 Schaltung für größere Zündspannungen

toren, denn es können einfache Luftspulen ohne Isolationsforderungen eingesetzt werden, jedoch dürfte die Schaltung im Vergleich zu den gezeigten Anordnungen kaum konkurrenzfähig sein. Das gilt auch für andere Schaltungen, bei denen die vom Koppler gelieferte Energie in einer Induktivität gespeichert wird. Für die Versuche wurden handelsübliche Signalkoppler verwendet.

Gerhard Krause

8.2 Fotoverstärker mit automatischer Helligkeitsanpassung

An den Differenzeingängen eines Operationsverstärkers werden Gleichtaktsignale stark unterdrückt, Gegentaktsignale dagegen hoch verstärkt. Nützt man dieses Verhalten aus, so läßt sich mit einfachen Mitteln ein interessanter Verstärker aufbauen, der sich vielseitig einsetzen läßt. Als Anwendungsbeispiel dient ein Fotoverstärker hoher Empfindlichkeit, der sich an unterschiedliche Helligkeitsverhältnisse selbständig anpaßt *(Abb. 8.2.1)*. Anstelle des Fotoelementes lassen sich aber auch beliebige andere Sensoren anschließen.

Wirkungsweise

Das Fotoelement F gibt einen der Beleuchtungsstärke proportionalen Strom ab, wovon ein Teil über den Empfindlichkeitssteller P 1 als Gleichtaktsignal auf die beiden Eingänge des Operationsverstärkers gelangt. Da Gleichtaktsignale unterdrückt werden, bleibt im stationären Zustand der Ausgang des Operationsverstärkers auf null. Sobald eine Helligkeitsänderung auftritt, kann sich diese nur am nichtinvertierenden Eingang sofort auswirken. Am in-

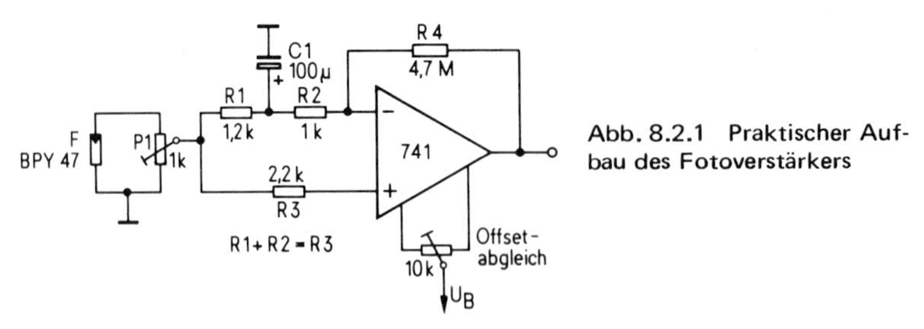

Abb. 8.2.1 Praktischer Aufbau des Fotoverstärkers

vertierenden Eingang wird sie durch den Kondensator C 1 verzögert wirksam. Wegen der Verzögerung ergibt sich demnach eine Gegentaktansteuerung, bei der die Verstärkung $v \approx (1 + R\,4/R\,3)$ beträgt. Nach Abklingen der Verzögerung geht die Ausgangsspannung wieder auf null zurück, d.h. der Verstärker paßt sich selbständig an die neue Helligkeit an. Im Ruhezustand liegt der Ausgang des Verstärkers also grundsätzlich auf null, unabhängig davon, ob das Fotoelement voll beleuchtet oder völlig abgedunkelt ist.

Ohne äußere Schaltungsmaßnahmen arbeitet der Verstärker symmetrisch. Mit der Verzögerung am invertierenden Eingang ergeben Aufhellungen positive, Abdunkelungen negative Ausgangsimpulse, die sich z.B. direkt zur Ansteuerung eines nachgeschalteten Speichers eignen.

Wird keine hohe Grenzfrequenz gefordert, so läßt sich die Schaltung mit jedem billigen Operationsverstärker (z.B. 741) aufbauen. Sie arbeitet trotz hoher Verstärkung absolut stabil. Mit C 1 = 100 µF steht das Ausgangssignal beim schnell Übergang von dunkel auf hell etwa 1 s an. Bereits geringste Helligkeitsänderungen, wie sie z.B. bei der Fehlersuche bewegter Materialbahnen in Form von Löchern auftreten, werden durch Impulse am Ausgang angezeigt.

Günter Kilian

8.3 Elektro-optischer Koppler für lineare Anwendungen

Für Regelungen und Modulationen im Nf-Bereich wird heutzutage meist der (nahezu) geradlinige Teil der Kennlinie von FET's ausgenutzt. Das setzt voraus, daß am Ort der Regelung die Amplituden sehr klein sind (< 0,25 V); außerdem ist eine galvanische Trennung von Regelgröße und Stellgröße nicht möglich. Zur Zeit am Markt erhältliche elektro-optische Koppler enthalten als Verknüpfungsglied lichtempfindliche Dioden oder Transistoren, die für lineare Anwendungen kaum geeignet sind. Es gab früher bereits Koppler mit Glühlampe und Fotowiderstand (z.B. von Hewlett-Packard); der Fotowiderstand (FW) hat dabei den Vorteil, daß er sich auch bei relativ sehr großen Nf-Amplituden wie ein linearer Widerstand verhält, jedoch machte die starke Nichtlinearität der Glühlampe komplizierte Gegenkopplungsmethoden erforderlich, sofern eine bestimmte Steuer- oder Regelcharakteristik gefordert war (siehe z.B. ELEKTRONIK, H. 8/1968, S. 233 und H. 2/1972, S. 45).

Hier kann durch die Kombination von Leuchtdiode (LED) und Fotowiderstand (FW) ein nahezu ideales Koppelelement geschaffen werden, dessen Anwendung nur durch die Trägheit des FW eine Einschränkung erfährt; für Digitalschaltungen ist es daher ungeeignet. Sehr günstig ist es, daß die rote Emissionsbande der GaAs-LED mit dem Empfindlichkeitsmaximum des CdS-FW zusammenfällt; man kommt daher mit geringem Steuerstrom aus. Da die Emission der LED linear vom Strom abhängt, der Widerstand des FW aber nahezu umgekehrt

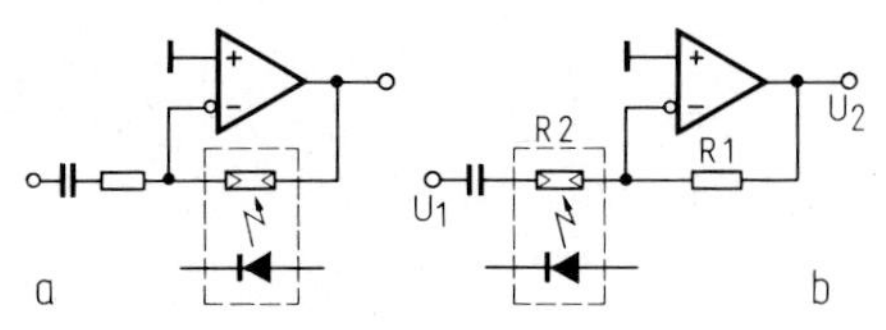

Abb. 8.3.1 Verstärkungseinstellung mit Hilfe eines Optokopplers

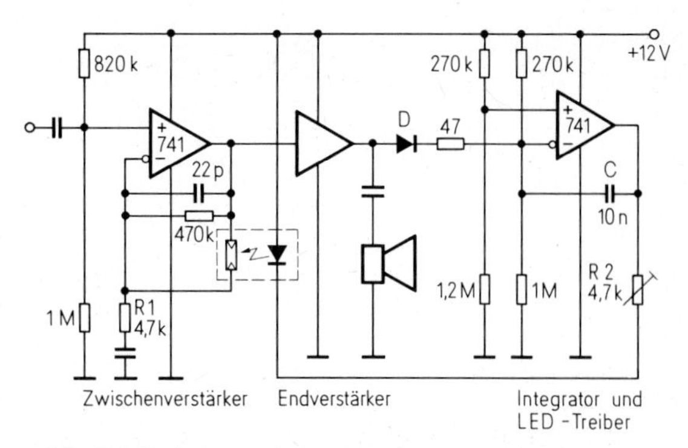

Abb. 8.3.2 Automatische Amplitudenregelung in einem Batteriegerät in Verbindung mit einem Optokoppler

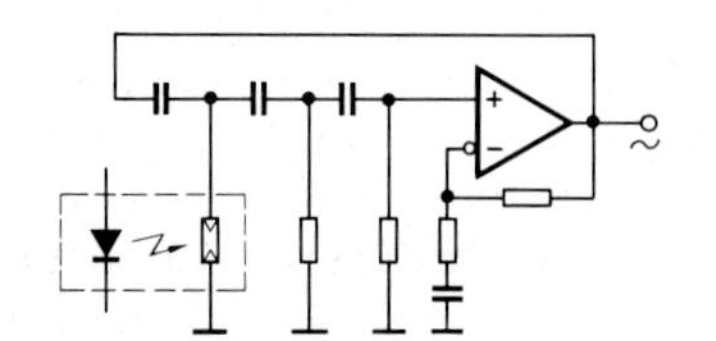
Abb. 8.3.3 Prinzipschaltung für die Frequenzwobbelung eines Nf-Generators bei Verwendung eines Optokopplers

proportional zur Lichtintensität ist, ist der Widerstand annähernd umgekehrt proportional zum LED-Strom, was beim Schaltungsentwurf stets berücksichtigt werden muß.

Für eigene Versuche wurden derartige Koppler hergestellt mit Fotowiderständen im modifizierten TO-18-Gehäuse, deren Anschlüsse vom Gehäuse isoliert sind. Man benötigt lediglich ein Stückchen Messingrohr von 5 mm lichter Weite, in das am einen Ende der FW, am anderen eine LED eingekittet wird. Zur Erzielung eines guten Wirkungsgrades kann die Linse der LED das Fenster des FW berühren. Das Metallröhrchen erhält einen Anschlußdraht zur Erdung. Gute Erfolge wurden bereits erzielt mit billigen Miniatur-LED's (MV 50), deren Anschlußfahnen mit einer einfachen Vorrichtung nahe an der Linse nach hinten geknickt und danach durch zwei Schlitze in einem Isolierplättchen von 5 mm Ø gesteckt wurden; das Isolierplättchen mit der LED wurde in das Röhrchen geschoben, und ein Tropfen mit schwarzem Farbpulver angerührten Araldits (Uhu-plus) wurde dahinter gestrichen als Abdichtung und Halterung. Diese Anordnung ergab Widerstandswerte in der Größenordnung von 5 kΩ bei 2,5 mA LED-Strom. Es werden jetzt auch LED's im TO 18-Maß (4,9 mm Ø) angeboten.

Anwendungsbeispiele

Abb. 8.3.1 zeigt im Prinzip zwei Möglichkeiten, mittels eines Optokopplers die Verstärkung fern-einzustellen; bei a nimmt die Ausgangsamplitude mit steigendem LED-Strom ab, bei b hingegen zu.

Schickt man in einer Schaltung nach Abb. 8.3.1b einen Gleichstrom mit überlagerter Sinusamplitude durch die LED, erhält man ein sinusförmiges Tremolo (Amplituden-Modulation) für elektronische Musikinstrumente (oft fälschlicherweise als Vibrato bezeichnet). Für die hierbei übliche Überlagererfrequenz von 6...7 Hz ist die Trägheit des FW noch ohne Bedeutung. Daß die Sinusform erhalten wird, erkennt man rasch aus der Formel für die Verstärkung

$$\frac{U_2}{U_1} = \frac{R1}{R2}$$

und der Übertragungsgleichung des Optokopplers $R\,2 \approx k/i$. Setzt man diesen Ausdruck in die erste Gleichung ein, ergibt sich

$$\frac{U_2}{U_1} \approx \frac{i \cdot R1}{k}$$

Wenn also z.B. $i = i_0 + i_1 \sin\omega t$; ($i_1 < i_0$) ist, so ist

$$\frac{U_2}{U_1} = \frac{i_0\, R1}{k} + \frac{i_1\, R1 \sin\omega t}{k}$$

In der Schaltung nach Abb. 8.3.1a würde die Verstärkung nicht ein Abbild der Funktion des LED-Stromes sein, sondern deren Kehrwert.

Abb. 8.3.2 zeigt eine Anwendung des Optokopplers zur automatischen Amplitudenregelung in einem Batteriegerät (Megafon). Die Dimensionierung ist für den geregelten Zwischenverstärker und den integrierenden LED-Treiber angegeben; der Endverstärker ist nur angedeutet, da sein spezieller Aufbau für die Regelung unerheblich ist. R 1 kann variiert werden, wenn eine andere Maximalverstärkung (bei dunkler LED) gewünscht ist. Der zu R 1 gehörende Kondensator ist entsprechend der tiefsten Übertragungsfrequenz zu dimensionieren. R 2 muß eventuell der gegebenen Empfindlichkeit des Optokopplers angepaßt werden (bei 4,7 kΩ beträgt der LED-Strom maximal etwa 2 mA). Die Regelung spricht rasch an, weil der Integrierkondensator über die Diode D rasch aufgeladen wird; die Regelung geht jedoch langsam zurück, wenn die Amplitude wieder geringer wird. Die Unsymmetrie der Bias-Spannungsteiler des Integrators bestimmt, bei welcher Amplitude am Lautsprecher die Regelung einsetzen soll. Der nichtinvertierende Eingang hat eine etwas höhere Bias-Spannung als der invertierende, so daß die LED dunkelgesteuert ist, solange die Spannung am Endverstärker negativer ist als die am Spannungsteiler (+ Kniespannung der Diode D).

In *Abb. 8.3.3* ist gezeigt, wie die Frequenz eines Nf-Generators mit dem Optokoppler gewobbelt werden kann, wenn die LED mit einem sinusüberlagerten Gleichstrom betrieben wird. Auch Rechteck- und Dreieckgeneratoren lassen sich mit dem beschriebenen Koppler leicht frequenzmodulieren.

Dr. Winfried Wisotzky

9 Stromversorgungsschaltungen

9.1 Batterieladegerät mit Stromstabilisierung

Mit der in *Abb. 9.1.1* gezeigten Schaltung können NiCd-Akkumulatoren oder kleinere Bleiakkumulatoren mit einer Kapazität bis etwa 1000 mAh sowohl einzeln als auch in verschiedenen Kombinationen in Reihenschaltung geladen werden. Der Strom beträgt dabei konstant etwa 50 mA.

Um die anfallende Verlustleistung in Grenzen zu halten, wird eine Drossel mit Freilaufdiode so beschaltet, daß sie durch einen Transistor an die Versorgungsspannung von etwa 40 V gelegt wird, bis ein Maximalstrom von etwa 70 mA erreicht ist. Danach schaltet der Transistor ab und der Strom fließt durch die Freilaufdiode weiter, bis ein unterer Grenzwert von etwa 30 mA erreicht wird. Dann schaltet der Transistor wieder ein usw.

Die Regelung funktioniert wie folgt:
T3 und T4 sind als bistabile Kippstufe geschaltet. Im Einschaltmoment wird T2 leitend und sperrt T4. Das hat zur Folge, daß sowohl T3 als auch T6 leitend werden. T6 schaltet T7 ein und dieser beginnt die Drossel zu "laden". In dieser steigt der Strom nun so lange an, bis an R1 soviel Spannung abfällt, daß T5 in den leitenden Zustand übergeht. Dadurch kippt die bistabile Kippstufe und T6 und T7 sperren. Durch die Freilaufdiode fließt der Strom noch weiter, verringert sich aber stetig. Wird der Spannungsabfall an R1 und R2 zu gering,

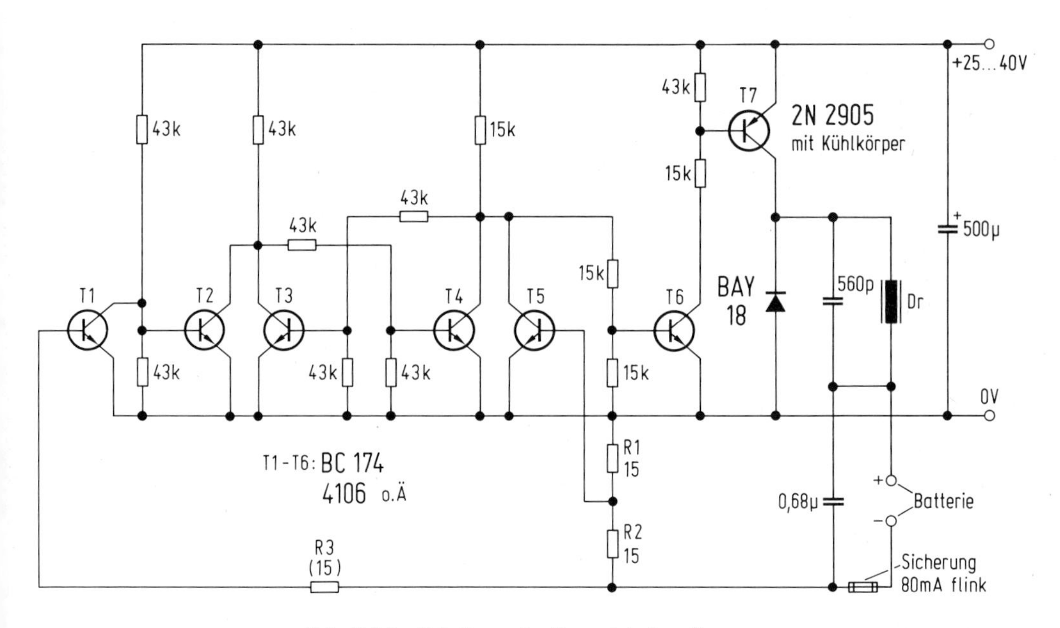

Abb. 9.1.1 Schaltung des Batterieladegerätes

so sperrt T1, T2 wird leitend, die bistabile Kippstufe kippt erneut und das Spiel beginnt von neuem.

Die mittlere Stromstärke kann durch Ändern von R1, R2 und R3 eingestellt werden. Die Werte in Klammern gelten für 50 mA. R3 ist nötig, um zu verhindern, daß der Basisstrom an T1, der fast dauernd fließt, zu groß wird.

Die Schaltung arbeitet bei Kurzschluß der Ladebuchsen ab etwa 10 V mit 50 mA Kurzschlußstrom, der sich bis zum Höchstwert der Versorgungsspannung von etwa 40 V (je nach zulässiger Spannung für die Transistoren) nur sehr gering ändert. Außerdem sollte die geglättete Versorgungsspannung mindestens 8 V höher sein als die Ladeendspannung des Akkumulators, um ein sicheres Schwingen der Schaltung und damit einen konstanten Strom zu erreichen.

Die Wickeldaten der Drossel sind unkritisch, sie bestimmen lediglich die Arbeitsfrequenz, die bei einigen kHz liegt. Es genügen etwa 300 Windungen 0,2-mm-Kupferlackdraht auf einer Ferritdrossel. Die Schaltung ist zwar absolut dauerkurzschlußfest, aber wegen der Freilaufdiode leider nicht verpolungssicher, so daß sie durch eine Sicherung geschützt werden sollte. Eventuell genügt auch ein Lämpchen mit etwa 70 mA Stromaufnahme, das mit der Drossel in Reihe geschaltet wird. Es kann dann gleichzeitig als Ladekontrollampe dienen.

Herbert Wünstel

Literatur

Meinhold, H.: Schaltungen der Elektronik. 3. Aufl., Verlag Dr. A. Hüthig, Heidelberg.

9.2 Spannungsregler mit Differenzverstärker

Funktion

Der in *Abb. 9.2.1* gezeigte Spannungsregler, hauptsächlich für digitale IC-Schaltungen konzipiert, ist mit relativ wenig Bauteilen aufgebaut; trotzdem hat er einige wichtige Eigenschaften. So kann der Spannungsunterschied zwischen Ein- und Ausgang bis auf 0,2 V heruntergehen, ohne wesentlichen Einfluß auf den Ausgang bei 1 A Belastung. Gegen Überlast und Kurzschluß ist der Regler gesichert (auch während des Betriebes). Ein besonderes Merkmal ist die geringe Stromaufnahme bei Kurzschluß. Der Kollektor des Längsregeltransistors liegt auf Masse, dadurch kann man je nach Geräteaufbau auf die Isolierung verzichten und hat zudem einen niedrigeren Wärmewiderstand. Durch die Rückwärtsreglung und den Betrieb der Z-Diode an stabilisierter Spannung erreicht man zudem recht gute Regeleigenschaften. Die Kennlinien zeigt *Abb. 9.2.2.*

Nachteilig bei dieser Schaltung ist, daß eine Überbelastung (durch P1 einstellbar), die noch kein Kurzschluß ist, die Ausgangsspannung zwar sinken läßt, aber zum Abschalten nicht ausreicht. Als Gegenmaßnahme, die dann einen vollkommenen thermischen Schutz bietet, kann man durch Einfügen eines Heißleiters, des Potentiometers P 2 und des Transistors T 5 ein Abschalten des Regeltransistors T 4 erreichen. Dazu muß der Heißleiter im thermischen Kontakt zu T 4 stehen. Die Widerstandswerte des Heißleiters (bei der gewünschten Abschalttemperatur) und des Trimmers P 2 (Mittelwert) müssen im gleichen Verhältnis wie R 1 und R 2 stehen. Mit dem Trimmer stellt man dann im Probelauf die Abschalttemperatur ein.

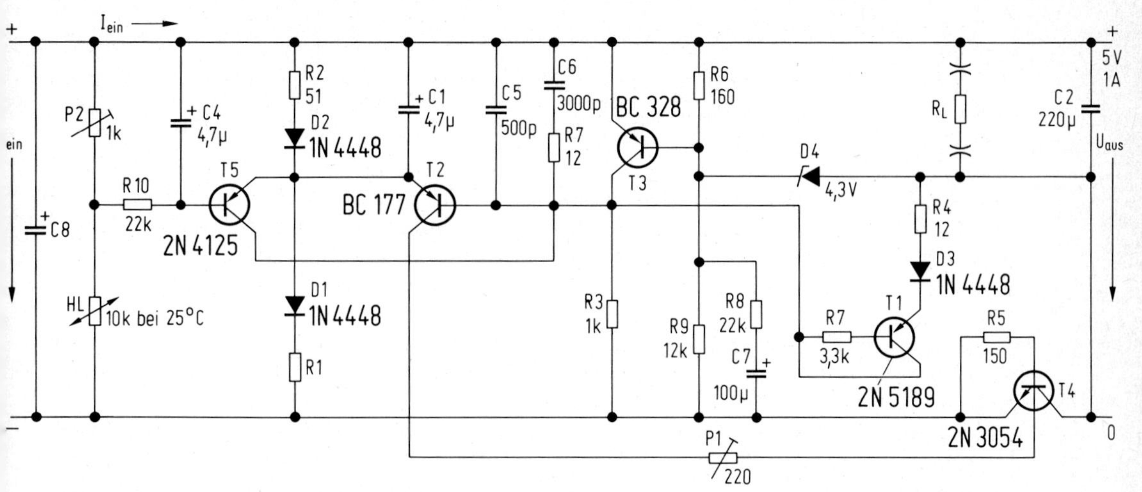

Abb. 9.2.1 Schaltung des Spannungsreglers: Der Heißleiter HL und T 4 sind in thermischem Kontakt; D 2, T 2, T 1 und D 3 sind in thermischem Kontakt

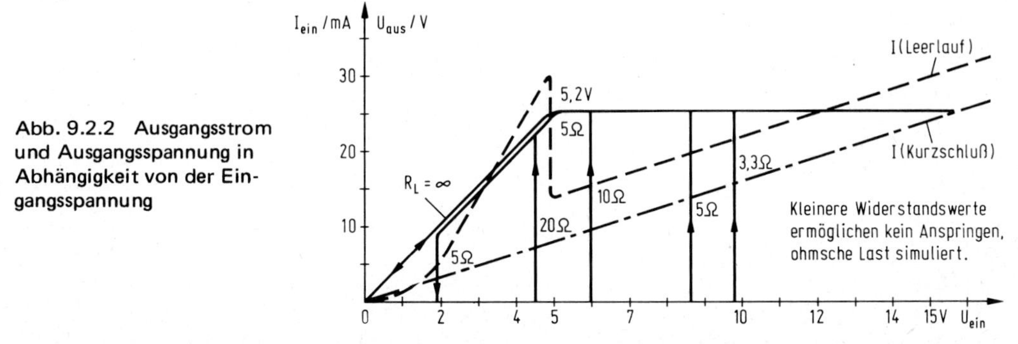

Abb. 9.2.2 Ausgangsstrom und Ausgangsspannung in Abhängigkeit von der Eingangsspannung

R 10 und C 4 sollen Schwingungen unterbinden. Wird bei längerer Überlastung der Regeltransistor heiß, so wird mit kleiner werdendem Widerstand des Heißleiters der Transistor T 5 allmählich leitend. Da zur Aussteuerung des Regeltransistors T 4 durch T 2 ein Strom fließt, der einen zusätzlichen Spannungsabfall an R 2 verursacht, liegt das Potential am Emitter von T 2 niedriger als es nach der Spannungsteilerformel wäre. Wenn nun T 5 T 2 den Basisstrom wegnimmt, so nimmt auch der Kollektorstrom von T 2 ab. Dadurch wird das Potential am Emitter von T 2 (bzw. T 5) höher und T 5 wird voll leitend. T 2 sperrt und die Spannung am Ausgang bricht schlagartig zusammen. Da die Eingangsspannung bei Lastverringerung steigt, das Potential vom Emitter von T 5 und C 1 aber kurzzeitig festliegt, wird der Kippeffekt noch verstärkt.

Kühlt nun der Regler ab und ist wieder normale Last vorhanden, so wird T 5 allmählich gesperrt. T 2 wird über den Spannungsabfall von R_L + R 4 wieder leitend und der Regler schaltet durch den Kippeffekt wieder ein.

Dimensionierung

Die Widerstände R 1, R 2, R 3 und R 4, Transistor T1 und R_L bilden eine Art Brücke. Das Spannungsteilerverhältnis R 1/R 2 sollte einige Prozent kleiner sein als das von R 3 /(R 4 +

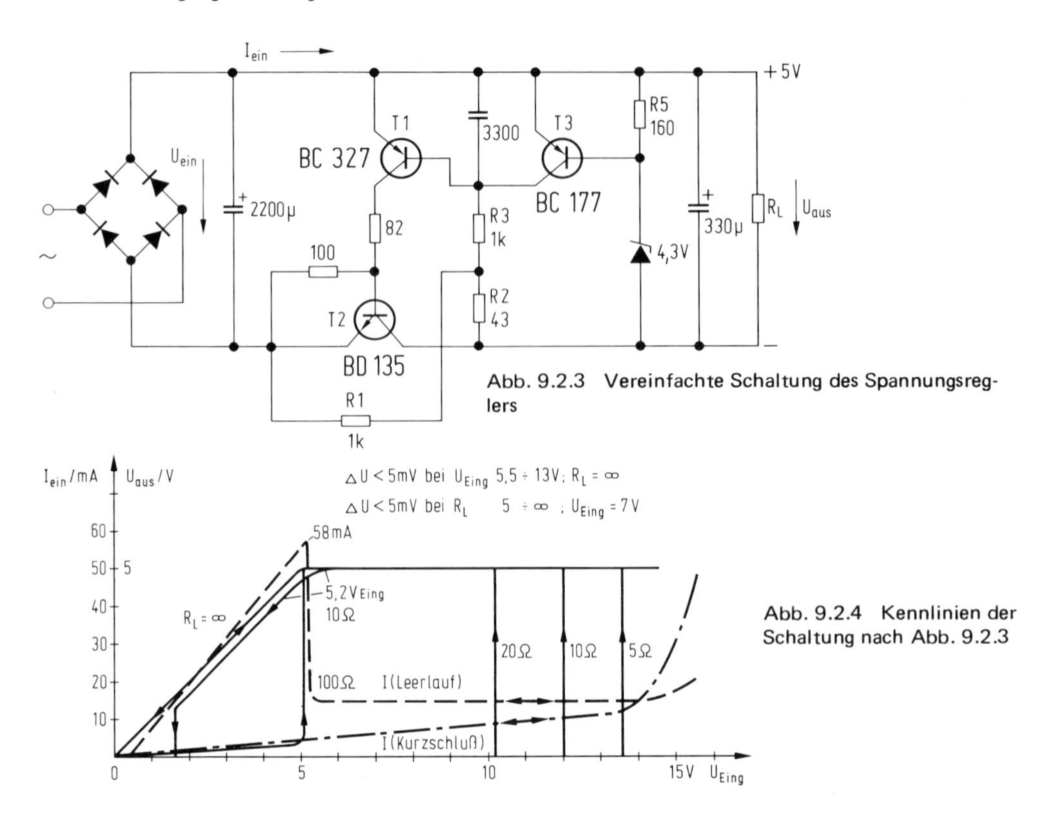

Abb. 9.2.3 Vereinfachte Schaltung des Spannungsreglers

Abb. 9.2.4 Kennlinien der Schaltung nach Abb. 9.2.3

R_L), damit auch bei höheren Eingangsspannungen ein sicherer Kurzschlußschutz gewährleistet ist. R 4 ist so zu bemessen, daß bei maximaler Eingangsspannung der zulässige Basisstrom von T 2 nicht überschritten wird. Ferner gilt, daß $R_{P1} + R\,2 \,||\, R\,1$ den Strom bei größter Eingangsspannung auf den zulässigen Kollektorstrom von T 2 begrenzen. Parallel dazu stellt man ja mit P 1 den maximalen Laststrom bei minimaler Eingangsspannung ein. Vorteilhaft ist hier, einen Leistungstransistor mit guter Verstärkung zu verwenden. Falls bei hohen Strömen ein Transistor nicht ausreicht, kann man einen Darlington-Transistor oder zwei Trnasistoren in Darlingtonschaltung verwenden. Allerdings bedingt dies einen höheren Spannungsabfall über dem Regler. Es ist zu beachten, daß bei maximaler Eingangsspannung, die ja dann einen größeren Laststrom zuläßt, der zulässige Kollektorstrom nicht überschritten wird (zulässige Verlustleistung beachten!).

Als Richtwert für die Kondensatoren gilt $C\,1 \leqq C\,2 \dfrac{(R\,3 + R\,4) \,||\, R_{Lmin}}{R\,1 \,||\, R\,2}$. Wichtig dabei ist noch, daß die Schwellspannung U_{BE} von T 2 $\leqq$ der Durchlaßspannung von T 1 ist. Weiterhin sollte T 1 im thermischen Kontakt mit T 2 stehen, wobei der Wärmewiderstand von T 2 wegen der größeren Verlustleistung kleiner sein sollte. Da Dual-Transistoren teuer sind, wurden bei T 2 ein TO-18-Gehäuse und bei T 1 ein RO-110-Gehäuse (Plastik-Rundgehäuse) verwendet, die in einen gemeinsamen Kühlklotz eingeklebt wurden. Durch den Widerstand R 1 kann man die "Durchlaßspannung" von T 1 geringfügig ändern. Trotzdem sollten die Transistoren T 1 und T 2 vorher ausgemessen werden, um große Exemplarstreuungen auszuschalten.

Wenn die gewünschte Ausgangsspannung kleiner als die Basis-Emitter-Sperrspannung (ca. 6 V) ist, kann man die Dioden D 3 und D 4 weglassen. C 5, R 7 und C 6 verhindern Schwingungen und sollen so klein wie möglich sein. Den Einfluß der Eingangsspannung und der Welligkeit kann man durch R 8, C 7 und R 9 kompensieren.

Die Güte des Reglers hängt letztlich von der Z-Diode und dem Transistor T 3 ab. Neben einem „steilen" Kennlinienknick von U_{BE}/I_C (natürlich gilt dies auch für die Z-Diode) sollte T 3 noch eine geringe Spannungsrückwirkung haben.

Vereinfachte Schaltung

Bei geringeren Ansprüchen an das Anspringen des Reglers und bei nicht zu großem Spannungsunterschied zwischen Ein- und Ausgang ist nachfolgend eine noch billigere Schaltung beschrieben *(Abb. 9.2.3).* Sie bietet in etwa die gleichen Vorzüge wie die vorher beschriebene, allerdings mit gewissen Einschränkungen, und zwar ist der Temperatureinfluß der Schwellenspannung von T 1 nicht kompensiert. Bei Leerlauf und zu großer Eingangsspannung steigt die Ausgangsspannung. Ebenfalls ist die Kurzschlußfestigkeit bei zu großer Eingangsspannung unwirksam. Die thermische Sicherung fehlt. Die Kennlinien zeigt *Abb. 9.2.4.*

Fritz Seiffert

9.3 Gepuffertes Netzteil mit Akkuladesteuerung

Sollen netzbetriebene elektronische Geräte auch bei Netzausfall unterbrechungslos weiterversorgt werden, so benötigt man:

- ein Netzteil zur Gewinnung der Versorgungsspannung aus dem Netz,
- einen Akkumulator, der die Energie bei Netzausfall liefert,
- eine automatische Umschaltung,
- ein Ladegerät, um den Akkumulator wieder aufzuladen.

Wird ein NC-Akkumulator (zur Ladungserhaltung) ständig geladen, so muß eine Bauform mit Sinterelektroden gewählt werden. Der Dauerladestrom darf hierbei maximal $1/3 \times I_{10}$ betragen. Bei diesem Strom betrüge die Zeit für eine vollständige Aufladung jedoch etwa 45 h. Um eine schnelle Einsatzbereitschaft wiederzuerlangen, muß ein hoher Ladestrom gewählt werden. Eine Schnelladung ist jedoch mit einem Risiko verbunden, da der Akkumulator leicht überladen und dadurch beschädigt werden kann. Die Klemmenspannung ist von mehreren Parametern abhängig und läßt keinen Rückschluß auf den Ladezustand zu. Ist der Stromverbrauch der netzausfallgeschützten Schaltung ziemlich konstant (z.B. RAM im "stand by"-Betrieb), so kann die in *Abb. 9.3.1* gezeigte Schaltung als gepuffertes Netzteil verwendet werden, das den Akkumulator nicht überlädt.

Funktionsprinzip

Die ausfallgesicherte Spannung U_L wird von einem Regler auf 5 V stabilisiert. Die Eingangsspannung des Reglers liefert entweder das Netz oder der Akkumulator. Zur Ladungserhaltung wird dieser aus einer umschaltbaren Konstantstromquelle ständig mit $1/3 \times I_{10}$ geladen. Während eines Netzausfalls zählt ein Zähler die von einem Taktgeber gelieferten Impulse. Der Zählerstand ist also ein Maß für die Dauer des Netzausfalls. Kehrt die Netzspannung zurück, so wird die Zählrichtung umgeschaltet. Während der Zeit des Abwärtszählens

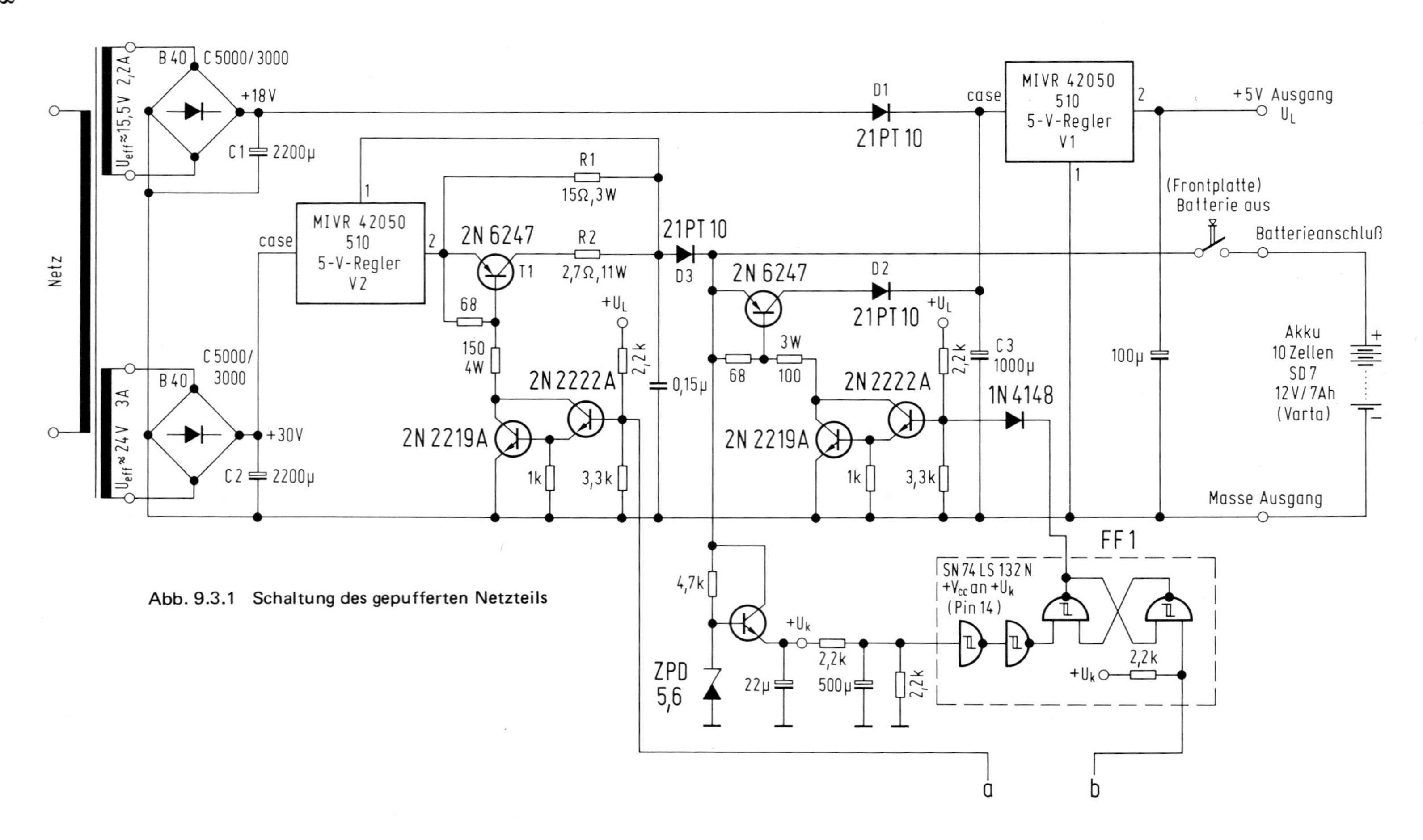

Abb. 9.3.1 Schaltung des gepufferten Netzteils

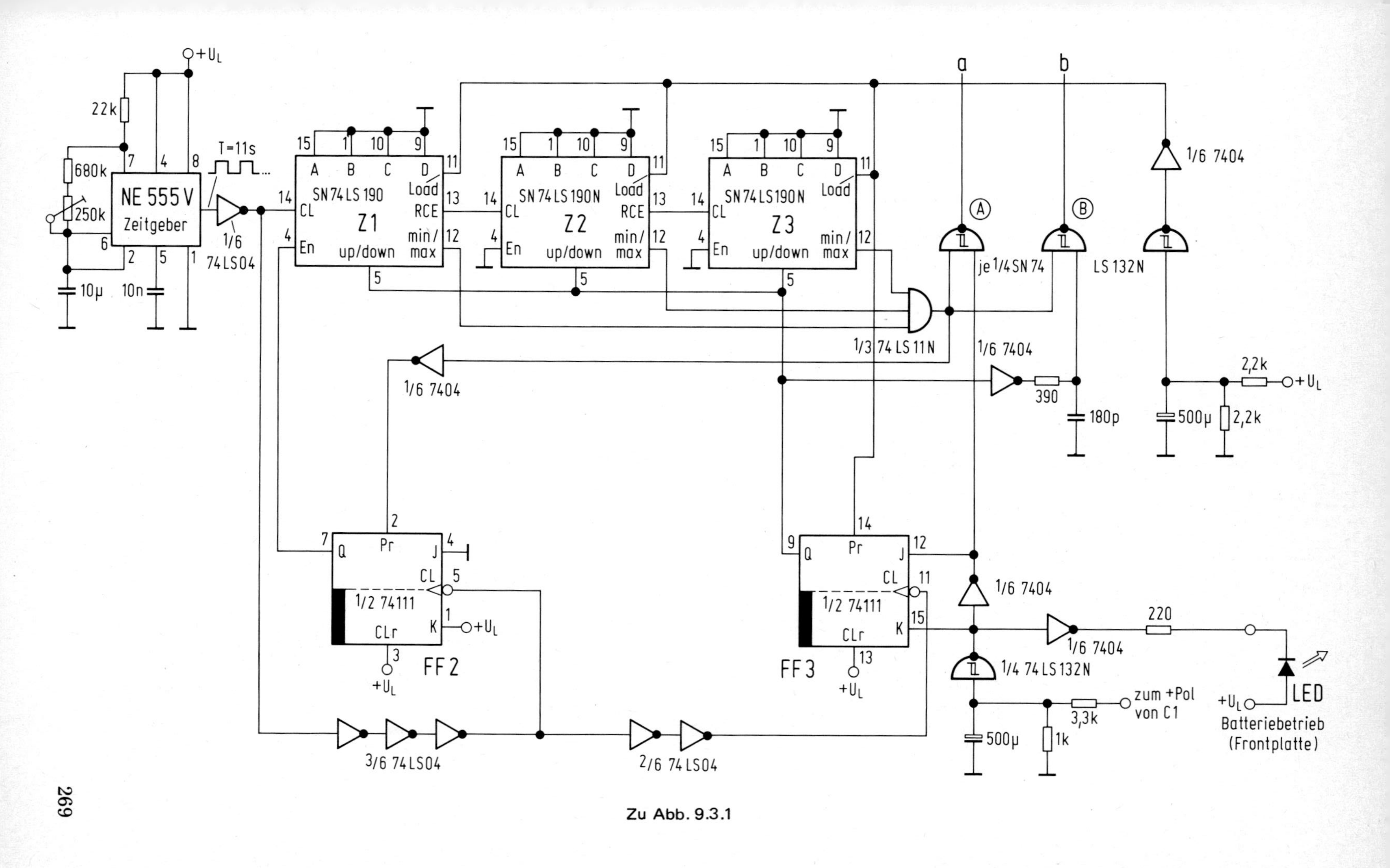
+U_L
22k
680k
250k
NE 555V
Zeitgeber
10µ
10n
T=11s
1/6 74LS04
SN74LS190
Z1
SN74LS190N
Z2
SN74LS190N
Z3
A B C D
Load
RCE
min/max
up/down
CL
En
a
b
A
B
je 1/4 SN74
LS132N
1/3 74LS11N
1/6 7404
390
180p
2,2k
2,2k
500µ
Pr
J
CL
K
CLr
Q
1/2 74111
FF2
FF3
220
LED
+U_L Batteriebetrieb (Frontplatte)
1/4 74LS132N
zum +Pol von C1
3,3k
1k
500µ
3/6 74LS04
2/6 74LS04

Zu Abb. 9.3.1

bis null wird die Konstantstromquelle auf einen hohen Ladestrom umgeschaltet. Der Ladefaktor eines Akkumulators beträgt, 1,4, d.h. zur vollständigen Aufladung muß das 1,4-fache der vorher entnommenen Ladung wieder zugeführt werden. Da die Schaltung die Dauer der Schnelladung gleich der Dauer der vorherigen Entladung setzt, muß der Ladestrom das 1,4-fache des Entladestromes betragen. So ist der Akkumulator in kürzester Zeit wieder voll einsatzbereit, ohne daß er überladen wird. Eine automatische Selbstabschaltung trennt ihn bei längerem Netzausfall von der Versorgungsschaltung und schützt ihn vor einer Tiefentladung. Die Abschaltung beginnt beim Erreichen des höchstmöglichen Zählerstandes.

Technische Daten

Ausgangsspannung	: U_L = + 5 V stabilisiert
Ausgangsstrom	: 1,2 A
Ladestrom	: 2 A konstant bis zur vollständigen Ladung 0,2 A konstant zur Ladungserhaltung
Abschaltautomatik	: etwa nach 3stündigem Netzausfall

Schaltungsbeschreibung

Bei Inbetriebnahme der Schaltung (Netz ein, Batterieschalter ein) werden Stellimpulse ausgelöst, die das Flipflop FF 1 setzen (Q = H). Dadurch ist T 2 durchgeschaltet. Da die Spannung an C 1 größer als die Spannung des Akkumulators ist, leitet D 1 und D 2 sperrt. Der Regler V 1 wird vom Netz versorgt. Durch einen Stellimpuls sind auch die Zähler Z 1...Z 3 auf null gestellt worden. FF 3 ist ebenfalls gesetzt worden (Q = H), und die Zählrichtung ist abwärts. Der H-Pegel an den Min-/Max-Ausgängen setzt FF 2 und sperrt es (Q = H); daher ist der Zähler gesperrt. Fällt die Netzspannung aus, sinkt die Spannung an C 1 ab. Unterschreitet die Spannung die des Akkumulators, wird D 2 leitend und D 1 sperrt. Jetzt versorgt der Akkumulator den Regler V 1, es tritt keine Spannungsunterbrechung auf. Da der Pegel an den „up-/down"- und „enable"-Eingängen der Zähler 74 LS 190 N nur bei H-Pegel am Takteingang geändert werden darf, muß der Zeitpunkt des Netzausfalls bzw. der Netz-Wiederkehr mit dem Taktimpuls synchronisiert werden. Dazu dienen FF 3 und FF 2. Dieser Zeitpunkt wird durch die Spannung an C 1 erfaßt, sie schaltet die Vorbereitungseingänge von FF 3. Die nächste Taktflanke schaltet FF 3, die Zählrichtung ist aufwärts. Dadurch werden die Min-/Max-Ausgänge L und FF 2 ist freigegeben. Einen Takt später schaltet FF 2 und gibt den Zähler frei. Der dritte Taktimpuls nach dem Netzausfall schaltet den Zähler auf 001. Bei Netzwiederkehr schaltet mit dem darauffolgenden Takt FF 3 auf Q = H, d.h. Zählrichtung abwärts. Bei null angekommen werden die Min-/Max-Ausgänge H und FF 2 wird gesetzt. Der Zähler ist nun gesperrt. Solange die Zähler von null entfernt sind, liegt Punkt A auf H-Pegel. T 1 ist durchgeschaltet und, wenn das Netz zurückkommt, kann der als Konstantstromquelle geschaltete 5-V-Regler V 2 den hohen Ladestrom über D 3 dem Akkumulator zuführen. Ist der Zähler auf null, so sperrt T 2, und der Akkumulator wird mit 210 mA geladen. Weitere 120 mA dienen der Durchschaltung von T 2. Erreicht der Zähler bei längerem Netzausfall den Wert 999, werden die Min-/Max-Ausgänge H; da Q von FF 3 noch L ist, führt Punkt B L-Pegel. FF 1 schaltet ab und T 2 sperrt. Der Akkumulator ist jetzt abgetrennt.

Die Schaltung führt dem Akkumulator immer nur die zuvor entnommene Ladung zu. Soll die Schaltung sofort nach Inbetriebnahme einsatzfähig sein, muß ein geladener Akku zur Verfügung stehen. Andernfalls muß die Netzspannung für etwa 45 h die Aufladung übernehmen. Die Versorgung der Schaltungselektronik muß natürlich durch die ausfallgesicherte Spannung erfolgen: Eigenverbrauch ca. 220 mA. Das Flipflop FF 1 wird über eine einfache

Stabilisierung direkt aus dem Akkumulator gespeist. Das ist wegen der automatischen Abschaltung erforderlich.

Ernst Fleitz

9.4 Strom-Spannungs-Konstanter mit rechtwinkliger Kennlinie

Abb. 9.4.1 zeigt einen Strom-Spannungs-Konstanter, dessen Kennlinie annähernd rechtwinklig ist, d.h. bis zu einer gewissen Belastung wird eine konstante Spannung, danach ein konstanter Strom geliefert.

Im Bereich der Spannungsstabilisierung vergleicht IC 1 die Ausgangs- mit der Bezugsspannung U_{Bez} und steuert bei einer Differenz die Transistoren T 1...T 3 an, bis diese Differenz null wird. Die Ausgangsspannung U_{aus} wird mit P2 und P3 eingestellt. U_{Bez} wird von der Schaltung in *Abb. 9.4.2* erzeugt.

Im Bereich der Stromstabilisierung vergleicht IC 2 über den Spannungsabfall an R7 den Ausgangsstrom I_{aus} mit einer Referenzspannung, die durch R2, R5 und P4 eingestellt wird. Sobald der Spannungsabfall an R7 größer wird als die Referenzspannung, wird T 4 aufgesteuert, der P2 und P3 überbrückt. U_{aus} wird daraufhin soweit verringert, bis die Referenzspannung und die Spannung an R7 gleich sind, d.h. I_{aus} wird konstant gehalten.

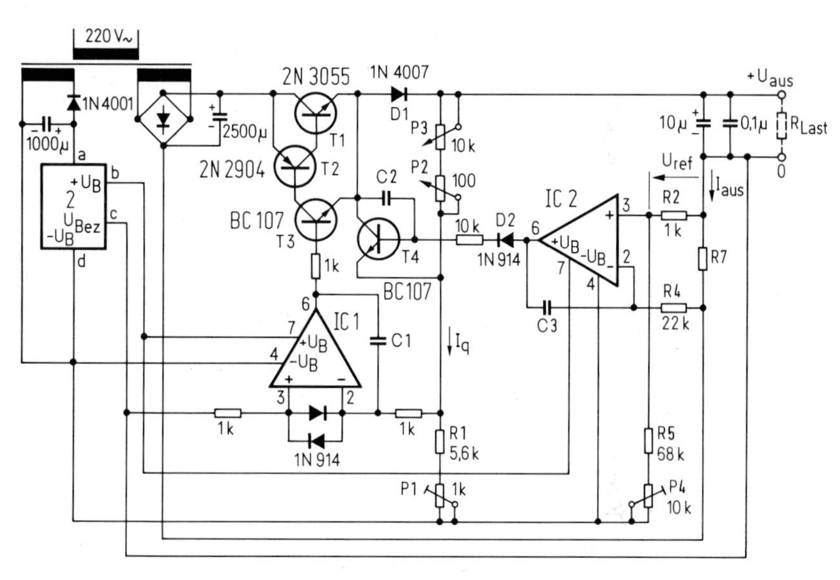

Abb. 9.4.1 Schaltung des Strom-Spannungs-Konstanters. Werte des Gerätes: Innenwiderstand bei Spannungsstabilisierung: 5 mΩ; Innenwiderstand bei Stromstabiliserung: 20 kΩ; Rauschen + Brumm: 10 mV (Spitze-Spitze)

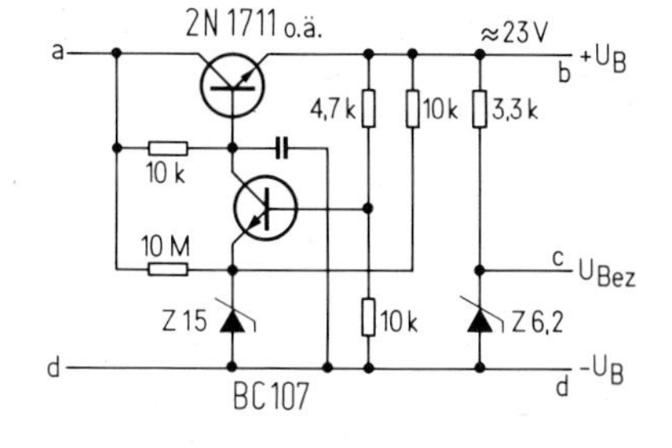

Abb. 9.4.2 Erzeugung der Versorgungsspannungen für die ICs und der Hilfsspannungs U_{Bez}

I_q sollte so bemessen sein, daß er größer ist (mindestens 1 mA) als die Restströme von T 1...T 3, andernfalls läßt sich die Ausgangsspannung bei hochohmiger Last nicht auf null regeln:

$$I_q = \frac{U_{Bez}}{R_{P1} + R1}$$

Bei der angegebenen Dimensionierung wird U_{ref} etwa 100 mV:

$$U_{ref} = U_{Bez} \frac{R2}{R_{P4} + R2 + R5}$$

Der durch den Spannungsteiler fließende Strom von etwa 0,1 mA reicht beim Operationsverstärker µA 741 aus.

I_{aus} wird von R7 bestimmt: $I_{aus} \approx \frac{U_{ref}}{R7}$.

Zu beachten bei kleinen Strömen ist, daß sich der Strom durch R7 aus Ausgangsstrom und I_q zusammensetzt.

C1...C3, die zur Unterdrückung von Schwingungen dienen, sollen Werte zwischen 10 und 100 nF haben. Die Diode D 1 schützt die Schaltung vor Spannungsspitzen am Ausgang und ermöglicht die Verwendung eines Transistors für die Überbrückung von P2 und P3.

Jürgen Marek

9.5 Einfaches kurzschlußsicheres Netzteil

Mit wenigen Bauteilen läßt sich ein kurzschlußsicheres Netzteil aufbauen, das nach Entfernen des Kurzschlusses sofort wieder die volle Leistung liefert *(Abb. 9.5.1).* Der Widerstand R 1 berechnet sich zu

$$R\,1 = \frac{U_{ein} - U_Z}{I_Z}$$

Bei normaler Belastung fließt der gesamte Strom I_Z durch die Z-Diode, da die Diode D 1 gesperrt ist (Basisstrom von T 2 vernachlässigt). Ist der Ausgang kurzgeschlossen, wird die Diode D 1 leitend, T 2 bekommt keinen Basisstrom mehr und T 1 sperrt. Am Ausgang fließt lediglich der durch R 1 begrenzte Strom I_Z.

Consulting-Ing. Earl Lagergren

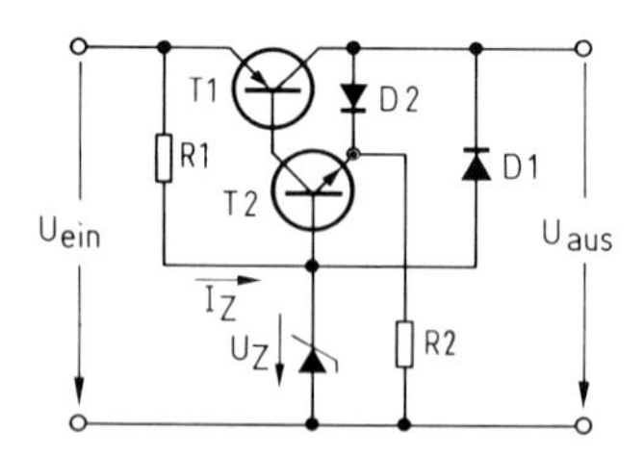

Abb. 9.5.1 Schaltung des einfachen, kurzschlußsicheren Netzteils

9.6 Hochwertiges Netzgerät

Die Referenzspannungsquelle ist neben dem Regelverstärker die wichtigste Baugruppe einer stabilisierten Versorgung: sie soll von Last-, Temperatur- und Betriebsspannungsschwankungen unbeeinflußt bleiben. Um den Temperatureinfluß klein zu halten, muß man eine entsprechende Z-Diode wählen. Solche Referenzdioden kosten bis zu 100 DM. Für die hier geforderte Stabilität genügen jedoch preiswerte Dioden, etwa der Typ ZTK 6,8 für ca. 3 DM. Last- und Versorgungsschwankungen lassen sich auf extrem kleine Werte drücken, wenn man die Z-Diode mit einem Operationsverstärker puffert. Die hohe Verstärkung und die hohe Gleichtaktunterdrückung ergeben zusammen mit einer Z-Diode im Rückkopplungszweig eine äußerst stabile Referenzspannungsquelle *(Abb. 9.6.1).*

Um die Unempfindlichkeit des Operationsverstärkers gegenüber Betriebsspannungsschwankungen zu nutzen, wird die Spannung für die Z-Diode durch die von R1 und R2 gebildete positive Rückkopplung abgeleitet. Das schadet nicht, weil die negative Rückkopplung überwiegt.

Der positive Rückkopplungsfaktor ist $k_p = \frac{R2}{R1 + R2}$ und immer kleiner als 1. Der negative Rückkopplungsfaktor ist $k_N = \frac{R3}{R3 + r_z}$.

Da r_z klein gegenüber R3 ist, wird k_N annähernd 1, und k_N ist größer als k_p.
Die Differenz-Eingangsspannung des Operationsverstärkers ist gegeben durch

$$U_E = k_p \cdot U_A - (U_A - U_Z) \cdot k_N$$

Mit $U_A = A \cdot U_E$ bekommt man $U_A = A\,[k_p \cdot U_A - (U_A - U_Z) \cdot k_N]$ und

$$U_A = \frac{U_Z \cdot k_N}{1/A - (k_p - k_N)} \quad \text{mit } A = \text{Verstärkung des Operationsverstärkers.}$$

Wegen $A \gg 1$, $k_N \approx 1$ und $k_N > k_p$ gilt

$$U_A = \frac{U_Z}{1 - k_p} \quad \text{und} \quad U_A = U_Z\left(1 + \frac{R2}{R1}\right).$$

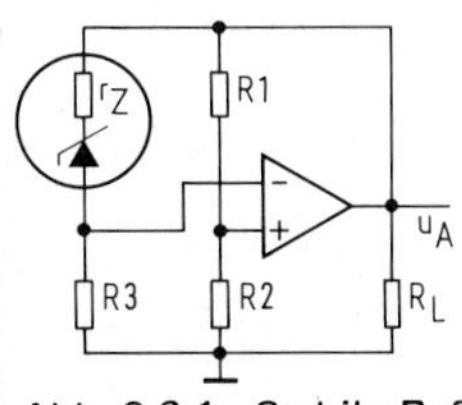

Abb. 9.6.1 Stabile Referenzspannungsquelle mit Operationsverstärker

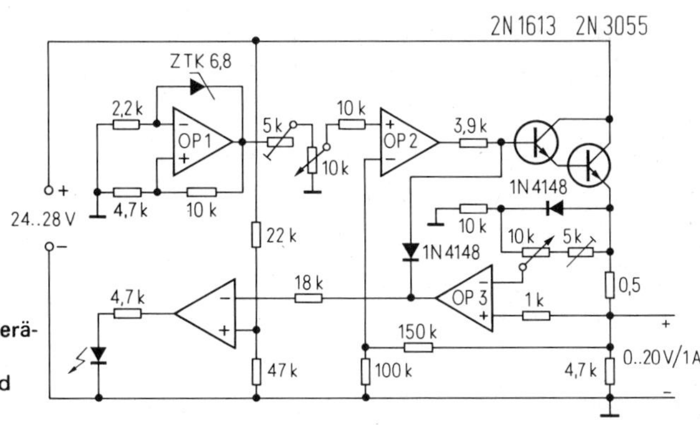

Abb. 9.6.2 Schaltung des Netzgerätes: Die Widerstände 2,2 kΩ und 4,7 kΩ am Eingang von OP 1 sind Metallfilmwiderstände

Der Lastregelfaktor k_R kann geschrieben werden als $k_R = \frac{r_A}{R_L \cdot A\,(k_N - k_p)}$

mit r_A = Ausgangsimpedanz des Operationsverstärkers und R_L = Lastwiderstand.

Die Schaltung liefert also eine ausgezeichnete Referenzspannung; abhängig von den verwendeten Bauteilen (Metallfilmwiderstände) läßt sich eine Regelung bis zu 0,001 % erreichen.

Wenn der Ausgangsspannungsbereich des Versorgungsgerätes von 0 V an einstellbar sein soll, braucht man normalerweise für den Verstärker zwei Betriebsspannungen und damit zwei Sekundärwicklungen auf dem Transformator. Nun gibt es aber einen Operationsverstärker, der nur eine Betriebsspannung benötigt und dessen Ausgang trotzdem den gesamten Spannungsbereich von 0 V an überstreicht. Bei dem Typ LM 324 N sind gleich vier solcher Verstärker in einem DIL-Gehäuse untergebracht. Mit diesem Bauteil läßt sich ein Versorgungsgerät aufbauen, dessen Ausgangsspannung von 0 V an einstellbar ist *(Abb. 9.6.2)*.

Mit dem ersten Operationsverstärker wird die Referenzspannung erzeugt; der zweite arbeitet als Regelverstärker und der dritte dient als Komparator. Wenn der Spannungsabfall am 0,5-Ω-Widerstand überwiegt, wird die Diode leitend, und die Ausgangsspannung sinkt. Damit kann also der Ausgangsstrom begrenzt werden. Der vierte Operationsverstärker wird zur Ansteuerung einer Leuchtdiode herangezogen, die beim Einsetzen der Strombegrenzung leuchtet.

Die Schaltung funktioniert völlig einwandfrei und ist absolut nachbausicher. Es besteht lediglich die Einschränkung, daß die Eingangsspannung nicht größer als 28 V sein darf, da dies die maximale Betriebsspannung für den Typ LM 324 N ist. Man hat hier die Möglichkeit, mit einem billigen Transformator mit nur einer Sekundärwicklung ein hochwertiges Labornetzgerät zu bauen.

Dipl.-Ing. H. Weidner

Literatur

[1] Miller, De Freitas: Op amp stabilizes zener diode in reference-voltage source. Electronics, 20. Februar 1975.

[2] Koehler: Regulating voltage with just ohne quad IC and one supply. Electronics, 14. November 1974.

9.7 Z-Dioden für niedrige Spannungen durch Transistoren realisiert

Z-Dioden gibt es für Spannungen über 6 V mit hoher Genauigkeit und Stabilität als sogenannte Referenzdioden. Unter 6 V verschlechtern sich die Werte für den differentiellen Innenwiderstand und Temperaturkoeffizienten erheblich, für Spannungen unter 2,7 V gibt es keine echten Z-Dioden mehr. Man schaltet dann zwei bis drei gewöhnliche Siliziumdioden in Durchlaßrichtung hintereinander, zum Stabilisieren von Spannungen ist das aber eine unbefriedigende Lösung.

Mit Hilfe von Widerständen und Transistoren lassen sich Referenzspannungsquellen aufbauen, die auch bei niedrigen Spannungen gute Werte für den differentiellen Innenwiderstand und den Temperaturkoeffizienten aufweisen. *Abb. 9.7.1* zeigt die einfachste Schaltung einer „einstellbaren Z-Diode". Durch Ändern des Verhältnisses der beiden Widerstände R 1 und R 2 kann man die Z-Spannung bis herunter zu 0,6 V einstellen:

$$U_Z = U_{BE}\,\frac{R1 + R2}{R2}.$$

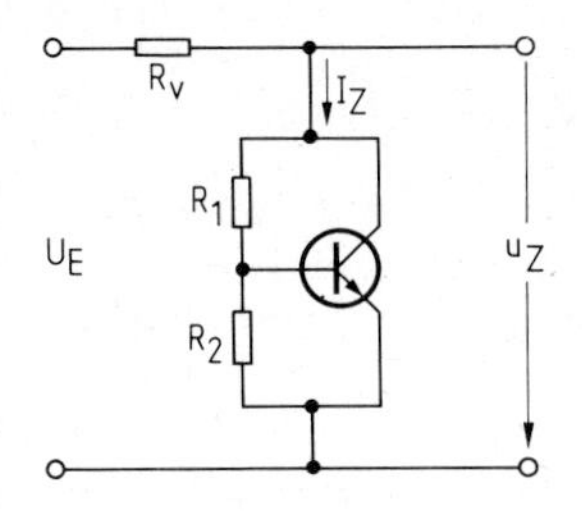

Abb. 9.7.1 Grundschaltung einer einstellbaren Referenzspannungsquelle

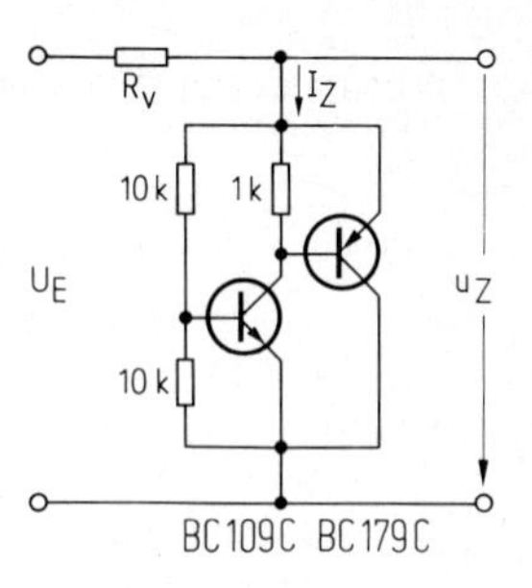

Abb. 9.7.2 Referenzspannungsquelle für 1,2 V mit einem differentiellen Innenwiderstand von 1 Ω (bei I_Z = 5 mA)

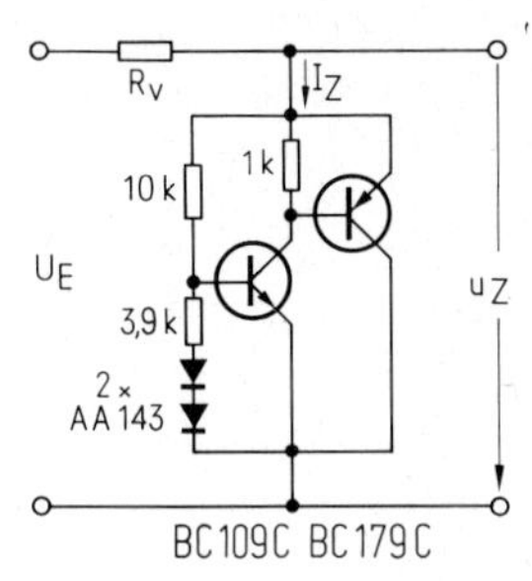

Abb. 9.7.3 Temperaturkompensierte Referenzspannunsquelle für 1,3 V mit einem differentiellen Innenwiderstand von 1,5 Ω und einem TK von etwa ± 4 · 10^{-4}/°C (bei I_Z = 5 mA)

Bei dieser Schaltung ist der differentielle Innenwiderstand noch ziemlich hoch.

Man erweitert die Anordnung deshalb um einen Transistor zur Darlington-Schaltung *(Abb. 9.7.2)*. Durch die hohe Verstärkung wird die „Zener-Kurve" sehr steil. Bei demjenigen Widerstandsverhältnis, bei dem die Werte der „Z-Diode" optimal sind, liegt die Referenzspannung im interessierenden (niedrigen) Bereich. Bei der angegebenen Dimensionierung liegt der differentielle Widerstand unter 1 Ω.

Störend ist noch der hohe Temperaturkoeffizient von etwa 36 · 10^{-4}/°C, entsprechend dem TK der Basis-Emitter-Spannung. Man legt daher zwei Germaniumdioden in Serie mit dem Basis-Emitter-Widerstand *(Abb. 9.7.3)*. Es ist günstig, niederohmige Golddrahtdioden (etwa AA 143 von Intermetall oder AA 139 von Telefunken) zu verwenden. Mit einer Diode erreicht man zwar einen konstanten Spannungsabfall am 10-kΩ-Widerstand, aber die temperaturbedingte Spannungsänderung zwischen Basis und Emitter bleibt. Durch die zweite Diode erst, die den TK von U_{BE} sozusagen überkompensiert, wird der TK der gesamten Schaltung sehr klein. Da sich die Durchlaßspannungen und TKs der Dioden auch mit den Strömen ändern, muß man für eine optimale Referenzspannung auch hier bestimmte Widerstandsverhältnisse ansetzen.

Bei der erprobten Dimensionierung nach Abb. 9.7.3 liegt der TK bei null, mit einer Schwankung von etwa ± 4 · 10^{-4}/°C, was durchaus einer guten Z-Diode entspricht. Der differentielle Innenwiderstand liegt zwar etwas höher als bei der nicht kompensierten Schaltung nach Abb. 9.7.2, ist aber mit ungefähr 1,5 Ω noch sehr gut (U_z = 1,3 V bei I_z = 5 mA).

Werden andere Ge-Dioden verwendet, so ist eventuell der Widerstand vor den Dioden zu ändern. Beim Typ AA 139 ist z.B. ein Widerstand von 5 kΩ zu wählen. Gewöhnlich erreicht man den kleinsten Temperaturkoeffizienten, wenn man den Dioden-Vorwiderstand so bemißt, daß die Z-Spannung bei 1,3 V liegt.

Helmut Schubert

9.8 Konstantstromzusatz für Netzgeräte

Konstantstromquellen sind zwar keineswegs so populär und verbreitet wie Konstantspannungsquellen, können jedoch bei der Lösung mancher Probleme eine wertvolle Hilfe sein. Die in *Abb. 9.8.1* dargestellte Schaltung einer einfachen Konstantstromquelle ist als Erweiterung eines schon vorhandenen stabilisierten Netzgerätes mit einer Ausgangsspannung von etwa 20 V gedacht und wurde für ein Transistorprüfgerät entwickelt. Es dient dort als Basisstromquelle, die unabhängig von dem zu testenden Transistortyp ohne Vorwiderstand einen definiert konstanten Basisstrom liefert, wodurch die Kollektorstromanzeige direkt in Verstärkungswerten geeicht werden kann. Aber auch in der Fotometrie, wo Meßlampen mit konstanten Strömen gespeist werden, bei der genauen Messung von Temperaturen mit NTC- oder PTC-Widerständen und bei der Erzeugung von Sägezahnspannungen durch Laden eines Kondensators mit konstantem Strom kann sie Verwendung finden.

Die Schaltung ist ein Regelkreis, bei dem der Istwert über die Widerstände R9...R15 (je nach eingestelltem Konstantstrombereich) gewonnen wird. Der Soll-Istwertvergleich wird mit Hilfe des preiswerten Operationsverstärkers μA 741 (TBA 221) durchgeführt, der über den Transistor T 1 den als Stellglied fungierenden Transistor T 2 ansteuert. Die gewünschten Konstantströme können mit dem Stufenschalter S von 0,1...100 mA eingestellt werden. Die *Tabelle* zeigt die jeweiligen Ströme, die Istwert-Widerstände und den Lastwiderstandsbereich, in dem konstanter Strom gewährleistet ist. Die Werte gelten für eine Betriebsspannung von U_B = + 20 V und für eine mit dem Trimmpotentiometer R 2 eingestellte Spannung von etwa + 5 V.

Bereiche der Konstantstromquelle

I_L in mA	R_{ist} in Ω		R_L in Ω
0,1	R 9	50 k	0...150 k
0,5	R 10	10 k	0... 30 k
1	R 11	5 k	0... 15 k
5	R 12	1 k	0... 3 k
10	R 13	500	0... 1,5 k
50	R 14	100	0...300
100	R 15	50	0...150

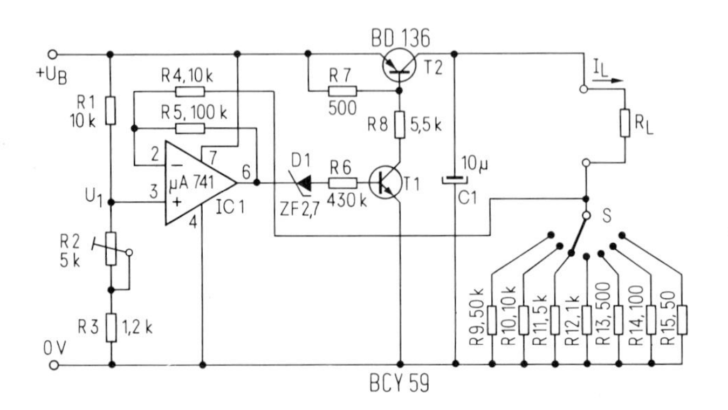

Abb. 9.8.1 Schaltung der Konstantstromquelle; alle Widerstände müssen für 0,5 W ausgelegt sein, R 15 für 1 W

Mit R 2 kann ein Feinabgleich des Konstantstromes durchgeführt werden; je nach Verwendungszweck der Schaltung wird dafür ein Trimmpotentiometer oder ein Drehpotentiometer verwendet. Soll nur ein einmaliger Abgleich durchgeführt werden, so müssen die Istwert-Widerstände und die Betriebsspannung eng toleriert sein (etwa 0,5 %).

Wird das Gerät hingegen für universelle Anwendungen mit eigenem Strommesser aufgebaut, so ist es zweckmäßig, R 2 als Drehpotentiometer vorzusehen. In diesem Fall ist eine Toleranz von 10 % für R 9...R 15 und für U_B ausreichend, da mit R 2 und dem eingebauten Strommesser ein genauer Abgleich der einzelnen Bereiche leicht vorgenommen werden kann. Mit einer zweiten Ebene am Drehschalter S ist es möglich, den Meßbereich des Anzeigeinstrumentes mit umzuschalten.

Die Schaltung ist weitgehend unkritisch. Für den Transistor BD 136 ist ein Kühlkörper vorzusehen, da bei Kurzschluß im Bereich 100 mA eine Verlustleistung von max. 1,5 W am Transistor auftreten kann.

Ing. (grad.) Peter Hannemann

9.9 Ladegerät für Bleiakkumulatoren

Gewöhnlich enthalten Ladegeräte eine Spannungsquelle mit einem Vorwiderstand zur Strombegrenzung. Bei diesen Geräten besteht die Gefahr, daß die Gasungsspannung des Sammlers überschritten wird (Überladen); dabei verdampft sehr viel H_2O und die Ladung erfolgt nur mehr „auf der Säure"; die Folge ist eine kurze Lebensdauer.

Bei der Schaltung in *Abb. 9.9.1* fließt bis zum Erreichen der Gasungsspannung ein Ladestrom bis zu 10 A, danach wird nur noch ein Strom von 100...250 mA geliefert, der zum Erhalten der Ladung ausreicht. Nach den Unterlagen der Batteriehersteller ist dies für alle gebräuchlichen Typen zulässig.

Die Vorteile, die sich daraus ergeben, sind:

- Der Akku kann beliebig lange an das Ladegerät angeschlossen bleiben und steht immer im frisch geladenen Zustand zur Verfügung
- Durch die Strombegrenzung ist das Ladeteil kurzschlußsicher
- Das Ladeteil kann direkt an ein vorhandenes Ladegerät angeschlossen werden, dabei ist nur dessen Vorwiderstand zu überbrücken.

Funktionsprinzip

Das Herz der Schaltung ist der integrierte Spannungsregler NE 550. Die interne Referenzspannung, die zwischen 1,53 und 1,73 V liegt, wird mit dem nichtinvertierenden Eingang (5) des (im Spannungsregler enthaltenen) Operationsverstärkers über 5,6 kΩ verbunden. Die Vergleichsspannung wird vom Spannungsteiler R 1/P 1/R 2 abgenommen und dem invertierenden Eingang (4) des Operationsverstärkers zugeführt. Mit P 1 kann die Ausgangsspannung von 13...14,5 V eingestellt werden. Wird die Ausgangsspannung null (Kurzschluß), dann liegt am invertierenden Eingang ebenfalls Nullpotential, da am nichtinvertierenden Eingang aber die Referenzspannung liegt, kann dies zur Zerstörung des Bausteins führen. Zum Schutz davor sind zwischen den beiden Eingängen zwei antiparallel geschaltete Dioden vorgesehen. Der Spannungsabfall am Widerstand MW wird den Anschlüssen 2 und 3 zugeführt und bestimmt das Einsetzen der Strombegrenzung. R 6 und D 3 sind wieder zum Schutz vor Zerstörung vorgesehen.

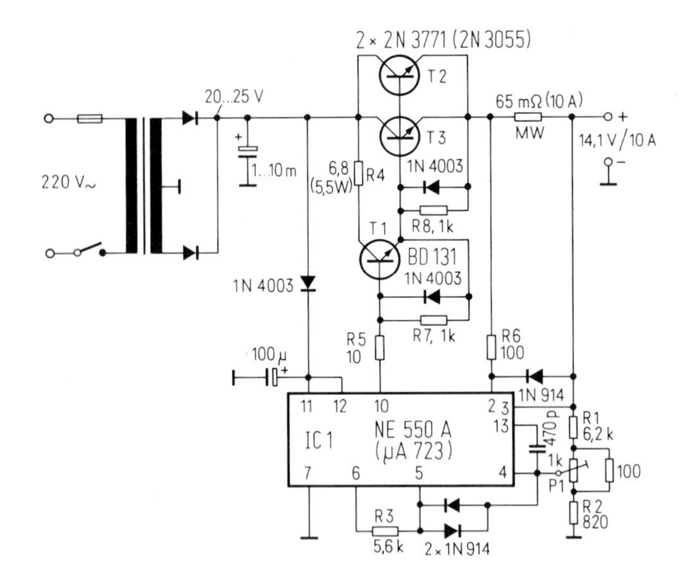

Abb. 9.9.1 Schaltung des Ladegeräts: Bei Verwendung des Bausteins µA 723 muß der Spannungsteiler R1/P1/R2 anders dimensioniert werden (R1 = 820 Ω, P1 = 1 kΩ, R2 = 820 Ω)

Der Ausgang des Spannungsreglers steuert über R 5 den Treibertransistor T 1 an, der wiederum die Basisströme für die parallel geschalteten Leistungstransistoren T 2 und T 3 liefert.

Ladevorgang

Wird ein Akku mit einer unteren Zellenspannung von 1,8 V angeschlossen, so beträgt der Anfangsladestrom 10 A. Mit steigender Zellenspannung nimmt der Ladestrom immer mehr ab und stellt sich bei Erreichen der eingestellten Ausgangsspannung von 14,1 V (≙ 2,35 V Zellenspannung) auf etwa 100...250 mA ein, wodurch die Ladung gerade erhalten bleibt. Das Gerät stellt eine Konstant-Strom/Spannungsquelle dar.

Karl Gosch

9.10 Verkleinerung von Transformatoren für gedruckte Leiterplatten

Eine Stabilisierungsschaltung soll auf einer gedruckten Schaltung untergebracht werden, die als Karte in ein Kartenmagazin eingebaut wird.

Die Schaltung in konventionellem Aufbau *(Abb. 9.10.1)* benötigt einen M55-Transformator, der wegen seiner Größe und seines Gewichtes für eine Leiterplattenmontage ungeeignet ist. Aus *Abb. 9.10.2* erkennt man, daß die Verlegung des Vorwiderstandes für die Z-Diode zwischen Trafo und Gleichrichter elektrisch keine Schaltungsveränderung bedeutet.

Der nächste naheliegende Schritt ist die Transformation von R_V in den Primärkreis des Transformators *(Abb. 9.10.3)*. Die erforderliche effektive Sekundärspannung (Abb. 9.10.3) ergibt sich aus der Z-Dioden-Spannung und dem Spannungsabfall über zwei Gleichrichterdioden; in diesem Fall 26 V. Der Sekundärstrom bleibt der gleiche, im Beispiel 169 mA. Hieraus ergibt sich die Sekundärleistung P_S des Transformators.

$$P_S = 26\text{ V} \cdot 169\text{ mA} = 4{,}39\text{VA (Transformatorkern M 42).}$$

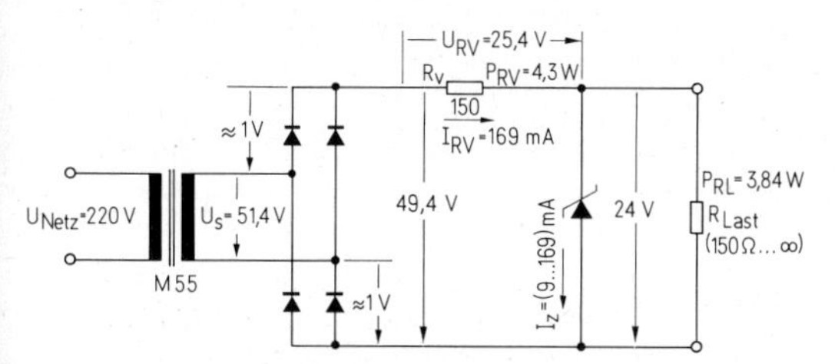

Abb. 9.10.1 Herkömmliche Stabilisierungsschaltung

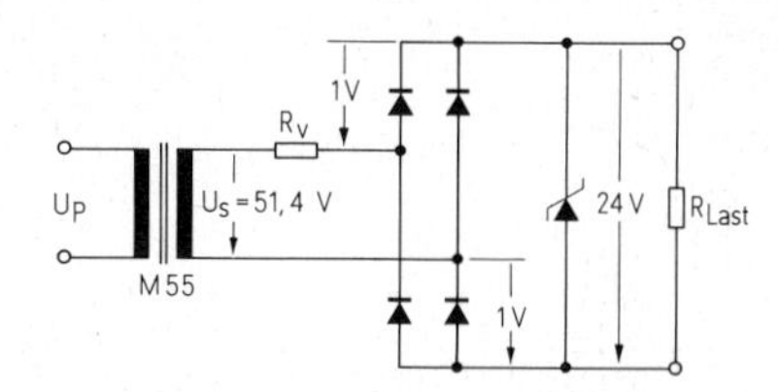

Abb. 9.10.2 Das Verlegen des Vorwiderstandes vor den Gleichrichter ergibt elektrisch keine Veränderung

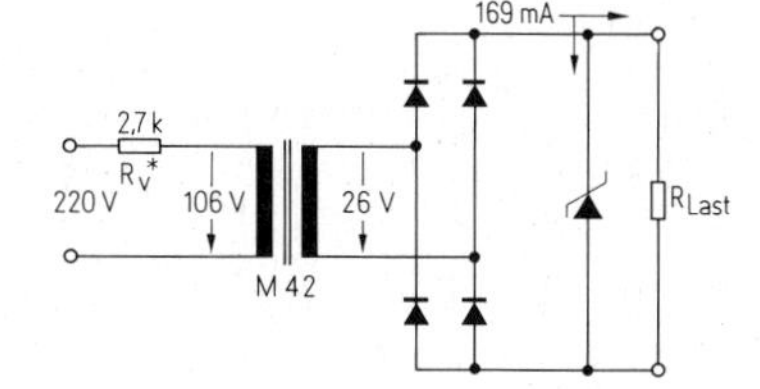

Abb. 9.10.3 Die neue Schaltung mit dem Vorwiderstand im Primärkreis

Zur Ermittlung der vom Netz zu liefernden Gesamtleistung addiert man zu diesen 4,39 VA die Verlustleistung des Vorwiderstandes (aus Abb. 9.10.1) und dann noch einmal 5 % für Transformatorverluste. Man erhält eine Gesamtleistung von P_{Netz} = 9,12 VA. Der vom Netz zu liefernde Primärstrom ist dann:

$$i_P = \frac{P_{Netz}}{U_{Netz}} = 41{,}5 \text{ mA}.$$

Mit Hilfe der Transformatorgleichung $U_1 \cdot I_1 = U_2 \cdot I_2$ erhält man die erforderliche Primärspannung des Transformators

$$U_P = \frac{U_S \cdot I_S}{I_P} = 106 \text{ V}$$

(U_S = Sekundärspannung, I_S = Sekundärstrom).

Damit hat man auch für den neuen Vorwiderstand R_V^* die Bestimmungsgrößen:

$$R_V^* = \frac{U_{Netz} - U_P}{I_P} = 2{,}75 \text{ k}\Omega$$

Der Widerstand R_V^* muß etwas mehr Leistung verbrauchen als R_V, da durch ihn auch der Strom für die Transformatorverluste fließt:

$$P_{RV}^* = (U_{Netz} - U_P)\, I_P = 4{,}73 \text{ W}.$$

Die neue Schaltung nach Abb. 9.10.3 hat zwei wesentliche Vorteile gegenüber der herkömmlichen Lösung:

1. Kleinerer Transformator (M 42 gegenüber M 55)
2. Verlagerung der Verlustwärme (von R_V) in den Primärkreis des Transformators und damit weg von der Karte.

Ing. (grad.) Horst Heyde

9.11 Gleichspannungsumsetzer von 12 V auf 9 V und 7,5 V

Viele tragbare Rundfunkgeräte oder auch Kassetten-Recorder werden aus fünf oder sechs Monozellen gespeist, d.h. sie haben eine Betriebsspannung von 7,5 V oder 9 V. Die maximale Stromaufnahme dieser Geräte liegt zwischen 0,3 und 0,5 A.

Um diese Geräte auch im Kraftfahrzeug mit der Batterie von 12 V betreiben zu können, wurde diese Schaltung *(Abb. 9.11.1)* entworfen. Die beiden Spannungsquellen können getrennt oder auch zusammen in Betrieb genommen werden. Eine Leuchtdiode mit der Farbe grün bzw. rot zeigt an, daß am jeweiligen Ausgang die gewünschte Spannung vorhanden ist. Der 1-Ω-Widerstand vor den Kollektoren der Transistoren ergibt zusammen mit der Sicherung einen Kurzschlußschutz für die Transistoren. Da auch bei Nichtbelastung der Spannungsquellen ein relativ hoher Strom (0,25 A) durch die Z-Diode fließt, wurde eine Kontrollampe am Eingang vorgesehen. Diese soll daran erinnern, daß das Gerät bei längerer Abwesenheit vom Kraftfahrzeug ausgeschaltet wird, da sonst die Batterie in einigen Tagen entladen ist. Die beiden Transistoren werden gemeinsam auf einem Kühlkörper mit einem Wärmewiderstand kleiner 5 K/W und die Z-Diode auf einem Kühlkörper kleiner 15 K/W befestigt.

Technische Daten:

9-V-Ausgang:
Leerlaufspannung ca. 9,15 V ± 5 %
Spannungsänderung zwischen Leerlauf und 0,5 A: < 150 mV
Spannungsänderung zwischen Leerlauf und 1 A: < 200 mV
Spannungsänderung bei U_e = 10...15 V: < 0,4 V (bei 0,5 A)
Innenwiderstand: ca. 100 mΩ

7,5-V-Ausgang:
Leerlaufspannung ca. 7,5 V ± 5 %
Spannungsänderung zwischen Leerlauf und 0,5 A: < 100 mV
Spannungsänderung zwischen Leerlauf und 1 A: < 150 mV
Spannungsänderung bei U_e = 10...15 V und 0,5 A: < 100 mV
Innenwiderstand: ca. 100 mΩ
Bei Beeinflussung der beiden Spannungsquellen gegeneinander bei einer Änderung von jeweils 0 auf 0,5 A der einen Spannungsquelle und 0,5 A der anderen und U_e = 15 V ist < 50 mV (bei 1 A: < 100 mV).

Otmar Kilgenstein

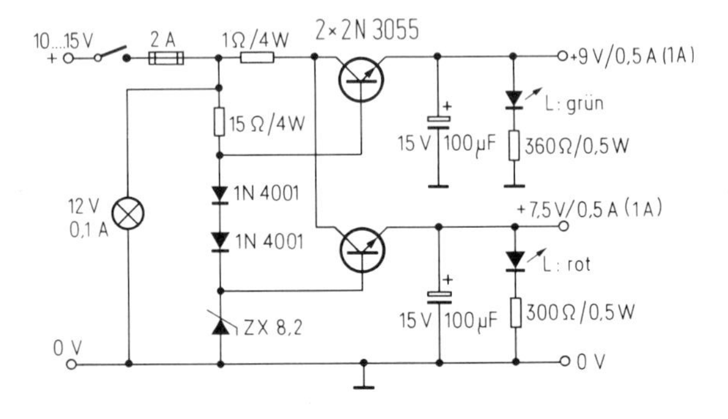

Abb. 9.11.1 Schaltung des Gleichspannungsumsetzers

9.12 Ein interessantes Konzept für Gleichspannungsregler

Bei der Planung von Gleichspannungs-Stabilisierungsschaltungen geht man davon aus, daß der Innenwiderstand eines Speisegerätes, von der Last her gesehen, möglichst gering sein soll. Da ein Transistor in Kollektorschaltung den geringsten Ausgangswiderstand hat, war es von jeher logisch, den Längstransistor eines Speisegerätes so zu schalten, daß sein Emitter zum Verbraucher zeigt. Aber aus der Tatsache, daß die Basis des Längstransistors meist nicht einfach an eine konstante Spannung gelegt wird, sondern von einer je nach verlangter Güte des Speisegerätes mehr oder weniger aufwendigen Gegenkopplungsschaltung gesteuert wird, geht hervor, daß der Emitter *allein* nicht genügend niederohmig ist.

Daraus kann man die Folgerung ziehen: Wenn *auch* bei Kollektorschaltung des Längstransistors ausreichende Niederohmigkeit des Ausgangs (neben der Temperaturkompensation) *nur* durch eine aufwendige Gegenkopplungsschaltung zu erzielen ist, *dann* müßte es ja schließlich gleichgültig sein, wie herum man den Längstransistor legt! Die Niederohmigkeit des Ausgangs hängt dann ja nicht mehr vom Längstransistor selbst ab, sondern vom Verstärkungsfaktor des Regelverstärkers. Dazu kommt noch, daß der Längstransistor in Kollektorschaltung eine Spannungsverstärkung von weniger als 1 hat; würde man ihn jedoch herumdrehen und seinen Kollektor zur Last zeigen lassen, trüge seine Stromverstärkung voll zur Gesamtverstärkung bei.

Ein weiterer Vorteil, der sich aus der Emitterschaltung des Längstransistors ergäbe, läßt sich besser am Schaltbeispiel zeigen. *Abb. 9.12.1* zeigt die meist übliche Schaltung (unter Weglassung alles für diese Betrachtung Unwichtigen); der Längstransistor T_L erhält seinen Basisstrom über den Widerstand R_B von einer Spannung U_B, die meist von der ungeregelten Eingangsspannung U_i abgezweigt wird. Die Regelung wird dadurch erzielt, daß der Ausgangstransistor T_v des Regelverstärkers einen Teil des über R_B fließenden Stromes ableitet und somit den Basisstrom von T_L verringert (Parallelsteuerung des Basisstromes von T_L). Die Regelung funktioniert richtig, wenn bei einem Sinken von U_a der Transistor T_v weniger Kollektorstrom aufnimmt und umgekehrt.

Ein Kompromiß muß geschlossen werden bezüglich der Größe von R_B. Damit ein Netzgerät guten Wirkungsgrad hat, soll die Differenz $U_i - U_a$ möglichst klein sein; aber dann muß auch R_B klein sein, um für großen Ausgangsstrom i_B groß genug werden zu lassen. Steigt nun eventuell die Netzspannung, oder wird U_i hoch, weil keine Last angeschlossen ist, dann muß T_v einen sehr großen Strom von R_B übernehmen. Der Verfasser hat deshalb in der Praxis bereits verschiedentlich U_B aus einer durch Spannungsverdoppelung gewonnenen höheren Spannung gespeist, um R_B groß machen zu können, ohne daß U_i unnötig groß sein mußte. Dadurch wurde erreicht, daß die Regelung bis zu dem Punkt funktioniert, bei dem nahezu $U_i - U_a = U_{CE\,sat}$ = der Kollektor-Emitter-Restspannung von T_L wird.

Nach dem hier angewandten Konzept, den Kollektor des Längstransistors zur Last zeigen zu lassen, muß man für positive Ausgangsspannung natürlich einen PNP-Transistor anstelle des

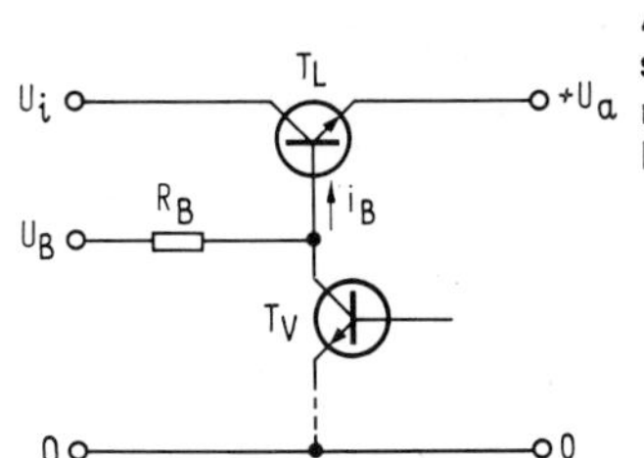

Abb. 9.12.1 Der Längstransistor T_L wird bei Spannungsreglern üblicherweise in Kollektorschaltung betrieben

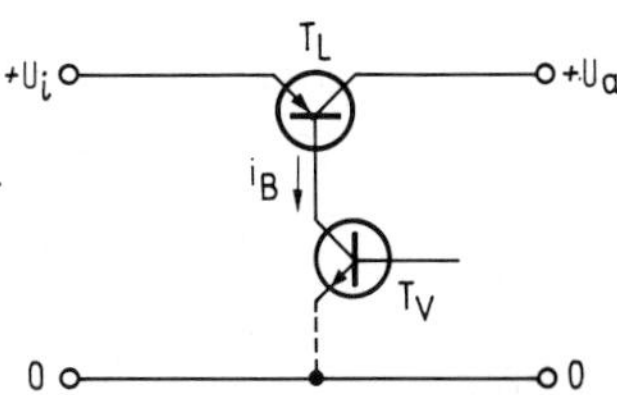

Abb. 9.12.2 Äquivalente Schaltung zu Abb. 9.12.1: Jedoch ist hier der Kollektor des Längstransistors an die Last angeschlossen. Es ergeben sich damit verschiedene Vorzüge

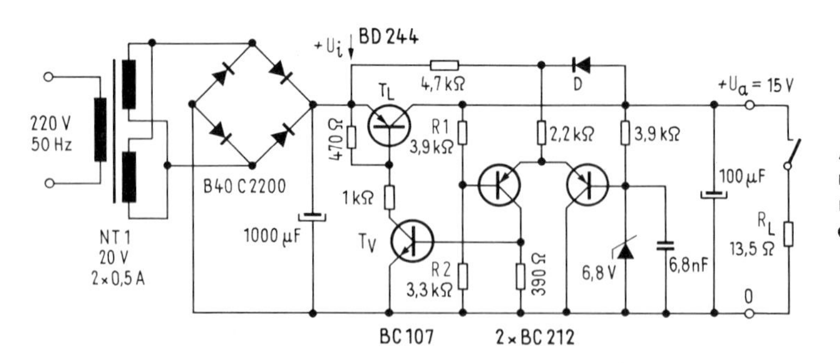

Abb. 9.12.3 Gleichspannungs-Regelschaltung nach dem in Abb. 9.12.2 dargestellten Prinzip

NPN-Transistors einsetzen, wie *Abb. 9.12.2* zeigt. Der Basisstrom i_B des Längstransistors T_L hat jetzt die entgegengesetzte Flußrichtung und kann über die Endstufe des Regelverstärkers direkt zur Nullspannung fließen. Das ergibt nicht nur eine Schaltungsvereinfachung, sondern vor allem braucht jetzt das praktisch vorkommende Minimum der ungeregelten Spannung U_i nur noch um die Restspannung von T_L höher zu sein als U_a. Der Regelverstärker muß so angeschaltet werden, daß jetzt, umgekehrt wie in Abb. 9.12.1, T_v *größeren* Strom aufnimmt, wenn U_a sinkt. Der Tatsache, daß jetzt das Basispotential von T_L jeder Schwankung von U_i folgt, wirkt der grundsätzlich relativ hohe dynamische Kollektorwiderstand von T_v entgegen, den man noch durch einen Emitterwiderstand vergrößern kann.

Um die praktische Anwendbarkeit der beschriebenen Überlegungen zu prüfen, wurden drei Versuchsschaltungen aufgebaut und erprobt. *Abb. 9.12.3* zeigt eine einfache Schaltung mit geringer Verstärkung im Regelkreis. Die Brückenwiderstände (R1 und R2) und die Z-Diode wurden auf genaue Werte ausgemessen und ausgesucht, um prüfen zu können, ob die Ausgangsspannung auch tatsächlich dem rechnerischen Wert (14,8 V) entspricht. Der wahlweise angeschlossene Lastwiderstand von 13,5 Ω zieht bei dieser Spannung einen Strom von 1,1 A; da der Transformator (bei Parallelschaltung der beiden Sekundärwicklungen) für 1 A ausgelegt ist, sind die Anforderungen an die Siebwirkung der Regelschaltung nicht eben gering, zumal der Ladekondensator absichtlich nicht sehr groß gewählt wurde. Die Welligkeit von U_i beträgt bei Belastung U_{ss} = 7 V, der Mittelwert von U_i beträgt unbelastet 30 V=, belastet 21 V =. Die Welligkeit von U_a liegt belastet bei U_{ss} = 20 mV, der Spannungsabfall bei 60 mV =. Der Innenwiderstand beträgt demnach 55 mΩ. Die Schaltung genügt daher nur mäßigen Ansprüchen. Zur Erklärung der Schaltung Abb. 9.12.3 sei noch bemerkt, daß es nicht ausreicht, den gemeinsamen Emitterwiderstand des Differenzverstärkers (2 x BC 212) an U_a anzuschließen; denn beim Einschalten ist U_a = 0. Daher würde die Basis von T_v keinen Strom erhalten, die Schaltung würde nicht „anspringen". Speist man hingegen den Differenzverstärker aus U_i, dann wirken sich die Schwankungen von U_i sehr stark auf den Ausgang aus. Die Diode D sorgt nun dafür, daß bei sinkender Spannung U_i die Emitter des Differenzverstärkers aus U_a gespeist werden; dieser Trick bewirkt eine wesentliche Verbesserung der Schaltung. *Abb. 9.12.4* zeigt eine Schaltung mit Operationsverstärker im Regelkreis. Der Transistor T_v ist als Konstantstromgenerator geschaltet. Alle übrigen Bauelemente sind von der Schaltung Abb. 9.12.3 unverändert übernommen. Der Operationsverstärker wird aus U_i gespeist, da er eine Speisespannungsunterdrückung von 90 dB aufweist. Der Z-Diodenzweig wird beim Einschalten von U_i hochgefahren, dann aber (nach Hochlaufen von U_a) über die Diode D aus U_a gespeist. *Abb. 9.12.5* zeigt die zu Abb. 9.12.4 komplementäre Schaltung für negative Ausgangsspannung. Die Änderung von U_a bei Zu- und Abschalten der

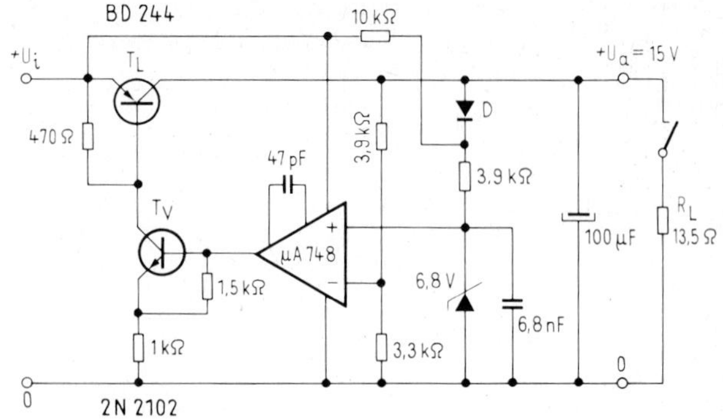

Abb. 9.12.4 Gleichspannungs-Regelschaltung nach Abb. 9.12.3 mit Operationsverstärker, positive Ausgangsspannung

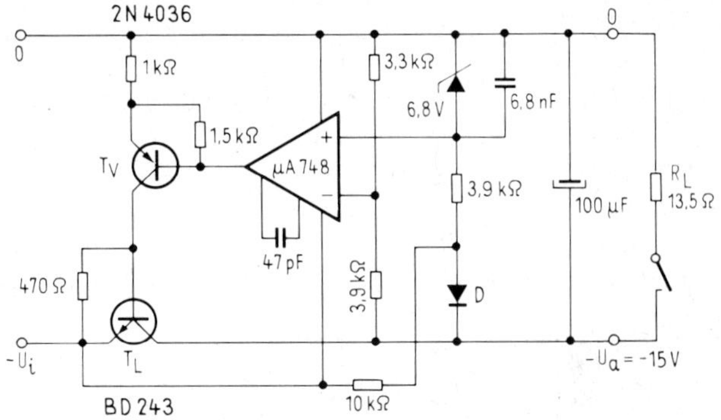

Abb. 9.12.5 Schaltung wie in Abb. 9.12.4, jedoch für negative Ausgangsspannung

Last liegt unter 1 mV, eine Welligkeit konnte mit den vorhandenen Mitteln nicht mehr beobachtet werden.

Es sei ausdrücklich darauf hingewiesen, daß es sich bei den gezeigten Schaltbildern *nicht* um Bauanleitungen handelt! Es wurde vielmehr der allgemeine Entwurf von Gleichspannungsreglern neu überdacht, und zur Stützung dieser Überlegungen werden die Ergebnisse von Experimenten mitgeteilt. Die Schaltungen wurden als „Drahtverhau" erprobt (ohne Kürzung von Anschlußdrähten), ihr Aufbau ist daher offenbar nicht problematisch. Eine Strombegrenzung war im Experiment nicht vorgesehen, dürfte sich aber in ähnlicher Weise wie bei herkömmlichen Schaltungen durchführen lassen.

Dr. Winfried Wisotzky

9.13 Dauerladegerät für versiegelte Nickel-Cadmium-Zellen

Rauschmessungen an Batterien und Akkumulatoren verschiedener Hersteller haben ergeben, daß NiCd-Zellen extrem niedrige Rauschspannungen aufweisen, wodurch sie besonders als Spannungsquellen für rauscharme Empfänger geeignet sind. Bei allen netzunabhängigen Geräten ist dabei immer das Problem der Ladekontrolle von großer Bedeutung. Erfahrungsgemäß muß das Gerät immer dann nachgeladen werden, wenn es zu Meßzwecken benötigt wird. Dies kann durch ein Dauerladegerät vermieden werden, das einerseits die Selbstent-

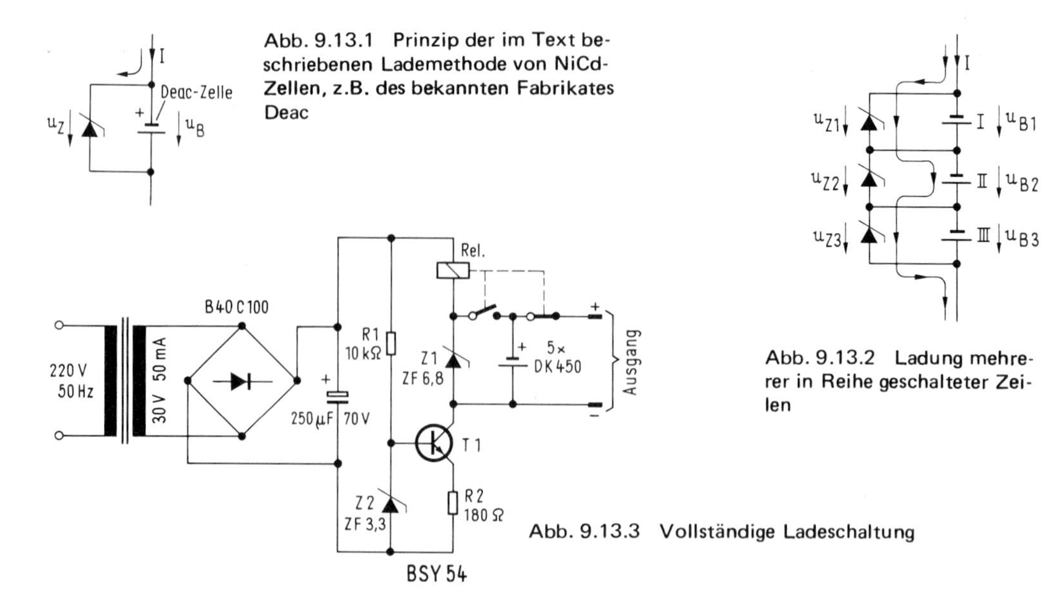

Abb. 9.13.1 Prinzip der im Text beschriebenen Lademethode von NiCd-Zellen, z.B. des bekannten Fabrikates Deac

Abb. 9.13.2 Ladung mehrerer in Reihe geschalteter Zeilen

Abb. 9.13.3 Vollständige Ladeschaltung

ladung der Zellen verhindert, aber andererseits unter allen Umständen eine Überladung vermeiden muß.

Das Prinzip einer derartigen Lademethode zeigt *Abb. 9.13.1.* Die zu ladende NiCd-Zelle wird mit einem konstanten Strom I gespeist. Parallel zur Zelle liegt eine Z-Diode, deren Durchbruchspannung der maximalen Ladespannung der NiCd-Zelle entspricht. Bei entladener Zelle ist die Zellenspannung U_B kleiner als die Durchbruchspannung U_Z der Z-Diode. Sie ist dadurch gesperrt, und der Ladestrom fließt voll über die NiCd-Zelle. Sobald die Ladespannung ansteigt und die Durchbruchspannung der Z-Diode erreicht, übernimmt diese am Anfang der Ladephase einen Teil des Ladestromes und am Ende den vollen Ladestrom. Damit wird eine Überladung der Zelle vermieden, jedoch eine Selbstentladung automatisch ausgeglichen.

Dieses Verfahren ist auch erweiterbar auf eine Reihenschaltung mehrerer Zellen, die unterschiedlich entladen werden *(Abb. 9.13.2).* Wenn man von der Voraussetzung ausgeht, daß die Zellen I und III geladen, die Zelle II jedoch entladen ist, dann fließt der Ladestrom I über die Diode Z 1 und dann – da $U_{B2} < U_{Z2}$ – über die Zelle II und durch Z 3. Es wird somit nur die entladene Zelle II nachgeladen; eine Überladung der übrigen Zellen kann nicht eintreten.

Abb. 9.13.3 zeigt eine vollständige Ladeschaltung. Den Ladestrom erzeugt eine Stromquelle, bestehend aus den Bauelementen T 1, R 1, R 2 sowie Z 1 und Z 2. Außerdem liegt in Reihe zum Ladestromkreis ein Relais, das beim Ladevorgang angezogen ist. Dadurch wird die zu ladende Zelle vom Verbraucherkreis getrennt und mit dem Ladekreis verbunden. Der Ladevorgang läuft in der schon besprochenen Weise ab und ist mit der Stromübernahme auf die Z-Diode Z 1 beendet bzw. der Dauerladezustand erreicht. Wird die Schaltung vom Netz getrennt, dann fällt das Relais ab und verbindet die NiCd-Zelle mit dem Verbraucherstromkreis. Prinzipiell muß der Ladestromkreis nur dann von der NiCd-Zelle getrennt werden, wenn im Verbraucherkreis auf allergrößte Rauschfreiheit geachtet werden muß.

R. Lehmann

9.14 Sparsame Spannungs-Stabilisierungsschaltung

Der nachfolgend beschriebenen Stabilisierungsschaltung lag die Aufgabe zugrunde, die Speisespannung für ein Batteriegerät bei möglichst geringem Eigenverbrauch möglichst gut zu stabilisieren. Als Spannungsquelle stand eine 9-V-Gerätebatterie (z.B. Pertrix 438) zur Verfügung. Die entsprechend diesen Forderungen mit drei Transistoren und einem Operationsverstärker aufgebaute Geräteschaltung nahm einen weitgehend gleichbleibenden Strom von etwa 1,5 mA auf, während die Stabilisierungsschaltung in *Abb. 9.14.1* nur 0,9 mA verbrauchte.

Integrierte Spannungsstabilisatoren weisen einen verhältnismäßig hohen Eigenspannungsbedarf auf ($U_1 - U_2 = 2...3$ V). Aus diesem Grunde wurde ein integrierter Operationsverstärker verwendet, der sich so weit aussteuern läßt, daß seine Ausgangsspannung nur etwa 1 V unter der Betriebsspannung liegt. Als Referenzspannungsquelle kam eine Z-Diode nicht in Betracht, da diese wenigstens einige Milliampere verbraucht, um eine einigermaßen gute Stabilisierung zu gewährleisten. Es wurden statt dessen zwei Konstantstromquellen vorgesehen, die an einem Widerstand (R 5) die Referenzspannung erzeugen. Trotz der zweifachen Stabilisierung durch die Konstantstromquellen war die Gesamtstabilisierung unbefriedigend. Aus diesem Grunde wurde an den invertierenden Eingang des Operationsverstärkers zusätzlich ein Störsignal über den Widerstand R 6 gelegt, dessen Wert empirisch ermittelt wurde. Wird R 6 als Potentiometer ausgebildet (möglichst als Zehngangpotentiometer), dann kann für einen weiten Ein- und Ausgangsspannungsbereich die Konstanz der stabilisierten Spannung so eingestellt werden, daß sie praktisch nur noch vom Temperaturgang der für die Konstantstromquellen verwendeten Transistoren abhängt.

Alle Bauelemente (Transistoren, Dioden, Toleranz der Widerstände) sind unkritisch. Je nach den Toleranzen und der gewünschten Ausgangsspannung muß der Widerstand R 5 einen bestimmten Wert aufweisen. Gegebenenfalls kann auch für diesen Widerstand ein Zehngangpotentiometer verwendet werden.

Mit einer nicht optimalen Bemessung von R 6 durch einen Festwiderstand ergab sich eine Spannungsabweichung von $U_2 : U_1 \approx 2$ mV/V. Die minimale Eingangsspannung betrug (ohne

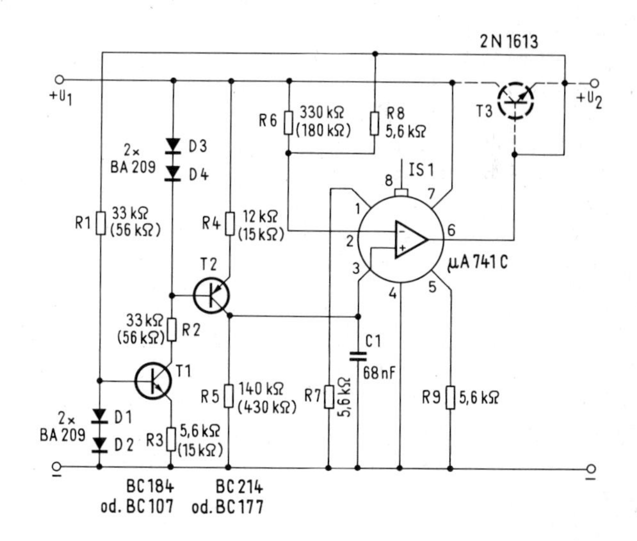

Abb. 9.14.1 Besonders für Batteriegeräte geeignete, sparsame Spannungs-Stabilisierungsschaltung. Die Werte für $U_2 = 11{,}8$ V stehen in Klammern; die Widerstände R 7, R 8 und R 9 haben für beide Ausgangsspannungen den gleichen Wert. T 3 ist nur dann notwendig, wenn Lastwechsel auftreten

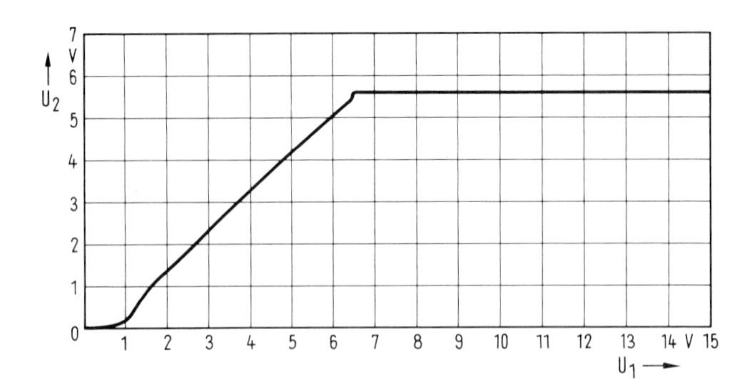

Abb. 9.14.2 Abhängigkeit der Ausgangsspannung U_2 von der Eingangsspannung U_1

Abb. 9.14.3 Die Schaltung nach Abb. 9.14.1 auf einer vorgeätzten Laborleiterplatte

den Transistor T 3) etwa 1 V weniger als die eingestellte Ausgangsspannung, der Eigenverbrauch lag bei 0,9 mA für U_2 = 5,6 V. Bei höheren Ausgangsspannungen kann, um den Eigenverbrauch zu senken, die Schaltung hochohmiger ausgelegt werden. Für U_2 = 11,8 V betrug der Stromverbrauch bei der in Klammern angegebenen Dimensionierung 1,1 mA. Der mit einem Schreiber aufgenommene Verlauf der Ausgangsspannung (U_2 = 5,6 V) in Abhängigkeit von der Eingangsspannung ist in *Abb. 9.14.2* dargestellt. Die bei U_1 = 6,5 V einsetzende Stabilisierung zeichnet sich durch einen scharfen Knick aus.

Die Schaltung ist sehr lastempfindlich. Aus diesem Grunde wurde der Transistor T 3 eingefügt, dessen Typ sich nach dem gewünschten Strom richtet und der einen Innenwiderstand von etwa 60 mΩ ergibt. Die erforderliche Mindesteingangsspannung muß hierbei etwa 1,5 V höher liegen als U_2. Bei konstanter Last wird daher T 3 zweckmäßigerweise weggelassen, wie in der Schaltung angedeutet. Die Schaltung hat, wenn vorgeätzte Laborleiterplatten verwendet werden, auf einer Platine *(Abb. 9.14.3)* von etwa 18 cm^2 Platz.

Ing. (grad.) Heinrich Stöckle

10 Spezialschaltungen

10.1 Zf-Verstärker für dB-lineare Anzeige

Abb. 10.1.1 zeigt die Prinzipschaltung eines Zf-Verstärkers für eine streng dB-lineare Anzeige über einen Bereich von 100 dB (Vollausschlag). Mit einem Drehschalter kann eine spannungslineare Darstellung von etwa 20 dB/Vollausschlag im Bereich von 1 μV bis 100 mV abgefragt werden.

Mit dem Verstärker ist es möglich, Hf-Spannungen im Bereich von 1 μV bis 100 mV auf einem Meßinstrument, Oszillografenschirm oder XY-Schreiber darzustellen. Dies bedeutet eine Komprimierung des Bereiches $1{:}10^5$ auf einen Bereich von 1:10.

Anwendung

- Zf-Verstärker für Spektrumsanalysatoren
- Zf-Verstärker für Meßempfänger

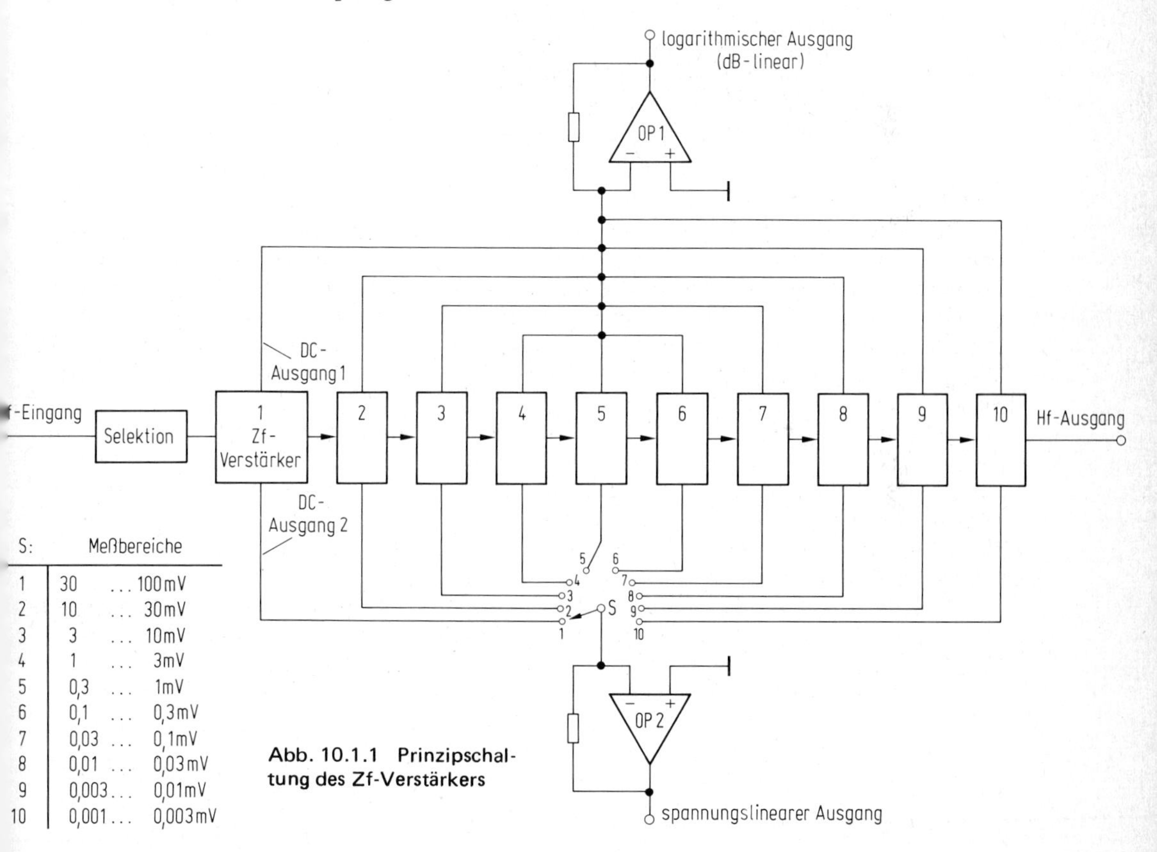

S:	Meßbereiche
1	30 ... 100 mV
2	10 ... 30 mV
3	3 ... 10 mV
4	1 ... 3 mV
5	0,3 ... 1 mV
6	0,1 ... 0,3 mV
7	0,03 ... 0,1 mV
8	0,01 ... 0,03 mV
9	0,003 ... 0,01 mV
10	0,001 ... 0,003 mV

Abb. 10.1.1 Prinzipschaltung des Zf-Verstärkers

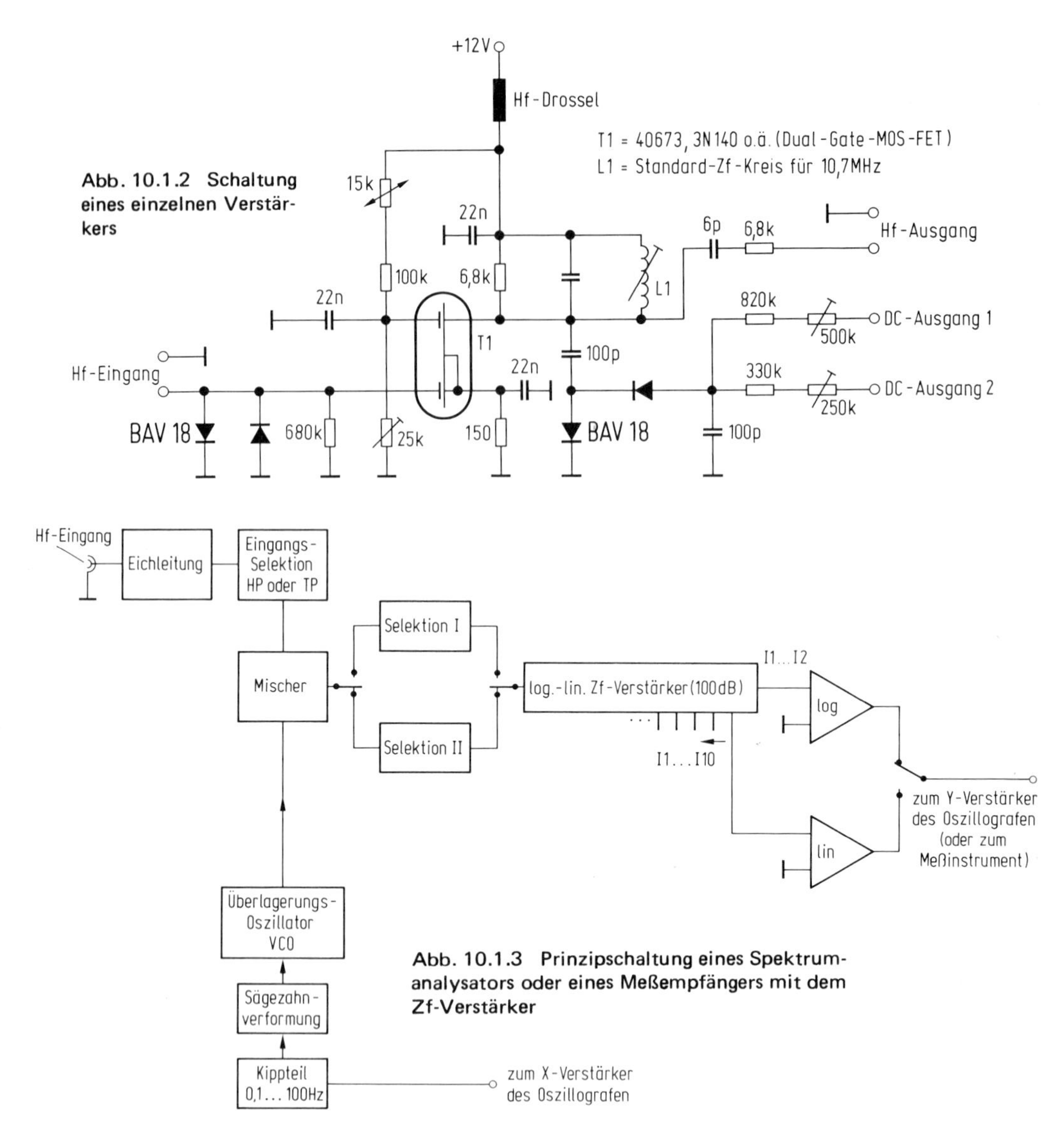

Abb. 10.1.2 Schaltung eines einzelnen Verstärkers

Abb. 10.1.3 Prinzipschaltung eines Spektrumanalysators oder eines Meßempfängers mit dem Zf-Verstärker

- Mit vorgeschaltetem Modulator mit guter Trägerunterdrückung kann eine log. Anzeige für Schallpegelmesser realisiert werden, oder
- bei Sendern kann der mittlere Modulationsgrad verbessert werden. Dies geschieht nicht durch Begrenzung, sondern durch Logarithmierung der Amplitude. (Diese Anwendung ist praktisch noch nicht erprobt, müßte aber ähnlich gut arbeiten, wie ein Hf-Clipper mit Modulator, Quarzfilter, Begrenzung, Quarzfilter und Demodulator).
- Empfänger-Zf-Verstärker mit genauer log. Feldstärkeanzeige

Das Prinzip des Kettengleichrichtungs-Logarithmierverstärkers gemäß dem nachfolgend beschriebenen Prinzip ist in der Meßtechnik bereits bekannt, jedoch mit kleinerem Dynamikbereich. Die Firma Plessey bietet die integrierte Schaltung SL 520 zur Realisierung eines solchen Verstärkers an. Dem Verfasser war dies bei der Entwicklung des Verstärkers nicht bekannt, und der Preis von ca. DM 60/Stück war für eine breite Anwendung doch erheblich (für diesen Verstärker wären 10 Stück erforderlich).

Funktion

Zehn Verstärkerstufen mit je 10 dB werden in Reihe geschaltet. Jede Verstärkerstufe enthält einen Hf-Gleichrichter mit zwei entkoppelten Ausgängen. Je ein Gleichrichterausgang pro Stufe wird auf einen gemeinsamen Operationsverstärker (OP 1) mit $R_e \approx 0\ \Omega$ geschaltet, der die Ströme $I_1 ... I_{10}$ addiert.

Der jeweilige zweite Gleichrichterausgang wird mit einem Drehschalter ebenfalls auf einen Operationsverstärker (OP 2) geschaltet. Wird dieser über eine nichtlineare Gegenkopplung betrieben, so kann eine Korrektur der Gleichrichterkurve vorgenommen werden. Mit diesem Abfrageschalter wird die Anzeige spannungslinear, wenn auf den jeweiligen Bereich der anliegenden Eingangsspannung geschaltet wird.

Bei der logarithmischen Darstellung ist der Anfangsbereich bei etwa 1 μV, bedingt durch das Rauschen des Zf-Verstärkers, etwas nichtlinear. Wird die Eingangsspannung erhöht, so

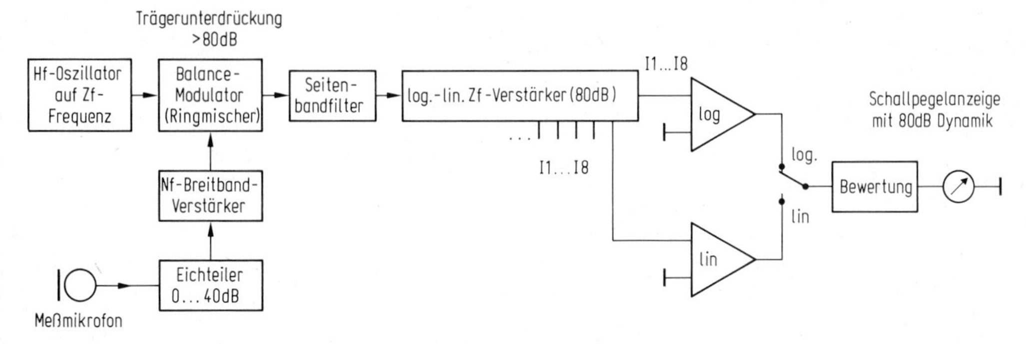

Abb. 10.1.4 Anwendung des Verstärkers in einem Schallpegelmesser: Da eine Trägerunterdrückung von >80 dB kaum realisierbar ist, wird nur ein Teil des Zf-Verstärkers benutzt. Mit einem Vorteiler (0... 40 dB) werden ein Dynamikbereich der Anzeige von 80 dB und ein Meßbereich von 120 dB erreicht. Die Bandbreite des Seitenbandfilters muß je nach Übertragungsbandbreite der Niederfrequenz gewählt werden

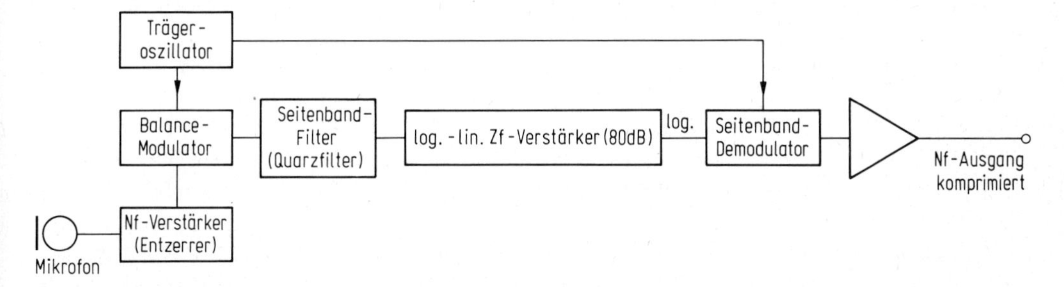

Abb. 10.1.5 Anwendung in einem Empfänger für genaue logarithmische Anzeige: Bei einer Trägerunterdrückung des Modulators von 60 dB und des Filters von 20 dB wird insgesamt eine Trägerunterdrückung von 80 dB erreicht. D.h. die ganze Dynamik von 80 dB wird ohne Begrenzung auf einen Bereich von etwa 20 dB komprimiert. Die Dynamik wird zwar verzerrt, der mittlere Modulationsgrad für Hf-Sender wird jedoch erhöht. Im Nf-Verstärker für den Modulator kann der Frequenzgang wieder entzerrt werden

liefert der zehnte Zf-Verstärker einen Gleichstrom. Dieser ist bei Erreichen der Begrenzung etwa 10 μA. Im Idealfall sollte dieser Strom nach weiterer Erhöhung der Eingangsspannung konstant bleiben. Das ist jedoch nicht ganz der Fall, aber der Fehler läßt sich beim Abgleich kompensieren.

Wird die Eingangsspannung auf 10 μV erhöht, so liefert ab einem bestimmten Punkt auch der neunte Zf-Verstärker einen Gleichstrom. Da dieser Strom mit OP 1 addiert wird, ergibt sich ein schleichender Übergang bei der Anzeige. Bei weiterer Erhöhung der Eingangsspannung verschieben sich die geschilderten Vorgänge bei jeder Dekade um eine Verstärkerstufe nach "vorne". Das bedeutet, daß bei einem 10stufigen Verstärker die erste Stufe bei 100 mV Eingangsspannung in die Begrenzung geht. Die mit OP 1 addierten 10x10 μA erscheinen am Ausgang des Verstärkers als dB-lineares Signal zur Darstellung auf dem Oszillografenschirm oder mit dem Meßinstrument. Ein nachgeschalteter aktiver Tiefpaß erhöht den Rauschabstand der Anzeige.

Die zehn Verstärker *(Abb. 10.1.2)* sind mit rückwirkungsarmen, gut regelbaren Dual-Gate-MOS-FETs bestückt, um Schwingneigung zu vermeiden und rückwirkungsarme Verstärkereinstellung zu gewährleisten. Die Schaltung der Zf-Verstärker ist temperaturkompensiert. Da zehn gleiche Stufen Verwendung finden, kann der Aufbau in gleichen Boxen eng aneinander vorgenommen werden. Dadurch wird eine gute Schwingsicherheit erreicht. Vom Verfasser wurde auch ein Verstärker mit allen Stufen auf einer Leiterplatte konzipiert.

Die *Abb. 10.1.3* bis *10.1.5* zeigen Prinzipschaltungen möglicher Anwendungen.

Eugen Berberich

10.2 TTL-Bausteine in einer Zeitbasisschaltung für Oszillografen

Mit TTL-ICs kann die Steuerung eines Zeitbasisgenerators für mittelschnelle Oszillografen übersichtlich und einfach aufgebaut werden *(Abb. 10.2.1)*. Kernstück der Schaltung ist das JK-Master-Slave-Flipflop SN 7472 (IC 3).

Wirkungsweise

Mit dem Schalter S 1 wird die gewünschte Triggerquelle ausgewählt. Die Triggerung ist vom Netz, intern vom Vertikalverstärker oder extern (direkt oder 1:10 geteilt) möglich. Über den Impedanzwandler (T 1) wird das Eingangssignal an den schnellen Komparator IC 1 geführt und dort mit dem an P 1 eingestellten Triggerpegel verglichen *(Abb. 10.2.2)*. Mit dem Schalter S 2 kann ausgewählt werden, ob die Triggerung an der positiven oder an der negativen Flanke des Eingangssignals erfolgen soll. Aus dem Rechtecksignal am Ausgang des Komparators wird mit IC 2 der eigentliche Triggerimpuls abgeleitet. An der positiven Flanke der Komparator-Ausgangsspannung entsteht durch die Gatter-Verzögerungszeit in IC 2 der Triggerimpuls. Die Breite des Impulses ist etwa drei TTL-Gatter-Verzögerungszeiten (etwa 30 ns).

Mit dem Triggerimpuls wird das JK-Flipflop IC 3 in die Arbeitsstellung gebracht, Ausgang Q geht auf H. Durch die Verbindung von $\overline{Q}$ nach J wird J auf L-Potential gelegt und damit das Flipflop in dieser Lage gehalten. Weitere Triggerimpulse können das Flipflop nicht zurückschalten.

In diesem Zustand (von IC 3) erzeugt der Miller-Integrator, bestehend aus T 2, T 3, C_m und R_m, in bekannter Weise die Kippspannung. Die lineare Kippspannung, die von + 12 V

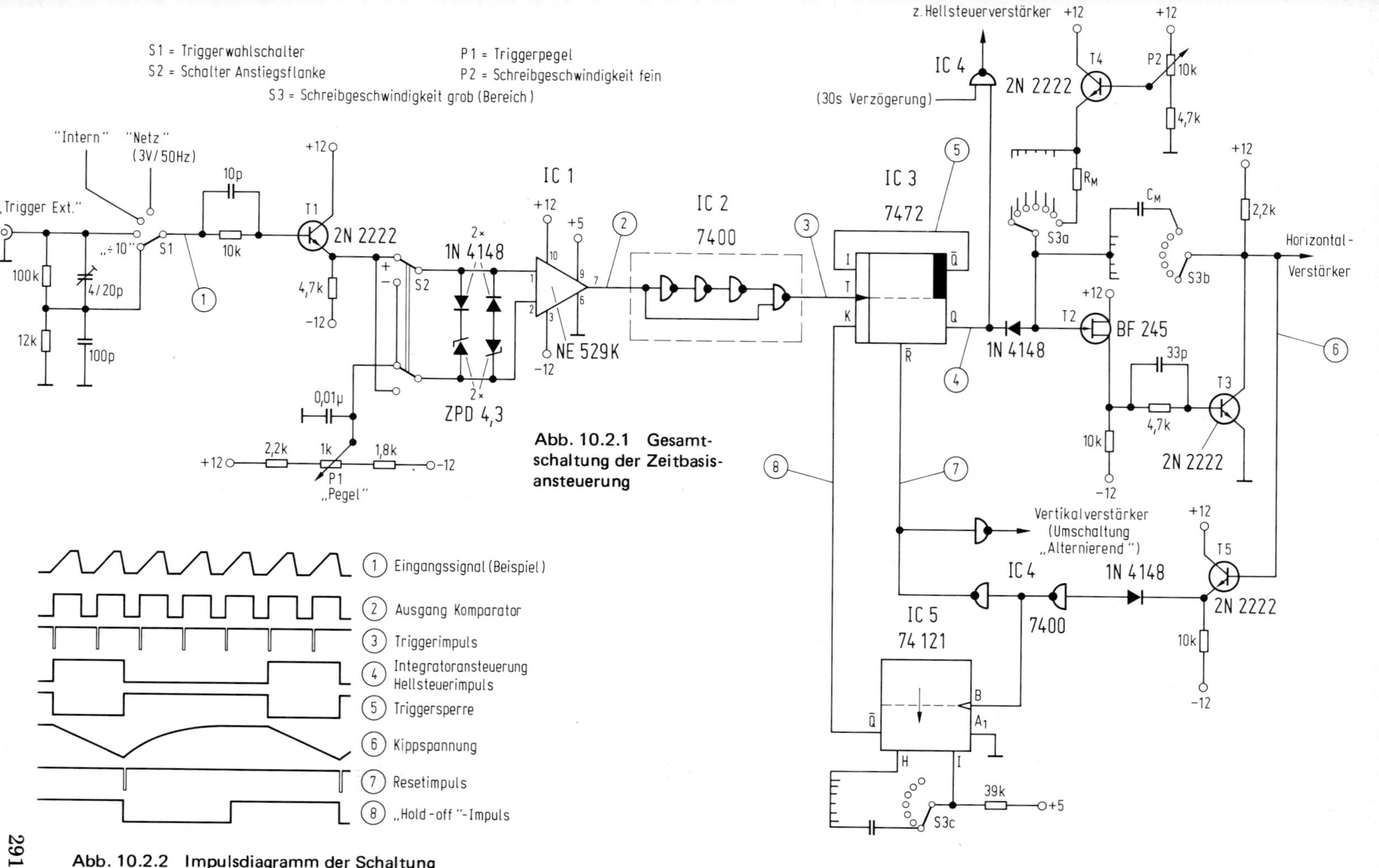

Abb. 10.2.1 Gesamtschaltung der Zeitbasisansteuerung

Abb. 10.2.2 Impulsdiagramm der Schaltung

ausgehend nach 0 läuft, kann am Kollektor von T 3 abgenommen werden und zum Horizontalverstärker geleitet werden.

Über den Impedanzwandler (T 5) und die beiden in Reihe geschalteten NAND-Gatter (IC 4) liegt die Kippspannung auch am Reset-Eingang des JK-Flipflops IC 3. Wenn die Kippspannung auf den Wert abgesunken ist, bei dem das erste NAND-Gatter umschaltet, entsteht am Reset-Eingang $\overline{R}$ das Rücksetzsignal für IC 3. Das Flipflop IC 3 geht in die Ruhelage zurück, Ausgang Q geht wieder auf L und nimmt den Strom durch R_m auf. Der Miller-Integrator kehrt in die Ausgangslage zurück, und damit ist auch der Reset-Impuls beendet.

Während der Erholzeit des Integrators darf das Flipflop IC 3 noch nicht wieder getriggert werden. Um das zu gewährleisten, wird mit der Vorderflanke des Reset-Impulses das Monoflop IC 5 ausgelöst. Während der Ausgangsimpulsdauer von IC 5 wird der K-Eingang von IC 3 auf L-Potential gelegt (Hold-off-Schaltung). Eine neue Triggerung der Zeitbasis ist also erst wieder möglich, wenn IC 5 in die Ruhelage zurückgeschaltet hat.

Vom Ausgang Q des JK-Flipflops, der während des Kipp-Hinlaufs auf H-Potential liegt, wird auch das Ansteuersignal für den Hellsteuerverstärker abgenommen. Bei Bedarf kann durch Verknüpfung im NAND-Gatter IC 4 zum Schutz der Oszillografenröhre eine Einschaltverzögerung realisiert werden. Dazu muß der zweite Eingang des Gatters durch eine Transistorschaltung für ca. 30 s nach dem Einschalten auf L gehalten werden. Während dieser Zeit gelangt kein Hellsteuerimpuls an die Röhre und die Katode bleibt in der Aufheizphase stromlos. Hat der Oszillograf einen mehrkanaligen Vertikalverstärker (zwei- oder vierkanalig), so kann als Umschaltsignal für den alternierenden Betrieb das Reset-Signal benutzt werden.

Rudolf Brockmann

10.3 Mehrfachausnutzung einer Leitung

Oft tritt der Fall ein, daß über eine vorhandene Leitung von einem Gerät zu einer Fernbedienung, meist nachträglich, mehr als eine Schaltfunktion benötigt werden. Eine Erweiterung soll wenig Aufwand bereiten und keine zusätzliche Stromversorgung im Bedienteil erforderlich machen. Das angegebene Prinzip ermöglicht es, auf einer Doppelleitung in jede Richtung zwei Signale zu übertragen. Eine Überwachung der Leitung, bzw. der Fernbedienung ist gleichzeitig möglich.

Der Widerstand R 1, die Leuchtdiode und die Z-Diode bilden einen Spannungsteiler *(Abb. 10.3.1).* Am Punkt a liegt eine Spannung von ca. +6 V. Der Strom ist so gering, daß die Leuchtdiode dunkel bleibt. Betätigt man Kontakt B, so wird der Strom auf etwa 20 mA erhöht und die Diode leuchtet. Die Spannung an Punkt a ändert sich kaum. Wird Kontakt A betätigt, so sinkt am Punkt a die Spannung um den Wert der Z-Spannung auf etwa +1 V. Beide Funktionen sind voneinander unabhängig. Wird die Leitung unterbrochen oder die Fernbedienung abgeschaltet, so steigt am Punkt a die Spannung auf 12 V an. Die verschiedenen Spannungswerte kann man leicht, z.B. durch Trigger, auswerten.

Betreibt man die Schaltung mit Wechselspannung, die ja in vielen Geräten vorhanden ist, kann man beide Halbwellen getrennt auswerten und es verdoppeln sich die Schaltfunktionen. *Abb. 10.3.2* zeigt eine solche Schaltung (Kontakt A gehört zur Funktion a usw.). Es ist zu beachten, daß die Spannungen an a und c gesiebt werden müssen und an c die Spannung negativ ist. Für R 1 kann man vorteilhaft einen Kaltleiter (Glühlampe) einsetzen. Dieses Prinzip läßt sich sehr leicht variieren. Die Kontakte können selbstverständlich durch Transistoren ersetzt werden, und an Stelle der Leuchtdiode kann man auch einen Transistor oder

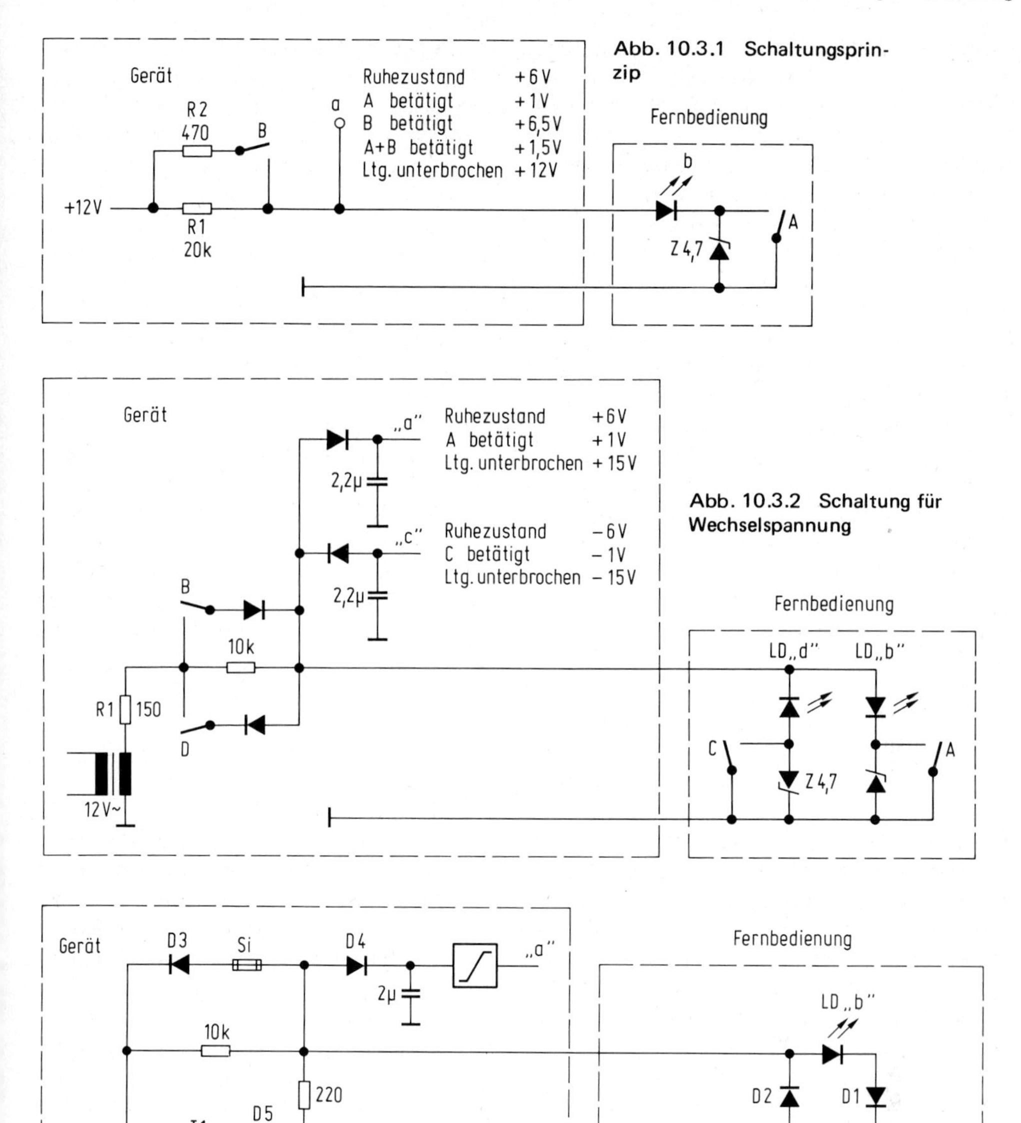

Abb. 10.3.1 Schaltungsprinzip

Abb. 10.3.2 Schaltung für Wechselspannung

Abb. 10.3.3 Bei dieser Schaltung kann gleichzeitig in beiden Richtungen ein Signal durchgegeben werden

Optokoppler ansteuern. Auch die Parallelschaltung zweier Bediengeräte ist möglich. Hierbei müssen allerdings die Kontakte A und C Tasten sein und ein Erlöschen der Anzeige im Parallelgerät während des Tastendrucks muß in Kauf genommen werden.

Eine besonders interessante Variante zeigt *Abb. 10.3.3.* Hier kann die Fernbedienung bei geringer Leistung für sonstige Zwecke ferngespeist und gleichzeitig in beiden Richtungen ein Signal durchgegeben werden. Die Diode D 1 ist wegen der geringen Sperrspannung der Leuchtdiode erforderlich. Die angegebenen Werte der Bauteile sollen nur zur Orientierung dienen. *Gerhard Iser*

10.4 Monolithischer Baustein multipliziert, dividiert, quadriert, radiziert

In [1] wurden *Analogmultiplizierer mit Stromverteilungssteuerung* beschrieben; ihre Blockschaltung ist in *Abb. 10.4.1* dargestellt. Die beiden zu multiplizierenden Spannungen gelangen nach vorheriger Umformung in den Verstärker mit variabler Steilheit. Seine Ausgangsstromdifferenz ist proportional zu dem Produkt der beiden Eingangsspannungen u_x und u_y. Sie wird mit Hilfe eines nachgeschalteten Operationsverstärkers in eine Spannung umgewandelt.

Bei den seinerzeit beschriebenen Analogmultiplizierern vom Typ 1495 sind der Operationsverstärker und alle Präzisionswiderstände nicht in der integrierten Schaltung enthalten. Zum Betrieb als Multiplizierer ist daher eine Reihe externer Bauelemente notwendig; vgl. Abb. 10.4.3 der zitierten Vorpublikation [1].

Von den amerikanischen Firmen Analog Devices und Intersil (BRD: Spezial-Electronic KG) werden *monolithisch integrierte Analogmultiplizierer* angeboten (Typ AD 530 bzw. ICL 8013), die sowohl den Ausgangs-Operationsverstärker als auch alle Widerstände auf einem Chip enthalten. Wie stark die äußere Beschaltung durch diese Maßnahmen vereinfacht wird, demonstriert *Abb. 10.4.2.* Man erkennt, daß außer den drei Nullpunkteinstellern N_x, N_y, N_z und dem Einsteller für die Recheneinheit P_E keine weiteren externen Bauelemente benötigt werden. Auch beim *Dividieren* und *Radizieren* ist der Aufwand nicht größer. Man

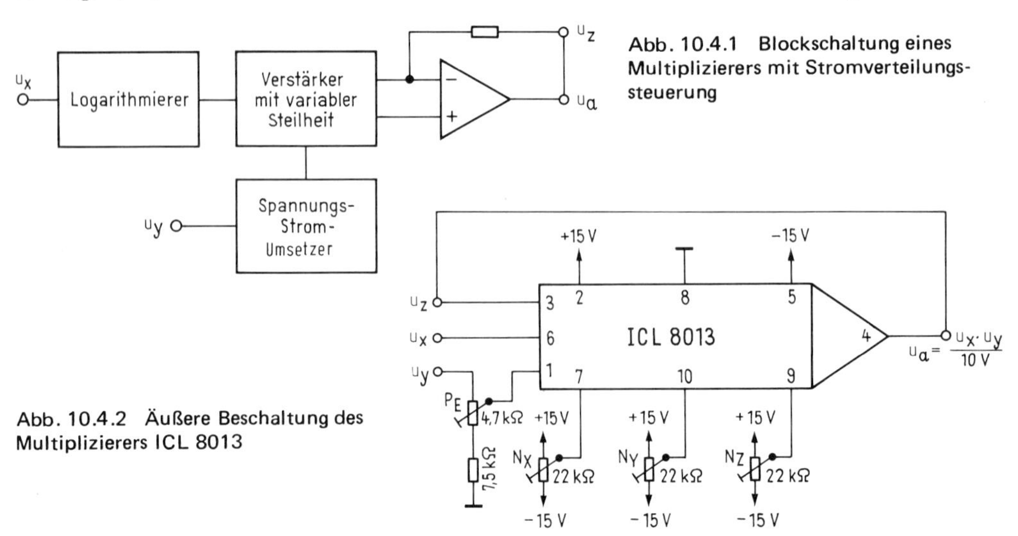

Abb. 10.4.1 Blockschaltung eines Multiplizierers mit Stromverteilungssteuerung

Abb. 10.4.2 Äußere Beschaltung des Multiplizierers ICL 8013

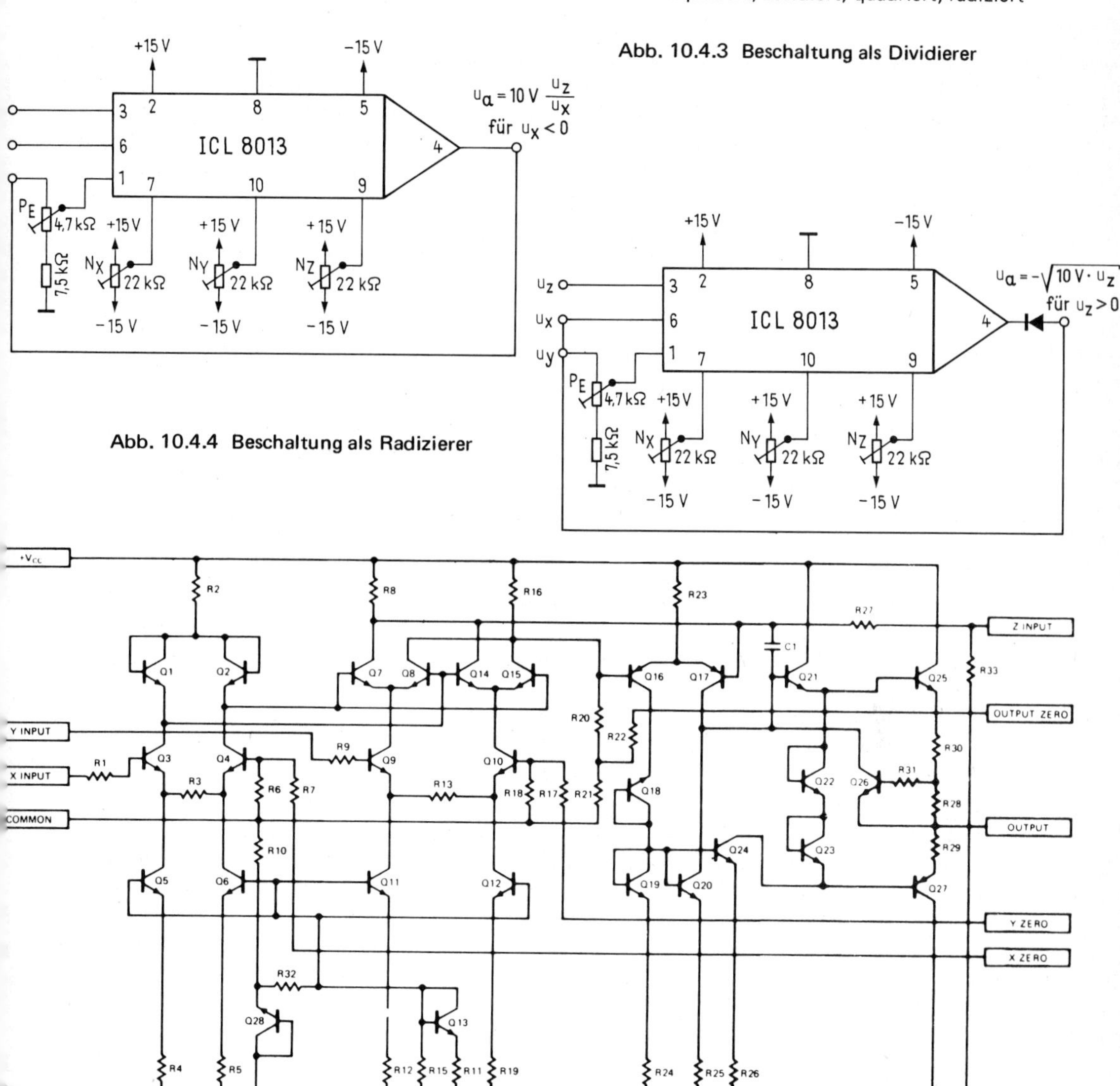

Abb. 10.4.3 Beschaltung als Dividierer

Abb. 10.4.4 Beschaltung als Radizierer

Abb. 10.4.5 Innenschaltung des Multiplizierers ICL 8013 (Originalschaltung Intersil)

braucht lediglich die Rückkopplung anders anzuschließen. Die entsprechenden Schaltungen sind in *Abb. 10.4.3* und *Abb. 10.4.4* dargestellt.

Den inneren Aufbau des Multiplizierers zeigt nach Firmenunterlagen [2] die *Abb. 10.4.5.* Die Transistoren Q 3 bis Q 6 bilden zusammen mit den als Dioden geschalteten Transistoren Q 1 und Q 2 den Logarithmierer für die Eingangsspannung u_x. Der Spannungs-Strom-Konverter ist durch die Transistoren Q 9 bis Q 12 realisiert. Die Transistoren Q 7, Q 8 und Q 14, Q 15 bilden das Kernstück des Multiplizierers, den Verstärker mit variabler Steilheit. Der Ausgangs-Operationsverstärker besteht aus den Transistoren Q 16 bis Q 27 und den zugehörigen Bauelementen [2, 3].

Aus der Tatsache, daß außer den Abgleichpotentiometern keine weiteren externen Bauelemente benötigt werden, folgt, daß die Genauigkeit des gesamten Multiplizierers vom Hersteller garantiert werden kann. Sie wird in der Regel als relative Abweichung vom Vollausschlag angegeben. Analog Devices und Intersil bieten verschiedene Ausführungen mit einer garantierten Höchstfehler-Grenze zwischen 0,5 und 2 % an. Die typischen Werte sind etwa halb so groß. Die Erfahrung hat gezeigt, daß bei richtigem Abgleich der Nullpunkte und der Recheneinheit die Abweichung bei kleineren Signalen nicht so groß ist. Sie läßt sich dann besser durch die Nichtlinearität des x- und y-Eingangs ϵ_x und ϵ_y beschreiben. Es gilt dann näherungsweise:

$$|\Delta u_a| = |u_x| \epsilon_x + |u_y| \epsilon_y$$

Daraus folgt, daß der Fehler am kleinsten wird, wenn man das größere Signal an den Eingang mit der kleineren Nichtlinearität anschließt. Diese Verhältnisse werden am besten durch ein Zahlenbeispiel verdeutlicht. Es sollen zwei Spannungen von 1 V bzw. 5 V mit dem Analogmultiplizierer ICL 8013 C multipliziert werden. Wenn man mit dem angegebenen Pauschalfehler von 1 % des Vollausschlags rechnet, ergibt sich

$$|\Delta u_a| = 1\,\% \cdot 10\text{ V} = 100\text{ mV}$$

Bei einer Ausgangsspannung von $u_a = 1\text{ V} \cdot 5\text{ V} / 10\text{ V} = 0{,}5\text{ V}$ entspricht dies einem relativen Fehler von 20 %. Die Nichtlinearität desselben Multiplizierers ist mit $\epsilon_x = 0{,}8\,\%$ und $\epsilon_y = 0{,}3\,\%$ angegeben. Mit $u_x = 1$ V und $u_y = 5$ V folgt daraus die Abweichung

$$|\Delta u_a| = 0{,}8\,\% \cdot 1\text{ V} + 0{,}3\,\% \cdot 5\text{ V} = 23\text{ mV}$$

Tabelle der wichtigsten Daten des Multiplizierers ICL 8013 CC

Funktion:	$u_a = u_x \cdot u_y/10$ V $u_a = 10\text{ V} \cdot u_z/u_x$
Max. Fehler (Multiplikation):	2 % der Vollaussteuerung
Linearitätsfehler am x-Eingang:	$\epsilon_x = 0{,}8\,\%$
Linearitätsfehler am y-Eingang:	$\epsilon_y = 0{,}3\,\%$
Nullpunktdrift (x, y, z):	2 mV/K
Kleinsignalbandbreite:	1 MHz
Großsignalbandbreite:	750 kHz
Anstiegsgeschwindigkeit:	45 V/µs
Eingangswiderstand für u_x:	10 MΩ
Eingangswiderstand für u_y:	6 MΩ
Eingangswiderstand für u_z:	36 kΩ
Eingangsspannungsbereich:	± 10 V
Ausgangsspannungsberich:	± 10 V bei 2 kΩ Last
Breitbandrauschen am Ausgang:	3 mV (Effektivspannung)
Betriebsspannung:	± 15 V
Ruhestromaufnahme:	± 3,5 mA
Gehäuse:	TO 100

Das entspricht einem relativen Fehler von nur 5 %. Dieser Wert erweist sich als viel realistischer als der oben berechnete [4].

In der *Tabelle* sind die wichtigsten Daten des Multiplizierers ICL 8013 CC zusammengestellt; er ist wohl der preiswerteste auf dem Markt. Es ist denkbar, daß durch diesen Multiplizierer ein ähnlicher *Durchbruch* gelingen wird wie seinerzeit bei den Operationsverstärkern mit der Einführung des Typs μA 709. *Dip.-Phys. U. Tietze und Dipl.-Phys. C. Schenk*

Literatur

[1] Tietze, U., Schenk, C.: Analogmultiplizierer mit Stromverteilungssteuerung. ELEKTRONIK 1971, H. 6, S. 189...194.

[2] Oneil, B.: A Precision Four Quadrant Multiplier. Application Bulletin A 011 der Firma Intersil.

[3] Burwen, R. S.: A Complete Monolithic Multiplier, Divider. Analog Dialogue, Bd. 5 (1971), H. 1, S. 3...15 (Hauszeitschrift der Firma Analog Devices).

[4] Datenblatt für Modell 429 A/B der Firma Analog Devices.

10.5 COS/MOS-Baustein als Analogschalter für Spannungsteiler

Variable Spannungsteiler, die elektrisch geschaltet werden sollen, wie es z.B. in Digital-Analog-Umsetzern der Fall ist, schaltet man entweder mit Reed-Relais und entsprechenden Relais-Treibern oder mit relativ teueren Analog-Schaltern auf Feldeffekt-Basis. Die charakteristischen Kenngrößen der Schalter sind dabei im wesentlichen der Widerstand R_{ein} im eingeschalteten Zustand sowie etwaige Restspannungen (Sättigungsspannungen) und Thermospannungen (vor allem durch Eigenerwärmung des Schalters, also bei Relais infolge der Erregerleistung zu beachten). Diese Spannungen, die nicht konstant sind, sowie die Instabilität der beschriebenen Widerstände treten als Störgrößen auf und legen die maximal erreichbare Stabilität des Teilers fest *(Abb. 10.5.1* und *10.5.2)*.

Während bei Reed-Relais die Werte der Änderungen des Kontakt-Übergangswiderstandes ΔR_{ein} bis 100 mΩ betragen und der Isolationswiderstand R_{aus} im offenen Zustand größenordnungsmäßig 10 GΩ beträgt, gibt es diskrete FET mit R_{ein} ab einige Ohm (Änderung nur durch Temperatureinfluß, ca. 0,7 %/°C), R_{aus} liegt wieder in der gleichen Größenordnung wie bei den Reed-Relais.

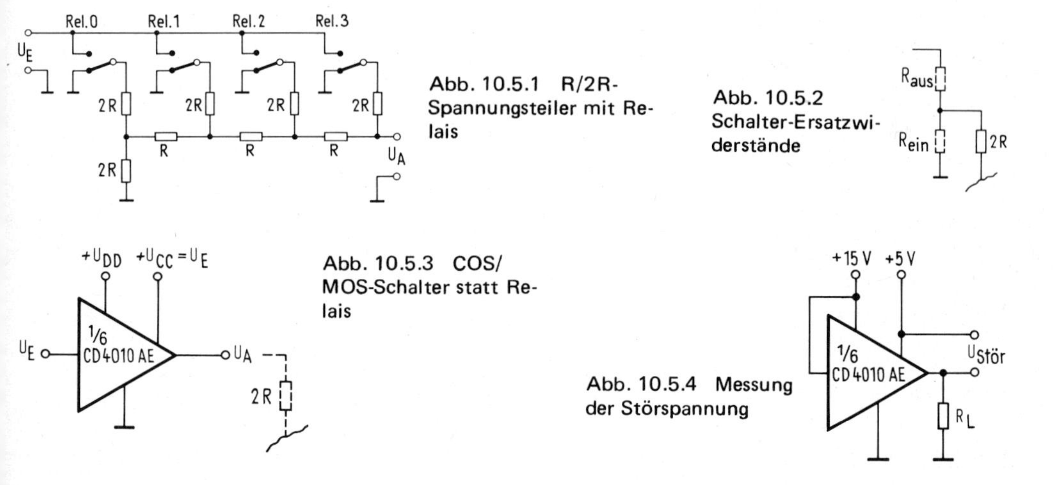

Abb. 10.5.1 R/2R-Spannungsteiler mit Relais

Abb. 10.5.2 Schalter-Ersatzwiderstände

Abb. 10.5.3 COS/MOS-Schalter statt Relais

Abb. 10.5.4 Messung der Störspannung

Bei umschaltenden Systemen ist der Störeinfluß von R_{aus} vernachlässigbar, sobald die Bedingung erfüllt ist: $R_{aus} \gg R_{ein}$. Diese Werte ermöglichen Teiler-Genauigkeiten bis zu 10^{-5}, wenn man auch die entsprechenden extrem guten Widerstände im äußeren Spannungsteiler mit mindestens 1 kΩ verwendet. Bei Verwendung kleinerer Widerstandswerte verringert sich die erreichbare Genauigkeit infolge des stärkeren Einflusses von R_{ein}. Verringert man die Anforderungen an die Genauigkeit des Teilers auf ca. 10^{-4}, was wegen des Temperaturkoeffizienten der üblichen Metalloxidwiderstände in vielen Anwendungsfällen genügt, so bietet sich die Möglichkeit an, COS/MOS-Pegelumsetzer als Schalter zu verwenden. Dies stellt eine raumsparende, billige Lösung dar. So befinden sich z.B. im integrierten Baustein CD 4010 AE von RCA in einem 16poligen Dual-in-line-Gehäuse sechs COS/MOS-TTL-Pegelumsetzer mit FET-Gegentakt-Ausgangsstufen, die als Umschalter an eine positive Spannung U_{CC} von 0...15 V gelegt werden können. Die Restspannung am Schalter hängt von dieser Schaltspannung U_{CC}, vom Belastungswiderstand R sowie von der Hilfsspannung U_{DD} und von der Temperatur ab *(Abb. 10.5.3)*. Sie ist bei kleinen Spannungen U_{CC} wesentlich kleiner als bei größeren; ebenso ist es zweckmäßig, die Hilfsspannung U_{DD} möglichst hoch zu wählen, da bei geringen Unterschieden zwischen U_{DD} und U_{CC} (unter 0,1 V Unterschied) aus schaltungstechnischen Gründen die Restspannung ziemlich groß wird. Der Belastungswiderstand R_L muß hoch sein: bei U_{DD} = 15 V und U_{CC} = 5 V ergibt sich z.B. für den ungünstigsten Schaltzustand (R_L gegen Masse, Schaltzustand „high", siehe *Abb. 10.5.4*) bei R_L = 100 kΩ eine Restspannung von 3,4 mV, bei R_L = 10 kΩ beträgt diese Spannung bereits 22 mV.

Die vom Hersteller angegebene Bedingung $15\ V \geqq U_{DD} \geqq U_{CC}$ muß unbedingt eingehalten werden, da sonst der Baustein zerstört werden würde. Die Ansteuerung des Bausteines muß mit einer der Spannung U_{DD} entsprechenden Spannung erfolgen. Es empfiehlt sich daher mit TTL-Ansteuerung die Verwendung von Treibern mit offenen Kollektoren, falls aus Stabilitätsgründen $U_{DD} > 5$ V erforderlich ist.

Die Eigenerwärmung des Bausteines ist wie bei allen COS/MOS-Bausteinen extrem gering, da die Leistungsaufnahme nur 0,5 μW beträgt, wodurch auch Thermospannungen vermieden werden. Der Steuerstrom beträgt 10 pA typisch, die Eingangskapazität 5 pF.

Franz Buschbeck und Gerhard Silberbauer

10.6 Erweiterter Anwendungsbereich des Zeitgebers NE 555

Bei der Anwendung des Timers NE 555 (z.B. von der Firma Signetics bzw. Valvo) gibt es im astabilen Betrieb einige Einschränkungen. So läßt sich ein Tastverhältnis $t_H/t_L = 1$ nur annähernd erreichen; $t_H/t_L < 1$ ist laut Datenblatt und Applikationsberichten nicht möglich. Außerdem ist die Zeit, während der der Gegentaktausgang auf H-Potential liegt (t_H), von den beiden Widerständen R_A und R_B abhängig (siehe *Abb. 10.6.1)*. In vielen Fällen würde es eine Schaltung vereinfachen, wenn das invertierte Ausgangssignal zur Verfügung stünde.

Diese Nachteile lassen sich durch nur ein zusätzliches Bauelement (eine Diode) beseitigen (Abb. 10.6.1).

Während des Ladezyklus ($U_6 = \frac{1}{3} U_B \rightarrow \frac{2}{3} U_B$) ist die Diode im leitenden Zustand und somit R_B kurzgeschlossen.

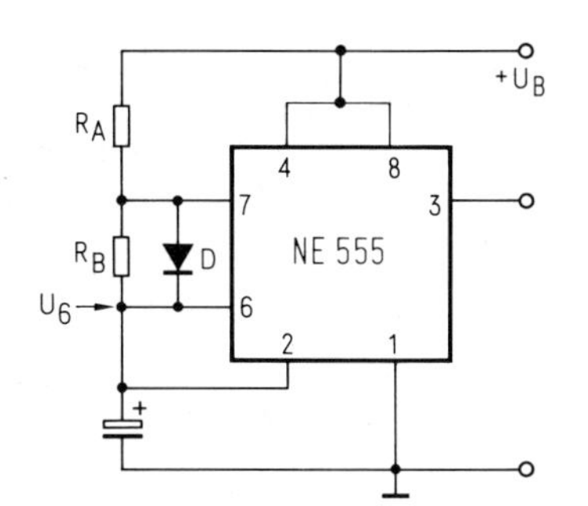

Abb. 10.6.1 Die Beschaltung des Zeitgebers NE 555 enthält als zusätzliches Bauelement eine Diode

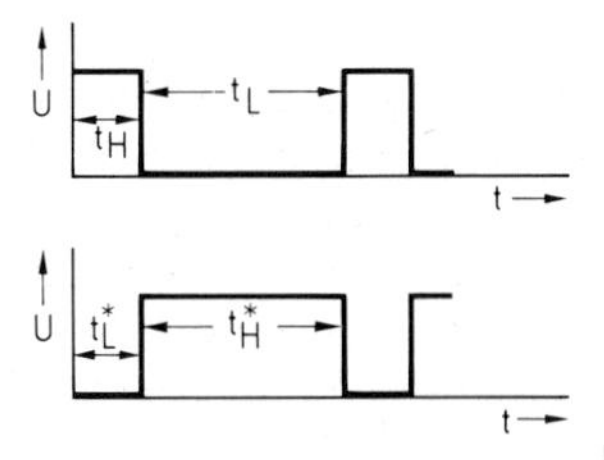

Abb. 10.6.2 Änderung des Tastverhältnisses bei Inversion des Signals

Ladezeit:

$$t_H = \left(- \ln \frac{\frac{2}{3} U_B - U_D - \frac{1}{3} U_B}{\frac{2}{3} U_B - U_D} \right) R_A \, C,$$ wobei U_D die Flußspannung der Diode

ist.

Vereinfacht:

$$t_H = \left(\ln \frac{2\,U_B - 1{,}8\text{ V}}{U_B - 1{,}8\text{ V}} \right) R_A \, C$$

Die Ladezeit t_H ist somit unabhängig von R_B, wird allerdings von der Betriebsspannung beeinflußt.

Mit der Näherung $\frac{dt_H}{dU_B} = \frac{\Delta t_H}{\Delta U_B}$, also für kleine Änderungen der Betriebsspannung, ergeben sich folgende Abhängigkeiten:

$$\Delta t_H = \frac{-0{,}9\,RC}{U_B^2 - 2{,}7\,U_B} \Delta U_B,$$

näherungsweise für $U_B > 10$ V folgt $\Delta t_H = \frac{-0{,}9\,RC}{U_B^2} \Delta U_B$

Damit beträgt die relative Abweichung

$$\frac{\Delta t_H}{t_H} = \frac{-90}{(U_B^2 - 2{,}7\,U_B) \ln \frac{2\,U_B - 1{,}8}{U_B - 1{,}8}} \Delta U_B \text{ [in \%]}$$

Der Temperaturkoeffizient von U_D wurde hier nicht berücksichtigt. Er dürfte in den meisten Fällen vernachlässigbar sein.

Während des Entladezyklus ($U_6 = \frac{2}{3} U_B \rightarrow \frac{1}{3} U_B$) ist die Diode gesperrt.

$$\text{Entladezeit: } t_L = \left(\ln \frac{\frac{2}{3} U_B}{\frac{1}{3} U_B} \right) R_B C$$

$$\boxed{t_L = 0{,}69\ R_B C}$$

t_L ist also sowohl von U_B als auch von R_A unabhängig. Die beiden Zeiten t_H und t_L lassen sich völlig unabhängig voneinander einstellen.

Mit dem Zeitgeber können somit beliebige Tastverhältnisse realisiert werden, auch $\frac{t_H}{t_L} < 1$.

Bei Verwendung einer genügend eng tolerierten Versorgungsspannung kann die Spannungsabhängigkeit von t_H im allgemeinen gegenüber den Bauelementetoleranzen vernachlässigt werden. Wird am Ausgang das invertierende Signal benötigt, so dimensioniere man R_A und R_B nach dem Kehrwert des ursprünglichen Tastverhältnisses (t_H wird $t_L{}^*$, t_L wird t_H^*, siehe *Abb. 10.6.2).*

Hans-Peter Baumeister

10.7 Phasenschieber für Lock-in-Verstärker

Das Ausgangssignal U_a eines Lock-in-Verstärkers *(Abb. 10.7.1)* erreicht sein Maximum, wenn das Meßsignal $U_m(t)$ in Phase mit dem Referenzsignal $U_r(t)$ ist. Um diese Bedingung zu erfüllen, muß im Referenzkanal ein Phasenausgleich von $\varphi_r = \varphi_m$ herbeigeführt werden, weil das Testobjekt im Meßkanal eine Phasenverschiebung φ_m hervorruft. Außerdem muß das Referenzsignal U_r den Lock-in-Verstärker eindeutig triggern. Bei der Verwendung eines rechteckförmigen Triggersignals U (Abb. 10.7.1) kann diese Forderung nur mit einem Phasenschieber erfüllt werden, dessen Sprungantwort nur einen Nulldurchgang je Eingangsflanke aufweist (Abb. 10.7.4). Daher können bestimmte, im Handel befindliche Phasenschieber mit einem Phasenausgleichsbereich von 0°...360° nicht verwendet werden. Denn die betreffenden Phasenschieber sind als Allpässe 2. Ordnung aufgebaut und haben eine Sprungantwort mit Mehrfach-Nulldurchgang *(Abb. 10.7.2)*, was zu einer Mehrfach-Triggerung und somit zur Falschbewertung des Meßsignals U_m führt.

Im folgenden wird nun eine Phasenschieberschaltung beschrieben, die eine derartige Falschbewertung ausschließt. Allerdings muß ein eingeschränkter Phasenausgleichsbereich von 0°...180° bzw. − 180°...0° in Kauf genommen werden. Das Kernstück der Gesamtschaltung ist ein Allpaß 1. Ordnung [1]. Die in *Abb. 10.7.3* gezeigte Schaltung stellt eine Art Differenzverstärker [4] dar. Das heißt, die Eingangsspannung U_1 liegt im Kanal A direkt am invertierenden Eingang, während im Kanal B ein RC-Glied dem nichtinvertierenden Eingang (U_2) vorgeschaltet ist. Am Ausgang erscheint die Spannung $U_o = U_{oA} + U_{oB}$.

Darin ist $U_{oA} = -U_1 \cdot R_o/R_1$ die Komponente des Kanals A und $U_{oB} = U_2 \cdot \left(\frac{R_o + R_1}{R_1}\right)$ die Komponente des Kanals B. Da U_2 von U_1 abgeleitet ist, ergibt sich U_2 aus der Übertragungsfunktion des RC-Gliedes [2] ($T = R \cdot C$)

$$\frac{U_2}{U_1} = \frac{1}{(1 + sT)}$$

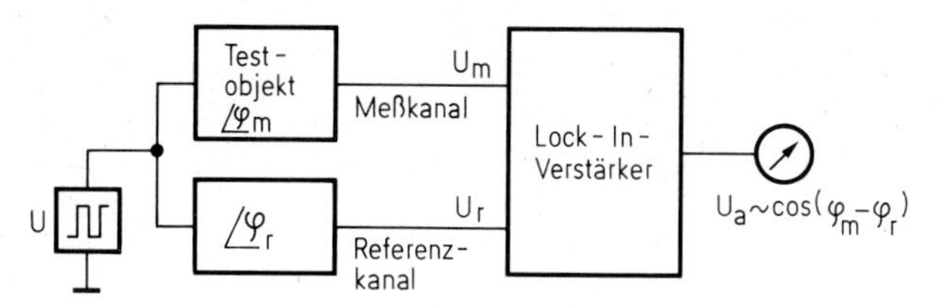

Abb. 10.7.1 Blockschaltung einer Testschaltung mit Lock-in-Verstärker

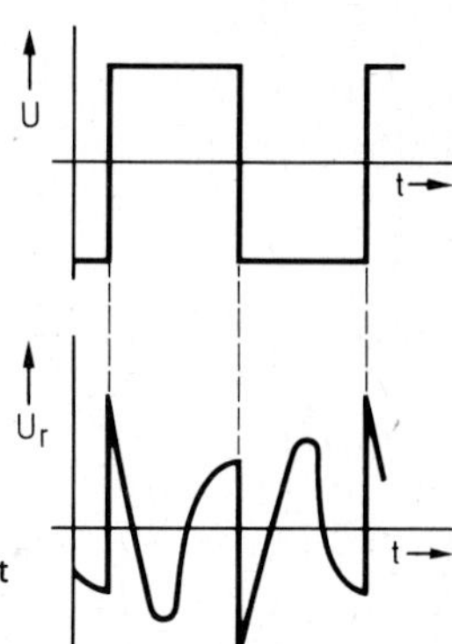

Abb. 10.7.2 Typische Sprungantwort eines Allpasses 2. Ordnung

Abb. 10.7.3 Allpaß 1. Ordnung; a) Schaltung, b) Amplitudengang, c) Phasengang, d) Übertragungsfunktion in der komplexen Frequenzebene [2]

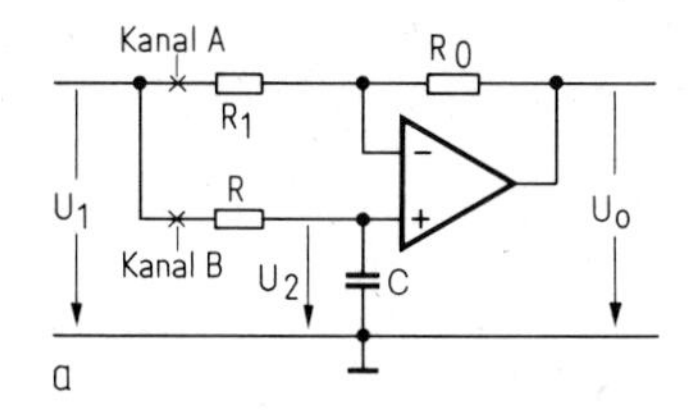

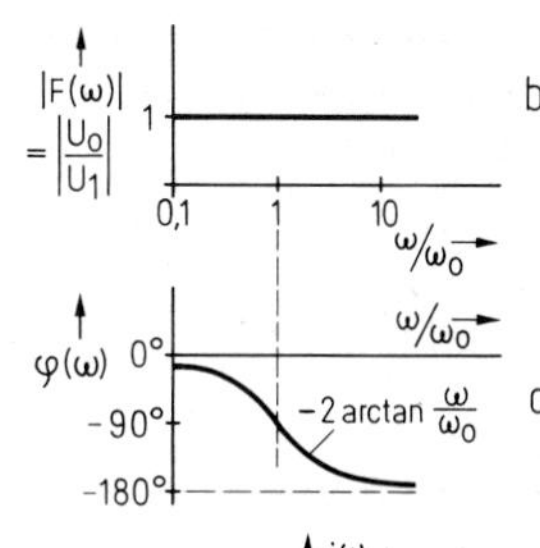

Die Ausgangsspannung U_o des Allpasses ist dann

$$U_o = \frac{U_1}{(1+sT)} \cdot \frac{R_o + R1}{R1} - U_1 \frac{R_o}{R1}$$

und für R_o = R1 ergibt sich die Übertragungsfunktion des Allpasses *(Abb. 10.7.3 d)*

$$F(s) = \frac{U_o}{U_1} = \frac{(1-sT)}{(1+sT)} = \frac{(1-s/\omega_o)}{(1+s/\omega_o)}$$

Hierin ist $T = RC = 1/\omega_o$ und ω_o die Eckfrequenz des RC-Gliedes. Der Vollständigkeit halber sei noch der Frequenzgang angegeben ($s = j\omega$)

$$F(\omega) = \frac{(1-j\omega/\omega_o)}{(1+j\omega/\omega_o)}$$

woraus der Amplituden- und Phasengang folgt *(Abb. 10.7.3 b* und *10.7.3 c):*

$$|F(\omega)| = 1; \; \varphi(\omega) = -2 \arctan \omega/\omega_o$$

Aus der weiter oben ermittelten Übertragungsfunktion

$$F(s) = \frac{(1-s/\omega_o)}{(1+s/\omega_o)} = -\left[\frac{(s-\omega_o)}{(s+\omega_o)}\right]$$

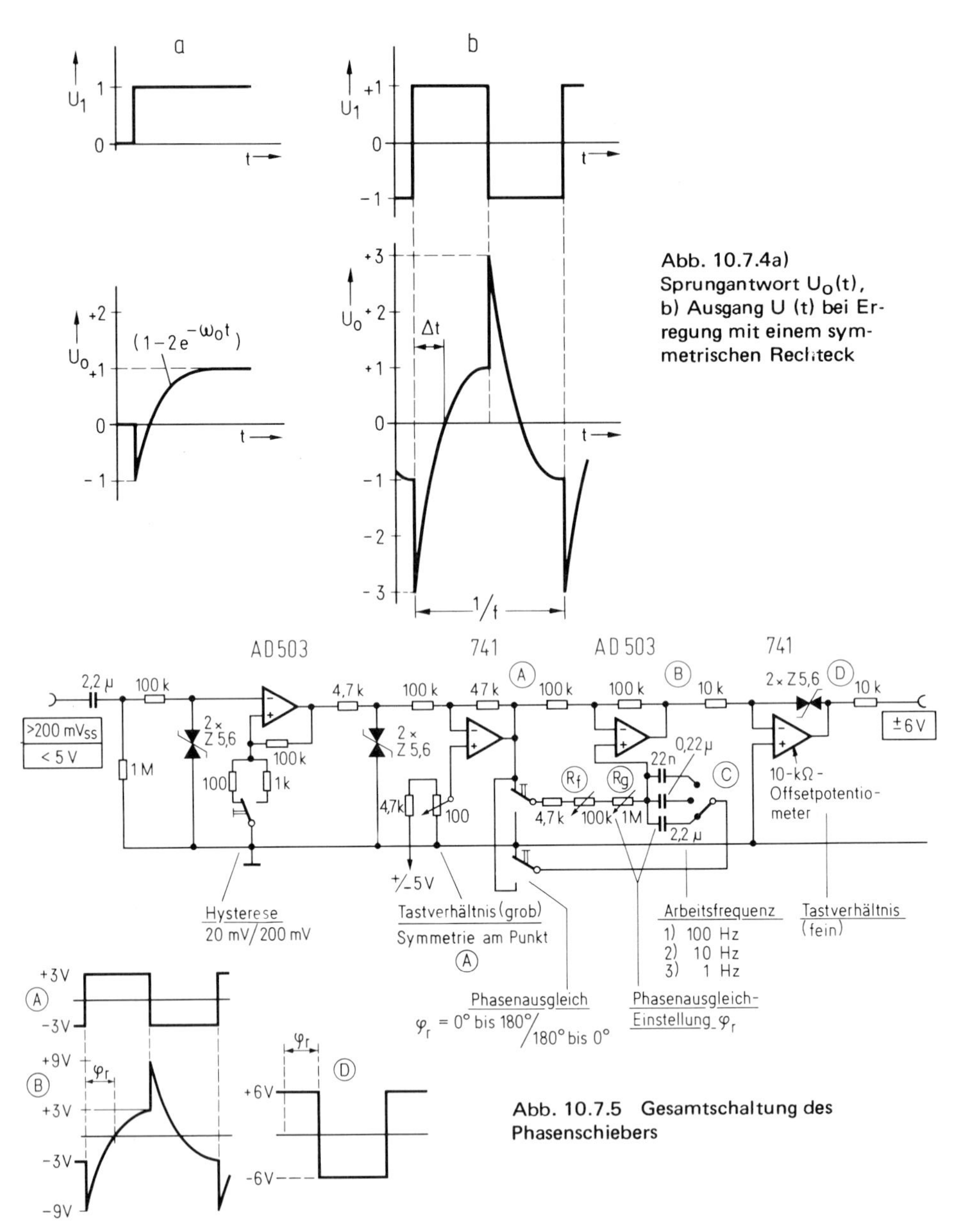

Abb. 10.7.4a) Sprungantwort $U_0(t)$, b) Ausgang U (t) bei Erregung mit einem symmetrischen Rechteck

Abb. 10.7.5 Gesamtschaltung des Phasenschiebers

läßt sich durch Laplace-Transformation [2, 3] die Sprungantwort *(Abb. 10.7.4 b)* des Allpasses ermitteln

$$f(t) = (1 - 2 \cdot c^{-\omega_0 t})$$

Abb. 10.7.4 b zeigt die Ausgangsspannung des Allpasses bei Erregung mit einem symmetrischen Rechteck.

Nun zur Gesamtschaltung in *Abb. 10.7.5.* Am Eingang wurde ein wechselspannungsgekoppelter Schmitt-Trigger vorgesehen, um von der Eingangskurvenform weitgehend unabhängig zu sein. Die vom Schmitt-Trigger erzeugten Rechteckpulse werden in der zweiten Stufe symmetriert, so daß am Punkt A normierte Pulse mit ca. ± 3 V entstehen. Dieser Amplitudenbereich darf nicht überschritten werden, weil sonst der Ausgang des Allpasses (Punkt B) übersteuert wird. Denn, wie in Abb. 10.7.4 b gezeigt, beträgt der Ausgangsspannungsbereich des Allpasses ±3 V, wenn die Eingangserregung von —1 V auf +1 V springt. Das bedeutet hier: Eine Eingangserregung von U_1 = ±3 V führt zu einer Spitzenaussteuerung von ±9 V am Ausgang (Punkt B).

Die Ausgangsstufe ist ein Nulldetektor, der jeweils bei den Nulldurchgängen am Punkt B umschaltet und so ein eindeutiges Triggersignal am Punkt D für den Referenzkanal des Lock-in-Verstärkers erzeugt. Das heißt, es wird ein Rechtecksignal produziert, das um Δ t gegenüber dem Eingangssignal verschoben ist ($\Delta t < \frac{1}{2} \cdot \frac{1}{f}$; Abb. 10.7.4b). Die Verschiebung Δ t = 1,39 T stellt man mit dem Potentiometer R_f bzw. R_g durch Veränderung der Zeitkonstanten $T = RC = (R_f + R_g) \cdot C$ ein. Für eine bestimmte Frequenz f des Triggersignals kann Δt auch als Phasenausgleich $\varphi_r = 360^\circ \cdot \Delta t \cdot f$ angegeben werden.

Ing. (grad.) Hansjürgen Vahldiek

Literatur

[1] Schwarz, H.: Frequenzgang- und Wurzelortskurvenverfahren. Bibliogr. Inst. Mannheim 68.
[2] Vahldiek, H.: Übertragungsfunktionen (1973), Verlag Oldenbourg, München.
[3] Holbrook, J. G.: Laplace-Transformation (1970), Vieweg & Sohn.
[4] Vahldiek, H.: Operationsverstärker (1973), Franckh'sche Verlagshandlung, Stuttgart.

10.8 Vierkanalschalter für Nf-Oszillografen mit automatischer Triggerung

Bei üblichen Zweikanal- oder Vierkanalschaltern für Oszillografen ist normalerweise nur eine Triggerung von einem Kanal her möglich. Bei der hier beschriebenen Schaltung wird eine Zwangstriggerung für jeden Kanal erreicht. Gleichzeitig hat die Zeitbasis vier verschiedene unabhängig voneinander einstellbare Ablenkzeiten, die jeweils mit umgeschaltet werden.

Abb. 10.8.1 zeigt die Prinzipschaltung. Das RS-Flipflop möge am Ausgang A auf L-Pegel sein. Der astabile Multivibrator ist blockiert und der 8-bit-Zähler wird auf null festgehalten. Der 2-bit-Zähler stehe so, daß über den 2-bit-Decoder der Analogschalter 1 eingeschaltet und alle anderen ausgeschaltet sind. Die Ausgangsspannung des 2-bit-D/A-Umsetzers ist dann null.

Ein Nulldurchgang der über den Eingang 1 eintreffenden Frequenz setzt das RS-Flipflop am Ausgang A auf H. Der astabile Multivibrator (AMV) beginnt auf einer durch R1 (und ein festes C) vorgegebenen Frequenz zu schwingen, was über den 8-bit-Zähler und den 8-bit-D/A-Umsetzer am Ausgang X einen linearen Spannungsanstieg zur Folge hat. Ist dieser Zähler vollgelaufen, so bewirkt der Übertragsimpuls das Rücksetzen des RS-Flipflops. Der Analogschalter 1 wird aus- und der Schalter 2 eingeschaltet, über den 2-bit-D/A-Umsetzer wird eine vertikale Versetzung des Oszillografenstrahles hervorgerufen; anschließend wird der 8-bit-Zähler auf null gesetzt und der AMV abgeschaltet. Außerdem wird die neue Frequenz des AMV jetzt von R2 (und dem festen C) abhängen, wenn er wieder eingeschaltet wird. Der Vorgang kann sich beim Nulldurchgang einer über den Eingang 2 eintreffenden Frequenz wiederholen. So werden alle Analogschalter der Reihe nach geöffnet und der Oszillografenstrahl entsprechend den Stufenspannungen des 2-bit-D/A-Umsetzers versetzt, bis wieder der Eingang 1 an der Reihe ist.

Die Schaltung hat in dieser einfachen Form drei Nachteile:

1. Beim Umschalten von einem Analogschalter auf den nächsten kann ein Nulldurchgang der neuen Frequenz vorgetäuscht werden. Damit wird die Triggerung unstabil.
2. Bei großen Frequenzunterschieden der Eingangsfrequenz gibt es große Helligkeitsunterschiede.
3. Beim Fehlen einer Eingangsfrequenz bleibt der Schalter auf diesem Kanal stehen, auch die Zeitablenkung bleibt auf null, so daß nur ein Punkt auf dem Bildschirm abgebildet wird.

Bei der vollständigen Schaltung nach *Abb. 10.8.2* sind diese Nachteile vermieden worden.

Zu 1:
Dem Verstärker und Impulsformer für die Nulldurchgänge der eintreffenden Frequenz f sind ein JK-Flipflop FF 1 und ein monostabiler Multivibrator MV 1 nachgeschaltet. Erst *zwei* Perioden der gerade darzustellenden Frequenz liefern eine negative Flanke am Ausgang von FF 1, mit der der MV 1 getriggert wird. Dessen negativer Nadelimpuls setzt dann in beschriebener Weise das RS-Flipflop. Dadurch werden Fehltriggerungen beim Umschalten der Analogschalter vermieden. Das Rücksetzen des FF 1 vom RS-Flipflop her ist wichtig, damit für den Triggereinsatz definierte Anfangsbedingungen geschaffen werden, da sonst Fehltriggerungen möglich sind.

Zu 2:
Der Übertragungsimpuls aus dem 8-bit-Zähler wird nicht direkt als Takt für den 2-bit-Zähler genommen, der die Kanalumschaltung vornimmt, sondern er triggert die monostabile Kippstufe MV 2 und geht über ein Verriegelungsgatter auf die Takteingänge. Der MV 2 verriegelt dieses Gatter für eine von seinem RC-Glied abhängige Zeit. Das bewirkt, daß die Darstellungszeit auf dem Bildschrim pro Kanal etwa gleich bleibt. Für höhere Frequenzen läuft der Sägezahn also entsprechend öfter durch und das Bild wird öfter geschrieben. Die übrige Triggerung wird dadurch nicht beeinflußt.

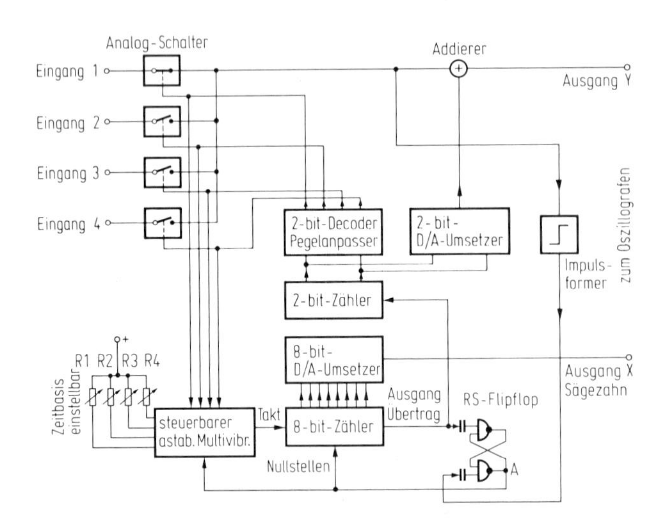

Abb. 10.8.1 Prinzipschaltung des Vierkanalschalters

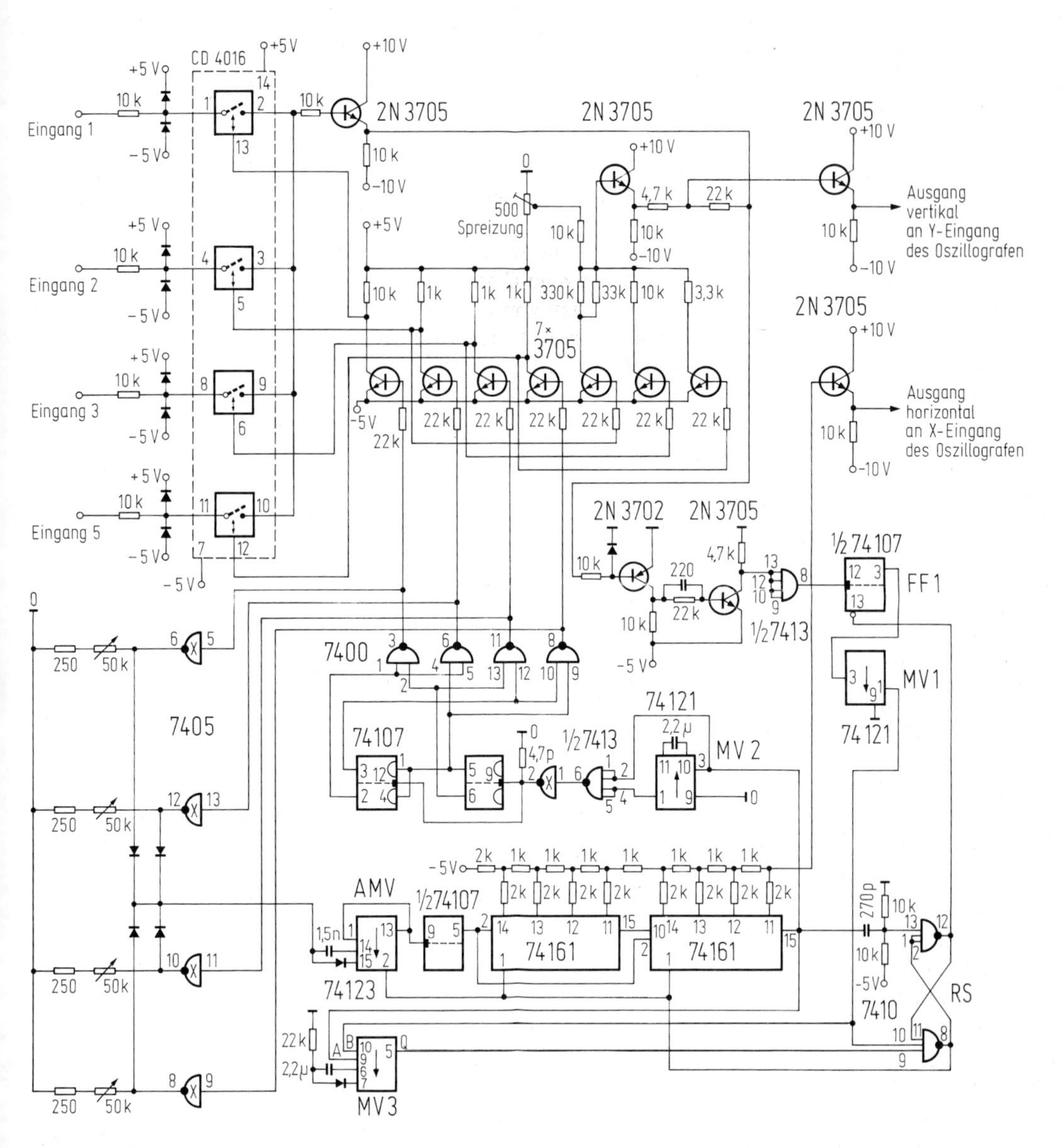

Abb. 10.8.2 Ausgeführte Schaltung des Vierkanalschalters mit automatischer Triggerung auf vier Kanälen sowie mit umschaltbarer Zeitbasis und Freilaufautomatik

Zu 3:
Um den in Punkt 3 beschriebenen Nachteil zu vermeiden, muß man eine Freilaufautomatik einführen, die hier durch den MV 3 bewirkt wird. Dieser ist wiedertriggerbar, und seine Periodendauer (bestimmt durch sein RC-Glied) ist länger als die längste zu triggernde Periode. Über die positive Flanke der Nadelimpulse des MV 1 wird MV 3 über den Eingang B dauernd getriggert, so daß der Ausgang Q immer auf H-Pegel liegt.

Fehlt die Eingangsfrequenz eines Kanals, so kippt MV 3 an Q nach der durch sein RC-Glied bestimmten Wartezeit nach L und setzt seinerseits das RS-Flipflop. Die Ablenkung wird damit gestartet. Nach Ablauf der vorgesehenen Ablenkzeit wird der nächste Kanal angewählt und MV 3 über den Eingang A wieder in den aktiven Zustand gebracht. Damit ist alles wieder für eine Zwangstriggerung vorbereitet. Sollte die Eingangsfrequenz auch in diesem Kanal fehlen, wird die Freilaufautomatik nach der vorgesehenen Wartezeit erneut in Gang gebracht.

Die freilaufende Frequenz des AMV kann durch die Widerstände R1...R4 in den vier Kanälen getrennt vorgegeben werden. Bei einem C von 1500 pF ergibt das bei einer Variation von R_n von 40 kΩ...250 Ω Sägezahnlängen von 8...0,08 ms. Längere Zeiten sind möglich; aber da der Kanalschalter im alternierenden Modus arbeitet, fängt das Bild dann an zu flackern. Deshalb wurde als untere Grenze für das Einsetzen der Freilaufautomatik und für die Helligkeitssteuerung ca. 100 Hz gewählt. Kürzere Zeiten bis zu 0,02 ms kann man durch Verkleinern des Kondensators auf 100 pF erreichen.

Solche Eigenschaften, wie höchste Übertragungsfrequenz, Nebensprechen, Klirrfaktor usw., hängen von den verwendeten Transmissions-Gattern ab. Beim hier verwendeten CD 4016 ist die obere Frequenzgrenze z.B. ca. 1 MHz (−3 dB).

Die letzten vier Widerstände im Leiternetzwerk des 8-bit-D/A-Umsetzers, die den größten Beitrag zum Sägezahn liefern, müssen u.U. abgleichbar gemacht werden, da die TTL-Flipflops nicht definiert nach Plus schalten. Bei hohen Ansprüchen an die Linearität des Sägezahns empfiehlt es sich, einen komfortableren D/A-Umsetzer mit getrennten Transistorschaltern zu verwenden. Hier wurden synchrone Dualzähler benutzt, um Sägezahnfehler durch Verzögerungszeiten in den Zählern zu vermeiden. Will man jeden Kanal noch gegen jeden vertikal verschieben können, so muß man die Kollektorwiderstände des 2-bit-D/A-Umsetzers durch (logarithmische) 50-kΩ-Einstellwiderstände ersetzen.

Die Triggerung erfolgt, wenn die Eingangsspannung durch null geht. Deshalb muß auch der Spitzenwechselspannungsanteil der Eingangsspannung immer größer sein als der Gleichspannungsanteil, sonst setzt die Triggerung aus. Der Hub der Eingangsspannung darf etwa U_{ss} = ±4,5 V betragen. Größere Eingangsspannungen begrenzen die Schutzdioden vor den Analogschaltern auf zulässige Werte. Alle negativen Spannungsversorgungseingänge der TTL-IS liegen an −5 V, die positiven an Masse.

Dipl.-Phys. H.-M. Ihme

Literatur

[1] Tietze, U. und Schenck, CH.: Halbleiter Schaltungstechnik. Springer Verlag.

[2] Mc Guire, P.L.: Multivibrator clock obeys digital Commands. Electronics, H. 19, (Sept. 11, 1972), S. 108.

10.9 Digitaler 8-Kanal-Schalter für Oszillografen

Bei der Untersuchung digitaler Schaltungen interessiert meist nicht die Größe der Spannungen, sondern die zeitliche Relation mehrerer Signale zueinander. *Abb. 10.9.1* zeigt die Schaltung eines Mehrkanalschalters, der die Darstellung von acht verschiedenen logischen Signalen mit einem Einkanal-Oszillografen ermöglicht. Der erforderliche Bauteileaufwand ist äußerst gering, da keine analogen Spannungen geschaltet werden müssen und kein Eingangsspannungsteiler erforderlich ist.

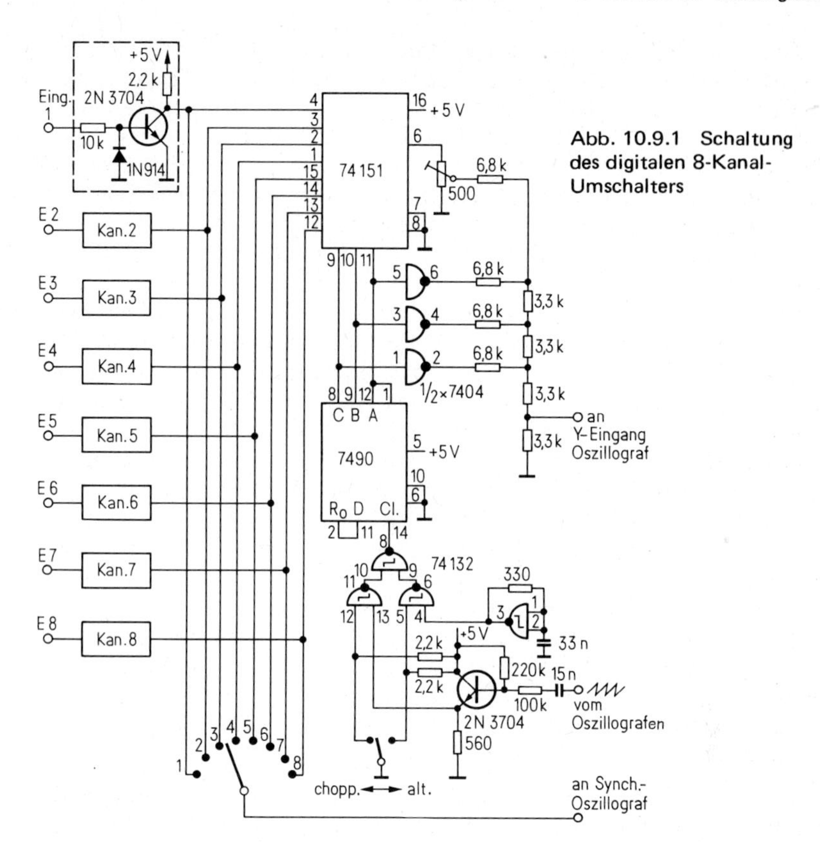

Abb. 10.9.1 Schaltung des digitalen 8-Kanal-Umschalters

Kernstück der Schaltung ist ein TTL-8-Kanal-Multiplexer 74151, der von einem 3-bit-Dualzähler (7490 oder 7493) angesteuert wird. Der Zähler kann wahlweise mit einer hohen asynchronen Frequenz (chopping), die mit dem Schmitt-Trigger 74132 erzeugt wird, getaktet werden oder mit der vom Oszillografen abgenommenen Ablenkfrequenz (Sägezahnausgang, ca. 10 V; alternating). Zur vertikalen Verschiebung der acht Signale auf dem Oszillografenschirm dient ein R-2R-Netzwerk, das die Ausgangssignale des Zählers und des Multiplexers in entsprechenden Verhältnissen addiert. Die Summenspannung am Ausgang (ca. 1,5 V) muß hochohmig abgenommen werden (Y-Eingang des Oszillografen). Das Potentiometer am Ausgang des Multiplexers muß so eingestellt werden, daß sich die Digitalsignale auf dem Oszillografenschirm nicht überschneiden. Die acht Eingangsschaltungen sind identisch. Durch den Transistor am Eingang wird eine Anpassung an verschiedene Logikpegel erreicht, z.B. TTL oder COSMOS. Über einen mehrpoligen Schalter kann das Signal ausgewählt werden, mit dem getriggert werden soll. Die Schaltung ist für Frequenzen bis zu einigen 100 kHz brauchbar.

Dipl.-Phys. Jürgen Rathlev

10.10 Digitaler Zeitgeber

Aufbau und Wirkungsweise

Zur Messung der Beschleunigungskräfte, die auf den Glühstrumpf einer auf einer Seetonne installierten Gaslaterne wirken, sind dort, wo normalerweise der Glühstrumpf sitzt, drei Beschleunigungsaufnehmer für die Koordinaten X, Y und Z angebracht. Die Meßwerte werden mit einem Telemetrie-System auf eine Landstation per Funk übertragen, dort decodiert und auf einem Magnetband zur weiteren Bearbeitung gespeichert. Das Telemetrie-System umfaßt neben den Modulatoren und Demodulatoren einen Sender und einen Empfänger für die Landstation und einen Sender sowie einen Empfänger für die Bojenstation. Die Bojenstation wird mit einem 12-Volt-Akkumulator gespeist, es muß also auf minimalen Leistungsverbrauch geachtet werden.

Je nach Erfordernis soll der Bojensender 1 x 10 min bis maximal 6 x 10 min einschalten und die Meßwerte aussenden. Zur Steuerung der Sendezeit ist ein Zeitgeber erforderlich. Dieser muß zuerst den vom Landsender kommenden Befehl speichern und dann auf Sendebetrieb umschalten, und er muß nach Ablauf der programmierten Sendezeit den Sender ab- und den Empfänger wieder einschalten.

Einen solchen Zeitgeber stellt die Schaltung nach *Abb. 10.10.1* dar. Sie ist mit MOS-Bausteinen aufgebaut und hat einen maximalen Stromverbrauch von 2 mA bei U_{cc} = 12 V (ohne Relais).

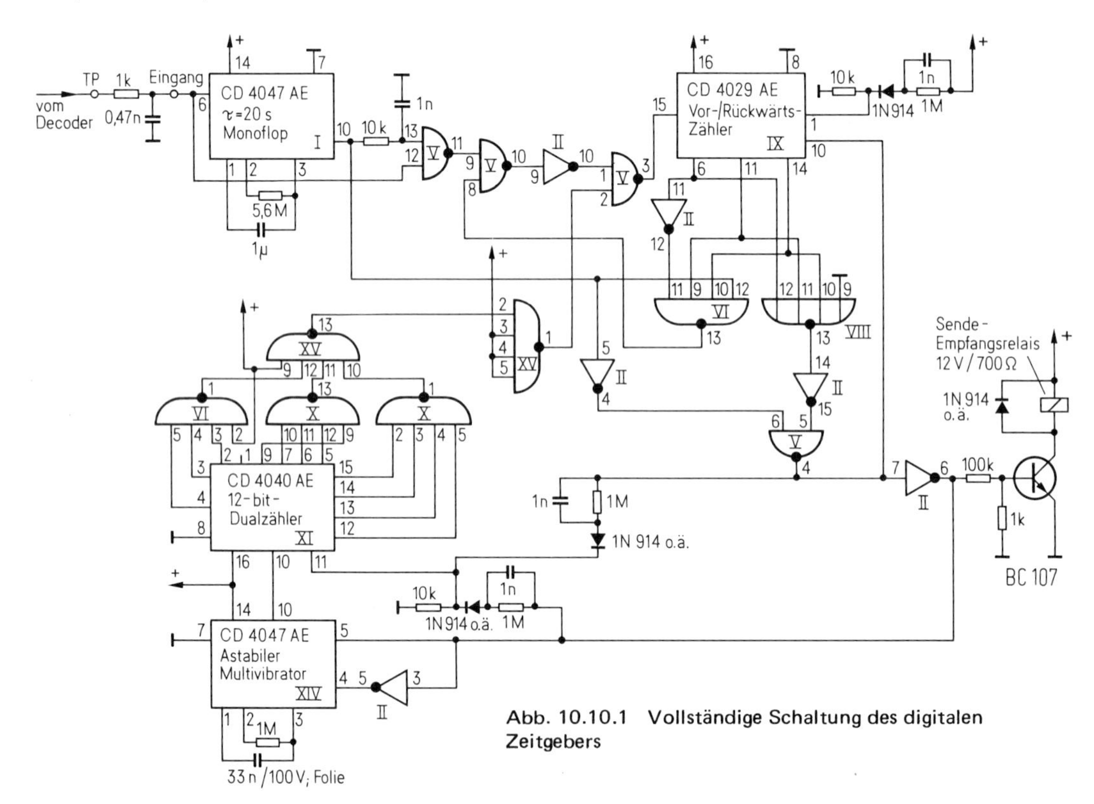

Abb. 10.10.1 Vollständige Schaltung des digitalen Zeitgebers

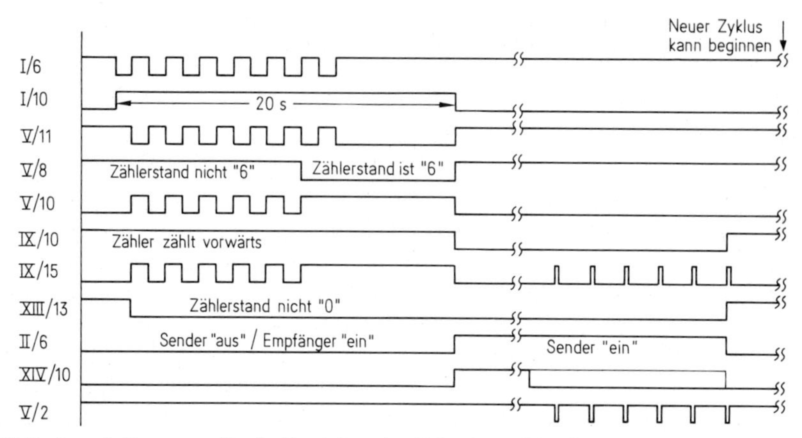

Abb. 10.10.2 Impulsdiagramm für die Funktion des Zeitgebers. Die römischen Zahlen beziehen sich auf den jeweiligen Baustein, die arabischen auf die Anschlußnummer

Programmierung der Sendezeit

Der Sender der Landstation wird kurz ein- und wieder ausgeschaltet. Das bedeutet für die Bojenstation: Es soll 1 x 10 min gesendet werden. Wird der Sender der Landstation zwei-, drei- oder viermal kurz hintereinander ein- und ausgeschaltet, so soll der Bojensender 20, 30 bzw. 40 min lang senden. Die Sendedauer soll jedoch 60 min nicht überschreiten. Außerdem soll der Programmiervorgang in 15 s beendet sein.

Wirkungsweise

Die Ausgangsspannung des Demodulators im Bojenempfänger beträgt im Ruhezustand 12 V. Wenn die Landstation sendet, springt die Spannung auf etwa 0 V (Punkt I/6). Die Ausgangsspannung des Monoflops springt für etwa 20 s auf 12 V und ermöglicht damit das Hineinzählen der Impulse in einen als Vorwärtszähler geschalteten Vor-/Rückwärtszähler. Durch Abfragen des Zählerstandes „6" und dem damit verbundenen Blockieren des Zähleinganges wird verhindert, daß der Zähler weiter als bis „6" zählt *(Abb. 10.10.2).* Der Rücksprung des Monoflops in seine stabile Lage bewirkt

- Umschalten von Empfang auf Senden,
- Umschalten der Zählerbetriebsarten „Vorwärts" und „Rückwärts",
- Einschalten des astabilen Multivibrators (AMV), der eine Schwingung mit einer Frequenz von etwa 6,8 Hz erzeugt.

Die Ausgangsimpulse des AMV werden mit einem 12-bit-Dualzähler gezählt. Durch Abfrage des Zählerstandes $(2^{12}-1) = 4095$ wird ein Impuls gewonnen, der den Zählerstand um „1" vermindert. Es ist hier ein beliebig erweiterbarer Langzeit-Timer mit guter Zeitkonstanz realisiert worden. Ist der Zählerstand des Vor-/Rückwärts-Zählers bei „0" angelangt, so wird

- von Senden auf Empfang umgeschaltet,
- der Multivibrator (AMV) abgeschaltet und der Inhalt des 12-bit-Dualzählers rückgesetzt auf „0"
- der Vor-/Rückwärts-Zähler wieder auf Betriebsart „Vorwärts" geschaltet (Punkt IX/10).

Ing. (grad.) H. Haberkamp

Literatur

[1] RCA-COS/MOS Integrated Circuits Manual
[2] RCA-COS/MOS Standard-Digitalbausteine. Programmübersicht 3/74.

10.11 Schaltung mit variablen Tunneldiodeneigenschaften

Mit drei Transistoren läßt sich eine Schaltung mit der Charakteristik einer Tunneldiode aufbauen, bei der man die wichtigsten Kenndaten wie Spitzenstrom, Talstrom und Impedanz mit Trimmpotentiometern einstellen kann. *Abb. 10.11.1* zeigt den prinzipiellen Aufbau, *Abb. 10.11.2* die dazugehörige Kennlinie. Der Transistor T 3 ist das einzige Element im Laststromkreis (A-B). Beim Anlegen einer kleinen, positiven Betriebsspannung bekommt T 3 den Basisstrom über die Widerstände R 1 und R 2. Die Regeltransistoren T 1 und T 2 sind in diesem Fall im nichtleitenden Zustand, weil R 2 so niederohmig ist, daß sie keinen Basisstrom bekommen. Wird die Betriebsspannung erhöht, dann steigt der Basisstrom i_{C3}/β_3 ebenfalls mit an. Mit i_{B3} wird aber auch der Spannungsabfall $U_2 = i_{B3} \cdot R\,2$ größer. U_2 wird schließlich so groß, daß zwischen den Punkten C und B der Wert $U_{BE1} + U_{BE2}$ ausreicht, um T 1 und T 2 durchzusteuern. Die Transistoren unterstützen den Vorgang (durch Mitkopplung), bis der Transistor T 2 in der Sättigung arbeitet und T 3 sperrt. Die Schaltung bleibt jetzt über den hochohmigen Hilfsstromkreis (R 1, R 2, T 2) leitend. Die Größe der Impedanz für diesen Betriebsfall kann in weiten Grenzen gewählt werden. Es gibt dazu zwei grundsätzliche Möglichkeiten:

- mit der Basisansteuerung (R 1)
- mit Transistorkaskaden.

Bei Verringerung der Betriebsspannung erreicht der Strom seinen Talpunkt. Bei diesem Arbeitspunkt reicht der Kollektorstrom von T 2 nicht mehr aus, um die Transistoren T 1 und T 2 leitend zu halten, und T 2 öffnet den Transistor T 3 im Hauptstromkreis. Im Übergangsbereich hat die Schaltung – ähnlich der Tunneldiode – einen negativen Widerstand.

Mit R 2 und R 1 können Spitzenstrom und Umkehrspannung eingestellt werden *(Abb. 10.11.3, Abb. 10.11.4)*. Eine sinnvolle Anwendung zeigt *Abb. 10.11.5.*

Für den Aufbau eignen sich am besten Transistor-Arrays. Die Transistoren haben wegen des selben Basismaterials und des gleichen Herstellungsprozesses auch ähnliche elektrische

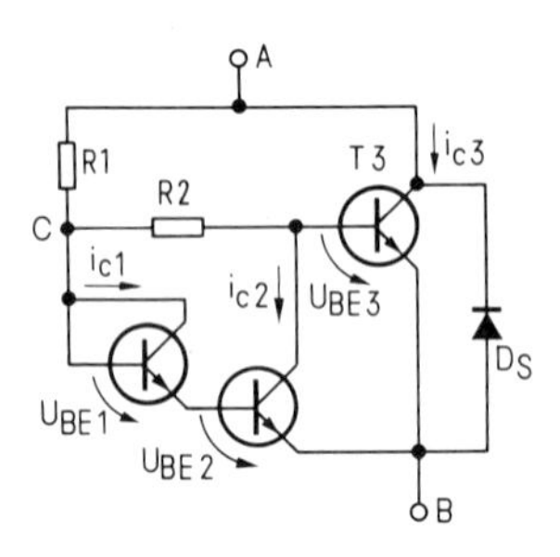

Abb. 10.11.1 Prinzipschaltung der „variablen Tunneldiode" (D_S = Schutzdiode)

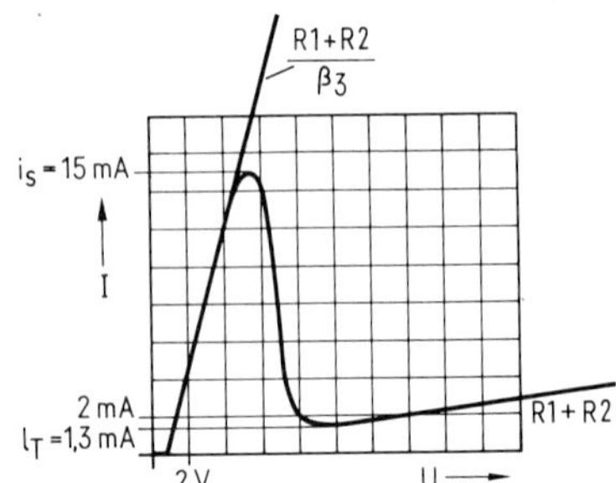

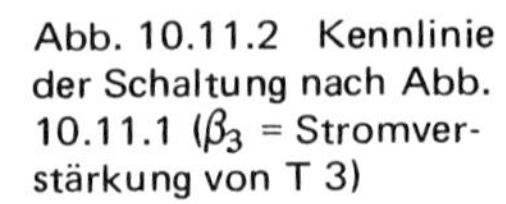

Abb. 10.11.2 Kennlinie der Schaltung nach Abb. 10.11.1 (β_3 = Stromverstärkung von T 3)

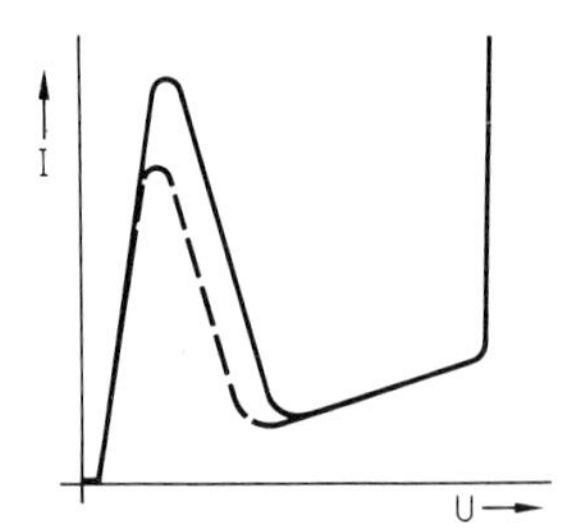

Abb. 10.11.3 Änderung des Spitzenstroms mit R2

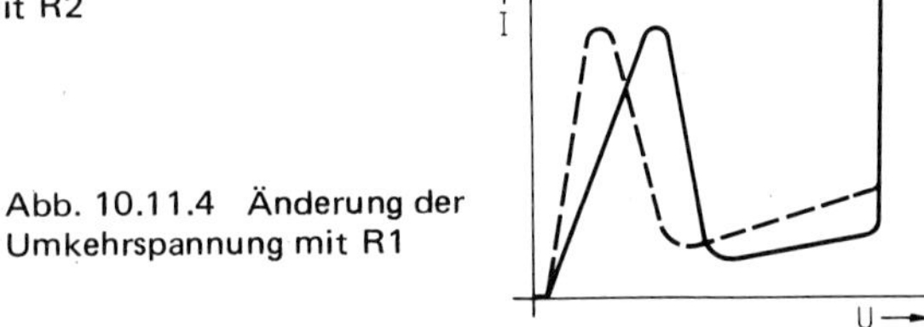

Abb. 10.11.4 Änderung der Umkehrspannung mit R1

Parameter. Die Berechnung des Indikatorwiderstandes R 2 für einen gewünschten Spitzenstrom i_s läßt sich dann nach Einsetzen der Parameter einfach durchführen:

$$R\,2 = \frac{\left(U_{BE3} - \frac{kT}{q} \ln \beta^3\right) \beta}{2\, i_s},$$

kT/q = 26 mV bei 27 °C, β = Stromverstärkung.

Für den zugehörigen Talstrom i_T gilt:

$$i_T = 2 \cdot \frac{\left(U_{BE3} - \frac{kT}{q} \ln \beta\right)}{R2}.$$

Ing. (grad.) German Grimm

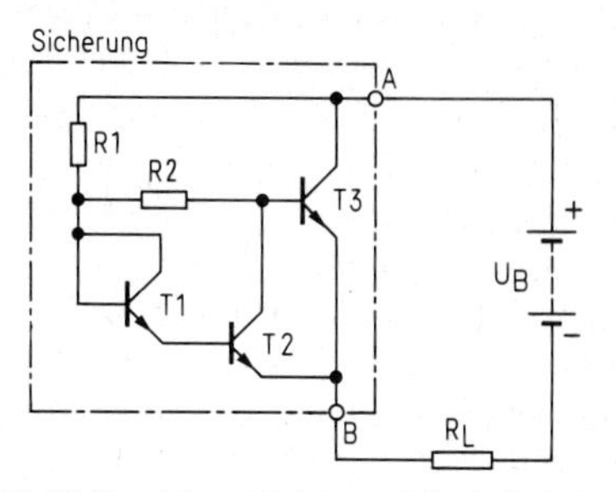

Abb. 10.11.5 „Variable Tunneldiode" als Sicherung: Nach dem „Abschalten" wird der Hauptstromkreis hochohmig aufrechterhalten

10.12 Steuerschaltungen für Leuchtdiodenmatrizen

Leuchtfelder, die laufende oder ruhende Buchstaben und Zeichen darstellen, sind seit langem üblich. Im folgenden geht es um die Anzeige eines einzelnen Punktes in einem x/y-Koordinatensystem mittels Leuchtdioden (LED) und integrierten Schaltungen. Der Leuchtpunkt kann dabei ruhend eine bestimmte x/y-Kombination anzeigen, oder er kann repetierend ($f < 3$ kHz) Kurven und Zeichen darstellen. Bereits eine (5/10)-Matrix liefert erkennbare Kurven.

Analoges Anzeigesystem

Diesem System liegt der integrierte Baustein UAA 170 von Siemens [1, 2, 5] zugrunde. Ersetzt man die ursprünglich dort vorgesehenen Leuchtdioden durch Optokoppler (OK), so arbeitet der UAA 170 völlig normal; die Ausgänge der Optokoppler werden nun direkt an

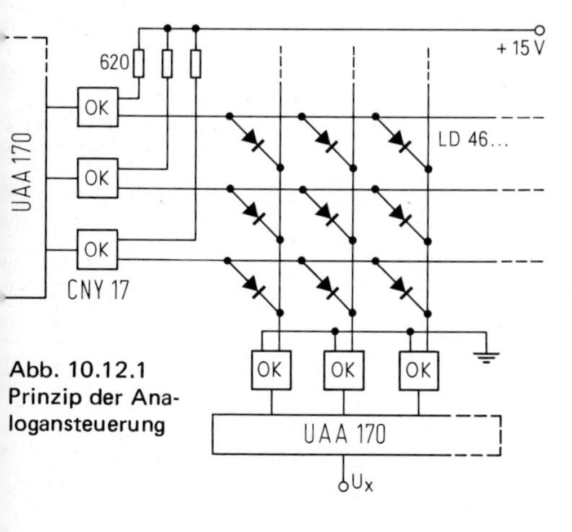

Abb. 10.12.1 Prinzip der Analogansteuerung

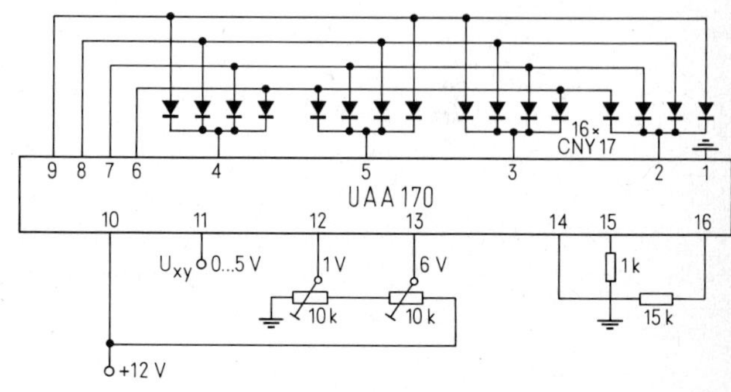

Abb. 10.12.2 Beschaltung der integrierten Schaltung UAA 170

die x/y-LED-Matrix angeschlossen. *Abb. 10.12.1* zeigt das Prinzip für eine (3/3)-Matrix. *Abb. 10.12.2* zeigt die Beschaltung eines der beiden Bausteine UAA 170. Kostengünstig ist eine (16/16)-Matrix. Sind weniger Matrix-Punkte erwünscht, so müssen die dann freien UAA 170-Ausgänge mit Leuchtdioden anstelle der Optokoppler abgeschlossen werden. Sind mehr Matrix-Punkte erwünscht, werden zwei Bausteine UAA 170 hintereinandergeschaltet (= 30 Zeilen und Spalten).

Digitales Anzeigesystem

Die Grundlage der Ansteuerung mit logischen Schaltungen zeigt *Abb. 10.12.3.* Sowohl x als auch y werden nach dem selben System angesteuert:

x_1	x_2		y_1	y_2	
0	0		0	0	
1	0	+	1	0	⟶ LED a...i
1	1		1	1	

Jede x-Kombination ergibt mit jeder y-Kombination jeweils einen bestimmten Matrix-Punkt, dessen Leuchtdiode dadurch aufleuchtet, daß Reihe und Spalte verschiedenes Potential mit richtiger Polung annehmen. Eine Vergrößerung der Reihen- und Spaltenzahl ist durch Vermehrung des jeweiligen Mittenelements in Abb. 10.12.3 möglich. Die Leuchtdioden werden durch die TTL-Schaltungen 7400 und 7408 direkt angesteuert, also ohne Treiber.

Digitale Ansteuerung

Man stelle sich vor, daß obige Tabellen erhalten werden, indem man in die Anschlüsse der x-Reihe bzw. der y-Spalte, die ursprünglich auf 0 liegen, seriell 1 einschiebt (Pfeil in Abb. 10.12.3). Das kann mit je einem Serien/Parallel-Schieberegister (7496), den x- und y-Eingängen vorgesetzt, erfolgen. Z.B. lassen zwei x-Pulse und ein y-Puls die Diode f aufleuchten.

Analoge Ansteuerung

Will man, wie beim analogen Anzeigesystem, die x- und y-Eingänge mit je einer stetig variablen Spannung ansteuern, so hat man vor jeden Eingang einen einstellbaren Schwellwert-

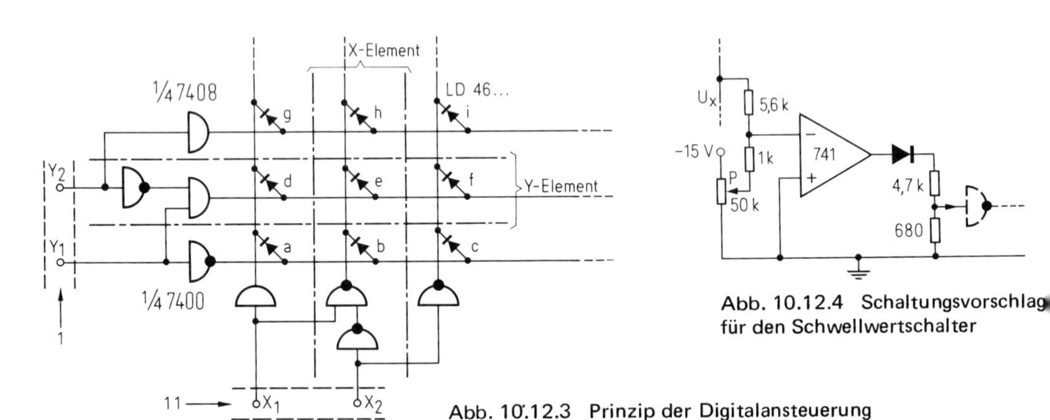

Abb. 10.12.4 Schaltungsvorschlag für den Schwellwertschalter

Abb. 10.12.3 Prinzip der Digitalansteuerung

Vergleich

Anzeige	Leucht-übergang	Justierung	Kosten (16/16)	Aufbau
analog	weich	einfach	hoch	einfach
digital (digit. angest.)	abrupt	keine	gering	einfach
digital (analog angest.)	abrupt	diffizil	mittel	aufwendig

schalter zu setzen, der beim Ansprechen den jeweiligen x- bzw. y-Eingang hochlegt. Der Schwellwert, bei dem der Komparator *(Abb. 10.12.4)* anspricht, wird mit P eingestellt. Die einzustellenden Schwellwerte entsprechen den jeweiligen x- bzw. y-Spannungswerten, bei denen der Leuchtpunkt um einen Schritt fortgeschaltet werden soll.

Die aufgeführten heutigen Kosten der Ansteuerungen sind reine Bauteilekosten ohne Mengenrabatte, ohne Stromversorgung und Platinen. Dazu kommen die Kosten für die Leuchtdiodenmatrix. Außer dem Baustein UAA 170 sind nur Standard-Bauelemente [4] erforderlich. Die analoge und die analog/digitale Ansteuerung wurden bei Niederfrequenz mit Erfolg erprobt bei Frequenzvergleichs- und Phasenmessungen nach dem Lissajous-Prinzip [5].

Dr.-Ing. G. Schnell

Literatur

[1] Schaltbeispiele 1974/75. Druckschrift der Siemens AG.
[2] Zum Thema integrierte Schaltungen. Druckschrift der Siemens AG, 1974.
[3] Leuchtdiodenzeile ersetzt Instrumentenzeiger. ELEKTRONIK 1974, H. 1, S. 28.
[4] Krause, G. und Keiner, F.: Optoelektronische Bauelemente. ELEKTRONIK 1975, H. 6, S. 87...94.
[5] Czech: Oszillografenmeßtechnik. Verlag für Radio-Foto-Kinotechnik, Berlin 1960.

11 Hobbyschaltungen

11.1 Quarzgesteuerter Empfänger mit integrierter Schaltung

Der beschriebene Empfänger *(Abb. 11.1.1)* ist für AM-Empfang im Bereich 27...30 MHz (Amateurfunk, Jedermannfunk, Fernsteuern) konzipiert. Nach entsprechender Änderung der Kreise mit L1, L2 und L6 läßt sich selbstverständlich auch jede andere Frequenz unter 40 MHz empfangen. Aufgrund der geringen Stromaufnahme von etwa 13 mA ist auch Batteriebetrieb möglich (z.B. als Empfänger in Personensuchanlagen auf 13,56 MHz).

Schaltungsbeschreibung

Ein Eingangsbandfilter (L1 und L2) sorgt für eine ausreichende Spiegelfrequenzselektion und hält starke Signale, die unterschiedlich zur Empfangsfrequenz sind, von der Vorstufe fern. Das Signal gelangt nach Durchlaufen der Vorstufe auf den doppelt balancierten Mischer des TCA 440. Der ebenfalls in der integrierten Schaltung enthaltene Oszillator ist ein Differenzverstärker. Der in Serienresonanz betriebene Quarz wird dadurch nur wenig belastet. Aufgrund der verwendeten Zwischenfrequenz von 455 kHz muß der Quarzoszillator um diese 455 kHz unter- oder oberhalb der Empfangsfrequenz schwingen.

Auf den Mischer folgt ein 4-Kreis-Keramikfilter (2 x SFD 455); siehe hierzu *Abb. 11.1.2.* Der Kreis L3 verbessert die Weitabselektion. Die sich dem integrierten Zf-Verstärker anschließende Transistorstufe mit den Kreisen L4 und L5 gleicht die Verluste der Keramikfilter wieder aus und bringt das Zf-Signal auf Werte, die eine verzerrungsarme Demodulation an der Diode D gewährleisten. Die Niederfrequenz wird über einen Tantalkondensator ausgekoppelt und der Gleichspannungsanteil wird gesiebt auf den Regelspannungsverstärker gegeben. Die Regelspannung für die Vorstufe wird aus der Regelspannung des Zf-Verstärkers abgeleitet und zusätzlich verzögert. Am Anschluß 10 des Bausteins TCA 440 kann außerdem ein Feldstärkeindikator angeschlossen werden.

Betriebs- und Aufbauhinweise

Der einwandfreie Abgleich eines Bandfilters (L1, L2) ist nur mit einem Wobbelsichtgerät möglich. Ein Abgleich "nach Gehör" bringt trotzdem ausreichende Ergebnisse. Auch die Zf-Kreise lassen sich so problemlos einstellen. Der Abgleich des Oszillatorkreises läßt sich leicht durchführen, wenn ein ausreichend starkes Signal auf der Empfangsfrequenz am Eingang anliegt. Der Quarz sollte den Oszillator über mindestens eine Kernumdrehung synchronisieren. Das Quarzgehäuse muß unbedingt mit Masse verbunden werden, ebenso die Abschirmbecher der Spulenfilter.

Als Feldstärkeanzeiger kann ein Drehspulinstrument mit etwa 500 μA Vollausschlag verwendet werden. Für Fernsteuerzwecke genügt meist eine geringere Bandbreite. Mit 50-pF-Koppelkondensatoren (anstatt 220 pF) an den Keramikfiltern sinkt die 3-dB-Bandbreite auf etwa 1,5 kHz (anstatt 6 kHz) ab.

Mehrere auf diese Weise aufgebaute und abgeglichene Empfänger funktionierten auf Anhieb. Schwingneigungen wurden nicht festgestellt. Exakte Empfindlichkeitsmessungen

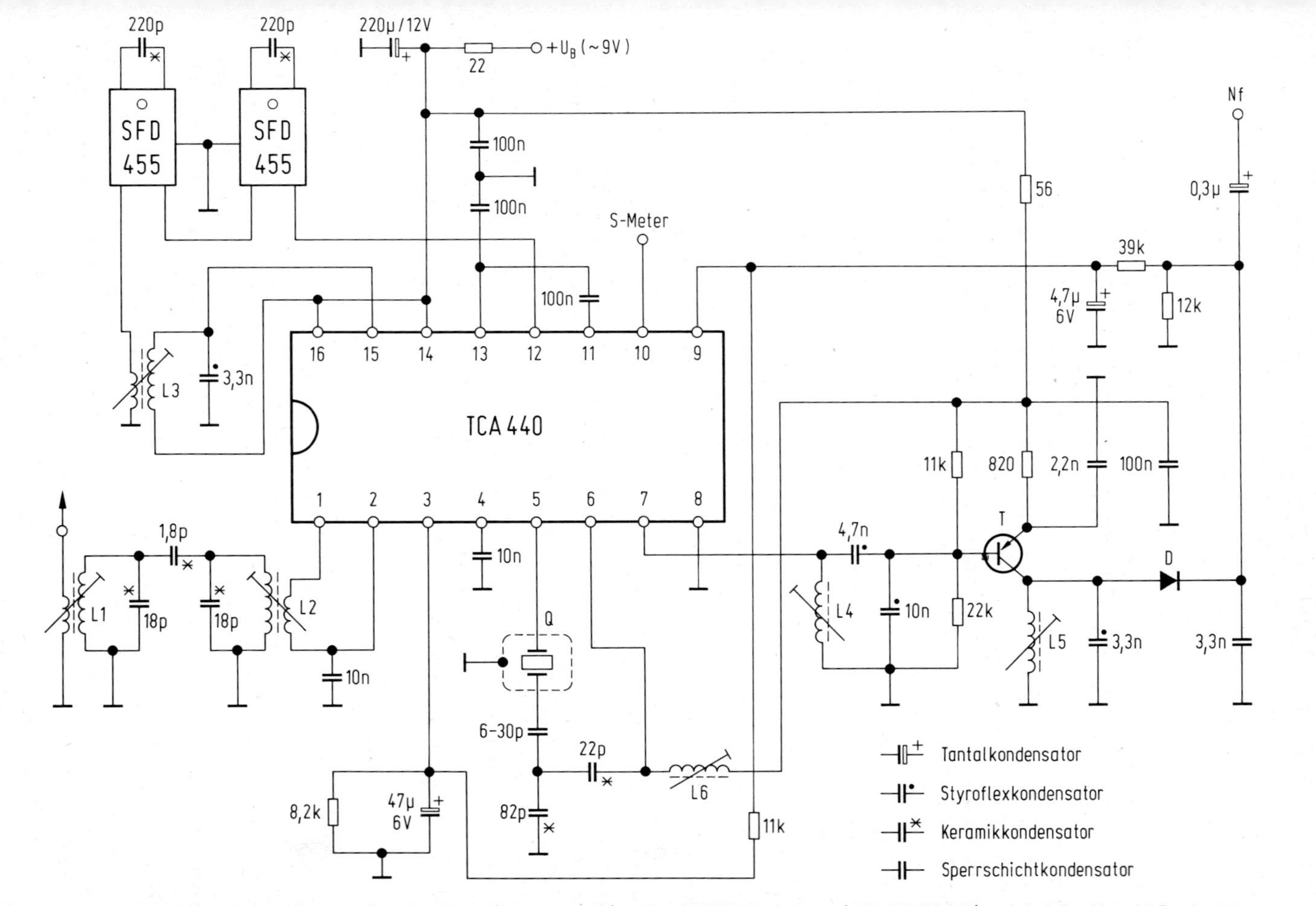

Abb. 11.1.1 Schaltung des Empfängers: D = Ge-Diode (z.B. AA 143) – T = Si-PNP-Transistor (z.B. BC 204 B) – L1, L2 = Neosid Spulenbausatz 7T1K (F40) 14 Wdg. 0,2 CuL/2 Wdg. 0,2 CuL – L3 = Neosid Spulenbausatz 7A1K (F2) 60 Wdg. 0,18 CuL/25 Wdg. 0,12 CuL – L4, L5 = wie L3, ohne Koppelwicklung – L6 = wie L1, L2, ohne Koppelwicklung

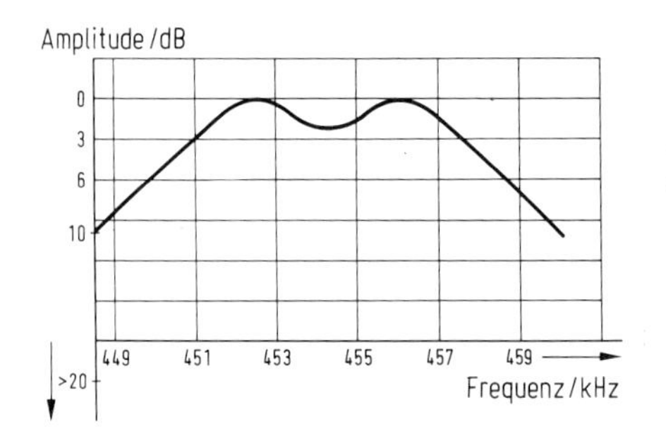

Abb. 11.1.2 Durchlaßkurve der Keramikfilter

konnten leider nicht durchgeführt werden. Vergleiche mit Industriegeräten ließen aber auf eine hervorragende Empfindlichkeit schließen. Aufgebaut wurde der Empfänger auf einer doppelt kaschierten Epoxyharzplatine mit Massefläche auf der Bestückungsseite. Abmessungen: 65 x 54 mm^2.

Hans-Peter Baumeister

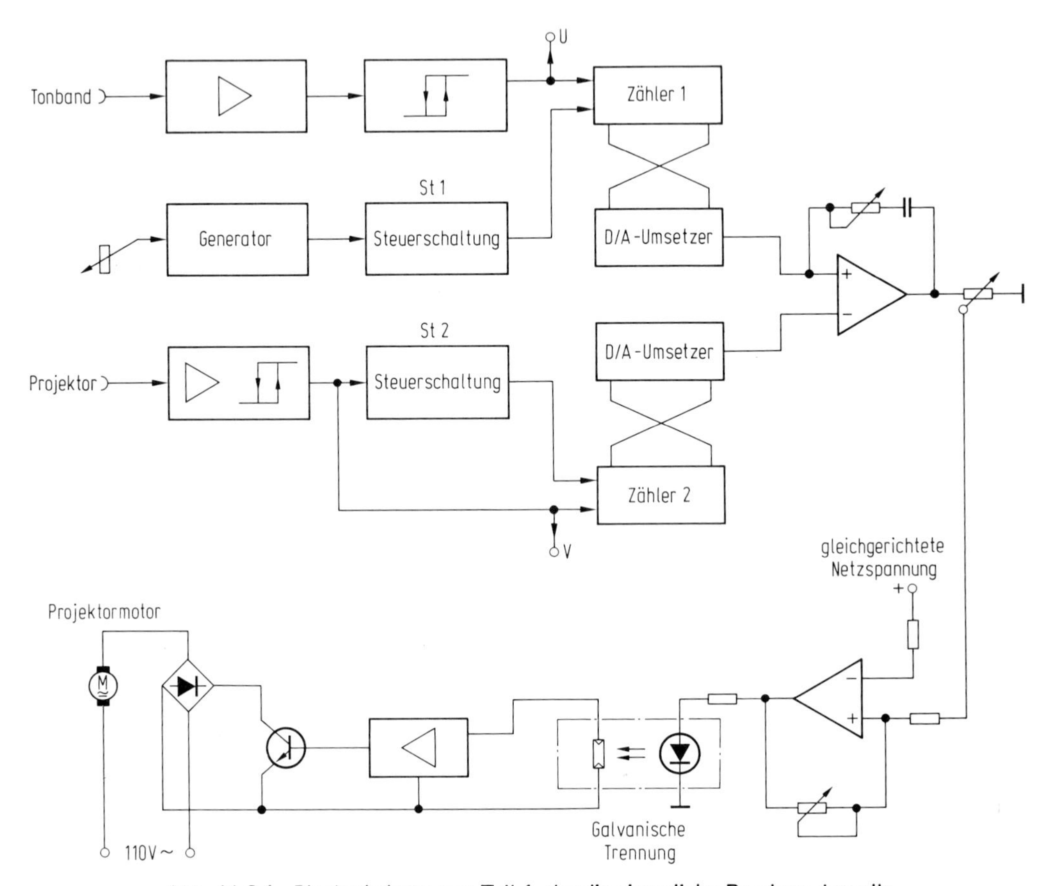

Abb. 11.2.1 Blockschaltung von Teil 1, der die eigentliche Regelung darstellt

11.2 Tonfilm-Synchronisierung

Die Schaltung, die zur Tonfilm-Synchronisierung dient, ist in zwei Teile aufgegliedert. Teil 1 *(Abb. 11.2.1)* ist die eigentliche Regelung des Filmprojektors, im Teil 2 wird eine Abweichung der Soll-Bilderzahl zur Ist-Bilderzahl über eine Ziffernanzeigeeinheit angezeigt.

Schaltungsteil 1

Ein Tonband oder ein Generator liefert Impulse, die verstärkt und geformt auf den Zähler 1 gegeben werden. Die Steuerschaltung St 1 liefert die Steuerimpulse für den Zähler 1 *(Abb. 11.2.2).* Der zweite Zweig der Schaltung ist ähnlich aufgebaut. Hier liefert der Projektor die Impulse, erzeugt mit einer Feldplatte und einem kleinen Magneten. Die Impulse werden im Zähler 2 gezählt, der über die Steuerschaltung St 2 gesteuert wird. Beiden Zählern sind DA-Umsetzer nachgeschaltet, deren Ausgangssignale von einem Differenzverstärker verstärkt und verglichen und dann auf einen zweiten Differenzverstärker gegeben werden *(Abb. 11.2.3).* Hier werden Netzspannungsschwankungen und die Regelspannung von Schaltung 2 in die

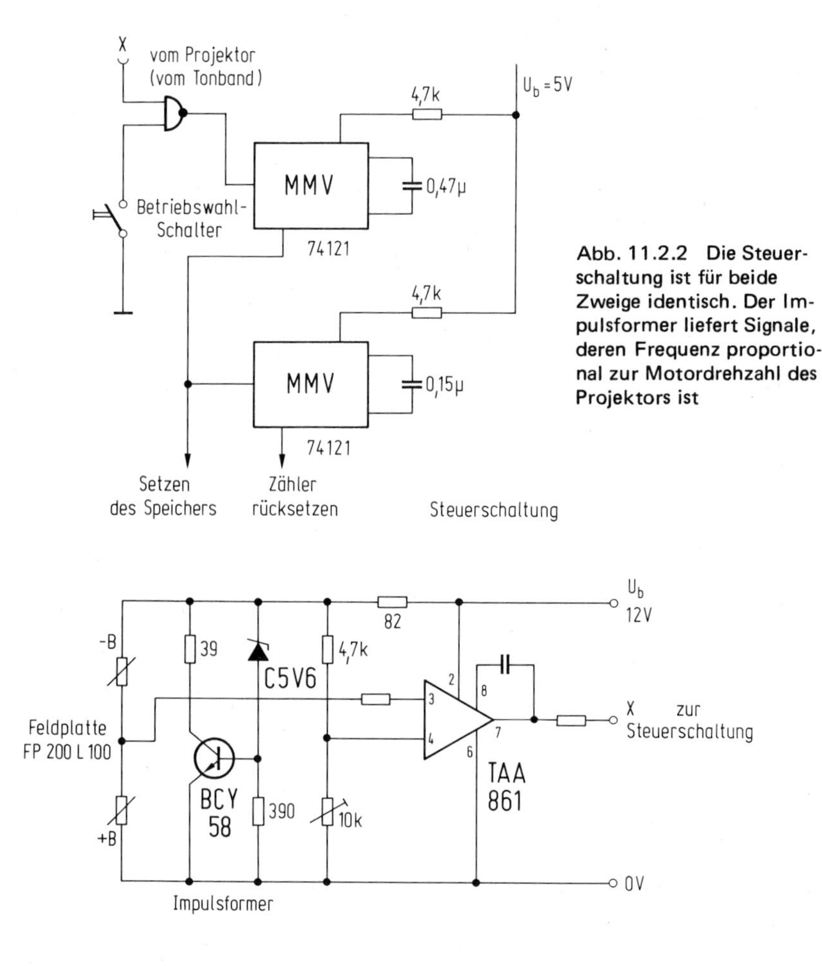

Abb. 11.2.2 Die Steuerschaltung ist für beide Zweige identisch. Der Impulsformer liefert Signale, deren Frequenz proportional zur Motordrehzahl des Projektors ist

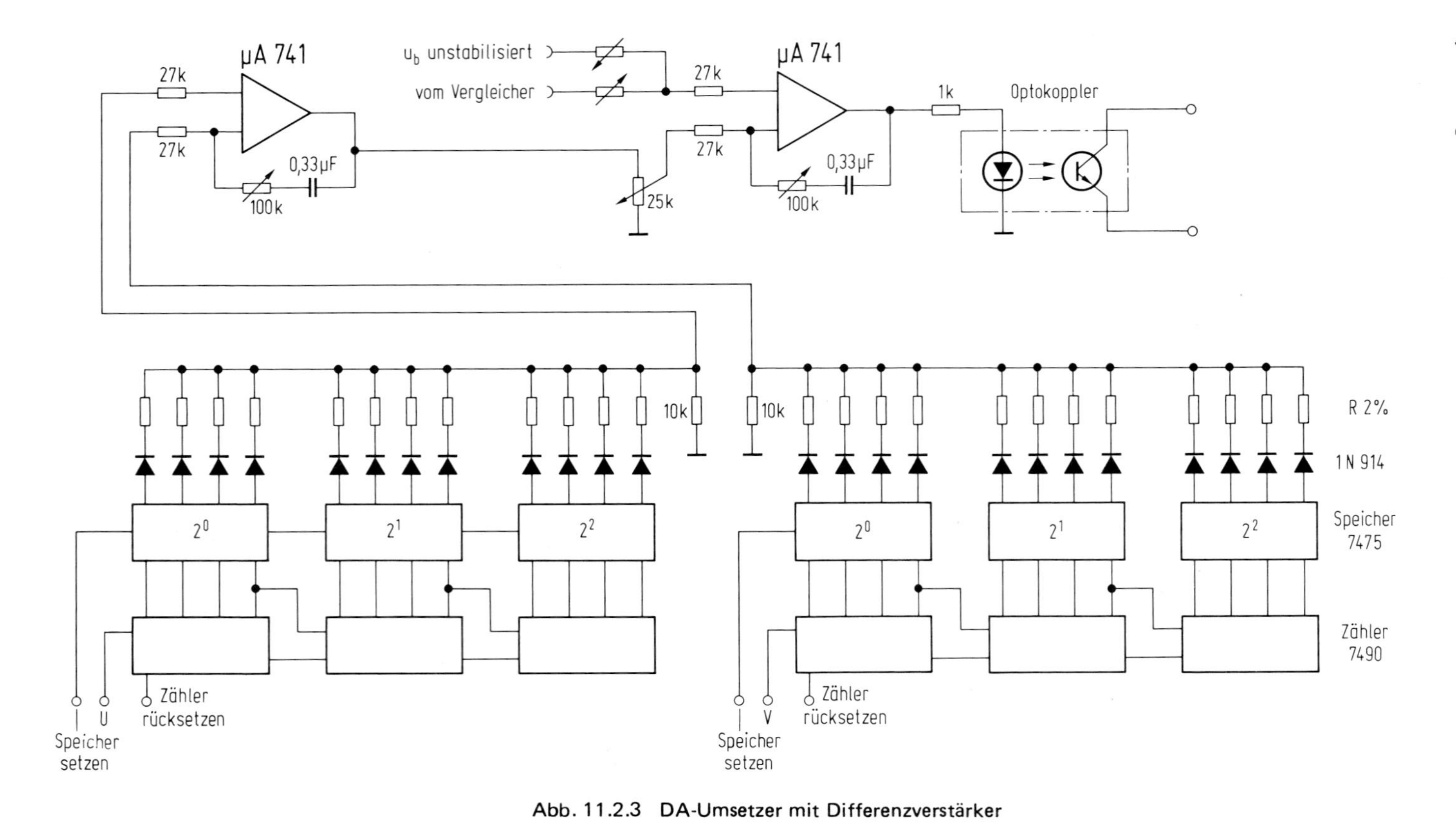

Abb. 11.2.3 DA-Umsetzer mit Differenzverstärker

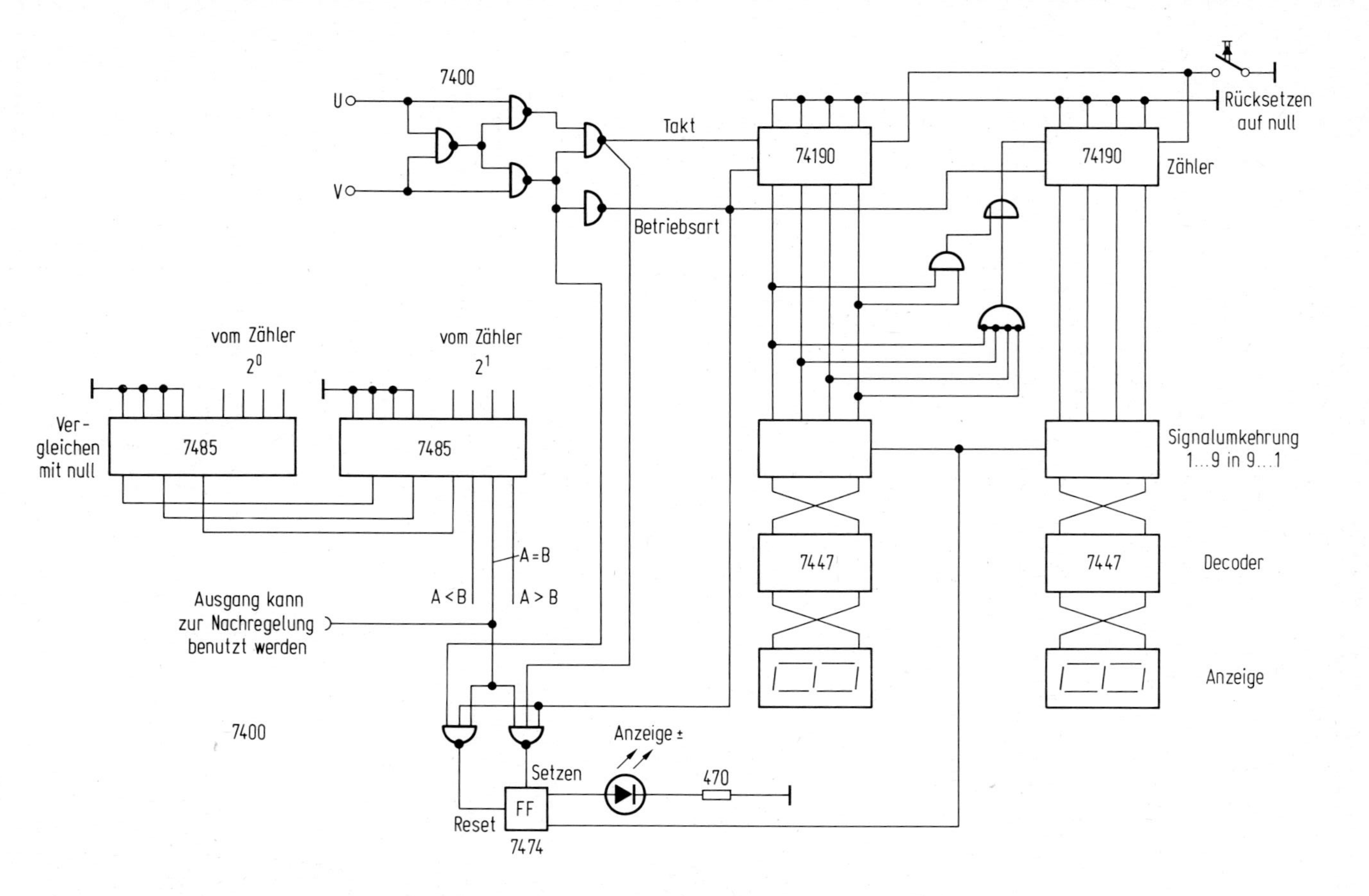

Abb. 11.2.4 Anzeige der Differenz zwischen Soll- und Ist-Drehzahl des Projektormotors

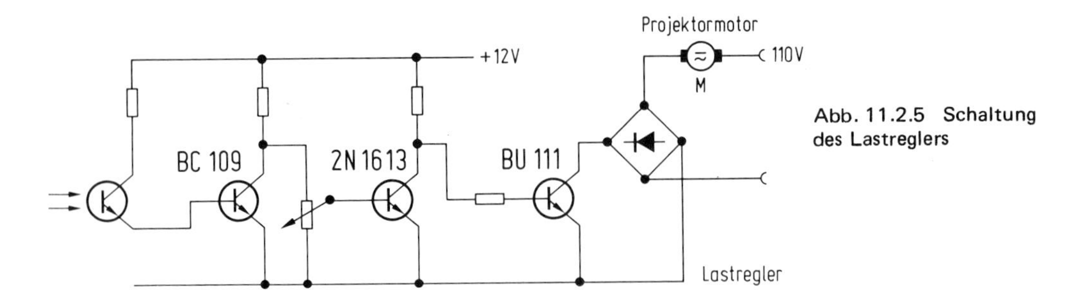

Abb. 11.2.5 Schaltung des Lastreglers

Regelung miteinbezogen. Es folgt eine galvanische Trennung mit einem Optokoppler und ein Leistungsschalter, der mit einem Leistungstransistor und einem Gleichrichter aufgebaut ist.

Schaltungsteil 2

Hier handelt es sich um eine Anzeige der Differenz zwischen Projektor-"Istwert" und Tonband-"Sollwert". Den Grundbaustein bilden zwei in Reihe geschaltete Vor-/Rückwärtszähler *(Abb. 11.2.4).* Das Ergebnis wird über 7-Segment-Anzeigebausteine ausgegeben. Eine Exklusiv-ODER-Verknüpfung bildet die Differenz und gibt sie auf den Zähler und die Steuerschaltung. Das Vorzeichen der Abweichung wird von einer Leuchtdiode angezeigt. Hieraus sieht man, ob das Bild dem Ton gleich ist, vor- oder nacheilt, und wie groß die Differenz ist. Über einen Vergleicher in der Steuerschaltung läßt sich ein Signal zur Nachregelung gewinnen, das dem Punkt A des ersten Schaltungsteils zugeführt wird. *Abb. 11.2.5* zeigt die Schaltung des Lastreglers.

Günter Weinkath

11.3 Vielkanalsteuerung mit einem Potentiometer

Bei der Aufgabe, mehrere Kanäle einer elektronischen Orgel gleichzeitig in der Lautstärke zu verändern, schien die Lösung mit einem Dreifachpotentiometer nicht elegant und technisch unbefriedigend, weil beim Verstellen Störgeräusche entstehen können. Die Lösung dieser Aufgabe fiel endlich auf Fotowiderstände, die in eine möglichst optimale, optische Kopplung zu LEDs gebracht werden. Auf diese Weise entsteht ein Vielfach-Optokoppler mit LEDs als Emitter und Fotowiderständen als Detektoren *(Abb. 11.3.1).* Bei Serienschaltung der LEDs erzeugt eine Stromänderung eine Lichtemissionsänderung, woraus wiederum eine Widerstandsänderung der Fotowiderstände resultiert. Wenn auch deren Absolutwert im aktiven Bereich nicht gleich ist, so ist die relative Widerstandsänderung doch völlig ausreichend. Der Gleichlauf der aus unselektierten Bauelementen aufgebauten Baugruppe ist für diese Anwendung ausreichend. Da der Spannungsabfall einer Leuchtdiode unabhängig von Fabrikat und Exemplar relativ genau 1,5 V ist, kann man sich auch Parallelschaltungen mehrerer Serienschaltungen vorstellen. Damit hat man die Möglichkeit, nahezu beliebig viele Kanäle gleichzeitig zu steuern.

Schaltung und praktischer Aufbau

Die Z-Diode in Reihe zum Steuerpotentiometer dient dazu, den Spannungsabfall der LEDs und der Basisemitterstrecke zu kompensieren. Die Kennlinien des Optokopplers erlauben ein lineares Potentiometer, um eine physiologisch richtige Lautstärkeverstellung zu erzielen.

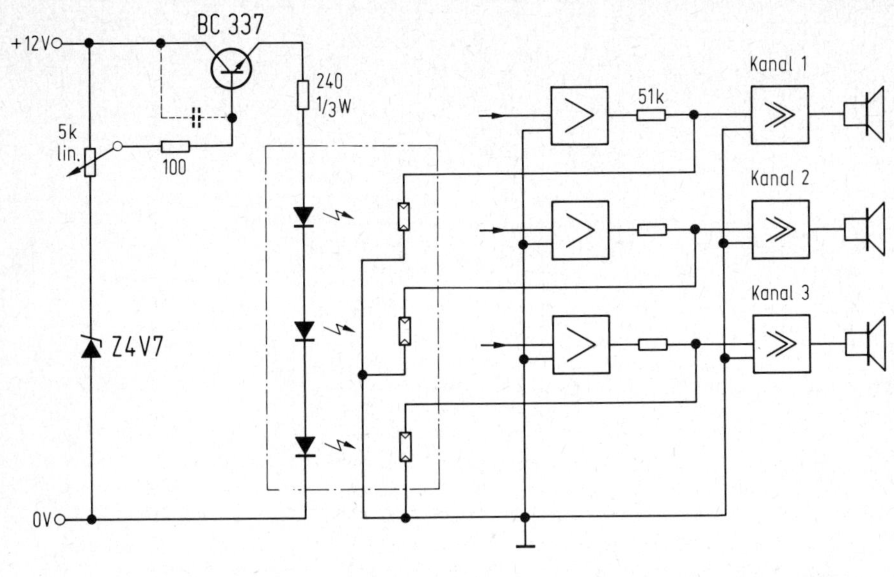

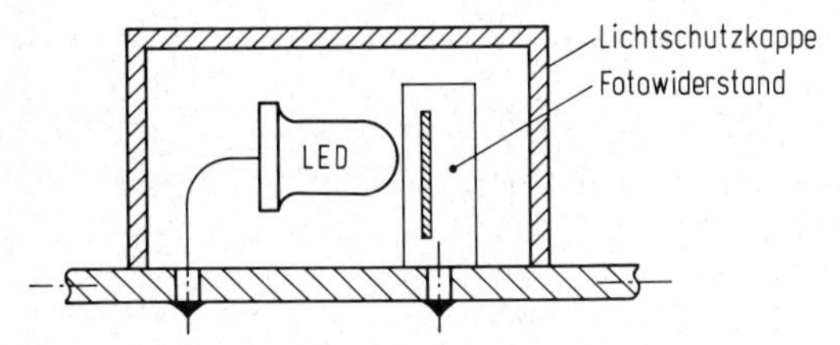

Abb. 11.3.1 Schaltung der Vielkanalsteuerung: LED = RL 4403 (Litronix); Fotowiderstand = 2322 600 93001 (Philips), $R_{dunkel} > 3$ MΩ, $R_{hell} = 2{,}2$ kΩ bei $I_{LED} = 30$ mA

Der 100-Ω-Widerstand begrenzt den Basisstrom des Transistors. Mit der Wahl des Emitterwiderstandes läßt sich die Schaltung fast jeder beliebigen Versorgungsspannung anpassen. Der Strom durch die LEDs soll mit Rücksicht auf Lebensdauer und Effektivität zwischen 30 und 50 mA gewählt werden. Der Vorwiderstand zwischen Vor- und Leistungsverstärker ist unkritisch. Er sollte um 50 kΩ liegen. Obwohl die Fotowiderstände wegen ihrer Trägheit das Potentiometerrauschen eliminieren, kann ein Miller-C von einigen nF am Transistor Störgeräusche mit Sicherheit ausschalten. So ist auch das schlechteste Potentiometer verwendungsfähig. Der Optokoppler sollte auf jeden Fall vor Umlicht geschützt sein. Es hilft ein selbstgefertigter Pappdeckel und schwarzes Klebeband.

Neben dem generellen Vorteil, daß weniger anfällige Mechanik verwendet ist, kann der Optokoppler dort plaziert werden, wo seine Schaltfunktion benötigt wird. Damit entfallen lange, empfindliche Leitungen. Die Fotowiderstände können natürlich auch genauso gut z.B. im Gegenkoppelkreis eines Operationsverstärkers eingesetzt werden. Diese Schaltung arbeitet jedenfalls seit längerem zu vollster Zufriedenheit.

H. Kresken

11.4 Elektronischer Blitzauslöser

Bei fotoelektronischen Blitzauslösern mußte bisher immer ein einschränkender Kompromiß eingegangen werden. Hier soll diskutiert werden, wie eine optimale Störsicherheit bei höchster Empfindlichkeit erreicht werden kann.

Bei den üblichen Schaltungen [1, 2, 3] wird mit der zeitlichen Ableitung der Beleuchtungsstärke B gearbeitet. Getriggert wird bei $dB/dt \geqslant a$, wobei a konstant und durch die Schaltungsauslegung vorwählbar ist. Randbedingungen sind eine minimale Flankenhöhe ΔB_{min} sowie die maximale Grundhelligkeit B_{max}; sie sind ebenfalls durch die Schaltungsbemessung vorwählbar. Für höchste Empfindlichkeit muß man a und ΔB_{min} möglichst klein wählen. Wünscht man auch bei großer Grundhelligkeit größte Störsicherheit, so hat man a und ΔB_{min} möglichst groß zu wählen. Diese beiden entgegengesetzten Forderungen muß man durch einen Kompromiß beschneiden. Soll z.B. für größere Distanzen oder indirekte Blitze die Empfindlichkeit a = 100 Lx/ms sein (bei ΔB_{min} = 100 Lx), so darf bei einer Grundhelligkeit von 30 klx (Tageslicht) die Lichtänderung 0,3 %/ms nicht übersteigen, was praktisch nicht realisierbar ist; man dürfte sich dann im Blickfeld des Blitzauslösers nicht mehr bewegen.

Deshalb muß gefordert werden, nach der zeitlichen, logarithmischen Ableitung der Beleuchtung, d.h. nach der relativen Flankensteilheit zu unterscheiden. Getriggert werden soll bei $DB/Bdt \geqslant b$, bei einer relativen Flankenhöhe $\Delta B/B \geqslant c$. Als Randbedingung stehen wieder eine minimale Flankenhöhe ΔB_{min} sowie die maximale Grundhelligkeit B_{max}. Die geforderten Eigenschaften lassen sich elektronisch unterschiedlich realisieren. In *Abb. 11.4.1* ist eine Variante mit aktivem Lastwiderstand angegeben, die näher besprochen werden soll.

Die Transistoren T 1/T 2 und der Spannungsteiler R 1/R 2 bilden einen aktiven Widerstand mit Dioden-Kennlinie. Der Kondensator C 1 erhöht den dynamischen Widerstand der Schaltung. C 2 und R 3 dienen nur der gleichstromfreien Auskopplung von Spannungsänderungen. Es werden hier bewußt Silizium-PNP-Transistoren eingesetzt, da deren Ausgangsleitwerte h_{22e} über einen größeren Bereich proportional zum Kollektorstrom sind als bei vergleichbaren NPN-Typen. Die minimale, relative Flankenhöhe c berechnet man beim Grenzfall einer unstetigen Helligkeitsänderung. Dann blockt der Kondensator C1 die Basis-Emitterstrecken momentan voll ab. Da für den Transistor T 1 $h_{22e} \sim I_c$ gilt, ist der Ausgangsspannungshub $\Delta U = \frac{\Delta I_c}{h_{22e}} \sim \frac{\Delta I_c}{I_c}$ proportional $\Delta B/B$, sofern $h_{22e} \gg \frac{1}{R1}$ und $h_{22e}(T1) \gg h_{22e}$ (Fototransistor). Ist die letzte Bedingung nicht erfüllt, so hat man in der Rechnung $h_{22e}(T1)$

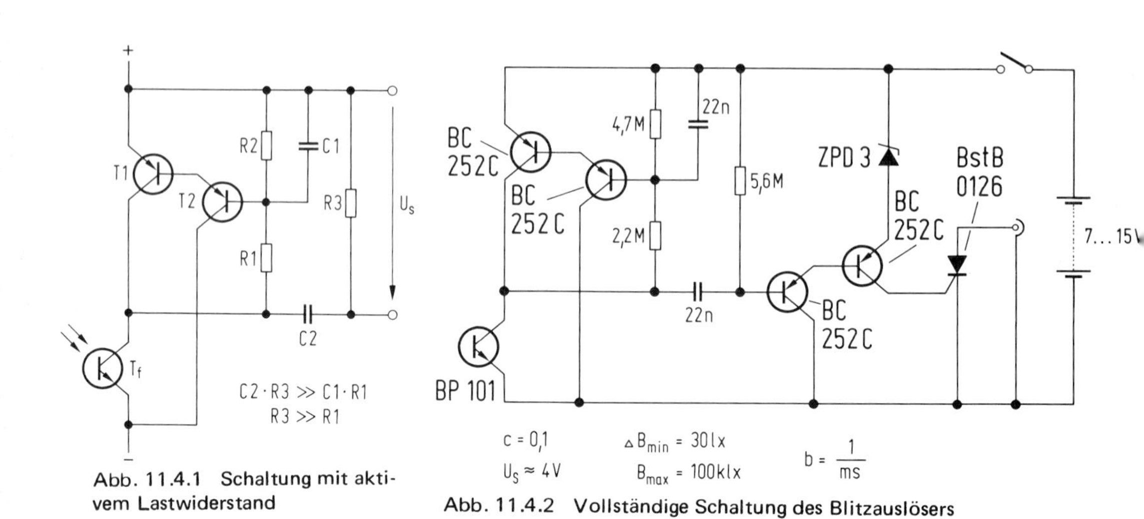

Abb. 11.4.1 Schaltung mit aktivem Lastwiderstand

Abb. 11.4.2 Vollständige Schaltung des Blitzauslösers

zu ersetzen durch $h_{22e}(T1) + h_{22e}$ (Fototransistor). Sei U_{22e} der Proportionalitätsfaktor in $I = h_{22e} \cdot U_{22e}$, so gilt näherungsweise $c = \frac{U_s}{U_{22e}}$.

Die minimale, relative Flankensteilheit berechnet man aus dem dynamischen Verhalten des aktiven Widerstands. Die Schwellspannung U_s liegt momentan als Änderung voll zusätzlich an R 1, weswegen der Kondensator C 1 mit $I = U_s/R1$ aufgeladen wird. Dies ergibt einen Spannungsanstieg an C1 von $dU/dt = U_s/R1C1$. Die relative Stromänderung an T 1 ist also

$$\frac{dI}{Idt} = \frac{dU/dt}{2U_T} = \frac{U_s}{2U_T} \cdot \frac{1}{R1C1} \approx b.$$

Bei der Dimensionierung geht man am besten so vor: Durch die Wahl des Transistors T 1 (h_{22e}) und der Schwellspannung U_s legt man die minimale relative Flankenhöhe c fest. Durch die Wahl des Fototransistors T_f legt man nun die minimale absolute Flankenhöhe ΔB_{min} fest; mit R 1 die maximale Grundhelligkeit B_{max}. Durch die Wahl des Kondensators legt man zuletzt die minimale relative Flankensteilheit b fest.

In *Abb. 11.4.2* ist die vollständige Schaltung eines Mustergerätes gezeigt.

Theodor Bossert

Literatur

[1] FUNKSCHAU H. 9, 1973, S. 337.
[2] bauteile report 12/74, H. 4, S. 86.
[3] FUNKSCHAU H. 6, 1975, S. 78.

11.5 Digitales Stimmgerät für Musikinstrumente

Klavierstimmen mit dem Gehör kann meist nur von Fachleuten vorgenommen werden. Ein industrielles Stimmgerät kostet über 3 000 DM. Mit wenig Aufwand läßt sich jedoch ein Frequenzgenerator für eine temperiert gestimmte Oktave aufbauen, der zum Stimmen von Klavier, Cembalo und Orgel auch für Laien geeignet ist. Die Konstruktionsprinzipien werden an Hand eines praktisch erprobten Gerätes beschrieben.

Die heutige Stimmung aller Tasteninstrumente geht von der sog. temperierten Stimmung aus, bei der die 12 Tonschritte einer Oktave jeweils das gleiche Frequenzverhältnis von $\sqrt[12]{2} = 1{,}05946$ besitzen müssen. Aus den Sollfrequenzen läßt sich leicht errechnen, daß z.B. die Intervalle Quinte und Quarte nicht mehr rein, d.h. schwebungsfrei 2:3 bzw. 3:4 erklingen (wie bei der natürlich-harmonischen Stimmung). Diese 12 Töne einer Oktave (die sog. "Temperatur") zu stimmen, ist schwierig. Sind diese 12 Frequenzen aber einmal richtig eingestellt, brauchen alle übrigen Oktaven nur auf Schwebungsfreiheit nachgestimmt zu werden. Dies kann auch vom Laien ausgeführt werden.

Um auch die "Temperatur" auf gleich einfache Weise anzulegen, benötigt man 12 Sollfrequenzen, etwa 12 Präzisions-Stimmgabeln. Als elegantere Lösung bietet sich an, die Sollfrequenzen elektronisch zu erzeugen. Dabei zielt die erste Frage nach der erforderlichen Genauigkeit: das menschliche Ohr empfindet noch deutlich einen Frequenzunterschied von etwa 10^{-3} im mittleren Tonbereich (etwa um 1 000 Hz). Der Fehler jeder der 12 Sollfrequenzen sollte also noch kleiner als 10^{-3} sein, also z.B. 0,5 Hz beim Kammerton a' = 440 Hz. In der Praxis wird man einen Fehler von höchstens 10^{-4} als ausreichend zulassen, also etwa eine Schwebung in 20 Sekunden.

Tabelle der Teilerzahlen für einige ausgesuchte Quarzfrequenzen

	Ton: Sollfrequenz [Hz]	a'' 880,0	gis'' 830,61	g'' 783,99	fis'' 739,99	f'' 698,46	e'' 659,26	dis'' 622,25	d'' 587,33	cis'' 554,37	c'' 523,25	h' 493,88	ais' 466,16
Fehler [Hz/100]	Quarzfrequenz [kHz]	Teilerzahlen:											
9	1185,36	1347	1427	1512	1602	1697	1798	1905	2018	2138	2265	2400	2543
10	1329,68	1511	1601	1696	1797	1904	2017	2137	2264	2399	2541	2692	2852
4	2041,60	2320	2458	2604	2759	2923	3097	3281	3476	3783	3902	4134	4380
11	2126,08	2416	2560	2712	2873	3044	3225	3417	3620	3835	4063	4304	4560
6	2265,12	2574	2727	2889	3061	3243	3436	3640	3857	4086	4329	4586	4859
5	2427,92	2759	2923	3097	3281	3476	3683	3902	4134	4380	4640	4916	5208
5	2794,00	3175	3364	3564	3776	4000	4238	4490	4757	5040	5340	5657	5993
6	2838,00	3225	3417	3620	3835	4063	4305	4561	4832	5119	5424	5746	6088
5	2948,00	3350	3549	3760	3984	4221	4472	4738	5019	5318	5634	5969	6324
3	3182,08	3616	3831	4059	4300	4556	4827	5114	5418	5740	6081	6443	6826
4	3198,80	3635	3851	4080	4323	4580	4852	5141	5446	5770	6113	6477	6862
3	3226,96	3667	3885	4116	4361	4620	4895	5186	5494	5821	6167	6534	6922
5	3256,00	3700	3920	4153	4400	4662	4939	5233	5544	5873	6223	6593	6985
4	3405,60	3870	4100	4344	4620	4876	5166	5473	5798	6143	6508	6895	7305
5	3520,00	4000	4238	4490	4757	5040	5339	5657	5993	6349	6727	7127	7551

Lösungsvorschlag

Es liegt nahe, einen Quarzoszillator zu verwenden, dessen Genauigkeit ohnehin 1 bis 2 Größenordnungen besser ist. Seine Frequenz wird durch 12 Teiler auf die gewünschten Sollwerte heruntergesetzt. Die Industrie bietet einen kompletten Teilerbaustein für elektronische Orgeln an, der eine Quarzfrequenz von 2 126,08 kHz erfordert und einen Fehler von 0,11 Hz bei 880 Hz besitzt. Erheblich billiger kommt man mit wenigen handelsüblichen TTL-Bausteinen zum Ziel und ist dabei in der Frequenzwahl frei. Außerdem kann die Genauigkeit höher getrieben werden.

Das Problem lautet: Gibt es Quarzfrequenzen, die je gleichzeitig 12 ganzzahlige Teiler besitzen, die mit vorgegebener Toleranz auf die Sollfrequenzen führen? Hierzu wurde mit einem Rechenprogramm eine große Zahl solcher Quarzfrequenzen berechnet, deren Teiler auf die Temperatur in der Oktave 440 bis 880 Hz führen. Je größer die zulässige Toleranz gewählt wird, desto niedriger liegt die erste brauchbare Quarzfrequenz und desteo häufiger findet man bei steigender Frequenz einen passenden Wert. Ausreichend gute Genauigkeit erreicht man mit einer Frequenz zwischen 2 und 4 MHz. Die *Tabelle* zeigt einige ausgewählte Beispiele mit verschiedenen absoluten Maximalfehlern zwischen 3 und 10 Hundertstel (!) Hz innerhalb der angegebenen Oktave. Die erste Zeile enthält die Sollfrequenzen in absteigender Folge von a" = 880 Hz bis a' = 440 Hz. Dabei kann der letzte Ton a' eingespart werden. In den folgenden Zeilen sind verschiedene Quarzfrequenzen mit ihren Teilerzahlen angegeben. Die kleinste Quarzfrequenz bei einem bestimmten Fehler ist die jeweils niedrigste mögliche. Bei den Fehlergruppen 5 und 6 sind einige ganzzahlige kHz-Werte ausgesucht worden. Einige weitere Frequenzen (Fehlergruppe 4 und 5) sind: 2 515,04; 2 515,92;

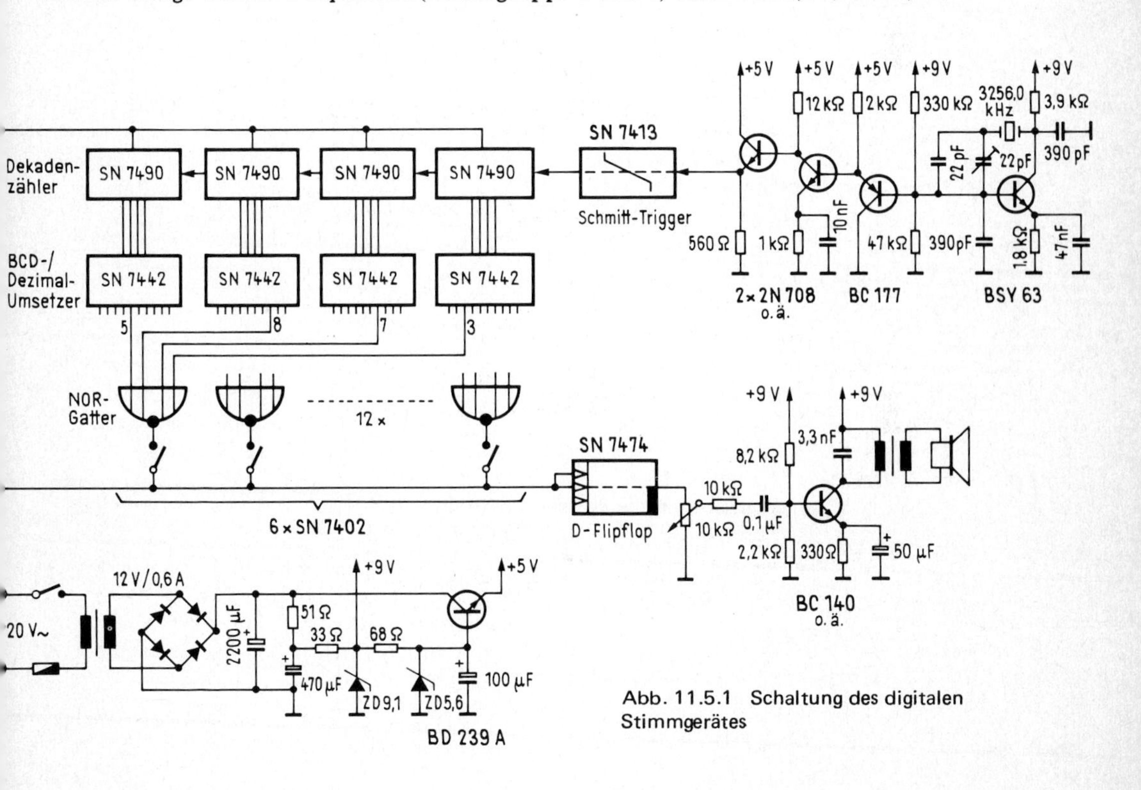

Abb. 11.5.1 Schaltung des digitalen Stimmgerätes

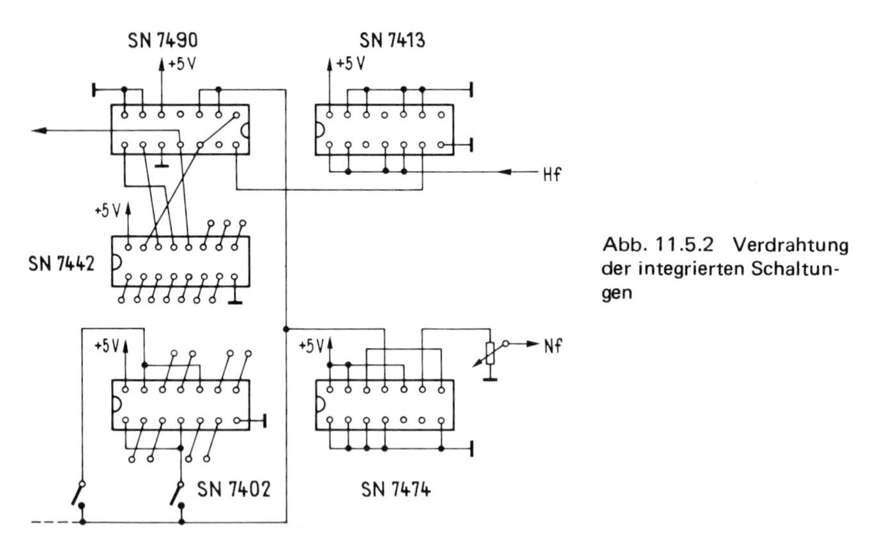

Abb. 11.5.2 Verdrahtung der integrierten Schaltungen

2 636,48; 2 738,56; 2 753,52; 2 795,76; 2 902,24; 2 931,28; 3 003,44; 3 019,28; 3 033,36; 3 256,88; 3 371,28; 3 418,80.

Praktische Ausführung

Für ein Mustergerät wurde die Quarzfrequenz 3 256,00 kHz gewählt. Die größte Abweichung von 0,05 Hz tritt beim Teiler 4 662 (Ton f) auf, alle übrigen liegen zwischen 0 und 0,04 Hz. *Abb. 11.5.1* zeigt die Schaltung des Gerätes. Die Schwingung des Quarzoszillators wird nach Verstärkung und Anpassung durch den Schmitt-Trigger SN 7413 auf Rechteckform gebracht und in vier Dekadenzählern vom Typ SN 7490 auf $1:10^4$ untersetzt. Die ungewöhnlich gezeichnete Richtung von rechts nach links gibt sofort die vier Teilerziffern in der richtigen Position wieder. Aus den vier Dekadenzählern wird über je einen Decoder SN 7442 die vierstellige Teilerzahl herauscodiert, z.B. „5 873'' für den Ton „cis''. Ist diese Konstellation erreicht, spricht eines der 12 entsprechend angeschlossen NOR-Gatter SN 7402 an und gibt einen Rückstellimpuls auf die Zählerkette, die nun wieder bei Stellung 0000 weiter zählt. Die Rückstellfrequenz ist also genau die gewünschte Sollfrequenz. Man könnte sie etwa am Ende des Zählers 4 abnehmen. Hier wird ein anderer Weg beschritten: der Rückstellimpuls geht auf ein D-Flipflop 7474, das aus dem etwa 50 ns langen Impuls eine symmetrische Rechteckschwingung von halber Frequenz formt. Man erhält so die Oktave 440 Hz (Kammerton a') bis 220 Hz (Ton a) und läßt sie nach Verstärkung über einen Kleinst-Lautsprecher erklingen. Diese Schwingung ist noch ziemlich obertonhaltig, so daß auch höhere Oktaven leicht gestimmt werden können.

Die 12 NOR-Gatter werden aus 24 NOR-Elementen mit je zwei Eingängen gebildet. Es ist hierbei nicht notwendig, die übliche Wired-OR-Ausführung oder offene Kollektoren zu benützen. Man kann zwei NOR-Ausgänge direkt zusammenlegen und kommt so mit nur 6 Bausteinen (mit je 4 NOR-Gattern) aus *(Abb. 11.5.2)*. Der Materialbedarf ist insgesamt nicht groß (16 IS und 6 Transistoren), und das Gerät läßt sich auf zwei Platinen leicht in einem Normgehäuse 25x13x10 cm^3 unterbringen. Die Wahl der Transistoren ist völlig unkritisch. Die Umschaltung der 12 Frequenzen (praktisch genügen 12 statt 13 Töne) kann mit Drucktasten oder einem Stufenschalter 1x12 geschehen. Ein Lautstärkeregler ist empfehlenswert, um sich den Bedingungen des Raumes und des Instrumentes anzupassen.

Erweiterungen

Ein variabler Oszillator anstelle des Quarzes erlaubt es, von der Kammerton-Stimmung abzuweichen. Dabei werden die Frequenz-Verhältnisse nicht beeinflußt, aber die Oszillatorstabilität setzt hier die Grenzen. Weiter läßt sich mit einem Mikrofon der zu stimmende Ton mit der Sollfrequenz vergleichen und mit einer UND-Schaltung ein Instrument zur Schwebungsanzeige steuern. Dieses Verfahren ist jedoch nur für Orgeln wirklich befriedigend. Für schnell verklingende Instrumente (Klavier, Cembalo) ist diese Anzeigeart nicht sonderlich praktisch. Mit weiteren Flipflops lassen sich auch noch tiefere Oktaven erreichen.

Wolfgang Gruhl

11.6 Auto-Alarmanlage

Die meisten Alarmanlagen für Autos werden von außen ein- und ausgeschaltet. Das zu vermeiden, ist die wichtigste der folgenden fünf Forderungen, die von der in *Abb. 11.6.1* gezeigten Schaltung erfüllt werden:

- Das Ein- und Ausschalten muß von innen erfolgen
- Die Auto-Batterie darf im Zustand der Alarmbereitschaft nicht belastet werden
- Die Anlage soll sofort nach erfolgtem Alarm wieder einsatzbereit sein
- Die Alarmanlage soll nicht zu teuer sein
- Eine verzögerte Alarmauslösung soll beim Dieb einen psychologischen Schock auslösen.

Nach dem Schalten der Kontakte IIIa und IIIb in die Arbeitsstellung wird C 1 nicht mehr von R 3 ständig entladen. Über R 1 wird C 1 in einer bestimmten Zeit aufgeladen (bei R 1 =

Abb. 11.6.1 Schaltung der Alarmanlage

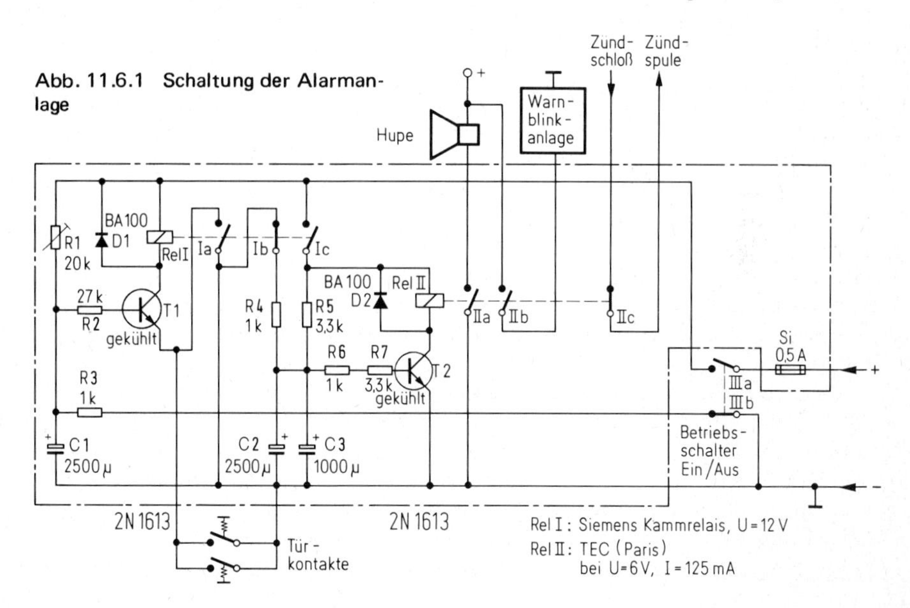

3,9 kΩ, t ≈ 10 s). Diese Zeit reicht aus, um das Fahrzeug zu verlassen, d.h. die Tür zu öffnen und wieder zu schließen; hierbei wird auf jeden Fall der Türkontakt geschaltet. Erst bei Erreichen der Basisvorspannung von T 1 und geschlossenem Türkontakt schaltet T 1 durch und leitet den Alarmvorgang ein. C 1 ist nun auf Betriebsspannung (12 V) geladen. Die Anlage ist im Zustand „Alarmbereitschaft". Es fließt kein Strom mehr (Kontakt Ic geöffnet).

Will man in das Fahrzeug einsteigen, oder versucht der Dieb, in das Fahrzeug einzudringen, so wird der Türkontakt betätigt. Da C 1 auf Betriebsspannung aufgeladen ist und somit die Basisvorspannung von T 1 erreicht ist und auch der Türkontakt geschlossen ist, schaltet das Relais I die Kontakte Ia, Ib und Ic. Nun darf der Alarm aber noch nicht ertönen; der Besitzer muß noch in der Lage sein, dies durch IIIa und IIIb zu verhindern. Um zu vermeiden, daß bei sofortigem Schließen der Tür Relais I wieder abfällt, überbrückt Kontakt Ia den Türkontakt und hält den Stromkreis aufrecht. Kontakt Ib wird geöffnet, so daß die ständige Entladung von C 2/C 3 über R 4 entfällt; Kontakt Ic wird geschlossen. R 5 lädt C 2/C 3 auf die Basisvorspannung von T 2 in etwa 10 s auf. In dieser Zeit hat der Fahrer Gelegenheit, die Anlage auszuschalten, sonst ertönt der Alarm, weil Relais II anzieht.

Die Alarmanlage wird vom Innern des Fahrzeugs durch Kontakte ausgeschaltet: Kontakt IIIa unterbricht die Stromversorgung der Anlage; Kontakt IIIb schaltet einen Entladestromkreis von C 1 mit R 3, so daß C 1 wieder bereit zur Einleitungsphase ist. Relais I ist wieder in Ruhestellung, so daß Relais II keine Betriebsspannung erhält. Gleichzeitig wird C 2/C 3 über R 4 entladen. Das hier benutzte Relais mit drei Arbeitskontakten unterbricht im Alarmfall die Zündspannungsversorgung, schaltet die Warnblinkanlage ein und betätigt eine zweite, extern angebrachte Hupe. Da die Kondensatoren C 1, C 2 und C 3 über Widerstände immer wieder entladen werden, ist die Alarmanlage auch immer wieder einsatzbereit.

Ein gewisser psychologischer Effekt wird dadurch erzielt, daß der Alarm verzögert ausgelöst wird, spätestens dann, wenn der Dieb es trotzdem schafft, das Fahrzeug innerhalb weniger Sekunden in Gang zu bringen. Der Schreck der ertönenden Hupe, sowie die Unterbrechung der Zündspannung vereiteln mit ziemlicher Sicherheit einen Diebstahl.

Dieter Mona

11.7 Digitale Fernsteuerung

Bei der vorliegenden Schaltung ist der Aufwand insbesondere beim Empfänger verhältnismäßig gering. Sie überträgt mehrere (z.B. 16) Ein- oder Ausbefehle nacheinander auf entsprechend vielen Kanälen. Die Anzahl der Kanäle wird nicht durch das Prinzip, sondern durch die Anzahl der Bauteile und den Umfang der hierzu notwendigen Verschaltung bestimmt. Die Schaltfrequenz des Multivibrators im Geber kann so niedrig gewählt werden, daß die zu modulierende Sendefrequenz unter 10 kHz gewählt werden kann. Die Kanalfunktionen werden durch ein Signal übertragen, das in *Abb. 11.7.1* dargestellt ist. Hierin ist t_1 die Zeit, in der, durch die Anzahl der Impulse, der Übertragungskanal vorgewählt wird. In der Zeit t_2 wird der entsprechende Kanal im Empfänger „geschaltet". Beide Zeiten zusammen ergeben die Gesamtzeit, die der Geberkontakt gedrückt ist.

Im folgenden soll die mit TTL-Bausteinen aufgebaute Schaltung näher betrachtet werden. Nach Schließen eines Kanalkontaktes (KK) im Geberteil *(Abb. 11.7.2)* wird das entstehende Signal (mit Kondensator und Schmitt-Trigger 74 132) entstört. Hierauf gelangt es über ein NOR-Glied zum Eingang E 1 des Multivibrators MV, worauf dieser anschwingt (im Mustergerät mit 0,5 kHz). Seine Funktion ist in der *Tabelle* zusammengefaßt. Die Schwin-

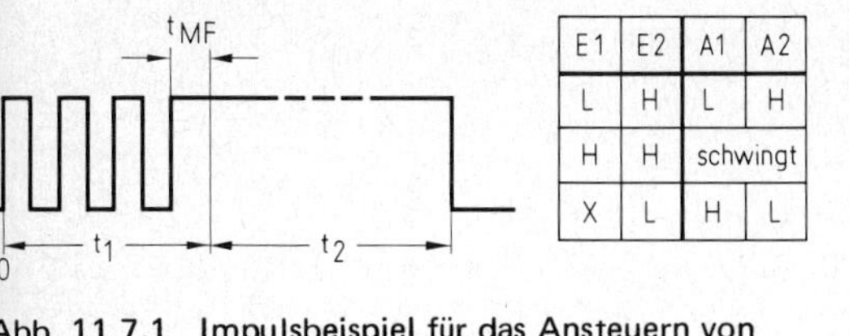

E1	E2	A1	A2
L	H	L	H
H	H	schwingt	
X	L	H	L

Abb. 11.7.1 Impulsbeispiel für das Ansteuern von Kanal 3

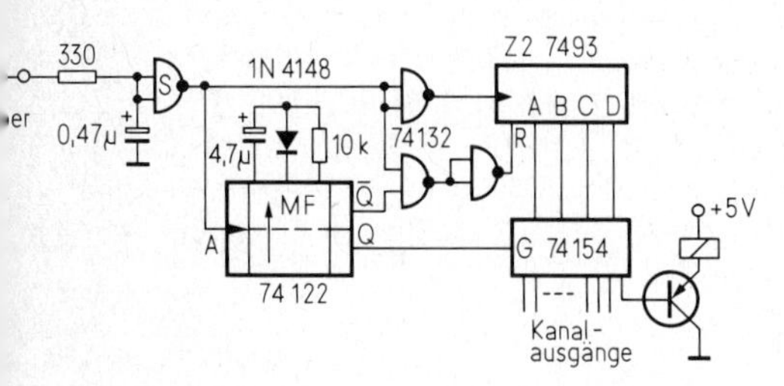

Abb. 11.7.3 Schaltung des Empfängers

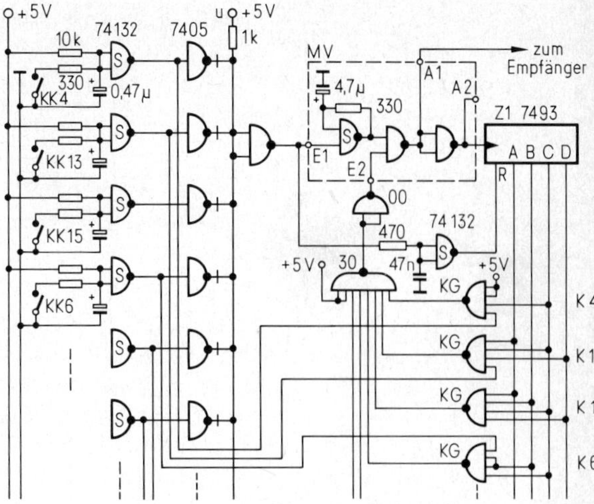

Abb. 11.7.2 Schaltung des Senders

gungen des MV werden im Zähler Z 1 abgezählt. Am Ausgang von Z 1 erscheint die Anzahl der Schwingungen im Dual-Code. Diese Information wird den Kanalgattern (KG) zugeführt. Eines dieser Gatter wird durch Ansteuern vom Schaltungseingang (KK ist noch gedrückt) her freigegeben. Beim Eintreffen der richtigen Kanalzahl von Z 1 erscheint ein L am Ausgang von KG, das über ein in negativer Logik wirkendes NOR-Gatter zum Eingang E 2 des MV gelangt und diesen so zum Halten bringt. Am Ausgang A 1 erscheint solange ein H, wie KK geschlossen bleibt (siehe Tabelle).

Die Impulse von A 1 des Gebers werden am Empfängereingang *(Abb. 11.7.3)* zuerst entstört und dann dem vorher zurückgestellten Zähler Z 2 zugeführt. Die Rückstellung von Z 2 besorgt das nachtriggerbare Monoflop MF 74122. Der Ausgang $\overline{Q}$ des MF ist im Ruhezustand auf H. Da der Schmitt-Trigger das H-Eingangssignal invertiert, erscheint es am Eingang A des MF als L. Bei abfallender Flanke (Anschwingen des MV) am Eingang A des MF geht $\overline{Q}$ auf L. Dieses L bleibt durch Nachtriggern so lange erhalten, wie am Eingang laufend Impulse ankommen. Hierzu muß die Zeitdauer des MF etwas größer sein als eine Periodendauer des MV. Beide Eingänge des dem Monoflop nachgeschalteten Gatters sind also nur dann auf H, wenn der Eingang des Empfängers auf L ist und MF nicht getriggert ist. Die zweite Aufgabe des MF ist die Freigabe des Decodierers 74154 (oder 74155), der den gewünschten Kanal über eine Leistungsstufe ansteuert. Dies geschieht nach Ablauf der MF-Zeit im Anschluß an die letzte ansteigende Flanke am Empfängereingang. In (Abb. 11.7.1) ist diese Zeit mit t_{MF} bezeichnet. Hierdurch wird verhindert, daß während des Durchzählens unerwünschte Impulse an die Ausgänge des Decodierers gelangen. Fällt das Eingangssignal nach der Zeit t_2 auf L, dann wird der Zähler Z 2 sofort zurückgestellt. Der Vorgang der Signalübermittlung ist damit beendet, alle Kanäle sind jetzt gesperrt.

Mit einer NOR-Schaltung am Eingang des Empfängers und nachfolgendem Schmitt-Trigger lassen sich mehrere Geber an einen Empfänger anschließen.

Siegfried Pohl

11.8 Einfache Fernsteuerung für 9 Kanäle

Schaltungsprinzip

Das Prinzip der vorliegenden Schaltung ist allen Fernsteueramateuren wohlbekannt: Einer Reihe von Potentiometern P_i werden zeitmultiplex Impulsbreiten T_i zugeordnet. Der Abfragezyklus wird mit einem hinreichend breiten Synchronimpuls T_s abgeschlossen *(Abb. 11.8.1)*. Eine Empfängerschaltung ordnet mit Hilfe des Synchronimpulses jeden Impuls $T_i = f(P_i)$ einem Ausgang Q_i zu.

Der Vorgang ist etwa vergleichbar mit zwei synchron laufenden Drehschaltern, wobei die Verweilzeit in einer Schalterstellung (T_i) proportional einer, am entsprechenden Kontakt K_i des „Sendeschalters" liegenden analogen Größe (z.B. Potentiometerstellung) ist *(Abb. 11.8.2.)*.

Schaltungsaufbau

„Modulator"-Schaltung

Hauptkomponenten sind zwei ICs *(Abb. 11.8.3)*: ein Dekadenzähler mit decodierten Ausgängen (CD 4017 AE) und der bekannte Timer NE 555 (Signetics). Den „High"-Zustand eines der decodierten Ausgänge des COS/MOS-Zählers kann man sich vereinfacht so denken, als sei der entsprechende Stift intern über einen 2,5-kΩ-Widerstand (typ.) mit + U_{cc} verbunden. Über das zugeordnete Potentiometer fließt Strom zum zeitbestimmenden Kondensator C 1. Die Dioden D 1...D 10 entkoppeln die einzelnen Kanäle. Ist der aktivierte Kanal unbenutzt (oder das Potentiometer defekt), so begrenzt ein zusätzliches RC-Glied (R 4, C 2) die Zeit, die zum Erreichen der Schwellspannung an C 1 benötigt wird. Die beiden RC-Glieder müssen entkoppelt werden (D 1'...D 4'). Nach Erreichen der Schwellspannung an Stift 2 des Timers geht dessen Ausgang auf „Low", zugleich wird der „Entlade"-Transistor an Stift 7 des Timers durchgeschaltet: C 1 wird über D 3', R 6, C 2 über D 4' entladen. Dabei bestimmt R 6 die „Low"-Zeit des Timerausgangs (diese „Low"-Zeit ist bei der Anwendung in Fernsteueranlagen gleich der Austastimpulsbreite). Der sehr hochohmige Widerstand R 5 hat lediglich die Aufgabe, die kleine Eingangskapazität des Timers zu entladen, so daß die Spannung an Stift 2, 6 um die Schwellspannung von D 1' versetzt, der sinkenden Spannung an C 1 folgen kann. Nach Erreichen der Triggerspannung an Stift 6 geht der Timerausgang wieder auf „High", der „Entlade"-Transistor des Timers sperrt. Die positive Flanke des Timerimpulses schaltet den COS/MOS-Zähler einen Schritt weiter; ein neuer Kanal ist aktiviert, d.h., der n+1-Ausgang des Zählers ist „High".

Nach Kanal 9 ist schließlich der Synchronimpuls an der Reihe, mit R 1 als zeitbestimmendem Widerstand. Damit der Synchronimpuls die erforderliche Länge erreichen kann, muß das zeitbegrenzende Glied R 4/C 2 unwirksam gemacht werden; dies geschieht durch

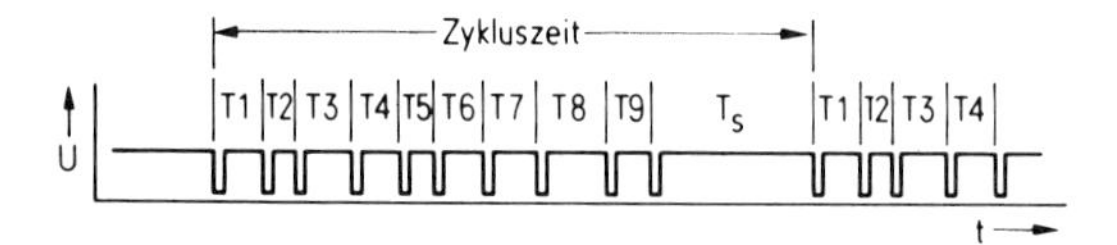

Abb. 11.8.1 Spannungsverlauf am Ausgang des Modulators

Abb. 11.8.2 Analogie: Synchronisierte Drehschalter

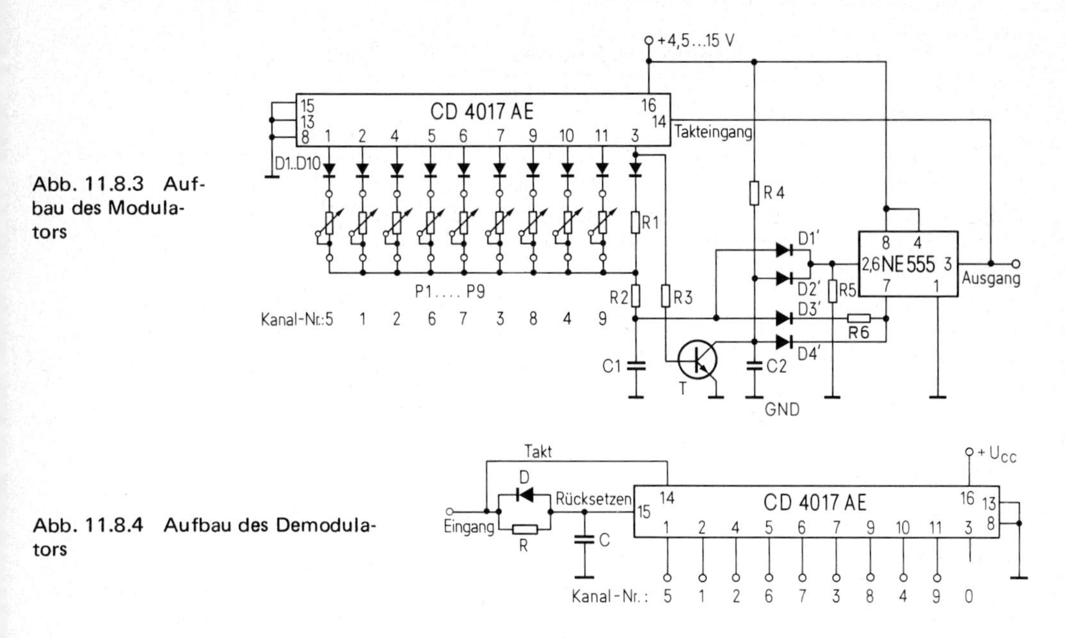

Abb. 11.8.3 Aufbau des Modulators

Abb. 11.8.4 Aufbau des Demodulators

den über R 3 durchgeschalteten Transistor T. Nach Ablauf des Synchronimpulses erfolgt ein neuer Zyklus 1, 2, 3...9, SYNCHRON (0), 1, 2...

„Demodulator"-Schaltung

Kernstück ist wieder die integrierte Schaltung CD 4017 AE *(Abb. 11.8.4)*. Der Kondensator am Rücksetz-Eingang des COS/MOS-Zählers wird bei „High" am Eingang über R aufgeladen, bei „Low" über die Diode sofort entladen (bis auf die Dioden-Schwellspannung). Das RC-Glied ist so bemessen, daß nur beim Synchronimpuls die Rücksetz-Schwelle erreicht wird. An den Ausgängen des ICs erscheinen nun die decodierten Impulse, und zwar in „Pin-für-Pin"-Zuordnung (der Impuls an Stift 4 des Empfangs-ICs ist dem Potentiometer an Stift 4 des Sende-ICs zugeordnet usw.).

Anwendung und Genauigkeit

Der Einfluß der temperaturempfindlichen Diodendurchlaßspannungen ist gering, die Genauigkeit des Timers sehr groß. Geringer Platzbedarf (Sender: 2,5 x 3,5 cm^2, Empfänger: 2,5 x 2,0 cm^2), kleiner Preis: Sender ca. DM 20, Empfänger ca. DM 12), geringe Stromaufnahme (ca. 20 mA bei 15 V), großer Versorgungsspannungsbereich (5... 15 V), insgesamt kleiner Aufwand, machen die Schaltung natürlich für Fernsteueranwendungen sehr geeignet. Für den Fernsteueramateur mag es ungewöhnlich sein, daß die Zykluszeit (Zeit zwischen zwei Synchronimpulsen) nicht konstant bleibt, wenn sich einzelne Kanalimpulse ändern. Dies bewirkt aber lediglich eine Veränderung der Zeit, in der das ferngesteuerte Objekt auf senderseitige Veränderungen reagiert. Die Veränderung ist aber kurz gegenüber der menschlichen Reaktionszeit, also ohne Bedeutung.

Dimensionierungsbeispiel

Allgemein: T = RC. Potentiometer: 50 k linear, Dioden: Si-Universal, Transistor: NPN-Universal, R 1: 100 k, R 2: 22 k, R 3: 1 M, R 4: 56 k, R 5: 18 M, R 6: 4,7 k, C 1: 0,068 μF C 2: 0,068 μF. R_{pot} sollte hinreichend größer als R_i des Zählers sein (ca. 3 k typ.).

Dipl.-Mineraloge M. Schulenberg

Literatur

[1] RCA Solid State '74 Datenbuch-Serie: COS/MOS Integrierte Digital-Schaltungen SSD-203B.

[2] Lineare Integrierte Schaltungen. Datenbuch der Firma Signetics.

[3] Eßl, H.: Digisix, „Eine Proportional-Digital-Fernsteuerung mit 6 Kanälen für den Selbstbau". Modell 11/12 1972, 1/1973.

11.9 Computer-Blitzgeräte stark vereinfacht

In [1] wurde gezeigt, wie bei einem der sogenannten „Computer-Blitzgeräte" der das Reflexlicht verarbeitende Fototransistor derart linearisiert werden kann, daß sich ein möglichst kleiner Belichtungsfehler ergibt. Dabei wurde angenommen, daß der Fototransistor in herkömmlicher Weise einen Thyristor zu zünden hat, der seinerseits über einen Zündübertrager die Quench-Röhre (Löschröhre) zur Beendung der Blitzentladung zündet.

Neuerdings ist es gelungen, besagten Thyristor einzusparen und damit die Gesamtschaltung stark zu vereinfachen. Anhand von *Abb. 11.9.1* sei die Wirkungsweise der neuen Schaltung erklärt:

Vor dem Auslösen des Blitzes fließt über den Widerstand R 2, die Dioden D 2 und D 1 sowie R 1 ein Strom, D 1 und D 2 sind also leitend; das ist notwendig, damit zu Beginn des Blitzes der Kondensator C 1 auf definierte Spannung aufgeladen ist, unabhängig von dem Licht, das vorher auf den Fototransistor FT fiel. Durch den Spannungsabfall an D 2 wird die Basis-Emitter-Strecke des Fototransistors gesperrt. Wird nun der Blitz ausgelöst, dann entsteht durch den Strom der Blitzröhre ein Spannungsabfall an R 1, der D 1 sperrt. Die Basis-Kollektor-Strecke des Fototransistors arbeitet zu diesem Zeitpunkt als Fotodiode. Das vom Objekt zurückgestreute Licht erzeugt im Fototransistor einen Fotostrom, der C 1 solange auflädt, bis die Basis-Emitter-Strecke des Fototransistors zu leiten beginnt.

Die Wicklungen W 1 und W 2 der Hochfrequenzspule sind so gekoppelt, daß eine Oszillatorschaltung entsteht. Die durch die Induktivitäten der Wicklung und durch die Schaltungskapazitäten gegebene Frequenz beträgt etwa 2,5 MHz. Die Schwingung setzt ein, wenn die Basis-Emitter-Strecke des Fototransistors leitend wird. Es entsteht ein Schwingungspaket mit einer Flankenanstiegszeit der Hüllkurve von 2...3 μs. Die am Kollektor des Fototransistors stehende hochfrequente Spannung wird mit der Wicklung W 3 der Hochfrequenzspule bis auf eine Spitzenspannung von U_S = 950 V (gemessen mit einem Tastkopf $C < 1$ pF) hochtransformiert. Noch vor Erreichen des Maximums der Spitzenspannung U_S zündet die Quenchröhre *(Abb. 11.9.2)*; ihre Steuerstrecke belastet nach dem Zünden den Schwingungskreis so stark, daß die Schwingungen abreißen.

Die Zeit vom Auslösen des Blitzes bis zum Einsetzen der Schwingung ist umgekehrt proportional zum Lichtfluß und proportional zur Größe des Kondensators C 1. Nach dem Auslösen des Blitzes dient der Kondensator C 2 als Energiequelle für den Fototransistor und bestimmt die maximale Dauer der Schwingung. Der Kondensator C 3 hält das Emitter-Poten-

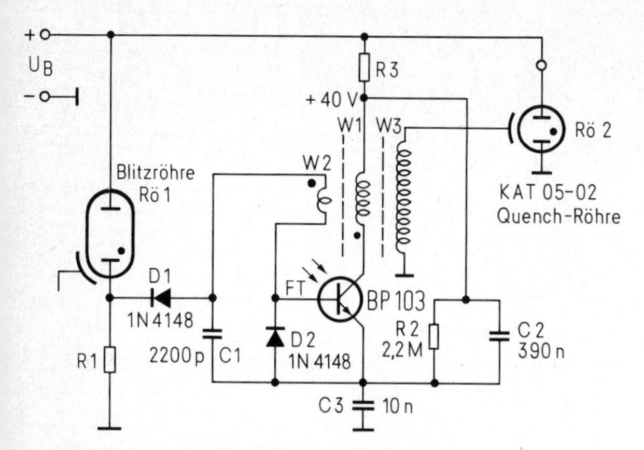

Abb. 11.9.1 Vereinfachte Schaltung des Lichtsensor- und Zündungsteiles eines „Computer-Blitzgerätes". Der Zündtransformator wurde auf einem SIFERRIT-Zylinderkern gewickelt. Innendurchmesser 11 mm, Material M 25, Windungszahlen: W 1: 4 Wdg. 0,15 mm Ø CuLS; W 2: 1 Wdg. 0,25 mm CuL; W 3: 140 Wdg. 0,15 mm Ø CuLS (Applikations-Schaltungsvorschlag der Siemens AG)

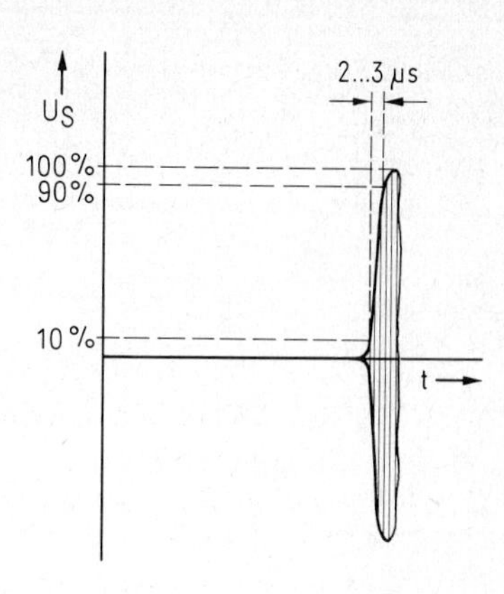

Abb. 11.9.2 Hochfrequentes Schwingungspaket (f ≈ 2,5 MHz), wie es von der Rückkopplungsschaltung des Fototransistors bei ausreichendem Lichteinfall erzeugt wird

tial während der Messung und der Dauer der Schwingung konstant. Die Diode D 2, die umgekehrt gepolt ist wie die Basis-Emitter-Diode des Fototransistors FT, unterdrückt die Gleichrichterwirkung der Basis-Emitter-Strecke. Das ist notwendig, damit die Schwingung nicht vorzeitig abreißt.

Ein Vorteil der hohen Frequenz von 2,5 MHz ist, daß der Transformator im Vergleich zu den bisher verwendeten Zündtransformatoren einfacher und kleiner ist, auch ist die Quench-Röhre dann „zündwilliger".

Der Widerstand R 1 ist so gewählt, daß der Spannungsabfall ungefähr 3 V beträgt. Wenn man diesen Leistungsverlust verkleinern will, kann man in Reihe zur Blitzröhre Rö 1 eine kleine Induktivität (z.B. ein Stück Leiterbahn) einfügen. Über einen Gleichrichter und einen Ladekondensator erzeugt man so für die gesamte Blitzdauer die notwendige Steuerspannung. Weiterhin kann die Ansteuerung der Schwingungsschaltung z.B. auch über einen Gleichrichter und einen Speicherkondensator aus dem Zündtransformator der Blitzröhre erfolgen. Je nach Größe der Spannung U_B — die üblicherweise bei Blitzgeräten in der Größte von 350...400 V liegt — ist der Widerstand R 3 etwa 15...20 MΩ.

Der Fototransistor BP 103 besitzt eine Sperrspannung von 100 V; es ist die doppelte Betriebsspannung erforderlich. Trotz der großen Sperrspannung kann der BP 103 bei Kollektorspannungen von 10 V Kollektorspitzenströme von 250 mA ziehen.

Je kleiner R 2 ist, um so geringer ist die Abhängigkeit der Schaltung vom Fremdlicht. Es ist aber zu beachten, daß bei zu großen Querströmen durch die Diode D 2 die Speicherladung unzulässig große Werte annehmen kann, was zu Linearitätsfehlern führt.

Beim Schaltungsaufbau ist zu beachten, daß die Außenanschlüsse des Fototransistors kurz gehalten werden, damit sich die Schwingschaltung nicht unerwünschterweise auf einer höheren Frequenz erregt. Insbesondere muß der induktionsarme Kondensator C 2 dicht an den Emitter des Fototransistors FT und der Kollektorwicklung W 1 angeordnet sein. Die Dioden D 1 und D 2 werden gegen Lichteinfall abgedunkelt.

Die Experimente wurden an einem Blitzgerät durchgeführt, bei dem die Quenchröhre Rö 2 parallel zur Blitzröhre Rö 1 liegt. Die Schaltung kann aber auch angewendet werden, wenn die Quenchröhre zum Löschen eines in Serie zur Blitzröhre liegenden Thyristors benützt wird.

G. Krause und F. Keiner

Literatur

[1] Krause G. und Keiner, F.: Linearisierungsschaltung für Fototransistoren in Blitzgeräten. ELEKTRONIK 1975, H. 3, S. 92...93 (dortselbst auch weitere Lit.-Hinweise über Foto-Blitzgeräte).

Weitere Franzis-Elektronik-Fachbücher

Dieter Nührmann

Standardschaltungen der Industrie-Elektronik

271 Industrieschaltungen ausgewählt, kommentiert und für den Nachbau aufbereitet.

282 Seiten mit 384 Abbildungen und 2 Tabellen.
Lwstr-geb. DM 34,–
ISBN 3-7723-6161-7

Die Vorteile dieser Schaltungssammlung liegen klar auf der Hand. Erstens: Das Angebotsspektrum ist breit. Es umfaßt fast alle Sparten der Industrie-Elektronik. Zweitens: Die Zugriffszeit zur gesuchten Schaltung ist denkbar kurz, weil alles so schön beieinander ist. Drittens: Die Schaltungen sind fertig dimensioniert, d. h., mit erprobten Wertangaben versehen. Das erspart teure und zeitraubende Entwicklungsarbeit. Viertens: Das oberste Kriterium für die Aufnahme in diesen Band war die leichte Verständlichkeit und einfache, problemlose Nachbaumöglichkeit. Fünftens: Die Schaltungen sind kombinierbar zu großen und komplizierten Geräten. Sechstens: Wo notwendig, können einzelne Bauteile durch Nachfolge- und Ersatztypen ausgetauscht werden. Siebtens: Die Schaltungen funktionieren, weil sie industriell erprobt wurden. Vielseitig sind die Verwendungsmöglichkeiten dieser Schaltungssammlung. Erstens: Der Hobby-Elektroniker lernt einfache Schaltungen aus allen Elektronik-Sparten kennen und verstehen. Zweitens: Der Lehrer hat ein umfangreiches Basismaterial bei der Hand, um moderne Geräte dem Lernenden nahezubringen. Drittens: Der Techniker erkennt durch Vergleich der Kernpunkte eines jeden Industriegerätes den Fehler, wenn dies einmal nicht funktioniert. Viertens: Der Entwickler liest schnell ab, wie die Konkurrenz arbeitet.
So viele Vorteile, so viele Anwendungsmöglichkeiten birgt diese Schaltungssammlung. Sie sollte immer zur Hand sein.

Franzis-Verlag, München

Weitere Franzis-Elektronik-Fachbücher

Digitale Elektronik

Die Arbeitsweise von integrierten Logik- und Speicher-Elementen. Von Gerhard Wolf.

Der in der Digitaltechnik tätige Ingenieur erhält mit diesem Buch einen Überblick über den neuesten Stand der Digital-Technik, der ihn in die Lage setzt, nicht nur Baustein-, Speicher- und Schaltkreis-Probleme zu lösen, sondern auch Aufgaben rein logischer Natur, so die Verknüpfung oder die Umwandlung von Informationen im Sinne mathematischer Zusammenhänge, zu bewältigen.

In dieser nunmehr 4. Auflage sind die Abschnitte über Speichertechnik und Schieberegister auf den neuesten Stand der Bipolar- und MOS-Technik gebracht, und die Abschnitte über Leistungskopplung und Reflexionen mit neuem Material ergänzt. Um die Umformung von logischen Verknüpfungsgleichungen zu vereinfachen und zu erleichtern, ist die Schaltungsalgebra grundlegend um die Matrizenrechnung ausgebaut.

Diese solide und trotzdem leicht verständliche theoretische Grundlage ergibt ein Know-how, das sich erfolgreich in der Praxis anwenden läßt.

4., völlig neu bearbeitete Auflage. 221 Seiten mit 256 Abbildungen und zahlreichen Tabellen. Lwstr-geb. DM 48,–

ISBN 3-7723-5574-9

Hochfrequenz- und Mikrowellen-Spektroskopie

Ein Lehr- und Studienbuch für Elektroniker, Physiker und Chemiker. Von David J. E. Ingram.

Ein faszinierendes Merkmal der Spektroskopie ist die ständige Wechselwirkung zwischen reiner und angewandter Wissenschaft. Das hat der Autor in diesem Buch sehr gut herausgearbeitet, obwohl er ein reines Lehrbuch schrieb.

Den Inhalt umreißen die wichtigsten Stichworte: Gesamtbereich des elektromagnetischen Spektrums. Verschiedene Arten der Spektroskopie. Festkörperuntersuchungen. Anwendung der Elektronenresonanz. Die magnetische Kernresonanz im Hf-Bereich. Zusammenfassung der verschiedenen Anwendungen der Spektroskopie.

Der Band ist in erster Linie für den Studierenden der Physik und Chemie geschrieben worden. Die Ausstrahlung der neuartigen Wissenschaft ist aber so groß, daß auch Elektroniker, Biologen und allgemeine Ingenieur-Wissenschaftler das Buch mit großem Nutzen auswerten können.

176 Seiten mit 86 Abbildungen und 4 Tabellen. Lwstr-kart. DM 26,80

ISBN 3-7723-6351-2

Analoge integrierte Schaltungen

Ein Lehrbuch, Schaltungen mit Operationsverstärkern und analogen Multiplizieren zu entwerfen. Von Miklós Herpy.

Das Werk behandelt ausführlich den inneren Schaltungsaufbau sowie die Anwendung von monolithischen integrierten Operationsverstärkern und analogen Multiplizieren.

Das Werk lehrt ferner, neue Schaltungen nach neuartigen Methoden zu entwerfen. Dazu wird dem Entwickler und dem Konstrukteur nahegelegt, jetzt in Schaltungs- und Funktionseinheiten zu denken, wogegen die elektronische Stufe und die Teilschaltung nur noch eine untergeordnete Rolle spielen. Das setzt zweifellos etwas mathematisches Arbeiten voraus. Da zeigt sich der Autor – ein Hochschullehrer – als guter Pädagoge. Das Entwickeln und das Ableiten der allgemeingültigen Gesetze wird ausreichend erklärt und geübt und damit bald zur reinen Routine. Das Werk lenkt auf die Schwerpunkte bei der Beurteilung, bei dem Entwurf und bei der Anwendung von analogen integrierten Schaltungen.

522 Seiten mit 373 Abbildungen und 51 Tabellen. Leinen geb. DM 68,–

ISBN 3-7723-6151-X

Franzis-Verlag, München